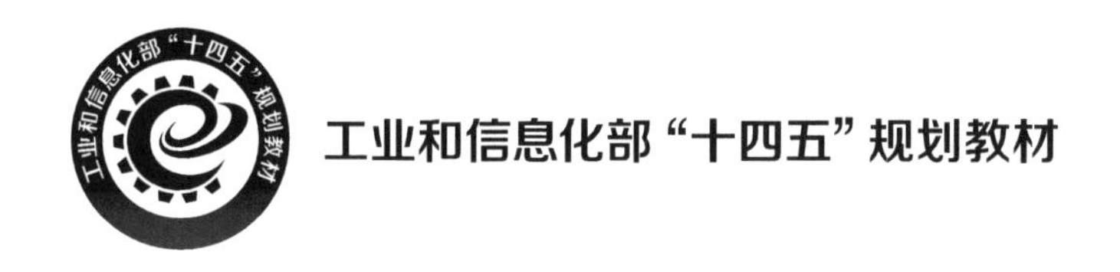

光学设计教程

（第3版）

黄一帆　李　林◎著

OPTICAL DESIGN
(3RD EDITION)

北京理工大学出版社
BEIJING INSTITUTE OF TECHNOLOGY PRESS

内 容 简 介

本书系统论述了光学系统设计的基本理论及方法。全书共分 10 章，内容包括光学系统像质评价、光学自动设计原理和程序、Zemax 光学设计软件的应用、薄透镜系统的初级像差理论以及望远物镜、显微物镜、目镜和照相物镜等典型光学系统、其他新型光学系统设计方法和光学零件加工工艺。书中各章均附有适量习题，供读者复习及上机实际操作之用。

本书可作为光学专业本科生和研究生的专业课教材，也可供从事光学系统及光电仪器设计、研制的专业技术人员参考。

图书在版编目（CIP）数据

光学设计教程 / 黄一帆，李林著. -- 3 版. -- 北京:
北京理工大学出版社，2022.10（2023.12重印）
工业和信息化部“十四五”规划教材
ISBN 978-7-5763-1764-0

Ⅰ. ①光… Ⅱ. ①黄… ②李… Ⅲ. ①光学设计-高等学校-教材 Ⅳ. ①TN202

中国版本图书馆 CIP 数据核字（2022）第 186774 号

出版发行 / 北京理工大学出版社有限责任公司
社　　址 / 北京市海淀区中关村南大街 5 号
邮　　编 / 100081
电　　话 /（010）68914775（总编室）
（010）82562903（教材售后服务热线）
（010）68944723（其他图书服务热线）
网　　址 / http://www.bitpress.com.cn
经　　销 / 全国各地新华书店
印　　刷 / 廊坊市印艺阁数字科技有限公司
开　　本 / 787 毫米×1092 毫米　1/16
印　　张 / 23.5
字　　数 / 552 千字
版　　次 / 2022 年 10 月第 3 版　2023 年 12 月第 2 次印刷
定　　价 / 58.00 元

责任编辑 / 刘　派
文案编辑 / 李丁一
责任校对 / 周瑞红
责任印制 / 李志强

前言

PREFACE

本书是光电信息科学与工程、测控技术与仪器等专业的专业课程——“光学设计”的教学用书。“光学设计”课程旨在让学生掌握光学系统及光电仪器设计的基本理论和实际知识，学习光学设计的像差理论和像差校正方法，熟练运用光学自动设计软件对各类典型光学仪器进行设计。针对这一目标，本书从理论和实践两方面出发，系统阐述了光学设计的基本理论和典型光学系统的设计方法。书中包含大量光学系统的设计实例，希望能够帮助读者通过本书掌握光学系统设计的基本方法和步骤。

光学设计是一门理论紧密联系实践、注重操作性的科学。近20年来，随着新领域、新需求的不断出现，对光学设计提出了新的要求，同时也使得当代的光学设计在内容和方法上都有别于传统的光学设计。这一时期，国内外涌现出各种功能强大的自动设计软件，一方面为高质、高效的设计提供了可能；另一方面也促进了光学设计的发展。为适应新技术的发展及人才培养的要求，本书在李林等著《工程光学》的基础上，对有关光学设计的内容进行了重新编写、修订。全书共分10章。第1章光学系统像质评价，是光学设计初学者必须具备的基本知识，这一部分既介绍了传统的光学系统像质评价指标，也加入了当前国内外主流软件中普遍采用的光学传递函数、点列图、包围圆能量等概念。第2章光学自动设计原理和程序，介绍了像差自动校正的基本原理，重点讨论了光学自动设计的两种优化方法：最小二乘法和适应法。在这一基础上，第3章针对当前国内外光学设计领域普遍采用的Zemax 软件进行了功能和使用方法介绍，对利用软件进行光学系统设计的流程及各功能模块的操作方法进行了详细说明。第4章薄透镜系统的初级像差理论，介绍了根据薄透镜组的像差特性要求进行结构参数求解的具体过程。第5～第9章是典型光学系统的设计，第10章介绍了光学零件加工工艺的基本流程及相应的内容，运用前几章的基本理论分析了望远物镜、显微物镜、目镜和照相物镜的像差特性及设计特点，并对不同的结构形式进行了具体设计。书中按照实际设计过程，详细介绍了结构参数求解，采用不同优化方法和程序进行像差校正的主要步骤和实际结果。通过这些实例，能够使读者较快地掌握典型光学系统设计的具体方法。本书为工信部“十四五”规划教材，在本次修订中，增加了第9章其他光学系统设计，内容包含变焦距光学系统、远心光学系统、激光扫描系统和 $f\theta$ 镜头、非成像光学系统、非球面系统和自由曲面系统等光学设计热点和前沿问题。

本书的特点如下：

（1）基础理论采用实用化的薄透镜初级像差理论，去掉了传统教材初级像差理论中大量烦琐的公式推导和理论分析，便于读者理解掌握。

（2）理论密切联系实际。全书在阐述理论、讲解软件及典型系统设计部分，均结合了大量的实例进行说明，给出了设计的详细步骤和具体结果。读者参照这些实例都能得出较好的设计结果。

（3）内容丰富、全面。全书既包含了经典光学设计的主要内容，又加入了当今热门领域的设计实例，努力反映技术光学领域的新进展。书中介绍了当今国内外应用最为广泛的光学设计软件 Zemax，采用这一软件设计的各种典型光学系统实例对读者具有较好的指导意义。

本书由黄一帆、李林著，其中，黄一帆负责第3、第6、第7、第8章的撰写；李林负责第1、第2、第4、第5、第9、第10章的撰写，安连生教授主审。书中采用的例子大多来自作者所在单位的实际科研成果。本书中的计算实例没有标明单位，对于长度单位隐含为毫米（mm），角度单位隐含为度（°）。北京理工大学在光学设计领域具有非常优秀的历史传承，袁旭沧教授、李士贤教授、安连生教授等前辈在这一领域的成果卓著，作者从中受益匪浅。本书的完成直接或间接得益于这些老师的成果，教研室其他教师、研究生也提供了大量帮助，在此一并表示感谢！

不当之处，恳请读者批评指正。

作　者

目 录
CONTENTS

第1章
光学系统像质评价

§1.1　概　　述

任何一个光学系统不管用于何处，其作用都是把目标发出的光按仪器工作原理的要求改变其传播方向和位置，送入仪器的接收器，从而获得目标的各种信息，包括目标的几何形状、能量强弱等。因此，对光学系统成像性能的要求主要有两个方面：一是光学特性，包括焦距、物距、像距、放大率、入瞳位置、入瞳距离等；二是成像质量，光学系统所成的像应该足够清晰，并且物像相似，变形要小。有关第一方面的内容即满足光学特性方面的要求属于应用光学的讨论范畴，第二方面的内容即满足成像质量方面的要求则属于光学设计的研究内容。

从物理光学或波动光学的角度出发，光是波长在400～760 nm的电磁波，光的传播是一个波动问题。一个理想的光学系统应能使一个物点发出的球面波通过光学系统后仍然是一个球面波，从而理想地聚交于一点。从几何光学的观点出发，人们把光看作是“能够传输能量的几何线——光线”，光线是“具有方向的几何线”，一个理想光学系统应能使一个物点发出的所有光线通过光学系统后仍然聚交于一点，理想光学系统同时满足直线成像直线、平面成像平面。但是实际上任何一个实际的光学系统都不可能理想成像。所谓像差就是光学系统所成的实际像与理想像之间的差异。由于一个光学系统不可能理想成像，因此就存在光学系统成像质量优劣的评价问题，从不同的角度出发会得出不同的像质评价指标。从物理光学或波动光学的角度出发，人们推导出波像差和传递函数等像质评价指标；从几何光学的观点出发，人们推导出几何像差等像质评价指标。有了像质评价的方法和指标，设计人员在设计阶段，即在制造出实际的光学系统之前就能预先确定其成像质量的优劣，光学设计的任务就是根据对光学系统的光学特性和成像质量两方面的要求来确定系统的结构参数。本章着重讨论的像质评价指标是几何像差和光学传递函数等。

本书讨论的大部分内容都采用国际上最为流行的Zemax软件进行分析、设计和讨论，其中的部分内容采用北京理工大学技术光学教研室研制的微机用光学设计软件包SOD88，部分实例也采用SOD88的输出结果。若想深入了解该软件包，可进一步参阅SOD88的使用说明书。

§1.2　光学系统的坐标系统、结构参数和特性参数

为了计算光学系统的像质评价指标，必须先明确光学系统的坐标系统、结构参数和特性参数的表示方法。不同的光学书籍及光学自动设计软件中的坐标系统、结构参数和特性参数

的表示方法可能是不一样的，在使用时需特别加以注意。本书中，如不特别加以说明，所讨论的光学系统均为共轴光学系统，即系统有一条对称的旋转轴。系统中的面形可以是球面、二次曲面或高次非球面，系统可以是折射系统、反射系统或折反射系统，读者也需加以注意。

1.2.1 坐标系统及常用量的符号及符号规则

本书中所采用的坐标系与应用光学中所采用的坐标系完全一样，线段从左向右为正，由下向上为正，反之为负；角度一律以锐角度量，顺时针为正，逆时针为负。表 1–1 给出了光学系统中常用量的符号及符号规则，后面将对一些量做必要的解释。

表 1–1 光学系统中常用量的符号及符号规则

名　称	符号	符 号 规 则
物距	L	由球面顶点算起到光线与光轴的交点
像距	L'	由球面顶点算起到光线与光轴的交点
曲率半径	r	由球面顶点算起到球心
间隔或厚度	d	由前一面顶点算起到下一面顶点
入射角	I	由入射光线起转到法线
出射角	I'	由出射光线起转到法线
物方孔径角	U	由光轴起转到入射光线
像方孔径角	U'	由光轴起转到出射光线
物高	y	由光轴起到轴外物点
像高	y'	由光轴起到轴外像点
光线投射高	h	由光轴起到光线在球面的投射点
像方焦距	f'	由像方主点到像方焦点
物方焦距	f	由物方主点到物方焦点
像方焦截距	l'_f	由系统最后一面顶点到像方焦点
物方焦截距	l_f	由系统第一面顶点到物方焦点

对于角度和物、像距，用大写字母代表实际量，用小写字母代表近轴量。

1.2.2 共轴光学系统的结构参数

为了设计出系统的具体结构参数，必须明确系统结构参数的表示方法。共轴光学系统的最大特点是系统具有一条对称轴——光轴，系统中每个曲面都是轴对称旋转曲面，它们的对称轴均与光轴重合，如图 1–1 所示。系统中每个曲面的形状用方程（1–1）表示，所用坐标系如图 1–2 所示。

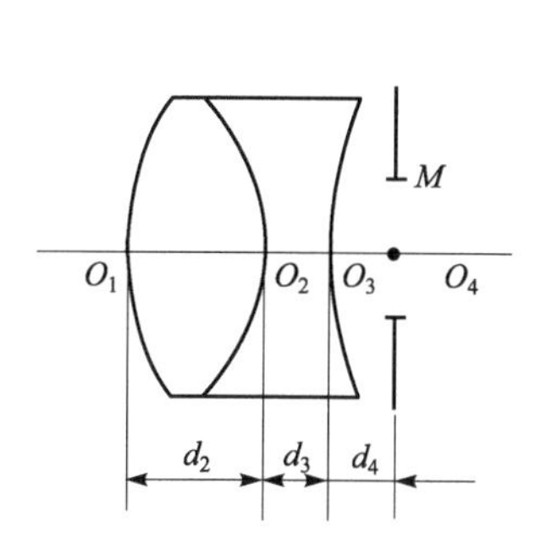

图 1–1　光学系统图

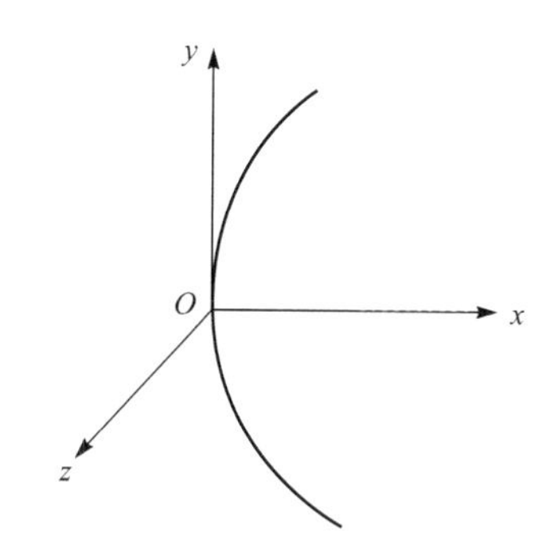

图 1–2　光学系统坐标系

$$x=\frac{ch^2}{1+\sqrt{1-Kc^2h^2}}+a_4h^4+a_6h^6+a_8h^8+a_{10}h^{10}+a_{12}h^{12} \tag{1–1}$$

式中，$h^2=y^2+z^2$；

c——曲面顶点的曲率；

K——基准二次曲面系数；

a_4，a_6，a_8，a_{10}，a_{12}——高次非曲面系数。

方程（1–1）可以普遍地表示球面、二次曲面和高次非曲面。公式右边第一项代表基准二次曲面，后面各项代表曲面的高次项。不同基准二次曲面系数 K 值所对应的二次曲面面形如表 1–2 所示。

表 1–2　二次曲面面形

K 值	$K<0$	$K=0$	$0<K<1$	$K=1$	$K>1$
面形	双曲面	抛物面	椭球面	球面	扁球面

不同的面形，对应不同的面形系数，例如

球面：　　　　　　　　$K=1$，$a_4=a_6=a_8=a_{10}=a_{12}=0$

二次曲面：　　　　　　$K\neq1$，$a_4=a_6=a_8=a_{10}=a_{12}=0$

实际光学系统中绝大多数表面面形均为球面，在计算机程序中为了简便直观，对球面只给出曲面半径 r（$r=1/c$）一个参数。平面相当于半径等于无限大的球面，在计算机程序中以 $r=0$ 代表，因为实际半径不可能等于零。对于非球面除给出曲面半径 r 外，还要给出面形系数 K 及 a_4，a_6，a_8，a_{10}，a_{12} 的值。

如果系统中有光阑（图 1–1），则把光阑作为系统中的一个平面来处理。各曲面之间的相对位置，依次用它们顶点之间的距离 d 表示，如图 1–1 所示。

系统中各曲面之间介质的光学性质，用它们对指定波长光线的折射率 n 表示。大多数情况下，进入系统成像的光束包含一定的波长范围。由于波长范围通常是连续的，无法逐一计算每个波长的像质指标，为了全面评价系统的成像质量，必须从整个波长范围内选出若干个波长，分别给出系统中各介质对这些波长光线的折射率，然后计算每个波长的像质指标，综合判定系统的成像质量。一般应选出 3～5 个波长。当然对单色光成像的光学系统，只需计算一个波长就可以了。波长的选取随仪器所用的光能接收器的不同而改变。例如，用人眼观察的目视光学仪器采用 C（656.28 nm），D（589.30 nm），F（486.13 nm）3 种波长；用感光底片接收的照相机镜头，则采用 C，D，g（435.83 nm）这 3 种波长。

有了每个曲面的面形参数（r，K，a_4，a_6，a_8，a_{10}，a_{12}）和各面顶点间距（d）及每种介质对指定波长的折射率（n），再给出入射光线的位置和方向，就可以应用几何光学的基本定律计算出该光线通过系统以后出射光线的位置和方向。确定了系统的结构参数，系统的焦距和主面位置也就相应确定了。

1.2.3 光学特性参数

有了系统的结构参数，还不能对系统进行确切的像质评价，因为成像质量评价必须在给定的光学特性下进行。从光学设计 CAD 的角度出发，应包括以下光学特性参数。

1. 物距 *L*

同一个系统对不同位置的物平面成像时，它的成像质量是不一样的。从像差理论上说我们不可能使同一个光学系统对两个不同位置的物平面同时校正像差。一个光学系统只能用于对某一指定的物平面成像。例如，望远镜只能对远距离物平面成像；显微物镜只能用于对指定倍率的共轭面（即指定的物平面）成像。离开这个位置的物平面，成像质量将会下降。因此在设计光学系统时，必须明确该系统是用来对哪个位置的物平面成像的。

表示物平面位置的参数是物距 L，它代表从系统第一面顶点 O_1 到物平面 A 的距离，符号是从左向右为正，反之为负，如图 1–3 所示。当物平面位于无限远时，在计算机程序中一般用 L=0 表示。如果物平面与第一面顶点重合，则用一个很小的数值代替，例如10^{-5}，或更小。

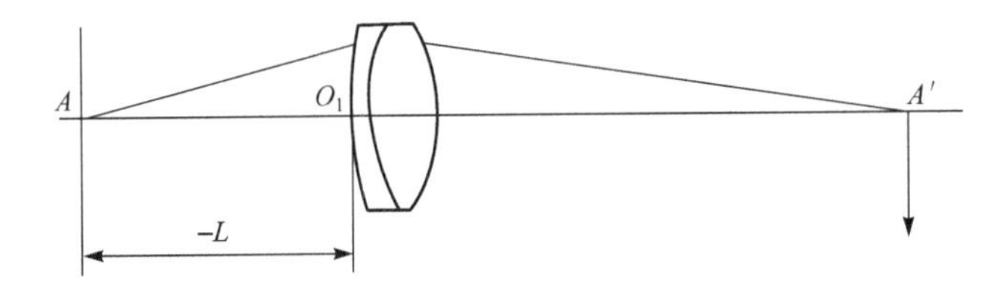

图 1–3　物平面表示方法

2. 物高 *y* 或视场角 *ω*

实际光学系统不可能使整个物平面都清晰成像，只能使光轴周围的一定范围成像清晰。因此在评价系统的成像质量时，只能在要求的成像范围内进行。在设计光学系统时，必须指出它的成像范围。表示成像范围的方式有两种：当物平面位于有限距离时，成像范围用物高 y 表示；当物平面位于无限远时，成像范围用视场角 ω 表示，如图 1–4 所示。

3. 物方孔径角正弦（sin*U*）或光束孔径高（*h*）

实际光学系统口径是一定的，只能对指定的物平面上光轴周围一定范围内的物点成像清晰，而且对每个物点进入系统成像的光束孔径大小也有限制，只能保证在一定孔径内的光线成像清晰，孔径外的光线成像就不清晰了，因此必须在指定的孔径内评价系统的像质。在设计光学系统时，必须给出符合要求的光束孔径。

当物平面位于有限距离时，光束孔径用轴上点边缘光线和光轴夹角 U 的正弦（$\sin U$）表示；当物平面位于无限远时，则用轴向平行光束的边缘光线孔径高（h）表示，如图 1–4 所示。

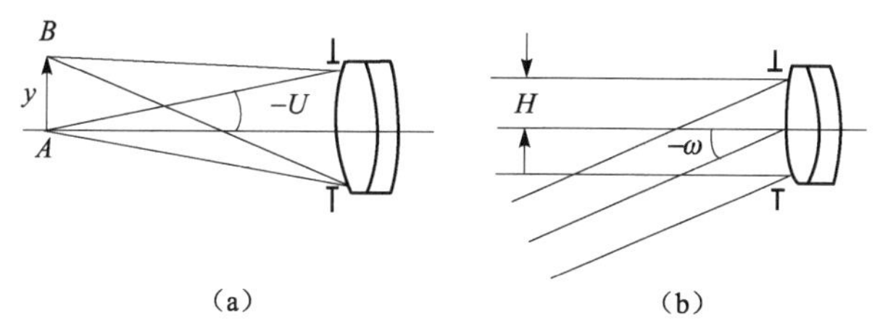

图 1–4　成像范围表示方法

（a）物平面位于有限远；（b）物平面位于无限远

4. 孔径光阑或入瞳位置

对轴上点来说，给定了物平面位置和光束孔径或光束孔径高，则进入系统的光束已经完全确定，就可确切地评价轴上点的成像质量。但对轴外物点来说，还有一个光束位置的问题。如图 1–5 所示，两个光学系统的结构、物平面位置和轴上点光束的孔径 U 都是相同的，但是限制光束的孔径光阑 M_1 和 M_2 的位置不同，故轴外点 B 进入系统成像的光束改变。当光阑由 M_1 移动到 M_2 时，一部分原来不能进入系统成像的光线能进入系统了；反之，一部分原来能进入系统成像的光线则不能进入系统了。因此对应的成像光束不同了，成像质量当然也就不同。所以在评价轴外物点的成像质量时，必须给定入瞳或孔径光阑的位置。入瞳的位置用从第一面顶点到入瞳面的距离 l_z 表示，符号规则同样是向右为正、向左为负，如图 1–5（b）所示。如果给出孔径光阑，则把光阑作为系统中的一个面处理，并指出哪个面是系统的孔径光阑。在系统结构参数确定的条件下给出孔径光阑，就可以计算入瞳位置。在我们的程序中把入瞳到系统第一面顶点的距离作为系统的第一个厚度 d_1，它等于$-l_z$。实际透镜的第一个厚度为 d_2，如图 1–1 所示。

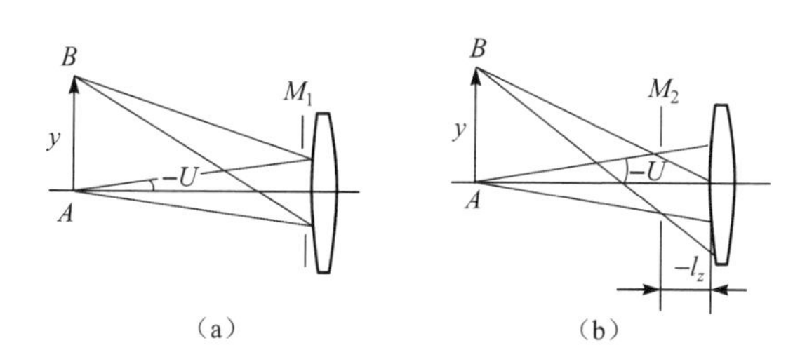

图 1–5　孔径光阑位置

（a）给定孔径光阑；（b）给定入瞳距离

5. 渐晕系数或系统中每个面的通光半径

实际光学系统视场边缘的像面照度一般允许比轴上点适当降低，也就是轴外子午光束的宽度比轴上点光束的宽度小，这种现象叫作“渐晕”。允许系统存在渐晕有两个方面的原因：一方面是因为要把轴外光束的像差校正得和轴上点一样好往往是不可能的，为了保证轴外点的成像质量，把轴外子午光束的宽度适当减小；另一方面，从系统外形尺寸考虑，为了减小某些光学零件的直径，也需要把轴外子午光束的宽度减小。为了使光学系统的像质评价更符合系统的实际使用情况，必须考虑轴外像点的渐晕。表示系统渐晕状况有两种方式：一种是渐晕系数法；另一种是给出系统中每个通光孔的实际通光半径。

渐晕系数法是给出指定视场轴外点成像光束上下光的渐晕系数。如图 1–6 所示，孔径光阑在物空间的共轭像为入瞳，轴上点 A 的光束充满了入瞳，轴外点 B 的成像光束由于孔径光阑前后两个透镜通光直径的限制，使子午面内的上光和下光不能充满入瞳，因此存在渐晕。

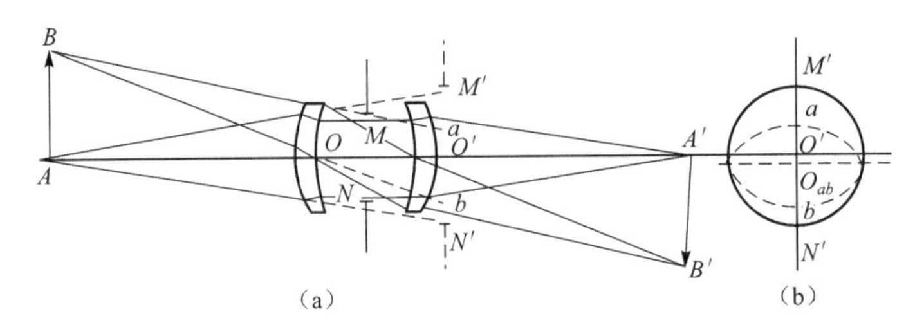

图 1–6　光学系统的渐晕

（a）成像光束限制情况；（b）成像光束截面

从侧视图中可以看到实际通光情况，图 1–6 中直径为 $M'N'$ 的圆为轴上点的光束截面，子午面内上光的宽度为 $O'a$，下光的宽度为 $O'b$，对应上、下光的渐晕系数为

$$K^{+}=\frac{O'a}{O'M},\quad K^{-}=\frac{-O'b}{O'M}$$

这时实际子午光束的中心为 O_{ab}，一般我们把有渐晕的成像光束截面近似用一个椭圆代表，如图 1–6（b）中虚线所示。椭圆的中心为 a，b 的中点 O_{ab}，它的短轴为

$$O_{ab}a=O_{ab}b=\frac{K^{+}-K^{-}}{2}O'M'$$

椭圆的长轴为弧矢光束的宽度，一般近似等于 $O'M'$。用这样的椭圆近似代表轴外点的实际通光面积来进行系统的像质评价。

用渐晕系数来描述轴外像点的实际通光状况显然有一定误差，如果需要对系统进行更精确的评价，则用另一种方式确定轴外点的实际通光面积，即给出系统中每个曲面的通光半径 h，通过计算机计算大量光线，确定出能够通过系统成像的实际光束截面。例如图 1–6（a）所示的系统，直接给出第 1～第 5 面（包括光阑面）的通光半径 h_1～h_5，程序能自动把轴外点对应的实际光阑截面计算出来。这种方式主要用于最终设计结果的精确评价，在光学传递函数计算中经常使用。而在设计过程中，如在几何像差计算和光学自动设计程序中则多用渐晕系数法。

有了上面所说的系统结构参数和光学特性参数，利用近轴光线和实际光线的公式，用光路计算的方法即可计算出系统的焦距、主面、像面和像高等近轴参数，也能对系统在指定的工作条件下进行成像质量评价。这些参数就是我们在设计光学系统过程中进行像质评价所必须输入的参数。

§ 1.3　几何像差的定义及其计算

目前国内外常用的光学设计 CAD 软件中，主要使用几何像差、波像差和光学传递函数这几种像质评价方法。为了评价一个已知光学系统的成像质量，首先需要根据系统结构参数和光学特性的要求计算出它的成像指标，本节介绍几何像差的概念和计算方法。

1.3.1　光学系统的色差

前面曾经指出，光实际上是波长为 400～760 nm 的电磁波。不同波长的光具有不同的颜色，不同波长的光线在真空中传播的速度 c 都是一样的，但在透明介质（例如水、玻璃等）中传播的速度 v 随波长而改变，波长长的光线，其传播速度 v 大；波长短的光线，其传播速度 v 小。因为折射率 $n=c/v$，所以光学系统中介质对不同波长光线的折射率是不同的。如图 1–7 所示，薄透镜的焦距公式为

$$\frac{1}{f'}=(n-1)\left(\frac{1}{r_1}-\frac{1}{r_2}\right) \tag{1-2}$$

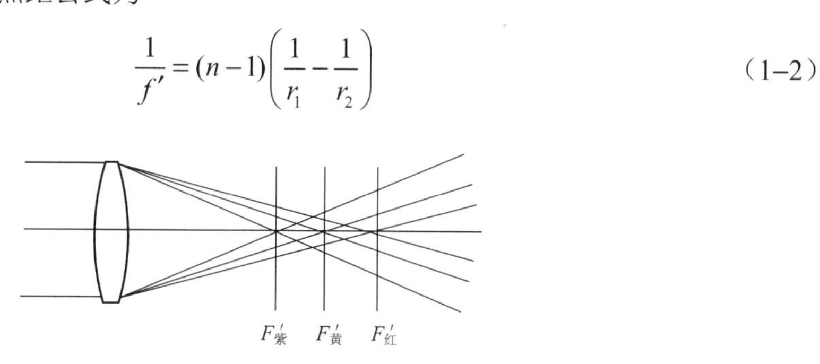

图 1–7　单透镜对无限远轴上物点白光成像

因为折射率 n 随波长的不同而改变，因此焦距 f' 也要随着波长的不同而改变，这样，当对无限远的物体成像时，不同颜色光线所成像的位置也就不同，我们把不同颜色光线理想像点位置之差称为近轴位置色差。通常用 C 和 F 两种波长光线的理想像平面间的距离来表示近轴位置色差，也称为近轴轴向色差。若 l'_{F} 和 l'_{C} 分别表示 F 与 C 两种波长光线的近轴像距，则近轴轴向色差 $\Delta l'_{\mathrm{FC}}$ 为

$$\Delta l'_{\mathrm{FC}}=l'_{\mathrm{F}}-l'_{\mathrm{C}} \tag{1-3}$$

同样，如图 1–8 所示，根据无限远物体像高 y' 的计算公式，当 $n'=n=1$ 时，有

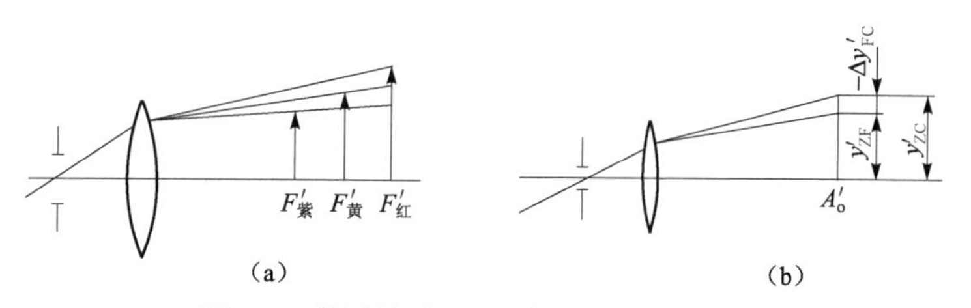

图 1–8　单透镜对无限远轴外物点白光成像

（a）不同颜色光线像高差异；（b）垂轴色差表示方法

$$y'=-f'\tan\omega \tag{1-4}$$

式中，ω——物方视场角。

当焦距 f' 随波长改变时，像高 y' 也随之改变，不同颜色光线所成的像高也不一样。这种像的大小的差异称为垂轴色差，它代表不同颜色光线的主光线和同一基准像面交点高度（即实际像高）之差。通常这个基准像面选定为中心波长的理想像平面，例如 D 光的理想像平面。若 y'_{ZF} 和 y'_{ZC} 分别表示 F 和 C 两种波长光线的主光线在 D 光理想像平面上的交点高度，

则垂轴色差 $\Delta y'_{FC}$ 为

$$\Delta y'_{FC} = y'_{ZF} - y'_{ZC} \tag{1-5}$$

1.3.2 轴上像点的单色像差

下面讨论单色像差，即单一波长的像差。首先讨论轴上点的单色像差。在 § 1.2 节中指出，本书所讨论的是共轴光学系统，面形是旋转曲面。对于共轴系统的轴上点来说，由于系统相对于光轴对称，故进入系统成像的入射光束和出射光束均对称于光轴，如图 1–9 所示。轴上有限远物点发出的以光轴为中心的、与光轴夹角相等的同一锥面上的光线（对轴上无限远物点来说，对应以光轴为中心的同一柱面上的光线）经过系统以后，其出射光线位于一个锥面上，锥面顶点就是这些光线的聚交点，而且必然位于光轴上，因此这些光线成像为一点。但是，由于球面系统成像不理想，不同高度的锥面（柱面）光线（它们与透镜的交点高度不同，即孔径不同）的出射光线与光轴夹角是不同的，其聚交点的位置也就不同。虽然同一高度锥面（柱面）的光线成像聚交为一点，但不同高度锥面（柱面）的光线却不聚交于一点，这样成像就不理想。最大孔径的光束聚交于 $A'_{1.0}$；0.85 孔径的光线聚交于 $A'_{0.85}$，依此类推。

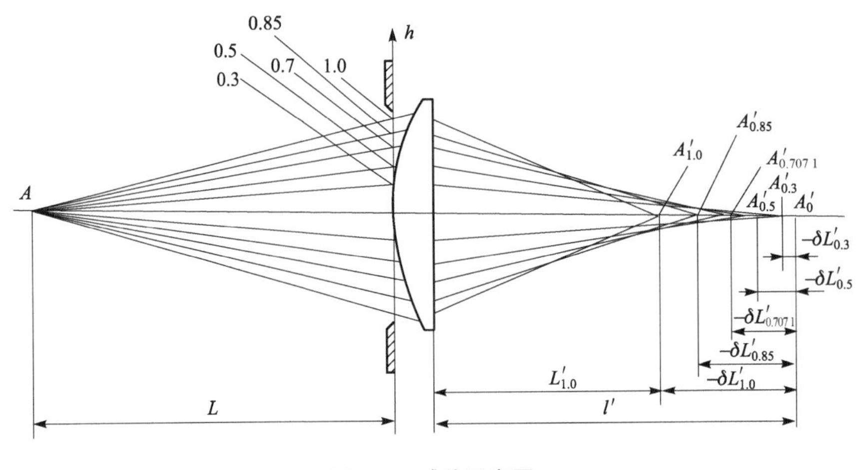

图 1–9　球差示意图

由图 1–9 可见，轴上有限远同一物点发出的不同孔径的光线通过系统以后不再交于一点，成像不理想。这些对称光线在光轴方向的离散程度，我们用不同孔径光线对理想像点 A'_0 的距离 $A'_0 A'_{1.0}$，$A'_0 A'_{0.85}$，…表示，称为球差，用符号 $\delta L'$ 表示，$\delta L'$ 的计算公式是

$$\delta L' = L' - l' \tag{1-6}$$

式中，L'——宽孔径高度光线的聚交点的像距；

l'——近轴像点的像距，如图 1–9 所示。

$\delta L'$ 的符号规则是：光线聚交点位于 A'_0 的右方为正、左方为负。为了全面而又概括地表示出不同孔径的球差，我们一般从整个公式中取出 1.0，0.85，0.707 1，0.5，0.3 这 5 个孔径光束的球差值 $\delta L'_{1.0}$，$\delta L'_{0.85}$，$\delta L'_{0.7071}$，$\delta L'_{0.5}$，$\delta L'_{0.3}$ 来描述整个光束的结构。如果系统理想成像，则所有出射光线均交于理想像点 A'_0，球差 $\delta L'_{1.0} = \delta L'_{0.85} = \delta L'_{0.7071} = \delta L'_{0.5} = \delta L'_{0.3} = 0$；反之，球差值越大，成像质量越差。

对于轴上点来说，仅有轴向色差 $\Delta l'_{FC}$ 和球差 $\delta L'$ 这两种像差，就可以表示一个光学系统轴上点成像质量的优劣。

1.3.3　轴外像点的单色像差

对于轴外点来说，情况就比轴上点要复杂得多。对于轴上点，光轴就是整个光束的对称轴线，通过光轴任意截面内的光束的结构都是相同的，因此只需考察一个截面即可。而由轴外物点进入共轴系统成像的光束，经过系统以后不再像轴上点的光束那样具有一条对称轴线，只存在一个对称平面，这个对称平面就是由物点和光轴构成的平面，如图 1–10 中的 ABO 平面。轴外物点发出的通过系统的所有光线在像空间的聚交情况就要比轴上点复杂得多。为了能够简化问题，同时又能够定量地描述这些光线的弥散程度，我们从整个入射光束中取两个互相垂直的平面光束，用这两个平面光束的结构来近似地代表整个光束的结构。这两个平面，一个是光束的对称面 BM^+M^-，称为子午面；另一个是过主光线 BP 与 BM^+M^-垂直的 BD^+D^- 平面，称为弧矢面，用来描述这两个平面光束结构的几何参数分别称为子午像差和弧矢像差。

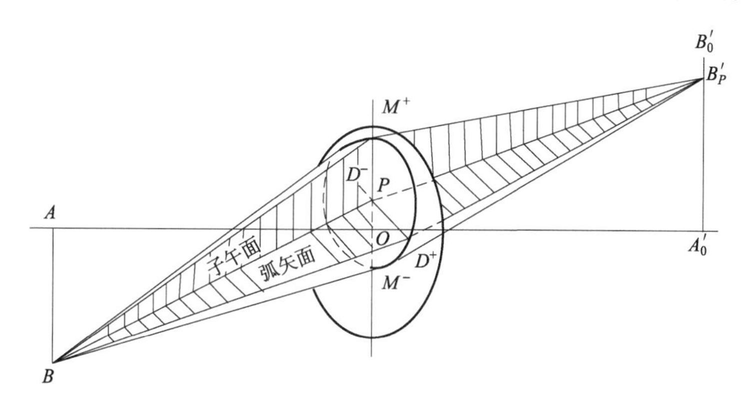

图 1–10　子午面与弧矢面示意图

1. 子午像差

由于子午面既是光束的对称面，又是系统的对称面，位于该平面内的子午光束通过系统后永远位于同一平面内，因此计算子午面内光线的光路是一个平面的三角几何问题。可以在一个平面图形内表示出光束的结构，如图 1–11 所示。

图 1–11 所示为轴外无限远物点发来的斜光束的光路图。与轴上点的情形一样，为了表示子午光束的结构，我们取出主光线两侧具有相同孔径高的两条成对的光线 BM^+和 BM^-，称为子午光线对。该子午光线对通过系统以后当然也位于子午面内，如果光学系统没有像差，则所有光线对都应交于理想像平面上的同一点。由于有像差存在，BM^+和 BM^-光线对的交点 B'_T 既不在主光线上，也不在理想像平面上。为了表示这种差异，我们用子午光线对的交点 B'_T 离理想像平面的轴向距离 X'_T 表示此光线对交点与理想像平面的偏离程度，称为“子午场曲”。用光线对交点 B'_T 离开主光线的垂直距离 K'_T 表示此光线对交点偏离主光线的程度，称为“子午彗差”。当光线对对称地逐渐向主光线靠近，宽度趋于零时，它们的交点 B'_T 趋近于一点 B'_t，B'_t 点显然应该位于主光线上，它离开理想像平面的距离称为“细光束子午场曲”，用 x'_t 表示。不同宽度子午光线对的子午场曲 X'_T 和细光束子午场曲 x'_t 之差（$X'_T - x'_t$）代表了细光束和宽光束交点前后位置的差。此差值和轴上点的球差具有类似的意义，因此也称为“轴外子午球

差”，用$\delta L'_T$表示，即

$$\delta L'_T = X'_T - x'_t \tag{1-7}$$

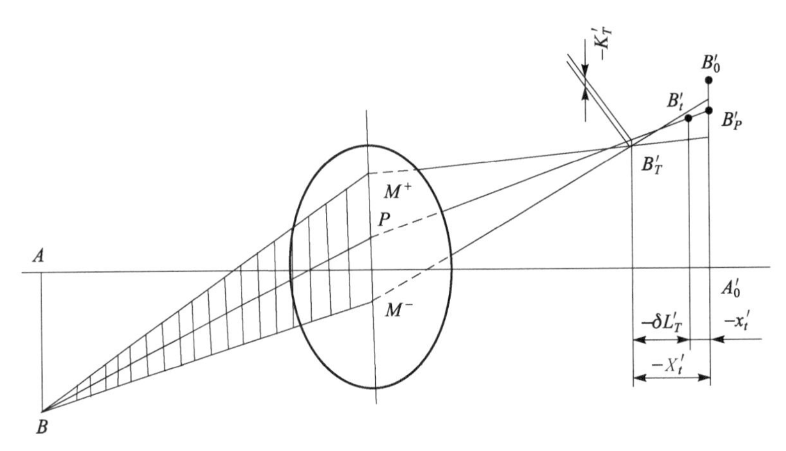

图 1–11　子午面光线像差

它描述了光束宽度改变时交点前后位置的变化情况。X'_T，K'_T和$\delta L'_T$这3个量即可表示子午光线对BM^+和BM^-的聚交情况。为了全面了解整个子午光束的结构，一般取出不同孔径高的若干个子午光线对，每一个子午光线对都有它们自己相应的X'_T，K'_T和$\delta L'_T$值。孔径高的选取和轴上点相似，取（±1，±0.85，±0.707 1，±0.5，±0.3）h_m，其中h_m为最大孔径高。同时，为了了解整个像平面的成像质量，还需要知道不同像高轴外点的像差，一般取1，0.85，0.707 1，0.5，0.3这5个视场来分别计算不同孔径高子午像差X'_T，K'_T和$\delta L'_T$的值。

2. 弧矢像差

弧矢像差可以和子午像差类似定义，只不过是在弧矢面内。如图1–12所示，阴影部分所在平面即为弧矢面。处在主光线两侧与主光线距离相等的弧矢光线对BD^+和BD^-相对于子午面显然是对称的，它们的交点必然位于子午面内。与子午光线对的情形相对应，我们把弧矢光线对的交点B'_S到理想像平面的距离用X'_S表示，称为“弧矢场曲”；B'_S到主光线的距离用K'_S表示，称为“弧矢彗差”。主光线附近的弧矢细光束的交点B'_S到理想像平面的距离用x'_s表示，称为“细光束弧矢场曲”；$X'_S - x'_s$称为“轴外弧矢球差”，用$\delta L'_S$表示。

$$\delta L'_S = X'_S - x'_s \tag{1-8}$$

由于弧矢像差和子午像差比较，变化比较缓慢，所以一般比子午光束少取一些弧矢光线对。另外，与子午光线一样，为了了解整个像平面的成像质量，还需要知道不同像高轴外点的像差，一般取1，0.85，0.707 1，0.5，0.3这5个视场计算不同孔径高的弧矢像差X'_S，K'_S和$\delta L'_S$的值。

对于某些小视场大孔径的光学系统来说，由于像高本身较小，彗差的实际数值更小，因此用彗差的绝对数量不足以说明系统的彗差特性。一般改用彗差与像高的比值来代替系统的彗差，用符号SC′表示

$$\mathrm{SC}' = \lim_{y\to 0}\frac{K'_S}{y'} \tag{1-9}$$

其计算公式为

$$\mathrm{SC}' = \frac{\sin U_1 u'}{\sin U' u_1} \cdot \frac{l' - l'_z}{l' - l'_z} - 1 \tag{1-10}$$

对于用小孔径光束成像的光学系统，它的子午和弧矢宽光束像差 $\delta L'_T$，K'_T 和 $\delta L'_S$，K'_S 不起显著作用。它在理想像平面上的成像质量由细光束子午和弧矢场曲 x'_t，x'_s 决定。x'_t 和 x'_s 之差反映了主光线周围的细光束偏离同心光束的程度，我们把它称为“像散”，用符号 x'_{ts} 表示：

$$x'_{ts} = x'_t - x'_s \tag{1-11}$$

像散 x'_{ts} 等于零说明该细光束为一同心光束；否则为像散光束。x'_{ts}=0 但是 x'_t，x'_s 不一定为零，也就是光束的聚交点与理想像点不重合，因此仍不能认为成像理想。

对于一个理想的光学系统来说，不仅要求成像清晰，而且要求物像要相似。上面介绍的轴外子午和弧矢像差，只能用来表示轴外光束的结构或轴外像点的成像清晰度。实际光学系统所成的像，即使上面所说的子午像差和弧矢像差都等于零，但对应的像高并不一定和理想像高一致。从整个像面来看，物和像的几何形状就不相似。我们把成像光束的主光线和理想像平面交点 B'_P 的高度 $y'_z(A'_0B'_P)$ 作为光束的实际像高。y'_z 和理想像高 $y'_0(A'_0B'_0)$ 之差为 $\delta y'_z(B'_0B'_P)$，如图 1–12 所示，即

$$\delta y'_z = y'_z - y'_0 \tag{1-12}$$

用它作为衡量成像变形的指标，称为畸变。

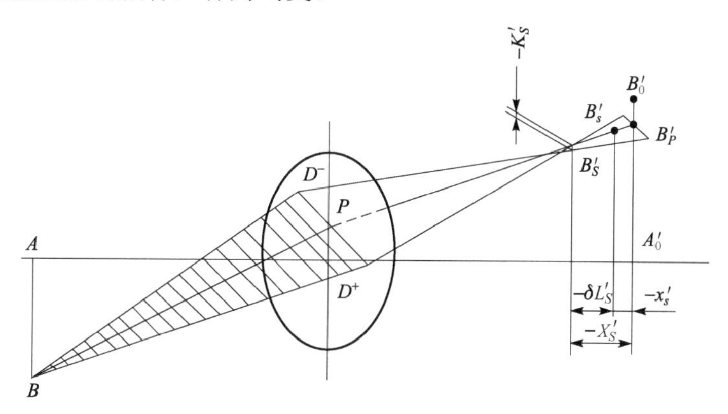

图 1–12　弧矢面光线像差

1.3.4　高级像差

在像差理论研究中，把像差与 y，h 的关系用幂级数形式表示，最低次幂对应的像差称为初级像差，而较高次幂对应的像差称为高级像差。上面所讨论的都是实际像差，实际像差包含初级像差和高级像差。为了比较系统成像质量的好坏，以及便于像差的校正，下面给出一些在光学设计 CAD 软件中常用的高级像差的定义。在下面的定义中，角标 h 代表孔径，y 代表视场。

1. 剩余球差 $\delta L'_{sn}$

剩余球差 $\delta L'_{sn}$ 等于 0.707 1 孔径球差与 1/2 全孔径球差之差，即

$$\delta L'_{sn} = \delta L'_{0.707\,1h} - \frac{1}{2}\delta L'_{1h} \tag{1-13}$$

2. 子午视场高级球差 $\delta L'_{Ty}$

它等于全视场全孔径的子午轴外球差与轴上点全孔径球差之差，即

$$\delta L'_{Ty} = \delta L'_{Tm} - \delta L'_{m} \tag{1-14}$$

3. 弧矢视场高级球差 $\delta L'_{Sy}$

它等于全视场全孔径的弧矢轴外球差与轴上点全孔径球差之差，即

$$\delta L'_{Sy} = \delta L'_{Sm} - \delta L'_{m} \tag{1-15}$$

4. 全视场 0.707 1 孔径剩余子午彗差 K'_{Tsnh}

它等于全视场 0.707 1 孔径的子午彗差减去 1/2 全视场全孔径子午彗差，即

$$K'_{Tsnh} = K'_{T0.707\,1h} - \frac{1}{2}K'_{Thm} \tag{1-16}$$

5. 全孔径 0.707 1 视场剩余子午彗差 K'_{Tsny}

它等于全孔径 0.707 1 视场的子午彗差与 0.707 1 乘以全视场全孔径子午彗差之差，即

$$K'_{Tsny} = K'_{T0.707\,1y} - 0.707\,1K'_{Ymy} \tag{1-17}$$

6. 剩余细光束子午场曲 x'_{Tsn}

它等于 0.707 1 视场的细光束子午场曲与 1/2 全视场的细光束子午场曲之差，即

$$x'_{Tsn} = x'_{T0.707\,1y} - \frac{1}{2}x'_{Tm} \tag{1-18}$$

7. 剩余细光束弧矢场曲 x'_{Ssn}

它等于 0.707 1 视场的细光束弧矢场曲与 1/2 全视场的细光束弧矢场曲之差，即

$$x'_{Ssn} = x'_{S0.707\,1y} - \frac{1}{2}x'_{Sm} \tag{1-19}$$

8. 色球差 $\Delta\delta L'_{\mathrm{FC}}$

它等于两种色光的边缘色差与近轴色差之差，即

$$\Delta\delta L'_{\mathrm{FC}} = \Delta L'_{\mathrm{FC}m} - \Delta l'_{\mathrm{FC}} \tag{1-20}$$

9. 剩余垂轴色差 $\Delta\delta y'_{\mathrm{FC}}$

它等于 0.707 1 视场垂轴色差与 0.707 1 乘以全视场垂轴色差之差，即

$$\Delta\delta y'_{\mathrm{FC}} = \Delta y'_{\mathrm{FC}0.707\,1y} - 0.707\,1\Delta y'_{\mathrm{FC}m} \tag{1-21}$$

一个系统在像差校正完成以后，成像质量的好坏就在于其高级像差的大小。通常对于一定的结构形式，其高级像差的数值基本上是一定的。如果在像差校正完成以后，高级像差很大而导致成像质量不好，就必须更换结构形式。另外，像差校正完成以后，如果各种高级像差能够合理地平衡或匹配，则成像质量会有所提高。因此，在像差校正的后期，在初级像差已经校正的情况下，为了使系统的成像质量更好，就要求对高级像差进行平衡。高级像差的平衡是一个比较复杂的问题，使用者可参考有关书籍。

§ 1.4　垂轴像差的概念及其计算

§1.3 节所介绍的几何像差的特点是用一些独立的几何参数来表示像点的成像质量，即用

单项独立几何像差来表示出射光线的空间复杂结构。用这种方式来表示像差的特点是便于了解光束的结构，分析它们和光学系统结构参数之间的关系，以便进一步校正像差。但是应用这种方法时几何像差的数据繁多，很难从整体上获得系统综合成像质量的概念。这时我们用像面上子午光束和弧矢光束的弥散范围来评价系统的成像质量有时更加方便，它直接用不同孔径子午、弧矢光线在理想像平面上的交点和主光线在理想像平面上的交点之间的距离来表示，称为垂轴几何像差。由于它直接给出了光束在像平面上的弥散情况，反映了像点的大小，所以更加直观、全面地显示了系统的成像质量。

如图 1–13 所示，为了表示子午光束的成像质量，我们在整个子午光束截面内取若干对光线，一般取$\pm 1.0h$，$\pm 0.85h$，$\pm 0.707\,1h$，$\pm 0.5h$，$\pm 0.3h$，$0h$ 这 11 条不同孔径的光线，计算出它们和理想像平面交点的坐标。由于子午光线永远位于子午面内，因此在理想像平面上交点高度之差就是这些交点之间的距离。求出前 10 条光线和主光线（0 孔径光线）高度之差即为子午光束的垂轴像差

$$\delta y' = y' - y'_z \qquad (1\text{–}22)$$

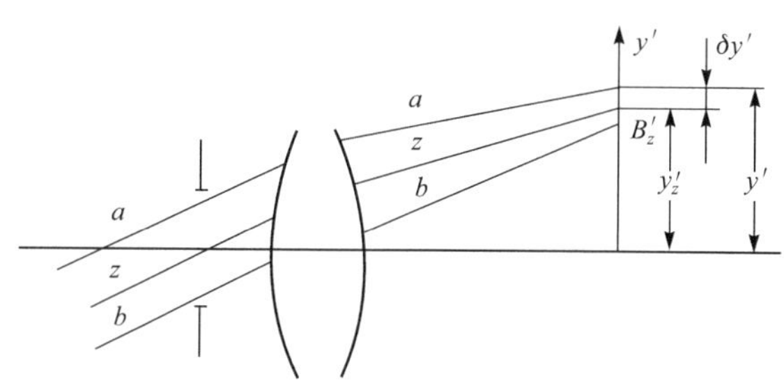

图 1–13　子午垂轴像差

对称于子午面的弧矢光线通过光学系统时永远与子午面对称，如图 1–14 所示。只需计算子午面前或子午面后一侧的弧矢光线，另一侧的弧矢光线就很容易根据对称关系确定。弧矢光线 BD^+经过系统后与理想像平面的交点 B'_+ 不再位于子午面上，因此 B'_+ 相对主光线和理想像平面交点 B'_p 的位置用两个垂直分量 $\delta y'$ 和 $\delta z'$ 表示，$\delta y'$ 和 $\delta z'$ 即为弧矢光线的垂轴像差。和 BD^+成对的弧矢光线 BD^-与理想像平面的交点 B'_- 的坐标为$(\delta y', -\delta z')$，所以只要计算出了 BD^+ 的垂轴像差，BD^-的垂轴像差也就知道了。

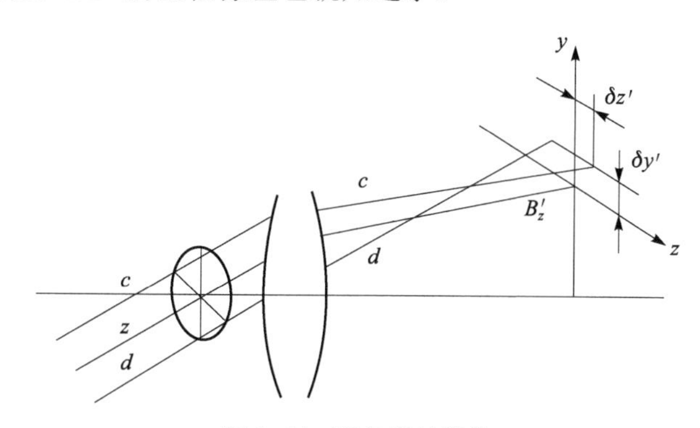

图 1–14　弧矢垂轴像差

为了用垂轴像差表示色差，可以将不同颜色光线的垂轴像差用同一基准像面和同一基准主光线作为基准点计算各色光线的垂轴像差。与前面计算垂轴色差时一样，我们一般采用平均波长光线的理想像平面和主光线作为基准计算各色光光线的垂轴色差。为了了解整个像面的成像质量，同样需要计算轴上点和若干不同像高轴外点的垂轴像差。对轴上点来说，子午和弧矢垂轴像差是完全一样的，因此对于弧矢垂轴像差，没有必要计算 0 视场的垂轴像差。

在计算垂轴像差$\delta y'$时以主光线为计算基准，这样做的好处是把畸变和其他像差分离开来。畸变只影响像的变形，而不影响像的清晰度。垂轴像差$\delta y'$以主光线为计算基准，它表示光线在主光线周围的弥散范围，$\delta y'$越小，光线越集中，成像越清晰，所以$\delta y'$表示成像的清晰度。而如果以理想像点作计算基准，就把畸变和清晰度混淆在一起了，不利于分析和校正像差。

§ 1.5 几何像差计算程序 ABR 的输入数据与输出结果

本节利用 SOD88 软件包中的几何像差计算程序 ABR 介绍像差计算程序所需要的全部数据及其输出结果。

1.5.1 基本输入数据

几何像差计算程序 ABR 所需要的输入数据包括光学特性参数和光学结构参数。光学特性参数包括以下几个。

（1）色光数 N_c。为了计算每个波长的像差以评定系统的成像质量，一般选出 3～5 个波长，对于单色光成像的光学系统，只需计算一个波长就可以了，因此色光数输入可以是 1，3 或 5。例如，对于最常用的目视光学仪器，色光数可选 3，即以 D 波长（589.30 nm）光作为中心谱线校正单色像差，选择 C 波长（656.28 nm）光和 F 波长（486.13 nm）光作为两种消色差谱线。

（2）系统总面数 N_s。它不包括入瞳面和像面，如果给出光阑，则光阑也算一面。

（3）光阑所在面序号 N_p。如果给出入瞳位置，则 $N_p=0$。

（4）非球面个数 N_{as}。若没有非球面，则 $N_{as}=0$。

（5）附加理想系统焦距 F'_{id}：当计算无焦系统时，需要附加一个无像差的理想系统才能计算像差。例如，对于望远系统，组合系统焦距 $f'=\infty$，像面在无穷远，无法进行像质评价，因此需输入理想系统焦距。如果是有焦系统，则 $F'_{id}=0$。

（6）物距 L、视场角 ω（y）、光束大小 h（$\sin U$）。此三项在§1.2 节中已经作过详细介绍。

除以上特性参数外，还需输入光学结构参数，包括各面的曲率半径 r、间隔（或厚度）d 及折射率 n。如果有非球面，则还要输入各个非球面的系数 K 及 a_4，a_6，a_8，a_{10}，a_{12}。由光学系统特性参数和结构参数构成的数据文件如表 1–3 所示。

表 1–3 输入数据文件

系统的标志数	N_c，N_s，N_p，N_{as}，F'_{id}
特性参数	L，ω（y），h（$\sin U$）

续表

结构参数	r_1，d_1（$-l_z$），n_1，n_{a1}，n_{b1} r_2，d_2（$-l_z$），n_2，n_{a2}，n_{b2} ⋮ r_{N_s}，d_{N_s}，n_{N_s}，n_{aN_s}，n_{bN_s} r_{N_s+1}，d_{N_s+1}，n_{N_s+1}，n_{aN_s+1}，n_{bN_s+1}
非球面系数	NO_1，K_1，$a_{4.1}$，$a_{6.1}$，$a_{8.1}$，$a_{10.1}$，$a_{12.1}$ NO_2，K_2，$a_{4.2}$，$a_{6.2}$，$a_{8.2}$，$a_{10.2}$，$a_{12.2}$ ⋮ $NO_{N_{as}}$，$K_{N_{as}}$，$a_{4.N_{as}}$，$a_{6.N_{as}}$，$a_{8.N_{as}}$，$a_{10.N_{as}}$，$a_{12.N_{as}}$
其他附加数据	⋮

除以上单个结构参数外，有时也经常采用结组参数和组合参数。所谓结组参数是指两个结构参数在改变时，保持大小相等、符号相同或大小相等、符号相反。而组合参数则是指在某两个面之间交换光焦度，或从某一面到另一面进行整组弯曲（即同时给一个曲率增量）。

1.5.2　基本输出数据

下面给出一个望远物镜的计算例子。具体参数如下：

r	d	n	n_a	n_b	玻璃材料
75.15	6.00	1.000 000	1.000 000	1.000 000	AIR
−52.72	3.00	1.516 300	1.521 955	1.513 895	K9
−149.28	0.00	1.672 500	1.687 472	1.666 602	ZF2
		1.000 000	1.000 000	1.000 000	AIR

L= 0.00　　　ω（y）= −4.00　　　h（sin$U$）= 15.00

孔径光阑与第一面重合。将以上参数输入计算机并运行像差计算程序 ABR，即可得到计算后的输出结果。输出结果的开始部分是打印出输入的光学特性参数和全部结果参数，然后输出系统的近轴参数：

$$f=-119.929,\ l_f=-118.217,\ f'=119.929,\ l'_f=115.811,\ l'=115.811$$

$$y'=8.386,\ u'=0.125\,074,\ J=1.048\,90$$

l_z=0.00　　l'_z = −5.855　　H_z（6）=0.00　　0.00　　0.00　　0.00　　0.00　　0.00

其中，f 和 f' 分别为物方和像方焦距，l_f 和 l'_f 分别为物方和像方焦截距，l' 为像距，y' 为像高，u' 为像方孔径角，J 为拉氏不变量，l_z 和 l'_z 分别为入瞳距离和出瞳距离，需要注意的是它们都是近轴量，即 0 视场的量。H_z（6）有 6 个数，代表 6 个视场的主光线与入瞳面交点离入瞳中心（光轴）的距离，它反映了系统的光阑球差的大小。在本例中光阑与第 1 面重合，所有视场的主光线均通过光阑中心，所以 H_z（6）均为 0。若光阑位置不在第 1 面，则由于存在光阑球差，各视场主光线不一定过入瞳中心，前 5 个量就不一定为 0，但是，第 6 个量因为对应着 0 视场，所以一定为 0，为完整起见，仍然打印出来。

接下来输出的是系统的轴上像差，即球差 $\delta L'$、正弦差 SC′、波色差 OPD_{ab}、a 光球差 $\delta L'_a$、b 光球差 $\delta L'_b$ 以及轴向色差 $\delta L'_{ab}$。不同的列从左往右为不同的归化孔径，依次为 1.0，0.85，

0.707 1，0.50，0.30 和 0 孔径。虽然 0 孔径中心波长的球差为零，但两消色差谱线 a 光和 b 光的球差却不为零，因此为完整起见，仍给出 0 孔径的值。

AXIAL ABERRATION（轴上点像差）

$\delta L'$	0.006 82	−0.049 65	−0.062 32	−0.045 76	−0.019 63	0.000 00
SC′	0.000 41	0.000 38	0.000 31	0.000 17	0.000 07	0.000 00
OPD_{ab}	0.000 10	−0.000 10	−0.000 16	−0.000 13	−0.000 06	0.000 00
$\delta L'_a$	0.157 17	0.052 03	0.003 01	−0.018 73	−0.015 83	−0.008 85
$\delta L'_b$	0.032 27	−0.006 74	−0.006 36	0.023 97	0.058 44	0.082 63
$\delta L'_{ab}$	0.124 90	0.058 77	0.009 37	−0.042 70	−0.074 27	−0.091 48

接下来输出的是系统的轴外像差，由于轴外像差可能既与视场有关，又与孔径有关，因此像差符号的下标中 h 代表孔径，而从上往下则代表不同视场的像差值。轴外像差有轴外 5 个视场的出瞳距离 l'_z、畸变 $\delta y'_z$、细光束子午场曲 x'_t、细光束弧矢场曲 x'_s、细光束像散 x'_{ts}、1 孔径轴外弧矢球差 $\delta L'_{s1h}$、0.707 1 孔径轴外弧矢球差 $\delta L'_{s0.707\,1h}$、1 孔径轴外弧矢彗差 K'_{s1h}、0.707 1 孔径轴外弧矢彗 $K'_{s0.707\,1h}$、1 孔径轴外子午球差 $\delta L'_{T1h}$、0.707 1 孔径轴外子午球差 $\delta L'_{T0.707\,1h}$、0.5 孔径轴外子午球差 $\delta L'_{T0.5h}$、1 孔径轴外子午彗差 K'_{T1h}、0.707 1 孔径轴外子午彗 $K'_{T0.707\,1h}$、0.5 孔径轴外子午彗差 $K'_{T0.5h}$、a 光畸变 $\delta y'_a$、b 光畸变 $\delta y'_b$ 和垂轴色差 $\delta y'_{ab}$。不同的行从上往下为不同的规化视场，依次为 1.0，0.85，0.707 1，0.50 和 0.30 视场。

OFF AXIAL ABERRATION（轴外点像差）

l'_z	$\delta y'_z$	x'_t	x'_s	x'_{ts}	$\delta L'_{s1h}$	$\delta L'_{s0.707\,1h}$
−5.847 81	−0.001 43	−1.026 48	−0.484 22	−0.542 26	0.002 50	−0.064 35
−5.849 90	−0.000 88	−0.743 11	−0.350 33	−0.392 78	0.003 69	−0.063 79
−5.851 58	−0.000 51	−0.515 07	−0.242 70	−0.272 37	0.004 65	−0.063 34
−5.853 46	−0.000 18	−0.258 00	−0.121 50	−0.136 50	0.005 73	−0.062 83
−5.854 67	−0.000 04	−0.092 99	−0.043 77	−0.049 21	0.006 43	−0.062 51

K'_{s1h}	$K'_{s0.707\,1h}$	$\delta L'_{T1h}$	$\delta L'_{T0.707\,1h}$	$\delta L'_{T0.5h}$	K'_{T1h}	$K'_{T0.707\,1h}$
0.003 20	0.002 44	0.004 72	−0.064 05	−0.046 76	0.004 60	0.006 66
0.002 78	0.002 10	0.005 32	−0.063 56	−0.046 48	0.003 69	0.005 55
0.002 35	0.001 77	0.004 53	−0.057 90	−0.063 18	0.004 62	0.002 93
0.001 69	0.001 26	0.006 31	−0.062 75	−0.046 01	0.001 96	0.003 14
0.001 03	0.000 76	0.006 64	−0.062 48	−0.045 85	0.001 13	0.001 86

$K'_{T0.5h}$	$\delta y'_a$	$\delta y'_b$	$\delta y'_{ab}$
0.004 28	−0.001 79	−0.001 15	−0.000 64
0.003 58	−0.001 18	−0.000 64	−0.000 54
0.002 94	−0.000 76	−0.000 31	−0.000 46
0.002 04	−0.000 36	−0.000 04	−0.000 32
0.001 21	−0.000 15	0.000 05	−0.000 19

接下来输出的是系统的高级像差，即剩余球差$\delta L'_{sn}$、子午视场高级球差$\delta L'_{Ty}$、弧矢视场高级球差$\delta L'_{Sy}$、全视场 0.707 1 孔径剩余子午彗差K'_{Tsnh}、全孔径 0.707 1 视场剩余子午彗差K'_{Tsny}、剩余细光束子午场曲x'_{Tsn}、剩余细光束弧矢场曲x'_{Ssn}、色球差$\Delta\delta L'_{FC}$、剩余垂轴色差$\Delta\delta y'_{FC}$。

$\delta L'_{sn}$	$\delta L'_{Ty}$	$\delta L'_{Sy}$	K'_{Tsnh}	K'_{Tsny}	x'_{Tsn}	x'_{Ssn}	$\Delta\delta L'_{FC}$	$\Delta\delta y'_{FC}$
−0.065 73	−0.002 1	−0.004 32	0.004 36	−0.000 33	−0.001 83	−0.000 59	0.216 38	−0.0

接下来输出的是系统的垂轴像差，即子午垂轴像差（Meridian Lateral Aberration）$\delta y'_t$和弧矢垂轴像差（Sagittal Lateral Aberration）$\delta y'$，$\delta z'$。子午垂轴像差从左至右排列为归化孔径，依次为 1.0，0.85，0.707 1，0.5，0.3，0，−0.3，−0.5，−0.707 1，−0.85 和−1.0 孔径 ；从上往下排列为归化视场，依次为 1.0，0.85，0.707 1，0.5，0.3 和 0 视场。对于弧矢垂轴像差，每一条弧矢光线对应两个分量$\delta y',\delta z'$，由于弧矢光束对于子午面对称，只需要计算主光线一侧的弧矢光线即可。因此从左至右依次为 1.0，0.85，0.707 1，0.5 和 0.3 归化孔径；从上往下排列仍然为归化视场，依次为 1.0，0.85，0.707 1，0.5 和 0.3 视场。因为轴上点对光轴对称，0 视场的子午和弧矢光线聚交情况是完全一样的，所以没有必要计算 0 视场的弧矢像差。

子午垂轴像差（$\delta y'_t$）

$1.0h$	$0.85h$	$0.707\ 1h$	$0.5h$	$0.3h$	$0h$	$-0.3h$	$-0.5h$	$-0.707\ 1h$	$-0.85h$	$-1.0h$
−0.125 29	−0.109 34	−0.091 04	−0.063 58	−0.037 90	0	0.041 39	0.072 14	0.104 37	0.123 27	0.134 49
−0.089 87	−0.079 71	−0.066 55	−0.046 22	−0.027 38	0	0.030 30	0.053 38	0.077 64	0.091 22	0.097 25
−0.061 53	−0.056 08	−0.047 04	−0.032 40	−0.018 98	0	0.021 37	0.038 27	0.056 11	0.065 44	0.067 38
−0.029 83	−0.029 80	−0.025 40	−0.017 05	−0.009 62	0	0.011 29	0.021 14	0.031 69	0.036 24	0.033 74
−0.009 76	−0.013 38	−0.011 95	−0.007 49	−0.003 74	0	0.004 73	0.009 92	0.015 68	0.017 18	0.012 02
0.000 86	−0.005 31	−0.005 53	−0.002 87	−0.000 74	0	0.000 74	0.002 87	0.005 53	0.005 31	−0.000 86

弧矢垂轴像差（$\delta y'$，$\delta z'$）

$1.0h$		$0.85h$		$0.707\ 1h$		$0.5h$		$0.3h$	
0.003 20	−0.060 95	0.003 01	−0.057 64	0.002 44	−0.048 92	0.001 40	−0.033 41	0.000 55	−0.019 01
0.002 78	−0.043 81	0.002 60	−0.043 13	0.002 10	−0.036 89	0.001 21	−0.024 94	0.000 47	−0.013 94
0.002 35	−0.030 06	0.002 19	−0.031 49	0.001 77	−0.027 23	0.001 01	−0.018 15	0.000 39	−0.009 88
0.001 69	−0.014 60	0.001 57	−0.018 40	0.001 26	−0.016 39	0.000 72	−0.010 51	0.000 28	−0.005 31
0.001 03	−0.004 71	0.000 95	−0.010 02	0.000 76	−0.009 44	0.000 44	−0.005 62	0.000 17	−0.002 38

接下来输出的是对指定视场和孔径的子午光线在系统每个面上的投射高（Ray Height）和在各面之间的光路长（斜厚度，Tilt Thickness），作为设计者确定透镜口径和厚度的参考依据。每条光线由ω（y）确定视场，由 h（sin$U$）确定孔径，HT 代表投射高，TT 代表斜厚度。

投射高和斜厚度

ω（y）= 0.000 0　　h（sin$U$）= 1.000 0

HT	15.000 0	14.837 3	14.684 7
TT	2.362 5	4.409 5	

ω（y）=1.000 0　　h（sin$U$）= 1.000 0

HT	15.107 3	15.052 4	15.079 1
TT	2.272 0	4.431 1	

ω（y）=1.000 0　　h（sin$U$）= –1.000 0

HT　–14.895 7　　–14.615 8　　–14.284 4

TT　2.458 4　　4.394 0

不同的输入数据会导致不同的输出结果。以上只是常见的输入和输出数据，对于一些特殊的功能，请参考相应的说明书。

§1.6　几何像差及垂轴像差的图形输出

要了解一个系统的成像质量需要计算很多像差。为了对成像质量有一个全面的、明确的认识，我们把前面计算的各种像差数据画成曲线。下面就以§1.5 节的双胶合物镜为例，来说明一些常用的像差曲线。

1.6.1　轴上点的球差和轴向色差曲线

把 $\delta L'_{\mathrm{D}}$, $\delta L'_{\mathrm{F}}$, $\delta L'_{\mathrm{C}}$ 3 种像差曲线绘在同一张图中，纵坐标代表归化的孔径 h，横坐标代表球差 $\delta L'$，如图 1–15 所示。从图中可以看出，三种不同颜色的球差曲线随孔径的变化情况，也可以看出轴向色差的大小，C 和 F 光线曲线沿横轴方向的位置之差就是轴向色差。根据这三条曲线就可以了解轴上点的成像质量。

1.6.2　正弦差（相对彗差）曲线

如图 1–16 所示，纵坐标代表孔径 h，横坐标代表正弦差 SC′，根据上一节的输出结果可以作出曲线。前面曾经指出，物点在近轴区域内，也就是小物体用大孔径光束成像时，除了有球差和轴向色差外还有彗差，通常用相对彗差即正弦差表示。正弦差曲线加上球差和轴向色差曲线，就代表了光轴附近也就是像面中心附近区域的成像质量。

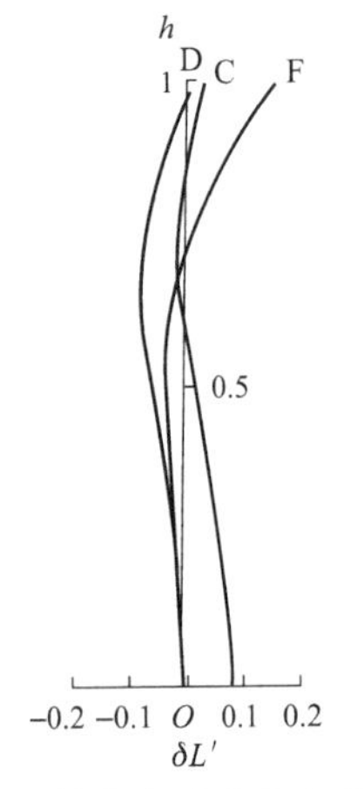

图 1–15　轴上点球差和色差曲线

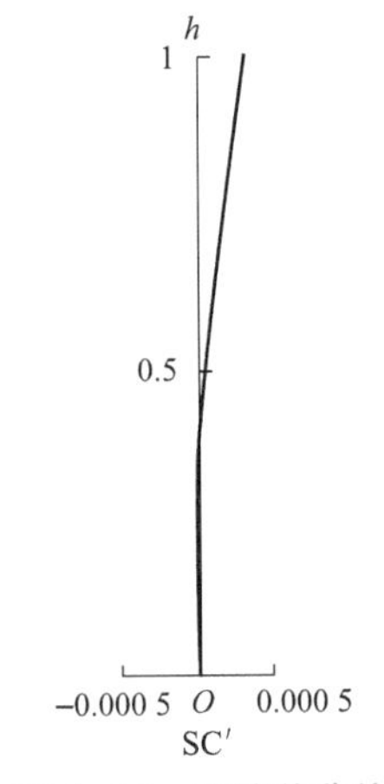

图 1–16　正弦差曲线

1.6.3　畸变和垂轴色差曲线

畸变和垂轴色差都是与主光线有关的像差，因此我们也把它们绘在同一张图上，如图 1–17 所示。横坐标代表 $\delta y'_{\mathrm{D}}$, $\delta y'_{\mathrm{F}}$, $\delta y'_{\mathrm{C}}$，纵坐标代表视场 ω，同样按归化视场分划。从图中可以看出每种颜色光线的畸变随视场变化的情况，同时也可以看出垂轴色差的大小，F 和 C 光线曲线沿横轴方向的位置之差就是垂轴色差。需要注意的是，3 条曲线都过原点 O，这是因为当视场为 0 时，任何颜色光线均没有畸变。

1.6.4　细光束像散曲线

细光束像散表示主光线周围细光束的聚交情况，$x'_{ts}=x'_t-x'_s$。如图 1–18 所示，横坐标为 x'_t 与 x'_s，纵坐标为视场 ω。图中 t 代表子午细光束场曲，s 代表细光束弧矢场曲。如果除中心谱线外，还计算了其他两种色光的像差，则 t 和 s 各有 3 条，分别对应 D，F 和 C 3 种颜色光线的 x'_t，x'_s。需要注意的是，当视场为零即 $\omega=0$ 时，系统没有像散（轴上点只有球差和轴向色差），$x'_{ts}=x'_t-x'_s=0$，所以 $x'_t=x'_s$，x'_t 和 x'_s 应交于一点，也就是理想像点处。因此各色光 0 视场的 x'_t 和 x'_s 应交于各自的理想像点处，D 光的理想像平面就是过坐标原点的平面，所以 D 光 0 视场的 x'_t、x'_s 应过原点，F 和 C 光线的理想像点与 D 光的不重合，所以 F 和 C 光线 0 视场的 x'_t 和 x'_s 不过原点，其交点与原点的距离恰好就是 F 光和 C 光的 0 孔径轴向球差。

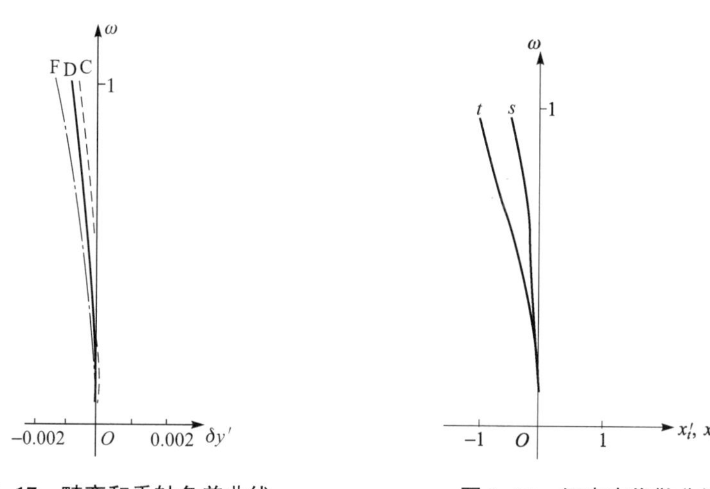

图 1–17　畸变和垂轴色差曲线　　　　图 1–18　细光束像散曲线

畸变和垂轴色差代表了主光线的像差，再加上细光束像散曲线就表示了主光线周围细光束（也就是核心光束）部分的像差。但是实际成像光束必须有一定大小，否则成像太暗。成像光束有一定宽度，就会有宽光束像差。下面讨论轴外点宽光束的像差曲线。

1.6.5　轴外点子午球差和子午彗差曲线

上面所讨论的像差都只与孔径或视场中的一个量有关，而轴外点的宽光束像差则与孔径和视场中两个量都有关。如图 1–19 和图 1–20 所示，我们画出 3 个孔径（1h，0.707 1 h，0.5 h）的轴外点子午球差 $\delta L'_T$ 和子午彗差 K'_T 的曲线，纵坐标代表视场 ω，横坐标分别代表 $\delta L'_T$ 和 K'_T。

§1.5 节的输出数据中只给出了 1ω，0.85ω，0.707 1ω，0.5ω，0.3ω 这 5 个视场的 $\delta L'_T$ 和 K'_T，没有给出 0 视场的 $\delta L'_T$ 和 K'_T，那么曲线和横坐标应交于何处呢？当视场为 0 时，不同孔径光线的子午和弧矢彗差都为 0，子午球差就是轴上点相应孔径高度处的球差。因此图 1–20 中各孔径的 K'_T 曲线应过原点 O，而图 1–19 中各孔径的 $\delta L'_T$ 曲线与横坐标的交点应分别等于各自的轴上点相应孔径的球差值。

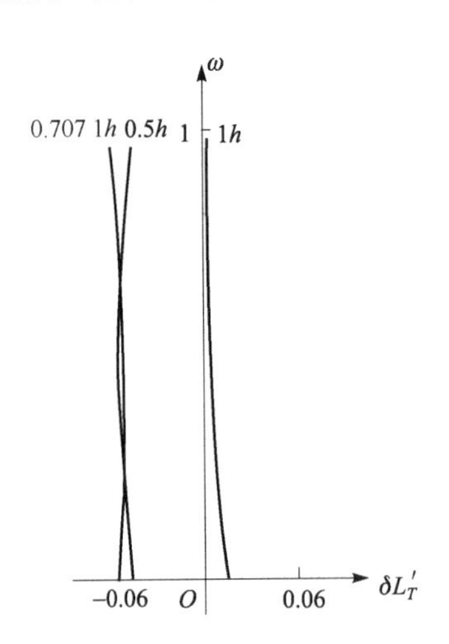

图 1–19　子午球差 $\delta L'_T$ 曲线

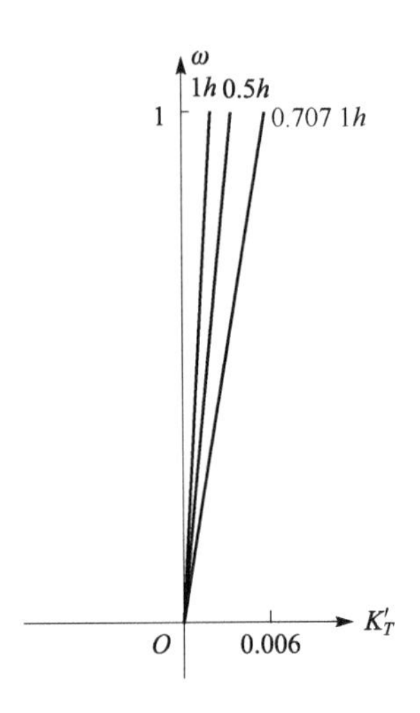

图 1–20　子午彗差 K'_T 曲线

在图 1–19 中，三条 $\delta L'_T$ 曲线基本平行，几乎与横坐标垂直，说明子午球差随视场变化不大；而三条曲线在轴向方向上的距离较大，也就是随孔径 h 的不同，子午球差变化比较大，这正是视场小、相对孔径较大的原因。三条 K'_T 曲线近似为直线，只是斜率不同，说明当视场不太大时，子午彗差与视场成一次方的关系。

1.6.6　子午垂轴像差曲线

前面曾经指出，垂轴像差可以全面地反映系统的成像质量。我们把子午垂轴像差按不同视场、不同孔径作成曲线，即为光学设计中常用的子午垂轴像差曲线。如图 1–21 所示，从上到下按归化视场 1.0ω，0.85ω，$0.707\,1\omega$，0.5ω，0.3ω 和 0ω 画出了 6 条曲线，每条曲线中，横坐标表示孔径 h，取相对孔径 $\pm1.0h$，$\pm0.85h$，$\pm0.707\,1h$，$\pm0.5h$，$\pm0.3h$ 和 $0h$；纵坐标表示子午垂轴像差 $\delta y'$。如果计算了其他两种色光的像差，则有 3 条曲线，分别代表 3 种颜色光线 D，F 和 C 的 $\delta y'$。

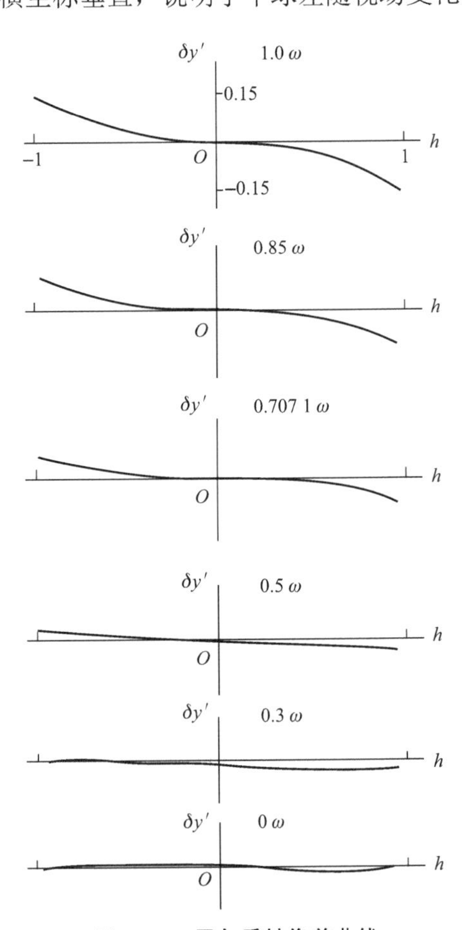

图 1–21　子午垂轴像差曲线

子午垂轴像差曲线在纵坐标上对应的区间表示了子午光束在理想像平面上的最大弥散范围，显然弥散范围越小越好。没有像差的理想曲线应该是一条与横坐标重合的直线。但是，只看最大弥散范围还不足以全面反映系统的成像质量，还要看光能是否集中。如图 1–22 所示，两个图形曲线的最大弥散范围是一样的，但图 1–22（b）中光能均匀分布在像面上，而图 1–22（a）中绝大多数光能都集中在一起，只有少量光线离散较大。所以，虽然两个图形的最大弥散范围一样，但后者却比前者成像质量好，甚至即使后者的最大弥散范围再大些，成像质量仍比前者好。

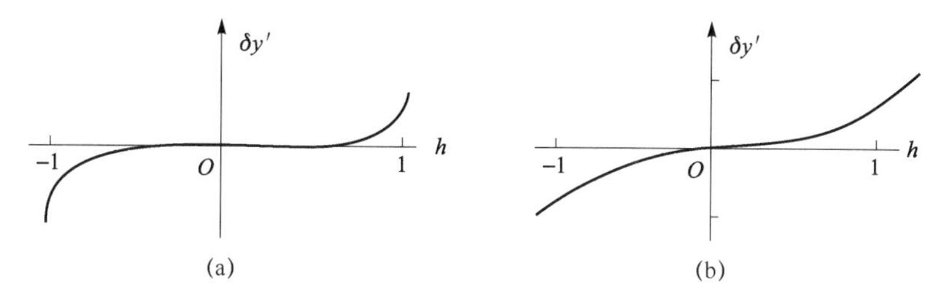

图 1–22　垂轴像差弥散范围

（a）光能较为集中；（b）光能较为分散

从图 1–21 中不同视场对应的像差曲线可以看出子午垂轴像差随视场变化的规律。不同颜色曲线与纵坐标交点位置之差表示垂轴色差的大小。当 h=0 的光线代表主光线时，不同色光主光线在理想像平面上的交点高度之差即为垂轴色差：

$$\delta y'_{\mathrm{FC}} = \delta y'_{\mathrm{F}} - \delta y'_{\mathrm{C}}$$

单项几何像差和垂轴像差都能表示系统的成像质量。子午光束具有 3 种几何像差：x'_t，X'_T 和 K'_T。子午垂轴像差曲线和这 3 种子午像差都表示子午光束的成像质量，只不过各自的表现形式不同，因此它们之间必然有一定的联系。也就是说，子午垂轴像差曲线的形状是由子午像差 x'_t，X'_T 和 K'_T 决定的。由子午垂轴像差曲线可以确定出 x'_t，X'_T 和 K'_T 的大小，反过来也可以由 x'_t，X'_T 和 K'_T 大致想象出垂轴像差曲线的形状。它们之间存在以下关系。

如图 1–23 所示，将子午光线对 a，b 连成一条直线，该直线的斜率与宽光束子午场曲 X'_T 成比例。当孔径改变时，连线的斜率也变化，表示 X'_T 随口径变化的规律。当 $h \to 0$ 时，连线斜率便成了过 O 点的切线斜率，这时 $X'_T \to x'_t$，所以在原点处的切线斜率正比于细光束子午场曲 x'_t。我们知道子午球差 $\delta L'_T = X'_T - x'_t$，所以子午光线对连线斜率与过原点处切线斜率的夹角正比于宽光束子午球差。显然，夹角越大，子午球差越大。某对子午光线对的连线和纵坐标的交点 D 到原点的距离，就是该口径对应的子午彗差 K'_T，交点高度越高，K'_T 越大。

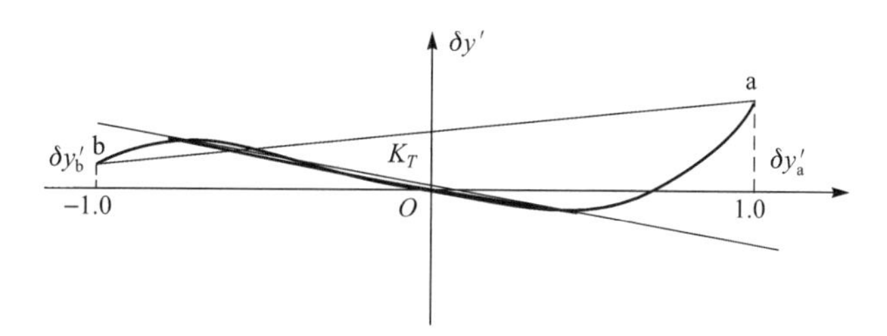

图 1–23　子午垂轴像差与几何像差的关系

1.6.7　弧矢垂轴像差曲线

同样，弧矢垂轴像差可以全面地反映弧矢光束在理想像平面上的弥散情况。如图 1–24 所示，横坐标代表口径，纵坐标代表 $\delta y', \delta z'$，共作出了 5 个视场（1.0ω，0.85ω，0.707 1ω，

0.5ω，0.3ω）的曲线。前面说过，由于弧矢光束对子午面对称，只需计算前半部+h。但为了清楚起见，还是把后半部–h 也画上。前、后两半部的弧矢光线对的 $\delta y'$,$\delta z'$ 有如下关系。

$$\delta y_{+h} = \delta y_{-h}$$

$$\delta z_{+h} = -\delta z_{-h}$$

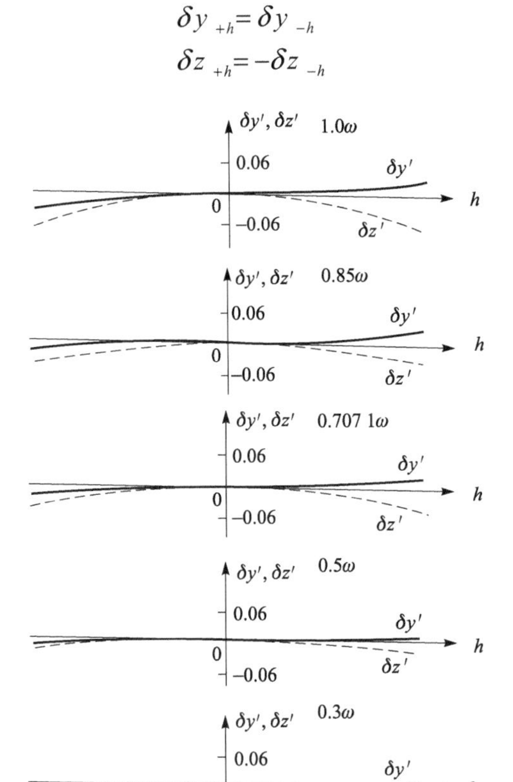

图 1–24　弧矢垂轴像差曲线

与子午垂轴像差曲线类似，弧矢垂轴像差曲线和弧矢宽光束的几何像差的关系，与子午垂轴像差曲线和宽光束子午几何像差的关系是一样的。

上面讨论的像差曲线是经常用到的。在实际设计中，并不是所有的曲线都要画出，系统的光学特性要求不同，需要画出的曲线也不同，应根据情况灵活掌握。

§ 1.7　用波像差评价光学系统的成像质量

上面介绍的是用几何像差作为评价光学系统成像质量的指标，几何像差的优点是计算简单，意义直观。现在介绍另一种用于评价光学系统质量的指标——波像差。

如果光学系统成像质量理想，则各种几何像差都等于零，由同一物点发出的全部光线均聚交于理想像点。根据光线和波面之间的对应关系，光线是波面的法线，波面是垂直于光线的曲面。因此在理想成像的情况下，对应的波面应该是一个以理想像点为中心的球面。如果光学系统成像理想，存在几何像差，则对应的实际波面也不再是以理想像点为中心的球面，而是一个具有一定形状的曲面。我们把实际波面和理想波面之间的光程差作为衡量该像点质量的指标，称为波像差，如图 1–25 所示。

由于波面和光线存在互相垂直的关系，因此几何像差和波像差之间也存在着一定的对应关系。我们可以由波像差求出几何像差，也可以由几何像差求出波像差。在一般光学设计软件中都具有计算波像差的功能，可以方便地计算出已知光学系统的波像差。对于像差比较小的光学系统，波像差比几何像差更能反映系统的成像质量。一般认为，如果最大波像差小于 1/4 波长，则实际光学系统的质量与理想光学系统没有显著差别，这是长期以来评价高质量光学系统的一个经验标准，称为瑞利标准。

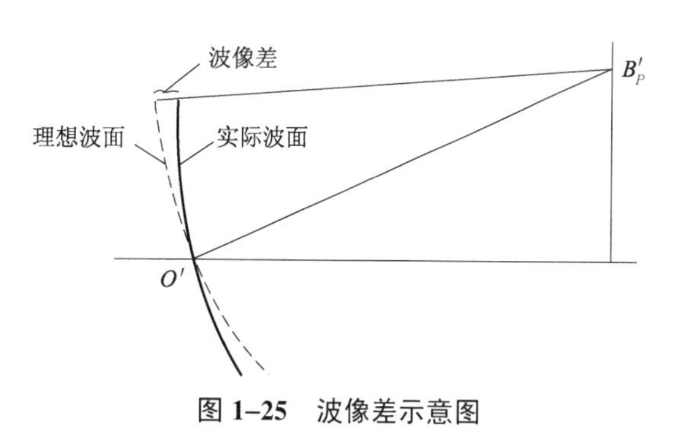

图 1–25　波像差示意图

在实际应用中，一般把主光线和像平面的交点作为理想球面波的球心，并使实际波面和理想波面在出瞳坐标原点重合，即出瞳坐标原点的波像差为零。

为了更确切地评价系统的质量，只根据整个波面上的最大波像差值是不够的，还必须知道瞳面内的波差分布，了解不同波差对应的波面面积。因此在有些光学设计软件中，需要输出波面的等高线图，或整个波面的三维立体图，或打印出整个瞳面内的波差分布值。

上述波差显然只反映单色像点的成像清晰度，不能反映成像的变形——畸变。如果要校正像的变形，则仍需利用前面的几何像差畸变进行校正。

对色差则采用不同颜色光的波面之间的光程差表示，称为波色差，符号为 W_C。显然轴上点的 W_C 代表几何像差中的轴向色差，而轴外点的 W_C 则既有轴向色差也有垂轴色差。

§ 1.8　光学传递函数

在现代光学设计中，光学传递函数是目前已被公认的最能充分反映系统实际成像质量的评价指标。它不仅能全面、定量地反映光学系统的衍射和像差引起的综合效应，而且可以根据光学系统的结构参数直接计算出来。这就意味着在设计阶段就可以准确地预计制造出来以后的光学系统的成像质量，如果成像质量不好就可以反复修改甚至重新设计，直到满足成像质量为止，这无疑会极大地提高成像质量、缩短研制设计周期、降低成本及减少人力、物力的浪费。

一个光学系统成像，就是把物平面上的光强度分布图形转换成像平面上的光强度分布图形。利用傅里叶分析的方法可以对这种转换关系进行研究，它把光学系统的作用看作是一个空间频率的滤波器，进而引出了光学传递函数的概念。这种分析方法是建立在光学系统成像符合线性和空间不变性这两个基本观念上的，所以首先引入线性和空间不变性的概念。

1.8.1　线性和空间不变性

设光学系统物平面上的强度分布函数是 $\delta_i(x)$，相应地在像平面上就会产生一个强度分布 $\delta_i'(x')$

$$\delta_i(x) \to \delta_i'(x')$$

如果此系统成像符合以下关系：

$$\sum a_i\delta_i(x)\to\sum a_i\delta_i'(x')$$

式中，a_i为任意常数，则这样的系统就称为线性系统。如果将物和像分别作为光学系统的输入和输出，则一般来说，在非相干光照明条件下，光学系统对光强分布而言是一线性系统。

所谓空间不变性就是系统的成像性质不随物平面上物点的位置不同而改变，物平面上图形移动一个距离，像平面上的图形也只是相应地移动一个距离，而图形本身不变。设

$$\delta_i(x)\to\delta_i'(x')$$

如果系统满足空间不变性，则以下关系成立：

$$\delta_i(x-x_0)\to\delta_i'(x'-x_0')$$

式中，$x_0'=\beta x_0$，β为系统的垂轴放大率，通常把β归化等于1，这个假定不会影响讨论的实质。

同时满足上面两个条件的系统称为空间不变线性系统。实际上，只有理想光学系统才能满足线性空间不变性的要求。而实际的成像系统，由于像差的大小与物点的位置有关，一般不具有严格的空间不变性。但是，对于大多数光学系统来说，成像质量即像差随物高的变化比较缓慢，在一定的范围内可以看作是空间不变的。如果系统使用非相干光照明，则系统也近似为一线性系统。因此，总是假定光学系统都符合线性空间不变性，这是光学传递函数理论的基础。

空间不变线性系统的成像性质：如果系统符合线性，就可以把物平面上任意的复杂强度分布分解成简单的强度分布，把这些简单的强度分布图形分别通过系统成像。因为系统符合线性，把它们在像平面上产生的强度分布合成以后就可以得到复杂图形所成的像。也就是说，系统的线性保证了物像的可分解性和可合成性。在傅里叶光学系统中，把任意的强度分布函数分解为无数个不同频率、不同振幅、不同初位相的余弦函数，这些余弦函数称为余弦基元。这种分解的运算就是傅里叶变换。

设物平面图形的强度分布函数为$I(y,z)$，则$\widetilde{I}(\mu,\nu)$为把$I(y,z)$分解成余弦基元后，不同空间频率余弦基元的振幅和初位相

$$\widetilde{I}(\mu,\ \nu)=\iint I(y,\ z)\mathrm{e}^{-\mathrm{i}2\pi(\mu y+\nu z)}\mathrm{d}y\mathrm{d}z \tag{1-23}$$

在数学上$\widetilde{I}(\mu,\nu)$称为$I(y,z)$的傅里叶变换，在信息理论中，$\widetilde{I}(\mu,\nu)$称为$I(y,z)$的频谱函数。原则上，知道了$I(y,z)$就可以求出它的频谱函数$\widetilde{I}(\mu,\nu)$；反过来，如果我们知道了一个图形的频谱函数也就可以把那些由频谱函数确定的余弦基元合成，得出物平面的强度分布$I(y,z)$

$$I(y,\ z)=\iint\widetilde{I}(\mu,\ \nu)\mathrm{e}^{\mathrm{i}2\pi(\mu y+\nu z)}\mathrm{d}\mu\mathrm{d}\nu \tag{1-24}$$

这就是根据线性导出的系统的成像性质。

若把$\mathrm{e}^{\mathrm{i}2\pi(\mu y+\nu z)}$称为一个频率为（$\mu$，$\nu$）的余弦基元，则由上面知道物分布可以看作是大量余弦基元的线性组合，相应地对于像光强分布$I'(y',z')$同样有

$$\widetilde{I}'(\mu,\ \nu)=\iint I'(y',\ z')\mathrm{e}^{-\mathrm{i}2\pi(\mu y'+\nu z')}\mathrm{d}'y\mathrm{d}z' \tag{1-25}$$

$$I'(y',\ z')=\iint\widetilde{I}'(\mu,\ \nu)\mathrm{e}^{\mathrm{i}2\pi(\mu y'+\nu z')}\mathrm{d}\mu\mathrm{d}\nu \tag{1-26}$$

从上面的分析知道，如果系统满足空间不变性，则一个物平面上的余弦分布，通过系统以后在像平面上仍然是一个余弦分布，只是它的空间频率、振幅和初位相会发生变化。空间频率的变化，实际上就代表物、像平面之间的垂轴放大率，关系比较简单。前面已经假定把它归化成 1，这样物像平面之间的空间频率不变，而只是振幅和位相发生变化。

1.8.2　光学传递函数

1. 光学传递函数定义

现在假设余弦基元 $\delta(y)=\mathrm{e}^{\mathrm{i}2\pi\mu y}$ 对应的像分布为 $\delta'(y')$

$$\delta(y)=\mathrm{e}^{\mathrm{i}2\pi\mu y}\rightarrow\delta'(y')$$

则可以推导出

$$\delta'(y')=\frac{1}{\mathrm{i}2\pi\mu}\cdot\frac{\mathrm{d}\delta'(y')}{\mathrm{d}y'} \tag{1-27}$$

并可解出

$$\delta'(y')=\mathrm{OTF}(\mu)\mathrm{e}^{\mathrm{i}2\pi\mu y'} \tag{1-28}$$

式中，$\mathrm{OTF}(\mu)$——与 y' 无关的复常数，由光学系统的成像性质决定。上面是按一维形式得出的，对于二维形式，有

$$\delta'(y',\ z')=\mathrm{OTF}(\mu,\ \nu)\mathrm{e}^{\mathrm{i}2\pi(\mu y'+\nu z')} \tag{1-29}$$

由上面讨论的空间不变线性系统的成像性质，可以用物、像平面上不同频率对应的余弦基元的振幅比和位相差来表示。前者称为振幅传递函数，用 $\mathrm{MTF}(\mu,\ \nu)$ 表示；后者称为位相传递函数，用 $\mathrm{PTF}(\mu,\ \nu)$ 表示。二者统称为光学传递函数，用 $\mathrm{OTF}(\mu,\ \nu)$ 表示，它们之间的关系可以用复数的形式表示如下：

$$\mathrm{OTF}(\mu,\ \nu)=\mathrm{MTF}(\mu,\ \nu)\mathrm{e}^{\mathrm{iPTF}(\mu,\nu)} \tag{1-30}$$

这样，根据系统的叠加性质，物分布中任一频率成分 $\tilde{I}(\mu,\ \nu)$ 的像 $\tilde{I}'(\mu,\ \nu)$ 应该为

$$\tilde{I}'(\mu,\ \nu)=\mathrm{OTF}(\mu,\ \nu)\tilde{I}(\mu,\ \nu) \tag{1-31}$$

或

$$\mathrm{OTF}(\mu,\ \nu)=\frac{\tilde{I}'(\mu,\ \nu)}{\tilde{I}(\mu,\ \nu)} \tag{1-32}$$

可见 $\mathrm{OTF}(\mu,\ \nu)$ 表示了系统对任意频率成分 $\tilde{I}(\mu,\ \nu)$ 的传递性质，因此如果一个光学系统的光学传递函数已知，就可以根据式（1–31）由物平面的频率函数 $\tilde{I}(\mu,\ \nu)$ 求出像平面的频率函数 $\tilde{I}'(\mu,\ \nu)$，也就可以求出像平面的强度分布函数 $I'(y',\ z')$

显然，一个理想的光学系统应该满足 $\mathrm{OTF}(\mu,\ \nu)\equiv 1$，所以根据 $\mathrm{OTF}(\mu,\ \nu)$ 的值就可以说明光学系统成像质量的优劣。

2. 两次傅里叶变换法

假设某一理想发光点所对应的像分布为 $P(y,\ z)$，$P(y,\ z)$ 也称为点扩散函数，若系统符合线性空间不变性质，则余弦基元 $\delta(y,\ z)=\mathrm{e}^{\mathrm{i}2\pi(\mu y+\nu z)}$ 所对应的像分布为

$$\delta'(y', z') = \iint \mathrm{e}^{\mathrm{i}2\pi(\mu y+\nu z)} P(y'-y, z'-z)\mathrm{d}y\mathrm{d}z = \iint \mathrm{e}^{\mathrm{i}2\pi[\mu(y'-y)+\nu(z'-z)]} P(y,z)\mathrm{d}y\mathrm{d}z$$
$$= \mathrm{e}^{\mathrm{i}2\pi(\mu y'+\nu z')} \iint P(y,z)\mathrm{e}^{-\mathrm{i}2\pi(\mu y+\nu z)}\mathrm{d}y\mathrm{d}z \tag{1–33}$$

对比式（1–28），有

$$\mathrm{OTF}(\mu, \nu) = \iint P(y,z)\mathrm{e}^{-\mathrm{i}2\pi(\mu y+\nu z)}\mathrm{d}y\mathrm{d}z \tag{1–34}$$

因此，光学传递函数 $\mathrm{OTF}(\mu,\nu)$ 也可以定义为点扩散函数的傅里叶变换。为了计算光学传递函数，就必须根据光学系统的结构参数计算出点扩散函数，为此首先引出光瞳函数的概念。由单色点光源发出的球面波经光学系统后在出瞳处的复振幅分布称为光学系统的光瞳函数，可表示为

$$g(Y, Z) = \begin{cases} A(Y,Z)\mathrm{e}^{\mathrm{i}\frac{2\pi}{\lambda}W(Y,Z)}, & \text{在出瞳处} \\ 0, & \text{在出瞳外} \end{cases} \tag{1–35}$$

式中，Y，Z——出瞳面坐标；

$A(Y, Z)$——点光源发出的光波在出瞳面的振幅分布；

$W(Y, Z)$——系统对此单色光波引入的波像差。

假设出瞳面光能分布均匀，则 $A(Y, Z)\equiv$常数，为了方便，规定 $A(Y, Z)\equiv 1$，可以推导出，在一定的近似条件下，点扩散函数可由光瞳函数傅里叶变换的模的平方求得

$$P(y', z') = \left| \iint g(Y,Z)\mathrm{e}^{-\mathrm{i}\frac{2\pi}{\lambda R}(Y\cdot y'+Z\cdot z')}\mathrm{d}Y\mathrm{d}Z \right|^2 \tag{1–36}$$

式中，R——参考球面的半径。

这样，光学传递函数的计算只需先计算出光瞳函数，然后根据式（1–36）和式（1–34）进行两次傅里叶变换，就可以得到各频率（μ，ν）下的光学传递函数值，这就是计算光学传递函数的两次傅里叶变换法。

3. 自相关法

将式（1–36）代入式（1–34），可直接由光瞳函数求得光学传递函数

$$\mathrm{OTF}(\mu, \nu) = \iint_{YZ} g(Y,Z)\cdot g^*(Y+\lambda R\mu, Z+\lambda R\nu)\,\mathrm{d}Y\mathrm{d}Z \tag{1–37}$$

式中，$g^*(Y,Z)$——$g(Y,Z)$ 的共轭。

由式（1–37），对光瞳函数直接进行自相关积分，也可得到光学传递函数，这种计算方法即为计算光学传递函数的自相关法。

1.8.3 光学传递函数的计算

1. 两次傅里叶变换光学传递函数的计算

由上面的讨论可知，子午光学传递函数 $\mathrm{OTF}_t(\mu)$ 和弧矢光学传递函数 $\mathrm{OTF}_s(\nu)$ 分别为

$$\mathrm{OTF}_t(\mu) = \mathrm{OTF}(\mu, 0) \tag{1–38}$$

$$\mathrm{OTF}_s(\nu) = \mathrm{OTF}(0, \nu) \tag{1–39}$$

则由式（1–33）有

$$\mathrm{OTF}_t(\mu) = \int\left[\int I(y', z')\,\mathrm{d}z'\right]\mathrm{e}^{-\mathrm{i}2\pi\mu y'}\mathrm{d}y' = \int I_t(y')\mathrm{e}^{-\mathrm{i}2\pi\mu y'}\mathrm{d}y' \tag{1–40}$$

同理

$$\mathrm{OTF}_s(\nu)=\int\left[\int I(y',z')\mathrm{d}y'\right]\mathrm{e}^{-\mathrm{i}2\pi\nu z'}\mathrm{d}z'=\int I_s(z')\mathrm{e}^{-\mathrm{i}2\pi\nu z'}\mathrm{d}z' \tag{1-41}$$

式中，

$$I_t(y')=\int I(y',z')\mathrm{d}z' \tag{1-42}$$

$$I_s(z')=\int I(y',z')\mathrm{d}y' \tag{1-43}$$

即分别称为子午线扩散函数和弧矢线扩散函数。在实际计算中，它们不必由上式求出，而是直接由光瞳函数求出。线扩散函数与光瞳函数的关系为

$$I_t(y')=\lambda R\int\left|\int g(Y,Z)\mathrm{e}^{-\mathrm{i}\frac{2\pi}{\lambda R}Yy'}\mathrm{d}Y\right|^2\mathrm{d}Z \tag{1-44}$$

$$I_s(z')=\lambda R\int\left|\int g(Y,Z)\mathrm{e}^{-\mathrm{i}\frac{2\pi}{\lambda R}Zz'}\mathrm{d}Z\right|^2\mathrm{d}Y \tag{1-45}$$

因此，用两次傅里叶变换法计算光学传递函数的基本步骤为：

计算光学系统的波像差 $W(Y,Z)$，并确定光瞳函数的有效范围，即确定所选定的出瞳的形状，构造光瞳函数 $g(Y,Z)$，当然，这里假定 $A(Y,Z)\equiv 1$。

对光瞳函数 $g(Y,Z)$ 按式（1–44）和式（1–45）进行傅里叶变换及积分运算，分别得到子午线扩散函数 $I_t(y')$ 及弧矢线扩散函数 $I_s(z')$。

分别对 $I_t(y')$ 和 $I_s(z')$ 作傅里叶变换，即可得到子午和弧矢光学传递函数 $\mathrm{OTF}_t(\mu)$ 和 $\mathrm{OTF}_s(\nu)$。

实际上，上面三点可以归结为：求波像差、确定光束截面内通光域、确定傅里叶变换算法。

（1）利用样条函数插值计算波像差。前面已经讨论过了，无论是采用自相关法还是采用两次傅里叶变换法计算光学传递函数，首先都要计算光学系统的光瞳函数［式（1–35）］。已经假定光束的通光面内振幅均匀分布，即 $A(Y,Z)\equiv 1$。这样，光瞳函数 $g(Y,Z)$ 的计算实际上变为波差函数 $W(Y,Z)$ 的计算及对实际光瞳函数的积分域（即所谓的光瞳边界）的确定。要提高光学传递函数的计算精度，首先要提高波差的计算精度，并精确地确定光束的通光区域。

通过在积分域内逐点计算均匀分布的各点对应的波差值可以计算出整个系统的波像差，但计算量太大。通常采用的方法是在光瞳函数积分面内计算若干条抽样光线的波差，然后用一个波差逼近函数去吻合，再利用此逼近函数计算出积分面内所需求点的波差值。在波像差插值计算中，幂级数多项式是比较常用的波差插值函数。为了提高波差的插值精度，应该增加抽样光线的数量并提高多项式的次数，但高次多项式插值数值不稳定，且插值过程不一定收敛。一般可以采用最小二乘法来确定用于波差插值的幂级数多项式，但当次数增大时，用于求解其系数的法方程组的系数矩阵往往趋于病态，而且即使在插值节点处也仍然存在误差。为此，人们尝试进行改进，例如利用切比雪夫多项式和泽尼克多项式等。由于它们基底的正交性，使得多项式求解的法方程组的条件得到改善，从而提高了波差插值的精度。利用样条函数插值计算波像差也是一种很好的方法，通常采用的是用三次样条函数来作为波像差插值函数。有关利用样条函数计算波像差的具体问题请参考有关文献。

（2）确定光束截面内通光域。由于光阑彗差及拦光的影响，使得轴外视场的光束截面形

状变得非常复杂。而通光域边界的计算精确与否，将直接影响到传递函数值的计算精度。为了提高光学传递函数的计算精度，有必要精确地确定出射光束截面内的通光域，也就是光瞳函数的积分域。对此，人们做过大量的工作，提出的方法大多是确定少量边界点，然后用近似曲线来拟合积分域的边界，例如 W.B.King 提出的椭圆近似法及投影光瞳法。另外还有分段二次插值法、最小二乘曲线拟合法等。在国内的程序中，采用确定较多的通光域的边界点，然后直接用折线拟合边界。

（3）利用快速傅里叶变换法计算光学传递函数。利用常规的数值积分技术，用自相关法比用两次傅里叶变换法要快得多。自从 Cooley-Tukey 提出了傅里叶变换的快速计算方法（快速傅里叶变换，FFT）之后，则改变了这种状况。将快速傅里叶变换用于两次傅里叶变换法，通常只需自相关法所用时间的 1/5，使得两次傅里叶变换法计算光学传递函数变得实用化。根据前面的讨论，两次傅里叶变换法计算光学传递函数时，第一次傅里叶变换首先由瞳函数求出子午和弧矢的线扩散函数，第二次傅里叶变换由线扩散函数求出子午和弧矢的光学传递函数。在计算机上进行傅里叶变换的过程请参考有关文献。

2. 自相关法光学传递函数的计算

由前面的讨论，子午传递函数 $\mathrm{OTF}_t(\mu)$和弧矢传递函数 $\mathrm{OTF}_s(\nu)$分别为

$$\mathrm{OTF}_t(\mu)=\frac{1}{S}\iint_A \mathrm{e}^{\mathrm{i}\frac{2\pi}{\lambda}\left[W\left(Y+\frac{1}{2}\lambda\mu R,Z\right)-W\left(Y-\frac{1}{2}\lambda\mu R,Z\right)\right]}\mathrm{d}Y\mathrm{d}Z \tag{1–46}$$

$$\mathrm{OTF}_s(\nu)=\frac{1}{S}\iint_A \mathrm{e}^{\mathrm{i}\frac{2\pi}{\lambda}\left[W\left(Y,Z+\frac{1}{2}\lambda\mu R\right)-W\left(Y,Z-\frac{1}{2}\lambda\mu R\right)\right]}\mathrm{d}Y\mathrm{d}Z \tag{1–47}$$

其中，式（1–46）的积分域 A 如图 1–26（a）所示，式（1–47）的积分域 A 如图 1–26（b）所示。

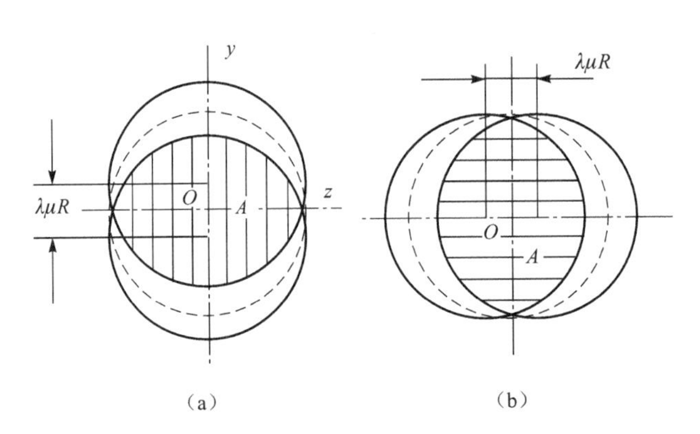

图 1–26　积分域示意图

自相关法光学传递函数的计算程序大体上可以分为三个部分。

（1）计算实际出瞳的形状。实际光学系统中，轴外点的出瞳形状是比较复杂的，一般由两个或三个圆弧相交而成。光瞳形状可以用椭圆近似，也可以用阵列或者其他方法表示，但这些方法都比椭圆近似复杂得多，使用较少。

（2）计算波像差函数。波像差通常采用多项式的形式，由于共轴系统的对称性，波像差的幂级数展开式中不应出现 Z 的奇次项，级数中的各项应由 Y^2+Z^2 和 Y 来构成，我们取初级、二级和三级共 14 种像差，加上常数项共有 15 项，它们的具体形式为

$$
\begin{aligned}
W = {} & A_{00} + A_{10}(Y^2+Z^2) + A_{01}Y + A_{20}(Y^2+Z^2)^2 + A_{11}(Y^2+Z^2)Y + A_{02}(Y^2+Z^2)Y^2 + \\
& A_{30}(Y^2+Z^2)^3 + A_{21}(Y^2+Z^2)^2Y + A_{12}(Y^2+Z^2)Y^2 + A_{03}Y^3 + A_{40}(Y^2+Z^2)^4 + \\
& A_{31}(Y^2+Z^2)^3Y + A_{22}(Y^2+Z^2)^3Y^2 + A_{13}(Y^2+Z^2)Y^3 + A_{04}Y^4
\end{aligned}
\tag{1-48}
$$

实际光瞳的中心光线和像面的交点作为参考球面波的球心，参考球面波的半径等于像距 L'。对于上面多项式，可采用计算抽样光线的方法，再利用最小二乘法求解，就可以确定波差多项式中的 15 个系数。有了 15 个系数，波差函数 $W(Y, Z)$ 就完全决定了。

（3）在出瞳归化成单位圆，用传递函数计算公式计算波差函数时，把出瞳面上的坐标归化为单位圆，相当于前面传递函数计算公式中的瞳面坐标都除以实际出瞳半径 h_m，同时为了书写简化，设

$$f = \frac{\lambda \mu R}{h_m},\quad k = \frac{2\pi}{\lambda}$$

代入式（1–46）和式（1–47）以后，得到出瞳归化成单位圆的公式如下：

$$\mathrm{OTF}_t(f) = \frac{1}{s}\iint_A \mathrm{e}^{\mathrm{i}k\left[W\left(Y+\frac{f}{2},Z\right)-W\left(Y-\frac{f}{2},Z\right)\right]}\mathrm{d}Y\mathrm{d}Z \tag{1-49}$$

$$\mathrm{OTF}_s(f) = \frac{1}{s}\iint_A \mathrm{e}^{\mathrm{i}k\left[W\left(Y,Z+\frac{f}{2}\right)-W\left(Y,Z-\frac{f}{2}\right)\right]}\mathrm{d}Y\mathrm{d}Z \tag{1-50}$$

由于采用了椭圆近似，并把椭圆归化成为单位圆，因此无论是轴上或轴外点，积分区域永远为两个圆的相交部分。

对于弧矢传递函数来说，计算公式为

$$\mathrm{OTF}_s(f) = \frac{2}{s}\iint_{\frac{A}{2}} \cos K\left[W\left(Y,Z+\frac{f}{2}\right)-W\left(Y,Z-\frac{f}{2}\right)\right]\mathrm{d}Y\mathrm{d}Z \tag{1-51}$$

同样，也有

$$\mathrm{OTF}_t(f) = \frac{2}{s}\iint_{\frac{A}{2}} \mathrm{e}^{\mathrm{i}K\left[W\left(Y+\frac{f}{2},Z\right)-W\left(Y-\frac{f}{2},Z\right)\right]}\mathrm{d}Y\mathrm{d}Z \tag{1-52}$$

§ 1.9　点　列　图

按照几何光学的观点，由一个物点发出的所有光线通过一个理想光学系统以后，将会聚交于像面上一点，这就是这个物点的像点。而对于实际的光学系统，由于存在像差，一个物点发出的所有光线通过这个光学系统以后，其与像面交点不再是一个点，而是一弥散的散斑，称为点列图。点列图中点的分布可以近似地代表像点的能量分布，利用这些点的密集程度能够衡量系统成像质量的好坏，如图 1–27 所示。

点列图是一个物点发出的所有光线通过这个光学系统以后与像面交点的弥散图形，因此，计算多少抽样光线以及计算哪些抽样光线是需要首先确定的问题。通常可以参考光线作为中心，在径向方向等间距的圆周上均匀抽取光线。参考光线就是以此光线作为起始点，即

零像差点。参考光线可以选取主光线，也可以选取抽样光线分布的中心，或者取 x 和 y 方向最大像差的平均点。

适用范围：大像差系统。显然追迹光线越多，越能精确反映像面上的光强分布，结果越接近实际情况，点列图的计算就越精确，当然计算时间就越长。

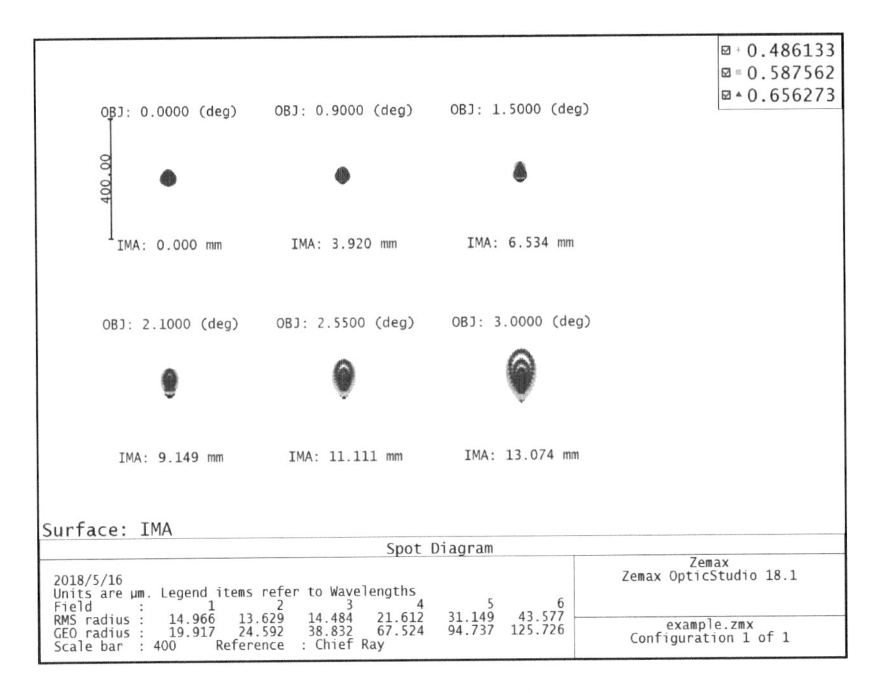

图 1–27　点列图示意图

点列图的分布密集状态可以用两个量来表示，一个是几何最大半径值，另一个是均方根半径值。几何最大半径值是参考光线点到最远光线交点的距离，换句话说，几何最大半径就是以参考光线点为中心，包含所有光线的最大圆的半径。显然，几何最大半径值只反映像差的最大值，并不能真实反映光能的集中程度。均方根则是每条光线交点与参考光线点的距离的平方，除以光线条数后再开方。均方根半径值反映了光能的集中程度，与几何最大半径值相比，更能反映系统的成像质量。

点列图适合用于大像差系统时的像质评价，在光学设计软件例如 Zemax 中，可以同时显示出艾利斑的大小，艾利斑的半径等于 $1.22\lambda F$，其中 F 为 F 数。如果点列图的半径接近或小于艾利斑半径，则系统接近衍射极限，此时采用波像差或光学传递函数来表示系统成像质量更为合适。

§ 1.10　包围圆能量

包围圆能量以像面上主光线或中心光线为中心，以离开此点的距离为半径作圆，以落入此圆的能量和总能量的比值来表示，如图 1–28 所示。

与点列图计算一样，追迹的光线越多，越能精确反映像面上包围圆的能量分布，结果越接近实际情况，包围圆的计算就越精确。

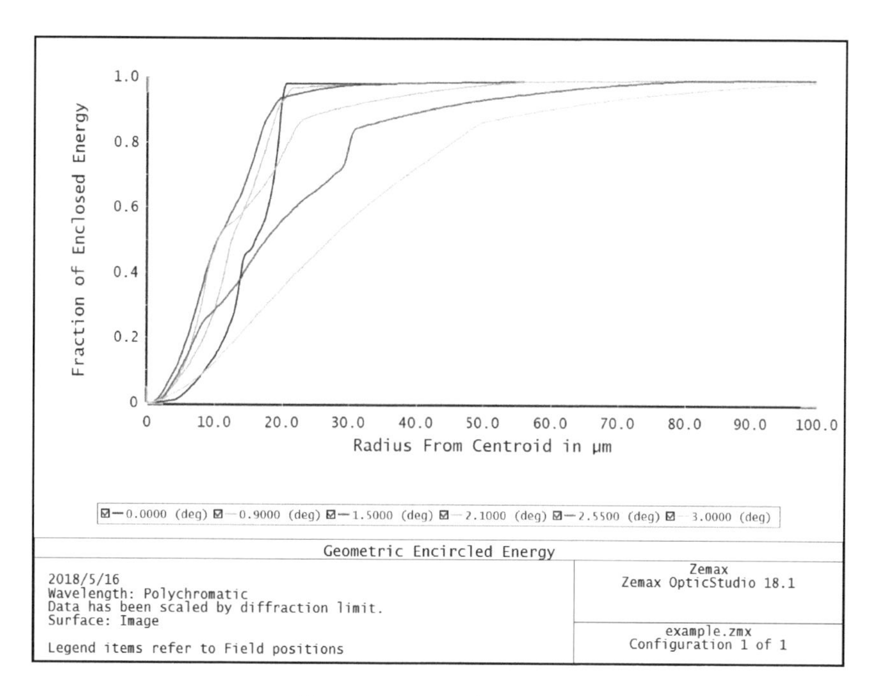

图 1–28　包围圆能量示意图

思　考　题

1. 利用光学设计软件中的像差计算程序，计算下列系统的像差。

r	d	玻璃材料
82.2	5.5	K9
–57.81	3	ZF1
–4 742	2.8	AIR
71.45	3.5	K9
∞		

系统的光学特性参数为：入射光束高度 h=14 mm，视场角 2ω=7.5°，孔径光阑位于第一面上，系统无渐晕。中心波长为 D 谱线，两种消色差谱线分别为 F，C 谱线。

2. 光学系统有哪些特性参数和结构参数？
3. 轴上像点有哪几种几何像差？
4. 列举几种主要的轴外子午单色像差。
5. 什么是波像差？什么是点列图？它们分别适用于评价何种光学系统的成像质量？

第 2 章
光学自动设计原理和程序

§ 2.1 概　　述

在第 1 章中介绍了对光学系统两方面的要求，即光学特性和成像质量，并具体介绍了用哪些参数来表示这些要求；同时也介绍了光学系统结构参数的表示方法。设计一个光学系统就是在满足系统全部要求的前提下，确定系统的结构参数。

在光学自动设计中，我们把对系统的全部要求，根据它们和结构参数的关系不同而重新划分成两大类。

第一类是不随系统结构参数改变的常数。如：物距 L，孔径高 H 或孔径角正弦 $\sin U$，视场角 ω 或物高 y，入瞳或孔径光阑的位置，以及轴外光束的渐晕系数 K^{+}，K^{-} 等。在计算和校正光学系统像差的过程中，这些参数永远保持不变，它们是和自变量（结构参数）无关的常量。

第二类是随结构参数改变的参数，它们包括代表系统成像质量的各种几何像差或波像差，同时也包括某些近轴光学特性参数，例如焦距 f'，放大率 β，像距 l'，出瞳距 l'_z 等。为了简单起见，今后我们把第二类参数统称为像差，用符号 $F_1,F_2,\cdots,F_m$ 表示，系统的结构参数用符号 $x_1,x_2,\cdots,x_n$ 表示。两者之间的函数关系可用下列形式表示：

$$\begin{gathered} f_1(x_1,x_2,\cdots,x_n)=F_1 \\ \vdots \\ f_m(x_1,x_2,\cdots,x_n)=F_m \end{gathered} \tag{2-1}$$

式中，$f_1,f_2,\cdots,f_m$ ——像差 $F_1,F_2,\cdots,F_m$ 与自变量 $x_1,x_2,\cdots,x_n$ 之间的函数关系。

式（2–1）是一个十分复杂的非线性方程组，我们称其为像差方程组。

光学设计问题从数学角度来看，就是建立和求解这个像差方程组，也就是根据系统要求的像差值 $F_1,F_2,\cdots,F_m$，从上述方程组中找出解 $x_1,x_2,\cdots,x_n$，它就是我们要求的结构参数。但是实际问题十分复杂，首先是找不出函数的具体形式 $f_1,f_2,\cdots,f_n$，当然更谈不上如何求解这个方程组了。只能在给出系统结构参数和前面的第一类光学特性常数的条件下，用数值计算的方法求出对应的函数值 $F_1,F_2,\cdots,F_m$。以前的光学设计方法就是首先选定一个原始系统作为设计的出发点，该系统的全部结构参数均已确定，按要求的光学特性，计算出系统的各个像差值。如果像差不满足要求，则依靠设计者的经验和像差理论知识，对系统的部分结构参数进行修改，然后重新计算像差，这样不断反复，直到像差值 $f_1,f_2,\cdots,f_m$ 符合要求为止。因此设计一个比较复杂的光学系统往往需要很长的时间。

电子计算机出现以后，立即被引入光学设计领域，用它来进行像差计算，大大提高了计算像差的速度。但是结构参数如何修改，仍然要依靠设计人员来确定。随着计算机计算速度的提高，计算像差所需的时间越来越少。而分析计算结果和决定下一步如何修改结构参数成了光学设计者面临的主要问题。因此人们很自然会想到能否让计算机既计算像差，又能代替人自动修改结构参数呢？这就是光学自动设计的出发点。

要利用计算机来自动修改结构参数，找出符合要求的解，关键的问题还是要给出像差和结构参数之间的函数关系。但是我们找不出像差和结构参数之间的具体函数形式。在这种情况下，工程数学中最常用的一种方法就是把函数表示成自变量的幂级数，根据需要和可能，选到一定的幂次，然后通过实验或数值计算的方法，求出若干抽样点的函数值，列出足够数量的方程式，求解出幂级数的系数，这样，函数的幂级数形式即可确定。最简单的情形是只选取幂级数的一次项，即把像差和结构参数之间的函数关系近似用下列线性方程式来代替：

$$F = F_0 + \frac{\partial f}{\partial x_1}(x_1 - x_{01}) + \cdots + \frac{\partial f}{\partial x_n}(x_n - x_{0n}) \tag{2–2}$$

式中，　F_0 ——原始系统的像差值；

$x_{01},\cdots,x_{0n}$ ——原始系统的结构参数；

F——像差的目标值；

$\frac{\partial f}{\partial x_1},\cdots,\frac{\partial f}{\partial x_n}$ ——像差对各个自变量的一阶偏导数。

但是问题还没有解决，因为式（2–2）中的偏导数$\left(\frac{\partial f}{\partial x_1},\cdots,\frac{\partial f}{\partial x_n}\right)$仍然是未知数，必须先确定这些参数。求这些偏导数的方法是通过像差计算求出函数值对各个结构参数的差商$\left(\frac{\delta f}{\delta x_1},\cdots,\frac{\delta f}{\delta x_n}\right)$，来近似地代替这些偏导数。具体的步骤是把原始系统的某个结构参数改变一个微小增量δx，使$x = x_0 + \delta x$，重新计算像差值得到相应的像差增量$\delta f = F - F_0$。用像差对该自变量的差商$\frac{\delta f}{\delta x}$代替微商$\frac{\partial f}{\partial x}$。对每个自变量重复上述计算，就可以得到各种像差对各个自变量的全部偏导数。利用这些近似的偏导数值就能列出一个像差和自变量之间近似的线性方程组：

$$\begin{cases} F_1 = F_{01} + \frac{\delta f_1}{\delta x_1}\Delta x_1 + \cdots + \frac{\delta f_1}{\delta x_n}\Delta x_n \\ \vdots \\ F_m = F_{0m} + \frac{\delta f_m}{\delta x_1}\Delta x_m + \cdots + \frac{\delta f_m}{\delta x_n}\Delta x_n \end{cases} \tag{2–3}$$

式（2–3）称为像差线性方程组，用它来近似代替像差方程组（2–1）。这就是光学自动设计的基本出发点。

为了简单，我们用矩阵形式来表示上述方程组，设

$$\boldsymbol{\Delta x} = \begin{vmatrix} \Delta x_1 \\ \vdots \\ \Delta x_n \end{vmatrix} = \begin{vmatrix} x_1 - x_{01} \\ \vdots \\ x_n - x_{0n} \end{vmatrix} \quad , \quad \boldsymbol{\Delta F} = \begin{vmatrix} \Delta F_1 \\ \vdots \\ \Delta F_m \end{vmatrix} = \begin{vmatrix} F_1 - F_{01} \\ \vdots \\ F_m - F_{0m} \end{vmatrix}$$

$$A=\begin{vmatrix} \frac{\delta f_1}{\delta x_1}\cdots\frac{\delta f_1}{\delta x_n} \\ \cdots \\ \frac{\delta f_m}{\delta x_1}\cdots\frac{\delta f_m}{\delta x_n} \end{vmatrix}$$

这样像差线性方程组的矩阵形式为

$$\boldsymbol{A}\Delta\boldsymbol{x}=\Delta\boldsymbol{F} \tag{2–4}$$

求解线性方程组，得到一组解 $\Delta\boldsymbol{x}$，然后用一个小于 1 的常数 p 乘 $\Delta\boldsymbol{x}$ 得到

$$\Delta\boldsymbol{x}_p=\Delta\boldsymbol{x}\cdot p$$

按 $\Delta\boldsymbol{x}_p$ 对原系统进行修改，当 p 足够小时，总可以获得一个比原系统有所改善的新系统。因为当 p 足够小时，像差线性方程组能近似反映系统的像差性质。把新得到的系统作为新的原始系统，重新建立像差线性方程组进行求解。这样不断重复，直到各种像差符合要求为止。这就是目前绝大多数光学自动设计程序所采用的主要数学过程。

上述像差自动校正过程中最基本的原理，第一是线性近似，即用像差线性方程组代替实际的非线性像差方程组，用差商代替微商；第二是逐次渐近。线性近似只能在原始系统周围较小的自变量空间中才有意义，因此只能用逐次渐近的办法使系统逐步改善。上述方法的另一个重要特点是必须首先给出一个原始系统，才能在自变量空间的原始出发点处，用数值计算的方法建立近似的像差线性方程组，再按前面所述过程求解，使系统逐步得到改善。这样做实际上只能在原始系统的附近找出一个较好的解，而这个解不一定能满足要求，而且很可能不是系统最好的解。

现在的各种光学自动设计方法只是与求解像差线性方程组的方法不同，与限制解向量大小的方法不同而已，它们的基本出发点都是相同的。正因为如此，光学自动设计并不是万能的，有它本身的缺陷和局限性。但是它和人工修改结构参数比较，已经前进了一大步。

§ 2.2　光学自动设计中的最优化方法

上节描述了光学自动设计的主要过程，当我们给出某个要求设计的光学系统的光学特性和像差要求之后，再选择一个适当的原始系统，用光路计算的方法，建立像差和结构参数之间近似的线性方程组

$$\boldsymbol{A}\Delta\boldsymbol{x}=\Delta\boldsymbol{F}$$

或

$$\boldsymbol{A}\Delta\boldsymbol{x}-\Delta\boldsymbol{F}=0 \tag{2–5}$$

这就要对上述方程组求解。

线性方程组的求解似乎是一个简单的数学问题，但是实际并不简单，首先这个方程组中方程式的个数（像差数）m 和自变量的个数（可变的结构参数的个数）n 并不一定相等，有可能 $m>n$，也可能 $m\leqslant n$。求解这样的方程组，成了优化数学的问题。下面分别就这两种不同的情形，讨论方程组的求解问题。

2.2.1　像差数大于自变量数的情形：$m>n$

这时方程组（2–4）是一个超定方程组，它不存在满足所有方程式的准确解，只能求它的近似解——最小二乘解。下面先介绍最小二乘解的定义。

首先定义一个函数组 $\varphi(\varphi_1,\cdots,\varphi_m)$，它们的意义如下：

$$\varphi_1=\frac{\delta f_1}{\delta x_1}\Delta x_1+\cdots+\frac{\delta f_1}{\delta x_n}\Delta x_n-\Delta F_1$$

$$\vdots$$

$$\varphi_m=\frac{\delta f_m}{\delta x_1}\Delta x_1+\cdots+\frac{\delta f_m}{\delta x_n}\Delta x_n-\Delta F_m$$

$\varphi_1,\cdots,\varphi_m$ 称为“像差残量”，写成矩阵形式为

$$\boldsymbol{\varphi}=\boldsymbol{A}\Delta\boldsymbol{x}-\Delta\boldsymbol{F}$$

取各像差残量的平方和构成另一个函数 $\boldsymbol{\Phi}(\Delta\boldsymbol{x})$

$$\boldsymbol{\Phi}(\Delta\boldsymbol{x})=\boldsymbol{\varphi}^{\mathrm{T}}\boldsymbol{\varphi}=\sum_{i=1}^{m}\varphi_i^2$$

$\boldsymbol{\Phi}(\Delta\boldsymbol{x})$ 在光学自动设计中称为“评价函数”，能够使 $\boldsymbol{\Phi}(\Delta\boldsymbol{x})=0$ 的解（即 $\varphi_1=\cdots=\varphi_m=0$），就是像差线性方程组的准确解。当 $m>n$ 时，它实际上是不存在的。我们改为求 $\boldsymbol{\Phi}(\Delta\boldsymbol{x})$ 的极小值解，作为方程组（2–4）的近似解，称为像差线性方程组的最小二乘解。因为评价函数 $\boldsymbol{\Phi}(\Delta\boldsymbol{x})$ 越小，像差残量越小，就越接近我们的要求。将 φ 代入评价函数得

$$\min\boldsymbol{\Phi}(\Delta\boldsymbol{x})=\min\sum_{i=1}^{m}\varphi_i^2=\min[(\boldsymbol{A}\Delta\boldsymbol{x}-\Delta\boldsymbol{F})^{\mathrm{T}}(\boldsymbol{A}\Delta\boldsymbol{x}-\Delta\boldsymbol{F})]$$

根据多元函数的极值理论，$\boldsymbol{\Phi}(\Delta\boldsymbol{x})$ 取得极小值解的必要条件是一阶偏导数等于零

$$\nabla\boldsymbol{\Phi}(\Delta\boldsymbol{x})=0 \tag{2–6}$$

这是一个新的线性方程组，它的方程式的个数和自变量的个数都等于 n。这个方程组称为最小二乘法的法方程组。下面我们运用矩阵运算和求导规则求方程组（2–6）的解的公式。有关矩阵运算和求导规则可参考本节末的附录。

$$\begin{aligned}\boldsymbol{\Phi}(\Delta\boldsymbol{x})&=(\boldsymbol{A}\Delta\boldsymbol{x}-\Delta\boldsymbol{F})^{\mathrm{T}}(\boldsymbol{A}\Delta\boldsymbol{x}-\Delta\boldsymbol{F})\\&=[(\boldsymbol{A}\Delta\boldsymbol{x})^{\mathrm{T}}-\Delta\boldsymbol{F}^{\mathrm{T}}](\boldsymbol{A}\Delta\boldsymbol{x}-\Delta\boldsymbol{F})\\&=(\Delta\boldsymbol{x}^{\mathrm{T}}\boldsymbol{A}^{\mathrm{T}}-\Delta\boldsymbol{F}^{\mathrm{T}})(\boldsymbol{A}\Delta\boldsymbol{x}-\Delta\boldsymbol{F})\\&=\Delta\boldsymbol{x}^{\mathrm{T}}\boldsymbol{A}^{\mathrm{T}}\boldsymbol{A}\Delta\boldsymbol{x}-\Delta\boldsymbol{F}^{\mathrm{T}}\boldsymbol{A}\Delta\boldsymbol{x}-\Delta\boldsymbol{x}^{\mathrm{T}}\boldsymbol{A}^{\mathrm{T}}\Delta\boldsymbol{F}+\Delta\boldsymbol{F}^{\mathrm{T}}\Delta\boldsymbol{F}\end{aligned}$$

运用矩阵求导规则求 $\boldsymbol{\Phi}(\Delta\boldsymbol{x})$ 的一阶偏导数

$$\nabla\boldsymbol{\Phi}(\Delta\boldsymbol{x})=2\boldsymbol{A}^{\mathrm{T}}\boldsymbol{A}\Delta\boldsymbol{x}-\boldsymbol{A}^{\mathrm{T}}\Delta\boldsymbol{F}-\boldsymbol{A}^{\mathrm{T}}\Delta\boldsymbol{F}=2(\boldsymbol{A}^{\mathrm{T}}\boldsymbol{A}\Delta\boldsymbol{x}-\boldsymbol{A}^{\mathrm{T}}\Delta\boldsymbol{F})=0$$

$$\boldsymbol{A}^{\mathrm{T}}\boldsymbol{A}\Delta\boldsymbol{x}-\boldsymbol{A}^{\mathrm{T}}\Delta\boldsymbol{F}=0 \tag{2–7}$$

式（2–7）即为有 n 个方程式 n 个自变量的最小二乘法的法方程组。只要方阵 $\boldsymbol{A}^{\mathrm{T}}\boldsymbol{A}$ 为非奇异矩阵，即它的行列式值不等于零，则逆矩阵 $(\boldsymbol{A}^{\mathrm{T}}\boldsymbol{A})^{-1}$ 存在，方程式（2–7）有解，解的公式为

$$\Delta\boldsymbol{x}=(\boldsymbol{A}^{\mathrm{T}}\boldsymbol{A})^{-1}\boldsymbol{A}^{\mathrm{T}}\Delta\boldsymbol{F} \tag{2–8}$$

它就是评价函数中 $\Phi(\Delta\boldsymbol{x})$ 的极小值解，也就是像差线性方程组（2–4）的最小二乘解。这种求超定方程组最小二乘解的方法称为最小二乘法。

要使 $\boldsymbol{A}^{\mathrm{T}}\boldsymbol{A}$ 奇异，则要求方程组（2–4）的系数矩阵 $\boldsymbol{A}$ 不产生列相关，即像差线性方程组中不存在自变量相关。

在光学设计中，由于像差和结构参数之间的关系是非线性的，同时在比较复杂的光学系统中作为自变量的结构参数很多，很可能在若干自变量之间出现近似相关的现象。这就使矩阵 $\boldsymbol{A}^{\mathrm{T}}\boldsymbol{A}$ 的行列值接近于零，$\boldsymbol{A}^{\mathrm{T}}\boldsymbol{A}$ 接近奇异，按最小二乘法求出的解很大，大大超出了近似线性的区域，用它对系统进行修改，往往不能保证评价函数 $\Phi(\Delta\boldsymbol{x})$ 的下降，因此必须对解向量的模进行限制。我们改为求下列函数的极小值解：

$$L=\Phi(\Delta\boldsymbol{x})+p\sum_{i}^{n}\Delta x_i^2$$

这样做的目的是，既要求评价函数 $\Phi(\Delta\boldsymbol{x})$ 下降，又希望解向量的模 $\sum_{i}^{n}\Delta x_i^2=\Delta\boldsymbol{x}^{\mathrm{T}}\Delta\boldsymbol{x}$ 不要太大。经过这样改进的最小二乘法称为阻尼最小二乘法，常数 p 称为阻尼因子。上述函数 L 的极小值解的必要条件为

$$\nabla L=2\boldsymbol{A}^{\mathrm{T}}\boldsymbol{A}\Delta\boldsymbol{x}-2\boldsymbol{A}^{\mathrm{T}}\Delta\boldsymbol{F}-2p\Delta\boldsymbol{x}=0$$

或

$$(\boldsymbol{A}^{\mathrm{T}}\boldsymbol{A}+p\boldsymbol{I})\Delta\boldsymbol{x}=\boldsymbol{A}^{\mathrm{T}}\Delta\boldsymbol{F} \tag{2–9}$$

式（2–9）为阻尼最小二乘法的法方程组，其中 $\boldsymbol{I}$ 为单位矩阵，p 为阻尼因子。解的公式为

$$\Delta\boldsymbol{x}=(\boldsymbol{A}^{\mathrm{T}}\boldsymbol{A}+p\boldsymbol{I})^{-1}\boldsymbol{A}^{\mathrm{T}}\Delta\boldsymbol{F} \tag{2–10}$$

以上公式中的逆矩阵 $(\boldsymbol{A}^{\mathrm{T}}\boldsymbol{A}+p\boldsymbol{I})^{-1}$ 永远存在。在像差线性方程组确定后，即 $\boldsymbol{A}$ 和 $\Delta\boldsymbol{F}$ 确定后，给定一个 p 值就可以求出一个解向量 $\Delta\boldsymbol{x}$。p 值越大，$\Delta\boldsymbol{x}$ 的模越小，像差和结构参数之间越接近线性，越有可能使 $\Phi(\Delta\boldsymbol{x})$ 下降。但是 $\Delta\boldsymbol{x}$ 太小，系统改变不大，$\Phi(\Delta\boldsymbol{x})$ 下降的幅度越小。因此必须优选一个 p 值，使 $\Phi(\Delta\boldsymbol{x})$ 达到最大的下降。具体的做法是，给出一组 p 值，分别求出相应的解向量 $\Delta\boldsymbol{x}$，用它们分别对系统结构参数进行修改后，用光路计算的方法求出它们的实际像差值，并计算出相应的评价函数值

$$\Phi=\sum_{i}^{m}\Delta F_i^2$$

式中，ΔF_i ——系统实际像差和目标值之差，即实际的像差残量。

比较这些 Φ 值的大小，选择一个使 Φ 达到最小的 p 值，获得一个比原始系统评价函数有所下降的新系统。然后把这个新系统作为新的原始系统，重新建立像差线性方程组，这样不断重复直到评价函数 $\Phi(\Delta\boldsymbol{x})$ 不再下降为止。采用上述求解方法的光学自动设计称为“阻尼最小二乘法”。

2.2.2 当像差数小于自变量数的情形：$m<n$

在像差线性方程组中，当方程式的个数 m 小于自变量个数 n 时，方程组是一个不定方程组且有无穷多组解。这就需要从众多可能的解中选择一组较好的解。我们选用解向量的模为最小的那组解，因为解向量的模越小，像差和自变量之间越符合线性关系，这就相当于在满

足像差线性方程组的条件下，求 $\boldsymbol{\Phi}(\Delta\boldsymbol{x})=\sum_{i}^{n}\Delta x_i^2=\Delta\boldsymbol{x}^{\mathrm{T}}\Delta\boldsymbol{x}$ 的极小值解。从数学角度，这是一个约束极值的问题，即把像差线性方程组作为一个约束方程组，求函数 $\boldsymbol{\Phi}(\Delta\boldsymbol{x})=\Delta\boldsymbol{x}^{\mathrm{T}}\Delta\boldsymbol{x}$ 的极小值。

$$\min\boldsymbol{\Phi}(\Delta\boldsymbol{x})=\min(\Delta\boldsymbol{x}^{\mathrm{T}}\Delta\boldsymbol{x})$$

同时满足约束方程组

$$\boldsymbol{A}\Delta\boldsymbol{x}=\Delta\boldsymbol{F}$$

上述问题可以利用数学中求约束极值的拉格朗日乘数法求解。具体的方法是构造一个拉格朗日函数 L

$$L=\boldsymbol{\Phi}(\Delta\boldsymbol{x})+\boldsymbol{\lambda}^{\mathrm{T}}(\boldsymbol{A}\Delta\boldsymbol{x}-\Delta\boldsymbol{F})$$

拉格朗日函数 L 的无约束极值，就是 $\boldsymbol{\Phi}$ 的约束极值。函数 L 中共包含 $\Delta\boldsymbol{x}$ 和 $\boldsymbol{\lambda}$ 两组自变量，其中 $\Delta\boldsymbol{x}$ 为 n 个分量，而 $\boldsymbol{\lambda}$ 为 m 个分量，共有 $m+n$ 个自变量。根据多元函数的无约束极值条件为 $L=0$，即

$$\frac{\partial L}{\partial\boldsymbol{x}}=2\Delta\boldsymbol{x}+\boldsymbol{A}^{\mathrm{T}}\boldsymbol{\lambda}=0 \tag{2-11}$$

$$\frac{\partial L}{\partial\boldsymbol{\lambda}}=\boldsymbol{A}\Delta\boldsymbol{x}-\Delta\boldsymbol{F}=0 \tag{2-12}$$

式（2–11）中实际上包含了 n 个线性方程式，而式（2–12）中包含了 m 个像差线性方程式，因此方程组（2–12）实际上是一个有 $m+n$ 个方程式和 $m+n$ 个自变量的线性方程组，可以进行求解。由式（2–11）求解 $\Delta\boldsymbol{x}$ 得

$$\Delta\boldsymbol{x}=-\frac{1}{2}\boldsymbol{A}^{\mathrm{T}}\boldsymbol{\lambda} \tag{2-13}$$

将 $\Delta\boldsymbol{x}$ 代入式（2–12）得

$$-\frac{1}{2}\boldsymbol{A}\boldsymbol{A}^{\mathrm{T}}\boldsymbol{\lambda}-\Delta\boldsymbol{F}=0$$

由上式求解 $\boldsymbol{\lambda}$ 得

$$\boldsymbol{\lambda}=-2\boldsymbol{A}^{\mathrm{T}}(\boldsymbol{A}\boldsymbol{A}^{\mathrm{T}})^{-1}\Delta\boldsymbol{F}$$

将 $\boldsymbol{\lambda}$ 代入式（2–13），得到

$$\Delta\boldsymbol{x}=\boldsymbol{A}^{\mathrm{T}}(\boldsymbol{A}\boldsymbol{A}^{\mathrm{T}})^{-1}\Delta\boldsymbol{F} \tag{2-14}$$

式（2–14）就是我们所要求的约束极值的解。解存在的条件是逆矩阵 $(\boldsymbol{A}\boldsymbol{A}^{\mathrm{T}})^{-1}$ 存在，即 $\boldsymbol{A}\boldsymbol{A}^{\mathrm{T}}$ 为非奇异矩阵，这就要求像差线性方程组的系数矩阵 $\boldsymbol{A}$ 不发生行相关，即不发生像差相关。用上面这种方法求解像差线性方程组的光学自动设计方法称为“适应法”。

当像差数 m 等于自变量数 n 时，像差线性方程组有唯一解，系数矩阵 $\boldsymbol{A}$ 为方阵，以下关系成立：

$$(\boldsymbol{A}\boldsymbol{A}^{\mathrm{T}})^{-1}=(\boldsymbol{A}^{\mathrm{T}})^{-1}\boldsymbol{A}^{-1}$$

代入式（2–14）得

$$\Delta \boldsymbol{x} = \boldsymbol{A}^{\mathrm{T}}(\boldsymbol{A}^{\mathrm{T}})^{-1}\boldsymbol{A}^{-1}\Delta \boldsymbol{F} = \boldsymbol{A}^{-1}\Delta \boldsymbol{F}$$

显然上式就是像差线性方程组的唯一解。因此式（2–14）既适用于 $m < n$ 的情形，也适用于 $m = n$ 的情形。由以上求解过程可以看到，使用适应法光学自动设计程序必须满足的条件是：像差数小于或等于自变量数；像差不能相关。

2.2.3 本节附录

本节中用到的某些矩阵运算公式

（1）两矩阵相乘的转置：

$$(\boldsymbol{AB})^{\mathrm{T}} = \boldsymbol{B}^{\mathrm{T}}\boldsymbol{A}^{\mathrm{T}}$$

（2）两个方阵相乘的求逆：

$$(\boldsymbol{AB})^{-1} = \boldsymbol{B}^{-1}\boldsymbol{A}^{-1}$$

（3）求矩阵和矩阵乘积的偏导数公式。

设：$\boldsymbol{bx}$ 为列向量，$\boldsymbol{I}$ 为单位矩阵，$\boldsymbol{Q}$ 为对称方阵，对自变量 $\boldsymbol{x}$ 求偏导数。

$$\nabla(\boldsymbol{x}) = \boldsymbol{I}$$

$$\nabla(\boldsymbol{x}^{\mathrm{T}}\boldsymbol{b}) = \boldsymbol{b}$$

$$\nabla(\boldsymbol{b}^{\mathrm{T}}\boldsymbol{x}) = \boldsymbol{b}$$

$$\nabla(\boldsymbol{x}^{\mathrm{T}}\boldsymbol{x}) = 2\boldsymbol{x}$$

$$\nabla(\boldsymbol{x}^{\mathrm{T}}\boldsymbol{Q}\boldsymbol{x}) = 2\boldsymbol{Q}\boldsymbol{x}$$

§ 2.3 阻尼最小二乘法光学自动设计程序

前面介绍了阻尼最小二乘法和适应法两种光学自动设计方法的数学原理和过程。下面具体介绍程序，这一节首先介绍阻尼最小二乘法程序。

阻尼最小二乘法最显著的特点是它不直接求解像差线性方程组，而是把各种像差残量的平方和构成一个评价函数 $\boldsymbol{\Phi}$，通过求评价函数的极小值解，使像差残量逐步减小，达到校正像差的目的。它对参加校正的像差数 m 没有限制，而且主要适用于 m 大于自变量数 n 的情形；在增加了阻尼项以后虽然也可以用于 $m \leqslant n$ 的情形，但仍然不能求得像差线性方程组的准确解。

要构成一个实用的光学自动设计程序，除了选定所用的数学方法以外，还有一系列问题需要解决。下面就结合微机用光学设计软件包 SOD88 中的阻尼最小二乘法程序进行说明。

2.3.1 像差参数的选定

首先选定作为评价系统成像质量的像差参数，才有可能用数值计算的方法建立像差线性方程组，构成阻尼最小二乘法的评价函数。阻尼最小二乘法对像差参数的数量没有限制，因此在程序中可预先安排一组固定的像差参数，使用者不必考虑确定像差参数的问题。在 SOD88 的阻尼最小二乘法程序中，采用垂轴几何像差或波像差作为单色像差的质量指标，色差则用近似计算的波色差来控制。程序把被校正的光学系统按视场和孔径大小不同分成四类，对不同类别的系统规定了不同数量的像差。

第一类：一般光学系统。

这类系统指视场和相对孔径都不大的系统。程序中规定除了计算轴上点的像差外，还计算 0.7 视场和 1.0 视场两个轴外像点的像差。轴上点计算子午面内 1.0 和 0.7 孔径的两条光线，如图 2–1（a）所示。每个轴外点计算 8 条光线，它们在光瞳内的分布如图 2–1（b）所示。

每个轴外像点计算 8 条光线，两个视场计算 16 条光线，加上轴上像点的两条光线共 18 条光线。每条子午光线有一个几何像差和一个波色差，每条弧矢光线有两个几何像差和一个波色差。构成评价函数的像差共有 36 个，因为主光线只有一个几何像差——畸变，没有波色差。

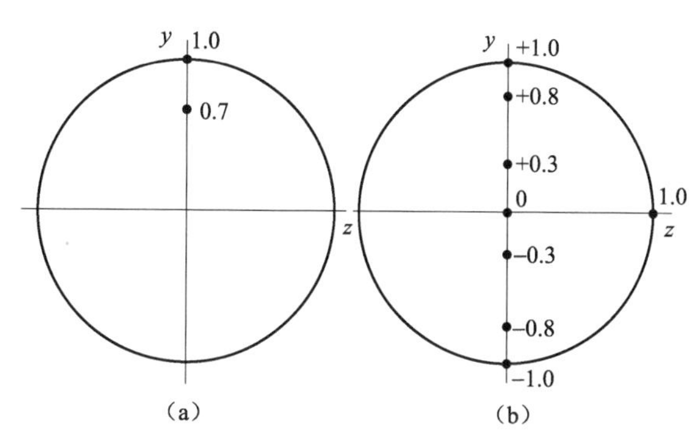

图 2–1　一般系统光瞳内的光线分布

第二类系统：大视场系统。

这类系统相对孔径不大，但视场较大，为了更真实地反映整个视场内的成像质量，除轴上点外计算四个轴外像点，它们是 0.5，0.7，0.85，1.0 视场。每个像点计算的光线数和第一类系统相同，有两条轴上光线和 32 条轴外光线，共计 34 条光线。评价函数由 68 个像差构成。

第三类系统：大孔径系统。

这类系统相对孔径较大，而视场不大。程序只计算轴上点和 0.7，1.0 视场两个轴外点，但对轴上点计算 4 条子午光线，如图 2–2（a）所示；对每个轴外点计算 11 条光线，如图 2–2（b）所示。共计算 4 条轴上光线、22 条轴外光线，由 58 个像差构成评价函数。

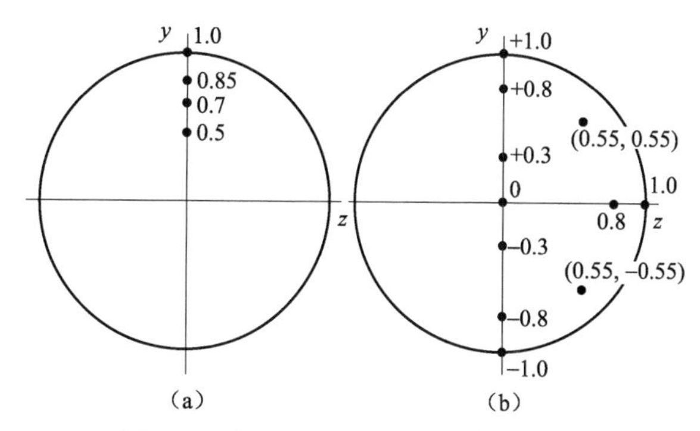

图 2–2　大孔径系统光瞳内的光线分布

第四类：大视场大孔径系统。

这类系统视场和相对孔径都比较大。程序计算轴上点和0.5，0.7，0.85，1.0视场4个轴外点，对轴上点计算4条光线，每个轴外点计算11条光线共44条轴外光线。评价函数由108个像差构成。

对轴外光束来说，允许有渐晕，本程序要求设计者给出1.0视场和0.7视场子午面内上、下光的渐晕系数。对大视场系统，其他两个视场的渐晕系数由给定的两视场的渐晕系数用线性插值的方法确定。对有渐晕的光束用椭圆近似的方法确定通光面积。抽样光线在子午和弧矢方向上的相对分布位置不变。椭圆近似的具体方法和§1.2节中所述完全相同。

使用本程序的设计者，只要选定系统的类型，参加校正的像差就确定了。上面所说的只是控制系统成像质量的像差，在§2.1节中我们说过，除了像差以外，还有某些与结构参数有关的近轴参数和几何参数也需要参加校正，它们和像差一样进入评价函数。在我们的阻尼最小二乘法程序中，共有10个这样的参数。

（1）焦距：f'；

（2）垂轴放大率：β；

（3）共轭距：L_{conj}（物、像平面间的距离）；

（4）像距：l'；

（5）系统总长：OL（第一面到像面的距离）；

（6）镜筒长：TL（第一面到最后一面的距离）；

（7）玻璃总厚度最大值：$GL_{\max}$；

（8）出瞳距：L'_{zm}；

（9）全视场主光线在出瞳面的投射高：H'_{stop}；

（10）最大离焦量：$\Delta L'_{\max}$。

这10个参数中究竟有哪些参加校正，必须由设计者根据具体的设计要求进行选择；另外，对每个参加校正的参数还必须给出它们要求的目标值，而不同于像差那样，目标值永远等于零。

2.3.2 权因子

阻尼最小二乘法取各种像差残量φ的平方和构成评价函数$\boldsymbol{\Phi}$，通过$\boldsymbol{\Phi}$的下降，使各种像差逐渐减小，或向目标值靠近，但最终都不可能使$\boldsymbol{\Phi}=0$，只能达到某个极小值。此时各种像差残量在数值上应趋向一致，因为这对评价函数的下降是最为有利的。但是，对实际光学系统来说，我们并不希望各种像差在数值上都趋于相等，而希望它们之间在数值上达到合理的匹配。例如，一般希望视场中心的像质好一些，轴上点的像差应该小一些。另外，不同种类的像差对成像质量的影响差别很大，例如波色差或波像差达到0.001 mm就能对成像质量产生很大影响；而垂轴几何像差达到0.01 mm对成像质量可能影响很小；而近轴参数如焦距误差在1 mm以内就可能符合要求。为了使这些不同的像差达到合理匹配，我们把各种像差值乘以不同的系数，再代入评价函数，即

$$\boldsymbol{\Phi}=\sum_{i=1}^{m}(\mu_i\varphi_i)^2$$

式中，μ_i称为权因子。权因子增大，对应的像差在评价函数中的比重增加，评价函数$\boldsymbol{\Phi}$下降

时将优先减小这种像差。因此，如果我们希望某种像差数值减小，就给它一个较大的权因子。当然权因子的大小是各种像差相对而言的，不能只看它们的绝对数值。

在程序中对参加校正的各种像差（包括近轴参数和几何参数）都根据一般情况给出一组固定的权因子，使各种像差达到基本匹配，但是随着系统要求不同，像差之间的匹配不可能完全符合设计要求，为此在程序中还增加了一个人工权因子 μ_p ，即

$$\Phi = \sum_{i=1}^{m} (\mu_i \mu_{pi} \varphi_i)^2$$

设计者可以在程序给出的固定权因子基础上，通过改变人工权因子 μ_p ，达到改变总的权因子的目的。如果将人工权因子 μ_p 都取作 1，则相当于不使用人工权因子。

2.3.3　边界条件

实际光学系统除了光学特性和成像质量的要求以外，为了使系统能实际制造出来，对结构参数还有一些具体的限制。例如，为了保证加工精度在要求的通光口径内，正透镜的边缘厚度或负透镜的中心厚度不能小于一定的数值；透镜之间的空气间隔不能为负值。这类限制我们称为边界条件。在阻尼最小二乘法程序中共有三种边界条件：

（1）正透镜的最小边缘厚度、负透镜的最小中心厚度和透镜间的最小空气间隔 d_{min}。

（2）每个面上光线的最大投射高 H_{max}。

（3）玻璃光学常数的限制。

在光学自动设计中，如果把玻璃材料作为自变量加入校正，则每种玻璃有两个自变量：一个是中间波长光线的折射率 n，另一个是色散 δn（两消色差光线的折射率差）。玻璃光学常数作为自变量参加校正时，都作为连续变量，因此校正得到的结果是理想的折射率和色散，还必须用相近的实际玻璃来代替。但是现有光学玻璃的 n 和 δn 有一定的范围限制，如果我们把现有光学玻璃的光学常数表示在一个以折射率 n 和色散 δn 为坐标的图上，如图 2–3 所示，则现有玻璃大体分布在一个三角形内。因此在校正过程中，必须把自变量 n 和 δn 限制在这个三角形内，这个玻璃三角形就是光学常数的边界。为了简化输入数据，程序中预先给出了一个玻璃三角形，这个三角形的 3 个顶点是由 QK1，LaK3，ZF7 三种实际玻璃构成的，而且分别按 C–F 消色差和 C–g 消色差两种情况给出了三角形 3 个顶点的坐标：$(n_1,\delta n_1)$，$(n_2,\delta n_2)$，$(n_3,\delta n_3)$ ，设计者只要选定其中的一种即可。如果光学系统的工作波长与消色差谱线不属于上面给定的两种情况，或者允许使用的玻璃光学常数的范围扩大或缩小，这时设计者可根据实际情况，自行给出 3 个顶点的坐标，3 个顶点按 n，δn 递增的顺序排列。

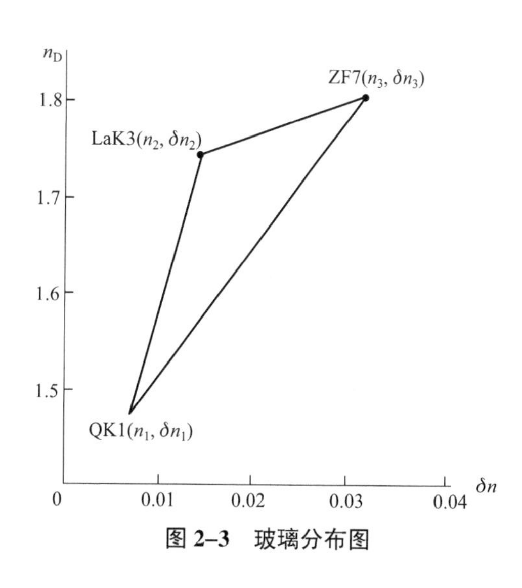

图 2–3　玻璃分布图

在阻尼最小二乘法程序中，对边界条件的处理方法是把它们和像差一样对待。当某个参

数违背边界条件时，把它的违背量作为一种像差在评价函数中求解，当然也要给它适当的权因子，这些在程序中都是预先安排好的，使用者只需要确定加入哪些边界条件及与这些边界条件的有关参数即可。

2.3.4 自变量

原则上，光学系统的全部结构参数都可以作为自变量加入校正，而且自变量越多，像差可能校正得越好。但是在实际设计中，有些自变量可能对像差影响很小，把它加入校正不仅对校正像差好处不大，反而可能给系统带来某些缺陷，例如某些对像差很不敏感的透镜厚度或间隔，把它们加入校正，反而可能使这些透镜变得太厚或者系统长度过大。因此让哪些结构参数作为自变量加入校正，必须由设计者根据系统的具体情况来选定。根据不同情况，自变量可以分成以下几种形式。

1. 单个结构参数作为自变量

系统中每个结构参数都可以作为独立的自变量参加校正，例如各个面的曲率、透镜的厚度间隔、每种光学材料的折射率和色散、每个非球面的非球面系数。在本程序中把各类结构参数进行编码，用它们的编码来表示自变量。下面介绍这种编码方式：

用一个三位数表示一个结构参数

N_1	N_2	N_3

其中，N_1 代表结构参数的类别，即 1—曲率 c；2—间隔；3—玻璃折射率；4—玻璃色散。

N_2，N_3 代表结构参数的序号。

按以上规则构成单个结构参数的编码，例如，105 代表第 5 个曲率 c_5；211 代表第 11 个间隔 d_{11}。

在阻尼最小二乘法程序中像面位移 $\Delta l'$ 也可以作为自变量，按最后一个厚度编码，如果系统有 K 个面，则第 K+1 个厚度即为像面位移的编码。

用一个两位数表示一个非球面系数

N_1	N_2

其中，N_1 代表非球面的序号。例如，N_1=2 代表系统中的第 2 个非球面（不是指系统的第 2 面）。

N_2 代表非球面系数的序号，即 1—K；4—a_8；2—a_4；5—a_{10}；3—a_6；6—a_{12}。

例如，35 代表系统中第 3 个非球面的第 5 个非球面系数。

2. 由两个结构参数构成的结组变量

这类变量主要在设计对称式系统或折反射系统时使用，例如图 2–4 中的对称式目镜，为了保持两胶合透镜组对称，我们要求在校正像差过程中对应的曲率如第 1 和第 6 个曲率大小相等、符号相反，而要求对应的厚度如第 2 和第 6 个厚度大小相等、符号相同。

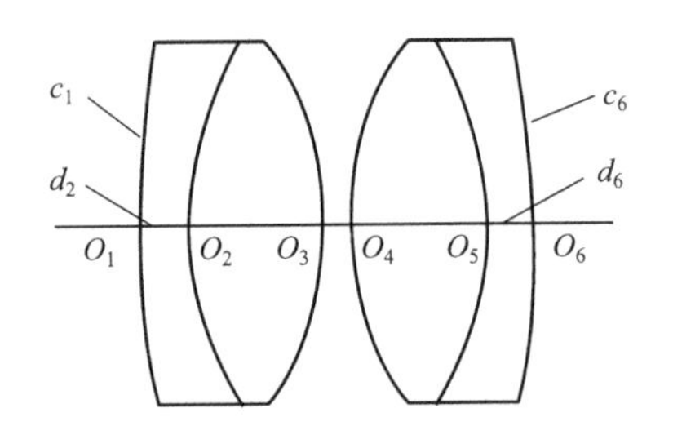

图 2–4　结组变量示意图

这类变量用一个带正负号的五位数表示

±	N_1	N_2	N_3	N_4	N_5

其中，N_1 表示结构参数的类别，分类方法和前面单个结

构参数相同。

N_2，N_3 代表结构参数中第 1 个参数的序号。

N_4，N_5 代表结构参数中第 2 个参数的序号。

所谓一对结构参数，指两个参数在改变过程中保持大小相等、符号相同（对应符号位取“+”，可省略）或大小相等、符号相反（符号位取“−”）。例如，10 305 表示第 3 个和第 5 个曲率大小相等、符号相同，而−206 11 表示第 6 个和第 11 个间隔大小相等、符号相反。

3. 组合变量

属于这类变量的有以下两种。

（1）保持系统的薄透镜光焦度不变，在两个指定的曲面之间交换光焦度，这两个曲面的曲率变化 Δc_1 和 Δc_2 之间符合以下关系：

$$\Delta c_1(n-n')_1 = -\Delta c_2(n-n')_2$$

式中，$(n-n')_1$ 和 $(n-n')_2$ 为这两个面前后的折射率差。一般都是在两个和空气接触的面之间交换光焦度。该变量的编码是

8	N_2	N_3	N_4	N_5

这是一个五位数，第一位为 8；N_2，N_3 为第 1 面的序号；N_4，N_5 为第 2 面的序号。例如，80 412 表示在 c_4 与 c_{12} 之间交换光焦度。

（2）组合变量是在保持薄透镜光焦度不变的条件下，连续地对若干个曲面的曲率改变相同的增量 Δc，称为透镜弯曲。如图 2–5 所示的一个单透镜，如果我们对它的第 1 面和第 2 面同时改变一个 Δc，透镜变成了图 2–5（b）所示的形状。这两透镜的光焦度相等，透镜形状则好像被弯曲了一下，因此称为透镜弯曲，这种变量的编码是

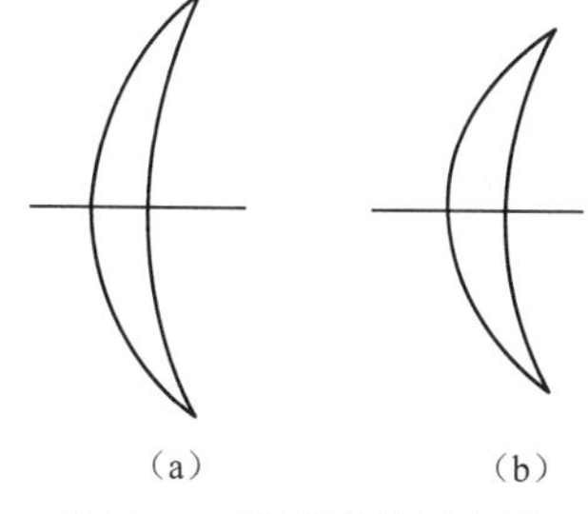

图 2–5　透镜弯曲示意图

（a）改变之前；（b）改变之后

9	N_2	N_3	N_4	N_5

这是一个五位数，第一位永远为 9；N_2，N_3 为弯曲的起始面；N_4，N_5 为弯曲的终止面，N_2，N_3 必须小于 N_4，N_5。例如，90 103 表示由第 1 面到第 3 面进行整体弯曲。

以上就是我们的程序中采用的全部自变量形式。光学自动设计中的自变量必须由设计者根据原始系统的结构和设计要求逐个给出。

§ 2.4　怎样使用阻尼最小二乘法程序进行光学设计

前面介绍了阻尼最小二乘法自动设计程序的原理和实际程序的构成。本节介绍使用阻尼最小二乘法程序进行光学设计的具体方法和步骤，也就是设计者利用自动设计程序设计光学系统时需要做哪些工作。

2.4.1　原始系统的选定

现有的光学自动设计程序都是在一定的原始系统基础上通过线性近似和逐次渐近的方法，使系统逐步向要求的目标靠拢。因此在进行自动设计前，设计者首先要根据对系统光学

特性和成像质量的要求，选定一个合适的原始系统。原始系统选择得好坏，实际上决定了自动设计结果的好坏。因为程序只能在原始系统附近的自变量空间使评价函数达到极小值。这个极小值对整个自变量空间来说，只是一个局部极小值。在整个自变量空间，一般存在若干个局部极小值，系统最后能达到哪个局部极小值，完全由原始系统决定。原始系统的选择：一般依靠设计者的经验从手册或专利资料中，找寻一个光学特性和成像质量与设计要求相近的系统作为原始系统。

2.4.2 构成评价函数的像差和权因子

在程序中设计者首先要选定用几何像差还是波像差构成评价函数，然后确定系统的类别（系统属上节所说四类中的哪一类），同时给出全视场和 0.7 视场的子午光束上、下光的渐晕系数，构成评价函数的像差便自动确定了。

除了像差以外，还有几种近轴参数和几何参数，要求设计者根据具体的设计要求逐个选定。不能把一些不必要的参数加入校正，更不能把一些相互矛盾的参数一起加入校正，这将大大降低系统校正像差的能力。例如，对有限距离成像的系统，不能把 $L_{\text{conj}}, f', \beta$ 同时加入校正，最多只能加入两个。

至于权因子，在设计的开始阶段，一般不使用人工权因子，只是在校正到一定阶段以后，再根据程序输出的校正结果，为了使某些像差匹配更加合理，才应用人工权因子进行调整。

2.4.3 自变量的确定

一般来说，在自动设计过程中，自变量越多越好，以便充分利用系统校正像差的能力。系统中每个曲率、厚度都尽可能作为单独的自变量参加校正。光学材料的折射率和色散，一般只是在用曲率和厚度无法校正全部像差时才采用，通常也不把全部玻璃的折射率和色散都作为自变量使用。因为程序校正的结果是理想的折射率和色散值，故还必须用相近的实际玻璃来代替，如果参加校正的折射率和色散很多，换成实际玻璃后系统的像差可能变化很大，重新用曲率和厚度进行校正时，和原来的校正结果有很大差别，而使原先的校正失去意义。某些透镜的厚度，如果对像差不灵敏，也可以不作为自变量参加校正，直接根据工艺要求确定。

应该注意尽量不要使用相关变量，例如双胶合物镜如果已经把三个曲率作为自变量，就不要把整组弯曲（90103）也作为自变量，因为后者和前三个变量相关，相关变量不仅不会增加系统的校正能力，反而会破坏校正的正常进行。

2.4.4 边界条件

加入哪些边界条件，也必须由设计者根据具体设计要求来定。最常用的是正透镜的最小边缘厚度和负透镜的最小中心厚度。玻璃三角形则只在把光学常数作为自变量时才加入。

以上是使用阻尼最小二乘法程序设计光学系统时设计者要做的工作和应注意的问题。下面我们举一个实际例子。

设计举例：设计一个照相物镜，光学特性为：焦距 $f'=50$；相对孔径 $\dfrac{D}{f'}=\dfrac{1}{2}$；视场角 $2\omega=40^\circ$。

要求校正单色像差和色差；边缘视场的渐晕系数为 ±0.65，0.7 视场的渐晕系数为 ±0.85；

系统的像距 $l'>25$；系统的总长度 $OL<75$；筒长 $TL<50$。

以上是对系统的全部设计要求，下面说明在进行自动设计前，设计者要做的全部工作。

1. 选定原始系统

根据上面提出的设计要求，我们从专利资料中选了一个双高斯物镜作为我们的原始系统，该系统对应的光学特性为

$$f'=1;\quad \frac{D}{f'}=\frac{1}{2};\quad 2\omega=40^\circ$$

系统的全部结构参数如下：

$r_1=0.66$		
$r_2=3.019$	$d_2=0.063$	ZK6
$r_3=0.421\ 7$	$d_3=0.014$	
$r_4=4.000$	$d_4=0.098$	ZK6
$r_5=0.312$	$d_5=0.042$	F6
$r_6=\infty$	$d_6=0.069\ 25$	
$r_7=-0.258\ 0$	$d_7=0.069\ 25$	
$r_8=\infty$	$d_8=0.042$	F6
$r_9=-0.391$	$d_9=0.098$	ZK6
$r_{10}=\infty$	$d_{10}=0.014$	
$r_{11}=-0.668$	$d_{11}=0.093$	ZK6

由于以上数据对应的系统焦距 $f'=1$，我们首先要把它缩放成要求的焦距，只要把全部半径、厚度都乘以两个焦距的比（这里等于 50）即可。另外，如果数据给出的光学材料和我们可用的光学材料不一致，则需要换成相近的可用材料，这样就得到我们所需要的原始系统结构参数。按以上方法得到的原始系统结构参数如下：

r	d	n_D	n_F	n_C
33	3.2	1	1	1
151	0.5	1.612 6	1.619 999	1.609 499（ZK6）
21.1	4.9	1	1	
200	2.1	1.612 6	1.619 999	1.609 499（ZK6）
15.6	3.5	1.624 8	1.637 377	1.619 807（F6）
∞	3.5	1	1	1
−12.9	2.1	1	1	1
0	4.9	1.624 8	1.637 377	1.619 807（F6）
−19.35	0.5	1.612 6	1.619 999	1.609 499（ZK6）
∞	4.2	1	1	1
−33.4		1.612 6	1.619 999	1.609 499（ZK6）
		1	1	1

光学特性参数：

$$L=\infty,\qquad \omega=20^\circ,\qquad H=12.5$$

近轴参数：

$$f'=58.9,\qquad L'_{\mathrm{F}}=45.8,\qquad y'=21.46$$

原始系统的结构图和子午垂轴像差曲线如图 2–6 所示。

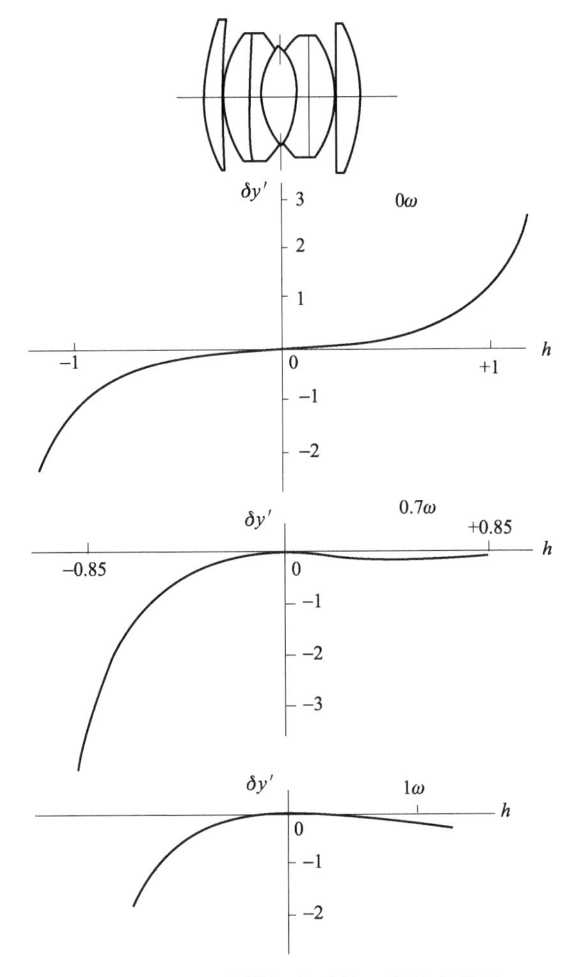

图 2–6　照相物镜初始系统及像差曲线图

2. 构成评价函数的像差和权因子

采用垂轴几何像差构成评价函数，按第一类系统进行校正，上、下光渐晕系数全视场为 ±0.65，0.7 视场为 ±0.85，不采用人工权因子。加入校正的近轴几何参数有 4 个：

$$f'=50,\ l'>25,\ OL<75,\ TL<50$$

3. 自变量

全部曲率 $c_1,c_2,c_3,c_4,c_5,c_7,c_8,c_9,c_{10},c_{11}$ 均作为自变量参加校正（光阑面除外）。厚度间隔则除了 d_3,d_{10} 这两个空气间隔外其余都参加校正，因为这两个间隔对像差影响较小，一般尽量取小，我们取 $d_3=d_{10}=0.5$。其他均作为自变量，共计有 $d_2,d_4,d_5,d_6,d_7,d_8,d_9,d_{11}$。玻璃材料不作为自变量，这样共有 18 个自变量。

4. 边界条件

我们取：正透镜边缘厚度＞1；负透镜中心厚度＞1.5；空气间隔＞0。

把这些数据按程序规定的格式输入以后就可以启动程序进行自动设计了。

上述原始系统的评价函数 $\Phi = 2\ 703.031$，经过 25 次迭代以后评价函数下降到 $\Phi = 0.569$，程序输出的最后结果为

r_1=34		
r_2=157.59	d_2=6.73	ZK6
r_3=18.93	d_3=0.5	
r_4=194.34	d_4=5.86	ZK6
r_5=13.19	d_5=2.80	F6
r_6=∞	d_6=2.46	
r_7= −15.02	d_7=8.36	
r_8= −52.56	d_8=1.5	F6
r_9= −18.63	d_9=3.58	ZK6
r_{10}=75.52	d_{10}=0.5	
r_{11}= −44.36	d_{11}=10.45	ZK6

近轴参数：

$$f' = 50.1,\qquad L'_F = 25,\qquad y' = 18.24$$

系统的结构图和子午垂轴像差曲线如图 2–7 所示。

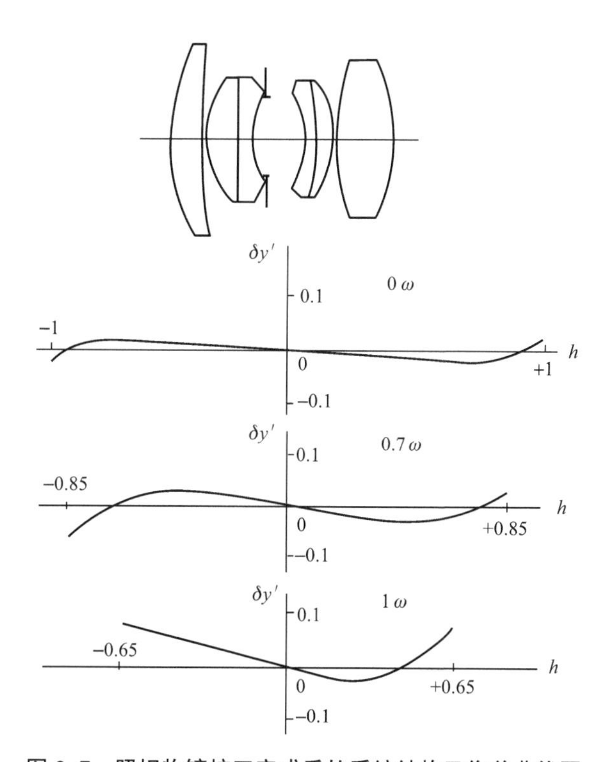

图 2–7　照相物镜校正完成后的系统结构及像差曲线图

从以上结果可以看到，它相对于原始系统的像差已经有了很大改善，而且焦距、像距、筒长和系统总长也都符合要求，正、负透镜的厚度以及空气间隔也都满足边界条件。

§ 2.5　适应法光学自动设计程序

适应法像差自动校正程序的最大特点是：第一，参加校正的像差个数 m 必须小于或等于自变量个数 n；第二，参加校正的像差不能相关。因为适应法求出的解严格满足像差线性方程组的每个方程式；如果 $m>n$ 或者某两种像差相关，像差线性方程组就无法求解，校正就要中断。这是适应法和阻尼最小二乘法的最大区别。下面介绍 SOD88 中适应法程序的具体构成。

2.5.1　像差参数的选定

根据适应法的特点，同时参加校正的像差参数不能太多，因此我们采用单项独立的几何像差作为评价成像质量的指标，加上若干与结构参数有关的近轴参数，如表 2–1 所示，共有 48 种。

表 2–1　适应法程序 ADP 所控制的像差参数

像差序号	像差符号	打印符号	意　　义
1	$\delta L'_m$	DLm	轴上像点全孔径的球差 $\delta L'_m$
2	SC'_m	SCm	全孔径的正弦差 SC'_m
3	x'_{tm}	Xtm	全视场细光束子午场曲 x'_{tm}
4	x'_{sm}	Xsm	全视场细光束弧矢场曲 x'_{sm}
5	x'_{tsm}	Xtsm	全视场细光束像散 $x'_{tsm}=x'_{tm}-x'_{sm}$
6	$\delta y'_{zm}$	DYzm	全视场畸变 $\delta y'_{zm}$
7	$\Delta l'_{ab}$	DLab	0.707 1 孔径的轴向色差 $\Delta l'_{ab}$
8	$\Delta y'_{ab}$	DYab	全视场垂轴色差 $\Delta y'_{ab}$
9	$\delta L'_{sn}$	DLsn	0.707 1 孔径的剩余球差 $\delta L_{sn}=\delta l'_{0.7071}-\frac{1}{2}\delta l'_m$
10	SC'_{sn}	SCsn	0.707 1 孔径的剩余正弦差 $\mathrm{SC}'_{sn}=\mathrm{SC}'_{0.7071}-\frac{1}{2}\mathrm{SC}'_m$
11	x'_{tsn}	Xtsn	0.707 1 视场的剩余细光束子午场曲 $x'_{tsn}=x'_{t0.7071}-\frac{1}{2}x'_{tm}$
12	x'_{ssn}	Xssn	0.707 1 视场的剩余细光束弧矢场曲 $x'_{ssn}=x'_{s0.7071}-\frac{1}{2}x'_{sm}$
13	x'_{tssn}	Xtssn	0.707 1 视场的剩余细光束像散 $x'_{tssn}=x'_{ts0.7071}-\frac{1}{2}x'_{tsm}$
14	$\delta y'_{z0.7071\omega}$	DYz0.7	0.707 1 视场的畸变 $\delta y'_{z0.7071\omega}$
15	$\delta L'_{ab}$	dDLab	色球差 $\delta L'_{ab}=\Delta L'_{ab}-\Delta l'_{ab}$
16	$\Delta y'_{absn}$	DYabsn	0.707 1 视场的剩余垂轴色差 $\Delta y'_{absn}=\Delta y'_{ab0.7071}-0.7071\Delta y'_{abm}$

续表

像差序号	像差符号	打印符号	意　　义
17	$\delta L_T'$	DLT（1，1）	全视场全孔径的子午轴外球差 $\delta L_T' = X_T' - x_t'$
18	$\delta L_T'$	DLT（1，2）	全视场 0.707 1 孔径的子午轴外球差
19	$\delta L_T'$	DLT（2，1）	0.707 1 视场全孔径的子午轴外球差
20	$\delta L_T'$	DLT（2，2）	0.707 1 视场 0.707 1 孔径的子午轴外球差
21	K_T'	KT（1，1）	全视场全孔径的子午彗差 K_T'
22	K_T'	KT（1，2）	全视场 0.707 1 孔径的子午彗差
23	K_T'	KT（2，1）	0.707 1 视场全孔径的子午彗差
24	K_T'	KT（2，2）	0.707 1 视场 0.707 1 孔径的子午彗差
25	$\delta L_S'$	DLS（1，1）	全视场全孔径弧矢轴外球差 $\delta L_S' = X_S' - x_s'$
26	$\delta L_S'$	DLS（1，2）	全视场 0.707 1 孔径弧矢轴外球差
27	K_S'	KS（1，1）	全视场全孔径弧矢彗差 K_S'
28	K_S'	KS（1，2）	全视场 0.707 1 孔径弧矢彗差
29	$\delta L'_{0.85}$	DL0.85	0.85 孔径的轴上球差
30	$\delta L'_{0.7071}$	DL0.7	0.707 1 孔径的轴上球差
31	$\delta L'_{0.5}$	DL0.5	0.5 孔径的轴上球差
32	$SC'_{0.85}$	SC0.85	0.85 孔径的正弦差
33	$SC'_{0.7}$	SC0.7	0.7 孔径的正弦差
34	$\delta L'_{abm}$	DLabm	全孔径的轴向色差
35	$x'_{t0.85}$	Xt0.85	0.85 视场的细光束子午场曲
36	$x'_{s0.85}$	Xs0.85	0.85 视场的细光束弧矢场曲
37	S_1	S1	初级球差系数 S_1
38	S_2	S2	初级球差系数 S_2
39	S_3	S3	初级球差系数 S_3
40	S_4	S4	初级球差系数 S_4
41	S_5	S5	初级球差系数 S_5
42	C_1	C1	初级轴向色差系数 C_1
43	C_2	C2	初级垂轴色差系数 C_2
44	φ	1/F	光焦度 φ

续表

像差序号	像差符号	打印符号	意　　义
45	β	My	垂轴放大率 β
46	L'_{zm}	1/Lzm	实际出瞳距倒数 $1/L'_{zm}$
47	f'/l'	F/L	相对像距的倒数 f'/l'
48	$1/l'$	1/L	像距倒数 $1/l'$

在以上这些像差中 $\delta L'_T$，K'_T 两类为轴外宽光束像差，它们分别有两个视场和两个孔径（规化值为 1.0 和 0.707 1）的像差。在实际系统中，轴外子午光束往往存在一定的渐晕，因此在自动校正中应该按指定的上、下光渐晕系数来校正这两个像差，使校正结果更符合实际要求。因此，程序要求给出全视场和 0.7 视场上、下光的渐晕系数，即

全视场　　　　　　K_1^+，　K_1^-

0.707 1 视场　　　$K_{0.7}^+$，　$K_{0.7}^-$

这和前面阻尼最小二乘法中的渐晕系数相同。

在校正过程中，$\delta L'_T$ 和 K'_T 这两类像差都是按指定渐晕系数计算的，细光束像差 x'_t，x'_s 则是相对实际光束的中心光线计算的，在前面 § 1.2 节中已作说明。

上面这 48 个像差参数是程序可能控制的全部像差和近轴参数。和阻尼最小二乘法不同，并不是每次自动设计全部像差都加入校正，设计者必须根据系统要求的光学特性、成像质量和原始系统的像差情况，以及可用的自变量数逐个仔细地选定参加校正的像差。如何选择参加校正的像差是使用适应法程序的关键，后面我们还要作进一步说明。这里先介绍某些基本原则：

（1）在能够控制系统光学特性和成像质量的条件下，参加校正的像差越少越好。

（2）不能把相关的像差同时加入校正，这是使用适应法程序中最难处理的问题。在上面的 48 个像差参数中有些参数是绝对相关的，例如 x'_{tm}，x'_{sm}，x'_{tsm} 三者中任意一个必然与其余两个相关；在物距一定的条件下，φ 和 β 是相关的等。这类相关像差根据它们的物理意义比较容易判断。程序中所以要列入这些相关像差是为了适应不同设计的具体需要，但绝不能把它们同时加入校正。最难的是那些并非绝对相关的像差，它们之间是否相关和系统的光学特性、结构形式、校正能力等一系列因素有关，需要设计者在设计过程中逐步进行判断。

（3）参加校正的像差数 m 应小于或等于自变量数 n（$m \leqslant n$）。

（4）可以把要求校正的全部像差逐步分批加入校正。先把容易校正的像差进行校正，然后分批加入其余的像差。

在选定了参加校正的像差之后，还要给出每种像差的目标值和公差，程序是根据目标值和公差对像差进行控制的，各种像差之间的匹配关系也是通过目标值和公差来实现的。因此适应法对像差的控制是准确的、直接的。而阻尼最小二乘法对像差的控制是通过权因子间接实现的，因而是不准确的。

像差公差分固定公差和可变公差两类。所谓固定公差就是不变的像差公差，像差进入公差带即认为满足要求。可变公差是当各种像差达到目标值或进入公差带以后，程序可以逐步

收缩这些可变公差，使像差校正得尽可能好，以便充分发挥系统的校正能力。为了区别这两类公差，我们把固定公差给正值、可变公差给负值。

另外，第 47、第 48 这两个参数的目标值和公差的意义与一般的像差目标值和公差的意义不同，这两个像差参数都是用来控制系统像距的。实际系统对像距的要求有以下 3 种不同情况：

（1）要求小于某个上限值（即要求大于某个指定值）。这时把它们的上限值作为其目标值，公差给−1。

（2）要求大于某个下限值（即要求小于某个指定值）。这时把它们的下限值作为其目标值，公差给+1。

（3）要求等于指定值。这时把该指定值作为其目标值，公差给零。

2.5.2 边界条件

和阻尼最小二乘法一样，为了保证系统能实际制造出来，需要对系统的某些参数设置边界条件。在适应法程序中共设置了以下 3 种边界条件。

1. 负透镜的最小中心厚度和正透镜的最小边缘厚度

这两种不同的边界值，按系统中各厚度、间隔的顺序统一给出，无须对负透镜或正透镜进行区分，对负透镜必然指中心厚度，对正透镜必然指边缘厚度。

在确定正透镜最小边缘厚度时，必须确定透镜的通光孔径，本程序中用以下 3 条光线的最大投射高确定系统中每个面的通光口径：

（1）轴上点边缘孔径的光线。

（2）轴外点最大视场指定渐晕系数的子午上光线。

（3）轴外点最大视场指定渐晕系数的子午下光线。

因此该边界条件除了给出各个最小厚度以外，还必须同时给出全视场的渐晕系数，它们可以和前面计算像差时给出的渐晕系数不一致。

2. 透镜的最大中心厚度

为了限制系统的筒长或某些透镜的厚度，可以给出每个厚度、间隔的最大值作为边界条件。对某个厚度或间隔如不限制，可以给一个很大的数值，但所给数据的个数和顺序不能改变。

3. 玻璃光学常数

它和阻尼最小二乘法中光学常数的边界条件完全相同，采用一个玻璃三角形，具体的数据也和阻尼最小二乘法程序一样。

2.5.3 自变量

适应法程序中自变量的类别和编码方法也与阻尼最小二乘法程序完全相同。

§ 2.6 怎样使用适应法程序进行光学设计

本节结合实际例子介绍使用适应法程序进行光学设计的具体方法和步骤，要求设计一个对称式目镜，其光学特性要求如下：

焦距：$f'=25$；

视场角：$2\omega=40°$；

入瞳直径：$D=4$。

目镜一般按反向光路进行设计，把它的像方作为设计的物方，即相当于对无限远物平面进行成像的系统。系统大体的结构形式和光路如图 2–8 所示。下面我们就按实际设计步骤介绍它的设计过程。

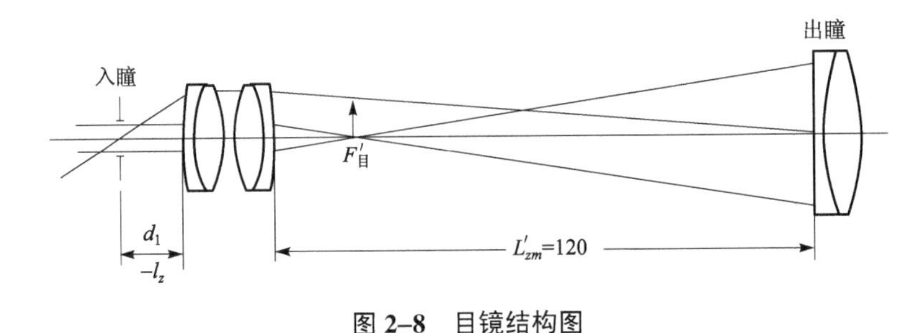

图 2–8　目镜结构图

2.6.1　选定原始系统

我们从光学设计手册上找出一组数据作为自动设计的原始系统，结构参数如下所示。

r	d	n_D	n_F	n_C
76.6	1.5	1	1	1
24.6	7	1.647 5	1.661 196	1.642 076（ZF1）
–30.6	0.1	1.516 3	1.521 955	1.513 895（K9）
30.6	7	1	1	1
–24.6	1.5	1.516 3	1.521 955	1.513 895（K9）
–76.6		1.647 5	1.661 196	1.642 076（ZF1）
		1	1	1

如果原始系统的焦距和设计要求相差较多，则需要将原始系统缩放成要求的焦距，上述系统的焦距为 $f'=26.042$，与设计要求接近，不再需要缩放。

原始系统结构参数：

2.6.2　参数校正的像差和自变量的确定

适应法程序要求参加校正的像差数必须小于或等于自变量数，因此像差和自变量需要同时考虑选定。特别是一些结构比较简单的系统，往往先要看它有几个自变量，再确定参加校正的像差，使像差数不大于自变量数。这里我们先确定自变量。

1. 自变量确定

为了保证两个胶合透镜组完全对称，必须使用异号结组变量，保证两个透镜组的对应半径大小相等、符号相反。这样 6 个曲率半径只能构成 3 个自变量：–10 106；–10 205；–10 304。

透镜的厚度和两个透镜组之间的间隔均不作自变量使用，但入瞳到第一面顶点的距离 d_1（201）可以作为一个自变量使用，这样共有 4 个自变量。

2. 像差参数和它们的目标值和公差

系统焦距（即光焦度）为设计要求，必须保证。另外，目镜必须和物镜配合成像，因此反向光路中目镜的出瞳要求和物镜的入瞳相重合，因此对目镜的出瞳距 L'_{zm} 必须有一定要求，如图 2–8 所示。在我们的设计例子中要求 L'_{zm}=120。这就已经有两个必须参加校正的像差参数。而系统的自变量只有 4 个，最多还能加入两个像差。在目镜中最主要的两种像差是垂轴色差 $\Delta y'_{FC}$ 和子午场曲 x'_{tm}，把它们加入校正。这样共有 4 个像差参数，和自变量数相等，已达到了最大限度。我们还必须给每个像差参数规定目标值和公差，以上像差参数的目标值和公差如表 2–2 所示。

表 2–2　像差参数的目标值和公差

序号	像差符号	像差编号	目标值	公差
1	φ	44	0.04	0
2	$1/L'_{zm}$	46	0.008 33	0
3	x'_{tm}	3	0	–0.5
4	$\Delta y'_{FC}$	8	0	–0.03

表 2–2 中，第 1、第 2 两个像差参数是设计要求必须满足的，它们的目标值即为设计要求的数值，公差则均给零，表示它们是必须达到的。第 3、第 4 两种像差，我们把目标值均给零，但都给了可变公差。这是因为现在要求校正的像差数等于自变量数，系统实际上是否能完全校正这两种像差是没有把握的，而且除了这两种像差以外，其他像差如彗差、畸变、轴外球差等也需要适当照顾。因此给出两个可变公差，在系统进入公差以后，再逐步收缩公差，同时看其他像差的变化情况，决定是否继续校正。

由于玻璃光学常数以及透镜厚度都没有作为自变量，因此也不再加入其他边界条件。按以上要求直接进入自动设计。

各个像差参数达到目标值和进入公差后的结果如下，系统的有关像差见表 2–3。

r	d	n_D	n_F	n_C
56.06	1.5	1	1	1
23.22	7	1.647 5	1.661 196	1.642 076（ZF1）
–33.44	0.1	1.516 3	1.521 955	1.513 895（K9）
33.44	7	1	1	1
–23.22	1.5	1.516 3	1.521 955	1.513 895（K9）
–56.06		1.647 5	1.661 196	1.642 076（ZF1）
		1	1	1

表 2–3　系统的有关像差

φ	$1/L'_{zm}$	x'_{tm}	$\Delta y'_{FC}$	K'_{Tm}	$\delta L'_{Tm}$	$\delta L'$	$\Delta L'_{FC}$
0.04	0.008 33	0.5	–0.03	0.008	0.03	–0.096	–0.11

在以上系统基础上我们把 x'_{tm}，$\Delta y'_{FC}$ 的公差由−0.5，−0.03 收缩为−0.4 和−0.024，重新进入自动校正，得到结果如下：

r	d	n_D	n_F	n_C
42.75	1.5	1	1	1
20.15	7	1.647 5	1.661 196	1.642 076（ZF1）
−39.25	0.1	1.516 3	1.521 955	1.513 895（K9）
39.25	7	1	1	1
−20.15	1.5	1.516 3	1.521 955	1.513 895（K9）
−42.75		1.647 5	1.661 196	1.642 076（ZF1）
		1	1	1

其对应的像差见表 2−4。

表 2−4　对应像差

φ	$1/L'_{zm}$	x'_{tm}	$\Delta y'_{FC}$	K'_{Tm}	$\delta L'_{Tm}$	$\delta L'$	$\Delta L'_{FC}$
0.04	0.008 33	0.4	−0.024	0.016	0.08	−0.096	−0.103

从表 2−4 中看到，$\Delta y'_{FC}$ 减小了 0.06 而 K'_{Tm} 增加了 0.008，所以综合起来，两者质量差不多，因此进一步缩小 x'_{tm} 和 $\Delta y'_{FC}$ 的公差已没有很大意义。

以上两个结果，根据具体情况任选一个都能满足使用要求。

§ 2.7　典型光学设计软件介绍

2.7.1　概述

随着光学系统设计要求的不断提高和结构形式的日趋复杂，得心应手的计算机辅助设计软件已经成为专业设计人员不可缺少的工具。光学 CAD 发展了数十年，国内外都产生了一些功能齐全或有一定特色、具有较大用户群的成熟软件包。在中国、俄罗斯等国家，目前光学软件仍由大学或研究所研制，除了在前沿课题上由国家提供少量研究经费外，软件的维护及升级所需的人力、物力主要以成果转让的形式由用户单位提供支持。在知识产权保护体系较为完善的西方国家，则已经发展为以专业公司开发的商品化软件为主的阶段。

2.7.2　国内实用软件

近年来，在国内得到广泛应用的国产光学设计软件有由北京理工大学研制的 SOD88 和 GOSA−GOLD 程序，由长春光机所研制的 CIOES 程序等。

1. SOD88

光学设计软件包 SOD88 适用于共轴光学系统，系统中的面形可以是球面，也可以是非球面，系统可以是折、反或折反射系统。软件包所包括的主要功能有：

（1）几何像差计算和图形输出。软件包可以计算几何像差、垂轴像差和初级像差系数，并具有缩放焦距、修改结构参数、计算像差变化量表、按渐晕计算像差等功能。同时，可输出系统图、光路图、几何像差曲线图、垂轴像差曲线图等。

（2）像差自动校正。软件包提供了两种像差自动校正功能：适应法和阻尼最小二乘法。对于适应法像差自动校正，程序使用独立的几何像差作为系统的质量指标，采用各个受控像差分别趋于各自的目标值的方法来进行像差自动校正。可控制的像差（包括某些近轴参数）共有 48 个，校正可以分阶段进行，并提供了 3 种公差给定方法，使得系统的潜力得以充分挖掘。对于阻尼最小二乘法，程序采用垂轴像差或波像差的加权像差平方和构成评价函数，通过求评价函数的极小值解来实现像差自动校正。程序对不同的系统设置了不同的抽样光线和不同的权因子，并可控制 10 种边界条件，使用者可根据不同要求选择。

（3）光学传递函数计算。软件包提供了两种传函计算功能：自相关法和两次傅里叶变换法。对于自相关法传函计算，程序可以计算系统的单色光或白光的子午和弧矢调制传递函数，可输出指定通光范围内的波像差分布，并可将通光范围用坐标和图形的方式打印出来。对于两次傅里叶变换法，程序应用快速傅里叶变换算法，可以计算截止频率范围内的 64 或 128 个频率抽样点上的传函值，并以此用插值法得到多达 15 个指定频率的传函值。同时，还可获得通光范围内的波像差分布和各视场的线扩散函数。程序可以计算具有中心遮光的系统，也可计算像面在无限远的系统。

（4）变焦系统计算。程序可以分别对 9 个焦距位置进行像差计算，系统中可以允许有 8 个可移动的透镜组，与定焦像差计算功能一样，变焦部分也具有修改结构参数和计算像差变化量表等功能。软件包还提供了变焦系统的适应法像差自动校正功能，它可以使各焦距的像差同时趋于零；也可以使具有后固定组系统各焦距的像差趋于一致，然后再利用定焦系统的适应法像差自动校正程序进行校正。

（5）公差分析计算。软件包所提供的公差分析计算功能以给定的若干条光线的垂轴像差平方和作为系统的质量指标，根据使用者给出的系统类型、要求精度等数据，按一定规律对曲率、厚度或间隔、面偏角分配一组公差，然后用 Monte Carlo 法对指定公差内一定数量的产品进行模拟的随机抽样检验，得到以当前公差生产时预期的良品率，然后重复此过程，直到公差和良品率达到最合理的匹配为止。

（6）半径标准化。本功能可以把像差校正完成以后的曲率半径换成标准半径。程序提供了两种方法，一种是从标准半径库中找出和设计半径最接近的值进行直接代换；另一种是利用阻尼最小二乘法，从标准半径库中的离散半径值中选择合适的半径，使得半径标准化后系统的评价函数不降低或降低最小，同时还把系统中的间隔、厚度归整到指定的小数点后有效位数。

除以上功能以外，软件包还提供了出图计算功能，可以计算出绘制光学图纸时所需要的数据。软件包还可绘制光学传递函数曲线图和点列图，供使用者选择。

2. GOLD

GOLD（原名 GOSA）是北京理工大学研制的复杂光学系统分析优化大型软件包，它可以对各种非对称、非常规复杂光学系统进行像质分析和结构优化，适用范围基本上囊括了目前国内外用于光学系统（特别是成像系统）设计制造的各种技术。1992 年开始在国内推广使用，受到国防科研和光学工业领域众多用户的一致欢迎。

GOLD 软件带有方便的全屏幕输入用户界面，配有详尽的中、英文对照屏幕提示和大量图形输出。输入部分具有很强的自检功能，拒绝接收互相矛盾的错误输入；具有很强的编辑功能，允许随时修改或删除任何系统数据；带有玻璃图谱，以便正确选用玻璃；可随时用三视图和三维图形显示系统结构，以检验输入数据的正确与否。目前 GOLD 软件的主要计算功能包括：

（1）光线追迹和像差分析。该软件可以追迹使用者指定的任意一条光线，并根据要求用数字或图形输出其在光学系统中的轨迹；可以计算系统的三级像差和实际像差并绘出像差曲线；可以用普通多项式或泽尼克（Zernike）多项式表示出瞳波面的波像差并验检该多项式拟合的精度。

（2）系统结构的阻尼最小二乘法优化设计。GOLD 软件的优化计算可采用传统的几何像差平方和或建立在衍射理论基础上的像质指标作为评价函数；可选取复杂光学系统中任何种类的结构参数作为优化变量；可方便地处理多重结构系统、折反射系统、对称系统中常遇到的关联参数问题；可按要求控制系统的焦距、后工作距、放大率和其他各种高斯光学参量，以及三级像差系数、镜片中心及边缘厚度、系统总长、玻璃变化区域等；可在每一次迭代中自动选取最佳像面位置；亦可自动寻找最佳阻尼因子和自变量空间解向量的最佳长度。

（3）像质指标计算和其他系统分析。可以对各种复杂光学系统计算点列图、点扩散函数和光学传递函数等各项像质指标，可根据要求用数字或图形输出计算结果，并提供了对鬼像和红外扫描成像系统中冷反射（Narcissus）的分析和控制手段。

（4）各种加工辅助功能。包括光学面有效通光口径的估算；加工公差的自动分配；光学元件加工图纸的自动绘制；衍射光学元件加工掩模板的自动设计等。

3. CIOES

CIOES 是一套常用的光学设计软件系统。其特点是密切结合光学系统设计实践与特点，集长春光机所几十年光学设计之经验。软件功能包括光学系统初始结构的设定、像差分析、自动设计、像质评价、加工公差的估算、样板的匹配等，它通过图形显示、菜单技术、人机对话等方式把光学设计各阶段联系起来。另外，长春光机所还研制出了 COLDB 光学镜头数据库，包含有中、美、日、俄、英、法等国镜头 2 150 个以及国内外 10 个厂家的无色玻璃数据 1 200 种。

2.7.3 国外著名软件

目前在国际上有较大影响的光学设计软件包括美国 ORA（Optical Research Associates）公司研制的 CODE–V 和 LightTools，Sinclair Optics 公司研制的 OSLO，Focus Software 公司研制的 Zemax；英国 Kidger Optics 公司研制的 SIGMA；法国 OPTIS 公司研制的 Solo；俄国圣彼得堡光机学院研制的 OPAL 等。因篇幅有限，这里仅简要介绍其中实力最强的美国 ORA 公司研制的软件。

1. CODE–V

CODE–V 是美国 ORA 公司研制的具有国际领先水平的大型光学工程软件，是目前世界上分析功能最全、优化功能最强的光学软件，为各国政府及军方研究部门、著名大学和各大光学公司广泛采用。在我国国内也有多个科研、教学和生产单位使用，成功地设计研制了变焦照相镜头、医疗仪器、光谱仪器、空间光学系统、激光扫描系统、全息平显系统、红外夜视系统、紫外光刻系统等。

CODE−V 具有十分强大的优化设计能力。软件中优化计算的评价函数可以是系统的垂轴像差、波像差或是用户定义的其他指标，也可以直接对指定空间频率上的传递函数值进行优化。经过改进的阻尼最小二乘优化算法用拉格朗日乘子法提供精确的边界条件控制。除了程序本身带有大量不同的优化约束量供选用外，用户还可以根据需要灵活地定义各种新的约束量。该软件还提供了实用化的全局优化模块（Global Synthesis），可以在优化进程中自动跳出局部极小值继续在解空间中寻找更佳设计，并在优化结束时把找到的满足设计要求的各种不同的结构形式一一列出供使用者根据实际需要选择。

CODE−V 提供了用户可能用到的各种像质分析手段。除了常用的三级像差、垂轴像差、波像差、点列图、点扩展函数、光学传递函数外，软件中还包括了五级像差系数、高斯光束追迹、能量分布曲线、部分相干照明、偏振影响分析、鬼像和冷反射预测、透过率计算、一维物体成像模拟等多种分析计算功能。

对于空间光学系统，环境因素的影响不可忽视。CODE−V 软件具有计算压力变化、温度变化以及非均匀温度场对系统像质的影响的功能，使用户可以在设计阶段对其加以控制。

CODE−V 带有先进的公差分析子程序，可以针对均方根波像差、衍射传函、主光线畸变或用户定义的评价指标进行自动公差分配。在公差计算中可以使用镜片间隔、像面位移、倾斜等各种补偿参数来模拟系统装校过程中的调整，从而求出最经济的加工公差，降低制造成本。其他与系统制造有关的功能包括自动对样板、加工图纸绘制、成本估算，而且还提供了与干涉仪的接口。与干涉仪联用，可以实现对复杂光学系统的计算机辅助装调。

此外，CODE−V 还包含了与光学设计有关的各种功能模块，如多层膜系设计、照明系统设计、变焦系统凸轮设计、系统整体光谱响应分析、系统重量和成本估算等。该软件具有开放式的程序结构，可以通过 IGES 或 DXF 图形文件实现与机械 CAD 软件的接口，并带有一个在软件内部使用的现代高级编程语言 Macro−PLUS，用户可以根据需要自行对软件进行各种扩充和修改。

2. LightTools

LightTools 是 ORA 公司于 1995 年推出的一个全新的、具有光学精度的交互式三维实体建模软件体系，用现代化的手段直接描述光学系统中的光源、透镜、反射镜、分束器、衍射元件、棱镜、扫描转鼓、机械结构以及光路。该软件首次把光学和机械元件集合在统一的体系下处理，把精美的实体图形和强大的非顺序面光线追迹功能结合在一起，为用户提供了一个“所见即所得”的设计工具，适用于复杂系统设计规划、光机一体化设计、杂光分析、照明系统设计分析、单位各部门间学术交流和数据交换、课题论证或产品推广等各环节。

（1）系统建模。LightTools 提供多种展现系统光机模型的方式和人机交互的手段。使用者可直接在系统的二维、三维线框图或三维实体模型图上进行各种操作。透镜、反射镜和棱镜等光学元件及各种机械件可以极快地以图形方式“画入”系统。图形交互式建模和修改功能包括元件或元件组的放置、移动、旋转、复制和缩放。操作时既可用鼠标拖动以实时观察修改对光路造成的影响，也可用键盘输入准确的数据。系统数据可以用表格的形式列出和修改。

（2）光机一体化设计。LightTools 在过去相互独立的光学和机械设计之间架起一座桥梁。在该软件中，光学和机械元件的形状的描述是通过对软件提供的一组尺寸可变的基本实体模型作布尔运算（与、或、异）实现的。任何复杂形状的光学或机械部件均可以在软件中得到精确的展现和描绘，并以光学精度进行光线追迹。这种光机一体的考虑方法和非顺序光线追迹提供的大量信息，方便了遮光罩、镜筒和产品结构的设计。

（3）复杂光路设置。在光学设计中，LightTools 可以和 CODE–V 软件交换数据配合使用，尤其适用于多光路或折叠光路系统、带有棱镜或复杂面形的系统的光路设置和视觉建模验证。

（4）杂光分析。非顺序面光线追迹功能可以直观地描述在系统中任意表面上或介质中发生的任何光学现象，如折射、反射、全反射、散射、多级衍射、振幅分割、光能损耗、材料吸收等，并根据需要自动实时衍生出多路光路分支。这样就解决了杂光分析、光能计算、鬼像预测等光学设计中的难题。

（5）照明系统设计分析。LightTools 中可以精确地定义各种实际光源（如发光二极管、白炽灯、弧光灯、卤素灯等）的形状和发光特性，并用蒙特卡洛法进行上百万条光线追迹，以便精确确定某个指定表面上的照度和光强度。对非人眼接收的照明系统，可以把结果转换成辐射度单位。国外已利用 LightTools 成功地设计了多种照明系统，包括投影系统、平板显示器、仪表盘照明、内窥镜照明、报警灯、汽车前灯、车厢内部照明、指示牌照明等。

3. Zemax

Zemax 是美国 Zemax LLC 公司推出的一个综合性光学设计软件。这一软件集成了包括光学系统定义、设计、优化、分析、公差等诸多功能，并通过简便、直观的用户界面，为光学系统设计者提供了一个方便快捷的操作手段。由于其优越的性价比，近年来 Zemax 在光学设计领域所占份额越来越大，在全球已经成为最广泛采用的软件之一。在我国，使用 Zemax 进行光学设计的技术人员也与日俱增。有关 Zemax 软件的功能介绍和使用方法见第 3 章。

思 考 题

1. 叙述光学自动设计的数学模型。
2. 适应法和阻尼最小二乘法光学自动设计方法各有什么特点？它们之间有什么区别？

第3章
Zemax 光学设计软件的应用

20 世纪 50 年代，计算机首次成功用于光线追迹计算。自此以后，光学自动设计理论不断发展，半个多世纪以来，涌现了许多功能完善的光学设计软件。目前主流的国外软件有美国 Optical Research Associates 公司（现 Synopsys 公司光学事业部）的 CODE–V、LightTools 软件，Lambda Research Corporation 公司的 OSLO、TracePro 软件，Zemax LLC 公司的 Zemax OpticStudio 软件；英国 Kidger Optics 公司的 SIGMA 软件等。国内高校、研究院所在 20 世纪八九十年代也投入到光学自动设计软件的研制中，较有影响的光学设计软件有北京理工大学研制的 SOD88、Gold 以及中科院长春光机所开发的 CIOES 等。这些软件能够解决光学系统建模、光路追迹计算等基本问题，同时具有像质评价、照明分析、自动优化、公差分析等功能。光学自动设计软件的出现大大减轻了光学设计人员的工作强度，也有助于节省资源、缩短设计周期，为开发出高质量、高效能的现代光学仪器提供了有利的手段。

近年来，Zemax 光学自动设计软件由于其优越的性价比在光学设计软件市场所占份额越来越大，在全球已经成为最广泛采用的软件之一。在我国，使用 Zemax 软件进行光学设计的技术人员也与日俱增。本章将对 Zemax 光学设计软件的基本应用进行介绍。

§ 3.1 概　　述

Zemax 光学自动设计软件于 1991 年由美国的 Ken Moore 博士开发问世。30 余年来，研发人员对软件不断开发和完善，每年都对软件进行多次更新，赋予 Zemax 光学设计产品更为强大的功能。从 2014 年版本开始，Zemax 公司将用于成像和照明设计的软件平台命名为 OpticStudio，同时开发了 LensMachanix 平台用于与 Solidworks 软件合作简化光机设计过程。Zemax OpticStudio 集光学和照明设计于一体，能够实现包括光学系统建模、光线追迹计算、像差分析和优化及公差分析等诸多功能，并通过直观的用户界面，为光学系统设计者提供了一个方便快捷的设计工具，被广泛用于透镜设计、照明、激光束传播、光纤、传感器和其他光学技术领域中。本书主要涉及光学系统设计，使用的软件为 Zemax OpticStudio，书中提到的 Zemax 软件均指 Zemax 公司的 OpticStudio 软件。

Zemax 软件按授权方式分为单人授权和网络授权两类，按级别分为标准版（Standard，仅有单人授权模式）、专业版（Professional）和旗舰版（Premium）三个类别。各个版本针对不同用户的要求分别制定。其中，专业版（Professional）包含了标准版（Standard）的所有特性，并加上了非序列光线追迹和物理光学的相关功能；旗舰版（Premium）包含了专业版

（Professional）的所有特性，并加上了更加完整的照明分析设计、荧光和荧光模拟，以及完整的光谱、光源和散射数据库等功能。

在光学设计上，Zemax 采用序列（Sequential）和非序列（Non-Sequential）两种模式模拟折射、反射、衍射的光线追迹。序列（Sequential）光线追迹主要用于传统的成像系统设计，如照相系统、望远系统、显微系统等。在这一模式下，Zemax 以面（Surface）作为对象来构建一个光学系统模型，每一表面的位置由它相对于前一表面的坐标来确定。光线从物平面开始，按照表面的先后顺序（Surface 0，1，2，…）进行追迹，对每个面只计算一次。由于需要计算的光线少，故这种模式下光线追迹速度很快。

而在许多复杂的棱镜系统、照明系统、微反射镜、导光管、非成像系统或复杂形状的物体构成的系统中，需采用非序列模式来进行系统建模；同时，在需考虑散射和杂散光的情况下，也不能采用序列光线追迹。在这种模式下，Zemax 以物体（Object）作为对象，光线按照物理规则，沿着自然可实现的路径进行追迹，可以按任意顺序入射到任意一组物体上，也可以重复入射到同一物体上，直到被物体拦截。计算时每一物体的位置由全局坐标确定。对同一元件，可同时进行穿透、反射、吸收及散射的特性计算。与序列模式相比，非序列光线追迹能够对光线传播进行更为详细的分析，包括散射光和部分反射光。但在此模式下，由于分析的光线多，故计算速度较慢。

在一些较为复杂的光学系统中，可以同时使用序列和非序列光线追迹。根据需要，可以采用序列光学表面与任意形状、方向或位置的非序列组件进行结合，共同形成一个系统结构。

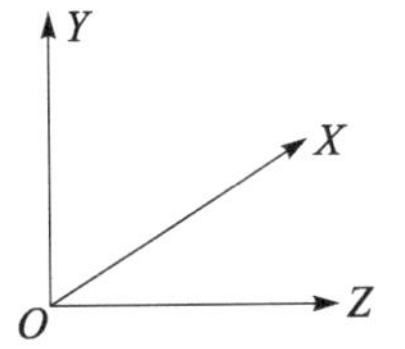

图 3–1　Zemax 采用的右手坐标系统

图 3–1 所示为 Zemax 采用的右手坐标系统。光轴为 Z 轴，从左至右为正方向；X 轴正方向指向显示器以里；Y 轴垂直向上。通常，光线由物方开始传播，反射镜可以使传播方向反转。当经过奇数个反射镜时，光束的物理传播沿 $-Z$ 方向，此时，对应的厚度是负值。

Zemax 是基于 Windows 的应用程序。OpticStudio 16 及更高版本需要 64 位版本的 Windows 7 或更新版本。以 Zemax OpticStudio 18.1 为例，其对系统的基本要求是：支持 DirectX 9.0c 的最低显卡，1 024×768 像素的最小显示分辨率，多核心处理器，每个核心配备 1～2 GB RAM。对于复杂的光学系统，需要 16～64 GB 系统内存，能够访问互联网和电子邮件，以便于程序更新和技术支持；拥有 Adobe Reader 用于程序文档阅读；拥有 TCP/IP 网络进行网络授权。同时 Zemax OpticStudio 需要最新的.NET 框架。

与其他 Windows 应用程序类似，Zemax OpticStudio 软件属于一种交互式操作的程序。执行命令后，系统进行相应的操作并刷新内部数据。这种交互式操作是通过 Zemax OpticStudio 软件的用户界面来完成的。

§ 3.2　Zemax OpticStudio 的用户界面

Zemax OpticStudio 用户界面的操作与其他 Windows 程序类似，又有其独有的特点。本节将详细介绍 Zemax OpticStudio 的不同操作窗口和一些常用窗口的操作方法。

本章例子采用的软件版本为 Zemax OpticStudio18.1 Premium。

3.2.1　主窗口

运行“Zemax OpticStudio.exe”程序后，出现的就是系统的主窗口，如图 3–2 所示。

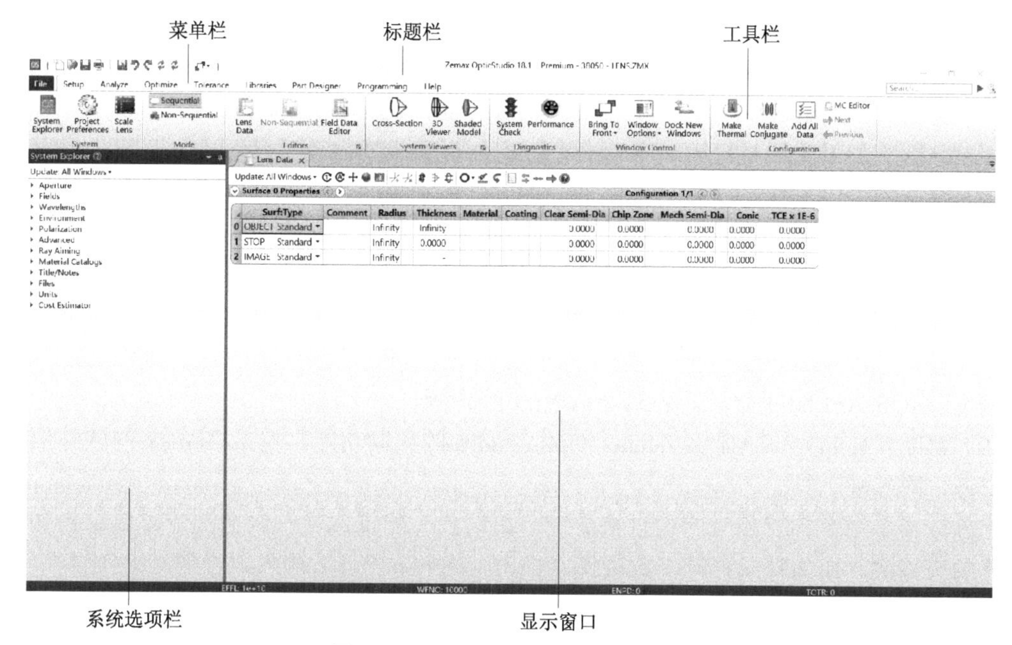

图 3–2　Zemax OpticStudio 主窗口

主窗口的作用是控制所有 Zemax OpticStudio 任务的执行。主窗口包括了标题栏、菜单栏、工具栏、系统选项栏（System Explorer）和显示窗口。

1. 标题栏

标题栏中主要显示所用程序版本名称、产品序列号及透镜文件名称。在标题栏左侧的一系列小图标为快捷工具，可以在“设置”（Setup）–“配置选项”（Project Preferences）–“工具栏”（Toolbar）中，自行定义快捷工具放置于这个位置，默认有“新建”（New）、“另存为”（Save As）、“保存”（Save）、“打印”（Print）等基本工具。

2. 菜单栏与工具栏

菜单栏中的命令通常与当前的光学系统相联系，成为一个整体。菜单栏以选项卡的形式呈现，单击任一菜单选项时，在菜单栏下方的工具栏中都会呈现与该菜单标题相关的功能选项，且在每一类菜单的工具栏内，都按照更加细化的功能分类对各类工具进行了分区。

（1）文件（File）——提供 Zemax OpticStudio 的文件管理途径。包括镜头文件、存档文件、输出文件、转换文件、分解文件这几大类管理途径，具体工具有“新建”（New）、“打开”（Open）、“保存”（Save）、“重命名”（Save As）等。

（2）设置（Setup）——提供 Zemax OpticStudio 的设置途径。包括系统设置、模式设置、编辑器设置、视图设置、诊断设置、窗口设置和结构设置这几大类设置途径。其中系统设置会在系统选项栏（System Explorer）进行显示。

（3）分析（Analyze）——提供 Zemax OpticStudio 的分析工具。这一菜单中包括视图分析、像质分析、激光与光纤分析、偏振与表面物理分析、分析报告输出，以及各种通用绘图工具和其他类别如杂散光、双目经的应用分析等。要注意分析中的功能是根据已有数据进行计算以及图像显示分析，不会改变镜头基本参数数据。

（4）优化（Optimize）——提供 Zemax OpticStudio 的优化工具。包括优化的手动调整、自动优化功能、全局优化功能和其他优化工具如非球面类型转换等。

（5）公差（Tolerance）——提供 Zemax OpticStudio 的光学系统与公差计算相关的工具。包括公差分析、加工图纸与数据编辑、面型数据分析和成本估计工具。

（6）数据库（Libraries）——提供 Zemax OpticStudio 的各种库及其相关工具。包括光学材料库、镜头库、膜层库、散射模型库、光源模型库和一些光源查看工具。

（7）零件设计（Part Designer）——提供在与 Zemax OpticStudio 分离的环境中创建和操作几何图形的功能。

（8）编程（Programming）——提供 Zemax OpticStudio 的编程功能。包括 ZPL 宏编程、扩展编程、ZOS-API.NET 接口、ZOS-API.NET 编译器。

（9）帮助（Help）——提供 Zemax OpticStudio 的帮助功能。包括 Zemax 的软件信息、帮助资源、网站和工具。

大部分菜单命令都有相应的键盘快捷键。在设置—配置选项—快捷键中可以看到和自定义具体的快捷键。比如默认打开二维视图（Cross-Section）可以输入组合键 Ctrl+L。

3. 系统选项栏（System Explorer）

该部分可以选择隐藏或者固定在主窗口的侧面，便于编辑查看系统的特性参数，如系统孔径、视场、波长、玻璃库等系统选项。

4. 显示窗口

此处用于放置所有的显示窗口，包括各个编辑窗口、图形窗口、文本窗口等。

3.2.2 编辑窗口

Zemax OpticStudio 的编辑窗口主要用来输入光学系统的光学元件参数、评价函数、公差数据等。每个编辑窗口主要由行与列构成的电子表格和一些控制选项组成，使用者可以输入数据到表格中对光学系统进行修改和优化。通过主窗口的菜单“设置”（Setup）—“编辑器”（Editors），可以弹出需要进行操作的编辑窗口。序列模式（Sequential Mode）下有四种编辑窗口，非序列模式（Non-Sequential Mode）下有两种编辑窗口。

1. 镜头数据编辑器（Lens Data）

在序列模式工作下，Zemax OpticStudio 通过镜头数据编辑器（Lens Data）输入构成光学系统的各表面数据，如图 3–3 所示。这些数据包括表面类型（Surf:Type）、注释（Comment）、曲率半径（Radius）、厚度（Thickness）、玻璃材料（Material）等。使用者还可以通过单击

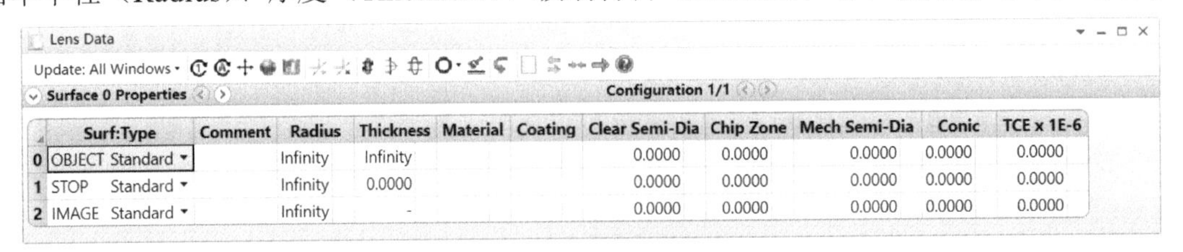

	Surf:Type	Comment	Radius	Thickness	Material	Coating	Clear Semi-Dia	Chip Zone	Mech Semi-Dia	Conic	TCE x 1E-6
0	OBJECT Standard		Infinity	Infinity			0.0000	0.0000	0.0000	0.0000	0.0000
1	STOP Standard		Infinity	0.0000			0.0000	0.0000	0.0000	0.0000	0.0000
2	IMAGE Standard		Infinity	-			0.0000	0.0000	0.0000	0.0000	0.0000

图 3–3　镜头数据编辑器

编辑器左上方的下拉箭头弹出下拉菜单对各个表面数据进行详细设定或求解，如图 3–4 所示。

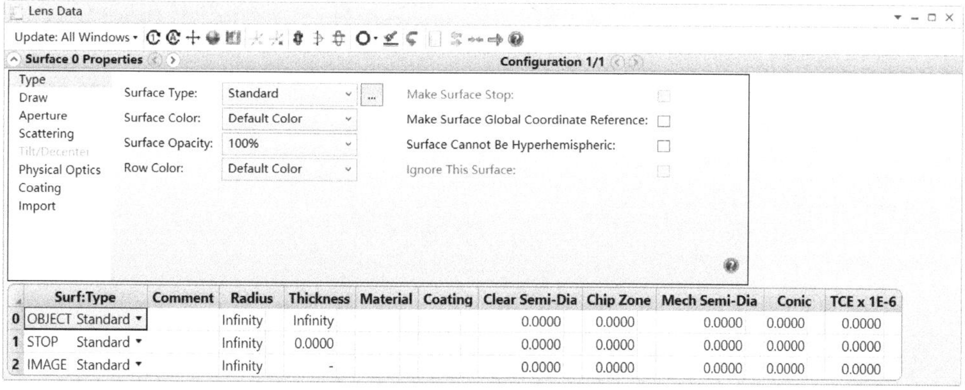

图 3–4　镜头数据编辑器—下拉菜单

2. 评价函数编辑器（Merit Function Editor）

在需要对系统进行优化时，Zemax OpticStudio 通过评价函数编辑器（Merit Function Editor）对评价函数进行定义和编辑。该编辑窗口可通过主窗口“设置”（Setup）菜单—“编辑器”（Editors）类别进行选择；也可通过主窗口“优化”（Optimize）菜单—“自动优化”（Automatic Optimization）类别，或使用 F6 快捷键调出进行查看及编辑，如图 3–5 所示。在评价函数编辑器中可以根据需要设置不同类型（Type）的操作数来设定评价函数。这些操作数包含了系统自动优化需满足的各种目标控制条件。在优化过程中，可以根据评价函数的数值来评价系统的优劣。评价函数编辑器中设有“优化向导”（Optimization Wizard），可辅助初学者对评价函数进行相关编辑和设置，如图 3–6 所示。

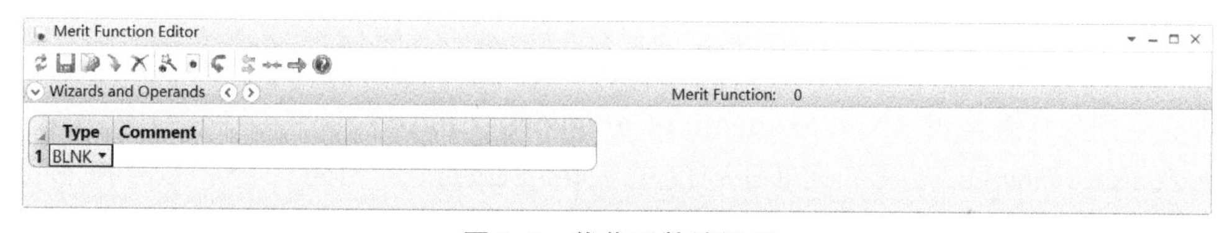

图 3–5　优化函数编辑器

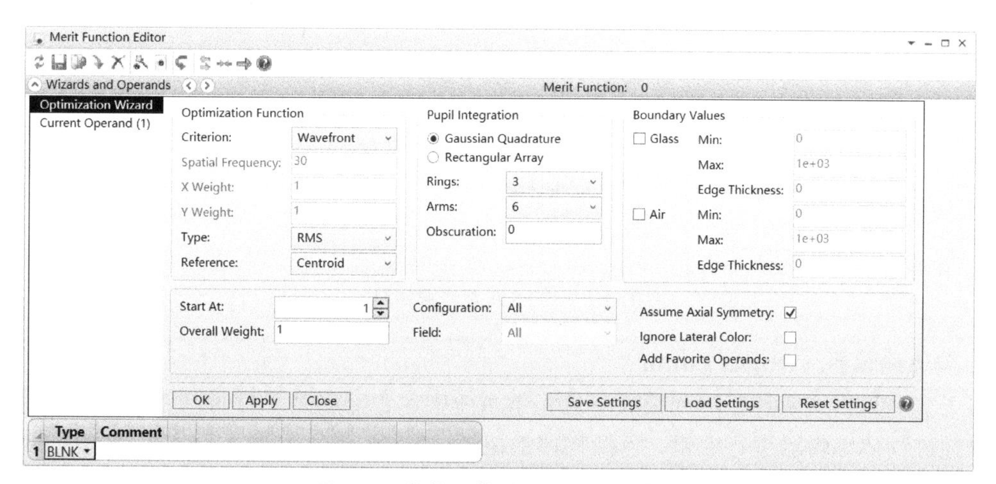

图 3–6　优化函数编辑器—优化向导

3. 多重结构编辑器（Multi-Configuration Editor）

当光学系统需要采用不同结构进行设计，如变焦镜头设计，或者对在不同波长上测试和使用的镜头进行优化时，需采用多重结构编辑器，如图 3–7 所示。在这一窗口中，使用者可以为多重结构系统定义多重结构参数，如设定操作数、插入/删除一个或多个结构等。

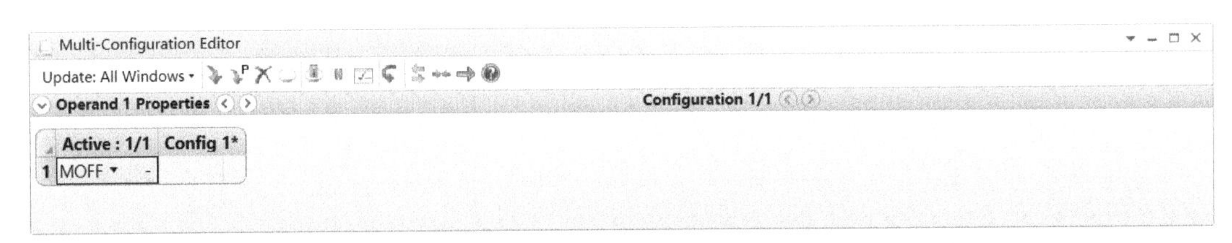

图 3–7　多重结构编辑器

4. 公差数据编辑器（Tolerance Data Editor）

在需要对光学系统进行公差分析时，Zemax OpticStudio 通过公差数据编辑器，采用不同的操作数类型（Type）对公差数据进行定义、编辑和查看。该编辑窗口可通过主窗口“设置”（Setup）菜单—“编辑”（Editors）类别进行查看编辑，也可通过主窗口公差（Tolerance）菜单—公差设置（Tolerancing），或使用组合键 Ctrl+T 调出，如图 3–8 所示。

图 3–8　公差数据编辑器

5. 非序列元件编辑器（Non-Sequential Component Editor）

当 Zemax OpticStudio 工作在非序列模式（Non-Sequential Mode）下，或者在序列模式（Sequential Mode）下且光学系统中包含非序列组件时，可以通过非序列元件编辑器窗口对非序列光学组件的光源、物体属性进行编辑和定义，如图 3–9 所示。

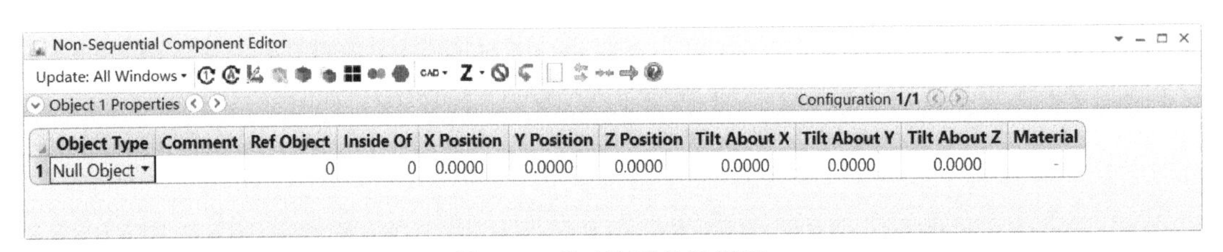

图 3–9　非序列元件编辑器

6. 物体编辑器（Object Editor）

对于非序列模式或者在序列模式下且光学系统中包含非序列组件时，非序列中的特定物体可以通过物体编辑器进行编辑，包括物体的位置（Position）、类型（Type）、绘图（Draw）、散射路径（Scatter To）、折射率（Index）等，如图 3–10 所示。

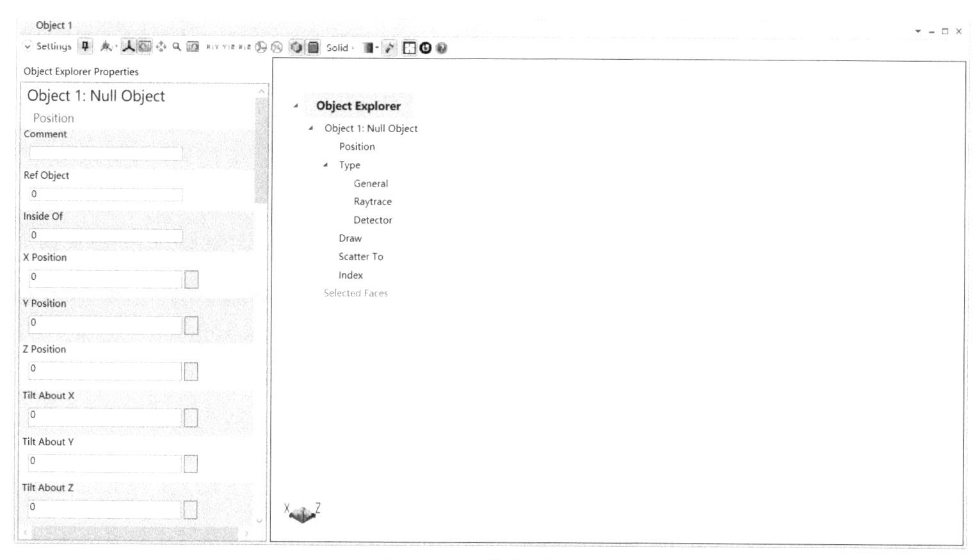

图 3–10　物体编辑器

3.2.3　图形窗口

在进行光学系统设计时，通常需要显示系统设计结果、图像数据以及对光学系统的分析结果。Zemax OpticStudio 中采用了大量的图形窗口来完成这一需求。例如，在“Analyze”分析菜单中，显示光路的二维视图（Cross-Section）、三维视图（3D Viewer），像质分析中常用到的光线迹点（Rays and Spots）、像差分析图（Aberrations）、MTF 分析（MTF）、波前图（Wavefront）、扩展图像分析（Extended Scene Analysis）等，都可以通过图形窗口直观显示，如图 3–11 所示。在图形窗口菜单中，有一排快捷工具菜单，以及下拉箭头引导的下拉菜单，用于对图形窗口的显示方式和内容进行设置。“刷新”（Update）用来根据当前光学系

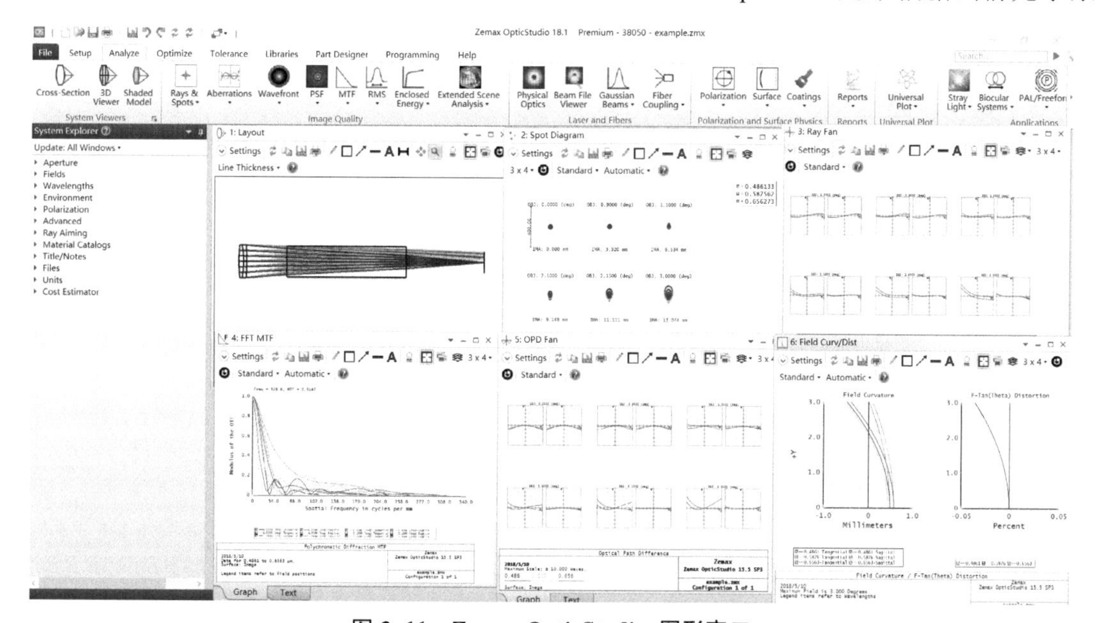

图 3–11　Zemax OpticStudio 图形窗口

统的数据重新进行计算并刷新窗口显示；“打印”（Print）用于窗口图形的打印输出，等等。下方有“图形”（Graph）和“文本”（Text）选项以实现在窗口中针对该分析内容进行图形信息和文本信息的切换。

3.2.4 文本窗口

文本窗口用来列出光学系统的文本数据，例如：系统数据、表面数据、像差系数、计算数据等。在 Zemax OpticStudio 中，大部分的图形窗口中都具有文本显示功能，以文本窗口的形式输出图形的相关内容，该功能可通过图形窗口下方“图形”（Graph）/“文本”（Text）选项卡进行切换。除此之外，一些系统数据也以纯文本的方式展示，如图 3–12 所示。

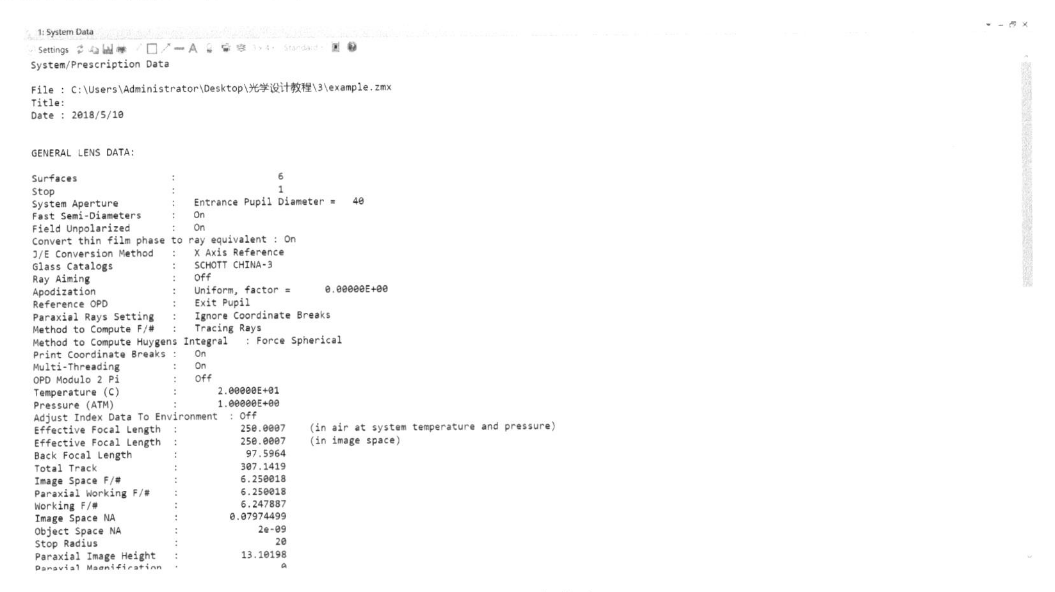

图 3–12 文本窗口

3.2.5 对话框

Zemax OpticStudio 通过对话框实现对命令的定制。对话框是弹出窗口，通过对话框，使用者可以使用 Zemax OpticStudio 的部分分析功能。例如，在执行优化（Optimize!）时，如图 3–13 所示，可以通过对话框设定优化的算法、使用的内核数目、迭代次数等。与其他窗口不同的是，对话框不能通过鼠标或键盘按钮来调整大小。

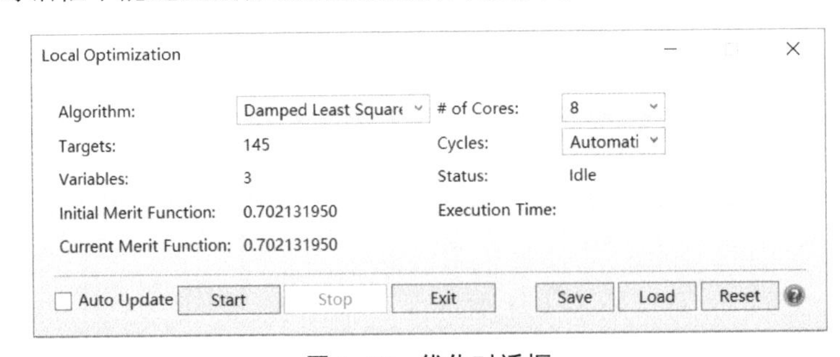

图 3–13 优化对话框

§ 3.3　Zemax OpticStudio 基本操作

采用光学自动设计软件进行光学系统设计的基本流程如图 3–14 所示。

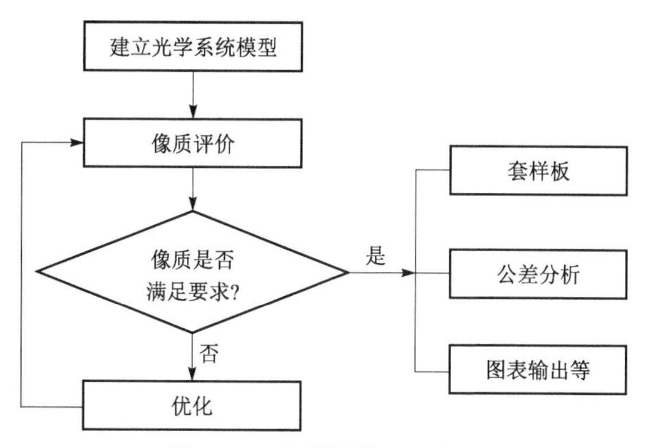

图 3–14　光学软件设计流程

根据图 3–14 中的流程，本节将介绍使用 Zemax OpticStudio 软件进行光学系统设计时的基本操作方法。更为详细的功能读者可以参阅 OpticStudio User Manual 中的相关说明。

3.3.1　建立光学系统模型

建立光学系统模型是光学系统设计的第一步。对一个系统进行建模之前，应根据其特点，确定选择序列模式（Sequential）或非序列模式（Non-Sequential），这两种模式可以在“设置”（Setup）菜单的“模式”（Mode）分类中进行选择。

在 Zemax OpticStudio 中，光学系统建模分为两个方面：系统特性参数的输入和初始结构的输入。

1. 系统特性参数输入

系统特性参数输入主要是对系统孔径（Aperture）、视场（Fields）和波长（Wavelengths）等内容进行设定。系统特性参数输入可以通过专门的“系统选项栏”（System Explorer）进行编辑，如图 3–15 所示。在这个系统选项栏中，包含了光学系统作为一个整体的性能参数以及使用环境的要求，使用者可以根据系统设计需求进行设置。对一般使用者而言，除了主要待输入的系统性能参数之外，其他项如无特殊要求，保持默认值即可。

（1）系统孔径（Aperture）：系统孔径能够确定通过光学系统的轴向光束。在 Zemax Opticstudio 中，可通过以下方式来指定系统的孔径类型，如图 3–16 所示。

入瞳直径（Entrance Pupil Diameter）：直接指定入瞳直径的大小。

像方空间 F/#（Image Space F/#）：与无限远相共轭的像空间 F 数。

物方空间 NA（Object Space NA）：物距为有限距离时，物空间边缘光线的数值孔径 $n\sin\theta_m$。

光阑尺寸浮动（Float By Stop Size）：入瞳大小由系统光阑的半口径决定。

近轴工作 F/#（Paraxial Working F/#）：像空间近轴 $F/\#$。

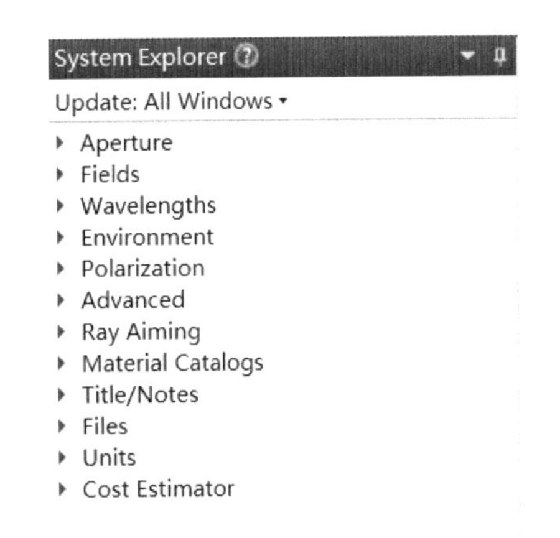

图 3-15　系统选项栏界面

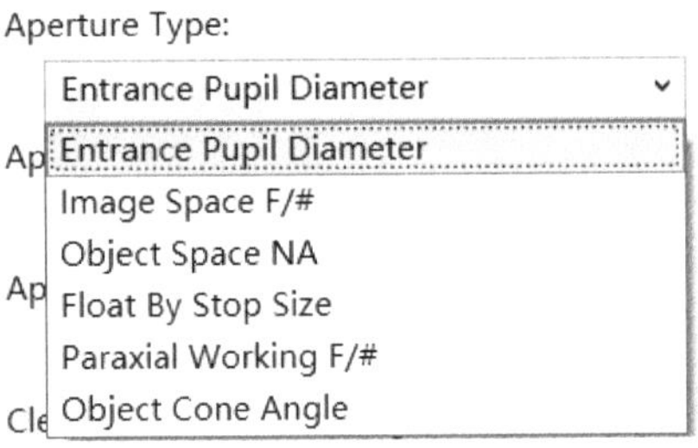

图 3-16　系统孔径的几种类型

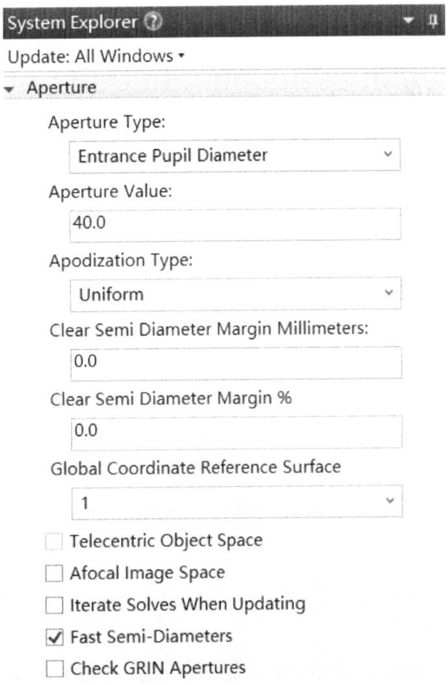

图 3-17　系统孔径编辑界面

物方锥角（Object Cone Angle）：物在有限距离时，物空间边缘光线的半角度。

对于同一个系统，只能选择上述孔径类型中的一种。不同孔径类型对应的编辑内容有所不同，根据所选择的孔径类型和系统的需要在编辑器中直接输入，如图 3-17 所示。

（2）视场（Fields）：在系统选项栏中，单击“视场”（Fields）标签显示视场编辑界面，或者左键双击“视场”（Fields）标签，打开“视场数据编辑器”（Field Data）对系统视场进行详细编辑，如图 3-18 所示。

在 Zemax OpticStudio 中可以 5 种类型来设置视场：角度（Angle）、物高（Object Height）、近轴像高（Paraxial Image Height）、实际像高（Real Image Height）、经纬角（Theodolite Angle）。其中，角度（Angle）是指投影到 *XZ* 和 *YZ* 平面上时，主光线与 *Z* 轴的夹角，主要用在无限共轭的系统中；物高（Object Height）指物面 *X*，*Y* 方向的高度，主要用在有限共轭的系统中；近轴像高（Paraxial Image Height）通过理想像高来设定视场；实际像高（Real Image Height）则在需要固定像的大小的光学系统设计中被选用；经纬角包括方位角（Azimuth）θ 和海拔（Elevation）极角 φ，主要用于测量和天文学。

Zemax OpticStudio 允许设置 12 个视场，同时在这些视场数据编辑器中可以设置每一视场的偏心与渐晕：*X* 向偏心 VDX、*Y* 向偏心 VDY、*X* 向渐晕系数 VCX、*Y* 向渐晕系数 VCY 和渐晕角度 VAN。

（3）波长（Wavelengths）：在系统选项栏中，单击“波长”（Wavelengths）标签显示波长编辑界面，或者左键双击“波长”（Wavelengths）标签，打开“波长数据编辑器”（Wavelength Data）对波长进行详细编辑，如图 3-19 所示。

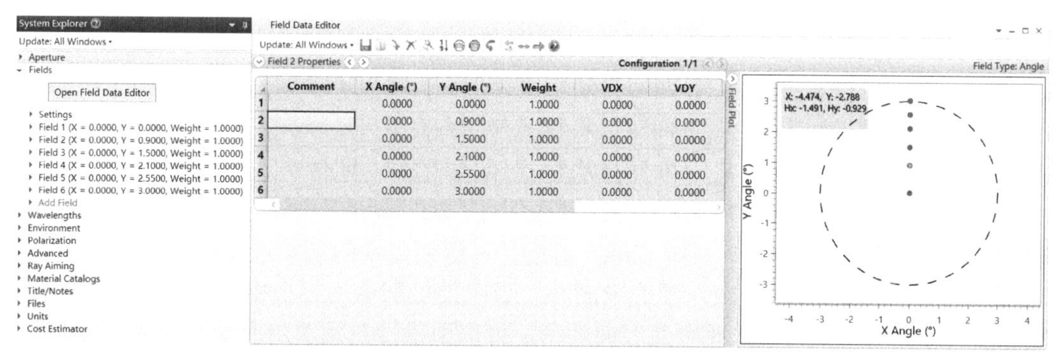

图 3–18　视场编辑界面和视场数据编辑器

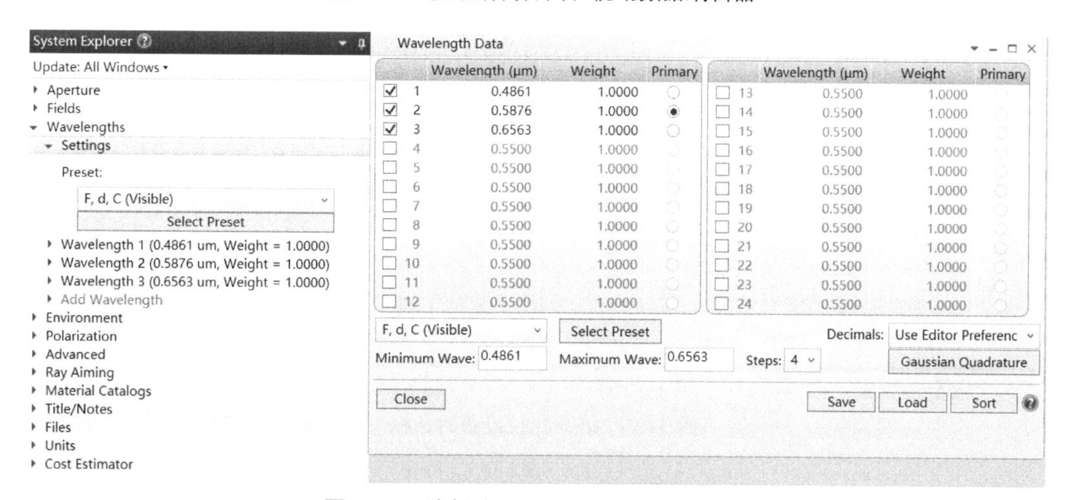

图 3–19　波长编辑界面和波长数据编辑器

在 Zemax OpticStudio 中，每个光学系统最多可以设定 24 种波长。根据不同的权重（Weight），系统在进行点列图计算时决定不同波长的贡献比例。波长的单位为微米。Zemax OpticStudio 还提供了常用的波长列表，可通过“选为当前”（Select Project）按钮直接选取。

2. 初始结构输入

在序列模式（Sequential）下，初始结构通过“镜头数据编辑器”（Lens Data）界面输入，如图 3–20 所示。在这一界面中，采用表格输入的方式，可以设定系统的表面（Surface）数量及序号，每一表面的面型和表面结构参数，包括半径、厚度、玻璃材料、口径及描述非标准面型的参数等。

表面序号及类型　注释　表面结构参数

Lens Data

Update: All Windows

Surface 1 Properties　Configuration 1/1

	Surf:Type		Comment	Radius	Thickness	Material	Coating	Clear Semi-Dia	Chip Zone	Mech Semi-Dia	Conic	TCE x 1E-6
0	OBJECT	Standard		Infinity	Infinity			Infinity	0.0000	Infinity	0.0000	0.0000
1	STOP	Standard		192.9809 V	6.0000	K9		20.0548	0.0000	20.1317	0.0000	-
2		Standard		-100.1885 V	4.0000	ZF1		20.0519	0.0000	20.1317	0.0000	-
3		Standard		-243.6809 V	50.0000			20.1317	0.0000	20.1317	0.0000	0.0000
4		Standard		Infinity	150.0000	K9		18.6756	0.0000	18.6756	0.0000	-
5		Standard		Infinity	97.1419			15.8418	0.0000	18.6756	0.0000	0.0000
6	IMAGE	Standard		Infinity	-			13.1994	0.0000	13.1994	0.0000	0.0000

图 3–20　初始结构输入

（1）表面数量及序号：采用“文件”（File）—“新建”（New），新建一个镜头文件，在“镜头数据编辑器”（Lens Data）界面中自动生成 3 个面：物面（OBJECT），光阑面（STOP），像面（IMAGE）。在物面和像面之间可以根据光学系统的需要加入多个表面。按键盘 Insert 键可以在当前高亮行（该行某一单元格底色显示为黑色）前面插入一个新的表面，通过 Ctrl+Insert 组合键则在高亮行后面插入新的表面，按 Del 键可以删除高亮行。这些操作也可以通过在“镜头数据编辑器”（Lens Data）对应行右键后出现的菜单选项来操作实现。

（2）面型（Surf:Type）：插入新的表面时，表面类型默认为标准面（Standard），标准面包括平面、球面和二次曲面。要改变表面面型，可以用鼠标左键单击面型右边的下拉黑色箭头，或者在该表面类型上双击鼠标左键，弹出“表面特性”（Surface Properties）设置对话框，如图 3–21 所示，通过 Type 标签选择所需要的面型。

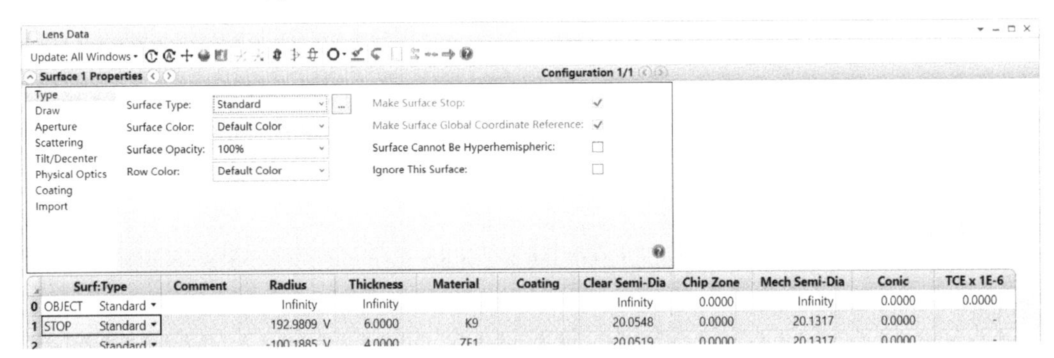

图 3–21　表面特性设置对话框

Zemax OpticStudio 18.1 提供了 79 种光学曲面面型，主要类型有球面、平面、标准二次曲面、非球面、光锥面、环形面、光栅、全息表面、菲涅尔表面、波带片等。另外，Zemax OpticStudio 还支持用户自定义表面（User Define Surface），运用 Zemax OpticStudio 的扩展功能，用户可以编写 DLL 文件与 Zemax OpticStudio 相连接，从而建立自己需要的面型。

（3）表面结构参数输入：“镜头数据编辑器”（Lens Data）中“曲率半径”（Radius）及其右方的所有列被用来输入各表面的结构参数。“标准表面类型”（Standard）需输入的结构参数有半径（Radius）、厚度（Thickness）、玻璃（Glass）、半口径（Semi-diameter）及二次曲面系数（Conic，默认值为 0，表示是球面）。其他表面类型除了也要输入这些基本参数之外，还要在从 Par 0 开始往右的各列中输入附加参数值。这些参数的具体含义随着不同表面类型而改变。例如，偶次非球面（Even Sphere）除输入标准列数据外，还需输入 8 个附加参数用来描述多项式的系数。其中参数 1（Par 1）表示的是二次项系数；而在近轴面（Paraxial）中，参数 1（Par 1）用来指定表面焦距。

在输入半径（Radius）和厚度（Thickness）时应注意符号规则。其中，半径的符号规则是由表面顶点到曲率中心从左到右为正，反之为负。平面的半径值为无穷大（Infinity）。厚度指由该表面到下一面的相对距离，沿+Z 方向由左向右为正。在 Zemax OpticStudio 中，光线角度的符号是以光轴为起始轴，逆时针为正，顺时针为负。

“材料”（Material）一栏中可以输入玻璃牌号，也可以输入折射率和色散系数来代表玻璃。如果表面后方为空气，玻璃一栏为空；如果为反射面，玻璃属性应输入“Mirror”。

“半口径”（Semi-Diameter）一般情况下都无须输入，当系统孔径（Aperture）类型和大小被设定后，各表面的通光半口径将自动生成。如果用户自行输入数值，则在半口径后会自动加上“U”的标志，表示这一口径为用户自定义。

在非序列模式（Non-Sequential）下，初始结构通过“非序列元件编辑器”（Non-Sequential Component Editor）输入，主要包括所有物体（Object）、光源（Source）、探测器（Detector）的结构参数和位置参数。因输入参数的方法与“镜头数据编辑器”（Lens Data）类似，在此不再赘述，具体操作可查阅 Zemax OpticStudio 使用手册。

系统特性参数和结构参数输入完成后，光学系统的初始结构已经构建完成。此时可以通过“主窗口分析”（Analyze）菜单，以二维（Cross-Section）、三维（3D Viewer）、实体（Shaded Model）等不同方式显示系统的结构图。根据结构图，使用者可以对初始结构进行适当调整，使结构趋于合理化。

3.3.2　像质评价

系统结构建立之后，可以利用 Zemax OpticStudio 软件的分析功能对其进行性能评价。

Zemax OpticStudio 具有非常强大的像质分析功能。主窗口中的“分析”（Analyze）菜单中包含了光线迹点（Rays and Spots）、像差分析（Aberrations）、MTF 分析（MTF）、波前图（Wavefront）、点扩散函数（PSF）、扩展图像分析（Extended Scene Analysis）等功能，如图 3–22 所示。选择某一项功能后，相应的分析结果以直观的图形或文本窗口的形式显示出来，使用者可以通过对这些图形和文本窗口提供的菜单命令进行操作，设置需显示或计算的内容。Zemax OpticStudio 中的分析窗口都具有刷新（Update）菜单命令，当系统特性参数或结构参数改变时，可以通过刷新命令使 Zemax OpticStudio 重新计算并重新显示当前窗口中的数据。

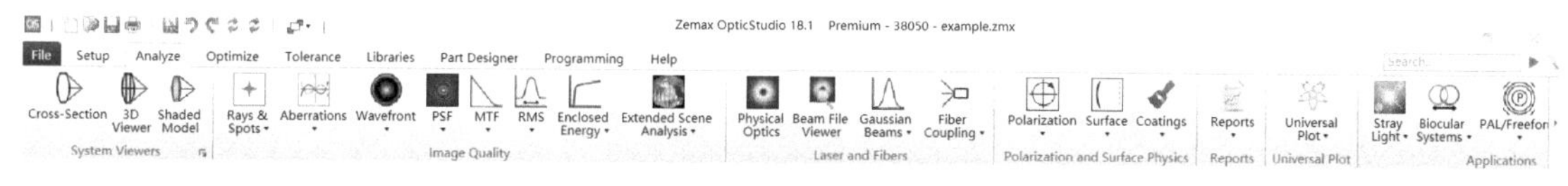

图 3–22　像质分析菜单

常用的像质分析功能有：

Cross-Section：系统结构图。

Spot Diagram：点列图，可以标准（Standard）、离焦（Through Focus）、全视场（Full Field）、矩阵（Matrix）和结构矩阵（Configuration Matrix）的方式给出点列图分布图形。

Aberration：像差分析，包括光线像差图（Ray Aberration）、光程差图（Optical Path）、光瞳像差（Pupil Aberration）等。

Wavefront：波前图。包括波前图（Wavefront Map）、干涉图（Interferogram）、傅科分析图（Foucault Analysis）等。

PSF：点扩散函数，Zemax OpticStudio 提供了两种计算点扩散函数的方式，即快速傅里叶变换（FFT PSF）和惠更斯方法（Huygens PSF）。

MTF：计算并显示所有视场的衍射光学传递函数，采用快速傅里叶变换（FFT MTF）或惠更斯直接积分算法（Huygens MTF）或几何光学传递函数（Geometric MTF）。

RMS：均方根半径。分别绘出均方根点列图半径，波像差或斯特利尔比例数与视场及焦点变化和波长的关系。

Enclosed Energy：包围圆能量。显示能量分布图，以离主光线或物点的像的重心的距离为函数的包围圆能量占总能量的百分比。

3.3.3 优化

Zemax OpticStudio 的优化功能非常强大，其可以根据一个合理的起点和一组变量参数对光学系统进行优化，以满足光学系统光学特性和像差的要求。优化中的变量可以是光学系统的曲率、厚度、玻璃、二次曲面系数及其他附加参数和多重结构数据等。Zemax OpticStudio 通过构造评价函数（Merit Function），并采用一定的算法计算评价函数的取值，由取值的大小判断实际系统是否满足约束条件及目标的要求。Zemax OpticStudio 的算法包括阻尼最小二乘法（Damped Least Squares，DLS）和正交下降法（Orthogonal Descent，OD）两种，前者能够有效优化加权目标值组成的评价函数，后者主要用在对非序列光学系统的优化中。

对系统设定的约束条件或目标值统称为操作数（Operand），在 Zemax OpticStudio 中采用四个英文首字母表示。操作数包括光学特性参数（如焦距 EFFL、近轴放大率 PMAG、入瞳位置 ENPP 等）、像差参数（如球差 SPHA、彗差 COMA、像散 ASTI 等）、边界条件（中心厚度值 CTVA、边缘厚度值 ETAV 等）等多方面的要求。Zemax OpticStudio 提供了三百多个操作数供选择，分别代表系统不同方面的约束和目标。评价函数由系统所设定的操作数构成，其定义式为

$$\mathrm{MF}^2=\frac{\sum W_i(T_i-V_i)^2}{\sum W_i} \tag{3-1}$$

式中，W_i 为各操作数权重的绝对值；T_i 为操作数设定的目标值；V_i 为操作数的当前值。下标 i 表示操作数序号（表格中的行号）。显然，评价函数越小，系统越接近于设定标准。理想状态下评价函数应为 0。

使用 Zemax OpticStudio 的自动优化功能时，主要有以下步骤：设置评价函数和优化操作数；设置优化变量；进行优化。

（1）设置评价函数和优化操作数。

通过单击“优化”（Optimize）菜单中的“评价函数编辑器”（Merit Function Editor）对评价函数进行设置。一般情况下，建议采用默认的评价函数，在 Merit Function Editor 窗口下拉菜单选择“优化向导”Optimization Wizard 选项，如图 3–23 所示。

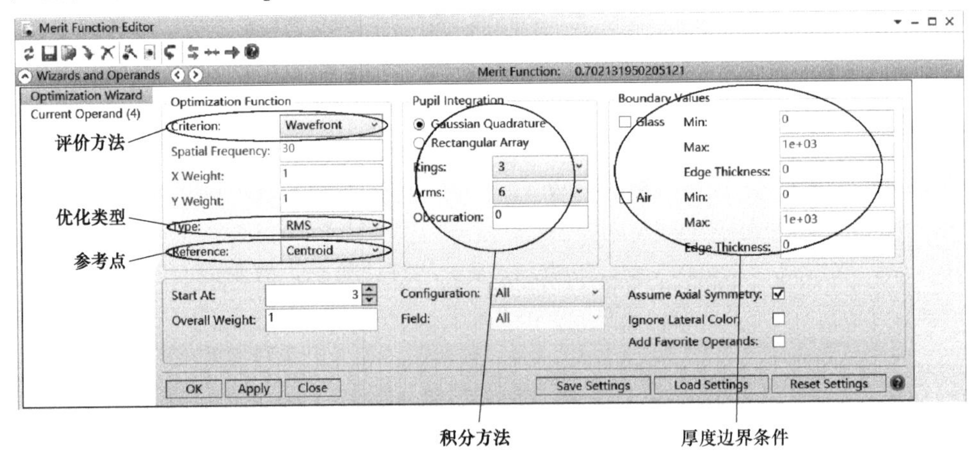

图 3–23　评价函数设置

在这一对话框中，主要通过四个基本选择来构建不同类型的评价函数：优化类型，评价方法，参考点，积分方法。优化类型中可以选择均方根（RMS）或峰谷值（PTV）；评价方法可以是波像差（Wavefront）、对比优化（Contrast）、点列图（Spot）以及角度半径优化（Angular）；参考点可以选择质心（Centroid）和主光线（Chief Ray）；积分方法有高斯积分（Gaussian Quadrature）法和矩形（Rectangular Array）法，采用这两种方法时，分别通过设置环（Rings）、臂（Arms）和网格（Grid）的数值来确定计算时光线追迹的数目。

不同的评价函数将产生不同的优化结果。评价函数的设定要求设计者具备一定的专业知识和实际经验，必要时应采用不同的评价函数进行结果比照，从中择优。对于初学者，推荐采用系统的默认评价函数设置。一般来说，对于小像差系统，使用波像差（Wavefront）构建评价函数，像差较大时则采用点列图（Spot）的评价方法。

在对话框中还可以设置玻璃和空气的厚度边界（Boundary Values）。在“Min”和“Max”中输入的是玻璃或空气允许的最小和最大中心厚度值，“Edge Thickness”中则输入允许的最小边缘厚度。设置厚度边界值后，系统将自动生成每一表面相应的厚度操作数。在常规系统设计时，可直接采用这一功能确定的操作数。而在一些复杂系统如多重结构系统中，还需设计者手动输入附加的边界条件操作数。

评价函数设置完成后，单击对话框中的“确定”（OK）按钮，返回“评价函数编辑器”（Merit Function Editor），此时编辑器中根据设定的评价函数列出所有自动生成的优化操作数，包括类型（Type）、目标值（Target）、权重（Weight）、实际值（Value）、贡献值（% Contribute）及其他限定操作数的参数。这些自动生成的操作数主要是对系统的像差要求，设计者使用时通常还需根据光学系统的具体要求，加入特定的光学特性参数要求和边界条件。具体操作是用鼠标单击表格最上一行，按键盘上 Insert 键即可插入新的一行，在操作数“类型”（Type）中键入需控制的新操作数，并设置其目标值和权重即可。在图 3–24 中，最上方一行是新加入的焦距 EFFL 操作数，下方各行则为系统自动生成的操作数。

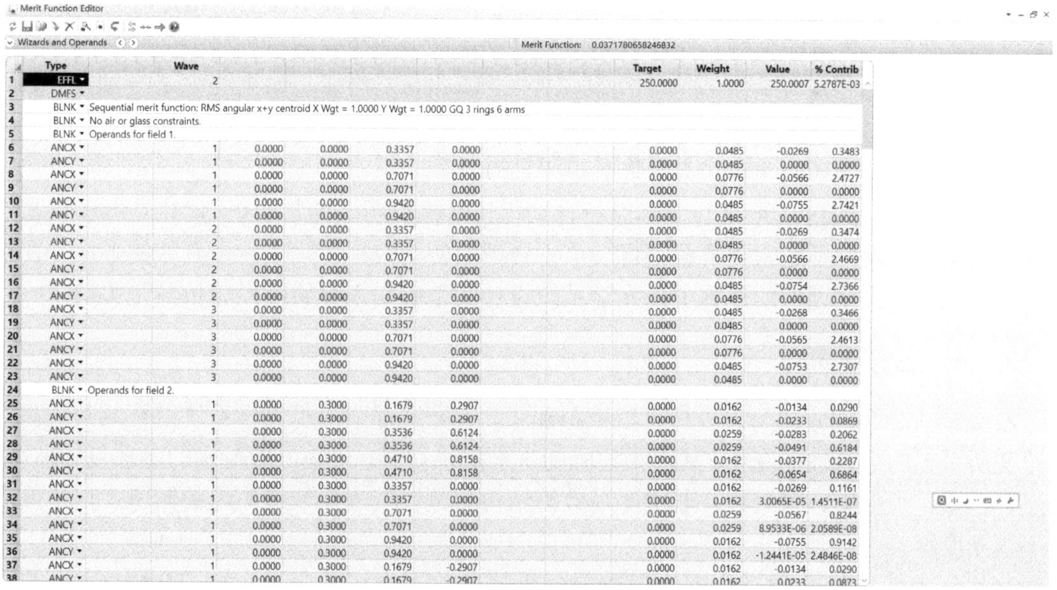

Merit Function Editor

Wizards and Operands　　Merit Function: 0.0371780658246832

	Type		Wave					Target	Weight	Value	% Contrib
1	EFFL		2					250.0000	1.0000	250.0007	5.2787E-03
2	DMFS										
3	BLNK	Sequential merit function: RMS angular x+y centroid X Wgt = 1.0000 Y Wgt = 1.0000 GQ 3 rings 6 arms									
4	BLNK	No air or glass constraints.									
5	BLNK	Operands for field 1.									
6	ANCX		1	0.0000	0.0000	0.3357	0.0000	0.0000	0.0485	-0.0269	0.3483
7	ANCY		1	0.0000	0.0000	0.3357	0.0000	0.0000	0.0485	0.0000	0.0000
8	ANCX		1	0.0000	0.0000	0.7071	0.0000	0.0000	0.0776	-0.0566	2.4727
9	ANCY		1	0.0000	0.0000	0.7071	0.0000	0.0000	0.0776	0.0000	0.0000
10	ANCX		1	0.0000	0.0000	0.9420	0.0000	0.0000	0.0485	-0.0755	2.7421
11	ANCY		1	0.0000	0.0000	0.9420	0.0000	0.0000	0.0485	0.0000	0.0000
12	ANCX		2	0.0000	0.0000	0.3357	0.0000	0.0000	0.0485	-0.0269	0.3474
13	ANCY		2	0.0000	0.0000	0.3357	0.0000	0.0000	0.0485	0.0000	0.0000
14	ANCX		2	0.0000	0.0000	0.7071	0.0000	0.0000	0.0776	-0.0566	2.4669
15	ANCY		2	0.0000	0.0000	0.7071	0.0000	0.0000	0.0776	0.0000	0.0000
16	ANCX		2	0.0000	0.0000	0.9420	0.0000	0.0000	0.0485	-0.0754	2.7366
17	ANCY		2	0.0000	0.0000	0.9420	0.0000	0.0000	0.0485	0.0000	0.0000
18	ANCX		3	0.0000	0.0000	0.3357	0.0000	0.0000	0.0485	-0.0268	0.3466
19	ANCY		3	0.0000	0.0000	0.3357	0.0000	0.0000	0.0485	0.0000	0.0000
20	ANCX		3	0.0000	0.0000	0.7071	0.0000	0.0000	0.0776	-0.0565	2.4613
21	ANCY		3	0.0000	0.0000	0.7071	0.0000	0.0000	0.0776	0.0000	0.0000
22	ANCX		3	0.0000	0.0000	0.9420	0.0000	0.0000	0.0485	-0.0753	2.7307
23	ANCY		3	0.0000	0.0000	0.9420	0.0000	0.0000	0.0485	0.0000	0.0000
24	BLNK	Operands for field 2.									
25	ANCX		1	0.0000	0.3000	0.1679	0.2907	0.0000	0.0162	-0.0134	0.0290
26	ANCY		1	0.0000	0.3000	0.1679	0.2907	0.0000	0.0162	-0.0233	0.0869
27	ANCX		1	0.0000	0.3000	0.3536	0.6124	0.0000	0.0259	-0.0283	0.2062
28	ANCY		1	0.0000	0.3000	0.3536	0.6124	0.0000	0.0259	-0.0491	0.6184
29	ANCX		1	0.0000	0.3000	0.4710	0.8158	0.0000	0.0162	-0.0377	0.2287
30	ANCY		1	0.0000	0.3000	0.4710	0.8158	0.0000	0.0162	-0.0654	0.6864
31	ANCX		1	0.0000	0.3000	0.3357	0.0000	0.0000	0.0162	-0.0269	0.1161
32	ANCY		1	0.0000	0.3000	0.3357	0.0000	0.0000	0.0162	3.0065E-05	1.4511E-07
33	ANCX		1	0.0000	0.3000	0.7071	0.0000	0.0000	0.0259	-0.0567	0.8244
34	ANCY		1	0.0000	0.3000	0.7071	0.0000	0.0000	0.0259	8.9533E-06	2.0589E-08
35	ANCX		1	0.0000	0.3000	0.9420	0.0000	0.0000	0.0162	-0.0755	0.9142
36	ANCY		1	0.0000	0.3000	0.9420	0.0000	0.0000	0.0162	-1.2441E-05	2.4846E-08
37	ANCX		1	0.0000	0.3000	0.1679	-0.2907	0.0000	0.0162	-0.0134	0.0290
38	ANCY		1	0.0000	0.3000	0.1679	-0.2907	0.0000	0.0162	0.0233	0.0873

图 3–24　设定优化操作数

（2）设置优化变量：进行优化设计时，需要设置变量。Zemax OpticStudio 会根据各操作数的设定要求，自动调整这些变量，以找到最佳设计结果。变量可以是任意的光学结构参数，包括半径（Radius）、厚度（Thickness）、玻璃（Glass）、二次曲面系数（Conic）等。

变量的设置方法是在“镜头数据编辑器”（Lens Data）中，左键选中要改变的参数，按组合键 Ctrl+Z，变更参数的可变状态。当参数后出现字母 V 时，即表示此参数以作为变量供优化使用。变量的设定还可以通过左键单击参数右边的白色空白键进行变更，在弹出的对话框中将“Solve Type”选为“Variable”来实现。

（3）进行优化：进行优化可以从主菜单栏中选择“优化”（Optimize）菜单，左键单击“优化”（Optimize！）按钮，显示优化控制对话框，如图 3–25 所示。对话框中包括算法（Algorithm）、运行内核数量（# of Cores）、优化循环次数（Cycles）的选择，针对操作数个数（Targets）、变量数（Variables）、原始评价函数值（Initial Merit Function）、当前评价函数值（Current Merit Function），并针对执行时间（Execution Time）进行实时显示。

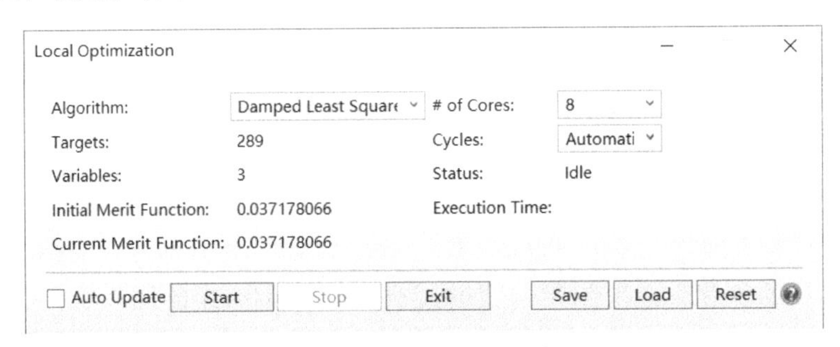

图 3–25　优化控制对话框

一般情况下，对于优化循环次数可以选择“自动”（Automatic）模式，系统将一直执行优化，直到系统认为不再有明显改善为止。在优化过程中，Zemax OpticStudio 计算并不断更新系统的评价函数，函数值可以在对话框中显示出来。优化过程所需要的运行时间取决于光学系统的复杂性、变量的个数、操作数的个数以及计算机的速度。

优化控制对话框中还有一项自动更新（Auto Update）功能，如果选中这一项，Zemax OpticStudio 在每个优化循环结束时将自动刷新所有已打开的窗口。若未选中，则需要在优化后对各窗口进行刷新（Update）实现数据和图表的更新。

利用 Zemax OpticStudio 进行光学系统自动优化时需要明确的是，这一优化功能仅仅是一个有效的工具，我们不能完全依赖它将一个不合理的初始结构转化成一个合理的方案。在初始系统的确定及优化过程的控制中，光学系统设计的基础知识和实际经验依然是关键。

3.3.4　公差分析

Zemax OpticStudio 的公差分析可以模拟加工、装配过程中由于光学系统结构或其他参数的改变所引起的系统性能变化，从而为实际的生产提供指导。这些可能改变的参数包括曲率、厚度、位置、折射率、阿贝数、非球面系数等结构参数以及表面或镜头组的倾斜、偏心及表面不规则度等。

与优化功能类似，公差分析中把需要分析的参数用操作数表示，如 TRAD 表示的是曲率半径公差。采用 Zemax OpticStudio 进行公差分析需分两步：公差数据设置，执行公差分析。

1. 公差数据设置

在 Zemax OpticStudio 主窗口的“公差”（Tolerance）菜单中选中“公差分析编辑器”（Tolerance Data Editor）。这一窗口用来对光学系统不同参数的公差范围做出限定，同时还可以定义补偿器来模拟对装配后的系统所做的调整。一般情况下，可以采用默认的公差数据设置，在“Tolerance Data Editor”窗口下拉菜单选择公差向导“Tolerance Wizard”选项。如图 3–26 所示。

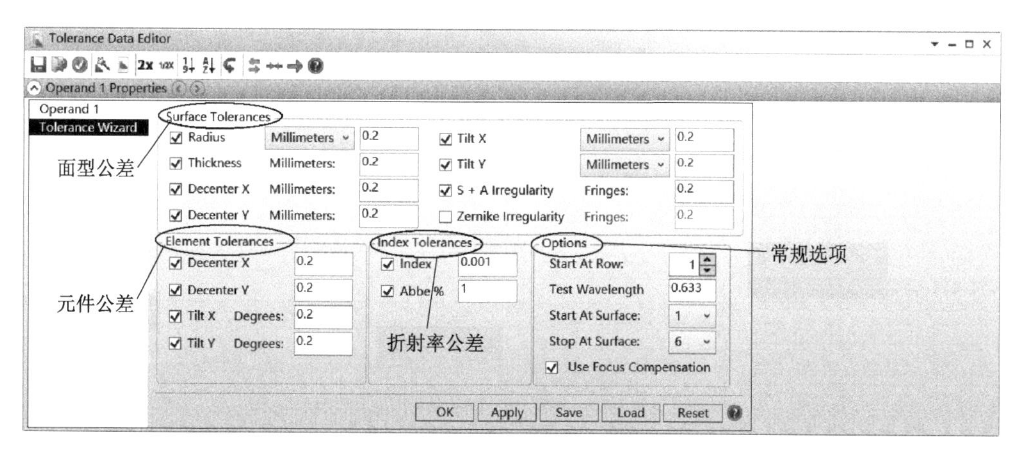

图 3–26　默认的公差数据设置

通过这一对话框可以对各表面或元件的公差进行设定。面型公差数据包括半径（Radius）、厚度（Thickness）、偏心（Decenter）、倾斜（Tilt）、不规则度（Irregularity）等；折射率公差数据包括材质的折射率指数、阿贝数等；元件可以设置的公差有偏心和倾斜。在每个数据右方的空格中可以设定公差的范围。对话框底部的“Use Focus Comp”为后焦距补偿，这是公差分析中默认采用的补偿器。

完成设定后，单击“确定”（OK）按钮返回“公差数据编辑器”（Tolerances Data Editor）。此时窗口中已经根据设定的公差数据列出了不同表面或元件的公差操作数和补偿器，如图 3–27 所示。每一个操作数都有一个最小值（Min）和一个最大值（Max），此最小值与最大值是相对于标称值（Nominal）的差量。

根据光学系统具体特性，使用者可以对公差操作数进行修改，也可以加入新的操作数和补偿器。具体操作方法与优化评价函数编辑器（Merit Function Editor）相似，在此不再详述。

2. 执行公差分析

设定好公差操作数和补偿器后，即可执行公差分析。从主菜单栏中选择“公差”（Tolerance）菜单，左键单击“公差分析”（Tolerancing）按钮，显示公差分析对话框。

对话框中包括初始设置（Set-Up，图 3–28）、评价标准（Criterion，图 3–29）、蒙特卡洛分析（Monte Carlo）和显示（Display）四个功能项。可以对公差评价标准、计算模式（Mode）、计算时采用的光线数（Sample）、视场（field）、补偿器（Compensator）以及文本输出结果进行设置。其中主要要设置的是评价标准（Criterion）和计算模式（Mode）两项。

Tolerance Data Editor

Operand 1 Properties

	Type	Surf	Code	Nominal	Min	Max	Comment
1	COMP	5	0	97.1419	-10.0000	10.0000	Default compensator on back focus.
2	TWAV				0.6328		Default test wavelength.
3	TRAD	1		192.9809	-0.2000	0.2000	Default radius tolerances.
4	TRAD	2		-100.1885	-0.2000	0.2000	
5	TRAD	3		-243.6809	-0.2000	0.2000	
6	TFRN	4		0.0000	-1.0000	1.0000	
7	TFRN	5		0.0000	-1.0000	1.0000	
8	TTHI	1	3	6.0000	-0.2000	0.2000	Default thickness tolerances.
9	TTHI	2	3	4.0000	-0.2000	0.2000	
10	TTHI	3	5	50.0000	-0.2000	0.2000	
11	TTHI	4	5	150.0000	-0.2000	0.2000	
12	TEDX	1	3	0.0000	-0.2000	0.2000	Default element dec/tilt tolerances 1-3.
13	TEDY	1	3	0.0000	-0.2000	0.2000	
14	TETX	1	3	0.0000	-0.2000	0.2000	
15	TETY	1	3	0.0000	-0.2000	0.2000	
16	TEDX	4	5	0.0000	-0.2000	0.2000	Default element dec/tilt tolerances 4-5.
17	TEDY	4	5	0.0000	-0.2000	0.2000	
18	TETX	4	5	0.0000	-0.2000	0.2000	
19	TETY	4	5	0.0000	-0.2000	0.2000	
20	TSDX	1		0.0000	-0.2000	0.2000	Default surface dec/tilt tolerances 1.
21	TSDY	1		0.0000	-0.2000	0.2000	
22	TIRX	1		0.0000	-0.2000	0.2000	
23	TIRY	1		0.0000	-0.2000	0.2000	
24	TSDX	2		0.0000	-0.2000	0.2000	Default surface dec/tilt tolerances 2.
25	TSDY	2		0.0000	-0.2000	0.2000	
26	TIRX	2		0.0000	-0.2000	0.2000	
27	TIRY	2		0.0000	-0.2000	0.2000	
28	TSDX	3		0.0000	-0.2000	0.2000	Default surface dec/tilt tolerances 3.
29	TSDY	3		0.0000	-0.2000	0.2000	
30	TIRX	3		0.0000	-0.2000	0.2000	
31	TIRY	3		0.0000	-0.2000	0.2000	
32	TSDX	4		0.0000	-0.2000	0.2000	Default surface dec/tilt tolerances 4.
33	TSDY	4		0.0000	-0.2000	0.2000	
34	TIRX	4		0.0000	-0.2000	0.2000	
35	TIRY	4		0.0000	-0.2000	0.2000	
36	TSDX	5		0.0000	-0.2000	0.2000	Default surface dec/tilt tolerances 5.
37	TSDY	5		0.0000	-0.2000	0.2000	

图 3–27　公差数据编辑器

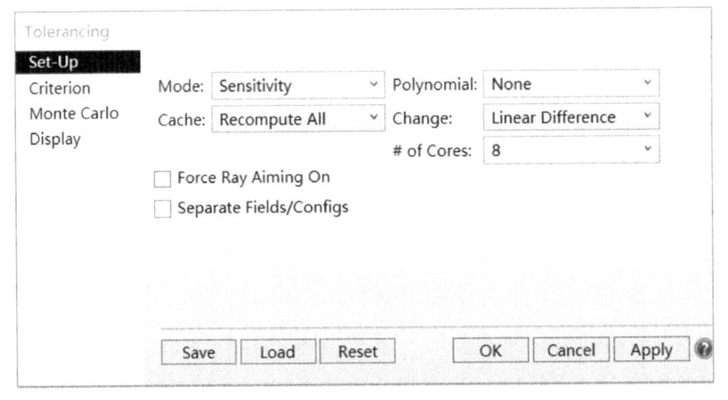

图 3–28　公差设置对话框—初始设置

Zemax OpticStudio 支持不同的评价标准。评价标准（Criterion）中包含了 RMS 点列图半径（RMS Spot Radius）、RMS 波像差（RMS Wavefront）、几何（Geom）及衍射（Diff）MTF、用户自定义评价函数（User Script）等。一般来说，对于像差接近衍射极限的光学系统进行公差分析时可以选用 MTF 或者 RMS 波像差作为评价标准，而像差较大的系统则宜选用点列图 RMS 半径。

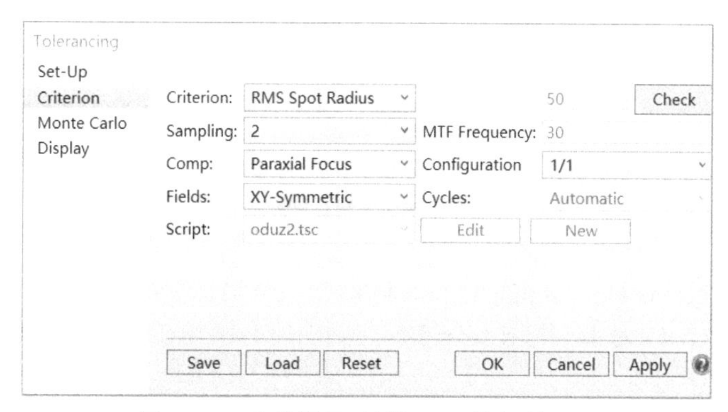

图 3–29　公差设置对话框—评价标准设置

公差设置支持四种计算模式进行公差分析。

（1）灵敏度分析（Sensitivity）：给定结构参数的公差范围，计算每一个公差对评价标准的影响。

（2）反向极限分析（Inverse Limit）：属于反向灵敏度分析的一种，反向模式将改变公差操作数的最大值和最小值。

（3）反向增量分析（Inverse Increment）：属于反向灵敏度分析的一种，反向增量计算将产生一个等于指定值的参数标准的变化增量。

（4）跳过灵敏度分析（Skip Sensitivity）：将绕过灵敏度分析直接进行蒙特卡罗分析。

灵敏度与反向灵敏度分析都是计算每一个公差数据对评价函数的影响，而蒙特卡罗分析同时考虑所有公差对系统的影响。它在设定的公差范围内随机生成一些系统，调整所有的公差参数和补偿器，使它们随机变化，然后评估整个系统的性能变化。这一功能可以模拟生产装配过程的实际情况，所分析的结果对于大批量生产具有指导意义。

完成评价标准和计算模式的设置后，单击“OK”按钮，系统开始计算并打开新的文本窗口，显示公差分析的结果。图 3–30 所示为执行灵敏度分析得到的结果，窗口中列出了所

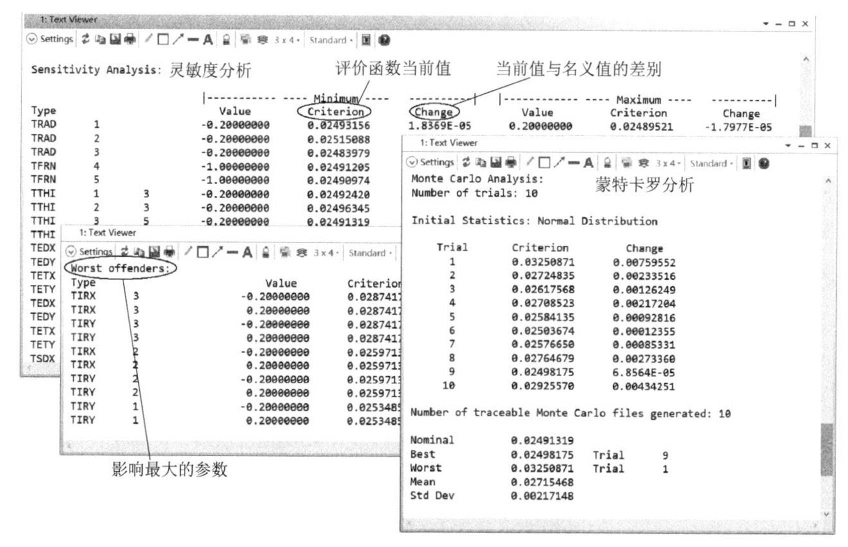

图 3–30　公差分析输出结果

有操作数取最大和最小值时评价函数的计算值，以及这一计算值与名义值的改变量。根据改变量的大小，列出了对系统性能影响最大的参数。最后是蒙特卡罗分析结果。根据这一公差分析的结果，设计者可以结合实际的加工装配水平，对各参数的公差范围进行缩紧或放松。

§ 3.4 应 用 实 例

本节介绍利用 Zemax Opticstudio 软件具体设计一个照相物镜。

系统焦距 $f'=9$，$F\#$为 4，视场 $2\omega=40°$。要求所有视场在 67.5 lp/mm 处 MTF>0.3。

3.4.1 系统建模

为简化设计过程，可以从已知的镜头数据库中选择光学特性参数与拟设计系统相接近的镜头数据作为初始结构。根据技术要求，从《光学设计手册》（李士贤，郑乐年. 北京理工大学出版社，1990）中选取了一个三片式照相物镜作为初始结构，见表 3–1。

表 3–1 初始结构

表面序号	半径	厚度	玻璃
1	28.25	3.7	ZK5
2	–781.44	6.62	
3	–42.885	1.48	F6
4	28.5	4.0	
5	光阑	4.17	
6	160.972	4.38	ZK11
7	–32.795		
$f'=74.98, F\#:3.5\ 2\omega=56^\circ$			

根据上一节中系统建模的步骤，首先进行系统特性参数输入。在“系统选项栏”（System Explorer）中设置系统孔径（Aperture）和材料库（Material Catalogs）；在系统“孔径类型”（Aperture Type）中选择像方空间 F#（Image Space F#）并根据设计要求输入“4”；在“材料库”（Material Catalogs）中键入中国玻璃库名称，如图 3–31 所示。打开“视场数据编辑器”（Field Data），输入 5 个值 0，6，10，14，20 分别对应 0，0.3，0.5，0.7，1 视场；打开“波长数据编辑器”（Wavelength Data）选择 F，d，C（可见）（F，d，C（visible）），单击“选为当前”（Select）按钮加入三个可见光波长。

接着在“镜头数据编辑器”（Lens Data）中输入初始结构，如图 3–32 所示，表格中第 7 面厚度（Thickness）为镜头组最后一面的厚度，在初始结构中并未列出。为了将要评价的像面设为系统的焦平面，可以利用 Zemax 的求解（Solve）功能。这一功能用于自动求解光学系统结构参数：曲率半径（Radius）、厚度（Thickness）、材料（Material）、半直径（Semi-Diameter）、圆锥系数（Conic）、参数（Parameter）。单击第 7 面厚度（Thickness）单元格右侧的空格，将弹出“在面 7 上的厚度解”（Thickness solve on surface 7）求解对话框，如图 3–33 所示。根据本系统设计的要求，在对话框“求解类型”（Solves Type）中选择“边缘光线高度”

（Marginal Ray Height），将高度（Height）值输入为“0”，表示将像面设置在了边缘光线聚焦的像方焦平面上。对话框中“光瞳”（Pupil Zone）定义了光线的瞳面坐标，用归一化坐标表示。光瞳（Pupil Zone）值如为 0，表示采用近轴光线；如为–1～+1 的任意非零值，则表示采用所定义坐标上的实际边缘光线进行计算。单击“OK”按钮后，系统自动计算出最后一面与焦平面的直接距离值，并在数值右方显示“M”，表示这一厚度值采用的求解方法。

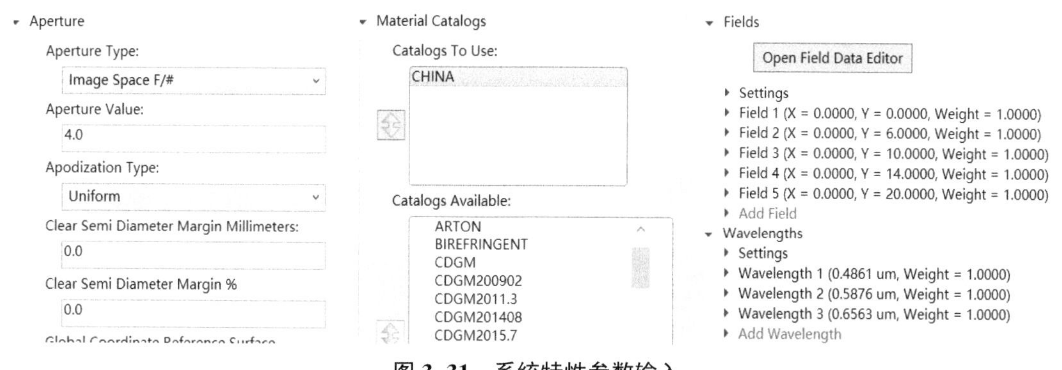

图 3–31　系统特性参数输入

Lens Data

Update: All Windows

Surface 0 Properties　　Configuration 1/1

	Surf:Type	Comment	Radius	Thickness	Material	Coating	Clear Semi-Dia	Chip Zone	Mech Semi-Dia	Conic	TCE x 1E-6
0	OBJECT Standard		Infinity	Infinity			Infinity	0.0000	Infinity	0.00...	0.0000
1	Standard		28.2500	3.7000	ZK5		14.6788	0.0000	14.9303	0.00...	-
2	Standard		-781.4400	6.6200			14.9303	0.0000	14.9303	0.00...	0.0000
3	Standard		-42.8850	1.4800	F6		9.7643	0.0000	9.7643	0.00...	-
4	Standard		28.5000	4.0000			8.5313	0.0000	9.7643	0.00...	0.0000
5	STOP Standard		Infinity	4.1700			8.0004	0.0000	8.0004	0.00...	0.0000
6	Standard		160.9720	4.3800	ZK11		10.1966	0.0000	10.8351	0.00...	-
7	Standard		-32.7950	64.1725 M			10.8351	0.0000	10.8351	0.00...	0.0000
8	IMAGE Standard		Infinity	-			27.3367	0.0000	27.3367	0.00...	0.0000

图 3–32　初始结构参数

初始结构输入后，由于系统焦距与设计要求不符，需要通过缩放功能进行调整。在主窗口的“设置”（Setup）菜单中缩放镜头（Scale Lens），由于系统现有焦距为 74.97，要变为 9，缩放因子为 9/74.97=0.120 048，因此在“因子缩放”（Scale By Factor）后面填入 0.120 048，如图 3–34 所示。单击“确定”（OK）按钮，“镜头数据编辑器”（Lens Data）中的结构数据发生变化，此时系统焦距 EFFL 已经调整为 9。

Thickness solve on surface 7

Solve Type: Marginal Ray Height

Height: 0

Pupil Zone: 0

图 3–33　厚度求解

Scale Lens

Scale By Factor: 0.120048

First Surface: Object

Last Surface: 8

Scale By Units: From MM to MM

OK　Cancel

图 3–34　缩放镜头

调整后的系统可以通过主窗口“分析”（Analyze）菜单中的 2D 视图（Cross-Section）功能查看系统二维结构图。从结构图中可以看出，第一透镜口径不合理，出现前后两表面相交（第一面边缘厚度为负值）的情况。此时可以再次利用求解（Solves）功能，并在“在面 1 上的厚度解”（Thickness solve on surface 1）对话框中将“求解类型”（Solve Type）选择为“边缘厚度”（Edge Thickness），并在“厚度”（Thickness）一栏中输入“0.1”，这表示第一面边缘厚度被控制为 0.1，系统根据这一控制自动调整第一面的中心厚度。调整前后的结构如图 3–35 所示。

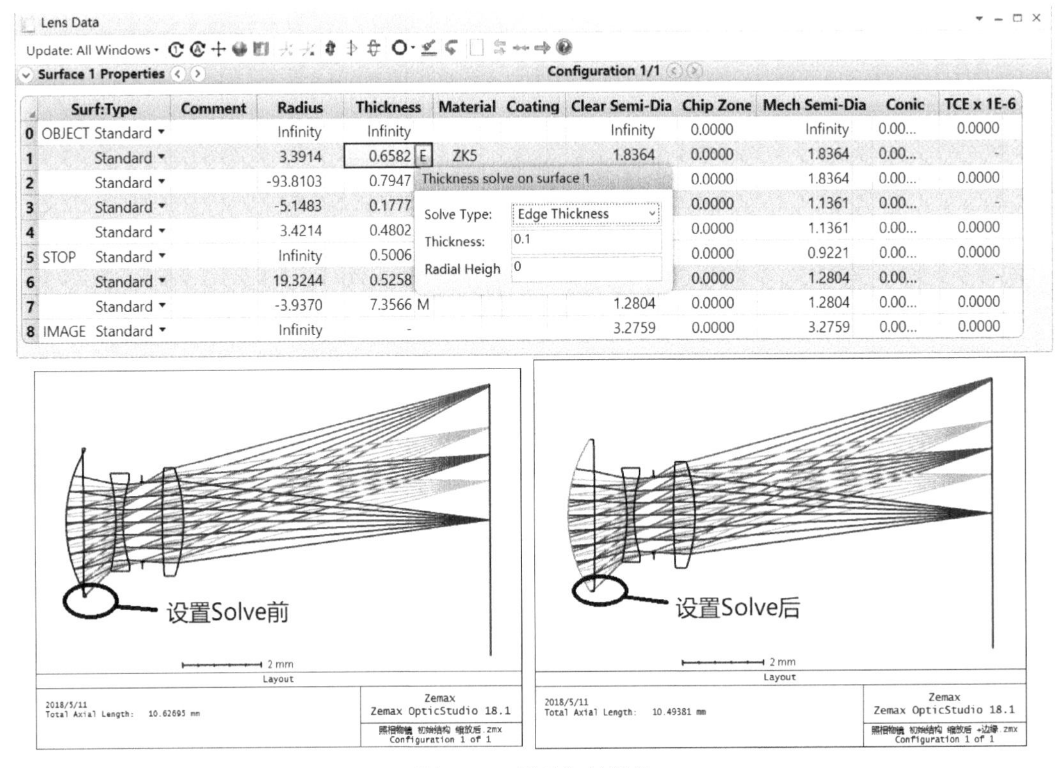

	Surf:Type	Comment	Radius	Thickness	Material	Coating	Clear Semi-Dia	Chip Zone	Mech Semi-Dia	Conic	TCE x 1E-6
0	OBJECT Standard		Infinity	Infinity			Infinity	0.0000	Infinity	0.00...	0.0000
1	Standard		3.3914	0.6582 E	ZK5		1.8364	0.0000	1.8364	0.00...	-
2	Standard		-93.8103	0.7947				0.0000	1.8364	0.00...	0.0000
3	Standard		-5.1483	0.1777				0.0000	1.1361	0.00...	-
4	Standard		3.4214	0.4802				0.0000	1.1361	0.00...	0.0000
5	STOP Standard		Infinity	0.5006				0.0000	0.9221	0.00...	0.0000
6	Standard		19.3244	0.5258				0.0000	1.2804	0.00...	-
7	Standard		-3.9370	7.3566 M			1.2804	0.0000	1.2804	0.00...	0.0000
8	IMAGE Standard		Infinity	-			3.2759	0.0000	3.2759	0.00...	0.0000

图 3–35　系统初始结构

3.4.2　初始性能评价

结构调整完成后，可通过“分析”（Analyze）菜单“光线迹点”（Rays & Spots）中的“标准点列图”（Standard Spot Diagram）查看系统的标准点列图，通过 MTF 曲线（MTF）中的 FFT MTF 查看系统的 MTF 曲线，如图 3–36 所示。在 MTF 曲线图中，由于系统要求考察 67.5 线对处的 MTF 值，因此通过 Setting 对话框将采样频率定为 68 线对。从图中可看出，系统成像质量较差，需要进行优化。

3.4.3　优化

进行优化之前需要设置评价函数。从主窗口“优化”（Optimize）菜单中打开“评价函数编辑器”（Merit Function Editor），单击“开优化向导”（Optimization Wizard）按钮打开默认评价函数编辑界面，选择默认的评价函数构成 PTV+波前（Wavefront）+质心（Centroid）。将厚度边界条件设置为：玻璃厚度（Glass）最小值（Min）为 0.5，最大值（Max）为 10；空气厚度（Air）最小值（Min）为 0.1，最大值（Max）为 100。边缘厚度（Edge）都设为 0.1。如图 3–37 所示。

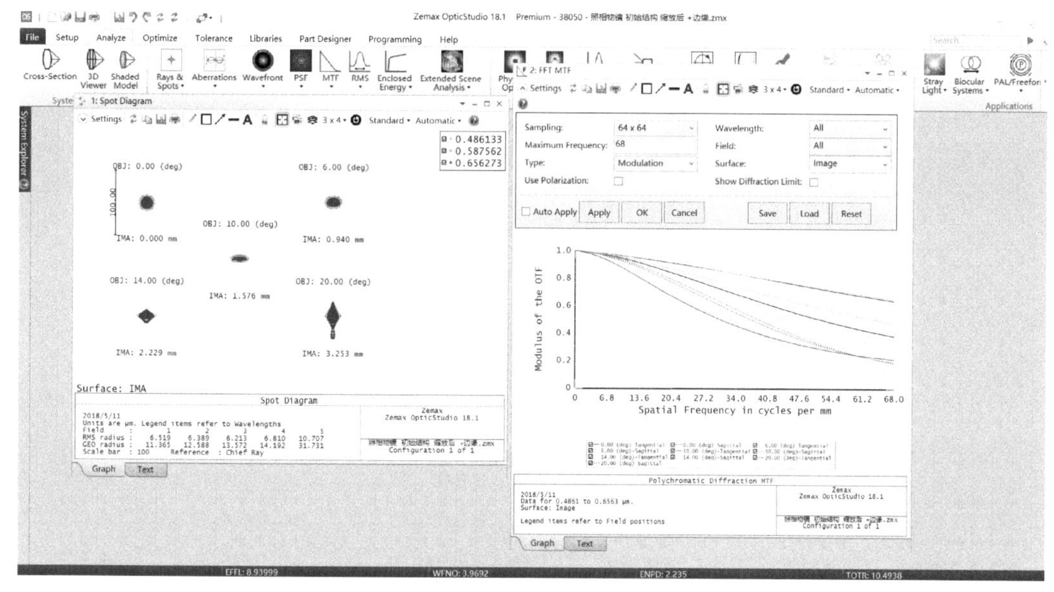

图 3–36　系统初始性能

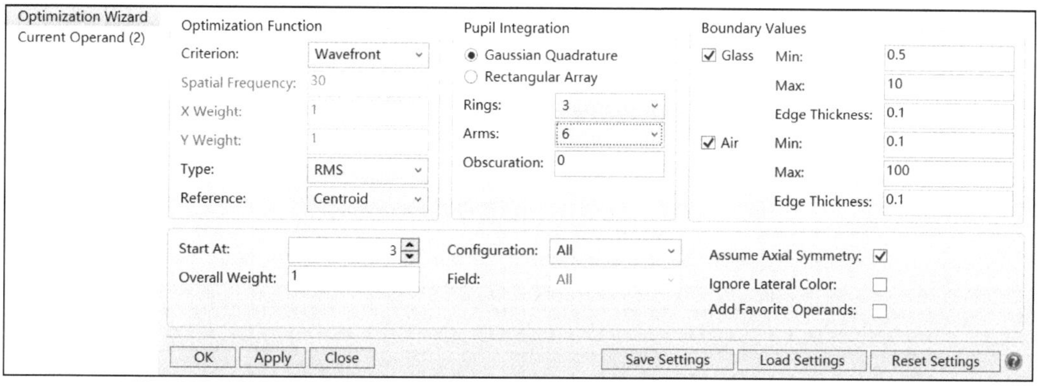

图 3–37　设置评价函数

单击“确定”（OK）按钮后，返回“评价函数编辑器”（Merit Function Editor）界面，系统已经根据上述设置自动生成了一系列控制像差和边界条件的操作数。此时，需加入操作数 EFFL 以控制系统焦距，目标值（Target）为 9，权重（Weight）设为 1，如图 3–38 所示。

之后返回“镜头数据编辑器”（Lens Data）界面，为系统结构设置变量。变量设置可以有不同选择，这里采用的做法是将系统各表面半径（光阑面除外）和第一、第二面的厚度设为变量，如图 3–39 所示。

变量设置完成后，即可通过“优化”（Optimize）菜单中“执行优化”（Optimize!）工具执行优化，优化后系统的性能得到了较大改善。图 3–40 所示为系统的二维视图，图 3–41 所示为系统的点列图和 MTF 曲线。可以看出，在 68lp/mm 处，所有视场 MTF 都大于 0.3，优于系统设定的技术要求。

Merit Function Editor

Wizards and Operands　　Merit Function: 0.0928415072819735

	Type		Wave			Target	Weight	Value	% Contrib
1	EFFL		2			9.0000	1.0000	8.9400	0.9056
2	DMFS								
3	BLNK	Sequential merit function: RMS wavefront centroid GQ 3 rings 6 arms							
4	BLNK	Default individual air and glass thickness boundary constraints.							
5	MNCA	1	1			0.1000	1.0000	0.1000	0.0000
6	MXCA	1	1			100.0000	1.0000	100.00...	0.0000
7	MNEA	1	1	0....	0	0.1000	1.0000	0.1000	0.0000
8	MNCG	1	1			0.5000	1.0000	0.5000	0.0000
9	MXCG	1	1			10.0000	1.0000	10.0000	0.0000
10	MNEG	1	1	0....	0	0.1000	1.0000	0.1000	0.0000
11	MNCA	2	2			0.1000	1.0000	0.1000	0.0000
12	MXCA	2	2			100.0000	1.0000	100.00...	0.0000
13	MNEA	2	2	0....	0	0.1000	1.0000	0.1000	0.0000
14	MNCG	2	2			0.5000	1.0000	0.5000	0.0000
15	MXCG	2	2			10.0000	1.0000	10.0000	0.0000
16	MNEG	2	2	0....	0	0.1000	1.0000	0.1000	0.0000
17	MNCA	3	3			0.1000	1.0000	0.1000	0.0000
18	MXCA	3	3			100.0000	1.0000	100.00...	0.0000
19	MNEA	3	3	0....	0	0.1000	1.0000	0.1000	0.0000
20	MNCG	3	3			0.5000	1.0000	0.1777	26.1229

图 3–38　优化操作数

Lens Data

Update: All Windows　Surface 0 Properties　Configuration 1/1

	Surf:Type	Comment	Radius	Thickness	Material	Coating	Clear Semi-Dia	Chip Zone	Mech Semi-Dia	Conic	TCE x 1E-6
0	OBJECT Standard		Infinity	Infinity			Infinity	0.0000	Infinity	0.00...	0.0000
1	Standard		3.3914 V	0.6582 E	ZK5		1.8364	0.0000	1.8364	0.00...	-
2	Standard		-93.8103 V	0.7947 V			1.7896	0.0000	1.8364	0.00...	0.0000
3	Standard		-5.1483 V	0.1777	F6		1.1361	0.0000	1.1361	0.00...	-
4	Standard		3.4214 V	0.4802			0.9918	0.0000	1.1361	0.00...	0.0000
5	STOP Standard		Infinity	0.5006			0.9221	0.0000	0.9221	0.00...	0.0000
6	Standard		19.3244 V	0.5258	ZK11		1.1996	0.0000	1.2804	0.00...	-
7	Standard		-3.9370 V	7.3566 M			1.2804	0.0000	1.2804	0.00...	0.0000
8	IMAGE Standard		Infinity	-			3.2759	0.0000	3.2759	0.00...	0.0000

图 3–39　变量设置

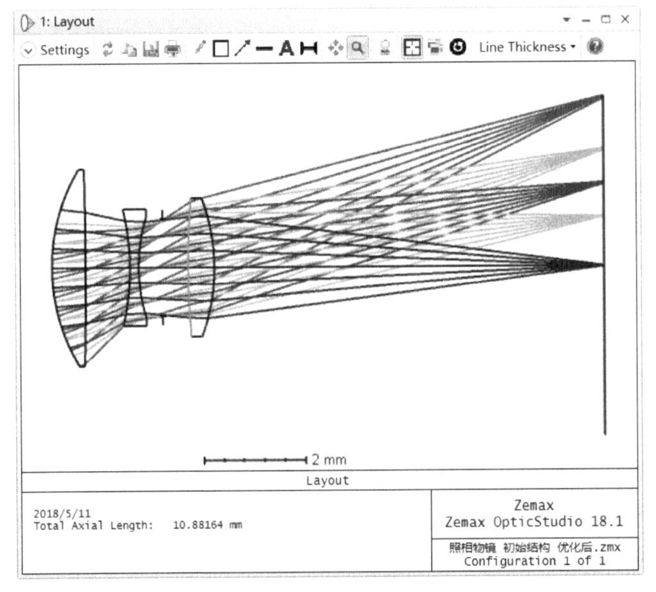

图 3–40　二维结构图

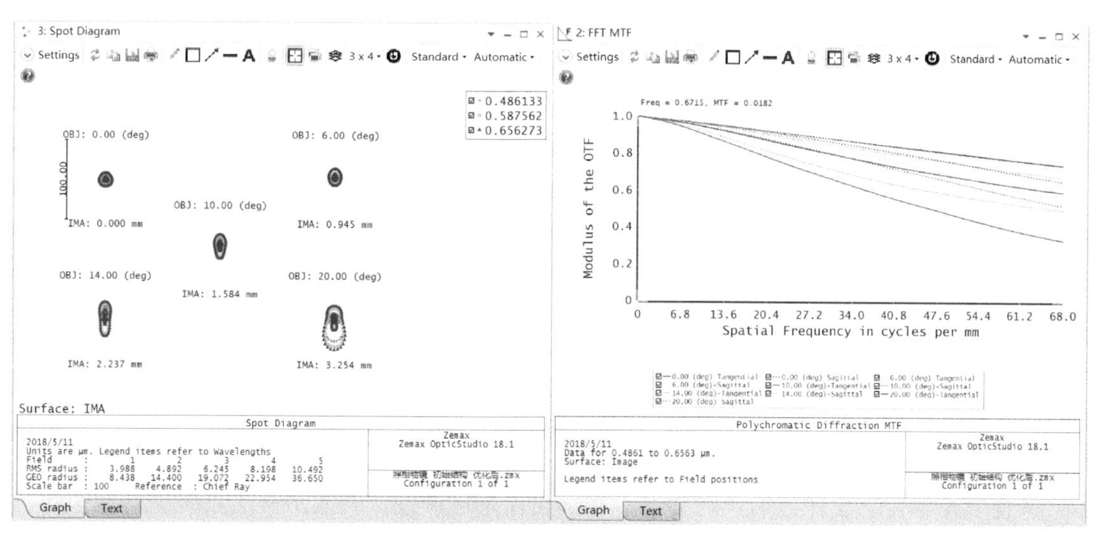

图 3–41　点列图和 MTF 曲线

习　　题

1. 利用 Zemax 软件中坐标变换（Coordinate Break）及理想系统两种面型对以下系统进行建模。

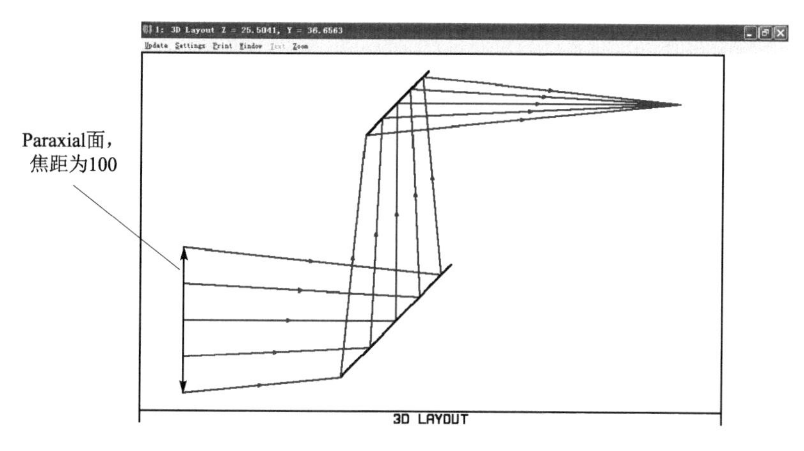

2. 试对以下双胶合物镜进行设计，要求优化后焦距为 35 mm，系统点列图均方根半径在最大视场处小于 0.05 mm。

R	d	Glass
23.77	6	ZK3
−10.72	2	F5
−81.5		

物距为无穷远，入瞳直径为 14 mm，视场角 $2\omega=8°$。

第4章
薄透镜系统的初级像差理论

§4.1 概　　述

在使用光学自动设计前的长时期内，光学设计是通过设计者人工修改系统的结构参数，然后不断计算像差来完成的。为了加速设计过程，提高设计质量，人们对像差的性质、像差和光学系统结构参数的关系进行了长期的研究，取得了很多有价值的成果，这就是像差理论。如今，像差理论对光学自动设计过程中原始系统的确定、自变量的选择、像差参数的确定等一系列问题仍有其重要的指导意义。本章重点介绍薄透镜系统的初级像差理论，它是像差理论研究中最具实用价值的成果。在像差理论指导下，光学自动设计能更充分地发挥出它的作用。

光学系统的像差除了是结构参数的函数以外，同时还是物高 y（或视场角 ω）和光束孔径 h（或孔径角 u）的函数。光学自动设计中，在 y，h 一定的条件下，我们把像差和系统结构参数之间的关系用幂级数表示，并且仅取其中的一次项，建立像差和结构参数之间的近似线性关系。

在像差理论的研究中，则把像差和 y，h 的关系也用幂级数形式表示。把最低次幂对应的像差称为初级像差，而把较高次幂对应的像差称为高级像差。在像差理论的研究中，具有较大实际价值的是初级像差理论，所以本章主要介绍初级像差理论。初级像差理论忽略了 y，h 的高次项，它只是实际像差的初级近似。在 y 和 h 不大的情形下，初级像差能够近似代表光学系统的像差性质。下面我们不作推导给出初级像差和 y，h 的关系。

1. 初级球差

初级球差为

$$\delta L' = a_1 h^2 \tag{4-1}$$

式（4-1）表示初级球差与物高 y 无关，即在视场不大的范围内，轴外点和轴上点具有相同的球差。初级球差和光束孔径 h^2 成正比。

2. 初级彗差

初级彗差为

$$K'_S = a_2 h^2 y \tag{4-2}$$

3. 初级子午场曲

初级子午场曲为

$$x'_t = a_3 y^2 \tag{4-3}$$

4. 初级弧矢场曲

初级弧矢场曲为

$$x_s' = a_4 y^2 \tag{4–4}$$

5. 初级畸变

初级畸变为

$$\delta y_z' = a_5 y^3 \tag{4–5}$$

6. 初级轴向色差

初级轴向色差为

$$\Delta l_{\mathrm{FC}}' = C_1 \tag{4–6}$$

初级轴向色差与物高 y 无关。

7. 初级垂轴色差

初级垂轴色差为

$$\Delta y_{\mathrm{FC}}' = C_2 y \tag{4–7}$$

如果一个透镜组的厚度和它的焦距比较可以忽略，这样的透镜组称为薄透镜组。由若干个薄透镜组构成的系统，称为薄透镜系统（透镜组之间的间隔可以是任意的）。对这样的系统在初级像差范围内，可以建立像差和系统结构参数之间的直接函数关系。利用这种关系，可以全面、系统地讨论薄透镜系统和薄透镜组的初级像差性质，甚至可以根据系统的初级像差要求，直接求解出薄透镜组的结构参数。厚透镜可以看作是由两个平凸或平凹的薄透镜加一块平行玻璃板构成的，如图 4–1 所示。因此任何一个光学系统都可以看作是由一个薄透镜系统加若干平行玻璃板构成。长期以来，薄透镜系统的初级像差理论一直是光学设计者的有力工具。本章主要介绍薄透镜系统的初级像差理论在光学自动设计过程中的应用，使光学自动设计和像差理论两者相辅相成，更充分有效地发挥出它们各自的作用，使设计者能更快、更好地完成设计工作。

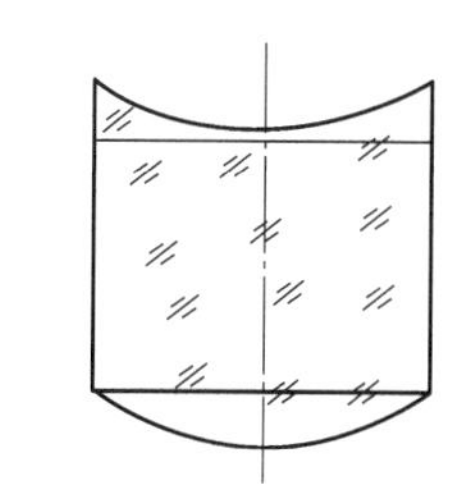

图 4–1　厚透镜示意图

§ 4.2　薄透镜系统的初级像差方程组

本节介绍薄透镜系统的初级像差方程组，它是薄透镜系统初级像差理论的基础。图 4–2 所示为由两个薄透镜组构成的薄透镜系统。该系统对应的物平面位置、物高（y）和光束孔径（u）是给定的，在系统外形尺寸计算完成以后每个透镜组的光焦度 φ 以及各透镜组之间的间隔 d 也都已确定。由轴上物点 A 发出，经过孔径边缘的光线 AQ 称为第一辅助光线，应用理想光学系统中的光路计算公式（或近轴光路公式）可以计算出它在每个透镜组上的投射高 h_1， h_2；由视场边缘的轴外点 B 发出，经过孔径光阑中心 O 的光线 BP 称为第二辅助光线，它在每个透镜组上的投射高 h_{z1}, h_{z2} 也可以用近轴公式计算出来。这样每个透镜组对应的 φ, h, h_z 都是已知的，我们称它们为透镜组的外部参数，它们和薄透镜组的具体结构无关。像差既和这些外部参数有关，当然也和透镜组的内部结构参数（r，d，n）有关。薄透镜

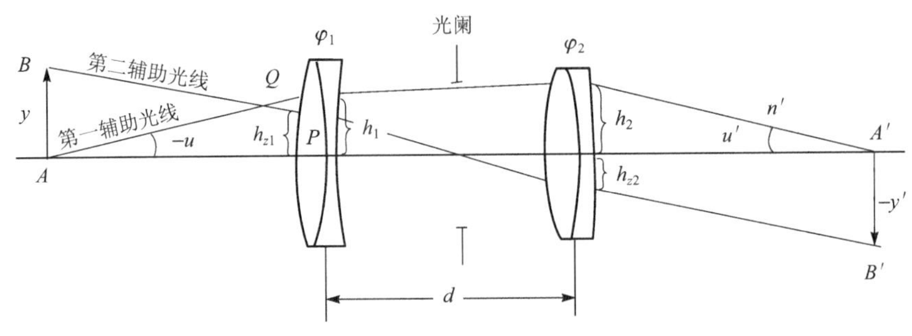

图 4-2　第一、第二辅助光线示意图

系统初级像差方程组的作用是把系统中各个薄透镜组已知的外部参数和未知的内部结构参数与像差的关系分离开来，使像差和内部结构参数之间关系的讨论简化。下面直接给出方程组的公式：

$$\delta L'=\left[\sum hP\right]/(-2n'u'^2) \tag{4-8}$$

$$K_S'=\left[\sum h_z P-J\sum W\right]\Big/(-2n'u')=\frac{K_T'}{3} \tag{4-9}$$

$$x_{ts}'=\left[\sum\frac{h_z^2}{h}P-2J\sum\frac{h_z}{h}W+J^2\sum\varphi\right]\Bigg/(-n'u'^2) \tag{4-10}$$

$$x_s'=\left[\sum\frac{h_z^2}{h}P-2J\sum\frac{h_z}{h}W+J^2\sum\varphi(1+\mu)\right]\Bigg/(-2n'u'^2) \tag{4-11}$$

$$\delta y_z'=\left[\sum\frac{h_z^3}{h^2}P-3J\sum\frac{h_z^2}{h^2}W+J^2\sum\frac{h_z}{h}\varphi(3+\mu)\right]\Bigg/(-2n'u') \tag{4-12}$$

$$\Delta L_{\mathrm{FC}}'=\left[\sum h^2C\right]\Big/(-n'u'^2) \tag{4-13}$$

$$\Delta y_{\mathrm{FC}}'=\left[\sum h_z hC\right]\Big/(-n'u') \tag{4-14}$$

以上公式中 n', u' 为系统最后像空间的折射率和孔径角，J 是系统的拉格朗日不变量，$J=n'u'y'$，它们都是已知常数，每个透镜组的外部参数 φ, h, h_z 也是已知的。在括弧（[]）内的和式 $\sum$ 中，每个透镜组对应一项。因此，以上方程组中每个透镜组共出现 4 个未知参数 P，W，C，μ，它们都和各个透镜组的内部结构参数有关，称为内部参数。这 4 个内部参数中最后一个参数 μ 最简单，它的公式为

$$\mu=\sum\frac{\varphi_i}{n_i}\Bigg/\varphi \tag{4-15}$$

φ 是该薄透镜组的总光焦度，是已知的。φ_i 和 n_i 为该透镜组中每个单透镜的光焦度和玻璃的折射率。对薄透镜组来说，总光焦度等于各个单透镜光焦度之和，即 $\varphi=\sum\varphi_i$，另外玻璃的折射率 n_i 变化不大，一般为 1.5～1.7，因此 μ 近似为一个和薄透镜组结构无关的常数。通常我们取 μ 的平均值为 0.7。

这样，每个薄透镜组的内部参数实际上只剩下 P，W，C 三个。其中 C 只和两种色差有关，称为“色差参数”。它的公式为

$$C=\sum\frac{\varphi_i}{\nu_i} \tag{4–16}$$

以上和式$\sum$中φ_i为该透镜组中每个单透镜的光焦度，ν_i为该单透镜玻璃的阿贝数

$$\nu=\frac{n-1}{n_F-n_C} \tag{4–17}$$

它是光学玻璃的一个特性常数，n为指定波长光线的折射率，n_F-n_C为计算色差时所用的两种波长光线的折射率差——色散。由式（4–16）看到，C只与透镜组中各单透镜的光焦度和玻璃的色散有关，而和各单透镜的弯曲形状无关。其余的两个参数P，W决定系统的单色像差，称为“单色像差参数”。它们与透镜组中各个折射面的半径r_i和介质的折射率n_i有关。我们无法把P，W表示为（r_i，n_i）的函数，而用第一辅助光线通过每个折射面的角度来表示。它们的具体公式是

$$P=\sum\left(\frac{\Delta u_i}{\Delta(1/n_i)}\right)^2\Delta\frac{u_i}{n_i};\quad W=\sum\left(\frac{\Delta u_i}{\Delta(1/n_i)}\right)\Delta\frac{u_i}{n_i} \tag{4–18}$$

式中，

$$\Delta u_i=u_i'-u_i;\quad \Delta\frac{1}{n}=\frac{1}{n_i'}-\frac{1}{n_i};\quad \Delta\frac{u_i}{n_i}=\frac{u_i'}{n_i'}-\frac{u_i}{n_i} \tag{4–19}$$

式（4–18）中的和式$\sum$是对该薄透镜组中每个折射面求和的结果。例如一个双胶合薄透镜组中有 3 个折射面，则P，W分别对这 3 个面求和。

由式（4–10）看到，如果系统消除了像散，$x_{ts}'=0$，则式（4–10）右边分子应等于零

$$\left[\sum\frac{h_z^2}{h}P-2J\sum\frac{h_z}{h}W+J^2\sum\varphi\right]=0$$

将上式代入式（4–11）得

$$x_s'=J^2\sum\mu\varphi/(-2n'u'^2)$$

由于$x_{ts}'=0$，因此子午和弧矢场曲相等$x_t'=x_s'$，这时的场曲称为 Petzval 场曲，用符号x_p'表示

$$x_p'=J^2\sum\mu\varphi/(-2n'u'^2) \tag{4–20}$$

如果x_{ts}'不等于零，则由式（4–10）、式（4–11）和式（4–20）可以得到

$$x_s'=x_p'+\frac{1}{2}x_{ts}';\quad x_t'=x_p'+\frac{3}{2}x_{ts}' \tag{4–21}$$

因此x_t', x_s', x_p', x_{ts}'四者中只要确定了其中任意两个，其他两个也就确定了。由于x_p'具有某些特殊性质，我们用式（4–20）代替式（4–11）作为薄透镜系统的初级像差方程式。

在式（4–8）～式（4–14）和式（4–20）右边的分母上都有一个与透镜组内部结构无关的常数n', u'组成的常数项，为了简化，我们把它们都移到等式左边，等式右边只留下与透镜组内部结构有关的部分，并用一组新的符号代表，得到下列方程组：

$$S_{\mathrm{I}}=-2n'u'^2\delta L'=\sum hP \tag{4–22}$$

$$S_{\mathrm{II}}=-2n'u'K_S'=\sum h_zP-J\sum W \tag{4–23}$$

$$S_{\mathrm{III}}=-n'u'^2x'_{ts}=\sum\frac{h_z^2}{h}P-2J\sum\frac{h_z}{h}W+J^2\sum\varphi \tag{4-24}$$

$$S_{\mathrm{IV}}=-2n'u'^2x'_p=J^2\sum\mu\varphi \tag{4-25}$$

$$S_{\mathrm{V}}=-2n'u'\delta y'_z=\sum\frac{h_z^3}{h^2}P-3J\sum\frac{h_z^2}{h^2}W+J^2\sum\frac{h_z}{h}\varphi(3+\mu) \tag{4-26}$$

$$S_{\mathrm{I}C}=-n'u'^2\Delta L'_{\mathrm{FC}}=\sum h^2C \tag{4-27}$$

$$S_{\mathrm{II}C}=-n'u'\Delta y'_{\mathrm{FC}}=\sum h_zhC \tag{4-28}$$

式中，S_{I}，…，S_{V}为第 1 至第 5 像差和数；$S_{\mathrm{I}C}$，$S_{\mathrm{II}C}$称为第 1 和第 2 色差和数。今后我们在讨论像差和结构参数的关系时，直接应用这些像差和数的公式，它们和像差之间只相差一个常数因子。

上述公式可以用来由初级像差直接求解薄透系统的结构参数，大体步骤是：

（1）根据对整个系统的像差要求，求出相应的像差和数（S_{I}，…，S_{V}，$S_{\mathrm{I}C}$，$S_{\mathrm{II}C}$），把已知的外部参数 φ, h, h_z, J 代入，列出只剩下各个透镜组的像差特性参数 P，W，C 的初级像差方程组。

（2）求解初级像差方程组得到对每个薄透镜组要求的 P，W，C 值。

（3）由 P，W，C 求各个透镜组的结构参数，这是本章后面将要讨论的内容。

利用初级像差方程组既可以求解薄透系统的结构参数，还可以用来讨论薄透镜组的像差性质。前者可以直接作为光学自动设计的原始系统结构参数，后者可以用来指导我们如何选用原始系统的形式、自变量和像差参数等。

§ 4.3　薄透镜组像差的普遍性质

薄透镜组是由一个或一个以上的单透镜组合成的透镜组，各个单透镜的厚度都比较小，而且它们之间的相互间隔也很小，因此整个透镜组的厚度不大。薄透镜组是复杂光学系统的基本组成单元，了解薄透镜组的像差性质是分析光学系统像差性质的基础。本节将利用上节的初级像差式（4–22）～式（4–28）讨论薄透镜组的像差性质。

4.3.1　镜组的单色像差特性

1. 个薄透镜组只能校正两种初级单色像差

由初级像差公式可以看到，在 5 个单色像差方程式（4–22）～式（4–26）中，每个薄透镜组只出现两个像差特性参数 P，W。不同结构的薄透镜组对应不同的 P，W 值，它们是方程组中两个独立的自变量，利用这两个自变量，最多只能满足两个方程式，因此一个薄透镜组最多只能校正两种初级像差。当我们使用适应法自动设计程序进行像差校正时，一个薄透镜组不论有多少自变量（透镜组中可能有多个曲率和玻璃光学常数可以作为自变量使用），它都不能校正两种以上的初级单色像差（不包括高级像差）。

2. 光瞳位置对像差的影响

当薄透镜系统中各个透镜组的光焦度和间隔不变，只改变孔径光阑（光瞳）的位置时，初级像差方程组中的 h，P，W 都不变，而 h_z 改变，从而引起像差的改变。

（1）球差与光瞳位置无关。在 S_{I} 的式（4–22）中不出现 h_z，球差显然和光瞳位置无关。

（2）彗差与光瞳位置有关，但当球差为零时，彗差即与光瞳位置无关。

在 S_{II} 的式（4–23）中，出现与 h_z 有关的项，因此，彗差与光瞳位置有关，但是如果该薄透镜组的球差为零，则对应 P=0，这时 S_{II} 中与 h_z 有关的项 $h_z P=0$，因此 S_{II} 与光瞳位置无关。

（3）像散与光瞳位置有关，但是如果球差、彗差都等于零，则像散与光阑位置无关。

由式（4–24），S_{III} 显然与光瞳位置 h_z 有关，但是若该薄透镜组的球差、彗差等于零，则 $P=W=0$，这时 S_{III} 就不再与 h_z 有关。

在像差与光瞳位置无关的情形，如果我们把入瞳或光阑位置作为一个自变量加入自动校正，实际上并不增加系统的校正能力。

（4）光瞳与薄透镜组重合时，像散为一个与透镜组结构无关的常数。

由式（4–24）看到，如果某个透镜组 h_z=0，则该透镜组的像散值为

$$x'_{ts}=\frac{S_{\text{III}}}{-n'u'^2}=\frac{J^2\varphi}{-n'u'^2}=\frac{-n'}{f'}y'^2$$

由上式看到，此时像散由薄透镜组的焦距 f' 和像高 y' 所决定，而与透镜组的结构无关。

（5）当光瞳与薄透镜组重合时，畸变等于零。

由式（4–26）看到，如果 h_z=0，则 S_{V} 中和该透镜组对应的各项均为零。

（6）薄透镜组的 Petzval 场曲 x'_p 近似为一与结构无关的常量。

由式（4–25）看到，薄透镜组的 x'_p 为

$$x'_p=\frac{S_{\text{IV}}}{-2n'u'^2}=\frac{J^2\mu\varphi}{-2n'u'^2}=\frac{-n'y'^2}{2f'}\mu$$

前面已经说过，μ 对薄透镜组来说近似为一与结构无关的常数，大约等于 0.7。由上式看到，x'_p 显然也应该是一个与结构无关的常数。

4.3.2　薄透镜组的色差特性

1. 一个薄透镜组消除了轴向色差必然同时消除垂轴色差

薄透镜组的两种色差，由唯一的色差参数 C 确定，由式（4–27）看到，若轴向色差等于零，则 $C=0$。由式（4–28）看到，垂轴色差也同时等于零。

2. 欲薄透镜组消色差必须使用两种不同 ν 值的玻璃

根据式（4–27）和式（4–28），欲薄透镜组消色差，必须满足 C=0，根据式（4–16）

$$C=\sum\frac{\varphi_i}{\nu_i}=0$$

如果薄透镜组中各个透镜用同一 ν 值的玻璃，则有

$$\sum\frac{\varphi_i}{\nu_i}=\frac{1}{\nu}\sum\varphi_i=0\quad\text{或}\sum\varphi_i=0$$

薄透镜组的总光焦度等于各个透镜光焦度之和，因此满足消色差条件，薄透镜组的总光焦度必须等于零，光焦度为零的薄透镜组不能成像，没有实际意义。因此具有指定光焦度的

消色差薄透镜组必须用两种不同 ν 值的玻璃构成。

3. 薄透镜组的消色差条件与物体位置无关

消色差条件 $\sum \frac{\varphi_i}{\nu_i}=0$ 中不出现与物体位置有关的参数，因此一个薄透镜组对某一物平面消了色差，则对任意物平面都没有色差。

上面是薄透镜组像差的某些普遍性质，这些性质虽由薄透镜组的初级像差公式导出，实际上对于大多数厚度、间隔不是很大的透镜组，同样在一定程度上具有这些特性。这是我们使用光学自动设计程序进行像差校正时必须注意的。

§4.4　像差特性参数 *P*，*W*，*C* 的归化

通过求解薄透镜系统的初级像差方程组，把系统的像差要求转变成对系统中每个薄透镜组的像差特性参数 P，W，C 求解薄透镜组结构参数的问题，本节首先讨论 P，W，C 的归化。所谓归化就把对任意物距、焦距、入射高时的像差特性参数，在保持透镜组几何形状相似的条件下，转变成焦距等于 1、入射高度等于 1、物平面位于无限远时的像差特性参数。

4.4.1　*P*，*W* 对入射高和焦距的归化

系统中的每个薄透镜组对应着不同的物距 l、焦距 f' 和入射高 h。由于 $u=h/l$，不同的 l 就相当于不同的 u。我们把图 4–3（a）中透镜组的物距 l、透镜组中所有的半径 r，以及光线的投射高 h 按比例缩小 f' 倍（同除 f'），得到新的结构参数。新的透镜组对应焦距等于 1，入射高度等于 $h/f'=h\varphi$，两透镜组内部各折射面上的角度 u，u' 都不会改变，另根据 P，W 的式（4–18）和式（4–19），显然它们的值也不会改变。如果我们保持焦距（$f'=1$）和物距（l/f'）不变，再把入射高 $h\varphi$ 放大到 1，则光线的所有角度将增加（$1/h\varphi$）倍，此时，由式（4–18）、式（4–19）看到，P，W 将分别增加 $1/(h\varphi)^3$ 和 $1/(h\varphi)^2$ 倍。当 $f'=h=1$ 时，像差特性参数 $\overline{P}$，$\overline{W}$ 和入射角用 $\overline{u_1}$ 表示，则有

$$\overline{P}=\frac{P}{(h\varphi)^3};\quad \overline{W}=\frac{W}{(h\varphi)^2};\quad \overline{u_1}=\frac{u_1}{h\varphi} \tag{4–29}$$

如果我们能由 $\overline{P}$，$\overline{W}$ 求出透镜组的结构参数，只要把它放大 f' 倍就得到了要求的 f'，h，P，W 时透镜的结构参数了。

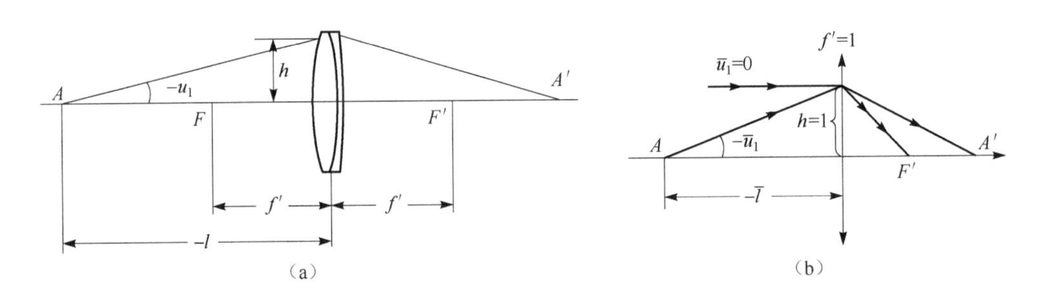

图 4–3　像差特性参数的归化

（a）参数按比例缩小 f' 倍；（b）$\overline{u_1}=0$ 时像差物性参数的变化

4.4.2　$\overline{P}$，$\overline{W}$ 对物距的归化

在 $f'=h=1$ 的归化条件下，物距 $\bar{l}$ 对应于第一辅助光线与光轴夹角 $\overline{u_1}=h/l=1/\bar{l}$。$\overline{P}$，$\overline{W}$ 对物距归化也就是对 $\overline{u_1}$ 归化。$\overline{P}$，$\overline{W}$ 对应的物距由 $\overline{u_1}$ 表示，现在要找出当透镜的结构参数不变而将物平面变到无限远，即 $\overline{u_1}=0$ 时像差物性参数的变化，如图 4–3（b）所示。$f'=h=1$，$\overline{u_1}=0$ 的像差特性参数用 $\overline{P_\infty}$，$\overline{W_\infty}$ 表示，我们直接给出两者之间的关系式，有关推导可见文献［2］。

$$\overline{P_\infty}=\overline{P}-\overline{u_1}(4\overline{W}-1)+\overline{u_1}^2(5+2\mu) \tag{4–30}$$

$$\overline{W_\infty}=\overline{W}-\overline{u_1}(2+\mu) \tag{4–31}$$

反之，由 $\overline{P_\infty}$，$\overline{W_\infty}$ 求 $\overline{P}$，$\overline{W}$，则有

$$\overline{P}=\overline{P_\infty}+\overline{u_1}(4\overline{W_\infty}-1)+\overline{u_1}^2(3+2\mu) \tag{4–32}$$

$$\overline{W}=\overline{W_\infty}+\overline{u_1}(2+\mu) \tag{4–33}$$

4.4.3　C 的归化

根据式（4–16）

$$C=\sum\frac{\varphi_i}{\nu_i}$$

可知，C 只与透镜组中各单透镜的光焦度有关，而和 h，l 无关，因此只需要对透镜组的焦距进行归化。如果把透镜组的焦距 f' 归化为 1，只要把每个单透镜的焦距 f' 都除以 f'，光焦度 φ_i 则乘以 f'，因此有

$$\overline{C}=C\cdot f' \tag{4–34}$$

利用式（4–29）～式（4–31）和式（4–34），我们可以把任意焦距、入射高和物距的透镜组的像差特性参数 P，W，C 归化成 $f'=h=1$，$\overline{u_1}=0$ 时的像差特性参数 $\overline{P_\infty}$，$\overline{W_\infty}$，$\overline{C}$。只要解决了由 $\overline{P_\infty}$，$\overline{W_\infty}$，$\overline{C}$ 求透镜结构参数的问题，也就能解决由 P，W，C 求透镜组结构数的问题，这样无疑使问题大为简化。

§ 4.5　单透镜的 $\overline{P_\infty}$，$\overline{W_\infty}$，$\overline{C}$ 和结构参数的关系

设计一个薄透镜系统，在完成外形尺寸计算后，根据对系统的像差要求，即可列出初级像差方程组，求解方程组得到对系统中每个薄透镜组的像差特性参数 P，W，C 的要求，经过归化，求出 $\overline{P_\infty}$，$\overline{W_\infty}$，$\overline{C}$，再由 $\overline{P_\infty}$，$\overline{W_\infty}$，$\overline{C}$ 求出每个透镜的结构参数。以上就是薄透镜系统的求解过程。满足一定的 $\overline{P_\infty}$，$\overline{W_\infty}$，$\overline{C}$ 的薄透镜组结构并不是唯一的。作为一个好的光学设计，当然希望透镜组的结构尽可能简单，最简单的透镜组就是单透镜。

对单透镜来说，色差参数 $\overline{C}$ 最简单，在归化条件下透镜的光焦度 $\varphi=1$，根据式（4–16）

$$\overline{C}=\frac{1}{\nu} \tag{4–35}$$

式中，$\overline{C}$ 等于玻璃阿贝数的倒数，绝大多数光学玻璃阿贝数在 25～70，因此 $\overline{C}$ 不可能为零，单透镜不能消色差，只能选取色散较低的玻璃（阿贝数较大的玻璃）以减小色差。

单色像差参数 $\overline{P_\infty}$，$\overline{W_\infty}$ 除了与玻璃的折射率 n 有关外，还和透镜形状有关，我们采用一个新的参数 Q 来表示单透镜的形状

$$Q = c_2 - 1 \tag{4-36}$$

式中，c_2 为单透镜的第 2 面曲率。在归化条件下单透镜的总光焦度等于 1，因此

$$\varphi = (n-1)(c_1 - c_2) = 1$$

在玻璃折射率 n 确定后，由式（4–36）可知，Q 一定，则 c_2 确定，c_1 也随之确定。因此，单透镜的全部结构可以用 n，Q 这两个参数代表。像差特性参数也应是这两个参数的函数，它们之间存在以下关系：

$$\overline{P_\infty} = P_0 + 2.35(Q - Q_0)^2 \tag{4-37}$$

$$\overline{W_\infty} = -1.67(Q - Q_0) + 0.15 \tag{4-38}$$

由以上两式消去 $Q - Q_0$ 得到 $\overline{P_\infty}$，$\overline{W_\infty}$ 之间的关系

$$\overline{P_\infty} = P_0 + 0.85(\overline{W_\infty} - 0.15)^2 \tag{4-39}$$

式中，P_0，Q_0 只是折射率 n 的函数。由于 n 的变化范围不大，我们用表 4–1 表示它们之间的关系。

由于单透镜不能消色差，而且 P_0 值的变化范围较小（在 1.1～2.5），因此不能满足任意的 $\overline{P_\infty}$，$\overline{W_\infty}$，$\overline{C}$ 的要求，使它的应用受到限制。

表 4–1　n，P_0，Q_0 间的关系

n	P_0	Q_0	n	P_0	Q_0
1.44	2.57	−1.43	1.64	1.53	−1.06
1.46	2.41	−1.38	1.66	1.47	−1.03
1.48	2.27	−1.33	1.68	1.41	−1.01
1.50	2.14	−1.29	1.70	1.36	−0.98
1.52	2.03	−1.25	1.72	1.31	−0.96
1.54	1.92	−1.21	1.74	1.27	−0.94
1.56	1.83	−1.17	1.76	1.22	−0.92
1.58	1.74	−1.14	1.78	1.18	−0.91
1.60	1.67	−1.11	1.80	1.15	−0.89
1.62	1.59	−1.08	1.82	1.11	−0.87

利用前面的一系列公式和表格，既可以根据单透镜的结构参数求出它的各种初级像差，也可以根据像差的要求找出它的结构参数。下面我们举一个例子。

例　有一平凸透镜，焦距为 $f' = 4\,000$ mm，玻璃材料为 K9（n=1.516 3，$\nu = 64.1$），用作平行光管物镜，如图 4–4 所示。通光口径 D=160 mm，求该透镜的初级球差、彗差和轴向色差。

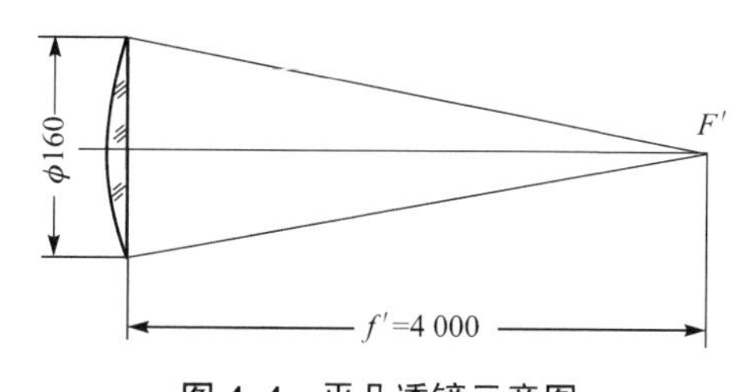

图 4–4　平凸透镜示意图

由表 4–1，用插值法得到 n=1.516 3 时的 P_0，Q_0 值为

$$P_0=2.05,\quad Q_0=-1.26$$

由于透镜为平凸形，并且凸面向前，所以将 c_2=0 代入式（4–36）得

$$Q=c_2-1=-1$$

将 P_0，Q_0，Q 代入式（4–37）和式（4–38）得

$$\overline{P_\infty}=P_0+2.35(Q-Q_0)^2=2.05+2.35\times(-1+1.26)=2.661$$

$$\overline{W_\infty}=-1.67(Q-Q_0)+0.15=-1.67\times(-1+1.26)+0.15\approx-0.284$$

由 $\overline{P_\infty}$，$\overline{W_\infty}$ 求 P, W, 由于实际物平面位于无限远，不需要对物距进行归化，因此 $\overline{P}=\overline{P_\infty}$，$\overline{W}=\overline{W_\infty}$，只要对 h，φ 归化，由式（4–29）得

$$P=\overline{P}(h\varphi)^3=2.21\times\left(\frac{80}{4\,000}\right)^3\approx1.77\times10^{-5}$$

$$W=\overline{W}(h\varphi)^2=-0.284\times\left(\frac{80}{4\,000}\right)^2\approx-1.14\times10^{-4}$$

根据式（4–22）得

$$\delta L'=\frac{hP}{-2n'u'^2}=\frac{80\times1.77\times10^{-5}}{-2\times(80/4\,000)^2}=-1.77$$

根据式（4–23），假定入瞳与透镜重合 $h_z=0$，有

$$K_S'=\frac{-JW}{-2n'u'}=\frac{W}{2}y'$$

由式（1–5）

$$\mathrm{SC}'=\frac{K_S'}{y'}=\frac{W}{2}=\frac{-1.14\times10^{-4}}{2}=-0.000\,057$$

以上为初级球差和彗差，下面求色差，由式（4–35）求 $\overline{C}$ 值

$$\overline{C}=\frac{1}{\nu}=\frac{1}{64.1}\approx0.015\,6$$

由式（4–34）求实际的 C 值

$$C=\frac{\overline{C}}{f'}=\frac{0.015\,6}{4\,000}=3.9\times10^{-6}$$

代入式（4–27）得

$$\Delta l'_{FC}=\frac{h^2C}{-n'u'^2}=\frac{80^2\times3.9\times10^{-6}}{-(80/4\,000)^2}=-62.4$$

由以上计算结果看到，单透镜的色差最大，是必须首先校正的像差。

§ 4.6 双胶合透镜组结构参数的求解

除了单透镜外，最简单的薄透镜组是双胶合透镜组，如图 4–5 所示，图 4–5（a）所示为冕玻璃在前，图 4–5（b）所示为火石玻璃在前。单透镜不能满足任意的 $\overline{P_\infty}$，$\overline{W_\infty}$，$\overline{C}$ 的要求，而双胶合透镜组能够同时满足这 3 个特性参数的要求。因此双胶合透镜组是薄透镜系统中用得最多的透镜组。本节就讨论根据像差特性参数求解双胶合透镜组结构参数的方法。

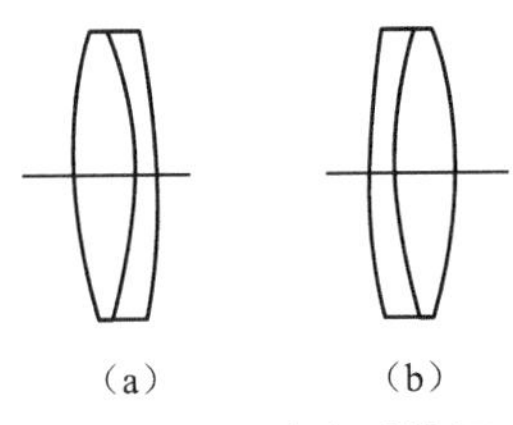

图 4–5 双胶合透镜组

（a）冕玻璃在前；（b）火石玻璃在前

根据色差参数式（4–16），对双胶合透镜组有

$$\overline{C}=\sum\frac{\varphi}{\nu}=\frac{\varphi_1}{\nu_1}+\frac{\varphi_2}{\nu_2} \tag{4–40}$$

在归化条件下，透镜组总光焦度等于 1，因此有

$$\varphi_1+\varphi_2=1 \tag{4–41}$$

由式（4–40）和式（4–41）求解得

$$\varphi_1=\left(\overline{C}-\frac{1}{\nu_2}\right)\Bigg/\left(\frac{1}{\nu_1}-\frac{1}{\nu_2}\right) \tag{4–42}$$

$$\varphi_2=\left(\overline{C}-\frac{1}{\nu_1}\right)\Bigg/\left(\frac{1}{\nu_2}-\frac{1}{\nu_1}\right) \tag{4–43}$$

当透镜组所用的两种玻璃以及色差特性参数 $\overline{C}$ 确定以后，就可以利用式（4–42）和式（4–43）求出两个单透镜的光焦度 φ_1, φ_2。假定双胶合透镜组 3 个球面的曲率分别为 c_1, c_2, c_3，则根据以下公式

$$\varphi_1=(n_1-1)(c_1-c_2)$$

$$\varphi_2=(n_2-1)(c_2-c_3)$$

可知，3 个曲率中只要任意给定一个，就可以用上面的两个公式求出其他两个，透镜组的全部结构参数也就完全确定。所以双胶合透镜组的玻璃和 $\overline{C}$ 确定后，只剩下一个代表透镜组弯曲形状的独立参数。和前面单透镜类似，我们取

$$Q=c_2-\varphi_1 \tag{4–44}$$

作为透镜组的形状参数。$\overline{P_\infty}$，$\overline{W_\infty}$ 和 Q 之间的关系和单透镜相同，即

$$\overline{P_\infty}=P_0+2.35(Q-Q_0)^2 \tag{4–45}$$

$$\overline{W_\infty}=-1.67(Q-Q_0)+0.15 \tag{4–46}$$

$$\overline{P_\infty}=P_0+0.85(\overline{W_\infty}-0.15)^2 \tag{4–47}$$

式中，P_0，Q_0 的意义也和单透镜相似，所不同的是这里 P_0 值由构成双胶合透镜组的两种玻璃的光学常数 n_1, ν_1, n_2, ν_2 和色差参数 $\overline{C}$ 决定。用现有光学玻璃进行组合，P_0 值可以在由正到负的很大范围内变化，而不像单透镜那样限制在 1～2.5。因此由式（4–47），根据 $\overline{P_\infty}$，$\overline{W_\infty}$ 求出相应的 P_0 值。一般来说，双胶合透镜组总能找到合适的玻璃组合，使 P_0 值符合要求。

为了使设计者选择玻璃方便，我们从现有的光学玻璃产品中选择了常用的、有代表性的 10 种冕玻璃和 10 种火石玻璃，分别按冕玻璃在前和火石玻璃在前进行组合，对每一个组合按 $\overline{C}$=0.01，0.0，−0.01，−0.03，−0.05 计算出对应的 P_0，Q_0 值，列成表格，这些表格和 20 种光学玻璃的名称以及它的光学常数 n_D, ν 都列在本书最后的附录中，利用这些表格和前面有关的公式就可以根据 $\overline{P_\infty}$，$\overline{W_\infty}$，$\overline{C}$ 求出双胶合透镜组的结构参数。为了便于今后使用，我们将这些公式重新按实际计算步骤整理如下：

已知 $\overline{P_\infty}$，$\overline{W_\infty}$，$\overline{C}$，找出玻璃材料和求出结构参数。

（1）根据式（4–47），由 $\overline{P_\infty}$，$\overline{W_\infty}$ 求 P_0。

$$P_0 = \overline{P_\infty} - 0.85(\overline{W_\infty} - 0.15)^2$$

（2）根据 P_0 和 $\overline{C}$，查附录中的 P_0，Q_0 值（当 $\overline{C}$ 值和表中给出的 5 个值不一致时，按 $\overline{C}$ 值对 P_0 进行线性插值），找出同时符合 P_0 和 $\overline{C}$ 的玻璃组合，并查出 Q_0。

（3）根据式（4–45）和式（4–46），由 $\overline{P_\infty}$，$\overline{W_\infty}$，Q_0 求 Q。

$$Q = Q_0 \pm \sqrt{\frac{\overline{P_\infty} - P_0}{2.35}}$$

$$Q = Q_0 - \frac{\overline{W_\infty} - 0.15}{1.67}$$

前一个公式可以求出两个 Q 值，选取和下一个公式相近的一个解，然后求它们的平均值作为要求的 Q 值。

（4）根据式（4–42），由已经确定的玻璃光学常数和 $\overline{C}$ 值求两个透镜的光焦度 φ_1，φ_2。

$$\varphi_1 = \left(\overline{C} - \frac{1}{\nu_2}\right) \Big/ \left(\frac{1}{\nu_1} - \frac{1}{\nu_2}\right)$$

$$\varphi_2 = 1 - \varphi_1$$

（5）根据 Q，φ_1，φ_2 求半径 r_1，r_2，r_3。

$$\frac{1}{r_2} = \varphi_1 + Q \tag{4–48}$$

$$\frac{1}{r_1} = \frac{\varphi_1}{n_1 - 1} + \frac{1}{r_2} \tag{4–49}$$

$$\frac{1}{r_3} = \frac{1}{r_2} - \frac{\varphi_2}{n_2 - 1} \tag{4–50}$$

由以上公式求出的半径对应透镜组的焦距 $f'=1$，如果我们所要设计的透镜组在没有归化以前的焦距为 f'，则还需要把前面求得的半径都乘以焦距 f'，才能得到实际要求的结构参数。

§ 4.7 平行玻璃板的初级像差公式

前面讨论了薄透镜系统和薄透镜组的初级像差，在薄透镜系统中往往还有反射棱镜，反射棱镜展开以后相当于一定厚度的平行玻璃板。另外在本章概述中，曾经介绍过的厚透镜可以看作由两个薄透镜加一块平行玻璃板构成，如图4–1所示。为了讨论这类系统的初级像差，除了前面已经介绍的薄透镜系统初级像差公式以外，还需要知道平行玻璃板的初级像差。下面我们将不加推导给出平行玻璃板的7种初级像差公式，公式中有关参数的意义如图4–6所示。

玻璃板的厚度为d，玻璃的折射率为n，阿贝数为ν，第一辅助光线与光轴的夹角为u，第二辅助光线与光轴的夹角为u_z。7种初级像差和数的公式如下：

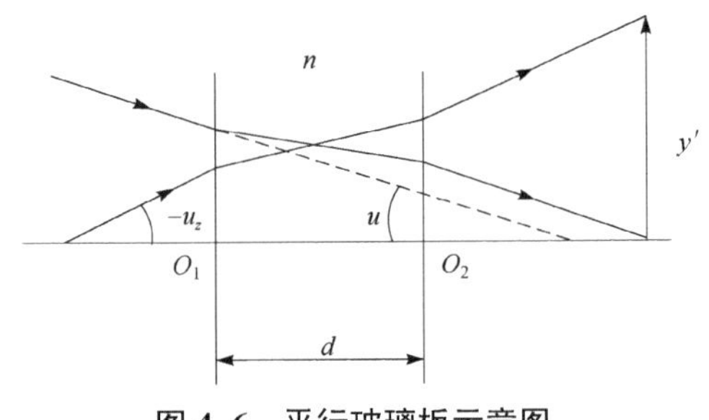

图4–6 平行玻璃板示意图

（1）球差

$$S_{\mathrm{I}}=-\frac{n^2-1}{n^3}du^4 \tag{4–51}$$

（2）彗差

$$S_{\mathrm{II}}=\left(\frac{u_z}{u}\right) \tag{4–52}$$

（3）像散

$$S_{\mathrm{III}}=S_{\mathrm{I}}\left(\frac{u_z}{u}\right)^2 \tag{4–53}$$

（4）场曲

$$S_{\mathrm{IV}}=0 \tag{4–54}$$

（5）畸变

$$S_{\mathrm{V}}=S_{\mathrm{I}}\left(\frac{u_z}{u}\right)^3 \tag{4–55}$$

（6）轴向色差

$$S_{\mathrm{I}C}=-\frac{d}{\nu}\frac{n-1}{n^2}u^2 \tag{4–56}$$

（7）垂轴色差

$$S_{\mathrm{II}C}=S_{\mathrm{I}C}\left(\frac{u_z}{u}\right) \tag{4–57}$$

由以上公式可以看到，平行玻璃板的初级像差只和玻璃板厚度d，玻璃的光学常数n，ν以及光束的孔径角u，视场角u_z有关，而和像面到玻璃板的距离无关。因此如果在同一空间内有相同材料的若干块玻璃板，则可以合成一块进行计算，它的厚度等于各块玻璃板厚度之和，而且玻璃板的位置可以任意给定。有关公式的推导可见文献［2］。

§ 4.8　单透镜像差性质的讨论

利用前面的公式和表格，我们可以根据单透镜结构参数计算初级像差，或者反之由像差求结构参数。在目前广泛应用电子计算机计算像差和进行像差自动校正的条件下，这样的工作已经没有很大的实际意义，因为这些工作用计算机可以很快完成。但是当我们进行光学自动设计时，往往需要设计者对系统校正像差的可能性作出估计，这就要求设计者对透镜的像差性质有所了解。这一节就利用前面的公式来讨论单透镜的像差性质，因为单透镜是组成一切实际光学系统的最基本的单元。

通过这些讨论，读者一方面可以具体了解单透镜的主要像差特性，同时也可以学会利用初级像差公式讨论透镜组像差性质的方法，读者在今后实际工作中可以应用这些方法，针对遇到的实际问题进行分析讨论。本节只讨论单透镜对无限远物平面成像时的像差性质。

4.8.1　球差

根据球差和数式（4–22），在 $h=f'=1$，$l=\infty$ 的归化条件下，可以得到以下关系：

$$\delta L'=-\frac{1}{2}\overline{P}_{\infty}=-\frac{1}{2}[P_0+2.35(Q-Q_0)^2]$$

由上式看到，球差和透镜形状参数 Q 呈抛物线关系，如图 4–7 所示。

由于 $(Q-Q_0)^2$ 项前的系数为一常数，因此抛物线的形状不随透镜材料的不同而改变。不同折射率的玻璃只是抛物线的顶点 $O\left(Q_0,-\dfrac{1}{2}P_0\right)$ 的位置发生变化。由表 4–1 看到，P_0 永远为正值，上面 $\delta L'$ 公式中右边[　]内永远为正值，因此当物平面位于无限远时，单个正透镜（因为 $f'=1$）的球差永远为负值。按绝对值来说，$\dfrac{1}{2}P_0$ 为球差的极小值。当物平面位于有限距离时，大多数情形球差仍然为负值，只是当物平面和透镜的距离大约小于 $0.5f'$ 时，对特定的透镜形状才可能为零或出现较小的正值。

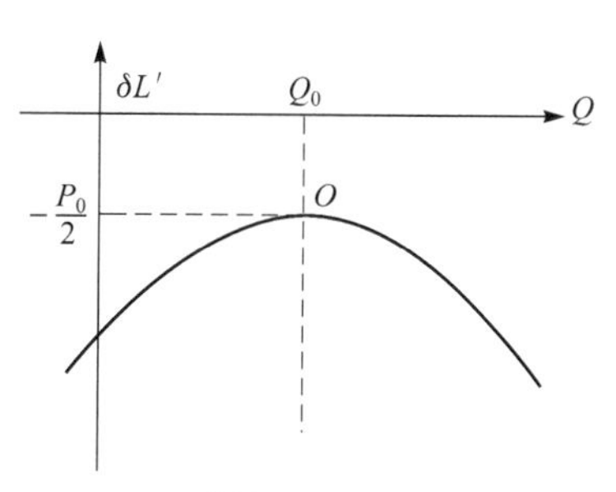

图 4–7　球差和透镜形状的关系

下面我们求物平面位于无限远时球差为极小值的透镜形状。由式（4–37），当 $Q=Q_0$ 时，$\overline{P_{\infty}}=P_0$，球差为极小值。

$$Q=c_2-1=Q_0$$

则

$$c_2=Q_0+1$$

由以上关系，根据表 4–1 将不同 n 时的 Q_0 代入上式求出单透镜的两个半径，如表 4–2 所示。

表 4–2　不同 n 时单透镜的两个半径值

N	Q_0	c_1	c_2
1.5	−1.29	1.71	−0.29
1.6	−1.11	1.56	−0.11
1.7	−0.98	1.45	0.02
1.8	−0.89	1.36	0.11

由表 4–2 看到，不同折射率的单透镜其球差极小值对应的透镜形状，当折射率 n=1.7 时，c_2 近似等于零，透镜接近一个平凸透镜，凸面对着无限远的物平面，折射率 n<1.7 则透镜略向前弯曲，n>1.7 则略向后弯曲，但都比较小。因此我们可以近似地认为物平面位于无限远的单透镜，其球差极小值对应的透镜形状为凸面在前的平凸透镜。

4.8.2　彗差

在归化条件下 $h=f'=1$，$l=\infty$，同时 $n'=u'=1$。假定 $y'=1$，则 J=1，由式（4–23）

$$-2K'_S = h_z\overline{P_\infty} - \overline{W_\infty}$$

式中，h_z 实际上就代表入瞳位置，因为我们假定 $f'=y'=1$，因此第二辅助光线的物空间与光轴的夹角 $u_z=-1$，所以

$$l_z = \frac{h_z}{u_z} = -h_z$$

下面考虑看入瞳位置对彗差的影响。

首先求 K'_S=0 的入瞳位置，由上面的 K'_S 公式，令 K'_S=0，求解得

$$h_z = \frac{\overline{W_\infty}}{\overline{P_\infty}} \tag{4–58}$$

根据式（4–37）和式（4–38），如果忽略 $\overline{W_\infty}$ 中较小的常数 0.15，代入 h_z 的公式得

$$h_z = \frac{\overline{W_\infty}}{\overline{P_\infty}} = \frac{-1.67(Q-Q_0)}{P_0+2.35(Q-Q_0)^2}$$

或

$$l_z = \frac{1.67(Q-Q_0)}{P_0+2.35(Q-Q_0)^2} \tag{4–59}$$

在 l_z 公式中分母永远为正值，因此 l_z 永远与 $Q-Q_0$ 同号。

（1）当 $Q=Q_0$ 时，l_z=0：彗差为零的入瞳位置与透镜重合。在前面球差的讨论中，已经知道此时球差为极小值，透镜的形状近似为一平凸透镜。所以大多数对无限远物平面成像的单透镜均采取入瞳与透镜重合的平凸形，如图 4–8（b）所示。

（2）当 $Q-Q_0>0$ 时，$l_z>0$：透镜形状为向后弯曲的弯月镜，彗差为零的入瞳位置在透镜后方，如图 4–8（c）所示。

（3）当 $Q-Q_0<0$ 时，$l_z<0$：透镜形状为双凸形或向前的弯月形，彗差为零的入瞳位置

在透镜前方，如图 4–8（a）所示。

彗差与 h_z 的一次方相关，当入瞳位置移动时，彗差按线性变化，如图 4–8（a）～图 4–8（c）的下半部分所示。

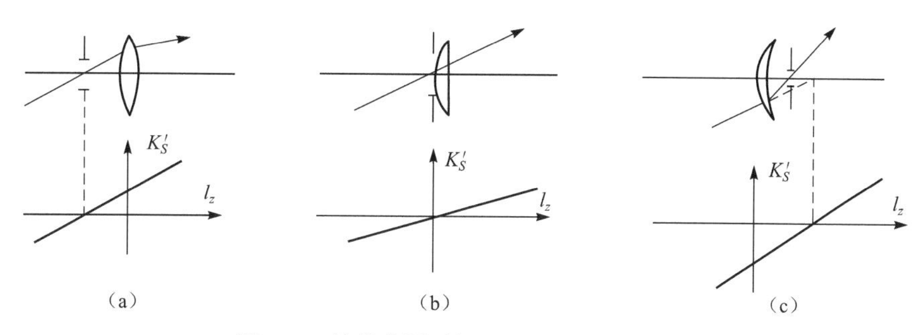

图 4–8　彗差为零时的入瞳位置和透镜形状

（a）当 $Q-Q<0$ 时；（b）当 $Q=Q_0$ 时；（c）当 $Q-Q_0>0$ 时

由式（4–59）看到，当 $\left|Q-Q_0\right|$ 由零逐渐增大时，$\left|l_z\right|$ 开始随之增大，当 $\left|Q-Q_0\right|$ 增大到一定程度时，由于分母很快增大，反而使 $\left|l_z\right|$ 下降。因此 $\left|l_z\right|$ 被限制在一定范围内，这个范围大约是 $\left|l_z\right|<0.5f'$。光瞳只有在这个范围内，单透镜的彗差才有可能为零，超出这个范围，任意改变透镜的形状也不可能使彗差为零。

4.8.3　像散

在前面讨论彗差的相同归化条件下，根据式（4–24）得

$$-x'_{ts}=h_z^2\overline{P_\infty}-2h_z\overline{W_\infty}+1$$

首先讨论像散和入瞳位置的关系。由上式可以看到像散是 h_z 的二次函数，因此像散和入瞳距 l_z 呈抛物线关系，抛物线的顶点就是像散为极值对应的入瞳位置，取 $\dfrac{\partial x'_{ts}}{\partial h_z}=0$，求解 h_z 得

$$h_z=\frac{\overline{W_\infty}}{\overline{P_\infty}}$$

根据式（4–58），像散为极值的入瞳位置，正是彗差为零的入瞳位置，这种关系如图 4–9 所示。

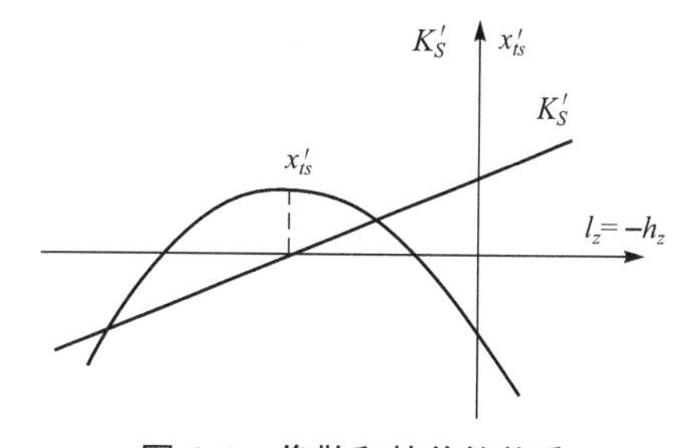

图 4–9　像散和彗差的关系

由图 4–9 看到，一般来说，单透镜可能存在两个像散为零的入瞳位置，下面求这两个位置，令 $x'_{ts}=0$，求解得

$$h_z=\frac{\overline{W_\infty}\pm\sqrt{\overline{W_\infty^2}-\overline{P_\infty}}}{\overline{P_\infty}} \tag{4–60}$$

下面对式（4–60）中根号内的判别式 $\overline{W_\infty^2}-\overline{P_\infty}$ 进行讨论：

（1）$\overline{W_\infty^2}-\overline{P_\infty}>0$：存在两个解，对应图 4–10（a）和图 4–10（e），抛物线顶点在横坐标上方。

（2）$\overline{W_{\infty}^2}-\overline{P_{\infty}}=0$：只有一个解，抛物线与横坐标相切，该入瞳位置像散和彗差同时为零，对应图 4–10（b）和图 4–10（d）。

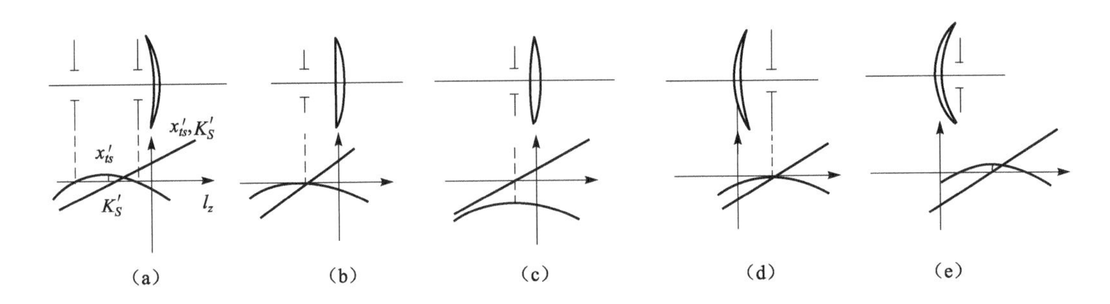

图 4–10　像散为零时的入瞳位置

（a），（e）$\overline{W_{\infty}^2}-\overline{P_{\infty}}>0$ 时；（b），（d）$\overline{W_{\infty}^2}-\overline{P_{\infty}}=0$ 时；（c）$\overline{W_{\infty}^2}-\overline{P_{\infty}}<0$ 时

（3）$\overline{W_{\infty}^2}-\overline{P_{\infty}}<0$：不存在像散为零的入瞳位置，对应图 4–10（c）。

下面求上述 3 种情况对应的透镜形状，首先讨论 $\overline{W_{\infty}^2}-\overline{P_{\infty}}=0$ 的情形，将

$$\overline{W_{\infty}}=-1.67(Q-Q_0)$$

$$\overline{P_{\infty}}=P_0+2.35(Q-Q_0)^2$$

代入，其中 $\overline{W_{\infty}}$ 略去了一个小的常数 0.15，求解 $Q-Q_0$：

$$(Q-Q_0)^2=\frac{P_0}{0.44}$$

或

$$Q-Q_0=\pm\sqrt{\frac{P_0}{0.44}}$$

根据表 4–1 取折射率的中间值 n=1.6，查得：$P_0\approx1.67,\ Q_0=-1.11$，由上面的公式求出 $Q-Q_0$，应用前面的式（4–36）和式（4–60），可求出单透镜的两个曲率以及像散为零的入瞳位置，即

$$Q-Q_0=1.95,\ Q=0.84,\ c_1=3.5,\ c_2=1.8,\ h_z=-0.3,\ l_z=0.3$$

$$Q-Q_0=-1.95,\ Q=-3.06,\ c_1=-3.06,\ c_2=-2.06,\ h_z=-0.3,\ l_z=-0.3$$

对应的两个透镜形状和光瞳位置依次如图 4–10（d）和图 4–10（b）所示。

用相似的方法可讨论其他两种情形，具体结果如下：

当 $\overline{W_{\infty}^2}-\overline{P_{\infty}}>0$ 时，$|Q-Q_0|>1.95$，存在两个像散为零的入瞳位置，相应的透镜形状和光瞳位置如图 4–10（a）和图 4–10（e）所示。

当 $\overline{W_{\infty}^2}-\overline{P_{\infty}}<0$ 时，$|Q-Q_0|<1.95$，不存在像散为零的入瞳位置，透镜形状和彗差为零的光瞳位置如图 4–10（c）所示。

上面我们用薄透镜的初级像差公式讨论了物平面位于无限远时，单个透镜的球差、彗差和像散性质。今后读者可以根据自己的具体需要对薄透镜的像差性质进行讨论。

上面的讨论都是针对 $f'=1$ 的正透镜进行的，对单个负透镜可以把它归化为单个正透镜，根据单个正透镜的像差性质，可以直接推论出对应的负透镜的像差性质。它们之间的对应关

系十分简单，只要将正透镜的半径、物距和物高改变一下符号，则正透镜就变成了负透镜，如图 4–11 所示。

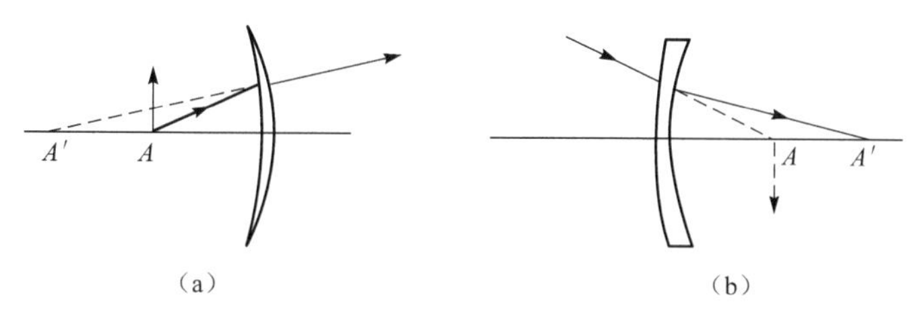

图 4–11　正、负透镜的关系

二者之间像差的关系也是改变一下符号，因此讨论了正透镜的像差性质，实际上也就包括了负透镜。

对于物平面不位于无限远的情形，可以将 $\overline{P}$, $\overline{W}$ 归化成 $\overline{P}_\infty$, $\overline{W_\infty}$ 进行讨论。

§ 4.9　光学系统消场曲的条件——Petzval 条件

根据式（4–21）

$$x_s' = x_p' + \frac{1}{2}x_{ts}'$$

$$x_t' = x_p' + \frac{3}{2}x_{ts}'$$

由以上两式可以看到，欲使光学系统的子午和弧矢焦面都和理想像面重合，即 $x_t' = x_s' = 0$，系统必须满足的条件是

$$x_{ts}' = 0, x_p' = 0$$

根据式（4–24），x_{ts}' 除了和光焦度 φ 有关以外，同时和透镜的内部结构参数（P，W）以及光阑位置（h_z）、物体位置（h）等一系列因素有关，因此比较容易校正。但是根据式（4–25）

$$S_{\text{IV}} = -2n'u'^2 x_p' = J^2 \sum \mu\varphi$$

x_p' 只和透镜的光焦度 φ 及透镜材料的折射率 $\mu = 1/n$ 有关，所以是一种较难校正的像差。根据式（4–25），光学系统消除场曲的条件是

$$\sum \mu\varphi = \sum \frac{\varphi}{n} = 0$$

以上公式是根据薄透镜系统初级像差公式求得的。对厚透镜来说，可以看作是两个平凸或平凹的薄透镜加一块平行玻璃板构成。平行玻璃板的场曲根据式（4–54），有 S_{IV}=0，因此对厚透镜来说，φ 相当于透镜厚度假定等于零时的光焦度，我们称它为“相当薄透镜光焦度”。为了区别，我们用符号[φ]代表相当薄透镜光焦度。这样上面消场曲的条件变为

$$\sum \frac{[\varphi]}{n} = 0 \tag{4–61}$$

以上公式无论对薄透镜系统或厚透镜系统都能应用，对薄透镜系统来说[φ]就是薄透镜的实际光焦度 φ。式（4–61）称为光学系统的消场曲条件，也叫 Petzval 条件。下面我们根据

公式讨论一下能够校正场曲的光学系统的结构。

1. 正、负光焦度远离的薄透镜系统

对薄透镜系统来说，式（4–61）变为

$$\sum \frac{\varphi}{n} = 0$$

由于玻璃的折射率 n 变化不大，在 1.8～1.5，故以下关系近似成立：

$$\sum \frac{\varphi}{n} \approx \frac{1}{n} \sum \varphi = 0$$

对密接薄透镜组来说，$\sum \varphi$ 就等于透镜组的总光焦度，因此要消除场曲，透镜组的总光焦度等于零，这个透镜就没有实际意义。要使 $\sum \varphi =0$ 而系统的总光焦度又不等于零，必须采用正、负透镜远离的薄透镜系统；要使得 $\sum \varphi =0$，系统中必须既有正光焦度的透镜又有负光焦度的透镜。最简单的系统如图 4–12 所示，一个为正透镜，一个为负透镜，它们的光焦度大小相等、符号相反，即 $\varphi_2 = -\varphi_1$，因此 $\sum \varphi =0$，但是由于它们中间有一个间隔 d，所以其组合光焦度不等于零

$$\varphi = \varphi_1 + \varphi_2 - d\varphi_1\varphi_2 = d\varphi_1^2$$

适当选择透镜之间的间隔 d，可以获得所要求的组合光焦度。

2. 弯月形厚透镜

一个弯月形厚透镜相当于一个平凸透镜和一个平凹透镜再加一块平行玻璃板，它等效于两个分离薄透镜，因此能校正场曲，如图 4–13 所示。

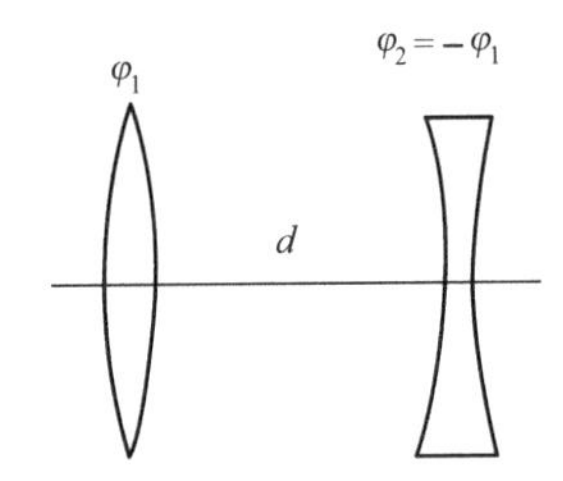

图 4–12　正、负透镜远离的薄透镜系统

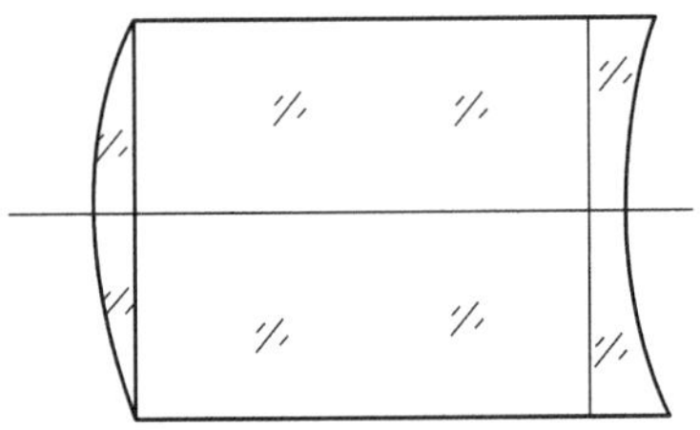

图 4–13　弯月形厚透镜

以上两种基本结构单元是一切消场曲光学系统中所必须具备的，因此我们很容易直观地判断光学系统是否有可能校正场曲。

思　考　题

1. 什么叫第一辅助光线？什么叫第二辅助光线？
2. 薄透镜组有哪些像差特性？
3. 单透镜的像差特性参数与结构参数有什么关系？
4. 如何进行双胶合透镜组结构参数的求解？
5. 举例说明满足光学系统消场曲条件的几种结构形式。

第 5 章
望远物镜设计

§ 5.1　望远物镜设计的特点

前面介绍了光学设计的基础知识和光学自动设计的基本方法。从本章开始介绍各类光学系统设计的具体方法和步骤。这一章介绍望远物镜，本节首先介绍它的设计特点。

各类光学系统的设计特点主要是由它们的光学特性决定的，为此首先讨论光学特性的特点。望远镜系统一般由物镜、目镜和棱镜或透镜式转像系统构成，望远物镜是整个望远系统的一个组成部分。对它的光学特性要求是在进行整个系统的外形尺寸计算时确定的。望远物镜的光学特性主要有以下特点。

1. 相对孔径不大

在望远系统中，入射的平行光束经过系统以后仍为平行光束，因此物镜的相对孔径（$D/f'_{物}$）和目镜的相对孔径（$D'/f'_{目}$）是相等的。目镜的相对孔径主要由出瞳直径 D' 和出瞳距离 l'_z 决定。目前观察望远镜的出瞳直径 D' 一般为 4 mm 左右，出瞳距离 l'_z 一般要求为 20 mm 左右，为了保证出瞳距离，目镜的焦距 $f'_{目}$一般不能小于 25 mm。这样目镜的相对孔径为

$$\frac{D'}{f'_{目}}=\frac{4}{25}\approx\frac{1}{6}$$

所以望远物镜的相对孔径 $D/f'_{物}<1/5$。

2. 视场较小

望远物镜的视场角 ω 和目镜的视场角 ω' 以及系统的视放大率 Γ 之间有以下关系：

$$\tan\omega=\frac{\tan\omega'}{\Gamma}$$

目前常用目镜的视场 $2\omega'$ 大多在 70° 以下，这就限制了物镜的视场不可能太大。例如，对一个 $8^{\times}$的望远镜，由上式可求得物镜视场 $2\omega\approx10°$。通常望远物镜的视场不大于 10°。

由于望远物镜的相对孔径和视场都不大，因此它的结构形式比较简单，要求校正的像差也比较少，一般主要校正轴向边缘球差 $\delta L'_m$、轴向色差 $\Delta L'_{FC}$ 和边缘孔径的正弦差 SC'_m，而不校正 x'_{ts}，x'_p 和 $\delta y'_z$ 以及垂轴色差 $\Delta y'_{FC}$。

由于望远物镜要和目镜、棱镜或透镜式转像系统组合起来使用，所以在设计物镜时，应考虑到它和其他部分之间的像差补偿关系。在物镜光路中有棱镜的情形，棱镜的像差一般要

靠物镜来补偿，由物镜来校正棱镜的像差。另外，目镜中常有少量球差和轴向色差无法校正，也需要依靠物镜的像差给予补偿。所以物镜的 $\delta L'_m$ ，SC'_m ，$\Delta L'_{FC}$ 常常不是校正到零，而是要求它等于指定的数值。

望远镜属于目视光学仪器，设计目视光学仪器（包括望远镜和显微镜）一般对 F（486.13 nm）和 C（656.28 nm）光计算和校正色差，对 D（589.3 nm）光校正单色像差。

望远镜物镜的结构形式主要有 6 种，它们适用的光学特性和特点见表 5–1。

表 5–1　望远镜物镜的结构形式

名称	结构形式	适用的光学特性和特点
双胶		视场为 $2\omega<10°$；不同焦距适用的最大相对孔径 $f'/\dfrac{D}{f'}$ 为 $50/\dfrac{1}{3}$，$150/\dfrac{1}{4}$，$300/\dfrac{1}{6}$，$1\ 000/\dfrac{1}{10}$
双–单		相对孔径 $\dfrac{D}{f'}$ 为 $\dfrac{1}{3}\sim\dfrac{1}{2}$；透镜口径 $D\leqslant 100$ mm；视场角 $2\omega<5°$
单–双		相对孔径 $\dfrac{D}{f'}$ 为 $\dfrac{1}{3}\sim\dfrac{1}{2.5}$；透镜口径 $D\leqslant 100$ mm；视场角 $2\omega<5°$
三分离		相对孔径 $\dfrac{D}{f'}$ 为 $\dfrac{1}{2}\sim\dfrac{1}{1.5}$；视场角 $2\omega<4°$
对称式		适合于短焦距、大视场、小相对孔径；$f'<50$ mm；$\dfrac{D}{f'}<\dfrac{1}{5}$；$2\omega<30°$
摄远		由正负两个分离薄透镜构成，系统长度小于焦距，系统的相对孔径受前组相对孔径的限制

§ 5.2　用初级像差求解双胶合望远物镜的结构参数

双胶合透镜组是能够同时校正 $\delta L'_m$，SC'_m 和 $\Delta L'_{FC}$ 三种像差的最简单的结构，是最常用的望远物镜。在使用光学自动设计的条件下，设计一个双胶合望远物镜已经非常简单了。在进行光学自动设计前必须首先给出一个原始系统结构参数，可以从现有资料中找出一个光学特性相近的系统作为原始系统，也可以利用前面第 3 章介绍的薄透镜系统初级像差公式，根据对系统的像差要求，直接求解结构参数，把它作为光学自动设计的原始系统，这样做往往可以使光学自动设计更加有效。本节将结合具体实例，介绍双胶合望远物镜结构参数求解的方法。

设计一个 $10^{\times}$望远镜的物镜，根据望远系统外形尺寸计算的结果，对物镜提出的光学特性要求为：焦距 $f'=250$mm；通光直径 $D=40$mm，视场角 $2\omega=6°$；入瞳与物镜重合 $l_z=0$。

物镜后面有一棱镜系统，展开成平行玻璃板后的总厚度为 150 mm，棱镜的玻璃材料为 K9。为了补偿目镜的像差，要求物镜系统（包括双胶合物镜和棱镜）的像差为

$$\delta L'_m=0.1;\qquad SC'_m=-0.001;\qquad \Delta L'_{FC}=0.05$$

根据上述光学特性和像差要求，求解双胶合物镜的结构参数，整个系统如图 5–1 所示。

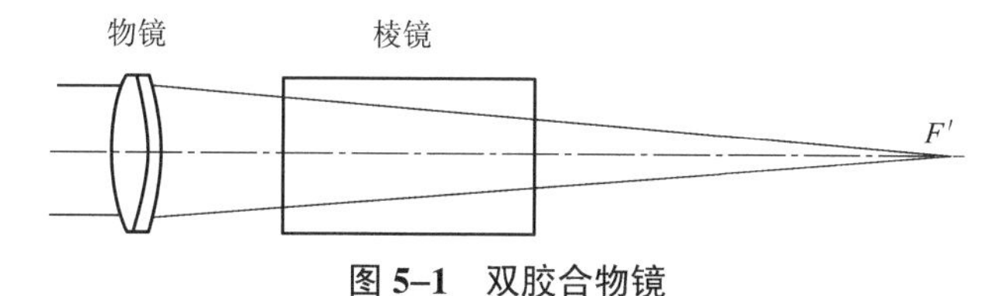

图 5–1　双胶合物镜

1. 求 h, h_z, J

根据光学特性的要求

$$h=\frac{D}{2}=\frac{40}{2}=20$$

由于光阑与物镜重合，因此 $h_z=0$，即

$$u'=\frac{h}{f'}=\frac{20}{250}=0.08$$

$$y'=-f'\tan\omega=-250\times\tan(-3°)=13.1$$

$$J=n'u'y'=1\times0.08\times13.1=1.05$$

2. 计算平行玻璃板的像差和数 $S_{\mathrm{I}}, S_{\mathrm{II}}, S_{\mathrm{IC}}$

平行玻璃板入射光束的有关参数为

$$u=0.08;\qquad u_z=\tan(-3°)=-0.052\,4;\qquad \frac{u_z}{u}=-0.655$$

根据已知条件，平行玻璃板本身的参数为

$$d=150\text{ mm};\qquad n=1.516\,3;\qquad \nu=64.1$$

将以上数值代入平行玻璃板的初级像差式（4–51）、式（4–52）、式（4–56）得

$$S_{\mathrm{I}}=-\frac{n^2-1}{n^3}du^4=-150\times\frac{1.516\,3^2-1}{1.516\,3^3}\times(0.08)^4=-0.002\,29$$

$$S_{\mathrm{II}}=S_{\mathrm{I}}\left(\frac{u_z}{u}\right)=-0.002\,29\times(-0.655)=0.001\,5$$

$$S_{\mathrm{IC}}=-d\frac{n-1}{\nu n^2}u^2=-150\times\frac{1.516\,3-1}{64.1\times1.516\,3^2}\times(0.08)^2=-0.003\,36$$

3. 列出初级像差方程式求解双胶合物镜的 $\overline{P_\infty}$, $\overline{W_\infty}$, $\overline{C}$

根据对整个物镜系统的像差要求，利用式（4–2）、式（4–23）、式（4–27），求出系统的

像差和数 $S_{\mathrm{I}}, S_{\mathrm{II}}, S_{\mathrm{I}C}$：

$$S_{\mathrm{I}}=-2n'u'^{2}\delta L'=-2\times(0.08)^{2}\times0.1=-0.001\,28$$

$$S_{\mathrm{II}}=-2n'u'K_{S}'=-2n'u'(\mathrm{SC}'\bullet y')$$

$$=-2\times0.08\times(-0.001\times13.1)=0.002\,1$$

$$S_{\mathrm{I}C}=-n'u'^{2}\Delta L_{\mathrm{FC}}'=-(0.08)^{2}\times0.05=-0.000\,32$$

以上为整个物镜系统的像差和数，它应等于物镜的像差和数加棱镜的像差和数，即

$$S_{系统}=S_{物镜}+S_{棱镜}$$

将上面求得的 $S_{棱镜}$和 $S_{系统}$代入，即可求得对双胶合物镜的像差和数要求为

$$S_{\mathrm{I}}=S_{\mathrm{I}系统}-S_{\mathrm{I}棱镜}=-0.001\,28-(-0.002\,29)=0.001\,01$$

$$S_{\mathrm{II}}=S_{\mathrm{II}系统}-S_{\mathrm{II}棱镜}=0.002\,1-0.001\,5=0.000\,6$$

$$S_{\mathrm{I}C}=S_{\mathrm{I}C系统}-S_{\mathrm{I}C棱镜}=-0.000\,32-(-0.003\,36)=0.003\,04$$

（1）列出初级像差方程求 P，W，C。

根据式（4–22）、式（4–23）和式（4–27），对单个薄透镜组有

$$S_{\mathrm{I}}=hP=20\times P=0.001\,01;\quad P=0.000\,05$$

$$S_{\mathrm{II}}=h_{z}P-JW=-1.05W=0.00\,06;\quad W=-0.000\,57$$

$$S_{\mathrm{I}C}=h^{2}C=(20)^{2}C=0.003\,04;\quad C=0.000\,007\,6$$

（2）由 P，W，C 求 $\overline{P_{\infty}},\overline{W_{\infty}},\overline{C}$。

由于 h=20，f'=250，因此有

$$h\varphi=0.08;\quad (h\varphi)^{2}=0.006\,4;\quad (h\varphi)^{3}=0.000\,512$$

根据式（4–29）和式（4–34）得

$$\overline{P}=\frac{P}{(h\varphi)^{3}}=\frac{0.000\,05}{0.000\,512}=0.098$$

$$\overline{W}=\frac{W}{(h\varphi)^{2}}=\frac{-0.000\,57}{0.006\,4}=0.089$$

$$\overline{C}=C\bullet f'=0.000\,007\,6\times250=0.001\,9$$

由于望远物镜本身对无限远物平面成像，因此无须再对物平面位置进行归化

$$\overline{P_{\infty}}=\overline{P}=0.098;\quad \overline{W_{\infty}}=\overline{W}=0.089;\quad \overline{C}=0.001\,9$$

根据 P_0，$\overline{C}$ 选玻璃。

将上面求得的 $\overline{P_{\infty}}$，$\overline{W_{\infty}}$ 代入式（4–47）求 P_0

$$P_{0}=\overline{P_{\infty}}-0.85(\overline{W_{\infty}}-0.15)^{2}=0.098-0.85\times(0.089-0.15)^{2}=0.095$$

根据 $\overline{C}$=0.001 9，P_0=0.095，由附表 2 查找适用的玻璃组合。

查表的步骤一般是根据要求的 $\overline{C}$ 值用插值法求出不同玻璃组合的 P_0，如果与要求的 P_0 之差在一定公差范围内，这样的玻璃就能满足要求。对一般双胶合物镜 P_0 的公差大约为 0.1。相对孔径越小，P_0 允许误差越大，因此它对 P 的影响就越小。通常可以在表中查到若干对玻璃都能满足 P_0，$\overline{C}$ 的要求，然后再在这些玻璃对中进行挑选。挑选的原则是要求玻璃的化学

稳定性和工艺性好，球面的半径要大，以便于加工。一般 Q_0 绝对值比较小、两种玻璃 ν 值相差比较大的玻璃，球面半径比较大。根据这些要求，我们从附表 2 中找到一对较好的玻璃为 K9–ZF1，它们的 n_D, ν 可从附表 1 中找到。P_0，Q_0 从附表 2 中得到。

$$\mathrm{K9}: n_D = 1.5163 \quad \nu = 64.1$$

$$\mathrm{ZF1}: n_D = 1.6475 \quad \nu = 33.9$$

$$\overline{C} = 0.0019; \quad P_0 = 0.13; \quad Q_0 = -4.21$$

在查表的过程中，虽然 P_0 值和计算的值差别较大，但仍然选取了 K9–ZF1 的组合，因为这两种玻璃都是属于最好的玻璃，质量能够得到保证，P_0 值虽有差异，但仍在公差范围之内。

4. 求透镜组半径

（1）根据式（4–42）求 φ_1, φ_2。

$$\varphi_1 = \left(\overline{C} - \frac{1}{\nu_2}\right) \bigg/ \left(\frac{1}{\nu_1} - \frac{1}{\nu_2}\right)$$

$$= \left(0.0019 - \frac{1}{33.9}\right) \bigg/ \left(\frac{1}{64.1} - \frac{1}{33.9}\right)$$

$$= 1.986$$

$$\varphi_2 = 1 - \varphi_1 = -0.986$$

（2）根据式（4–46）求 Q。

$$Q = Q_0 - \frac{\overline{W_\infty} - 0.15}{1.67} = -4.21 - \frac{0.13 - 0.15}{1.67} = -4.2$$

（3）根据式（4–48）～式（4–50）求半径。

$$\frac{1}{r_2} = \varphi_1 + Q = 1.986 - 4.2 = -2.214$$

$$\frac{1}{r_1} = \frac{\varphi_1}{n_1 - 1} + \frac{1}{r_2} = \frac{1.986}{0.5163} - 2.214 = 1.6326$$

$$\frac{1}{r_3} = \frac{1}{r_2} - \frac{\varphi_2}{n_2 - 1} = -2.214 - \frac{-0.986}{0.6475} = -0.6912$$

由此得到：$r_1 = 0.6125, r_2 = -0.4517, r_3 = -1.4467$，以上半径对应焦距等于 1，将它们乘以焦距 f'=250，得到最后要求的半径为

$$r_1 = 153.1; \quad r_2 = -112.93; \quad r_3 = -361.68$$

5. 确定透镜厚度

透镜厚度除了与球面半径和透镜直径有关外，同时要考虑到透镜的固定方法、质量要求和加工难易等因素，可参考《光学设计手册》中有关光学零件中心和边缘厚度的规定，用实际口径作图确定，我们取 $d_1 = 6, d_2 = 4$，这样双胶合物镜的全部结构参数为

r_1=153.1	6	K9
r_2=–112.93	4	ZF1
r_3=–361.68		

至此，双胶合望远物镜的初级像差求解全部完成了，为了验证计算的正确性，可以进行一次实际像差的计算，在计算实际像差时可以把棱镜对应的玻璃板也加入，对整个物镜系统进行计算，看系统的像差是否和要求的像差接近。物镜系统的全部结构参数如下：

r	d	n_D	n_F	n_C
153.10	6	1	1	1
−112.93	4	1.516 3	1.521 955	1.513 895(K9)
−361.68	50	1.647 5	1.661 196	1.642 076(ZF1)
∞	150	1	1	1
∞		1.516 3	1.521 955	1.513 895(K9)
		1	1	1

$$D=40,\quad 2\omega=6^{\circ},\qquad L=\infty,\qquad l_z=0$$

按以上参数计算像差得到

$$f'=251.25,\qquad \delta L'_m=-0.076,\qquad \mathrm{SC}'_m=-0.000\,63,\qquad \Delta L'_{\mathrm{FC}}=0.106$$

从以上计算结果来看，虽然和要求的焦距及像差不完全一致，但相差并不大，说明以上的求解过程是正确的。之所以存在差别，一方面是因为我们在求解过程中假定透镜组是厚度等于零的理想薄透镜，而最后的实际透镜组加入了厚度；另外，实际的像差计算结果不仅包含初级像差，同时包含高级像差。因此初级像差求解得到的系统往往不能直接使用，只能作为自动设计的原始系统。

§ 5.3　用 Zemax 软件设计双胶合望远物镜

使用光学自动设计程序进行光学设计，首先要给出一个原始系统。双胶合望远物镜的原始系统可以参考现有资料，把它缩放成要求的焦距即可。另一种方法是，用上节初级像差求解得到的系统作为光学自动设计的原始系统，往往可以更快地获得最后设计结果。本节将按照上节例子中要求的光学特性，把求解所得的系统作为原始系统，用 Zemax 软件中的阻尼最小二乘法光学自动设计功能设计双胶合望远物镜。

用 Zemax 软件中的阻尼最小二乘法光学自动设计功能进行光学设计，除了要知道设计要求的光学特性参数和原始系统的结构参数以外，还要决定自变量和要求校正的像差，以及每种像差的目标值和权因子。双胶合透镜组的自变量只有三个球面曲率 c_1,c_2,c_3。薄透镜组的透镜厚度一般不作为自变量，因为少量的厚度变化对像差影响很小，而透镜厚度如果增加很多就不再是薄透镜组了。透镜的厚度直接根据要求的最小厚度确定。

对望远物镜的像差要求，如果采用适应法自动校正程序，则要求校正 $\delta L'_m$，SC'_m，$\Delta L'_{\mathrm{FC}}$ 这 3 种像差。除了这 3 种像差以外，透镜组的光焦度 $\varphi=1/f'$ 也是必须满足的一个像差参数，共校正 4 种像差。而自变量只有 3 个，违背了适应法要求像差数必须小于自变量数的基本要求。因此必须把玻璃的光学常数作为自变量才有可能同时校正这 4 个像差参数。在双胶合透镜的设计中，一般不采取把玻璃光学常数作为自变量一并加入校正的方式进行自动设计。因为这样设计的结果，玻璃的光学常数为理想值，换成相近的实际玻璃后还必须重新校正，反而比较费事。通常是在求解初始结构参数时利用初级像差方程式来求解，这样求解出的初始结构参数就能自动满足正确的玻璃配对，相当于一个隐形自变量。

而如果采用 Zemax 中的阻尼最小二乘法自动优化功能，则不需要校正单项独立的几何像差。程序中需要建立一个评价函数，把对系统的像差、结构以及光学特性的要求都加入到评价函数中，然后利用阻尼最小二乘法的算法使评价函数下降，评价函数的下降就意味着像差的下降，同时结构及光学特性的要求也逐步趋于各自的目标值。

以上节利用初级像差方程式求解出的初始系统为例，采用 Zemax 软件来优化一个双胶合透镜的步骤大致如下。

5.3.1　输入初始结构

在计算机桌面上单击“OpticSutdio.exe”，启动 Zemax 软件，进入 Zemax 界面，出现“镜头数据编辑器”（Lens Data）界面，单击“Insert”按钮，插入 5 行。然后在半径（Radius）、厚度（Thickness）、玻璃材料（Material）相应列中键入上节求解出的半径、厚度和玻璃，在输入玻璃时，必须保证在 Zemax 存放玻璃库的目录下存放有中国玻璃库。需要注意的是，部分玻璃库可能会出现重名的情况，因此使用者应该在“系统选项栏”（System Explorer）的“材料库”（Material Catalogs）中去除别的玻璃库，只保留中国的玻璃库。

在输完半径厚度和玻璃以后，接下来在“系统选项栏”（System Explorer）输入光学特性参数。在“系统孔径”（Aperture）中输入入瞳直径（Entrance Pupil Diameter）40。在“视场”（Fields）中输入入射角度 6 个值 3、2.55、2.1、1.5、0.9、0，分别对应 1、0.85、0.7、0.5、0.3 和 0 视场。在“波长”（Wavelengths）中，通过“设置”（Settings）选择 F、D、C 波长设为当前波长（Select Preset）。

现在对系统最后一个表面（像面前一表面）的厚度（Thickness）进行自动“求解”（Solve）。单击“厚度”（Thickness）右侧的空白方框，在“厚度求解”（Thickness Solve）中选择“边缘光线高度”（Marginal Ray Height），设定“高度”（Height）和“光瞳区域”（Pupil Zone）均为 0。这样最后一个间隔就是系统的理想像距。在主窗口的“分析”（Analyze）菜单中选择二维视图（Cross-Section），观察系统的二维系统图如图 5-2 所示。软件也可以对系统进行大致的评价，例如点列图、光线扇形图等，如图 5-3 和图 5-4 所示。

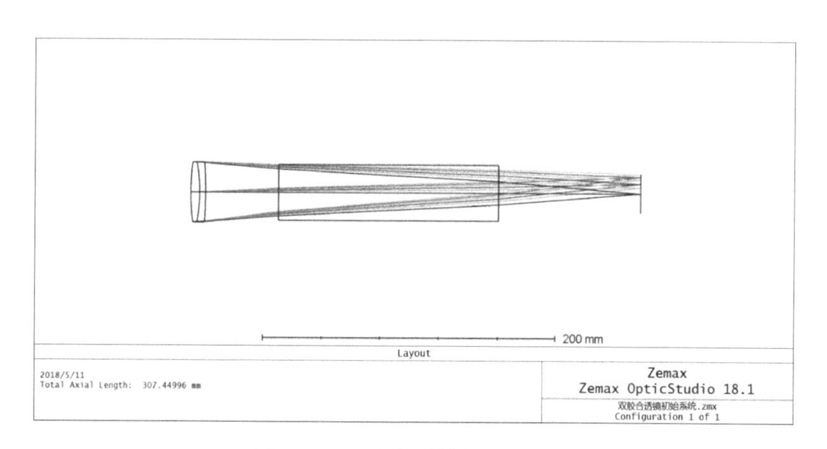

图 5-2　双胶合透镜初始系统图

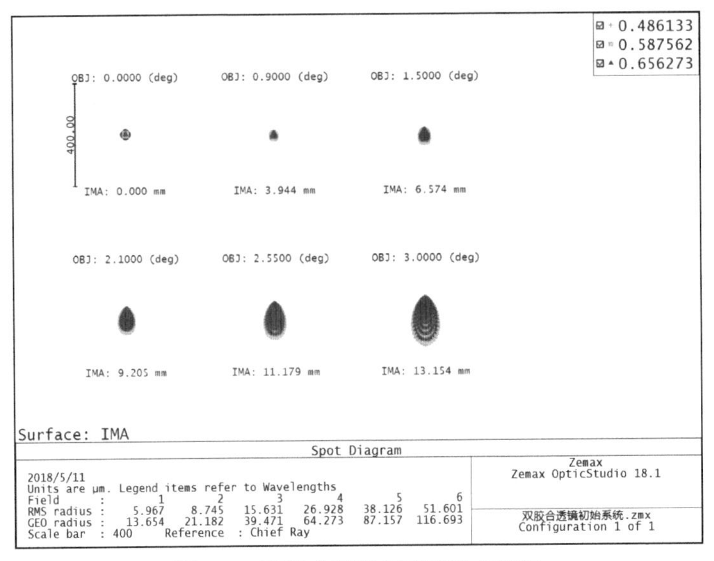

图 5–3　双胶合透镜初始系统点列图

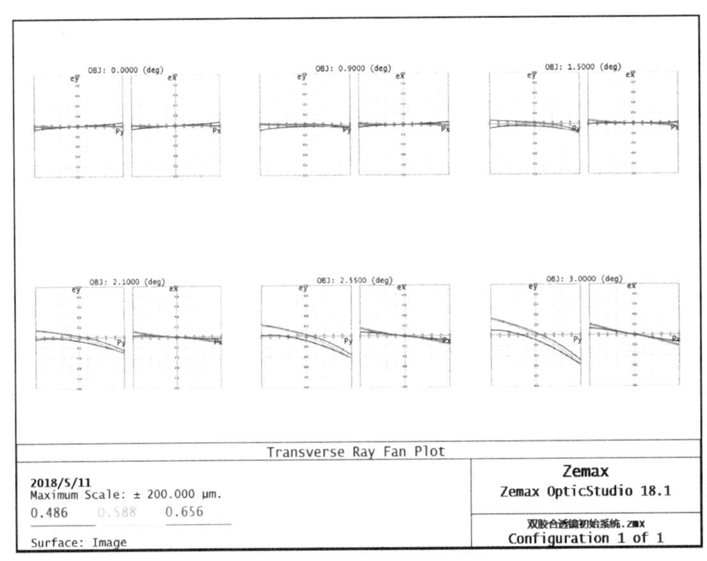

图 5–4　双胶合透镜初始系统光线扇形图

系统的光学特性参数为

Surfaces : 6

Stop : 1

System Aperture : Entrance Pupil Diameter = 40

Fast Semi–Diameters : On

Field Unpolarized : On

Convert thin film phase to ray equivalent : On

J/E Conversion Method : X Axis Reference

Glass Catalogs : CHINA

```
Ray Aiming                          :   Off
Apodization                         :   Uniform， factor =0.00000E+00
Reference OPD                       :   Exit Pupil
Paraxial Rays Setting               :   Ignore Coordinate Breaks
Method to Compute F/#               :   Tracing Rays
Method to Compute Huygens Integral   : Force Spherical
Print Coordinate Breaks             :   On
Multi–Threading                     :   On
OPD Modulo 2 Pi                     :   Off
Temperature （C）                    :   2.00000E+01
Pressure （ATM）                     :   1.00000E+00
Adjust Index Data To Environment    :   Off
Effective Focal Length              :   251.075 8  （in air at system temperature and pressure）
Effective Focal Length              :   251.075 8  （in image space）
Back Focal Length                   :   97.448 24
Total Track                         :   307.448 2
Image Space F/#                     :   6.276 895
Paraxial Working F/#                :   6.276 895
Working F/#                         :   6.271 099
Image Space NA                      :   0.079 405 69
Object Space NA                     :   2e–09
Stop Radius                         :   20
Paraxial Image Height               :   13.158 33
Paraxial Magnification              :   0
Entrance Pupil Diameter             :   40
Entrance Pupil Position             :   0
Exit Pupil Diameter                 :   40.276
Exit Pupil Position                 :   –252.808 2
Field Type                          :   Angle in degrees
Maximum Radial Field                :   3
Primary Wavelength [μm]             :   0.587 561 8
Angular Magnification               :   0.993 147 3
Lens Units                          :   Millimeters
Source Units                        :   Watts
Analysis Units                      :   Watts/cm^2
Afocal Mode Units                   :   milliradians
MTF Units                           :   cycles/millimeter
Include Calculated Data in Session File  :   On
```

Fields : 6

Field Type : Angle in degrees

#	X–Value	Y–Value	Weight
1	0.000 000	0.000 000	1.000 000
2	0.000 000	0.900 000	1.000 000
3	0.000 000	1.500 000	1.000 000
4	0.000 000	2.100 000	1.000 000
5	0.000 000	2.550 000	1.000 000
6	0.000 000	3.000 000	1.000 000

Vignetting Factors

#	VDX	VDY	VCX	VCY	VAN
1	0.000 000	0.000 000	0.000 000	0.000 000	0.000 000
2	0.000 000	0.000 000	0.000 000	0.000 000	0.000 000
3	0.000 000	0.000 000	0.000 000	0.000 000	0.000 000
4	0.000 000	0.000 000	0.000 000	0.000 000	0.000 000
5	0.000 000	0.000 000	0.000 000	0.000 000	0.000 000
6	0.000 000	0.000 000	0.000 000	0.000 000	0.000 000

Wavelengths : 3

Units: μm

#	Value	Weight
1	0.486 133	1.000 000
2	0.587 562	1.000 000
3	0.656 273	1.000 000

可以看出，系统的焦距为 251.075 8，与要求的 250 非常接近，系统的像差也不大，系统的图形非常正常。这说明利用初级像差方程式来求解双胶合透镜是非常有效的，所求解的结构参数与理想的状态相差不大，利用这个初始结构来进行优化会很容易地达到最优状态。

5.3.2 对系统进行优化设计

对系统进行优化设计，大体上分为 3 个步骤。

1. 确定自变量

首先需要确定自变量，一般来说，半径厚度或间隔，以及玻璃材料都可以选为自变量，但对每一个系统需要具体情况具体分析。对于双胶合透镜，厚度对校正像差基本上不起作用，因此不选择厚度作自变量，玻璃材料一般在利用初级像差方程式求解结构参数时已经确定了，因此也不能选作自变量，这样只有半径可以作为自变量，其中，棱镜展开以后形成的玻璃平板的两个表面半径当然也不能作为自变量，所以实际上只有前三个半径可以作为自变量。

要把某个参数选作自变量，只需要在此参数右侧的空白处单击，将“求解类型”（Solve Type）选择为“变量”（variable）。也可使用组合键 Ctrl+Z 进行切换，此参数的右侧空白处会显示 V，表示该参数已被选作自变量。

2. 建立评价函数

要建立评价函数，在主窗口的“优化”（Optimize）菜单中，单击“评价函数编辑器”（Merit Function Editor），弹出编辑界面，在下拉菜单中选择“优化向导”（Optimization Wizard），可进行默认评价函数的设定，“评价方法”（Criterion）选择“RMS”，其余保持默认选项，在界面单击“确认”（OK）按钮。为了设定目标焦距，在评价函数编辑器最上方插入新的一行，在“类型”（Type）列中键入“EFFL”，在“目标”（Target）项中输入“250”，在“权重”（Weight）项中输入“1”，其余评价函数的设定方式与此类似，具体参考 ZEMAX 软件的使用指南。

3. 执行优化设计功能

在主窗口的优化（Optimize）菜单中，单击“执行优化”（Optimize!），选中“Auto Update”，然后单击“Automatic”，程序开始进行自动优化。在优化前评价函数是 0.993 996 368，经过短暂的优化后，评价函数下降为 0.765 312 004，优化完成。双胶合透镜优化后的点列图如图 5–5 所示。

下面我们再调整一下参数，将系统最后一个间隔即像距选为自变量参加优化，这样就相当于自动选择最佳像面，实际上几乎任何一个系统都是在最佳像面上成像的。最后的点列图如图 5–6 所示。

系统的参数为

SURFACE DATA SUMMARY:

Surf Type	Comment	Radius	Thickness	Material	Clear Semi-Diameter
OBJ STANDARD		Infinity	Infinity		0
STO STANDARD		192.980 9	6	K9	20.054 8
2 STANDARD		−100.188 5	4	ZF1	20.051 9
3 STANDARD		−243.680 9	50		20.121 7
4 STANDARD		Infinity	150	K9	18.675 6
5 STANDARD		Infinity	97.141 89		15.841 6
IMA STANDARD		Infinity			13.199 7

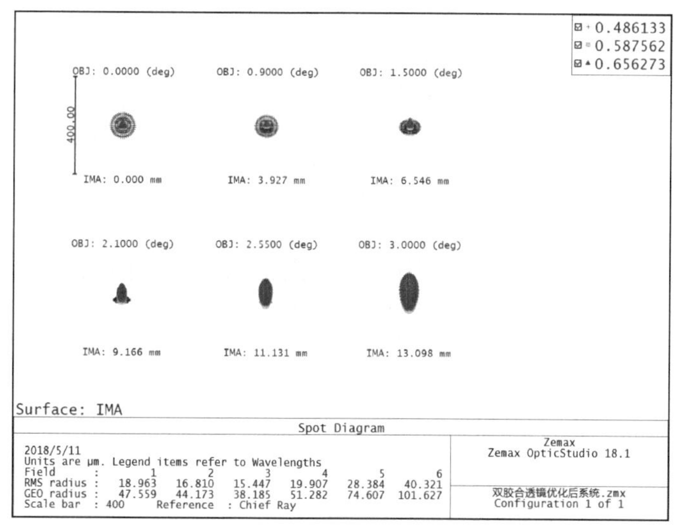

图 5–5 双胶合透镜优化后点列图

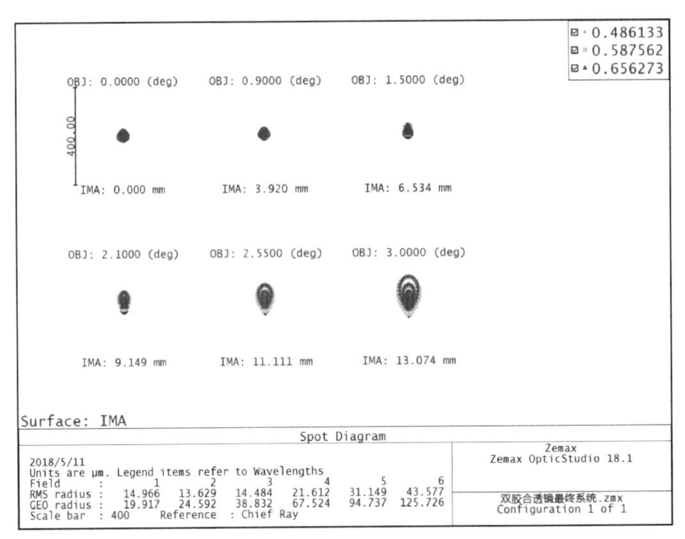

图 5–6　双胶合透镜最终系统点列图

初级像差理论在双胶合透镜的整个设计过程中仍有其重要的指导意义，3 种像差的选定是根据初级像差的分析确定的，它们和自变量（球面曲率 c）之间近似为线性关系，这才保证用 3 个自变量（c_1, c_2, c_3）校正像差能够很快完成。而如果完全靠自动设计程序本身来解决将困难得多。从这里我们可以清楚地看到，在使用光学自动设计的条件下，加上像差理论的正确指导，可以使光学设计完成得又快又好。

§ 5.4　大相对孔径望远物镜设计

在 § 5.3 节中介绍了相对孔径较小的双胶合望远镜设计，从像差计算结果看到，上述双胶合物镜由于相对孔径和视场都比较小 $(D/f'=1/6.25; 2\omega=6^\circ)$，故高级像差都不大。只要校正了边缘孔径的像差 $\delta L'_m, SC'_m, \Delta L'_{\mathrm{FC}}$，其他孔径的剩余像差也很小。望远物镜的视场一般都不大，但某些高倍率的望远镜物镜相对孔径和焦距比较大。另外，在前面介绍的摄远物镜中，虽然整个物镜系统的相对孔径不大，但是前部的正透镜组的相对孔径比较大。这些相对孔径比较大的透镜组，和孔径相关的剩余球差 $\delta L'_{sn}$ 和剩余正弦差 SC'_{sn} 较大；只校正 0.707 1 孔径的色差，边缘和近轴仍有较大的色差 $\delta L'_{\mathrm{FC}}$。设计这样的物镜只校正 $\delta L'_m, SC'_m, \Delta L'_{\mathrm{FC}}$ 这三种像差就不够了，还必须根据系统的具体情况，校正某些过大的高级像差，这就必然要使系统的结构复杂化，设计过程也将比双胶合物镜复杂。本节将结合一个实例，说明具体的设计方法。

要求设计一个望远物镜，其光学特性如下：

焦距　　$f'=120$

通光孔径　　$D=50$，$\dfrac{D}{f'}=\dfrac{1}{2.4}$

视场角　　$2\omega=4^\circ$

入瞳与物镜重合　　$l_z=0$

5.4.1　原始系统的确定

根据光学特性的要求，物镜的视场角不大，而相对孔径达到 $\dfrac{D}{f'}=\dfrac{1}{2.4}$，显然使用双胶合物镜已不能满足要求，根据表 5–1 中不同的结构形式望远物镜适用的相对孔径值，我们选用第 2 类双–单（双胶合加单透镜）结构。系统形式选定以后，还要给出结构参数，才能用作自动设计的原始系统。这种双–单物镜的结构参数也可以用初级像差求解的方法确定。实际工作中对这种结构比较复杂的系统往往直接选用一个现有系统作为我们的原始系统。这里我们从《光学设计手册》上找了如下的一个双–单物镜作为我们的原始系统：

r	d	玻璃材料
82.2		
−57.81	5.5	K9
−474 2	3	ZF1
71.45	2.8	
∞	3.5	K9

$$f'=89.94,\quad \frac{D}{f'}=\frac{1}{3.2},\quad 2\omega=2^\circ,\quad l_z=0$$

上述系统的焦距（89.94）和设计要求（$f'=120$）相差较多，首先把结构参数缩放成 $f'=120$，得出以下的原始系统结构参数：

r	d	n_D	n_F	n_C
109.67	7.5	1	1	1
−77.13	5	1.516 3	1.521 955	1.513 895 (K9)
−6 327	0.2	1.647 5	1.661 196	1.642 076 (ZF2)
95.33	6	1	1	1
∞		1.516 3	1.521 955	1.513 895 (K9)
		1	1	1

$$H=25,\qquad \omega=-2^\circ,\qquad L=\infty,\qquad l_z=0$$

以上参数中，球面半径 r 是按焦距比缩放得来的，厚度 d 则考虑到系统的孔径加大了，因此将 3 个透镜的厚度都适当加大了，而两个透镜组之间的间隔减小为 0.2，这是因为我们仍然将整个透镜组视为一薄透镜组，为了减小透镜组的总厚度，我们取较小的数值 0.2，玻璃材料保持不变，这就构成了我们设计的原始系统。要了解原始系统的像差情况，首先对它计算一次像差，得到有关像差参数如表 5–2 所示。

表 5–2　有关的像差参数

像差参数	f'	$\delta L'_m$	SC'_m	$\Delta L'_{FC}$	x'_{tm}	x'_{sm}	$\delta L'_{sn}$	SC'_{sn}	$\delta L'_{FC}$
数值	119.3	0.217	−0.000 91	−0.014 8	−0.26	−0.122	−0.071	0.000 28	0.178

由表 5–2 看到，原始系统焦距 $f'=119.3$，虽然和要求的 $f'=120$ 不完全相等，但已相当接近，其他像差都没有校正。

5.4.2 第一阶段像差自动校正

该系统共有 5 个曲率可以作为自变量，要校正 $\varphi, \delta L'_m, SC'_m, \Delta L'_{FC}$ 这 4 个像差参数是完全可能的。问题是校正了三种像差以后，高级像差是否需要进一步校正我们还不清楚，为此首先对 $\varphi, \delta L'_m, SC'_m, \Delta L'_{FC}$ 这 4 个像差参数进行校正，然后看它的高级像差大小。

1. 自变量

我们取透镜组的 5 个曲率 c_1, c_2, c_3, c_4, c_5 作为自动校正的自变量，由于透镜组仍属薄透镜组，厚度对像差影响不大，均不作自变量使用。

2. 边界条件

由于透镜组的相对孔径增大，正透镜的边缘厚度很可能在校正过程中变得太小，因此我们加入透镜最小厚度的边界条件，如表 5–3 所示。

表 5–3 透镜最小厚度的边界条件

序 号	2	3	4	5
d_{min}	3	5	0.2	2.5

表 5–3 中序号 2 对应的 d_{min} 实际上是第一个正透镜的边缘最小厚度，因为在我们的程序中把 d_1 看作是入瞳到第一面顶点的距离；后面序号 3，4 对应一个负透镜的中心厚度和空气间隔，它们直接等于原始系统的值，这是我们已经选定了的；第 5 个为最后一个单正透镜的边缘最小厚度。

3. 加入校正的像差参数、目标值和公差

校正的像差参数、目标值和公差见表 5–4。

表 5–4 校正的像差参数、目标值和公差

像 差 参 数	目 标 值	公 差
φ	0.008 333	0
$\delta L'_m$	0	0
SC'_m	0	0
$\Delta L'_{FC}$	0	–0.000 01

光焦度 φ 的目标值等于 $1/f'$=0.008 333，其他三个像差的目标值均为 0，前三个像差公差都给 0，第 4 个 $\Delta L'_{FC}$ 也应该等于 0，但是由于程序中自动规定了一个允许误差范围，像差进入允许误差范围即认为达到目标值，但有时可能误差比较大，为此我们可以给其中某一个像差一个很小的可变公差，当程序第一次达到目标值后，它会提示是否要收缩可变公差。如果觉得误差太大，可以收缩一次可变公差，而这个公差实际上很小，根本不起作用，而相当于让程序继续校正一次，再次校正以后的误差便缩小了。

按以上条件进入适应自动校正程序以后很快就输出结果如下：

r	d	n_D	n_F	n_C
111.74	10.26	1	1	1

−72.74	5	1.516 3	1.521 955	1.513 895 (K9)
349 4	0.2	1.647 5	1.661 196	1.642 076（ZF2）
99.56	6	1	1	1
−724.49		1.516 3	1.521 955	1.513 895 (K9)
		1	1	1

$$H=25,\quad \omega=-2^{\circ},\quad L=\infty,\quad l_z=0$$

有关像差如表 5–5 所示。

表 5–5　有关的像差参数

像差参数	φ	$\delta L'_m$	SC'_m	$\Delta L'_{FC}$	x'_{tm}	x'_{sm}	$\delta L'_{sn}$	SC'_{sn}	$\delta L'_{FC}$
数值	0.008 333	0	0	0	−0.258	−0.122	−0.077	0.000 28	0.196

从表 5–5 中看到，校正以后的新系统，对加入校正的四个像差参数都已经完全达到目标值。表 5–5 中后面三个剩余像差 $\delta L'_{sn}, SC'_{sn}, \delta L'_{FC}$ 中 SC'_{sn} 比较小，不需要校正；$\delta L'_{FC}$=0.196 最大，必须进行校正；$\delta L'_{sn}=-0.077$，虽然比 $\delta L'_{FC}$ 小，但也须加以校正。

5.4.3　第二阶段像差自动校正

经过第一阶段校正所得到的系统，有两种高级像差比较大，需要设法减小。我们首先分析一下系统的结构特点，这个系统是由一个双胶合组和一个单透镜构成的，在 § 4.8 节单透镜像差性质的讨论中我们知道单透镜是无法校正色差和球差的，它的像差要靠前面的双胶合组加以校正。要减小高级像差，希望单透镜产生的像差越小越好。一般来说，在相同条件下，玻璃的折射率越高，球差越小；玻璃的色散越小，色差越小，因此我们希望单个正透镜的玻璃材料折射率尽量高、色散尽量低。原始系统中单透镜的玻璃材料是 K9 ($n_D=1.516\,3, \nu=64.1$)，它的色散已经是常用玻璃中最低的了，但折射率比较小。考虑到设计要求 $D/f'=1/2.4$，已经比较高，为了减小高级像差我们改用 ZK1($n_D=1.568\,8, \nu=62.93$)，它的折射率比 K9 高，色散也比 K9 稍高一点。我们直接把单透镜的玻璃由 K9 换成 ZK1，并按第一阶段自动校正时相同的自变量、像差参数和边界条件重新进行一次自动校正，得到结果如下：

r	d	n_D	n_F	n_C
115.09	10.26	1	1	1
−73.03	5	1.516 3	1.521 955	1.513 895 (K9)
1 825.6	0.2	1.647 5	1.661 196	1.642 076（ZF2）
102.27	6	1	1	1
−903.37		1.568 8	1.575 151	1.566 11 (ZK1)
		1	1	1

$$H=25,\quad \omega=-2^{\circ},\quad L=\infty,\quad l_z=0$$

系统的主要像差如表 5–6 所示。

表 5–6　系统的主要像差参数

像差参数	φ	$\delta L'_m$	SC'_m	$\Delta L'_{FC}$	x'_{tm}	x'_{sm}	$\delta L'_{sn}$	SC'_{sn}	$\delta L'_{FC}$
数值	0.008 333	0	0	0	–0.257	–0.121	–0.072	0.000 27	0.185 5

以上像差结果和表 5–5 基本相同，$\delta L'_{sn}$ 和 $\delta L'_{FC}$ 略有减小，但效果并不十分显著，我们就把这个系统作为我们第二阶段像差自动校正的原始系统。

1. 像差参数的选择

在第一阶段自动校正中已经加入校正的四个像差参数 $\varphi, \delta L'_m, SC'_m, \Delta L'_{FC}$，在第二阶段校正中必须继续参加校正，因为只有在保持这些基本像差达到校正的条件下，来考察高级像差的大小才有意义。除了这四个像差以外，我们必须再加入两个数值较大的高级像差 $\delta L'_{sn}$ 和 $\delta L'_{FC}$，其中 $\delta L'_{FC}$ 是重点。我们给定这两个像差的目标值均为 0，但它们的公差不能为 0，因为高级像差一般不可能完全校正到 0，而只能尽量减小，为此我们给 $\delta L'_{FC}$ 一个可变公差（–0.17），其值比原始系统的像差值略小；给 $\delta L'_{sn}$ 一个固定公差（0.07），其值和原始系统大致相等。我们希望在校正过程中，通过收缩可变公差使 $\delta L'_{FC}$ 逐渐缩小，而 $\delta L'_{sn}$ 则至少不要再增大，这样参加校正的全部像差参数的目标值和公差如表 5–7 所示。

表 5–7　全部像差参数的目标值和公差

像 差 参 数	目 标 值	公 差
φ	0.008 333	0
$\delta L'_m$	0	0
SC'_m	0	0
$\Delta L'_{FC}$	0	0
δL_{sn}	0	0.07
$\delta L'_{FC}$	0	–0.17

2. 自变量

现在参加校正的有 6 种像差，仅仅使用原来的 5 个曲率作为像差校正的自变量显然不够，必须加入新的自变量。为此我们把前面双胶合组两种玻璃的折射率和色散都作为自变量加入校正，这样共有 9 个自变量：

$$c_1, c_2, c_3, c_4, c_5, n_2, \delta n_2, n_3, \delta n_3$$

这就是第二阶段校正中所用的自变量。

3. 边界条件

第一阶段校正中加入的透镜最小厚度的边界条件继续加入。现在自变量中增加了玻璃材料的光学常数，因此必须加入新的边界条件——玻璃三角形。如果不加边界条件，所得出的理想玻璃可能找不到相近的实际玻璃来代替。这样共有两种边界条件加入第二阶段校正。

按以上原始系统和有关条件进入适应法自动设计程序，程序很快使前四个像差达到目标值，后两种像差进入公差带，屏幕提示是否要收缩可变公差，这时我们开始逐步收缩可变公差。在这个过程中可能出现两种玻璃的光学常数均违背边界条件而被冻结，使自变量不足，程序中断校正。我们可以把最后一组结果作为新的原始系统，把它当前的像差值 $\delta L'_{FC}$ 作为新的可变公差重新进入校正。我们发现本系统在减小 $\delta L'_{FC}$ 的同时 δL_{sn} 随之自动下降，尽管由于它的像差值在公差范围之内而没有实际进入校正。因此程序实际上进入校正的像差只有 5 个。经过多次收缩公差以后，程序已不可能再减小 $\delta L'_{FC}$，达到了系统校正能力的极限，我们将结果输出如下：

r	d	n_D	n_F	n_C
215.83	10.26	1	1	1
−87.40	5	1.505 463	1.511 079	1.503 074
−260.01	0.2	1.798 251	1.819 358	1.789 891
84.65	6.29	1	1	1
1 731.4		1.568 8	1.575 151	1.566 111
		1	1	1

$$H=25,\qquad \omega=-2^\circ,\qquad L=\infty,\qquad l_z=0$$

系统的主要像差参数见表 5–8。

表 5–8　系统的主要像差参数

像差参数	φ	$\delta L'_m$	SC'_m	$\Delta L'_{FC}$	x'_{tm}	x'_{sm}	$\delta L'_{sn}$	SC'_{sn}	$\delta L'_{FC}$
数值	0.008 39	−0.082	0.000 59	−0.054	−0.26	−0.122	−0.015	0.000 24	0.087

从表 5–8 中看到，两种高级像差已大大下降，δL_{sn} 由 0.072 下降到−0.015，$\delta L'_{FC}$ 由 0.185 下降到 0.087。但是现在系统中双胶合组的两种玻璃都是理想玻璃，必须用实际玻璃来代替。

5.4.4　第三阶段像差自动校正

首先我们计算出两种理想玻璃的色散值：

$$n_2=1.505\,463;\quad \delta n_2=0.008\,00$$

$$n_3=1.798\,251;\quad \delta n_3=0.029\,47$$

原始系统两种玻璃的相应光学常数为

K9：　$n_2=1.516\,3$；　$\delta n_2=0.008\,06$

ZF1：　$n_3=1.647\,5$；　$\delta n_3=0.019\,12$

从这两种玻璃组合看到，为了校正 $\delta L'_{FC}$，要求双胶合组玻璃的折射率差和色散差应该增加。在选用实际玻璃替代理想玻璃时，除了折射率、色散尽量接近外，还要同时考虑玻璃是否常用及它们的物理化学性能。在兼顾这些因素的条件下，我们选用了以下两种玻璃来替代理想玻璃。

K9：　$n_2=1.516\,3$；　$\delta n_2=0.008\,06$

ZF6：　$n_3=1.755$；　$\delta n_3=0.027\,43$

由于实际玻璃的折射率差和色散差都比理想玻璃小，因此 $\delta L'_{FC}$ 将有所增加。如果想进一步减小 $\delta L'_{FC}$，可以选用 K2—ZF7 这个玻璃组合，但这两种玻璃不常用。用 K9—ZF6 的折射率代替理想玻璃的折射率，并把两正透镜的厚度 10.26 和 6.28 规整为 10.5 和 6.5 作为原始系统，进行第三阶段自动校正，所使用的自变量为5个球面曲率，像差参数为4个，目标值、公差以及边界条件等都和第一阶段自动校正相同。结果如下：

r	d	n_D	n_F	n_C
216.71	10.5	1	1	1
−85.46	5	1.516 3	1.521 955	1.513 895(K9)
−292.52	0.2	1.755	1.774 755	1.747 325(ZF6)
82.90	6.5	1	1	1
904.55		1.568 8	1.575 151	1.566 111(ZK1)
		1	1	1

$$H=25,\quad \omega=-2°,\quad L=\infty,\quad l_z=0$$

系统的主要像差参数见表5–9。

表5–9　系统的主要像差参数

像差参数	φ	$\delta L'_m$	SC'_m	$\Delta L'_{FC}$	x'_{tm}	x'_{sm}	$\delta L'_{sn}$	SC'_{sn}	$\delta L'_{FC}$
数值	0.008 333	0	0	0	−0.264	−0.123	−0.018	0.000 24	0.099

比较表5–9和表5–6，前四种参加校正的像差准确达到目标值，两种高级像差$\delta L'_{sn}$由最初的−0.072下降到−0.018，$\delta L'_{FC}$由0.185 5下降到0.099。整个设计基本完成，最后将半径换成标准半径后计算像差，结果如下：

r	d	n_D	n_F	n_C
216.8	10.5	1	1	1
−85.51	5	1.516 3	1.521 955	1.513 895(K9)
−292.4	0.2	1.755	1.774 755	1.747 325(ZF6)
82.99	6.5	1	1	1
903.6		1.568 8	1.575 151	1.566 111(ZK1)
		1	1	1

校正后的像差参数见表5–10。

表5–10　校正后的像差

h	$\delta L'_D$	$\delta L'_F$	$\delta L'_C$	$\Delta L'_{FC}$	SC'
1	0.002 9	0.098 1	0.048 8	0.049 3	0.000 02
0.707 1	−0.016 6	0.042 0	0.042 5	−0.000 5	0.000 25
0	0	0.022 3	0.072 1	−0.049 8	0

h	x'_t	x'_s	x'_{ts}	$\delta L'_{T1h}$	K'_{T1h}	$\Delta y'_{FC}$	$\delta y'_z$
1	−0.263 7	−0.122 9	−0.140 9	0.008 6	−0.007 6	−0.002 4	−0.000 7
0.707 1	−0.132 0	−0.061 5	−0.070 5	−0.005 8	−0.005 5	−0.001 7	−0.000 2

$$f'=120.093,\quad l'=113.74,\quad y_0'=4.194,\quad l_z'=-14.841$$

从以上设计过程中可以看到，对大孔径或大视场光学系统的设计难点主要是高级像差的校正问题。为了校正高级像差，这类系统的结构相对来说比较复杂，因此对它们来说，校正边缘视场和边缘孔径的像差是比较容易的，必须在校正边缘像差的前提下，进一步校正中间孔径和中间视场的像差，例如校正 0.707 1 视场和 0.707 1 孔径的像差，也就是高级像差。高级像差的校正和边缘像差不同，不可能完全校正到 0，只能使它尽量减小。在适应法自动设计程序中采用逐步收缩可变公差的方法是一种十分有效的途径，它能使系统充分发挥校正能力，使剩余像差尽可能小、成像质量尽可能好。一定结构的系统，所能使用的相对孔径和视场角是有限度的，它主要是由剩余像差允许的公差范围决定的，或者说是由它的高级像差决定的。在一定的相对孔径和视场角下，当焦距增加时，剩余像差也要按比例放大，所以系统的焦距越长，可用的相对孔径和视场角也就越小。

把玻璃材料的光学常数作为自变量加入校正，是校正高级像差的重要手段。当它们加入校正时，必须同时加入边界条件——玻璃三角形，否则得出的理想玻璃将因找不到相近的实际玻璃而失去意义。在更换实际玻璃时，首先要弄清对高级像差校正有利的折射率和色散变化的趋势，再综合考虑实际玻璃的常用性、理化性能等各种因素来选定。

作为比较，我们现在利用 Zemax 软件来进行优化设计。首先输入初始系统参数，系统图如图 5–7 所示，点列图如图 5–8 所示。

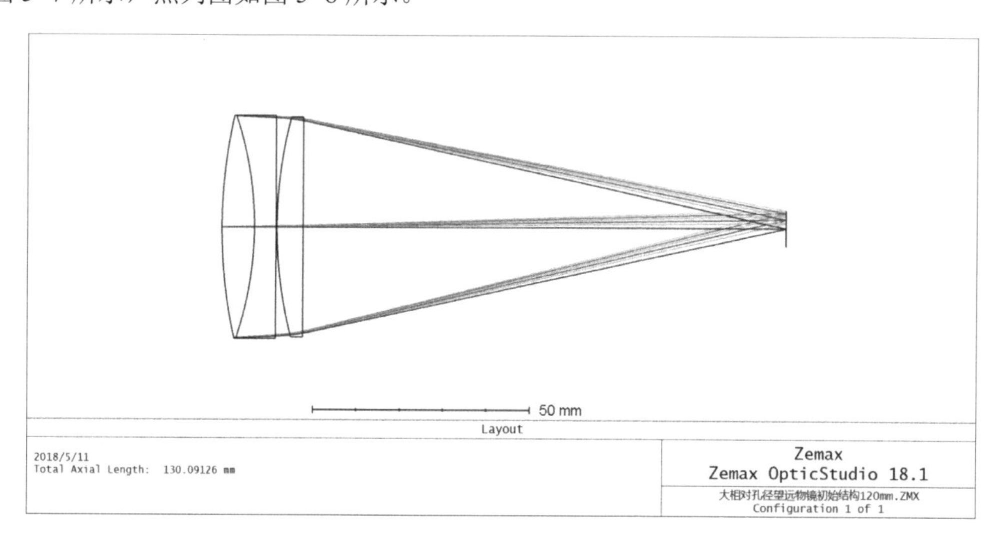

图 5–7　大相对孔径透镜初始系统图

下面利用优化功能做像差优化设计，自变量选择所有的半径和第一个厚度，优化后点列图如图 5–9 所示，换玻璃后的结果如图 5–10 所示。

采用 SOD88 适应法校正的结果如图 5–11 所示。

可见，两种方法都取得了较好的结果，适应法是对单个的几何像差进行校正，而 Zemax 是综合、全面的像差控制，各有特色。

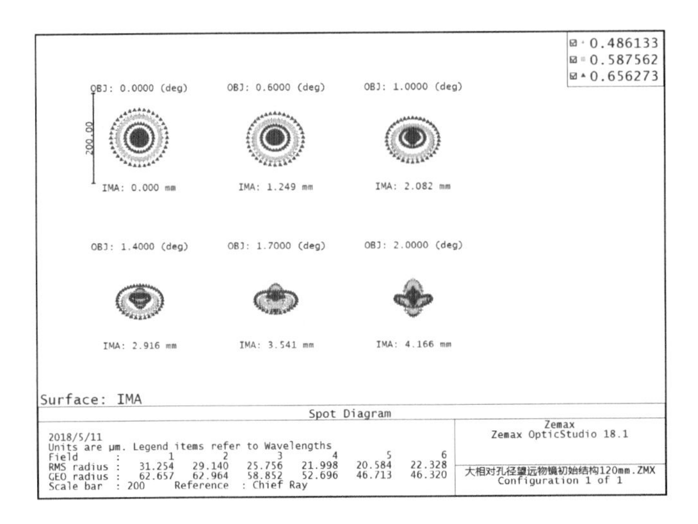

图 5–8　大相对孔径透镜初始点列图

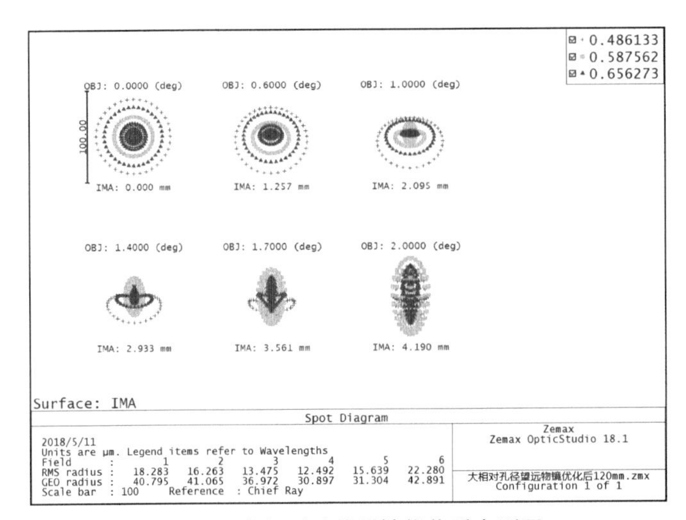

图 5–9　大相对孔径透镜优化后点列图

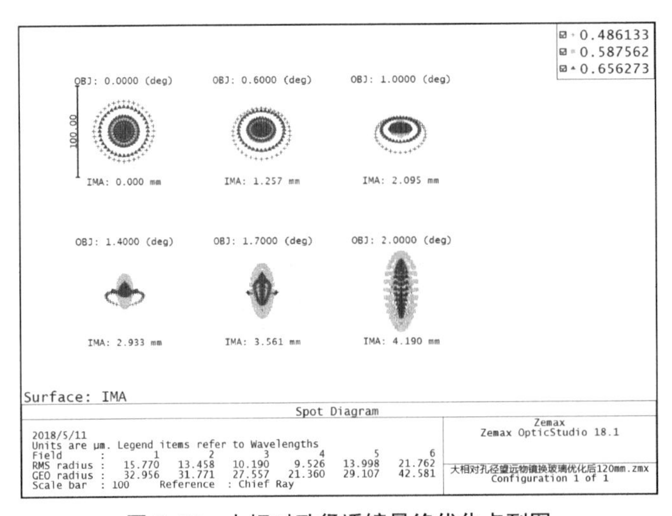

图 5–10　大相对孔径透镜最终优化点列图

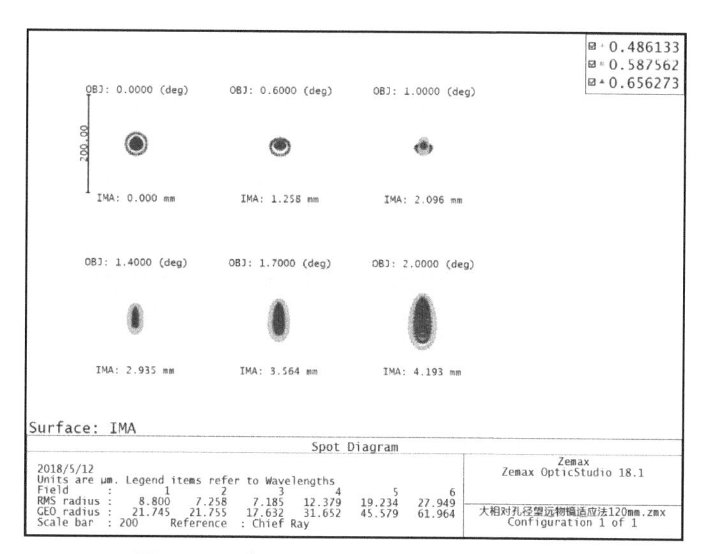

图 5–11　采用 SOD88 适应法校正后点列图

§ 5.5　摄远物镜设计

在 § 5.3 节中已经介绍了最常用的双胶合望远镜物镜的设计方法，由于它的结构简单，校正像差的能力有限，基本上只考虑初级像差，因此它的初级像差求解过程和像差微量校正过程都比较简单。对于一些光学结构比较复杂的望远镜物镜，它们的初级像差求解过程就不像双胶合物镜那样容易了。另外，由于结构比较复杂，满足初级像差的解往往不是唯一的，因此又产生了一个如何选择解的问题，这就需要考虑高级像差。为了说明解决这些问题的方法，本节讨论一个相对孔径比较大、结构比较复杂的摄远物镜的设计。

假定对物镜光学特性的要求为

焦距：$f'=320$；

通光口径：$D=60$；

视场：$2\omega=1^\circ$。

这是一个用于大地测量仪器中的高倍率望远镜的物镜，为了减小仪器的体积和重量，同时达到内调焦的要求，系统采用摄远形式，要求系统的相对长度大约为 0.5。摄远物镜由一个正光焦度的前组和一个负光焦度的后组组成，其特点是系统的长度比焦距短很多，适合于长焦距物镜的情形，系统的相对长度定义为系统的长度（系统第一面到像面的距离）与焦距的比值。按照上述要求，要设计这样一个内调焦望远镜的物镜，首先确定前后组的焦距和两透镜组之间的间隔，也就是进行外形尺寸计算，关于测量仪器内调焦望远镜物镜外形尺寸计算的问题可参考有关测量仪器光学系统文献，这里不作详细讨论。直接引出系统的有关参数如下：前组焦距 $f_1'=128$；后组焦距 $f_2'=-35.6$；两组之间的间隔 $d=106.7$；对应的组合焦距和系统长度为 $f'=320$，$L=160$。下面首先确定透镜组的结构形式。

5.5.1　结构形式的选择

透镜组的结构形式是由它的光学特性确定的。首先看前组，前组透镜的光束口径就等于

系统要求的通光口径，因此它的相对孔径为

$$\frac{D}{f_1'}=\frac{60}{128}=\frac{1}{2.1}$$

相对孔径接近 1/2，因此不可能采用简单的双胶合物镜。根据前面介绍的望远镜物镜形式，这里选用双单型物镜作为系统的前组。

下面再看后组，首先求出后组的通光口径，由图 5–12 很容易看到：

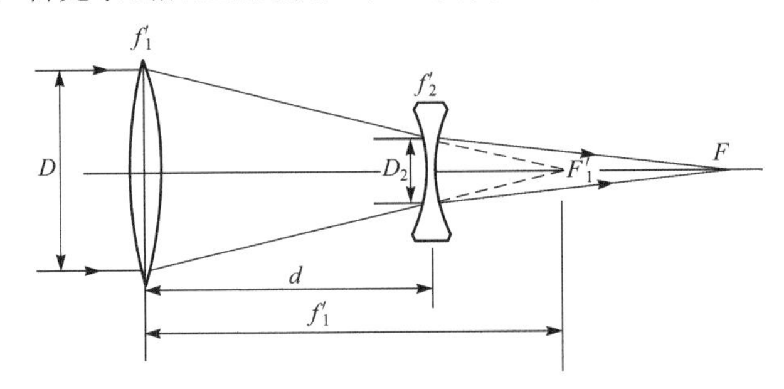

图 5–12　摄远物镜后组初始系统图

$$D_2=D\frac{f_1'-d}{f_1'}=60\times\frac{21.3}{128}\approx 10$$

即后组相对孔径为

$$\frac{D_2}{f_2'}=\frac{10}{35.6}=\frac{1}{3.56}$$

根据上述相对孔径的要求，完全可以采用简单的双胶合组。整个系统的结构形式如图 5–13 所示。

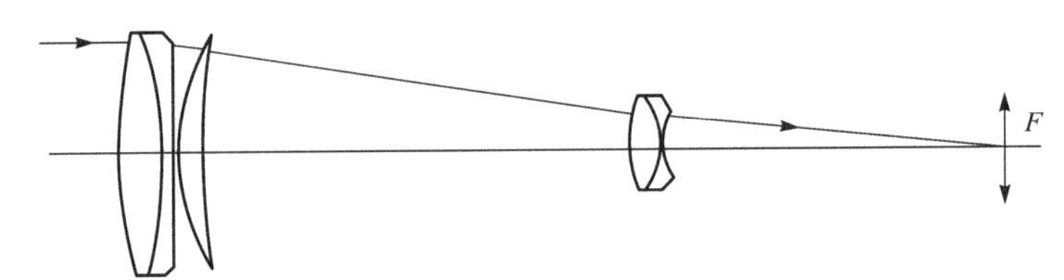

图 5–13　摄远物镜初始系统图

由于物镜要求的视场角很小（$2\omega=1°$），所以不用考虑校正轴外像差，只需要校正球差、彗差和轴向色差，因此前后两组有可能各自独立校正上述三种像差。一般来说，在一个比较复杂的组合系统中，各组透镜应尽可能独立校正像差，这样系统的装配误差对成像质量影响较小，特别是在内调焦望远镜物镜中，后组需要移动，独立校正像差比较有利，因此我们采取前后组分别校正像差的方案进行设计。

5.5.2　求初始结构

在系统的结构形式确定以后，就可以利用薄透镜的初级像差公式求解系统的初始结构，首先求前组，然后求后组。

1. 前组透镜的初级像差求解

前组透镜由一个双胶合透镜和一个单透镜组成，首先遇到的问题是如何分配两个透镜组的光焦度。

（1）光焦度分配。前组物镜要求的相对孔径接近 1/2，要求尽可能减小孔径高级球差和色球差，求这样一个透镜组的初始结构，应该怎样分配这两个透镜组的光焦度呢？对初级像差来说，不论光焦度如何分配，都有可能找到相应的解，但是光焦度分配的比例不同，高级像差也就不同。显然应该选择高级像差最小的分配比例，为了解决这个问题，可以采取几个不同的分配比例进行设计，最后比较它们高级像差的大小，从中找出高级像差最小的结果。这样做当然比较全面，但工作量很大。根据经验，这种物镜中光焦度主要应由单透镜来负担，而之所以要采用双单形式，就是因为单个双胶合镜高级像差太大，故利用增加一个单透镜的方法以减小双胶合物镜的高级像差，如果加入的单透镜光焦度过小，整个物镜组便和单个双胶合物镜差别不大，则不能达到大量减小孔径高级球差和色球差的目的。这里取双胶合组和单透镜的光焦度比例为 1:3，如果透镜组的总光焦度等于 1，则双胶合组和单透镜的光焦度分配为

$$\varphi_1 = 1/4; \qquad \varphi_2 = 3/4; \qquad \varphi = 1$$

它们的焦距分别为

$$f_1' = 4; \qquad f_2' = 4/3; \qquad f' = 1$$

透镜组的实际焦距要求为 128，则对应双胶合组和单透镜的焦距分别为

$$f_1' = 512; \qquad f_2' = 170.4; \qquad f' = 128$$

（2）单透镜结构参数的求解。整个透镜组要求校正球差、彗差和轴向色差，在光焦度分配确定以后，对单透镜来说，只需要选定玻璃材料和决定透镜形状。从满足初级像差的要求考虑，它们是可以任意确定的，因为总可以用双胶合物镜的球差、彗差和轴向色差来进行补偿，达到整个透镜组校正球差、彗差和轴向色差的目的，这里同样要根据尽量减小高级像差的原则来确定。为了减小整个透镜组的孔径高级球差和色球差，希望单透镜尽量少产生球差和色差，这样要求双胶合组补偿的球差和色差就小。一般来说，当初级像差在数量比较小的情况下互相抵消时，剩余的高级像差也就小。下面就根据这个原则来确定单透镜的玻璃材料和透镜形状。

在透镜焦距一定的情况下，玻璃的折射率越高，透镜的球差越小，色散越小，则色差也就越小，因此选择 ZK7($n_D = 1.613,\ \nu = 60.6$)作为单透镜的材料，它是重冕玻璃中折射率比较高、色散比较小而工艺性又比较好的一种玻璃。

至于透镜的形状，我们让它处于球差极小值，当物体位于有限距离时，球差为极值的 $\overline{W}_\infty$ 为

$$\overline{W}_\infty = -2.35\bar{u}_1 + 0.15$$

单透镜对应的物平面位置为

$$l = f_1'$$

此时 $f' = f_2'$ ，因此

$$\bar{u}_1=\frac{f'}{l}=\frac{f_2'}{f_1'}=\frac{1}{3}$$

代入公式得到

$$\overline{W}_\infty=-2.35\bar{u}_1+0.15=-0.78+0.15=-0.63$$

由表 4–1 查得

$$n=1.613\,0,\ P_0=1.62,\ Q_0=-1.09$$

根据式（4–38），有

$$Q=Q_0-\frac{\overline{W}_\infty-0.15}{1.67}=-1.09-\frac{-0.78}{1.67}=-0.62$$

利用式（4–36）和光焦度公式，使 $\varphi_1=1$ 时单透镜的两个半径

$$\frac{1}{r_2}=1+Q=1-0.62=0.38$$

$$\frac{1}{r_1}=\frac{1}{n-1}+\frac{1}{r_2}=\frac{1}{0.613}+0.38=2.011$$

再按要求的焦距 f'=170.7 求出实际半径为

$$r_1=84.8;\ r_2=450$$

根据要求的通光口径和透镜的边缘厚度取

$$d=8$$

这样得到单透镜的全部初始结构参数如下：

r	d	n_D	n_F	n_C
		1	1	1
84.8	8	1.613	1.620 12	1.61 (ZK7)
450		1	1	1

单透镜结构参数确定以后，就可以用薄透镜的初级像差公式求出单透镜的像差特性 P，W，C。

由上面已经求得的结果

$$\overline{W}_\infty=-0.63;\ P_0=1.62$$

根据式（4–39）

$$\overline{P}_\infty=P_0+0.85\times(\overline{W}_\infty-0.15)^2=1.62+0.85\times(-0.63-0.15)^2=2.14$$

由于它的物平面位置不在无限远处，因此必须由 $\overline{P}_\infty$ 求出 $\overline{P}$，根据公式

$$\overline{P}=\overline{P}_\infty+\bar{u}_1(4\overline{W}_\infty-1)+\bar{u}_1^2(3+2\mu)$$

将 $\overline{P}_\infty=2.14,\ \bar{u}_1=1/3,\ \overline{W}_\infty=-0.63,\ \mu=1/1.613=0.62$ 一并代入得到

$$\overline{P}=1.44$$

根据上面已知的结果，$f'=170.7,\ h=D/2=30$，因此

$$h\varphi=\frac{30}{170.7}=0.176$$

所以

$$P=\overline{P}(h\varphi)^3=1.44\times(0.176)^3=0.007\,85$$

上面求出了 P，下面再根据 $\overline{W}_\infty$ 求 W。根据式（4–33）和式（4–29），有

$$\overline{W}=\overline{W}_\infty+\overline{u}_1(2+\mu)=-0.63+\frac{1}{3}\times2.62=0.243$$

$$W=\overline{W}(h\varphi)^2=0.243\times(0.176)^2=0.007\,54$$

下面再求 C，根据式（4–16）和式（4–34）得

$$\overline{C}=\frac{1}{\nu}=\frac{1}{60.6}$$

$$C=\frac{\overline{C}}{f'}=0.000\,097$$

这样我们得出单透镜的 3 个像差特性参数为

$$P=0.007\,85;\ W=0.007\,54;\ C=0.000\,097$$

（3）双胶合组结构参数的求解。根据前组透镜校正球差、彗差、色差的要求，应使整个透镜组满足

$$S_{\mathrm{I}}=S_{\mathrm{II}}=S_{\mathrm{I}\,C}=0$$

由 S_{I}, S_{II}, $S_{\mathrm{I}\,C}$ 的公式很容易看出，欲使透镜组满足以上条件，必须使该透镜组的像差特性参数

$$P=W=C=0$$

整个透镜组的 P，W，C 等于双胶合组和单透镜之和，因此双胶合组的 P，W，C 应和单透镜的 P，W，C 大小相等，且符号相反。根据前面单透镜像差特性参数的计算结果，直接得到双胶合组要求的 P，W，C 为

$$P=-0.007\,85;\quad W=-0.007\,54;\quad C=-0.000\,097$$

根据 P，W，C 的值即可求解双胶合组的结构参数，这和一般双胶合物镜的求解方法完全一样。由于双胶合组对应物平面位于无限远，因此

$$\overline{P}_\infty=\overline{P}=\frac{P}{(h\varphi)^3}=\frac{-0.007\,85}{(30/512)^3}=-39.02$$

$$\overline{W}_\infty=\overline{W}=\frac{W}{(h\varphi)^2}=-2.20$$

$$\overline{C}=Cf'=-0.049\,7$$

由 $\overline{P}_\infty$，$\overline{W}_\infty$ 利用式（4–47）即可求出 P_0

$$P_0=\overline{P}_\infty-0.85(\overline{W}_\infty-0.1)^2=-43.52$$

公式中采取冕玻璃在前。

根据 $\overline{C}$ 和 P_0 即可进行玻璃的选择。利用本书附录中的双胶合物镜 P_0 表，找出一对 P_0 和 $\overline{C}$ 符合要求，而且比较常用的玻璃组合如下：

BaK3—ZF6

n_1=1.546 7　　n_2=1.755　　C=–0.049 5

v_1=62.8　　v_2=27.5　　P_0=–44.88

φ_1=4.201　　φ_2=4.201　　Q_0=–11.23

要求 $\overline{P}_\infty$=–39.02，$\overline{W}_\infty$=–2.20，根据这些参数就可以应用式（4–48）～式（4–50）求出透镜组的 3 个半径，这和前面的双胶物镜设计过程完全一样，详细的过程从略，直接给出双胶合组的 3 个半径：

$$r_1=239.22;\quad r_2=-92.35;\quad r_3=-392.56$$

根据半径数值和通光口径的要求，确定透镜的厚度，得到前组的全部结构参数如下：

r	d	n_D	n_F	n_C
		1	1	1
239.22	13	1.546 7	1.552 82	1.544 11 (BaK3)
–92.35	5	1.755	1.774 75	1.747 32 (ZF6)
–392.56	0.5	1	1	1
84.8	8	1.613	1.620 12	1.61 (ZK7)
450		1	1	1

前组物镜初始结构的求解到此便全部完成了。从以上求解过程可以看到，对于一些结构比较复杂的薄透镜组，同样可以利用前面双胶合透镜组和单透镜的初级像差公式进行求解。但是能够满足初级像差的解是很多的，因此在求解过程中会遇到一些新问题，例如：光焦度的分配问题；如何预先确定其中某些透镜的材料和形状问题等。这些问题一般都要根据尽量减小高级像差的要求来确定。在过去手工计算时期，主要依靠设计者的经验，或者参考一些现有的结构。使用了电子计算机以后，有可能在较短时间内，有系统地按不同方案出若干种结构，从中找出高级像差的变化规律，最后选出高级像差最小的方案。这样做往往有可能达到提高现有结构形式的光学特性和成像质量的目的，而在手工计算时期这样的工作是很难完成的。

2. 后组透镜的初级像差求解

根据已经选定的结构形式，后组为一个双胶合透镜组，它的物平面位于有限距离，求解的方法和一般双胶合物镜完全相同。根据前面确定的像差校正方案，要求前、后组独立校正球差、彗差和轴向色差，因此后组的三个像差特性参数必须等于 0，即

$$P=W=C=0$$

首先对 $h\varphi$ 进行归化，根据 $h\varphi$ 的归化公式，显然有

$$\overline{P}=\overline{W}=\overline{C}=0$$

为了求出透镜的结构参数，还必须将 $\overline{P}$、$\overline{W}$ 对物体位置进行归化，根据式（4–30），有

$$\overline{P}_\infty=\overline{P}-\overline{u}_1(4\overline{W}-1)+\overline{u}_1^2(5+2\mu)$$

$$\overline{W}_\infty=\overline{W}-\overline{u}_1(2+\mu)$$

对后组来说

$$f'=-35.6;\quad l=f_1'-d=128-106.7=21.3$$

$$\overline{u}_1=\frac{f'}{l}=\frac{-35.6}{21.3}=-1.67$$

将 $\overline{P}=\overline{W}=0$，$\overline{u}_1=-1.67$ 代入 $\overline{P}_\infty$，$\overline{W}_\infty$ 的公式得到

$$\overline{P}_\infty=16.17;\quad \overline{W}_\infty=4.51$$

有了 $\overline{P}_\infty$ 和 $\overline{W}_\infty$ 以后就可以计算 P_0。这里首先要确定采取冕玻璃在前还是火石玻璃在前，因为它们对应的 W_0 值不同，我们同样根据减小整个系统高级像差的要求来决定。由于后组透镜焦距为负，因此它的孔径高级球差与色球差的符号和前组正透镜相反，但是后组透镜的相对孔径和焦距都比前组小得多，它的高级像差一般也要比前组小很多，虽然可以部分地抵消前组的高级像差，但效果不大，整个系统的高级像差总是和前组的高级像差符号相同。为了减小整个系统的高级像差，需要尽量增大后组的高级像差。现在后组的 $\overline{W}_\infty=4.51$，对应的透镜形状如图 5–14（a）所示，对应的负透镜形状如图 5–14（b）所示。在消色差的负透镜组中，火石玻璃的光焦度为正，冕玻璃的光焦度为负，如果采取冕玻璃在前，整个胶合组的形状如图 5–15（a）所示；如果采取火石玻璃在前，则胶合组的形状如图 5–15（b）所示。由图很容易看到，后一种情形，胶合面向前弯，轴向光束在胶合面上的入射角比较大；如果采取冕玻璃在前，则胶合面向后弯，光线的入射角比较小，而且对应的物平面位置比较靠近等明点，因此高级像差必然比较小，所以采取火石玻璃在前，此时对应的 $W_0=0.2$，连同 $\overline{P}_\infty=16.17,\ \overline{W}_\infty=4.51$ 一并代入式（4–47），求得 P_0 值为

$$P_0=\overline{P}_\infty-0.85(\overline{W}_\infty-W_0)^2\approx 0.38$$

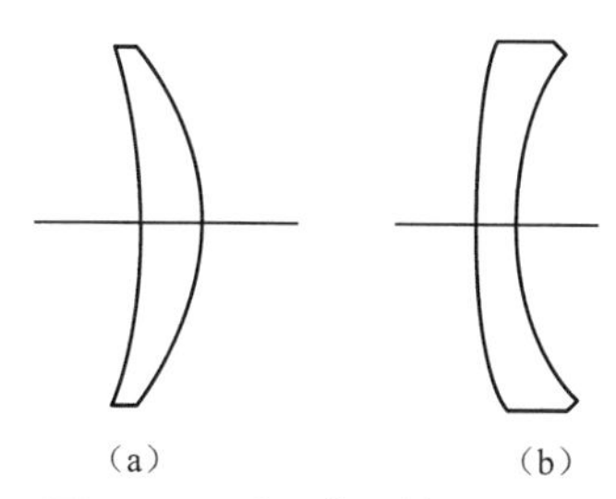

图 5–14　后组单透镜形状图

（a）透镜形状；（b）负透镜形状

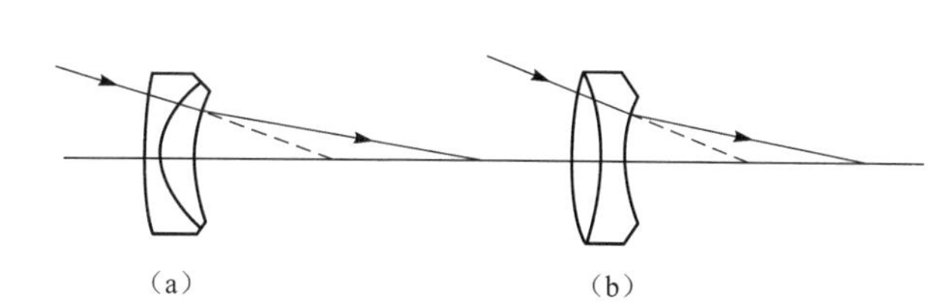

图 5–15　后组胶合组形状图

（a）冕玻璃在前时；（b）火石玻璃在前时

根据 $\overline{C}=0$，$P_0=0.37$，即可查表选玻璃，由附录中双胶合透镜参数表可以查得符合上述要求的玻璃有三对：

BaF7—ZK3：　P_0=0.43，φ_1=–1.886 7，Q_0=6.71

ZF1—BaK3：　P_0=0.35，φ_1=–1.173 0，Q_0=5.0

ZF2—K9：　P_0=0.39，φ_1=–1.009 4，Q_0=4.69

上面已经说过，我们希望尽可能增大后组的高级像差（绝对值），应该选取 φ_1 和 Q_0 尽量大的玻璃对，所以取 BaF7—ZK3，有关的参数如下：

BaF7	ZK3	
$n_1=1.6146$	$n_1=1.5891$	$\overline{C}=0$
$\nu_1=40$	$\nu_1=61.2$	$P_0=0.43$
$\varphi_1=-1.8867$	$\varphi_2=2.8867$	$Q_0=6.71$

要求的 $\overline{P}_\infty$=16.17，$\overline{W}_\infty$=4.51，根据以上数据即可应用式（4–48）～式（4–50）求出后组透镜的半径，其过程和一般双胶物镜完全相同，这里不再重复。由此得到后组透镜的全部初始结构参数为

r	d	n_D	n_F	n_C
42	4	1	1	1
–15.986	1.5	1.614	1.624 94	1.609 6(BaF7)
13.27		1.589 1	1.595 86	1.586 24(ZK3)
		1	1	1

这样整个系统的全部初始结构参数已经求解完成，下面接着就可以计算像差及对像差进行微量校正了。

5.5.3 像差的微量校正

由于我们希望前、后组尽可能独立校正像差，因此首先利用北京理工大学的适应法光学设计软件 SOD88 对它们分别进行像差微量校正，然后再合成整个系统校正像差。

1. 前组透镜的像差微量校正

首先按初级像差求解得到的前组结构参数和要求的光学特性对前组计算像差，前组的初始结构参数如下：

r	d	n_D	n_F	n_C
239.22	13	1	1	1
–92.35	5	1.546 7	1.552 82	1.544 11(BaK3)
–392.56	0.5	1.755	1.774 75	1.747 32(ZF6)
84.8	8	1	1	1
450		1.613	1.620 12	1.61 (ZK7)
		1	1	1

光学特性和有关参数为

$$h=30,\ \omega=-0.5^\circ,\ l=\infty,\ l_z=0$$

计算有关像差参数如表 5–11 所示。

表 5–11 像差参数

h	$\delta L'$	SC′	$\Delta L'_{FC}$
1.0	0.069 2	–0.003 5	0.110 1
0.707 1	0.015 4	–0.001 3	0.049 7
0	0	0	–0.012 0

$$f'=128.749,\quad l'=120.350,\quad y'_0=1.123$$

由以上像差结果可以看到，球差、彗差和轴向色差虽然数量并不大，但是都没有完全消除，这是因为透镜组的相对孔径比较大，有一定量的高级像差，而且透镜组的总厚度也不是很小，所以实际像差和薄透镜的初级像差就有一定的差别，需要进一步校正。

对上述透镜组进行像差微量校正比较方便，按照下面的步骤进行，可以很快达到校正目的。

第一步：用改变双胶合组的胶合面半径校正色差。当胶合面半径 r_1 由−92.35 变到−93.7 时，轴向色差有效期就达到了很好的平衡，这时的像差数据见表 5–12。

表 5–12　像差数据（一）

h	$\delta L'$	SC′	$\Delta L'_{FC}$
1.0	−0.029 3	−0.002 9	0.057 4
0.707 1	−0.031 2	−0.001 1	0.000 2
0	0	0	−0.058 2

$$f'=128.223\,,\qquad l'=119.825\,,\qquad y'_0=1.118$$

第二步：用弯曲双胶合组校正球差，由于保持透镜的光焦度不变，因此对于已经校正好的色差可以基本不变。

当双胶合组的 3 个半径分别变为 r_1=246.55，$r_2=-92.65$，$r_3=-374.29$ 时，球差已校正得很好，轴向色差也变化很小，这时的像差结果见表 5–13。

表 5–13　像差数据（二）

h	$\delta L'$	SC′	$\Delta L'_{FC}$
1.0	−0.000 3	−0.002 8	0.060 0
0.707 1	−0.018 5	−0.001 0	0.001 3
0	0	0	−0.058 6

$$f'=128.157\,,\qquad l'=119.867\,,\qquad y'_0=1.118$$

第三步：用弯曲单透镜校正彗差，因为单透镜的初始结构参数是按球差为极小值的条件求解的，因此当弯曲单透镜校正彗差时，球差必然变化很小。由于透镜的光焦度没有改变，故色差也应基本保持不变。当然它们都不是绝对不变的，因此有可能要按上述步骤重复进行多次。经过弯曲透镜校正彗差以后得到的结构参数和像差结果如下：

r	d	玻璃
246.55	13	BaK3
−92.65	5	ZF6
−374.29	0.5	
89.03	8	ZK7
601.60		

校正彗差后的像差参数见表 5–14。

表 5–14　像差数据（三）

h	$\delta L'$	SC′	$\Delta L'_{FC}$
1.0	−0.004 1	−0.000 6	0.074 2
0.707 1	−0.026 2	0	0.010 4
0	0	0	−0.053 0

$$f'=128.439,\qquad l'=120.346,\qquad y'_0=1.120$$

从以上结果看到，球差、色差变化不大，三种像差已同时达到校正。下面应用式（1–13）和式（1–20）中的公式来计算两种主要的高级像差——孔径高级球差和色球差。

$$\delta L'_{sn}=\delta L'_{0.707\,1h}-\delta L'_{1h}/2=-0.026\,2-(-0.004\,1/2)=-0.024$$

$$\Delta\delta L'_{FC}=\Delta L'_{FCm}-\Delta l'_{FC}=0.074\,2-(-0.053)=0.127$$

这两种高级像差都有相当数量，其中特别是色球差，数量还相当大，必须依靠后组透镜进行补偿。

2. 后组透镜的像差微量校正

单独计算后组透镜的像差，可以按实际系统中光线行进的方向计算，如图 5–16（a）所示；也可以把透镜组颠倒过来，把实际系统的像作为物，按反向光路进行计算，如图 5–16（b）所示。现在我们按反向光路计算后组的像差。这样做的好处是：① 由于反向光路对应的物距比较大，因此在修改结构参数的过程中，当透镜组的焦距发生少量改变时，对物像之间的放大率影响比较小；② 这样前、后组分别计算得到的像差在同一空间内，便于了解它们之间的像差补偿情况。如果后组按实际系统中光线进行的方向计算，则前组的像差还需要经过后组放大，求出放大以后前组对应的像差值，才能看出前、后组之间的像差补偿情况。当后组按反向光路计算像差时，前、后两组透镜的像差和整个系统的组合像差之间的关系十分简单：轴向像差为前、后两组透镜像差之和；垂轴像差为前、后两组透镜像差之差。下面做简单的证明。

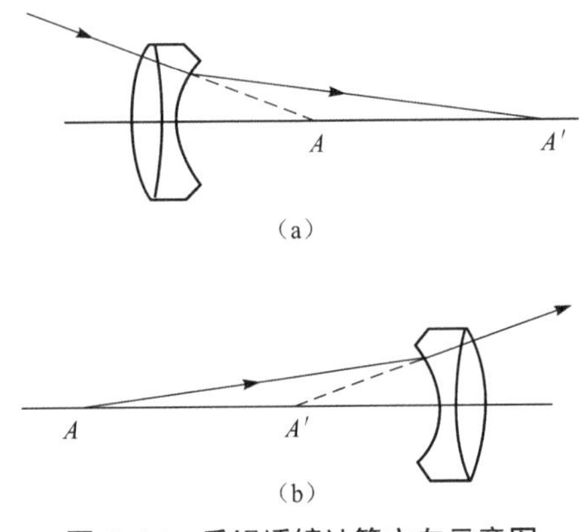

图 5–16　后组透镜计算方向示意图

（a）实际系统中光线进行的方向；（b）反向光路

以球差为例，假定前、后两组透镜都存在球差，但组合以后没有球差，如图 5–17（a）所示，由图看到第一个透镜的球差 $\delta L'_1>0$；而第二个透镜如果按反向光路计算像差，如图 5–17（b）所示，根据光路可逆定理很容易看到 $\delta L'_2<0$，两透镜组组合以后球差为 0。

由此可知，当前组透镜按正向光路计算，后组按反向光路计算时，二者球差的符号相反则相互抵消，符号相同则互相叠加。整个系统的组合像差在两组透镜之间的空间衡量时，有

$$\delta L'=\delta L'_{前}\,(\text{正向光路计算})+\delta L'_{后}\,(\text{反向光路计算})$$

以上结论不仅对球差成立，对于其他轴向像差如 $x'_t, x'_s, x'_{ts}, \Delta L'_{FC}, \delta L'_T, \delta L'_s$ 等同样成立。

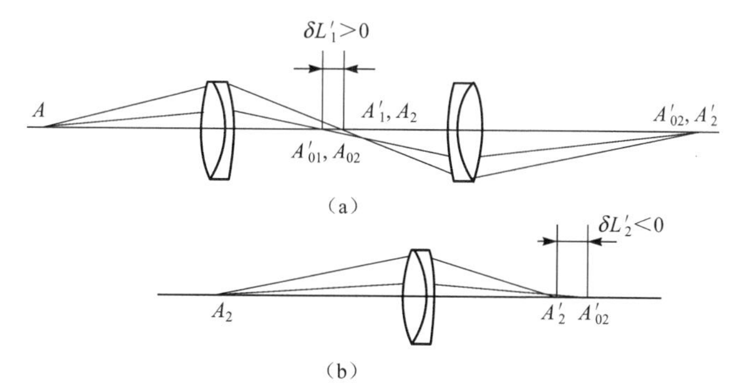

图 5–17 组合系统轴向像差关系图

（a）$\delta L_1'>0$；（b）$\delta L_2'<0$

下面再看垂轴像差。以彗差为例，假定前、后两组透镜都有彗差，而组合系统没有彗差，如图 5–18（a）所示，由图看到前组透镜的彗差为正，$K'_{T前}>0$；如果把后组透镜按反向光路计算像差，如图 5–18（b）所示，显然彗差同样为正，$K'_{T后}>0$。组合起来整个系统没有彗差，即前、后两组的彗差相互抵消。由此可知，当前组按正向光路计算、后组按反向光路计算时，彗差同号则相互抵消，异号则相互叠加。整个系统的组合彗差在前、后两组透镜共同的空间内衡量有

$$K_T' = K'_{T前}\,(\text{正向光路计算}) - K'_{T后}\,(\text{反向光路计算})$$

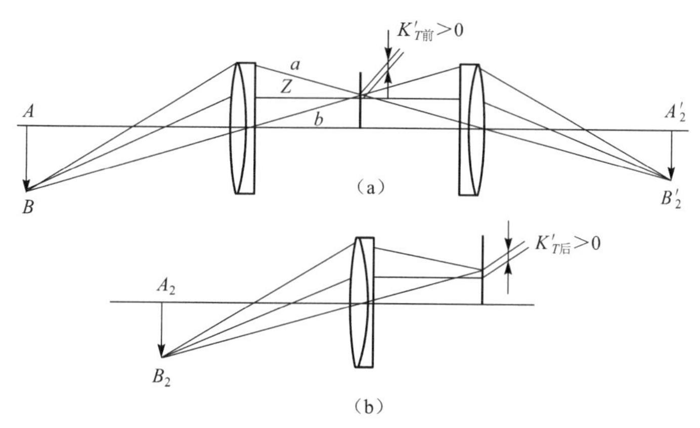

图 5–18 组合系统垂轴像差关系图

（a）正向计算时，$K'_{T前}>0$；（b）反向计算时，$K'_{T后}>0$

以上结论对其他垂轴像差如 $\Delta y'_{FC}, \delta y'_z$ 等也同样成立，利用上面这两个公式很容易由前、后组的像差求出系统的组合像差。如果前、后组都按正向光路计算像差，则必须将前组的像差按后组的放大率求出它在最后像空间的贡献量，才能和后组的像差进行组合，这就比较麻烦。因此设计一些组合系统时，往往把后组透镜颠倒以后按反向光路计算像差。

把后组透镜颠倒以后的结构参数为

r	d	n_D	n_F	n_C
−13.27	1.5	1	1	1
15.986	4	1.589 1	1.595 86	1.586 24(ZK3)
−42	1	1.614	1.624 94	1.609 6(BaF7)
		1	1	

实际系统的像距和像高就成了它的物距和物高，由前面要求的光学特性知

$$l = -(L-d) = -(160-106.7) = -53.3$$

$$y = -f'\tan\omega = -320\tan 0.5^\circ = 2.79$$

$$\sin U = \frac{h}{f'} = \frac{30}{320} = 0.093\,7$$

实际光阑位于后组透镜后方 106.7 的地方，按照以上结构参数和光学特性计算像差，结果如表 5–15 所示。

表 5–15　像差参数

h	$\delta L'$	SC'	$\Delta L'_{FC}$
1.0	–0.189	0.001 32	–0.130
0.707 1	–0.071	0.000 23	–0.09
0	0	0	–0.053

$$f' = -38.17,\qquad l' = 27.7,\qquad y'_0 = 1.19$$

由以上结果看到球差和色差都比较大，我们首先用改变胶合面半径校正色差，将 r_2 由 15.986 变为 24，色差达到校正，结果如表 5–16 所示。

表 5–16　像差结果（一）

h	$\delta L'$	SC'	$\Delta L'_{FC}$
1.0	0.001 86	–0.00 30	–0.022 4
0.707 1	0.006 61	–0.00 16	–0.001 06
0	0	0	0.016 8

$$f' = -37.72,\qquad l' = 27.4,\qquad y'_0 = 1.18$$

下面我们计算一下它的孔径高级球差和色球差：

$$\delta L'_{sn} = 0.006\,61 - 0.001\,86/2 = 0.005\,7$$

$$\Delta\delta L'_{FC} = -0.022\,4 - 0.016\,8 = -0.039\,2$$

把后组的高级像差和前组的高级像差进行比较，前组的高级像差为

$$\delta L'_{sn} = -0.024$$

$$\delta L'_F - \delta L'_C = 0.127$$

由此看到，虽然后组的两种轴向高级像差都和前组符号相反，可以部分地抵消前组的高级像差，但是前组的数量比后组大得多，效果不大。为了进一步改善系统的成像质量，希望

进一步加大后组的高级像差。后组的高级像差不够大，主要是因为它的胶合面半径在校正色差过程中由原来的 15.986 变成了 24，由于胶合面半径过大，高级像差就小，如果我们能设法减小胶合面的半径就有可能增加后组的高级像差，有两种途径：① 将后组胶合面变小以后，后组的色差由前组进行补偿，由于前组的光束口径比较大，为了补偿少量的色差，胶合面半径变化很小，不致严重影响高级像差。这样做的缺点是破坏了我们希望前、后组尽可能独立校正像差的要求。② 更换后组透镜的玻璃对，即采取 φ_1 和 Q_0 比前面更大的玻璃对。从双胶合透镜组表中找出如下的一对玻璃：

BaF8	ZK8	
$n_1 = 1.6259$	$n_2 = 1.614$	
$\nu_1 = 39.1$	$\nu_2 = 55.1$	$P_0 = 0.509$
$\varphi_1 = -2.44$	$\varphi_2 = 3.44$	$Q_0 = 8.006$

根据 $\overline{P}_\infty = 16.17$，$\overline{W}_\infty = 4.51$，$W_0 = 0.2$ 重新求得透镜组的结构参数：

r	d	玻璃
38.2	4	
−11.95	1.5	BaF8
13.5		ZK8

由以上参数可以看到，胶合面半径和第一次求得的结果比较又小了很多，和前面一样我们把透镜组颠倒以后按反向光路计算像差：

r	d	n_D	n_F	n_C
−13.5	1.5	1	1	1
11.95	4	1.614	1.621 87	1.610 73(ZK8)
−38.2		1.629 5	1.637 33	1.621 32(BaF8)
		1	1	1

$$l = -53.3,\quad y = 2.79,\quad \sin U = 0.0987,\quad l_z' = 106.7$$

按上述结构参数和光学特性计算像差的结果如表 5–17 所示。

表 5–17 像差结果（二）

h	$\delta L'$	SC'	$\Delta L'_{FC}$
1.0	−0.200	0.002 05	−0.209 8
0.707 1	−0.065	0.000 27	−0.012 03
0	0	0	−0.062 9

$$f' = -38.676,\quad l' = 27.5,\quad y_0' = 1.20$$

由以上结果看到，球差和色差都比较大，需要进一步校正，我们仍然通过改变胶合面半径校正色差，然后用弯曲透镜校正球差，达到最后结果：

r	d	n_D	n_F	n_C
		1	1	1
−15	1.5			
		1.614	1.621 87	1.610 73(ZK8)
15.88	4			
		1.629 5	1.637 33	1.621 32(BaF8)
−54.41				
		1	1	1

$$l=-60,\quad y=2.79,\quad \sin U=0.093\,7,\quad l_z'=106.7$$

像差结果如表 5–18 所示。

表 5–18　像差结果（三）

h	$\delta L'$	SC'	$\Delta L_{FC}'$
1.0	0.012	0.000 454	−0.041 2
0.707 1	0.021	−0.000 078	0.009
0	0	0	0.044 6

$$f'=-36.9,\quad l'=27.7,\quad y_0'=1.08$$

各种像差都已经达到较好的校正，下面计算一下它的高级像差：

$$\delta L_{sn}'=0.021-0.012/2=0.015$$

$$\delta L_{FC}'=\delta L_F'-\delta L_C'=-0.041\,2-0.044\,6=-0.086$$

和原来的后组比较，孔径高级球差增加了 5 倍，色球差增加了一倍多；和前组的高级像差比较，虽然还不能完全抵消，但已能补偿大部分。利用组合系统的像差计算公式求出组合以后的高级像差值为

$$\delta L_{sn}'=-0.024+0.015=-0.009$$

$$\delta L_{FC}'=\delta L_F'-\delta L_C'=0.127-0.086=0.041$$

从上面更换玻璃前后的结果中可以看到，在一些比较复杂的薄透镜系统中，玻璃材料的选择对系统的质量有重要的作用。同样，解的选择是否恰当也会严重影响系统的质量。

3. 整个系统的最后校正

上面已经把前、后两组分别进行了像差校正，在此基础上，就可以把它们组合起来计算像差，并进行最后校正，使整个系统的像差达到最好的平衡。在前、后两组合成整个系统以前，必须首先把它们的焦距缩放成外形尺寸计算时确定的数值。由前面的结果看到，前组经过像差微量校正，最后的焦距为 f_1'=128.44，要求的数值为 f_1'=128，二者相差甚小，不必再进行缩放。后组的实际焦距 f_2'=−36.9 和要求的焦距 f_2'=−35.6 有相当的差别，为此将后组缩放，当焦距符合要求的数值时，后组透镜的半径为

$$r_1=52.4,\ r_2=-15.3,\ r_3=-14.46$$

由于焦距变化不大，因此透镜厚度不再缩放，然后根据前、后两组透镜的主面位置，使由前组的像方主面到后组的物方主面之间的距离 $H_1'H_2=106.7$，这样把系统组合以后，得到系统的全部结构参数：

r	d	n_D	n_F	n_C
246.55	13	1	1	1
−92.65	5	1.546 7	1.552 82	1.544 11(BaK3)
−374.29	0.5	1.755	1.774 75	1.747 32(ZF6)
89.03	8	1	1	1
601.6	93.53	1.613	1.620 12	1.610 0(ZK7)
52.4	4	1	1	1
−15.3	1.5	1.625 9	1.637 33	1.621 32(BaF8)
14.46		1.614	1.621 87	1.610 73(ZK8)
		1	1	1

$$h=30,\quad \omega=-0.5°,\quad l=\infty,\quad l_z=0$$

像差结果如表 5–19 所示。

表 5–19　像差结果（四）

h	$\delta L'$	SC′	$\Delta L'_{FC}$
1.0	0.036 6	−0.001 1	0.263 8
0.707 1	−0.060 7	0	0.132
0	0	0	−0.078 5

$$f'=328.729,\quad l'=27.136,\quad y'_0=2.868$$

首先我们看到系统组合焦距 f'=328.729 和要求的数值 320 不符合，可以小量调整前、后两组透镜之间的间隔（d_7=93.53）。

从像差结果来看，球差和正弦差都已经达到校正，这是因为前、后两组的球差和正弦差都分别校正得很好；色差没有达到边缘和近轴大小相等、符号相反的最好平衡状态，这是因为前组的色差在单独校正时并没有完全平衡好，根据表 5–14 查得，它的色差为

$$\Delta L'_{FCm}=0.074\,2,\ \Delta l'_{FC}=-0.053\,0$$

二者虽然已经反号，但边缘色差过正。至于后组，由表 5–18 查得

$$\Delta L'_{FCm}=-0.041\,2,\ \Delta l'_{FC}=0.044\,6$$

基本上是平衡好的，所以整个系统的色差过正主要是由前组的色差引起的，因此采用改变前组的胶合面来校正色差。在校正色差过程中，球差和正弦差也会发生变化，再用弯曲透镜校正。这和前面前组的微量校正方法是完全相同的，详细过程不再重复，得到的最后结果如下：

r	d	n_D	n_F	n_C
263.79	13	1	1	1
−91.21	5	1.546 7	1.552 82	1.544 11(BaK3)
−342.94	0.5	1.755	1.774 75	1.747 32(ZF6)
89.03	8	1	1	1

601.6	93.91	1.613	1.620 12	1.610 0(ZK7)
52.4	4	1	1	1
−15.3	1.5	1.625 9	1.637 33	1.621 32(BaF8)
14.46		1.614	1.621 87	1.610 73(ZK8)
		1	1	1

$$h=30,\quad \omega=-0.5^\circ,\quad l=\infty,\quad l_z=0$$

像差结果如表 5–20 所示。

表 5–20　像差结果（五）

h	$\delta L'$	$\delta L'_F$	$\delta L'_C$	$\Delta L'_{FC}$	SC'
1.0	0.015 2	0.477 2	0.320 6	0.156 5	−0.001 6
0.707 1	−0.084 5	0.268 6	0.258 0	0.010 5	−0.000 2
0	0	0.192 8	0.396 9	−0.204 1	0

h	x'_t	x'_s	x'_{ts}	$\delta L'_T$	K'_T	$\Delta y'_{FC}$	$\delta y'_z$
1.0	0.231	0.111	0.129	−0.018	−0.028	0.001 6	0.005 9
0.707 1	0.114	0.055	0.059	−0.001	−0.020	0.001 1	0.002 0

$$f'=319.989,\quad l'=54.849,\quad y'_0=2.792$$

上述结果的剩余球差和色球差数值比前面估算的高级像差值大很多倍，这是因为前面估算的高级像差值是在前组的像空间计算的，而表中的像差值是在整个系统的像空间计算的，因此二者之间还相差一个后组的轴向放大率，表面上二者的数值相差很大，但实际上是一致的。

下面我们采用 Zemax 软件来评价系统的成像质量，将系统的结构参数输入程序，系统图如图 5–19 所示。

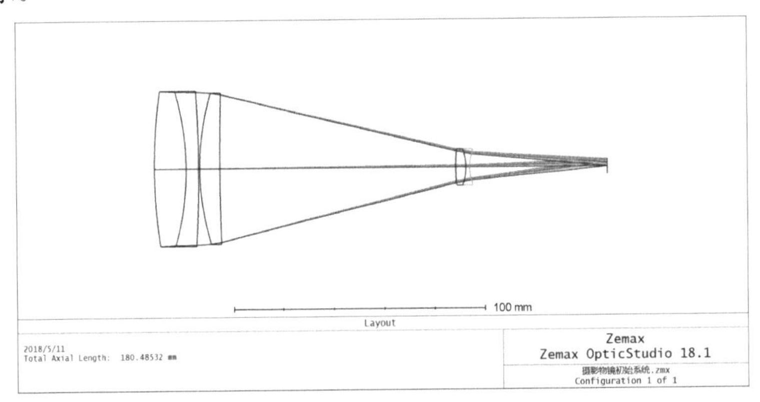

图 5–19　摄远物镜初始系统图

系统的点列图如图 5–20 所示。

可以利用 Zemax 的优化功能对系统进行优化，优化结果如下：

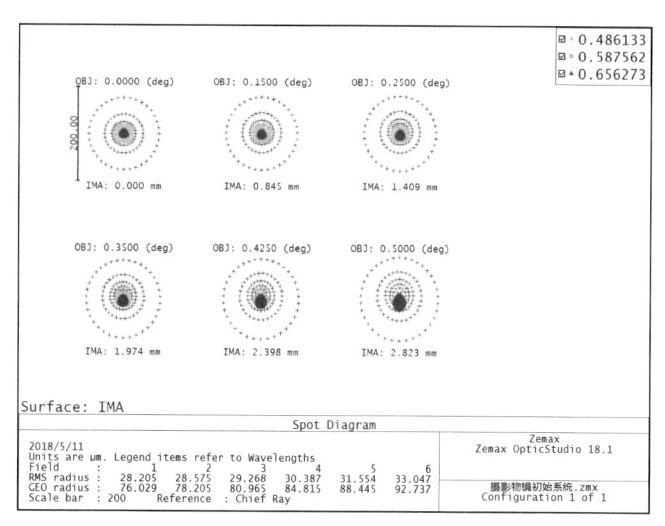

图 5–20　摄远物镜初始系统点列图

SURFACE DATA SUMMARY:

Surf: Type	Comment	Radius	Thickness	Material	Clear Semi–Diameter
OBJ STANDARD		Infinity	Infinity		0
STO STANDARD		188.379 3	13	BAK3	30.021 0
2 STANDARD		–104.149 9	5	ZF6	29.700 8
3 STANDARD		–432.480 6	0.5		29.633 4
4 STANDARD		101.268 9	8	ZK7	29.242 3
5 STANDARD		724.195 4	93.91		28.581 6
6 STANDARD		64.166 8	4	BAF8	7.043 4
7 STANDARD		–13.454 4	1.5	ZK8	6.710 0
8 STANDARD		15.462 3	54.089 8		5.872 4
IMA STANDARD		Infinity			2.811 9

摄远物镜优化后的系统点列图如图 5–21 所示。

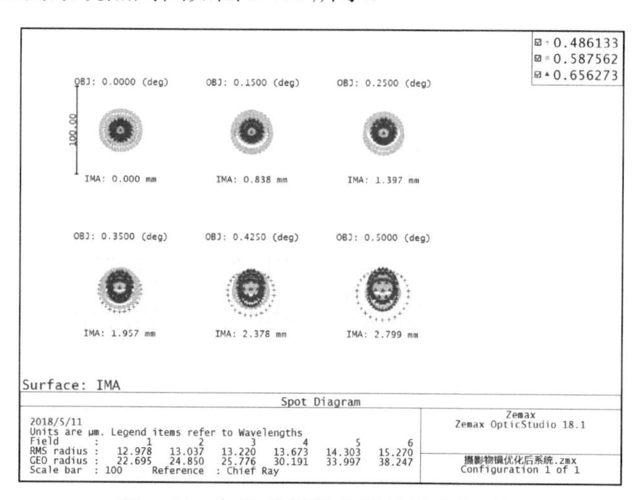

图 5–21　摄远物镜优化后的系统点列图

系统成像质量明显变好。可见，在像差理论的指导下，求得系统的结构参数，然后利用Zemax软件进行优化，可以快速地获得成像质量优良的系统。

§5.6 反射式物镜设计

反射式望远物镜在空间光学系统中有着广泛的应用，因此无论是在国内还是国外它都成了一个研究热点。对于空间光学系统，由于其物距非常大，而探测器的像元尺寸有限，如果要取得一定的分辨率，就需要增大系统的焦距，通常空间光学系统的焦距都会在几百毫米以上，长的可以达到数米甚至数十米。由于焦距长，要达到一定的相对孔径，物镜的口径就显得非常大，可达几百毫米至数米。这样大的口径对于透射式来说是非常难以实现的，因此通常空间光学系统都采用反射式。反射式系统的另一个优点是没有色差，适用于宽光谱系统。反射式光学系统通常有两镜式和多镜式，1990年发射的“哈勃”望远镜是世界上最著名的空间遥感器，它是主镜为2.4 m的两镜系统，在宇宙的探测方面，“哈勃”望远镜取得了巨大的成就。然而由于技术原因，“哈勃”于 2011 年被空间遥感器“詹姆士·韦伯”代替。“詹姆士·韦伯”是主镜口径为6.5 m的三镜系统。

5.6.1 两镜系统设计

两镜系统由一个主镜和一个次镜组成，通常主镜和次镜都是二次曲面，其表达式为

$$y^2 = 2rx - (1-e^2)x^2 \tag{5-1}$$

式中，e^2为面形参数，可以作为消像差的自变量；r为镜面顶点的曲率半径，对于望远镜系统，其物体位于无限远，同时一般光阑与主镜重合，因此有

$$l_1 = \infty, \quad u_1 = 0$$

定义两个与外形尺寸有关的参数

$$\alpha = \frac{l_2}{f_1'} = \frac{2l_2}{r_1} \approx \frac{h_2}{h_1} \tag{5-2}$$

$$\beta = \frac{l_2'}{l_2} = \frac{u_2}{u_2'} \tag{5-3}$$

根据高斯公式，还可以写出

$$r_2 = \frac{\alpha \cdot \beta}{1+\beta} \cdot r_1 \tag{5-4}$$

式中，α表示次镜离第一焦点的距离，也决定了次镜的遮光比；β表示次镜的放大倍数。主镜的焦距乘以β即为系统的焦距，或主镜的F数乘以β的绝对值即为系统的F数。

两镜系统的最大优点是主镜的口径可能做得较大，远超过透镜的极限尺寸，镀反射膜后，使用波段很宽，没有色差，同时采用非球面后，有较大的消像差的能力。因此，两镜系统结构比较简单，成像质量优良。但是，两镜系统也有一些缺点，例如不容易得到较大成像质量优良的视场，次镜会引起中心遮拦，有时遮拦比还较大，非球面与球面相比制造难度加大。但现在非球面加工技术越来越成熟，因此在空间光学系统中，两镜系统仍然是一个很好的选择。

1. 天文望远镜 R–C 系统设计

首先由仪器的总体设计要求，确定光学系统的通光口径及总的相对孔径。主镜相对孔径的选择和多方面因素有关，在经典的卡塞格林及 R–C 系统中，主要和系统的相对孔径有关。若系统的焦距比较长，主镜的焦距可以长一些，相对孔径也就可以小一些，这样加工容易一些。若系统的焦距很短，则主镜焦距就必须取得较短，相对孔径变大，从缩短镜筒长度来说，主镜相对孔径越大越有利，但加工难度会相应增大，加工难度和相对孔径立方成正比。因此，主镜相对孔径数值要综合几方面的因素来确定，一般取 1:3 左右。

另一个问题就是确定焦点的伸出量Δ，在消像差的独立变量中，与外形尺寸有关的是α和β。若Δ值较大，又要维持一定的β值不太大，势必要增大α值，从而导致中心遮拦增大。α，β，Δ之间的关系为

$$l_1=\frac{-f_1'+\Delta}{\beta-1} \tag{5–5}$$

$$\alpha=\frac{l_2}{f_1'}$$

主镜和次镜之间的间隔以及次镜的半径为

$$d=f_1'\ (1-\alpha) \tag{5–6}$$

$$r_2=\frac{\alpha\bullet\beta}{\beta+1}\bullet r_1$$

主镜的半径为

$$r_1=2\times\frac{\text{主镜口径}}{\text{主镜的相对孔径}} \tag{5–7}$$

现在假设我们要设计一个天文望远镜 R–C 系统，要求主镜口径为 2 160，整个系统的相对孔径为 1:9，系统的焦距为 19 440，焦点需引出主镜之后，以便配接各种光谱和光度观测设备。这是一个典型的 R–C 系统，一般取主镜的相对孔径为 1:3，故主镜焦距为

$$f_1'=\frac{2\,160}{1/3}=-6\,480$$

对于焦点伸出量Δ，考虑到主镜玻璃厚度及主镜轴向支撑系统占用的空间，由望远镜总体设计给出Δ＝1 250。因此可以算出次镜参数

$$l_2=\frac{6\,480+1\,250}{-3-1}=-1\,932.5$$

$$\alpha=\frac{-1\,932.5}{-6\,480}=0.298\,225\,3$$

$$\beta=\frac{19\,440}{-6\,480}=-3$$

根据消球差和彗差的条件，有

$$e_1^2=1+\frac{2\alpha}{(1-\alpha)\beta^2} \tag{5–8}$$

$$e_2^2=\frac{\dfrac{2\beta}{1-\alpha}+(1+\beta)(1-\beta)^2}{(1+\beta)^3} \tag{5-9}$$

将α，β的值代入得

$$e_1^2=1+\frac{2\times 0.298\,225\,3}{(1-0.298\,225\,3)\times(-3)^2}=1.094\,435\,3$$

$$e_2^2=\frac{\dfrac{2\times(-3)}{1-0.298\,225\,3}+(1-3)\times[1-(-3)]^2}{(1-3)^3}$$

$$=\frac{-8.549\,752\,5-32}{-8}=5.068\,719$$

主镜和次镜的顶点曲率半径及间隔为

$$r_1=-2\times 6\,480=-12\,960$$

$$r_2=\frac{\alpha\beta}{\beta+1}\bullet r_1=\frac{0.298\,225\,3\times(-3)}{-3+1}\times(-129\,60)=-5\,797.5$$

$$d=f_1'(1-\alpha)=-6\,480\times(1-0.298\,225\,3)=-4\,547.5$$

将所有参数输入 Zemax 软件，取半视场角为 0.1°，系统图如图 5–22 所示，系统的点列图如图 5–23 所示。

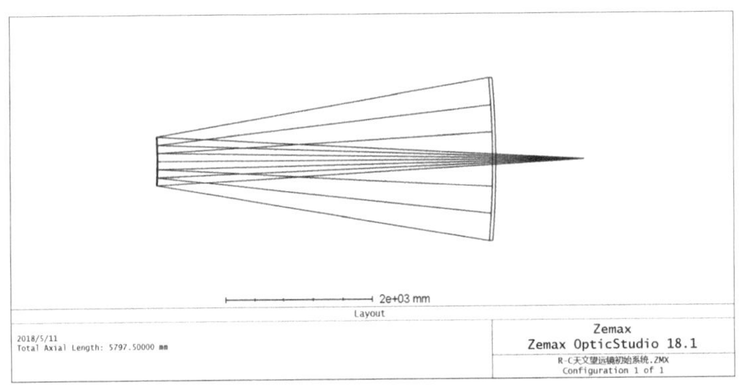

图 5–22　R–C 天文望远镜初始系统图

下面利用 Zemax 软件的像差优化功能对系统进行优化，优化变量只取两个二次曲面系数，优化结果为

Surf: Type	Comment	Radius	Thickness	Material	Clear Semi–Diameter	Conic
OBJ STANDARD	Infinity	Infinity			0	0
STO STANDARD		−12 960	−4 547.5	MIRROR	1 080.006 5	−1.094 8
2 STANDARD		−5 797.5	5 797.5	MIRROR	323.744 5	−5.072 8
IMA STANDARD		Infinity			2.816 4	0

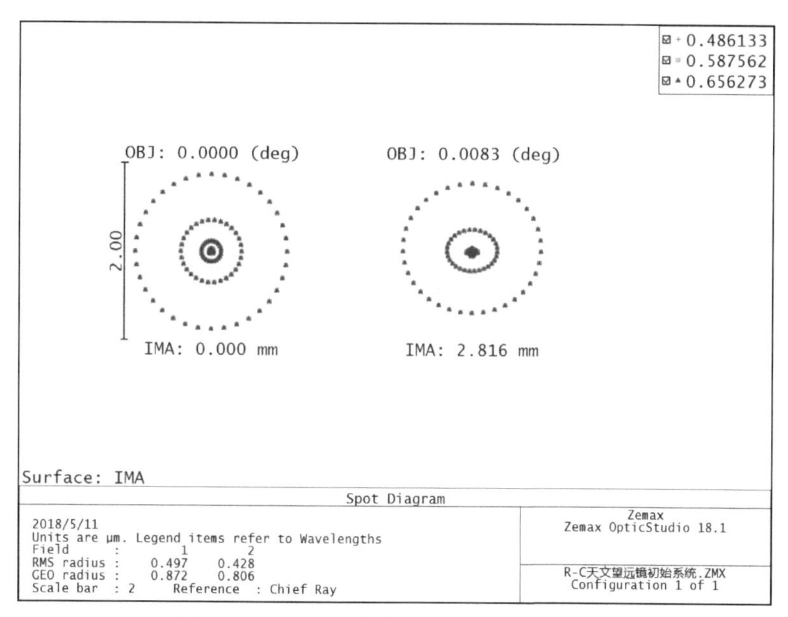

图 5–23　R–C 天文望远镜初始系统点列图

优化后系统的点列图如图 5–24 所示。

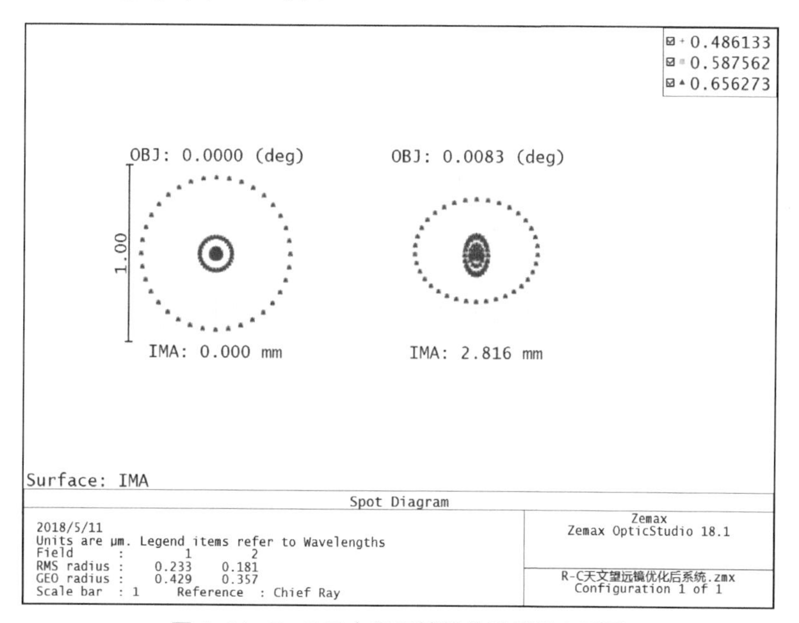

图 5–24　R–C 天文望远镜优化后系统点列图

2. 卫星用 R–C 系统设计

假设需要设计一个用于空间卫星的 R–C 系统，主镜口径为 250，系统的焦距为 1 000，焦点伸出量为Δ=180，要求镜头长度尽可能短。

因为整个系统的相对孔径比较大，为 1:4，所以假定主镜的相对孔径为 1:2，这样主镜的焦距为–500，顶点曲率半径为–1 000，从主镜到系统焦点的距离为 500+180= 680，因此

$$\beta=\frac{1\,000}{-500}=-2$$

次镜的放大率为2($\beta=-2$)，故次镜离主镜焦点的距离为

$$l_2=\frac{680}{-3}=-226.667$$

$$l_1=\frac{-f_1'+\varDelta}{\beta-1}=\frac{-(-500)+180}{-2-1}=\frac{680}{-3}\approx-226.667$$

而

$$\alpha=\frac{l_2}{f_1'}=\frac{-226.667}{-500}=0.453\,334$$

同样，根据消球差和彗差的条件，有

$$e_1^2=1+\frac{2\alpha}{(1-\alpha)\beta^2}=1+\frac{2\times0.453\,333\,3}{(1-0.453\,333\,3)\times(-2)^2}\approx1.414\,634\,1$$

$$e_2^2=\frac{\dfrac{2\beta}{1-\alpha}+(1+\beta)(1-\beta)^2}{(1+\beta)^3}=\frac{\dfrac{2\times(-2)}{1-0.453\,333\,3}+(1-2)\times(1+2)^2}{(1-2)^3}=\frac{-7.317\,072\,7-9}{-1}\approx16.317\,073$$

由于卫星外形尺寸的限制，希望镜筒尽量短一些、次镜遮拦少些。现在α=0.453，中心遮拦损失达20.6%，主镜和次镜之间的距离达–500+226.667=–273.333。经再三验算，将主镜相对孔径提高到1:1.2，即主镜焦距取–300，则可求出

$$\alpha=0.369\,666\,7,\ \beta=-3.333\,263\,2$$

$$e_1^2=1.105\,567\,6,\ e_2^2=4.281\,678\,6$$

$$r_1=-600,\ r_2=-316.86$$

$$d=-189.10$$

将所有参数输入Zemax软件，取半视场角为0.1°，系统图如图5–25所示。

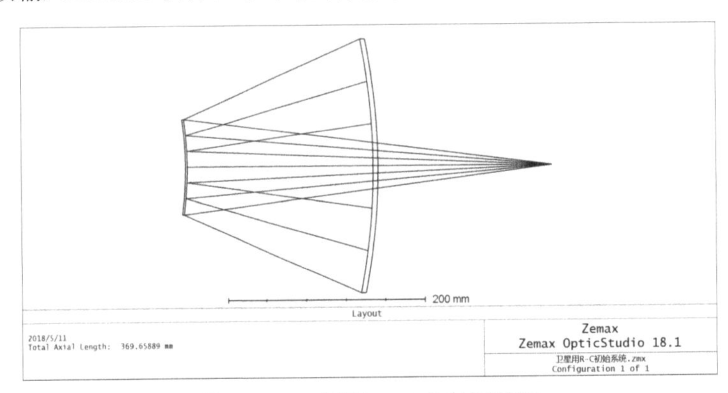

图5–25　卫星用R–C初始系统图

卫星用R–C初始系统的点列图如图5–26所示。

下面利用Zemax软件的像差优化功能对系统进行优化，优化变量只取两个二次曲面系数，优化结果为

Surf: Type	Comment	Radius	Thickness	Material	Clear Semi–Diameter	Conic
OBJ STANDARD		Infinity	Infinity		0	0
STO STANDARD		–600	–189.1	MIRROR	125.001 9	–1.085 6
2 STANDARD		–316.86	369.658 9	MIRROR	46.994 9	–4.125 8
IMA STANDARD		Infinity			0.146 5	0

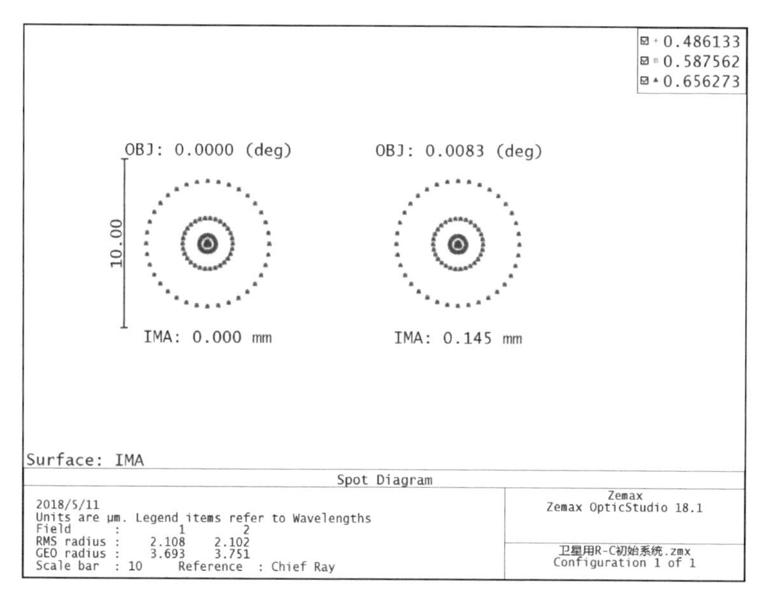

图 5–26　卫星用 R–C 初始系统点列图

优化后的点列图如图 5–27 所示。

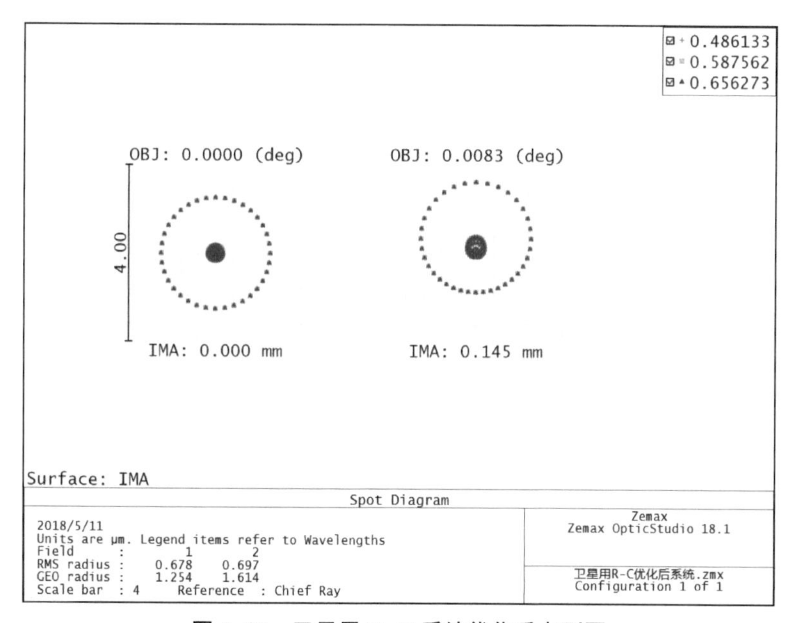

图 5–27　卫星用 R–C 系统优化后点列图

5.6.2 三镜系统设计

对于空间光学系统，目前常用的有以下几种不同的结构形式：四镜系统、三镜四反射系统、三镜消像散系统，分别如图 5–28～图 5–30 所示。

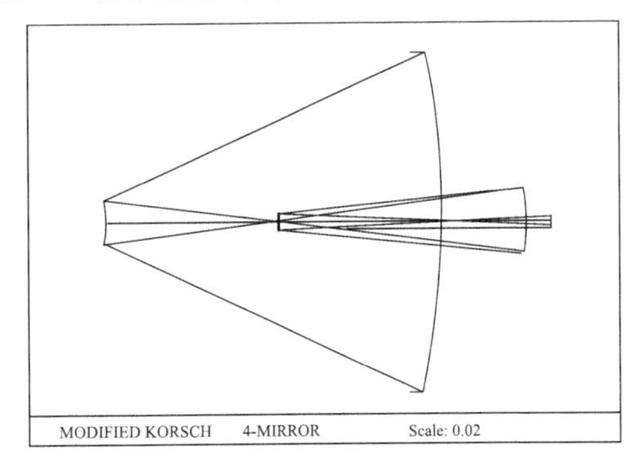

图 5–28 四镜系统

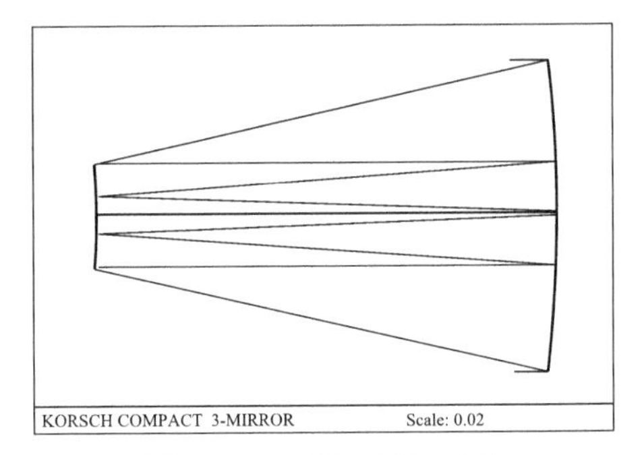

图 5–29 三镜四反射系统

如图 5–28 所示结构形式的优点是成像质量好，有实的出瞳；缺点是难以固定和装调，第三镜和第四镜口径较大，并且还是高次非球面，给加工带来困难。如图 5–29 所示的结构形式的优点是成像质量好，易于固定和安装，并且所有反射镜都是二次曲面；缺点是没有实的出瞳，次镜口径也较大。如图 5–30 所示的第三种结构形式，即三镜消像散（TMA）的结构形式可以避免以上两种结构存在的缺点。这种结构运用了共轴系统离轴使用的方法，即以一定角度入射的平行光束，经主镜、次镜和三镜反射后，光束偏离开主光轴，因此可以加装一个变形镜以实时校正主镜的像差，满足自适应的要求。快速稳像镜的作用是稳定像面。变形镜和快速稳像镜在光学设计的过程中均视为理想平面镜，不影响系统的像差，所以 TMA 系统实际上是由 3 个二次曲面构成的三镜系统。我们可以根据三镜系统的初级像差理论求解出初始结构，然后进行像差优化。

下面举一个例子。假设要设计的系统的性能参数为：焦距 35 m，口径 4 m，谱段为可见光，视场角为 1°×0.05°，面遮拦要求≤7%，必须选用平像面并且具有实的出瞳，处在主镜后面，外形尺寸尽量小，长度≤6 m，结构紧凑，成像质量要求波前误差接近衍射极限。

1. 光学系统初始结构参数的确定

三镜系统的自变量共有 7 个，不仅可以很好地校正初级像差，还能利用剩余的变量控制三个反射镜的外形尺寸。三镜系统的初始结构参数求解可以参阅潘君骅所著的《光学非球面的设计、加工与检验》一书，下面我们来求初始结构参数。

三镜反射系统如图 5–31 所示。假设物体位于无穷远，则 $l_1=\infty$，$u_1=0$，入瞳位于主镜上，即 $x_1=0$，$y_1=0$。假设主镜、次镜及第三镜的二次曲面系数为 e_1^2，e_2^2，e_3^2,引入如下参数：

副镜对主镜的遮拦比

$$\alpha_1=\frac{l_2}{f_1'}\approx\frac{h_2}{h_1} \tag{5-10}$$

第三镜对副镜的遮拦比

$$\alpha_2 = \frac{l_3}{l_2'} \approx \frac{h_3}{h_2} \tag{5-11}$$

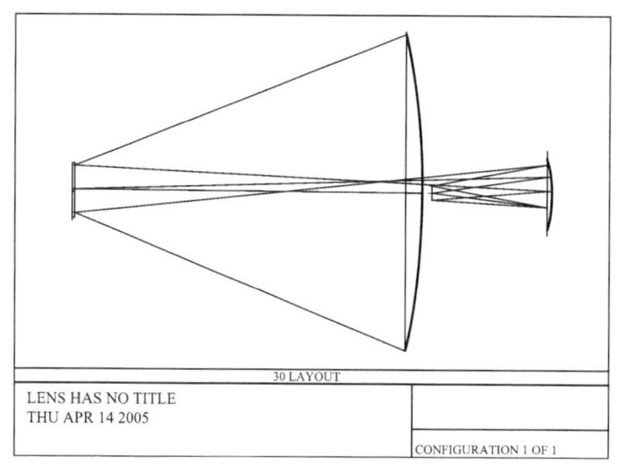

图 5-30　三镜消像散系统

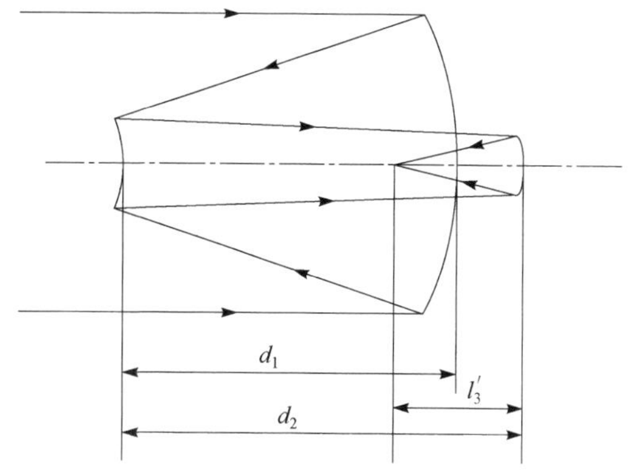

图 5-31　三镜反射系统

副镜的放大率

$$\beta_1 = \frac{l_2'}{l_2} = \frac{u_2}{u_2'} \tag{5-12}$$

第三镜放大率

$$\beta_2 = \frac{l_3'}{l_3} = \frac{u_3}{u_3'} \tag{5-13}$$

根据初级像差理论可以得出：

球差

$$S_{\mathrm{I}} = \frac{1}{4}[(e_1^2-1)\beta_1^3\beta_2^3 - e_2^2\alpha_1\beta_2^3(1+\beta_1)^3 + e_3^2\alpha_1\alpha_2(1+\beta_2)^3 + \alpha_1\beta_2^3(1+\beta_1)(1-\beta_1)^2 - \alpha_1\alpha_2(1+\beta_2)(1-\beta_2)^2] \tag{5-14}$$

彗差

$$S_{\mathrm{II}} = -\frac{e_2^2(\alpha_1-1)\beta_2^3(1+\beta_1)^3}{4\beta_1\beta_2} + e_3^2\frac{[\alpha_2(\alpha_1-1)+\beta_1(1-\alpha_2)](1+\beta_2)^3}{4\beta_1\beta_2} + \frac{(\alpha_1-1)\beta_2^3(1+\beta_1)(1-\beta_1)^2}{4\beta_1\beta_2} - \frac{[\alpha_2(\alpha_1-1)+\beta_1(1-\alpha_2)](1+\beta_2)(1-\beta_2)^2}{4\beta_1\beta_2} - \frac{1}{2} \tag{5-15}$$

像散

$$S_{\mathrm{III}} = -e_2^2\frac{\beta_2(\alpha_1-1)^2(1-\beta_1)^3}{4\alpha_1\beta_1^2} + e_3^2\frac{[\alpha_2(\alpha_1-1)+\beta_1(1-\alpha_2)]^2(1+\beta_2)^3}{4\alpha_1\alpha_2\beta_1^2\beta_2^2} + \frac{\beta_2(\alpha_1-1)^2(1+\beta_1)(1-\beta_1)^2}{4\alpha_1\beta_1^2} - \frac{[\alpha_2(\alpha_1-1)+\beta_1(1-\alpha_2)]^2(1+\beta_2)(1-\beta_2)^2}{4\alpha_1\alpha_2\beta_1^2\beta_2^2} - \frac{\beta_2(\alpha_1-1)(1-\beta_1)(1+\beta_1)}{\alpha_1\beta_1} - \frac{[\alpha_2(\alpha_1-1)+\beta_1(1-\alpha_2)](1-\beta_2)(1+\beta_2)}{\alpha_1\alpha_2\beta_1\beta_2} -$$

$$\beta_1\beta_2+\frac{\beta_2(1+\beta_1)}{\alpha_1}-\frac{1+\beta_2}{\alpha_1\alpha_2} \tag{5-16}$$

像面弯曲

$$S_{\mathrm{IV}}=\beta_1\beta_2-\frac{\beta_2(1+\beta_1)}{\alpha_1}+\frac{1+\beta_2}{\alpha_1\alpha_2} \tag{5-17}$$

为了校正像差，令 $S_{\mathrm{I}}=0$，得

$$\begin{aligned}e_1^2=1+\frac{1}{\beta_1^3\beta_2^3}[&e_2^2\alpha_1\beta_2^3(1+\beta_1)^3-e_3^2\alpha_1\alpha_2(1+\beta_2)^3-\\&\alpha_1\beta_2^3(1+\beta_1)(1-\beta_1)^2+\alpha_1\alpha_2(1+\beta_2)(1-\beta_2)^2]\end{aligned} \tag{5-18}$$

令 $S_{\mathrm{II}}=0$，得

$$\begin{aligned}&e_2^2(\alpha_1-1)\beta_2^3(1+\beta_1)^3-e_3^2[\alpha_2(\alpha_1-1)+\beta_1(1-\alpha_2)](1+\beta_2)^3\\&=(\alpha_1-1)\beta_2^3(1+\beta_1)(1-\beta_1)^2-[\alpha_2(\alpha_1-1)+\beta_1(1-\alpha_2)](1+\beta_2)(1-\beta_2)^2-2\beta_1\beta_2\end{aligned} \tag{5-19}$$

令 $S_{\mathrm{III}}=0$，得

$$\begin{aligned}&e_2^2\frac{\beta_2(\alpha_1-1)^2(1+\beta_1)^3}{4\alpha_1\beta_1^2}-e_3^2\frac{[\alpha_2(\alpha_1-1)+\beta_1(1-\alpha_2)]^2(1+\beta_2)^3}{4\alpha_1\alpha_2\beta_1^2\beta_2^2}\\&=\frac{\beta_2(\alpha_1-1)^2(1+\beta_1)(1-\beta_1)^2}{4\alpha_1\beta_1^2}-\frac{[\alpha_2(\alpha_1-1)+\beta_1(1-\alpha_2)]^2(1+\beta_2)(1-\beta_2)^2}{4\alpha_1\alpha_2\beta_1^2\beta_2^2}-\\&\quad\frac{\beta_2(\alpha_1-1)(1-\beta_1)(1+\beta_1)}{\alpha_1\beta_1}-\frac{[\alpha_2(\alpha_1-1)+\beta_1(1-\alpha_2)](1-\beta_2)(1+\beta_2)}{\alpha_1\alpha_2\beta_1\beta_2}-\\&\quad\beta_1\beta_2+\frac{\beta_2(1+\beta_1)}{\alpha_1}-\frac{1+\beta_2}{\alpha_1\alpha_2}\end{aligned} \tag{5-20}$$

令 $S_{\mathrm{IV}}=0$，得

$$\beta_1\beta_2=\frac{\beta_2(1+\beta_1)}{\alpha_1}-\frac{1+\beta_2}{\alpha_1\alpha_2} \tag{5-21}$$

以上 4 个消像差公式中共有 7 个自由变量，即 e_1^2，e_2^2，e_3^2，α_1，α_2，β_1和β_2，其中后 4 个变量与外形尺寸有关，如果只要求消除球差、彗差及像散，则外形尺寸完全可以自由安排。若要求像面是平的，则由式（5–21）来决定与外形尺寸相关的变量之间的关系。

从以上公式可以得出结构参数的计算公式如下：

$$r_1=\frac{2f}{\beta_1\beta_2} \tag{5-22}$$

$$r_2=\frac{2\alpha_1 f}{\beta_2(1+\beta_1)} \tag{5-23}$$

$$r_3=\frac{2\alpha_1\alpha_2 f}{1+\beta_2} \tag{5-24}$$

$$d_1 = \frac{r_1}{2}(1-\alpha_1) \tag{5–25}$$

$$d_2 = \frac{r_1}{2}\alpha_1\beta_1(1-\alpha_2) \tag{5–26}$$

式中，d_1，d_2——主镜和次镜的间隔。

根据式（5–10）～式（5–20）4 个消像差公式和式（5–22）～式（5–26）6 个结构参数公式以及相应的性能要求，可以很方便地编程计算出各面形的参数。需要注意的是，性能参数中要求的是面遮拦系数，而公式中的遮拦比为线遮拦系数，它们之间是平方的关系，即线遮拦系数必须小于 0.264。

2. 系统的像差优化

快速稳像镜是一理想平面镜，在系统优化的过程中可以不加入计算。但是变形镜必须加入，因为系统的孔径光阑与主镜重合，其共轭像面位置就是出瞳，也就是变形镜的位置，这样，在自适应光学中变形镜才能校正主镜的误差。由于结构和光束位置的限制，变形镜也就是出瞳必须位于主镜和三镜之间。在优化的过程中加入变形镜，然后控制系统的出瞳，让出瞳与变形镜重合，即可满足要求。

假设系统探测器的像元尺寸为 0.007，由此可以计算出系统计算传函的特征抽样频率为 72（单位为 lp/mm）。视场角的设置为：x 方向 0°，0.25°，0.35°，0.5°；y 方向 0.3°，0.3°，0.3°，0.3°。波长为 0.5～0.8 μm 均匀设置。由于是反射系统，故波长对优化过程没有影响。根据性能要求可以知道需要控制的参数还有：r_2/r_1 小于 0.264；总长度小于 6 000。

在优化过程中，有两种优化方法。第一种方法是将光阑设在变形镜上，控制入瞳与主镜重合。第二种方法是把光阑设在主镜上，利用优化操作数将出瞳和变形镜控制在同一个位置，同时保持这个位置在主镜和三镜之间。这两种方法均能得到令人满意的效果。采用全局搜索的方式，经过长时间的优化，结果如图 5–32～图 5–34 所示。

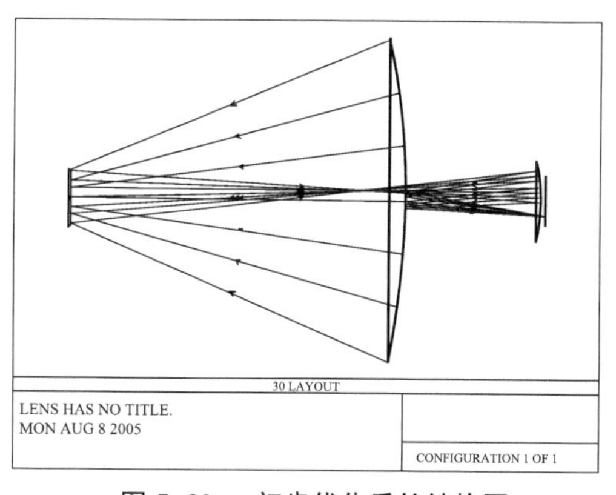

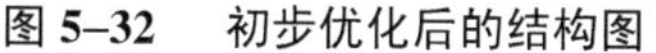
图 5–32　初步优化后的结构图

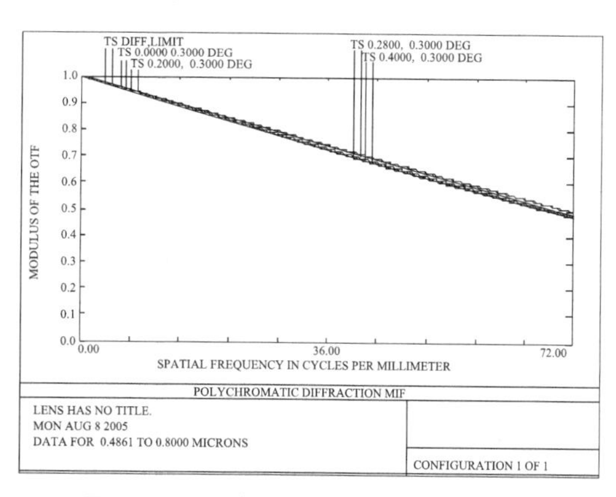

图 5–33　初步优化后的 MTF 曲线图

由图 5–32 可以看出初步优化后的结构比较匀称，由图 5–33 可知传函已经接近衍射极限，但从图 5–34 可看出第四镜（即变形镜）遮挡了次镜到第三镜的部分光线，所以需要进一步调整结构。为了调整光束的高度可采用以下两种方法进行优化：一种方法是对主镜次镜的曲率半径和主镜的厚度进行调整，使得次镜到主镜的光线在四镜附近汇聚，并在优化过程中令

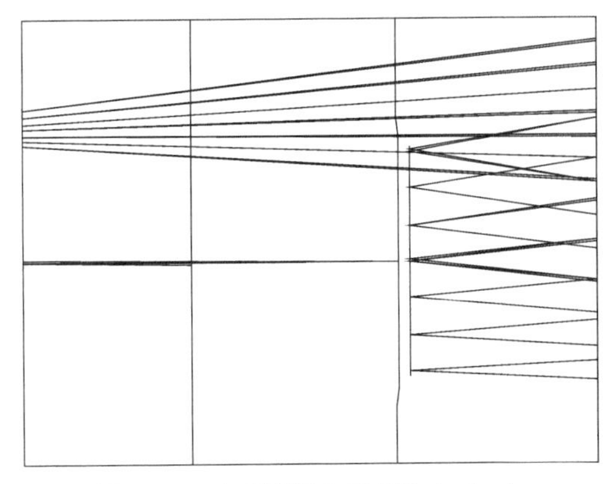

图 5–34　变形镜部分局部放大（一）

这个量为常数；另外一种方法就是通过控制光线的实际投射高度来降低全视场边缘光线在第四面上的投射高，或提高在第三镜上的投射高。

最终优化结果：系统结构变化不大，但从图 5–35 可以看出遮拦已经被消除，由图 5–36 可以看出传函比结构调整之前有所下降，但仍然接近衍射极限。波像差的峰谷值为 0.764 个波长。根据瑞利准则，最大波像差小于 1/4 波长，则系统质量与理想光学系统没有显著差别。因此，从设计结果可以看出，光学系统满足技术要求，成像质量接近衍射极限，整个结构匀称紧凑，符合总体要求。

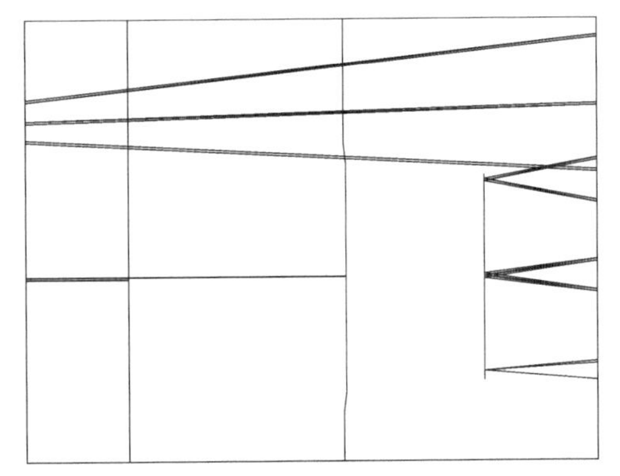

图 5–35　变形镜部分局部放大（二）

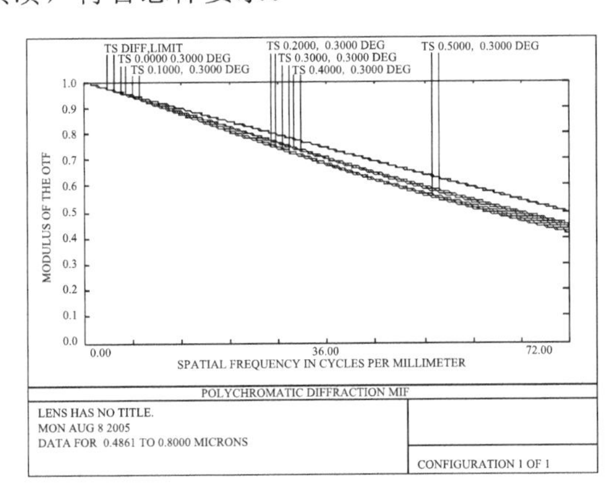

图 5–36　MTF 曲线图

§ 5.7　折反射球面系统设计

折反射球面系统的设计与一般球面折射系统的设计并无原则性区别，所不同的只是折反射系统由于存在像面位置、中心遮光和轴外渐晕等一系列的特殊问题，因此在像差校正之前要首先计算系统的外形尺寸，解决各组透镜和反射镜的位置安排、口径大小、遮光筒尺寸和轴外渐晕大小等一系列问题，然后根据外形尺寸计算的结果进行像差设计。下面我们举一个具体例子，说明系统的全部设计过程。

要求设计一个折反射照相物镜，光学特性为：焦距 f'=1 000；相对孔径 $\frac{D}{f'}=\frac{1}{8}$；视场 2ω=2.5°（幅面 36 mm×24 mm）。

另外要求系统的最后像平面离开主反射镜的距离不小于 70，中心遮光比不大于 0.5。现选择如图 5–37 所示的结构形式，它是由两个反射球面构成的卡

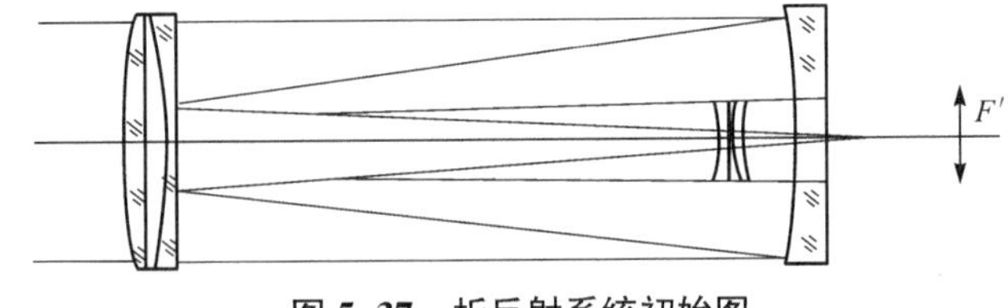

图 5–37　折反射系统初始图

塞格林系统，为了校正反射镜的球差和彗差，在平行光路中加入了一个双透镜校正组。该校正组由同一种玻璃构成并自行消色差，因此整个校正组的组合光焦度为零。在最后像空间也加入了一个无光焦度的校正组，以校正像散等其他轴外像差。整个系统中的全部透镜都由一种玻璃 K9（$n_D=1.5163$, $\nu=64.1$）构成。

下面首先进行系统的外形尺寸计算。系统中除了两个反射面之外，其余的两个透镜组都是无光焦度的，因此在外形尺寸计算时可以不考虑这两个透镜组，而只考虑两个反射球面，如图 5–38 所示。

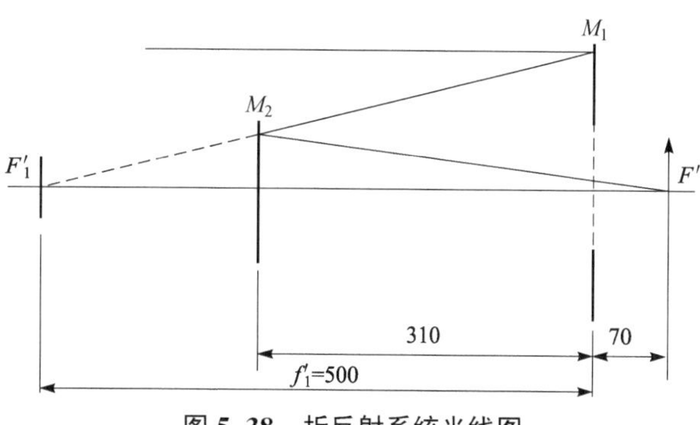

图 5–38　折反射系统光线图

根据整个系统消初级场曲的要求，这两个反射面的半径应该相等，考虑到一般系统中允许有少量的负场曲，反射镜 M_1 的半径可以比 M_2 的半径略小一些。因为 M_1 的场曲为正，M_2 的场曲为负，要使整个系统场曲为负，应使 M_2 的光焦度（指绝对值）比 M_1 大，因此它的半径就比 M_1 小。减小 M_2 的半径对缩短系统长度和减少中心遮光都是有利的，因为在像面位置固定的条件下（按要求像面离主反射镜距离不小于 70），M_2 的半径越小，它离开 M_1 的距离就越远，成像光束在 M_2 上的口径就小，有利于减少中心遮光。同时 M_2 的放大率β也随之增加，有利于缩短系统的长度。

下面首先根据允许的场曲计算系统的场曲和数。根据式（4–25）有

$$x'_p=\frac{-n'y'^2}{2}\pi$$

其中，$\pi=\sum\left(\frac{\varphi}{n}\right)$，根据视场角和焦距求得像高为

$$y'=-f'\tan\omega=-1\,000\tan(-1.25^\circ)=22$$

假定系统允许的 x'_p 为–0.1～–0.2，可得

$$\pi=0.000\,41\sim0.000\,82$$

由于系统要求满足的条件除了总焦距和幅面大小以外，还有像面位置、中心遮光、杂光遮拦和轴外渐晕等一系列问题需要考虑，因此无法用解方程式的方法直接求出 r_1 和 r_2，而只能通过多次试算，逐步确定系统的各个参数。这里我们不能叙述全部过程，只能把最后采用的参数的计算过程说明如下。

（1）选定主反射镜的半径 r_1。

主反射镜的半径是整个系统中最重要的一个参数，所以首先从它开始，我们可以参考一些类似结构，初步确定一个数值，当然不可能一次选得正好，如果在后面的计算中发现不合理，可以再改。我们取 $r_1=1\,000$, $f'_1=500$。

（2）求第二反射面的半径 r_2。

系统的总焦距 f'=1 000，而第一反射面 M_1 的焦距为 $f'_1=500$，因此 M_2 的放大率为

$$\beta_2=\frac{f'}{f_1'}=\frac{1\,000}{500}=2$$

根据β_2和像面的位置即可求出 M_2 的位置和焦距。当 M_2 位于主反射镜前方 310 处时，它的物距和像距分别为

$$l_2=-190,\quad l_2'=380$$

这时最后像面离开主反射镜的距离恰好等于 70。根据物距和像距就可以求出 M_2 的半径 r_2。

根据单个球面近轴光学基本公式

$$\frac{n'}{l'}-\frac{n}{l}=\frac{n'-n}{r}$$

将 $n_2'=1$, $n_2=-1$, $l_2=-190$, $l_2'=380$ 代入上式得

$$r_2=-762,\ f_2'=381$$

（3）验算场曲和数。

根据π的计算公式

$$\pi=\sum\frac{\varphi}{n}=\frac{1}{381}-\frac{1}{500}=0.000\,62$$

它恰好位于前面预定的数值范围 0.000 41～0.000 82，因此符合要求。

（4）决定中心遮光比、遮光罩和遮光筒的尺寸。

在确定中心遮光比、遮光罩、遮光筒尺寸时一般采用图解法。首先作出两个反射面，以及它们所成的像 y_1' 和 y'，如图 5–39 所示。图中光轴方向的比例尺和垂轴方向的比例尺不一致，轴向比垂轴小 1/2，这是为了作图方便，对最后结果并无影响，图 5–38 和图 5–40 也是如此。

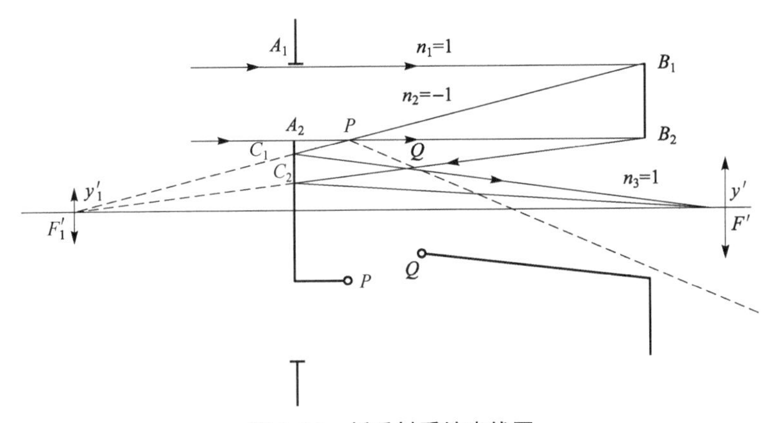

图 5–39　折反射系统光线图

主反射镜的口径为

$$D_1=\frac{f'}{8}=125$$

作出轴向边缘光线的光路 $A_1B_1C_1F'$，该光线在系统中显然不能受到阻拦。它在第二反射镜上 M_2 的口径为

$$D_2=\frac{D_1}{f_1'}\times l_2=\frac{125}{-500}\times(-190)=47.5$$

显然中心遮光直径不能小于 47.5。像面的对角线为 44，主反射镜的中心孔径也必须大于 44。中心遮光比究竟取多少，必须考虑杂光遮拦的问题，这就要通过作图来解决。根据要求，系统中心遮光比不能大于 0.5，我们取遮光直径等于 60。作出该口径的轴向光路 $A_2B_2C_2F_1'$，如图 5–39 所示，它同样在系统中不允许受到阻拦，A_2B_2 和 B_1C_1 交于一点 P，B_2C_2 和 C_1F' 交于一点 Q。为了遮住不经过主反射镜而直接射向像面的杂光，可以在反射镜 M_2 上加一个遮光罩 A_2P，在 M_1 上加一个遮光筒 B_2Q，它们都不会阻碍轴向光束中除了中心遮光部分之外的成像光线到达像面。作 PQ 连线并延长，距离画面越远，则杂光遮拦越好；如果靠近画面，则杂光遮拦不好，进入画面则更不允许。由图 5–39 很容易看到，如果中心遮光的直径减小，则遮光罩 A_2P 和遮光筒 B_2Q 的长度缩短，杂光遮拦就差。这也要通过几次试作才能得出一个最好的方案。从图 5 – 39 中看到，取中心遮光直径为 60，既没超出允许的中心遮光比 0.5，而且 PQ 直线的延长线离画面还有一定的距离。主反射镜的中心孔径可以达到 60，而像面对角线为 44，因此有足够的空间用于安置中心遮光筒和像空间校正组。

至此整个系统的全部外部尺寸都已经确定了。当然在实际设计过程中，上述过程可能要多次反复，因为我们不可能一次就把各种参数都选得完全适当，这里只是为了叙述简单，把中间过程都略去了。

（5）检验轴外渐晕。

在系统尺寸确定以后，还需要检验轴外像点的渐晕，同样采用作图法。作图的步骤是首先作出系统图与轴外像点 B_1' 和 B_2'，如图 5–40 所示。我们以主反射镜作为基准面，求轴外像点在主反射镜上的通光面积。在图的右侧作出主反射镜的外圆和中心孔。首先计算出通过入瞳下边缘点 N、以最大视场角入射的光线 NO_1、与主反射镜的交点 O_1，连 NO_1 直线，在右图上过 O_1 点以主反射镜直径作圆，即为主反射镜上通光部分的下边缘。由 B_2' 作 $B_2'Q_1$，交第二反射镜于一点 R，连 $B_1'R$ 交主反射镜于一点 O_3，在右图上过 O_3 同样以主反射镜直径作圆，即为成像光束的上边缘。由 B_1' 作中心遮光筒下边缘点 Q_2 的连线，交主反射镜于一点 O_2，过 O_2 点以主反射镜中心孔的直径（$\phi 60$）作圆，即为斜光束中心遮光的下边缘，这样就决定了轴外像点的通光面积。由图 5–40 可以看到，系统的轴外渐晕是相当大的，通光面积不到轴上点的一半，这主要是由中心遮光筒的上边缘造成的。而中心遮光筒的尺寸则是由杂光遮拦的要求决定的。轴外渐晕比较严重，这是折反射系统普遍存在的缺点之一。

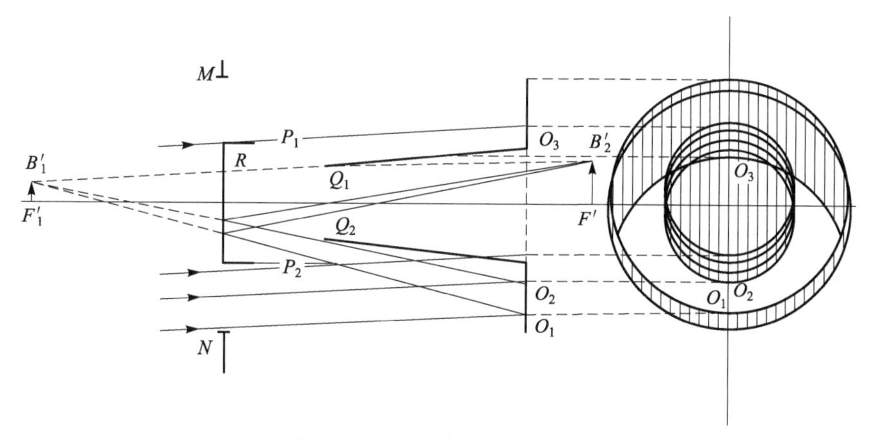

图 5–40　折反射系统光线图

（6）设计前、后校正组。

外形尺寸计算完成以后，就可以开始设计校正透镜组，校正系统的像差。首先设计前校正组，然后设计后校正组。在着手校正像差以前首先单独计算一下反射系统的像差，这一方面可以作为设计校正组的依据，同时也可以验证一下前面的计算结果。

	d	n
r_1=−100	−310	1
r_2=−762		−1
		1

入瞳与第二反射面重合，$l_z=-310$。像差结果如表 5–21 所示。

表 5–21　像差结果

h	$\delta L'$	SC'	x'_t	x'_s	K'_T	$\delta L'_T$	K'_S	$\delta L'_s$
1.0	−2.23	0.001 6	−0.585	−0.294	0.11	−2.234	0.036	−2.23
0.707 1	−1.114	0.000 8	−0.298	−0.147	0.077	−2.232	0.026	−2.23

$$f'=997.38,\qquad y'=21.76,\qquad l'=379$$

由以上像差结果看到，反射系统的主要像差是 $\delta L'$, $K'_T(SC')$ 和 x'_{ts}，基本上都属于初级像差。根据 x'_p 和 x'_t, x'_s 的关系

$$x'_p=x'_s-\frac{x'_t-x'_s}{2}=-0.149$$

与前面外形尺寸计算时预定的数值范围为−0.1～−0.2 相符。系统的焦距与后截距也和要求的数值相差很少，说明前面的计算结果是正确的。

校正透镜组的设计方法，可以根据反射系统的像差，确定对校正透镜组的像差要求，然后用初级像差公式求解透镜组的初始结构，最后计算实际像差并进行最后校正；也可以直接给出一个初始结构，通过逐步修改、校正像差来完成，这和一般透镜系统设计并无区别。对前校正组我们要求它校正系统的球差和彗差，而且自行消色差，同时为了简化系统的结构，要求最后一个面和第二反射镜重合，即校正透镜组的最后一个面的半径为 762。这样校正透镜组只有 3 个可变半径，正好要求校正球差、彗差、色差三种像差。

接着加入后校正组，校正系统的像散，同时也要求校正组自行校正垂轴色差，并且尽可能少产生彗差。后校正组有 4 个半径作为自由参数，能够满足上述校正要求，具体过程从略，最后得到如下结果：

	d	n_D	n_F	n_C
r_1=968.644	12	1	1	1
r_2=1 588.295	4.165	1.516 3	1.521 95	1.513 89
r_3=−577.773	12	1	1	1
r_4=−762	310	1.516 3	1.521 95	1.513 89
r_5=−1 000	−310	1	1	1
r_6=−762	290	−1	−1	−1

r_7=−390.44	4	1	1	1
r_8=−1 775.76	0.1	1.516 3	1.521 95	1.513 89
r_9=407.38	4	1	1	1
r_{10}=12 267.21	1	1.516 3	1.521 95	1.513 89
	1	1		

把系统的上述数据输入 Zemax 软件进行计算，系统图如图 5–41 所示，点列图如图 5–42 所示，MTF 曲线图如图 5–43 所示。

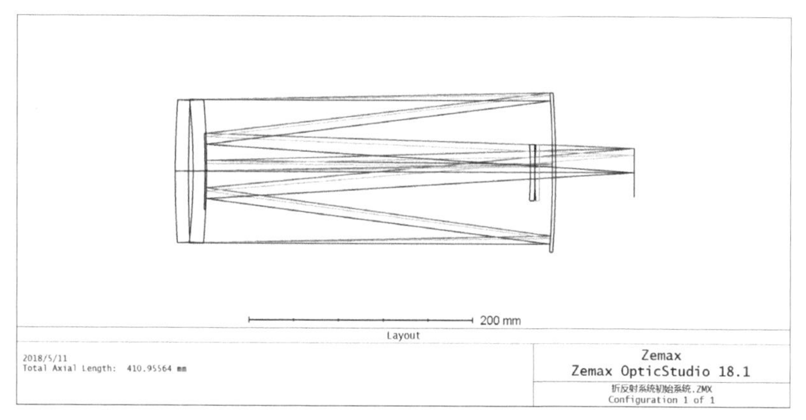

图 5–41　折反射系统初始系统图

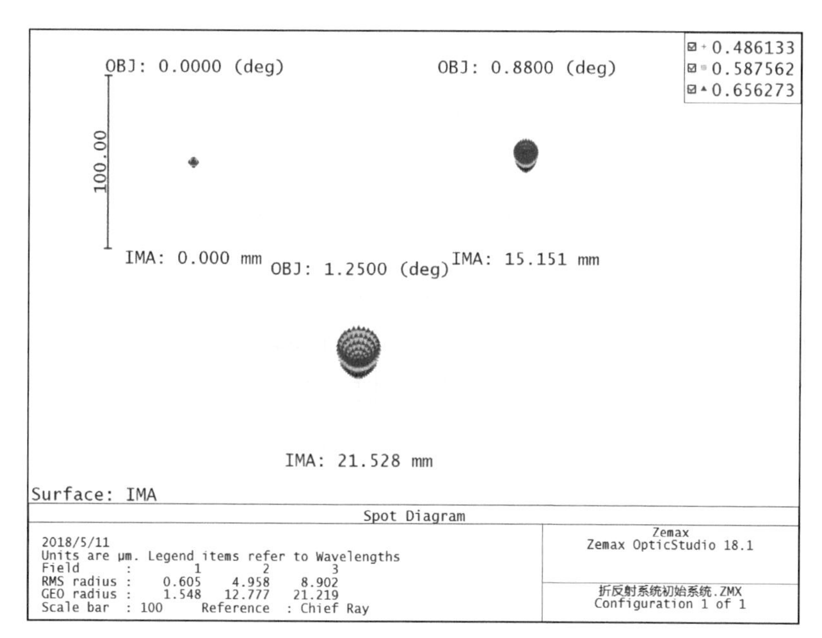

图 5–42　折反射系统初始系统点列图

系统的焦距为 986.151，与要求的 1 000 有差异，像差也没有达到最佳。我们利用 Zemax 的优化功能对系统进行优化，优化的过程中只以校正镜半径作为变量，优化结果如下：

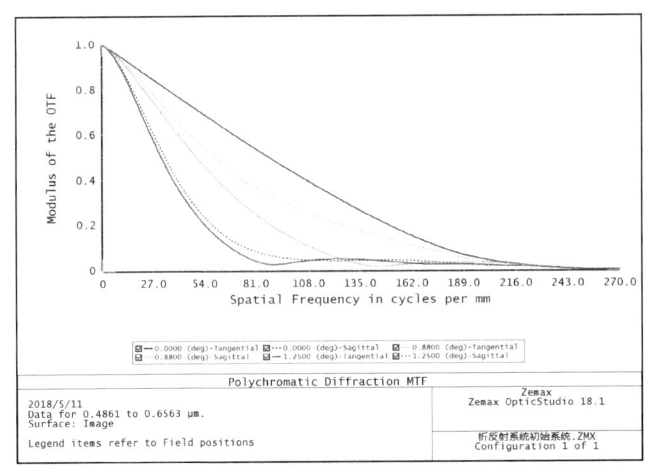

图 5–43　折反射系统初始系统 MTF 曲线图

Surf: Type	Comment	Radius	Thickness	Material	Clear Semi–Diameter	Conic
OBJ STANDARD		Infinity	Infinity		0	0
STO STANDARD		808.210 8	12	K9	65.552 9	0
2 STANDARD		1 237.924	4.165		62.419 7	0
3 STANDARD		–560.557 8	12	K9	62.412 6	0
4 STANDARD		–747.929 1	310		62.966 3	0
5 STANDARD		–1 000	–310	MIRROR	69.778 6	0
6 STANDARD		–762	290	MIRROR	33.319 6	0
7 STANDARD		–400.742 9	4	K9	24.549 9	0
8 STANDARD		–1 123.044	0.1		24.553 9	0
9 STANDARD		145.801 2	4	K9	24.530 1	0
10 STANDARD		186.073 2	84.999 4		24.303 7	0
IMA STANDARD		Infinity			21.822 6	0

优化后的点列图如图 5–44 所示，MTF 曲线图如图 5–45 所示。

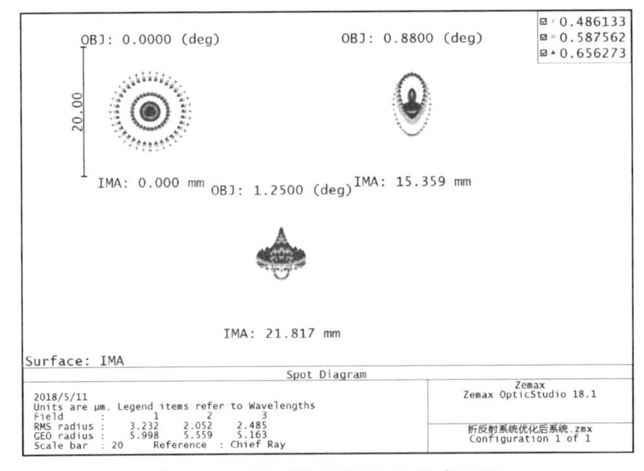

图 5–44　折反射系统优化后点列图

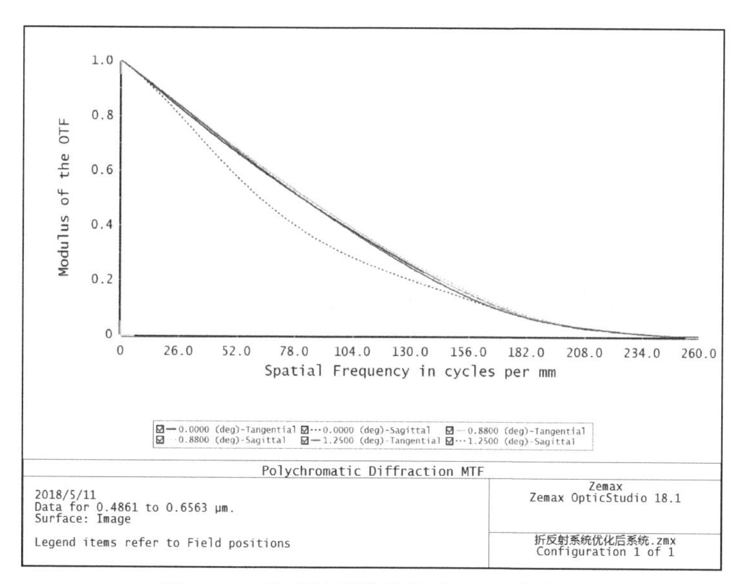

图 5–45　折反射系统优化后 MTF 曲线图

系统的焦距严格为 1 000，系统得到了良好的校正，满足要求。

§ 5.8　二级光谱色差

除了前面第 1 章中介绍的 11 种高级像差以外，另外还有一种像差，在设计某些高性能、高质量的光学系统时，需要加以考虑，这就是所谓的“二级光谱色差”。什么是二级光谱色差？前面我们采用两种指定波长的光线，例如 F，C 光线像点位置之差表示光学系统的色差。当 F，C 光线校正了色差以后，F，C 光线像点便重合在一起，但是其他颜色光线的像点并不随 F，C 光像点的重合而全部重合在一点，因此仍有色差存在，这样的色差就叫二级光谱色差。图 5–46 就是当透镜组对 F，C 光线校正色差之后，像点位置随波长变化的曲线，图中 F，C 光线的像点重合在一起，其他颜色的光线也成对地重合在一起，但是它们的位置并不相同，而是分布在一定的范围之内。通常用两消色差光线像点位置和中间波长光线像点位置之差表示二级光谱色差的大小。如果系统没有完全消除色差，则用两消色差光线像点的平均位置和中间光线像点位置之差表示。在采用 F，C 光校正色差时，就用 F，C 光像点和计算单色像差的 D 光像点位置之差 $\Delta L'_{FCD}$ 表示二级光谱色差。例如，在前面望远镜双胶合物镜的设计结果中，可以得到 0.707 1h 的 D，F，C 三种颜色光线对应的像点位置分别为 $\delta L'_D=0.056\ 73$，$\delta L'_F=0.192\ 8$，$\delta L'_C=0.139\ 7$，系统没有完全校正色差 $\delta L'_{FC}=0.053\ 1$，根据前面二级光谱色差的计算方法

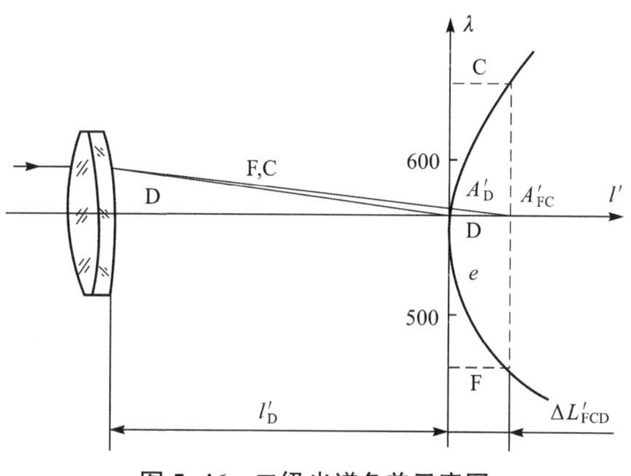

图 5–46　二级光谱色差示意图

$$\Delta L'_{\mathrm{FCD}}=\frac{1}{2}(\delta L'_{\mathrm{F}}+\delta L'_{\mathrm{C}})-\delta L'_{\mathrm{D}} \tag{5–27}$$

将 $\delta L'_{\mathrm{D}}$=0.056 73，$\delta L'_{\mathrm{F}}$=0.192 8，$\delta L'_{\mathrm{C}}$=0.139 7 代入得

$$\Delta L'_{\mathrm{FCD}}=\frac{1}{2}\times(0.192\,8+0.139\,7)-0.056\,73=0.109\,5$$

这就是前面得到设计的物镜的二级光谱色差。二级光谱色差是由冕玻璃和火石玻璃的折射率随波长的变化规律不同造成的。例如上面的两种玻璃：

$$\text{BaK7: }\frac{n_{\mathrm{F}}-n_{\mathrm{D}}}{n_{\mathrm{F}}-n_{\mathrm{C}}}=0.706\,4$$

$$\text{ZF2: }\frac{n_{\mathrm{F}}-n_{\mathrm{D}}}{n_{\mathrm{F}}-n_{\mathrm{C}}}=0.717\,4$$

这两种玻璃对 F，C 光的色散 $n_{\mathrm{F}}-n_{\mathrm{C}}$ 和对 F，D 光的色散 $n_{\mathrm{F}}-n_{\mathrm{C}}$ 不成比例。当 F，C 光消色差时，F，D 光不能同时消色差。

我们把 $\frac{n_{\mathrm{F}}-n_{\mathrm{D}}}{n_{\mathrm{F}}-n_{\mathrm{C}}}$ 称为相对色散，用符号 P_{FD} 表示

$$P_{\mathrm{FD}}=\frac{n_{\mathrm{F}}-n_{\mathrm{D}}}{n_{\mathrm{F}}-n_{\mathrm{C}}} \tag{5–28}$$

要消除二级光谱色差，必须使用 P_{FD} 相等的两种玻璃。但是一般玻璃 P 近似与 ν 成比例，P 相等则 ν 也近似相等。前面说过两种 ν 值相同的玻璃是不能消色差的，要消色差必须用 ν 值不同的玻璃，而且 ν 值相差越多越好。二级光谱色差的数值和焦距之比近似为一常数

$$\Delta L'_{\mathrm{FCD}}=\frac{f'}{2\,500} \tag{5–29}$$

我们上面设计的系统焦距 f'=250，代入式（5－29）得 $\Delta L'_{\mathrm{FCD}}$=0.1，而实际像差的计算结果为 0.109 5，基本符合式（5–27）。

二级光谱色差对大多数光学系统来说并不是很大，不致显著影响成像质量。但对于一些高倍率的望远镜或显微镜可能成为影响成像质量的主要像差，应设法校正。校正二级光谱色差的系统称为“复消色差”系统，它必须使用 ν 值不同而 P 值近似相等的特殊光学材料，因此价格昂贵。

§ 5.9　望远物镜像差的公差

从前面的设计实例可以看到，我们不能把光学系统的像差完全消除，总有一定的残余像差存在。确定残余像差的允许值——公差，对设计和生产都有重要的意义。有了像差公差，设计者才能确定设计质量的优劣，才能制定出合理的加工装配误差。

显然，光学系统像差的公差是随系统的使用要求不同而改变的，所以长期以来对不同用途系统的像差公差使用不同的标准，即对于各类光学系统，应分别介绍它们的像差公差。望远物镜属于目视光学仪器，目视光学仪器像差的公差有一套比较可靠的经验数据，我们直接介绍这些数据。

望远物镜像差的公差一般用波像差来衡量，试验证明，当光学系统波像差小于 1/4 波长时，所成的像和没有像差的理想像几乎没有差别。长期以来，把波像差小于 1/4 波长作为制定望远物镜像差公差的标准。人眼的成像质量接近理想，所以要求目视光学仪器的成像质量也和理想接近。为了使用方便，我们直接给出波像差为 1/4 波长的各种几何像差的公差。在设计工作中，可以直接把系统的几何像差和对应的公差进行比较，而不必由几何像差变换成波像差。

5.9.1　像面位移的公差——焦深

假定光系统没有像差，理想成像于 A_0' 点，如图 5–47 所示。出射光束的波面是以 A_0' 为球心的球面 W'。如果我们把接收像点的平面由 A_0' 向前或向后移动到 A_1' 或 A_2'，在这些平面上接收到的像就不再符合理想，有波像差存在，因为从轴上点 A_1' 或 A_2' 到理想波面上各点就不再是等光程的了。波像差小于 $\lambda/4$ 对应的 Δ 值为

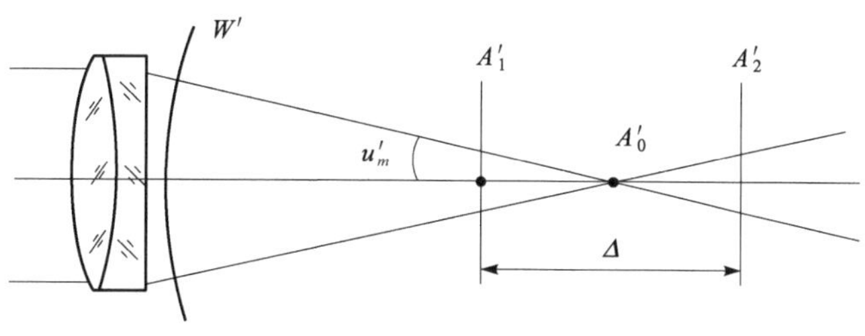

图 5–47　焦深示意图

$$\Delta \leqslant \frac{\lambda}{n'u_m'^2} \tag{5–30}$$

式中，Δ——像面位移的公差，或称为“焦深”。

5.9.2　球差的公差

由于波像差的大小不仅与光束的最大球差有关，而且和球差在整个孔径内的分布规律有关。下面我们给出两种最常见的球差分布情况下的公差公式。

1. 初级球差的公差

初级球差与孔径 h 的平方成比例，球差随 h 的增加而增加，如图 5–48 所示。孔径边缘的球差 $\delta L_m'$ 最大，和 $\lambda/4$ 对应的边缘球差的公差为

$$\delta L_m' \leqslant 4\Delta \leqslant \frac{4\lambda}{n'u_m'^2} \tag{5–31}$$

式（5–31）适用于边缘球差没有校正，而且球差与 h 近似呈抛物线关系的情形，即 $\delta L_{sn}'$ 比较小的情形，它主要适用于相对孔径比较小的系统。

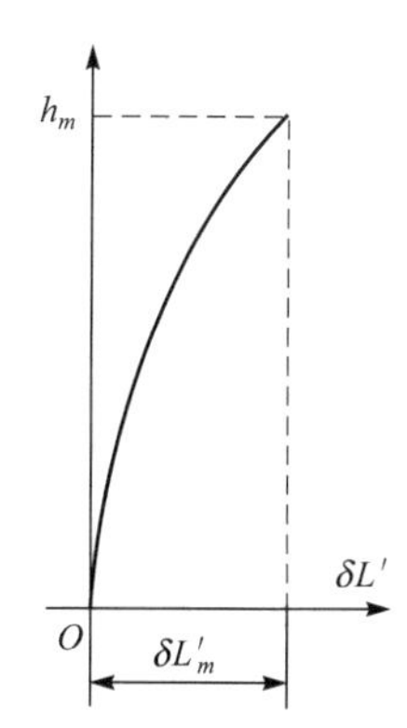

图 5–48　初级球差示意图

2. 剩余球差的公差

如果系统对孔径边缘的光线校正了球差 $\delta L_m'=0$，由于孔径高级球差的存在，孔径中间的光线仍有球差，如图 5–49 所示。一般在 0.707 $1h_m$ 左右剩余球差最大，波像差小于 $\lambda/4$ 的剩余球差 $\delta L_{sn}'$ 的公差为

$$\delta L_{sn}' \leqslant 6\Delta \leqslant \frac{6\lambda}{n'u_m'^2} \tag{5–32}$$

大多数实际光学系统的球差校正情况和上面这两种典型情况有差别，它们对球差进行了校正，但没有完全校正到零，如图 5–50（a）和图 5–50（b）所示。

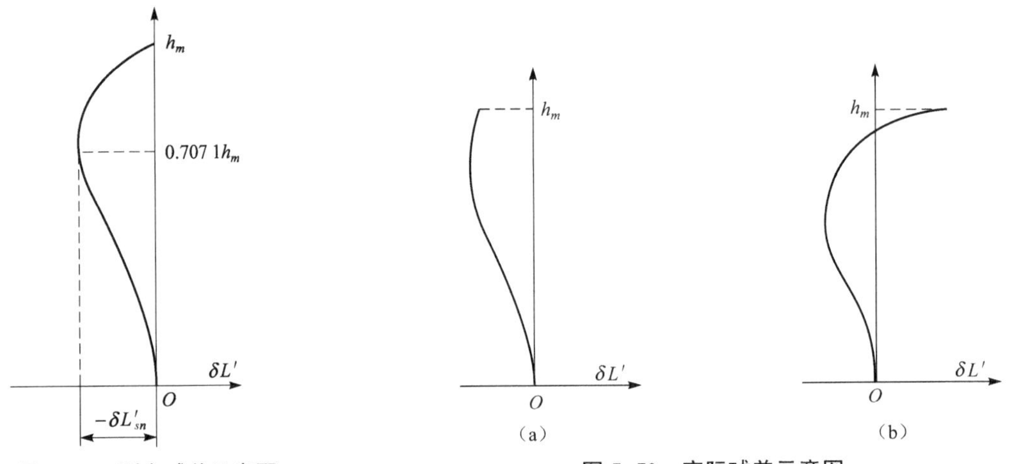

图 5–49　剩余球差示意图

图 5–50　实际球差示意图

它们的波像差是否小于 $\lambda/4$，可以用上面这两种典型情况的公差为依据，并加以估计。

5.9.3　轴向色差的公差

1. 初级色差公差

初级色差是一个与孔径 h 无关的常量，它相当于不同颜色光线的像面位移，如果两种光线的像点在焦深以内，则 C、F 两波面之间的波像差小于 $\lambda/4$，所以初级轴向色差的公差与像面位移的公差相等。

$$\Delta L'_{\mathrm{FC}} \leqslant \varDelta \leqslant \frac{\lambda}{n'u_m'^2} \tag{5–33}$$

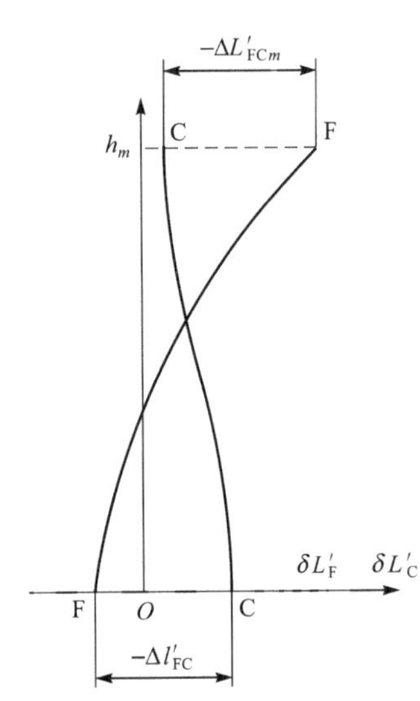

图 5–51　色球差示意图

2. 色球差的公差

色球差为不同颜色光线球差之差，它随孔径 h 变化的规律和初级球差相同，它的公差也应该和初级球差的公差相等。一般对 0.707 1h 的光线校正色差，这时边缘和近轴仍有色差，如图 5–51 所示。边缘和近轴的色差近似大小相等、符号相反，两者的公差应等于初级球差公差的 $\frac{1}{2}$。

$$|\Delta L'_{\mathrm{FC}m}| = |\Delta l'_{\mathrm{FC}}| \leqslant 2\varDelta \leqslant \frac{2\lambda}{n'u_m'^2} \tag{5–34}$$

此时色差的公差等于初级球差的公差

$$\Delta\delta L'_{\mathrm{FC}} = \Delta L'_{\mathrm{FC}m} - \Delta l'_{\mathrm{FC}} \leqslant 4\varDelta \leqslant \frac{4\lambda}{n'u_m'^2} \tag{5–35}$$

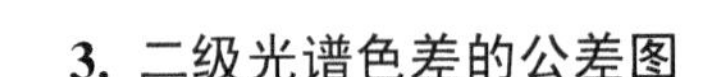

3. 二级光谱色差的公差图

二级光谱色差与初级色差一样相当于不同颜色光线的像面

位移，它的公差和初级色差相同

$$\Delta L'_{\mathrm{FCD}} \leqslant \Delta \leqslant \frac{\lambda}{n' u_m'^2} \tag{5-36}$$

前面我们说过，消除二级光谱色差必须使用特殊的光学材料，一般系统都不消除，因此，它们的二级光谱色差都要超出上面的公差。二级光谱色差在一个波长以内即认为比较好，在 1.5 λ～2 λ 以内也可使用。

5.9.4　正弦差的经验公差

由于初级彗差和像高的一次方成比例，因此它对视场中心部分的成像质量影响较小，对视场边缘影响最大，而一般望远镜对视场边缘的像质允许比中心视场的像质下降，因此通常不按整个视场内彗差小于 $\lambda/4$ 来要求。实践证明，当SC′ 小于 0.002 5 时即可满足一般使用要求，因此SC′ 的公差为

$$\mathrm{SC}' \leqslant 0.0025 \tag{5-37}$$

以上即为望远物镜的三种主要像差（球差、轴向色差和正弦差）的公差。在一般设计工作中，考虑到加工装配误差，最好能把这些像差校正到公差的 1/2，这样系统的成像质量更有保证。至于其他像差，如像散、场曲、垂轴色差等，一方面，由于望远物镜的视场比较小，这些像差一般不会特别大；另一方面，由于望远物镜结构比较简单，通常不可能对这些像差进行校正，只能依靠目镜来补偿。所以在望远物镜设计中，一般不对这些像差单独提出公差要求，而只对整个望远系统提出要求。

习　　题

1. 望远物镜有什么光学特性和像差特性？

2. 要求设计一个周视瞄准镜的双胶合望远物镜（加棱镜）（图 5–52），技术要求如下：

视放大率：$3.7^{\times}$；

出瞳直径：$D'=4$；

出瞳距离：⩾20；

全视场角：$2\omega=10^{\circ}$；

物镜焦距：$f'=85$；

棱镜折射率：n=1.516 3（K9）；

棱镜展开长度：31；

棱镜距离物镜的距离：40；

孔径光阑位于物镜前 35。

要求：

（1）计算棱镜的初级像差。

（2）双胶合物镜的初级像差求解。

（3）利用 Zemax 自动设计程序进行优化设计。

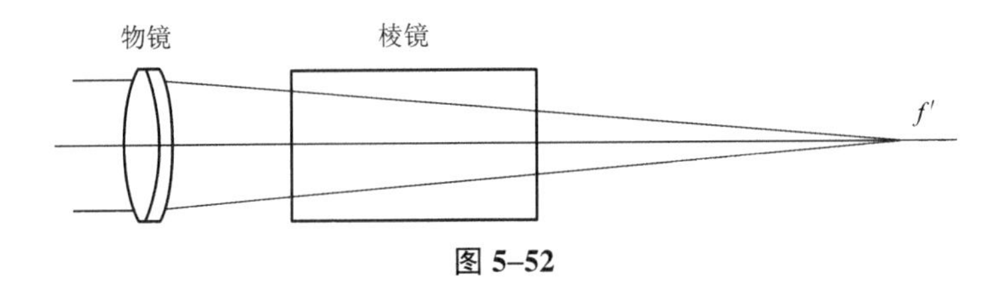

图 5–52

3. 设计一个摄远物镜，其光学性能需满足以下要求：

$$f' = 250$$
$$D / f' = 1:7$$
$$2\omega = 1.5^\circ$$

4. 设计一个两镜式反射式物镜，焦距 500，相对孔径 1:5，半视场角 1°，中心遮拦 30%。
5. 设计一个三镜式反射式物镜，焦距 600，相对孔径 1:5，半视场角 1°，中心遮拦 30%。

第6章
显微物镜设计

§6.1 显微物镜设计的特点

显微镜是用来帮助人眼观察近距离细小目标的一种目视光学仪器，它由物镜和目镜组合而成。显微物镜的作用是把被观察的物体放大为一个实像，位于目镜的焦面上，然后通过目镜成像在无限远供人眼观察，如图6–1所示。整个显微镜的性能——视放大率和衍射分辨率主要是由它的物镜决定的。在一架显微镜上通常都配有若干个不同倍率的物镜和目镜供互换使用。为了保证物镜的互换性，要求不同倍率的显微物镜的共轭距离——由物平面至像平面的距离相等。各国生产的通用显微物镜的共轭距离大约为190 mm。我国规定为195 mm。所以显微物镜的倍率越高，焦距越短。另有一种所谓“无限筒长”的显微物镜，被观察物体通过物镜以后成像在无限远，在物镜的后面另有一固定不变的镜筒透镜，再把像成在目镜的焦面上，如图6–2所示。

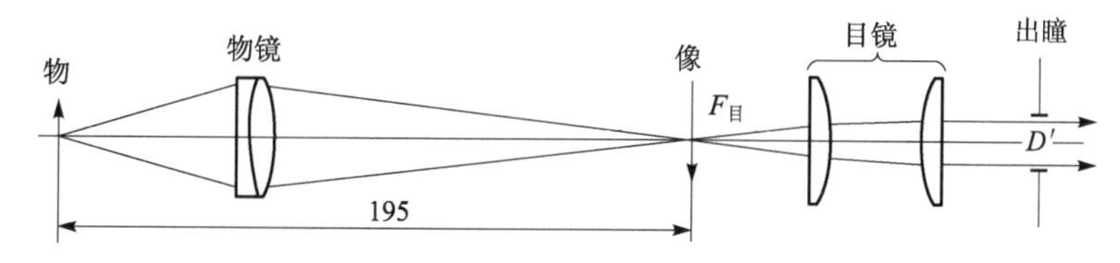

图6–1 有限筒长的显微物镜

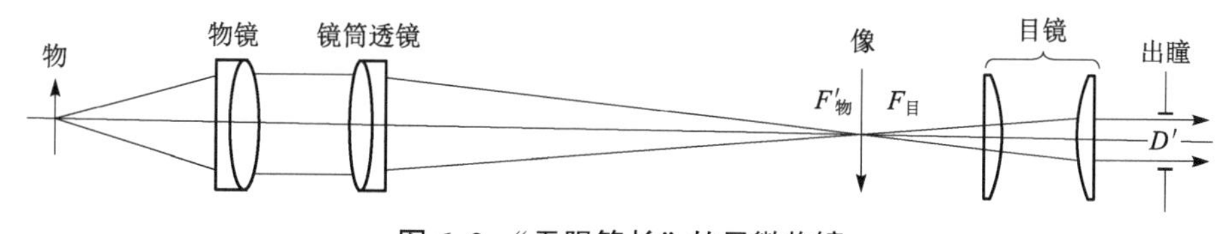

图6–2 “无限筒长”的显微物镜

镜筒透镜的焦距，我国规定为250 mm。物镜的倍率按与镜筒透镜的组合倍率计算，即

$$\beta=\frac{-250}{f'_{物}} \tag{6–1}$$

6.1.1 显微物镜的光学特性

显微物镜的光学特性主要有两个：倍率和数值孔径。

1. 显微物镜的倍率

显微物镜的倍率是指物镜的垂轴放大率 β。由于显微物镜是实物成实像，因此 β 为负值，但一般用正值（β 的绝对值）代表物镜的倍率。在共轭距 L 一定的条件下，β 和物镜的焦距存在以下关系：

$$f' = \frac{-\beta}{(1-\beta)^2} L \tag{6–2}$$

式中，β 取负值。

对无限筒长的物镜，焦距和倍率之间的关系由式（6–1）确定。无论是有限筒长，还是无限筒长，β 越大（绝对值），f' 越短。所以物镜的倍率实际上决定了物镜的焦距。以无限筒长物镜为例，$20^{\times}$物镜的焦距 f'=12.5，$100^{\times}$物镜的焦距只有 2.5, 所以显微物镜的焦距一般比望远物镜短得多。焦距短是显微物镜光学特性的一个特点。

2. 显微物镜的数值孔径

数值孔径 NA=$n\sin U$ 是显微物镜最主要的光学特性，它决定了物镜的衍射分辨率，根据显微物镜衍射分辨率的公式

$$\delta = \frac{0.61\lambda}{\text{NA}} \tag{6–3}$$

式中，δ——显微物镜能分辨的最小物点间隔；

λ——光的波长，对目视光学仪器来说取平均波长 λ=0.000 55；

NA——物镜的数值孔径。

因此要提高显微物镜的衍射分辨率必须增大数值孔径 NA。

显微物镜的倍率β、数值孔径 NA、显微镜目镜的焦距 $f'_{\text{目}}$ 和系统出瞳直径 D' 之间满足以下关系：

$$D' = \frac{\text{NA}}{\beta} f'_{\text{目}} = \frac{\text{NA} \cdot 250}{\beta \cdot \Gamma_{\text{目}}} \tag{6–4}$$

式中，$\Gamma_{\text{目}}$——目镜的视放大率，$\Gamma_{\text{目}} = \dfrac{250}{f'_{\text{目}}}$。

为了保证人眼观察的主观光亮度，出瞳直径最好不小于 1，显微镜目镜的标准倍率为 $10^{\times}$，将 D'=1，$\Gamma_{\text{目}}=10^{\times}$代入上式得

$$\text{NA} = \frac{\beta}{25} \tag{6–5}$$

显微物镜的倍率和数值孔径之间应大致符合以上关系，倍率越高，要求物镜的数值孔径越大。

例如，一个 $3^{\times}$的显微物镜，NA=0.1；$10^{\times}$的显微物镜，NA=0.25～0.4。对倍率较高的显微物镜 NA 取得比式（6–5）小，对应的出瞳直径 D' 将按比例下降，小于 1。

数值孔径 NA 和相对孔径 $\dfrac{D}{f'}$ 之间近似符合以下关系：

$$\frac{D}{f'} = 2\text{NA} \tag{6–6}$$

一个 NA=0.25 的显微物镜 $\dfrac{D}{f'} \approx \dfrac{1}{2}$，高倍率的显微物镜（不包括浸液物镜）数值孔径最

大可能达到 0.95，对应的相对孔径 $\dfrac{D}{f'} > \dfrac{1}{0.5}$。

3. 显微物镜的视场

显微物镜的视场是由目镜的视场决定的，一般显微物镜的线视场 $2y'$ 不大于 20。对无限筒长的显微物镜来说，镜筒透镜（ f'=250）的物方视场角为

$$\tan\omega = \frac{y'}{f'_{筒}} = \frac{10}{250} = 0.04$$

$$\omega = 2.3^\circ$$

镜筒透镜的物方视场角就是物镜的像方视场角，因此物镜的视场角 $2\omega'$ 一般不大于 5°。对有限筒长的显微物镜来说，也大致相当。

总之显微物镜光学特性的特点是：焦距短，视场小，相对孔径大。

6.1.2　显微物镜设计中应校正的像差

根据显微物镜光学特性的特点，它的视场小，而且焦距短，因此设计显微物镜主要校正轴上点的像差和小视场的像差：球差（ $\delta L'$ ）、轴向色差（ $\Delta L'_{FC}$ ）和正弦差（ SC' ），与望远物镜相似。但是对较高倍率的显微物镜，由于数值孔径加大，相对孔径 $\dfrac{D}{f'}$ 比望远物镜大得多，因此除了校正这三种像差的边缘像差以外，还必须同时校正它们的孔径高级像差，如孔径高级球差（ $\delta L'_{sn}$ ）、色球差（ $\delta L'_{FC}$ ）、高级正弦差（ SC'_{sn} ）。对于轴外像差，例如像散、垂轴色差，由于视场比较小，而且一般允许视场边缘的像质下降，因此在设计中，只有在优先保证前三种像差校正的前提下，在可能的条件下加以考虑。

对于某些特殊用途的高质量研究用显微镜，要求整个视场成像质量都比较清晰，除了校正球差、轴向色差和正弦差外，还要求校正场曲、像散和垂轴色差，这类显微物镜称为“平像场物镜”。

由于显微物镜属于目视光学仪器，因此它同样对 F 光和 C 光消色差，对 D 光校正单色像差。

§ 6.2　显微物镜的类型

本节介绍常用显微物镜的类型、结构形式和设计特点。显微物镜根据它们校正像差的情况不同，通常分为消色差物镜、复消色差物镜、平像场物镜和平像场复消色差物镜四大类。

6.2.1　消色差物镜

这是一种结构相对来说比较简单、应用得最多的显微物镜。在这类物镜中只校正轴上点的球差和轴向色差、正弦差，不校正二级光谱色差，所以称为消色差物镜。这类物镜根据它们的倍率和数值孔径不同，又分为低倍、中倍、高倍和浸液物镜四类。

（1）低倍消色差物镜。这类物镜的倍率为 $3^\times$～$4^\times$，数值孔径在 0.1～0.15, 对应的相对孔径为 1/4～1/3。由于焦距比较短，相对孔径不大，视场又比较小，除校正边缘球差、正弦差和轴向色差外，不需要校正高级像差。因此，这类物镜都采用最简单的双胶合组，如图 6–3（a）

所示。它的设计方法和双胶合望远物镜的设计十分相似，不同的只是物平面不位于无限远，具体设计方法将在下一节介绍。

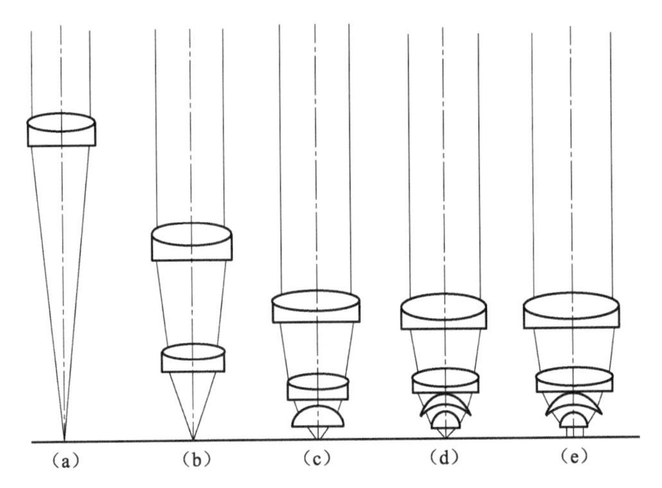

图 6–3　消色差物镜

（a）低倍消色差物镜；（b）中倍消色差物镜；（c），（d）高倍消色差物镜；（e）浸液物镜

（2）中倍消色差物镜。这类物镜的倍率为 $8^{\times}$～$12^{\times}$，数值孔径为 0.2～0.4。由于物镜的数值孔径加大，相对孔径增加，若采用单个双胶合组，则它的孔径高级球差和色球差将超出公差，不符合要求，故必须采用两个双胶合组，如图 6–3（b）所示。每个双胶合组分别消色差，整个物镜同时校正轴向色差和垂轴色差。两个透镜组之间通常有较大的空气间隔，这是因为如果两透镜组密接，整个系统仍相当于一个薄透镜组，只能校正两种单色像差。如果两透镜组分离，则相当于两个分离薄透镜组构成的薄透镜系统，最多可能校正四种单色像差，增加了系统校正像差的能力。除了必须校正的球差和正弦差之外，还有可能校正像散，以提高轴外像点的成像质量。这种物镜的设计方法将在§6.4 节介绍。

（3）高倍消色差物镜。这类物镜的倍率在 $40^{\times}$～$60^{\times}$，数值孔径为 0.6～0.8。它们的结构如图 6–3（c）和图 6–3（d）所示。这类物镜可以看作是在上述中倍物镜基础上加上一个或两个单透镜构成的，单透镜的像差由后面的两个双胶合组进行校正，整个物镜的数值孔径就可以提高。

（4）浸液物镜。在前面的几种物镜中成像物体都位于空气中，物空间介质的折射率 $n=1$，因此它们的数值孔径（$\mathrm{NA}=n\sin U$）不可能大于 1，目前这类物镜的数值孔径最大为 0.95。为了进一步增大数值孔径，很容易想到，如果把成像物体浸在液体中，物空间介质的折射率等于液体的折射率，因而可以大大提高物镜的数值孔径，这样的物镜称为浸液物镜，这类物镜的数值孔径可达到 1.2～1.4，最高倍率一般不超过 $100^{\times}$，其结构如图 6–3（e）所示。

6.2.2　复消色差物镜

在一般的消色差物镜中，物镜的二级光谱色差随着倍率和数值孔径的提高越来越严重。这和前面望远物镜中随着相对孔径的增大，二级光谱色差超出公差的情况是相似的。在高倍的消色差显微物镜中，二级光谱色差往往成为影响成像质量的主要因素。在一些高质量的显微物镜中就要求校正二级光谱色差。这种物镜称为“复消色差物镜”。图 6–4（a）和图 6–4（b）

所示分别为一般消色差物镜和复消色差物镜的三种颜色光线的轴上球差曲线。显然，复消色差物镜的球差和色差要好得多。在显微物镜中校正二级光谱色差通常需要采用特殊的光学材料，早期的复消色差物镜中都采用萤石（CaF_2：ν=95.5, P_0=0.706, n=1.433），它和一般重冕玻璃（ZK）有相同的相对色散，同时又有足够的ν值差和 n 值差。复消色差物镜的结构比相同数值孔径的消色差物镜复杂，因为它要求孔径高级球差和色球差也达到很好的校正，这从图 6–4（b）可以明显地看到。图 6–5 所示为不同倍率和数值孔径的复消色差物镜结构图，图中打有斜线的透镜就是由萤石做成的。由于萤石的工艺性和化学稳定性不好，同时晶体内部有应力，目前已很少采用，而改用 FK 类玻璃作正透镜，用 TF 类玻璃作负透镜，它们的结构往往更复杂。

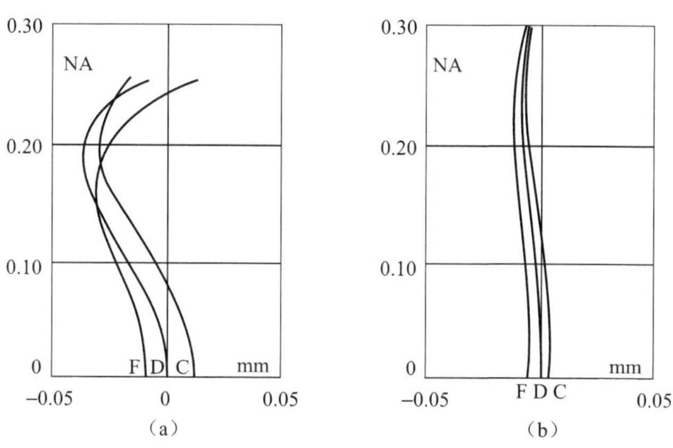

图 6–4　消色差物镜和复消色差物镜的球差曲线

（a）消色差物镜；（b）复消色差物镜

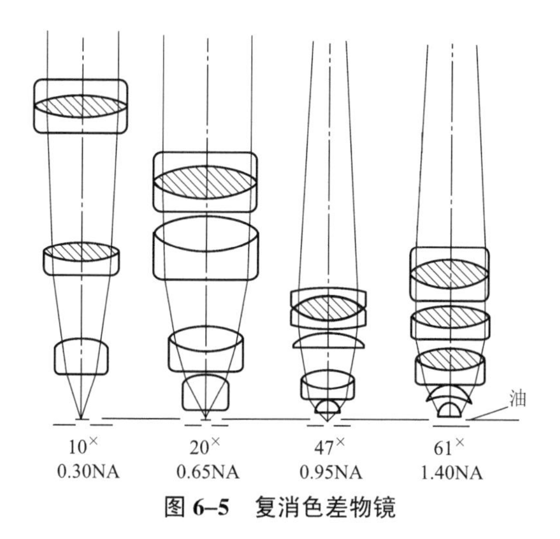

图 6–5　复消色差物镜

6.2.3　平像场物镜

一般显微物镜由于没有校正场曲（x'_p），所成的像位于一个曲面上，因此在同一平面上不可能得到整个视场清晰的像。对人眼直接观察的显微镜可以用调焦的方法，观察视场内不同位置的像来弥补。但是对用于照相或摄像的显微镜来说，就不可能获得整个视场的清晰图像。因此高级显微镜要求显微物镜能在一个像平面上清晰成像，这就要求物镜校正场曲、像散、垂轴色差等各种轴外像差，这样的显微物镜称为“平像场物镜”。为了校正场曲，物镜中必须加入具有负光焦度的弯月形厚透镜，整个物镜的结构和一般物镜相比要复杂得多。图6–6（a）所示为一个中倍的平像场显微物镜，它的场曲主要是依靠第一个弯月形厚透镜来校正的。图6–6（b）所示为一个高倍的浸液平像场物镜，它的场曲是依靠中间的两个弯月形厚透镜来校正的。

（a） （b）

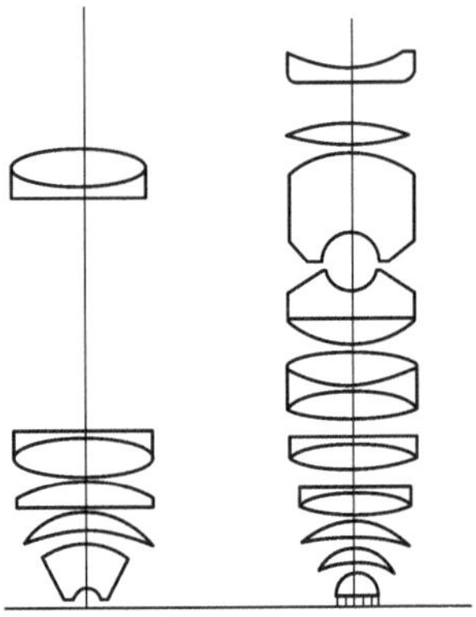

图6–6 平像场物镜

（a）中倍的平像场显微物镜；
（b）高倍的浸液平像场物镜

6.2.4 平像场复消色差物镜

在研究用高级显微镜中，既对成像质量的要求特别高，又要求整个视场同时清晰，平像场复消色差物镜就是为了满足了上述要求而发展起来的。它的结构形式基本上和平像场物镜相似，但必须在系统中使用特殊光学材料，以校正二级光谱色差。平像场复消色差物镜是当前显微物镜的发展方向。

§6.3 低倍消色差显微物镜设计

低倍消色差显微物镜一般采用单个双胶合透镜组，它的设计方法和双胶合望远物镜类似，只是物平面不位于无限远而位于有限距离。下面我们结合一个设计实例，分别使用适应法和Zemax软件中的阻尼最小二乘法进行自动设计。

设计一个低倍显微物镜，它的光学特性为

$$\beta=-3^{\times},\ \mathrm{NA}=0.1,\ 共轭距\ L=195$$

6.3.1 求物镜的焦距、物距和像距

根据式（6–2）

$$f'=\frac{-\beta}{(1-\beta)^2}L$$

设计要求共轭距为195，考虑到实际透镜组有一定主面间隔，我们取L=190，$\beta=-3$，代入上式得

$$f'=\frac{-(-3)}{[1-(-3)]^2}\times 190=35.625$$

物距l和像距l'分别为

$$l=-f'\left(1-\frac{1}{\beta}\right)=-35.625\times\left(1+\frac{1}{3}\right)=-47.5$$

$$l'=\beta\cdot l=-3\times(-47.5)=142.5$$

设计显微物镜时，通常按反向光路进行设计，如图 6–7 所示。因为进行系统的像差计算时，物距 l（物平面到透镜组第一面顶点的距离）是固定的，在修改系统结构时，透镜的主面位置可能发生改变，上面计算出来的物平面到主面的距离 l 随之改变，当按正向光路计算像差时，由于$|\beta|>1$，轴向放大率则更大（$\alpha=\beta^2$）。因此共轭距和物镜的倍率将产生大的改变，偏离了物镜的光学特性要求。如果按反向光路计算，对应的垂轴放大率$|\beta|<1$，轴向放大率则更小，这样就能使共轭距和倍率变化很小。反向光路对系统的光学特性要求为

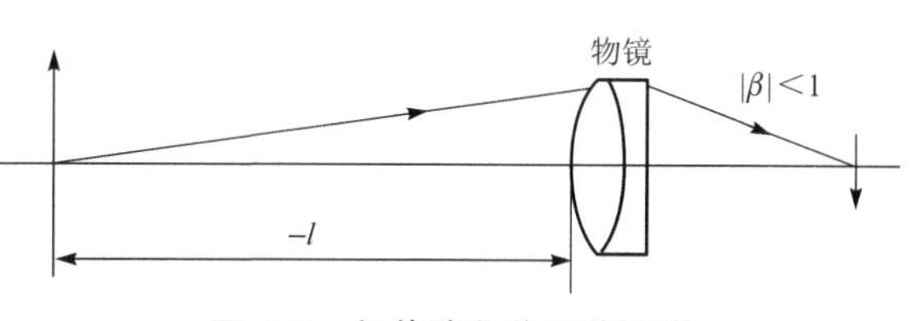

图 6–7　低倍消色差显微物镜

$$l=-142.5,\quad l'=47.5,\quad \beta=\frac{1}{-3}\approx-0.333,\quad \sin U=\frac{0.1}{-3}\approx-0.033\ 3$$

下面就按以上的光学特性进行设计。

6.3.2　原始系统结构参数的初级像差求解

为了使读者熟悉有限物距双胶合组的初级像差求解方法，我们用初级像差求解的结构参数作为下一步像差自动校正的原始系统。

1. 根据像差要求，求出 *P*，*W*，*C*

由于显微镜的物镜和目镜都要互换使用，因此设计显微镜的物镜和目镜时，一般都不考虑它们之间像差的相互补偿，而是采取分别独立校正的方法，所以要求物镜的球差、正弦差和轴向色差都等于零，即要求

$$S_{\rm I}=S_{\rm II}=S_{\rm I\,C}=0$$

根据薄透镜系统的初级像差式（4–22）、式（4–23）和式（4–27），对单个薄透镜组有

$$S_{\rm I}=hP=0$$

$$S_{\rm II}=h_zP-JW=0$$

$$S_{\rm I\,C}=h^2C=0$$

由以上 3 个方程式很容易看到 P，W，C 的解为：$P=W=C=0$。

2. 将 *P*，*W*，*C* 归化成 $\overline{P_\infty}$，$\overline{W_\infty}$，$\overline{C}$

首先对 $h\varphi$ 进行归化，根据式（4–29）和式（4–34）有

$$\overline{P}=\frac{P}{(h\varphi)^3},\quad \overline{W}=\frac{W}{(h\varphi)^2},\quad \overline{C}=Cf'$$

由于 $P=W=C=0$，因此

$$\overline{P}=\overline{W}=\overline{C}=0$$

由于物平面位于有限距离，还要将 $\overline{P}$，$\overline{W}$ 对物平面位置进行归化，根据式（4–30）和式（4–31）有

$$\overline{P_\infty}=\overline{P}-\overline{u_1}(4\overline{W}-1)+\overline{u_1^2}(5+2\mu)$$

$$\overline{W_\infty}=\overline{W}-\overline{u_1}(2+\mu)$$

其中，$\overline{u_1}$ 为

$$\overline{u_1}=\frac{u_1}{h\varphi}=\left(\frac{h}{l}\right)\Bigg/\left(\frac{h}{f'}\right)=\frac{f'}{l}=\frac{35.625}{-142.5}=-0.25$$

将 $\overline{P}=0$, $\overline{W}=0$，$\overline{u_1}=-0.25$，$\mu=0.7$ 代入 $\overline{P_\infty}$, $\overline{W_\infty}$ 的公式得

$$\overline{P_\infty}=0.15，\ \overline{W_\infty}=0.675$$

3. 求 P_0，根据 P_0，$\overline{C}$ 查表选玻璃

根据式（4–47）有

$$P_0=\overline{P_\infty}-0.85(\overline{W_\infty}-0.15)^2=-0.08$$

根据 $\overline{C}=0$，$P_0=-0.08$ 查附录 2 找玻璃，对显微物镜，在反向光路的情形，一般取冕玻璃在前。由附录 2 查得一对相近的玻璃为 BaK7—ZF3，它们的有关参数如下。

BaK7：　$n_1=1.568\ 8$，$\nu_1=56$

ZF3：　$n_2=1.717\ 2$，$\nu_2=29.5$

$P_0=-0.11$，$Q_0=-4.3$

4. 求半径

根据式（4–42）有

$$\varphi_1=\left(\overline{C}-\frac{1}{\nu_2}\right)\Bigg/\left(\frac{1}{\nu_1}-\frac{1}{\nu_2}\right)=2.113$$

$$\varphi_2=1-\varphi_1=-1.113$$

根据式（4–46）求 Q

$$Q=Q_0-\frac{\overline{W_\infty}-0.15}{1.67}=-4.3-0.3=-4.6$$

根据式（4–48）～式（4–50）求曲率

$$\frac{1}{r_2}=\varphi_1+Q=-4.6+2.113=-2.487$$

$$\frac{1}{r_1}=\frac{\varphi_1}{n_1-1}+\frac{1}{r_2}=1.225$$

$$\frac{1}{r_3}=\frac{1}{r_2}-\frac{\varphi_2}{n_2-1}=-0.938$$

按焦距 $f'=35.625$ 缩放半径得到

$$r_1=\frac{35.625}{1.225}=29.08$$

$$r_2=\frac{35.625}{-2.49}=-14.31$$

$$r_3=\frac{35.625}{-0.938}=-38$$

根据求得的半径和通光口径的要求，确定两透镜的厚度分别为 $d_1=4$，$d_2=1.5$，得到整个物镜的参数为

r	d	n_D	n_F	n_C
29.08	4	1	1	1
−14.31	1.5	1.568 8	1.575 969	1.565 821
−38		1.717 2	1.734 681	1.710 371
		1	1	1

光学特性参数为

$$l=-142.5,\quad y=-10,\quad \sin U=0.033,\quad l_z=0$$

6.3.3　采用适应法进行像差自动校正

原始系统结构参数确定后，就可以决定自变量和像差参数，进入自动校正。

1. 自变量

把透镜组的三个曲率 c_1，c_2，c_3 作为自变量，透镜厚度不作自变量使用。

2. 像差参数及其目标值和公差

和望远物镜相似，我们把三个要求校正的像差中的两个 SC'_m 和 $\Delta L'_{FC}$ 加入校正，球差不参加校正。和望远物镜不同的是，我们不把透镜组的光焦度作为像差参数加入校正，而把倍率 $\beta=-0.033$ 作为第三个像差参数加入校正, 以保证物镜在指定倍率下工作。实际上倍率一定，物距又确定的条件下，透镜组的光焦度就被确定了。以上三个像差参数的目标值和公差如表 6–1 所示。

表 6–1　三个像差参数的目标值和公差

像 差 参 数	目　标　值	公　　差
β	−0.333	0
SC'_m	0	0
$\Delta L'_{FC}$	0	−0.000 01

按以上条件加入适应法光学自动设计程序很快得出如下结果：

r	d	n_D	n_F	n_C
30.89	4	1	1	1
−13.95	1.5	1.568 8	1.575 969	1.565 821
−34.81		1.717 2	1.734 681	1.710 371
		1	1	1

光学特性参数为

$$l=-142.5,\quad y=-10,\quad \sin U=0.033,\quad l_z=0$$

原始系统和自动设计结果的三种像差和倍率如表 6–2 所示。由表 6–2 的像差结果可以看出，由初级像差求解得到的原始系统各种像差数量都不大，倍率也基本符合要求。经过像差自动校正后加入校正的三个像差参数 β, SC'_m 和 $\Delta L'_{FC}$ 完全达到了目标值，而没有加入校正的球差 $\delta L'_m=-0.005\,6$，也很小，这说明由初级像差求解所选的玻璃是很合适的。如果球差过大不满足要求，可以用 P_0 的修正式（4–47）进行修正以后重新找玻璃，这个过程和前面望远物镜设计中类似。这里由于球差公式 $\delta L'_m$ 已经很小，不必再进行修正了。

表 6–2　原始系统和自动设计结果的三种像差和倍率

像差参数	原始系统	设计结果
β	−0.333	−0.333
SC'_m	−0.001 22	0
$\Delta L'_{FC}$	0.023 4	0
$\delta L'_m$	0.041	−0.005 6

6.3.4　验算共轭距、进行缩放

为了保证物镜的共轭距等于 195，必须对系统的共轭距进行验算：

$$L=-l+d_1+d_2+l'=142.5+4+1.5+46.1=194.1$$

以上共轭距与要求的值略有差别，将系统进行缩放，把系统半径和物距均乘以缩放系数 k：

$$k=\frac{195}{194.1}\approx 1.004\,637$$

并将缩放以后的半径标准化，透镜厚度比较小，为取整不进行缩放，得到新系统如下：

r	d	n_D	n_F	n_C
31.05	4	1	1	1
−13.996	1.5	1.568 8	1.575 969	1.565 821
−34.99		1.717 2	1.734 681	1.710 371
		1	1	1

$$l=-143.16,\quad y=-10,\quad \sin U=0.033,\quad l_z=0$$

按以上参数计算的像差如表 6–3 所示。

表 6–3　校正后的实际像差

h	$\delta L'_D$	$\delta L'_F$	$\delta L'_C$	$\Delta L'_{FC}$	SC'
1	0.004 0	0.088 2	0.014 3	0.073 9	−0.000 02
0.707 1	−0.036 2	−0.003 5	−0.007 5	0.004 0	0.000 07
0	0	−0.011 7	0.044 8	−0.056 5	0

h	x'_t	x'_s	x'_{ts}	$\delta L'_{T1h}$	K'_{T1h}	$\Delta y'_{FC}$	$\delta y'_z$
1	−0.508 7	−0.242 8	−0.265 8	−0.001 1	−0.001 8	−0.000 05	−0.001 3
0.707 1	−0.255 6	−0.121 8	−0.133 8	0.001 5	−0.001 5	−0.000 04	−0.000 5

$$f'=36.227,\quad l'=46.369,\quad y'_0=3.338,\quad \sin U=0.098\,85$$

对以上系统验算共轭距：

$$L=-l+d_1+d_2+l'=143.16+4+1.5+46.339=194.999$$

和要求的值 195 几乎完全一致，整个设计就完成了。

6.3.5　采用 Zemax 软件进行优化设计

同样的问题也可以采用 Zemax 软件来进行优化设计。首先输入初始系统参数，低倍消色差显微物镜初始系统图如图 6–8 所示，其点列图如图 6–9 所示。

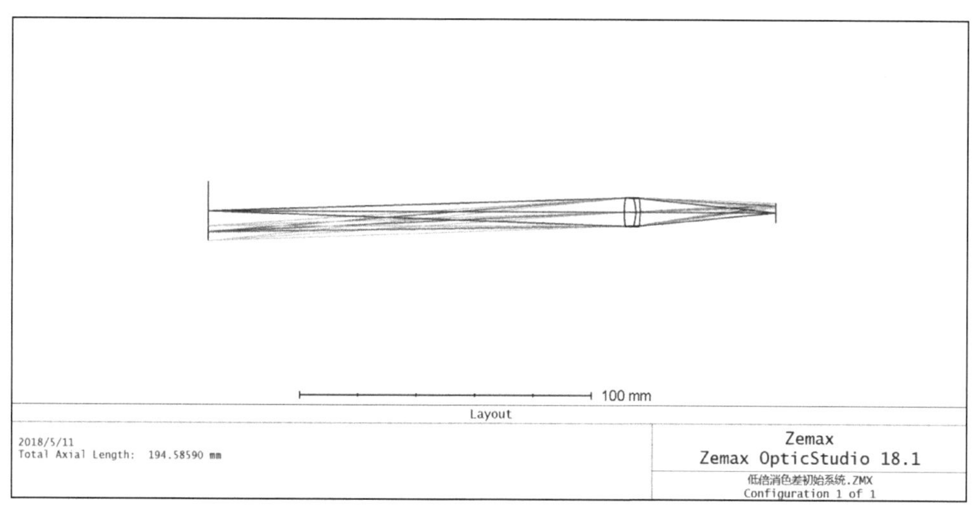

图 6–8　低倍消色差显微物镜初始系统图

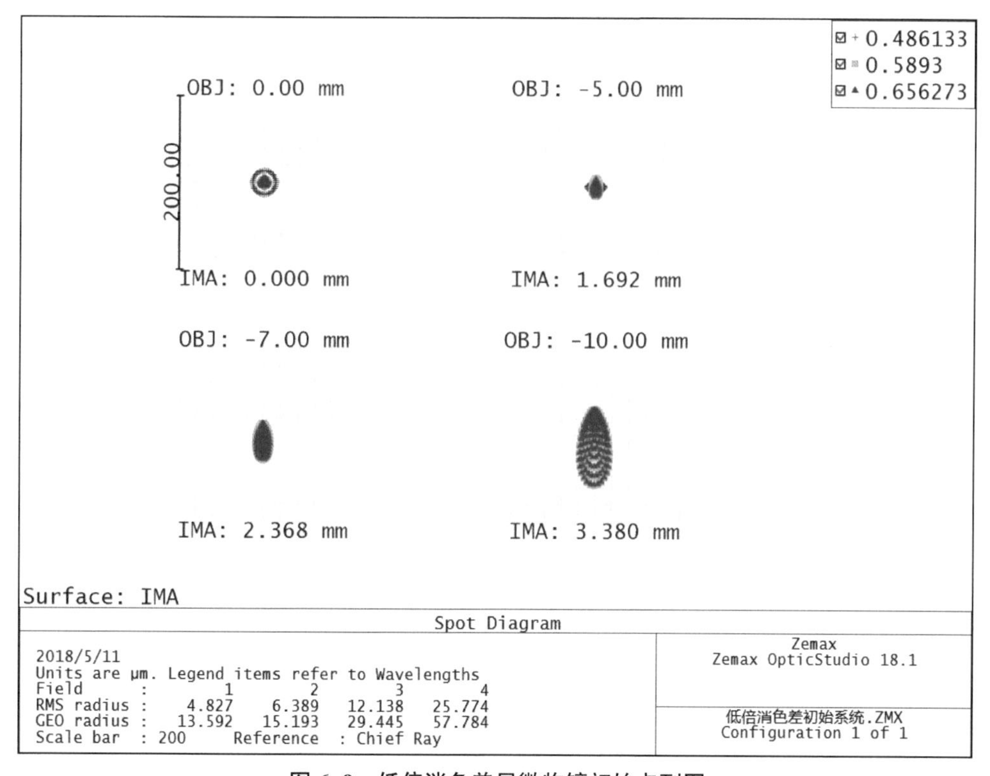

图 6–9　低倍消色差显微物镜初始点列图

下面利用 Zemax 的自动优化功能做像差优化设计，自变量选择所有的半径。评价函数采用 Default Merit Function 中默认的操作数。加入的操作数有焦距 EFFL，将“目标”(Target)

设为 35.625，“权重”（Weight）设为 1。轴向放大率 PMAG，目标值为 0.333，权重也为 1。由于要保证物镜的共轭距离 195，因此加入控制系统长度的操作数 TOTR，此操作数代表系统第一表面到像面距离，由于物距已固定为 142.5，因此将 TOTR 目标值设为 195−142.5=52.5，权重也设为 1。此外，要控制物镜的色差，加入操作数 AXCL，目标值设为 0，权重为 1。

优化后系统的点列图如 6−10 所示，采用 SOD88 适应法校正的结果如图 6−11 所示。

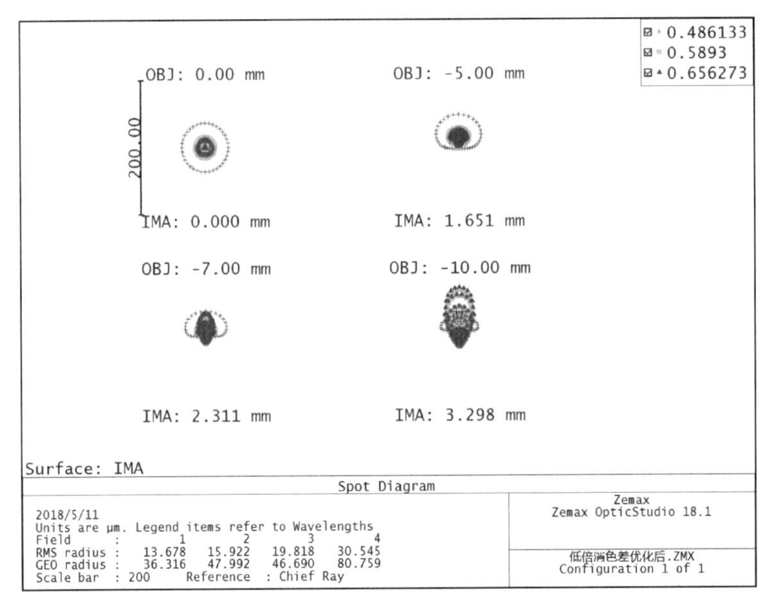

图 6−10　低倍消色差显微物镜优化后点列图

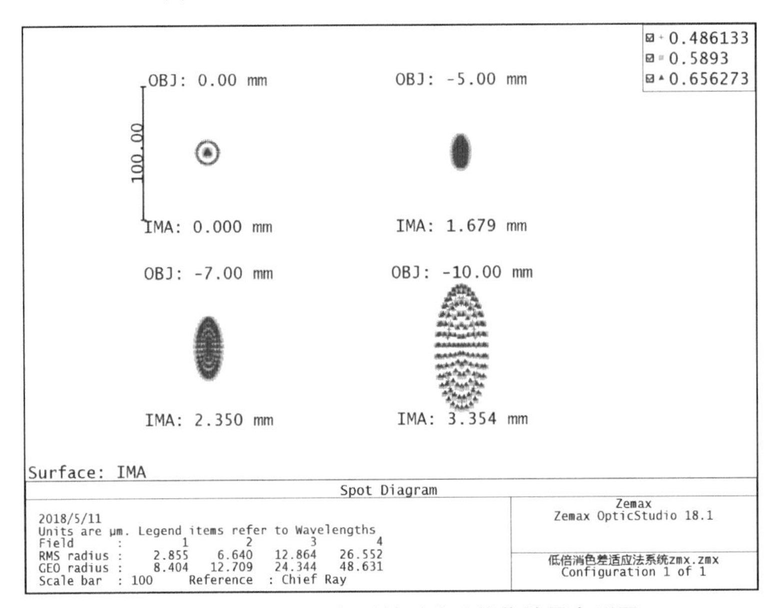

图 6−11　大相对孔径透镜适应法优化结果点列图

由图 6−10 和图 6−11 可见，两种方法均可得到较好的结果。

§ 6.4　中倍消色差显微物镜设计

中倍消色差显微物镜是具有代表性的物镜结构。高倍显微物镜可以看作是在中倍物镜基础上加上一个或两个前部单透镜构成的，中倍物镜结构是它的基础，掌握了它的设计方法也就给高倍物镜的设计做好了准备。这一节就介绍中倍消色差显微物镜的设计方法。

设计一个无限筒长的显微物镜，其光学特性要求为

$$\beta=-10^{\times}，NA=0.35，2\omega'=5^{\circ}$$

我们同样按反向光路进行设计，由于无限筒长物镜成像在无限远，反向光路相当于物平面在无限远，与设计一个望远物镜类似。物镜的焦距，根据式（6–1）

$$f'=\frac{-250}{\beta}=\frac{-250}{-10}=25$$

反向光路轴向平行光束的孔径高为

$$H=f'\sin U=25\times0.35=8.75，\quad \omega=2.5^{\circ}$$

这样，按反向光路设计一个无限筒长的显微物镜相当于设计如下的一个望远物镜：

$$f'=25，H=8.75$$

不过这个物镜的焦距比较短，但相对孔径很大，等于

$$\frac{D}{f'}=\frac{2H}{f'}=\frac{2\times8.75}{25}=\frac{1}{1.4}$$

下面我们采用适应法程序进行设计。

6.4.1　第一设计阶段：基本像差的自动校正

1. 原始系统的确定

由于系统的相对孔径很大，而且焦距又比较短，透镜厚度和焦距之比较大，厚度的影响已不能忽略。这类系统用薄透镜系统的初级像差求解已没有太大的实际意义，因此我们直接查找一个现有结构作为我们的原始系统：

r	d	玻璃
19	3.8	K9
−10.5	1.5	BaF7
−48.96	12.07	
9	3.5	ZK7
−7.185	1.5	ZF2
−110.21		

上述系统焦距 $f'=15$，首先将系统按 $f'=25$ 进行缩放，得到如下结构参数：

r	d	n_D	n_F	n_C
		1	1	1
31.7	6	1.516 3	1.521 955	1.513 895
−17.5	2	1.614 0	1.624 944	1.609 604
−81.6	20	1	1	1
15	5	1.613 0	1.620 127	1.610 007
−12	1.5	1.672 5	1.687 472	1.666 602
−183.7		1	1	1

$$l=\infty,\quad H=8.75,\quad \omega=-2.5^{\circ},\quad l_z=0$$

2. 像差参数及其目标值和公差

对上述系统首先利用透镜组的 6 个曲率和两透镜组之间的间隔作为自变量，校正系统的边缘像差，把以下像差参数加入校正：

边缘球差——$\delta L'_m$：目标值为 0，公差为 0；

边缘正弦差——SC'_m：目标值为 0，公差为 0；

轴向色差——$\Delta L'_{FC}$：目标值为 0，公差为 0；

垂轴色差——$\Delta y'_{FCm}$：目标值为 0，公差为 0.003；

像散——x'_{tsm}：目标值为 0，公差为 0；

光焦度——φ：目标值为 0.04，公差为 0；

像距的倒数——$1/l'$：取像距最小值为 6，则 $1/l'$ 的目标值为 0.17，公差取−1，表示 0.17 为上限，$l'=6$ 为下限。

将以上参数列表，见表 6–4。

表 6–4 第一设计阶段像差参数的目标值及公差

序 号	像 差 参 数	目 标 值	公 差
1	$\delta L'_m$	0	0
2	SC'_m	0	0
3	$\Delta L'_{FC}$	0	0
4	$\Delta y'_{FCm}$	0	0.002
5	x'_{tsm}	0	0
6	φ	0.04	0
7	$1/l'$	0.17	−1

前三种像差 $\delta L'_m$，SC'_m，$\Delta L'_{FC}$ 以及光焦度 φ 是必须进行校正的。由于系统是由两个双胶合组成的分离薄透镜系统，最多有可能校正四种初级单色像差，为了改善物镜的轴外像质，我们把像散 x'_{tsm} 也加入校正。垂轴色差 $\Delta y'_{FCm}$ 虽然不一定需要校正到零，但也希望它不要过大，为此我们把它加入校正，但给它一个固定公差 0.003，在物镜的像面上（正向光路）放大 10 倍后等于 0.03。对中倍和高倍显微物镜来说，物镜的工作距离（物平面到系统第一面顶点的距离）对应反向光路的像距 l' 也是一个很重要的性能参数，我们取 l' 不小于 6，它的倒数约为 $1/l'$=0.17，由于 0.17 是一个上限值，所以它的公差取−1。把以上的 7 个像差参数作为第一

设计阶段校正的基本像差。在这些像差参数达到校正后，再进一步校正它们的高级像差或剩余像差。

3. 自变量

取 6 个曲率 c_1,c_2,c_3,c_4,c_5,c_6 以及两胶合组之间的间隔 d_4 作为自变量，这样共有 7 个自变量。加入校正的像差参数最多为 7 个（给公差的两个像差参数 $\Delta y'_{FCm}$ 和 $1/l'$ 不一定实际进入校正，因为它们可能始终保持在公差范围之内），没有超过自变量数。

4. 边界条件

取第一个双胶合组的两个透镜的最小厚度为 2，第二个双胶合组的两个透镜的最小厚度为 1.5，透镜组之间的最小间隔为零，作为自动校正的边界条件。

按以上条件进入适应法自动设计程序，很快使全部像差参数达到校正，结果如下：

r	d	n_D	n_F	n_C
30.09	6	1	1	1
−18.82	2	1.516 3	1.521 955	1.513 895
−123.54	21.29	1.614 0	1.624 944	1.609 604
15.45	5	1	1	1
−11.83	1.5	1.613 0	1.620 127	1.610 007
−84.91		1.672 5	1.687 472	1.666 602
		1	1	1

$$l=\infty,\qquad H=8.75,\qquad \omega=-2.5^\circ,\qquad l_z=0$$

将校正后的像差参数列于表 6–5 中。

表 6–5　校正后的像差参数

序　号	像差参数	目 标 值	公　差	原始系统	自动设计结果
1	$\delta L'_m$	0	0	0.151 3	0
2	SC'_m	0	0	0.009 9	0
3	$\Delta L'_{FC}$	0	0	0.003 5	0
4	$\Delta y'_{FCm}$	0	0.002	−0.000 77	−0.001 6
5	x'_{tsm}	0	0	0.001 7	0
6	φ	0.04	0	0.040 27	0.04
7	$1/l'$	0.17	−1	0.100 6	0.099 09

加入校正的像差参数在校正后的像差值如表 6–5 所示。由表中最后一列自动设计的像差结果可以看到，7 个像差参数已全部达到目标值或进入公差带，实际上由于 $\Delta y'_{FCm}$ 和 $1/l'$ 始终没有超出公差，因此它们并未实际进入校正。对于上述校正完成的系统，它的 3 个最主要的剩余像差值

$$\delta L'_{sn}=-0.047\,7,\quad SC'_{sn}=-0.000\,3,\quad \delta L'_{FC}=0.082\,4$$

从这 3 个剩余像差看 SC'_{sn} 不大，$\delta L'_{sn}$，$\delta L'_{FC}$ 较大，特别是 $\delta L'_{FC}$ 达到 0.082 4。对这两个高级像差必须进一步加以校正。

6.4.2　第二设计阶段：校正高级像差

1. 原始系统

我们把第一设计阶段的设计结果作为第二设计阶段自动校正的原始系统。

2. 像差参数及其目标值和公差

第一设计阶段进入校正的7个像差，在第二设计阶段必须继续加入校正，因为校正高级像差必须在这些基本像差校正的前提下进行才有意义，否则高级像差减小了。但这些基本像差数值已经较大，当恢复这些基本像差的校正时，高级像差很可能又回到原来的大小，校正便失去了实际意义。

除了前面这7个基本像差外，根据系统高级像差的实际情况，我们再把$\delta L'_{sn}$和$\delta L'_{\mathrm{FC}}$这两种高级像差加入校正，它们的目标值都给零但是给以适当公差。$\delta L'_{\mathrm{FC}}$当前值为0.082 4，我们给一个可变公差–0.08, 在校正中将通过逐步收缩公差使它减小。$\delta L'_{sn}$我们给一个固定公差0.05, 因为在前面大孔径望远物镜设计中我们发现，$\delta L'_{sn}$能自动随$\delta L'_{\mathrm{FC}}$的下降而下降，所以先不对它作严格的限制。这样进入校正的像差参数共有9个，它们的目标值和公差如表6–6所示。

表6–6　第二设计阶段的目标值和公差

序　号	像 差 参 数	目　标　值	公　差
1	$\delta L'_m$	0	0
2	SC'_m	0	0
3	$\Delta L'_{\mathrm{FC}}$	0	0
4	$\Delta y'_{\mathrm{FC}m}$	0	0.003
5	x'_{tsm}	0	0
6	φ	0.04	0
7	$1/l'$	0.17	–1
8	$\delta L'_{sn}$	0	0.05
9	$\delta L'_{\mathrm{FC}}$	0	–0.08

3. 自变量

现在加入校正的像差参数有9个，显然只使用透镜组的6个曲率和1个透镜组间隔这7个自变量已经不够，但系统已没有更多的几何参数自变量可供使用，因此只能把玻璃的光学常数作为自变量使用，系统有4个透镜、4种玻璃，每种玻璃有两个自变量，这样增加了8个自变量，即$n_2,\delta n_2$；$n_3,\delta n_3$；$n_5,\delta n_5$；$n_6,\delta n_6$，再加上原来的7个自变量c_1,c_2,c_3,c_4,c_5,c_6，d_4，共有15个自变量。

4. 边界条件

除了前面已经加入的最小厚度边界条件外，由于现在自变量中加入了玻璃的光学常数，因此在边界条件中，必须同时加入玻璃三角形这一新的边界条件。

按以上条件，进入适应法像差自动校正程序，经过多次收缩公差反复校正，最后得到的结果如下：

r	d	n_D	n_F	n_C
34.7	6	1	1	1
−31.06	2	1.509 883	1.515 584	1.507 458
−101.15	36.79	1.748 196	1.764 884	1.741 491
8.64	5	1	1	1
−9.35	1.5	1.620 604	1.628 476	1.617 296
286.81		1.717 1	1.735 188	1.709 977
		1	1	1

$$l=\infty,\qquad H=8.75,\qquad \omega=-2.5^{\circ},\qquad l_z=0$$

进入校正的 9 个像差如表 6–7 所示。

表 6–7　校正后的像差参数

序号	像差参数	目标值	公　差	原始系统	自动设计结果
1	$\delta L'_m$	0	0	0	−0.001
2	SC'_m	0	0	0	−0.000 15
3	$\Delta L'_{FC}$	0	0	0	−0.001 2
4	$\Delta y'_{FCm}$	0	0.002	−0.001 6	−0.003 3
5	x'_{tsm}	0	0	0	−0.004
6	φ	0.04	0	0.04	0.040 03
7	$1/l'$	0.17	−1	0.099 1	0.170 3
8	$\delta L'_{sn}$	0	0.05	−0.047 7	−0.014 1
9	$\delta L'_{FC}$	0	−0.08	0.082 4	0.040 2

由表 6–7 看到，经过校正，前 7 个像差参数虽然没有完全达到目标值，但是和目标值十分接近。另外，两种高级像差已大大减小，$\delta L'_{sn}$ 由−0.047 降低到−0.014 1，不到原来的 1/3；$\delta L'_{FC}$ 则减少了一半多，由 0.082 4 下降到 0.040 2。但此时玻璃的光学常数都是理想值，必须更换成实际玻璃。

6.4.3　第三设计阶段：更换实际玻璃，进行像差的最后校正

1. 原始系统

以上阶段校正结果中的理想玻璃更换实际玻璃作为本设计阶段自动校正的原始系统，具体步骤和方法如下。

首先计算出每个理想玻璃的色散值。

第一块玻璃　n=1.509 883，n_F-n_C=0.008 126

第二块玻璃　n=1.748 196，n_F-n_C=0.023 393

第三块玻璃　n=1.620 604，n_F-n_C=0.011 078

第四块玻璃　n=1.717 101，n_F-n_C=0.025 211

在更换实际玻璃时，对于胶合透镜组，我们总是把两种玻璃一起来考虑，尽量让这两种玻璃的折射率差和色散差保持不变，使该透镜组的像差性质基本不变。先看由第一、第二透

镜构成的胶合组。根据第一块透镜的 n，$n_F - n_C$，它和 K4、K5 这两种玻璃比较接近。第二透镜的玻璃则和 LaF 比较接近，但是 LaF 玻璃价格昂贵，工艺性不好，我们不打算采用，而改用 ZF5，它的 n=1.739 8，$n_F - n_C$=0.026 28，折射率比理想玻璃略低，色散比理想玻璃高。为了使胶合组的像差特性不变，我们把第一块玻璃用 KF2 代替，它的折射率 n=1.515 3，$n_F - n_C$=0.009 46，色散同样比理想玻璃高。再看第二胶合透镜组，它的第一个透镜采用 ZK9，n=1.620 322，与理想玻璃十分接近；$n_F - n_C$=0.010 293，比理想玻璃略低。第二个透镜采用 ZF3，它的 n=1.717 2，与理想玻璃几乎完全一致；$n_F - n_C$=0.024 310，也比理想玻璃略低。这样我们选定的实际玻璃第一胶合组是 KF2—ZF5；第二胶合组是 ZK9—ZF3。

把前面系统中理想玻璃的折射率换成实际玻璃的折射率就构成了新的原始系统。

r	d	n_D	n_F	n_C
		1	1	1
34.7	6	1.515 3	1.521 976	1.512 516
−31.06	2	1.739 8	1.758 714	1.732 434
−101.15	36.79	1	1	1
8.64	5	1.620 322	1.627 568	1.617 275
−9.35	1.5	1.717 2	1.734 681	1.710 371
286.81		1	1	1

$$l=\infty,\quad H=8.75,\quad \omega=-2.5^\circ,\quad l_z=0$$

2. 像差参数及其目标值和公差

把理想玻璃换成实际玻璃后，玻璃的光学常数不可能再作为自变量使用，系统可用的自变量只有 6 个曲率和 1 个间隔，共 7 个自变量，和第一设计阶段相同。我们用这 7 个自变量使基本像差恢复校正，因此仍采用第一设计阶段的 7 个像差参数，如表 6–8 所示。

表 6–8　第三设计阶段的像差参数

序　号	像 差 参 数	目　标　值	公　差
1	$\delta L'_m$	0	0
2	SC'_m	0	0.000 5
3	$\Delta L'_{FC}$	0	0
4	$\Delta y'_{FCm}$	0	0.003
5	x'_{tsm}	0	0.01
6	φ	0.04	0
7	$1/l'$	0.17	0

3. 自变量

系统可用的自变量是 6 个曲率 c_1,c_2,c_3,c_4,c_5,c_6 和两透镜组的一个间隔 d_4。

4. 边界条件

透镜的最小厚度与第一设计阶段相同。按以上条件进入像差自动校正后很快得出如下结果：

r	d	n_D	n_F	n_C
39.89	6	1	1	1
−28.14	2	1.515 3	1.521 976	1.512 516
−76.34	37.18	1.739 8	1.758 714	1.732 434
8.726	5	1	1	1
−10.111	1.5	1.620 322	1.627 568	1.617 275
272.02		1.717 2	1.734 681	1.710 371
		1	1	1

$$l=\infty, \quad H=8.75, \quad \omega=-2.5^\circ, \quad l_z=0$$

进入校正的 7 个像差参数和两种高级像差的值如表 6–9 所示。

表 6–9　校正后的像差参数

序号	像差参数	目 标 值	公　差	自动设计结果
1	$\delta L'_m$	0	0	0
2	SC'_m	0	0.000 5	0.000 4
3	$\Delta L'_{FC}$	0	0	0
4	$\Delta y'_{FCm}$	0	0.003	−0.002 6
5	x'_{tsm}	0	0.01	−0.009 1
6	φ	0.04	0	0.04
7	$1/l'$	0.17	0	0.17
8	$\delta L'_{sn}$			−0.013 3
9	$\delta L'_{FC}$			0.041 6

由表 6–9 看到，7 个基本像差参数均达到了目标值或进入公差带。两种高级像差和表 6–7 中理想玻璃的校正结果 $\delta L'_{sn}=-0.014\ 1$，$\delta L'_{FC}=0.040\ 2$ 基本相同，这说明我们所更换的实际玻璃是成功的。

最后把半径标准化后，重新全面计算一次像差，结果如表 6–10 所示。

r	d	n_D	n_F	n_C
39.9	6	1	1	1
−28.12	2	1.515 3	1.521 976	1.512 516
−76.38	37.18	1.739 8	1.758 714	1.732 434
8.71	5	1	1	1
−10.116	1.5	1.620 322	1.627 568	1.617 275
271.6		1.717 2	1.734 681	1.710 371
		1	1	1

$$l=\infty, \quad H=8.75, \quad \omega=-2.5^\circ, \quad l_z=0$$

表 6–10　半径标准化后的像差

h	$\delta L'_{\mathrm{D}}$	$\delta L'_{\mathrm{F}}$	$\delta L'_{\mathrm{C}}$	$\Delta L'_{\mathrm{FC}}$	SC'
1	−0.000 2	0.023 8	0.000 6	0.023 2	0.000 16
0.707 1	−0.013 4	−0.006 2	−0.006 4	0.000 2	−0.000 48
0	0	−0.006 4	0.011 9	−0.018 4	0

h	x'_t	x'_s	x'_{ts}	$\delta L'_{T1h}$	K'_{T1h}	$\Delta y'_{\mathrm{FC}}$	$\delta y'_z$
1	−0.045 4	−0.035 4	−0.01	0.092 0	0.031 5	−0.000 29	−0.009 7
0.707 1	−0.023 4	−0.017 8	−0.005 6	0.036 9	0.012 5	−0.002 2	−0.003 4

$$f' = 24.953,\quad l' = 5.878,\quad y'_0 = 1.089,\quad u'_m = 0.3507$$

前面已经介绍了用适应法自动设计程序设计较小相对孔径和较大相对孔径的望远物镜和显微物镜。通过这些设计实例可以看到，利用适应法程序进行光学设计，设计者主要的工作是确定校正的像差参数和使用的自变量。

望远物镜和显微物镜的共同特点是视场小，因此它们主要校正轴上点和光轴附近像点的像差，即球差、轴向色差和正弦差（$\delta L'$，SC'，$\Delta L'_{\mathrm{FC}}$）。对小相对孔径的物镜来说，高级像差比较小，因此只需要校正这三类像差的边缘像差（$\delta L'_m$，SC'_m，$\Delta L'_{\mathrm{FC}}$）；对大相对孔径的物镜来说，除了边缘像差外，还必须校正它们的高级像差。设计这类物镜时，首先校正边缘像差，然后根据系统高级像差的具体情况，选出其中最严重的高级像差继续进行校正。在大孔径望远物镜和显微物镜中主要的高级像差有两个——孔径高级球差（剩余球差 $\delta L'_{sn}$）和色球差（$\delta L'_{\mathrm{FC}}$）。其中尤以色球差最为严重。在适应法程序中通常采用逐步收缩公差的方式来尽可能减小高级像差，因为高级像差一般不可能完全校正到零。当色球差下降时，剩余球差往往自动下降，它们在一定程度上是相关的。所以实际上主要是校正色球差。校正色球差最有效的自变量是玻璃的光学常数。当光学常数作为自变量使用时，必须同时加入边界条件——玻璃三角形。光学常数由于违背边界条件而退出校正，造成自变量不足而中断校正时，可以把当时的校正结果作为新的原始系统，重新进入校正，这时光学常数又重新进入校正，这样反复进行，直到高级像差无法再减少为止。对以光学常数作为自变量的校正结果，把理想玻璃换成实际玻璃以后，还需重新对基本像差进行一次校正。

6.4.4　采用 Zemax 软件进行优化设计

作为比较，下面给出采用 Zemax 软件进行设计的结果。初始系统结构及点列图如图 6–12 所示。优化时，自变量的选择与适应法的选择相同，即选择 6 个曲率 c_1,c_2,c_3,c_4,c_5,c_6 以及两胶合组之间的间隔 d_4。评价函数采用默认的操作数加上控制焦距的操作数 EFFL，目标值为 25。

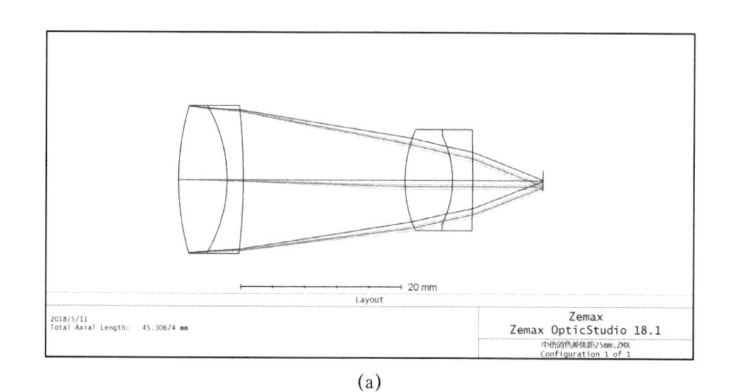

(a)

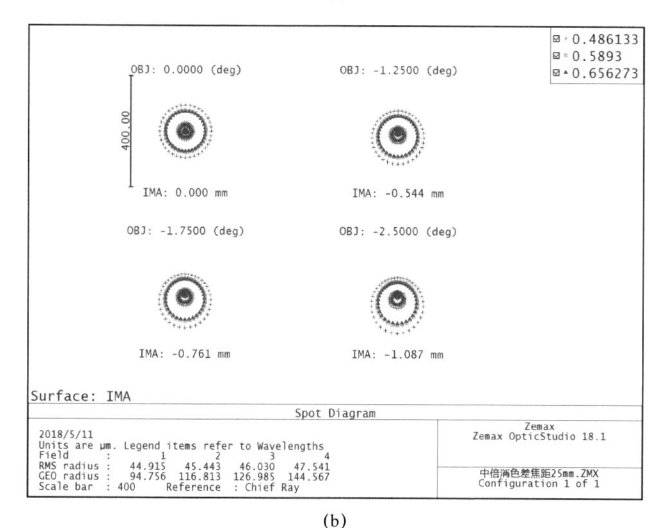

(b)

图 6–12　初始系统结构及点列图

（a）结构图；（b）点列图

执行自动优化功能后系统点列图如图 6–13 所示。

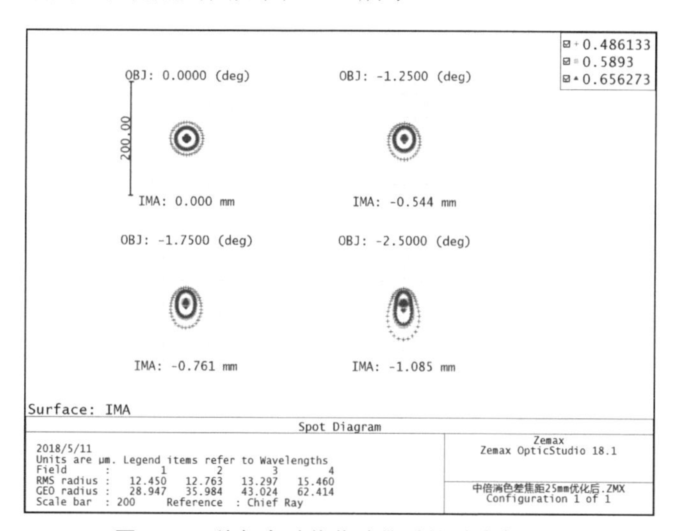

图 6–13　执行自动优化功能后的系统点列图

系统各表面结构参数如下：

Surf	Type	Radius	Thickness	Material	Clear Semi-Diameter
OBJ	STANDARD	Infinity	Infinity		
STO	STANDARD	26.340 9	6	K9	8.988 2
2	STANDARD	–21.976 2	2	BAF7	8.744 7
3	STANDARD	–597.977 1	28.104 4		8.516 2
4	STANDARD	9.920 0	5.845 0	ZK7	5.336 9
5	STANDARD	–9.558 4	2.505 0	ZF2	4.376 0
6	STANDARD	77.659 6	5.502 1		3.437 9
IMA	STANDARD	–184.050 7			1.147 6

§ 6.5　显微物镜像差的公差

显微镜和望远镜一样，同属于目视光学仪器，因此它的像差公差和望远物镜一样采用$\lambda/4$的标准。几何像差公差的公式和§5.9节的公式完全相同。下面针对前面的两个实际设计结果，用这些公式评定一下它们的设计质量。

6.5.1　低倍显微物镜

根据式（5–30），焦深为

$$\Delta \leqslant \frac{\lambda}{n' u_m'^2}$$

将λ=0.000 55及由表6–3查得的$u_m' = \sin U' = 0.098\ 85$代入上式得

$$\Delta = \frac{0.000\ 55}{1 \times (0.098\ 85)^2} \approx 0.056$$

1. 球差

由表6–3得到

$$\delta L_m' = 0.004,\quad \delta L_{0.707\,1h}' = -0.036$$

边缘球差已基本达到校正，可以使用剩余球差公差的公式

$$\delta L_{sn}' \leqslant 6\Delta \leqslant 0.34$$

实际像差为–0.036，只有公差的$\frac{1}{10}$。

2. 色差

由表6–3得到

$$\Delta L_{\mathrm{FC}0.707\,1h}' = 0.004\ 0$$

色差已达到校正

$$\Delta L_{\mathrm{FC}m}' - \Delta l_{\mathrm{FC}}' = 0.073\ 9 - (-0.056\ 5) = 0.130\ 4$$

根据色球差公差公式（5–35），有

$$\Delta \delta l_{\mathrm{FC}}' = \Delta L_{\mathrm{FC}m}' - \Delta l_{\mathrm{FC}}' \leqslant 4\Delta \leqslant 0.224$$

即实际色球差约为公差的$\frac{1}{2}$。

二级光谱色差，由表 6–3，根据 0.707 1h 的 $\delta L'_{\mathrm{D}}$， $\delta L'_{\mathrm{F}}$，$\delta L'_{\mathrm{C}}$ 计算得到

$$\Delta L'_{\mathrm{FCD}}=\frac{1}{2}(\delta L'_{\mathrm{F}}+\delta L'_{\mathrm{C}})-\delta L'_{\mathrm{D}}$$

$$=\frac{1}{2}\times[-0.003\,5+(-0.007\,5)]-(-0.036\,2)=0.030\,7$$

故二级光谱色差的公差等于焦深$\varDelta$=0.056，实际像差小于公差。

3. 正弦差

由表 6–3 得

$$\mathrm{SC}'_{1h}=-0.000\,02,\quad \mathrm{SC}'_{0.707\,1h}=0.000\,07$$

和经验公差 0.002 5 相比，可忽略不计。

总的来说，这个设计结果是很好的。

6.5.2　中倍显微物镜

查表 6–10，根据焦深公式，有

$$\varDelta\leqslant\frac{\lambda}{n'u'^2_m}=\frac{0.000\,55}{1\times(0.350\,7)^2}\approx0.004\,47$$

1. 球差

由表 6–10 看到

$$\delta L'_{1h}=-0.000\,2,\quad \delta L'_{0.707\,1h}=-0.013\,4$$

边缘球差近似为零，可使用剩余球差公差的公式

$$\delta L'_{sn}\leqslant 6\varDelta=0.027$$

即实际像差约为公差的$\frac{1}{2}$。

2. 色差

由表 6–10 查得 0.707 1 孔径的色差 $\Delta L'_{\mathrm{FC}0.707\,1h}$=0.000 2, 已接近于零，只需要考虑色球差，由表 6–10 得

$$\Delta\delta L'_{\mathrm{FC}}=\Delta L'_{\mathrm{FC}m}-\Delta l'_{\mathrm{FC}}=0.023\,2-(-0.018\,4)=0.041\,6$$

色球差的公差为

$$\delta L'_{\mathrm{FC}}\leqslant 4\varDelta=0.018$$

实际像差是公差的 2.3 倍，已超出公差。

二级光谱色差为

$$\Delta L'_{\mathrm{FCD}}=\frac{1}{2}(\delta L'_{\mathrm{F}}+\delta L'_{\mathrm{C}})-\delta L'_{\mathrm{D}}$$

$$=\frac{1}{2}\times[-0.006\,2+(-0.006\,4)]-(-0.013\,4)=0.007\,1$$

二级光谱的公差等于焦深Δ=0.004 5，实际二级光谱色差约为公差的1.6倍，已超出公差。

3. 正弦差

由表6–10查得，整个孔径内最大正弦差为$SC'_{0.707\,1h}=-0.000\,48$，比经验公差0.002 5小得多。

总的来说，除色球差和二级光谱色差超出公差外，其他像差都校正得很好。

习　题

1. 显微物镜有什么光学特性和像差特性？

2. 显微物镜有哪些主要类型？各有什么特点？

3. 设计一个消色差显微物镜，光学特性要求如下：$\beta=-4^{\times}$, NA = 0.12, 共轭距L=190。

4. 设计一个无限筒长的高倍显微物镜，光学特性满足：$\beta=-40^{\times}$, NA = 0.65，线视场$2y=1$。

第 7 章
目 镜 设 计

§ 7.1　目镜设计的特点

目镜是望远镜和显微镜的一个组成部分，它的作用是把物镜所成的像，通过目镜成像在无限远，供人眼观察。它是一切目视光学仪器不可缺少的部件。

7.1.1　目镜光学特性的特点

1. 焦距短

望远镜物镜和目镜焦距之间存在以下关系：

$$f'_{物} = -\Gamma f'_{目}$$

当目镜的焦距 $f'_{目}$ 增加时，$f'_{物}$ 很快增加（因为$|\Gamma| \gg 1$）。因此为了减小仪器的体积和重量，必须尽可能减小目镜的焦距。另外，仪器又要求有一定的出瞳距离，这就限制了目镜的焦距不能过小。一般望远镜目镜的焦距为 15～30。

对显微镜的目镜来说，它的焦距和视放大率之间符合以下关系：

$$f'_{目} = \frac{250}{\Gamma}$$

显微镜目镜的视放大率Γ一般在 $10^{\times}$左右，显微目镜的焦距也在 25 左右。因此无论是望远镜的目镜，还是显微镜的目镜，焦距短是它们的共同特点。

2. 相对孔径比较小

由于目镜的出射光束直接进入人眼的瞳孔，人眼瞳孔的直径一般为 2～4 mm，因此军用望远系统的出瞳直径一般在 4 mm 左右，显微镜的出瞳直径则为 1～2 mm，而目镜的焦距为 15～30 mm，所以目镜的相对孔径一般小于 1:5。

3. 视场角大

根据望远系统的视放大率Γ 和物镜视场角ω 以及目镜的视场角 ω' 的关系式

$$\tan\omega' = \Gamma \tan\omega$$

无论是增大望远镜的视放大率Γ，还是增加视场角ω，都要求增大目镜的视场角 ω'。对显微镜来说，要增加物镜的线视场必须增加目镜物方焦面的线视场，在目镜焦距一定的条件下，也要增加目镜的视场角 ω'。因此目镜的视场一般都比较大，通常 $2\omega'$ 在 40° 左右，广角目镜的视场在 60° 左右，某些特广角目镜甚至达到 100°。视场角大是目镜的一个最突出的特点。

4. 入瞳和出瞳远离透镜组

目镜的入瞳一般位于前方的物镜上，而出瞳则位于后方的一定距离上，如图 7–1 所示。因此目镜的成像光束必然随着视场角的增加而远离透镜组的光轴，使目镜的透镜直径和它的焦距比较起来相当大，给像差校正带来困难。

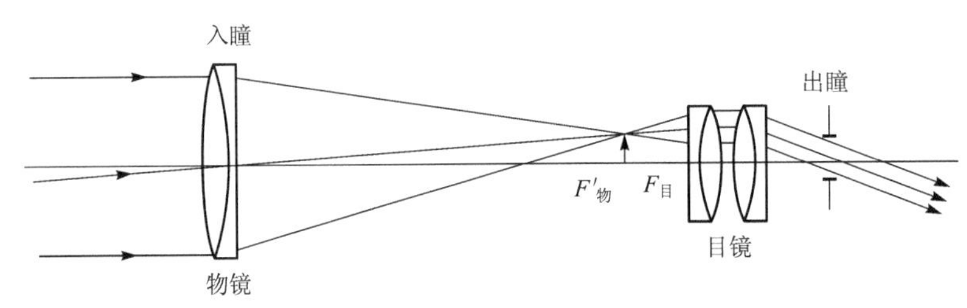

图 7–1　目镜的入瞳和出瞳位置

由于目镜上述光学特性的特点，决定了它的像差性质和设计方法上的一系列特点。

7.1.2　目镜的像差和像差校正的特点

（1）由于目镜的视场比较大，出瞳又远离透镜组，轴外光束在透镜组上的投射高较大，在透镜表面上的入射角自然很大，因此轴外的斜光束像差如彗差、像散、场曲、畸变、垂轴色差都很大。为了校正这些像差，目镜的结构一般比较复杂。

（2）由于目镜的焦距比较短，相对孔径又比较小，同时由于校正轴外像差的需要，目镜中的透镜数比较多。因此目镜的球差和轴向色差一般不大，无须特别注意校正就能满足要求。所以目镜的像差校正以轴外像差为主，其中尤其是影响成像清晰的几种像差，如彗差、像散、垂轴色差最重要。畸变由于不影响成像清晰，一般不作严格校正。通常在目镜中都有较大的畸变，随目镜视场大小而不同，大致数值如表 7–1 所示。

表 7–1　目镜视场的大致数值

$\delta y'_z$/%	5	10	>10
2ω/（°）	40	60～70	>70

（3）目镜中场曲一般不进行校正。根据 § 4.9 节对光学系统消场曲条件的讨论，光学系统要校正场曲必须在系统中有相互远离的正透镜组和负透镜组，两者的光焦度符号相反，数值近似相等，如图 7–2 所示。

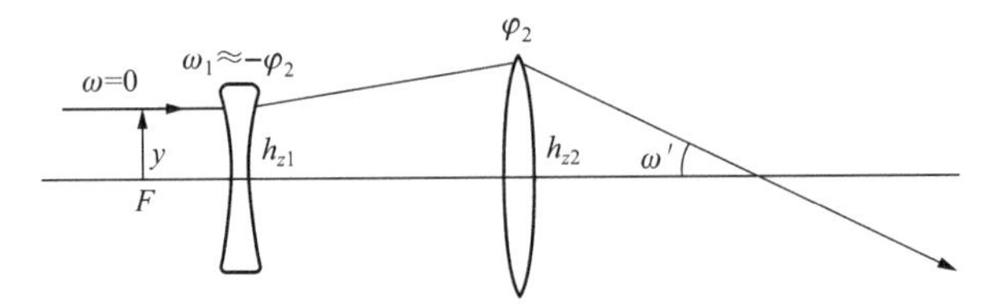

图 7–2　校正场曲的正负透镜分离结构

根据理想薄透镜系统中的光路计算公式，对图 7–2 中的系统有

$$\tan\omega' - \tan\omega = h_{z1}\varphi_1 + h_{z2}\varphi_2$$

目镜的物方视场角一般很小，我们假定ω=0，将 $\varphi_1 = -\varphi_2$ 代入上式得

$$\tan\omega' = (h_{z1} - h_{z2})\varphi_2$$

由于ω=0，因此 $h_{z1} = y = f'\tan\omega'$，代入上式求解 h_{z2} 得

$$\frac{h_{z2}}{f_2'} = \tan\omega'\left(1 + \frac{f'}{f_2'}\right)$$

式中，$\dfrac{f'}{f_2'} > 1$，我们取$\dfrac{f'}{f_2'}$=1.2，2ω'=30°，代入上式得

$$\frac{h_{z2}}{f_2'} = 1.27$$

正透镜组上主光线投射高达到焦距的 1.27 倍，透镜的直径大约等于焦距的 2.5 倍。轴外像差特别是高级像差将变得很大，即使用若干透镜组合，轴外像差如彗差、像散、畸变、垂轴色差也无法达到很好的校正。所以在目镜中一般不校正场曲，在广角目镜中只是设法使场曲减小一些。

综上，在目镜设计中，主要校正像散、垂轴色差和彗差三种像差。初级彗差和光束孔径的平方成比例，由于目镜的出瞳直径较小，彗差不会太大，在这三种像差中它居于次要地位。因此目镜设计中最重要的是校正像散和垂轴色差这两种像差。

（4）在设计望远镜目镜时，需要考虑它和物镜之间的像差补偿关系。望远镜物镜的结构一般比较简单，只能校正球差、彗差和轴向色差，无法校正像散和垂轴色差。虽然由于物镜的视场较小，这些像差一般不会很大，但为了使整个系统获得尽可能好的成像质量，物镜残留的像散和垂轴色差要求由目镜补偿。而在目镜中这两种像差是比较容易控制的。目镜的球差和轴向色差一般也不能完全校正，需要由物镜来补偿，因为在物镜中这两种像差也是很容易控制的。彗差则尽可能独立校正，有少量彗差无法完全校正，也可以用物镜的彗差进行补偿。这样虽然物镜和目镜都分别有一定的像差，但整个系统像差得到很好校正，可以使系统的成像质量得到提高。

以上所说是在目镜和物镜尽可能独立校正像差的前提下，进一步考虑它们之间的像差补偿问题，这是对要求在物镜后焦面即目镜前焦面上安装分划镜的望远系统来说的。如果系统中不要求安装分划镜，则物镜和目镜的像差校正可以按整个系统综合考虑，使系统结构尽可能简化。如图 7–3 所示的一个望远镜系统，不需要安装分划镜，由于物镜的结构比较复杂，故它除了校正球差、彗差和轴向色差之外，尚有可能校正某些轴外像差，如像散、垂轴色差。充分利用物镜校正像差的能力，可以使目镜的结构简化，系统中的目镜只有四片透镜，视场能达到 60°，如果没有物镜的补偿作用，要独立校正像差是不可能的。

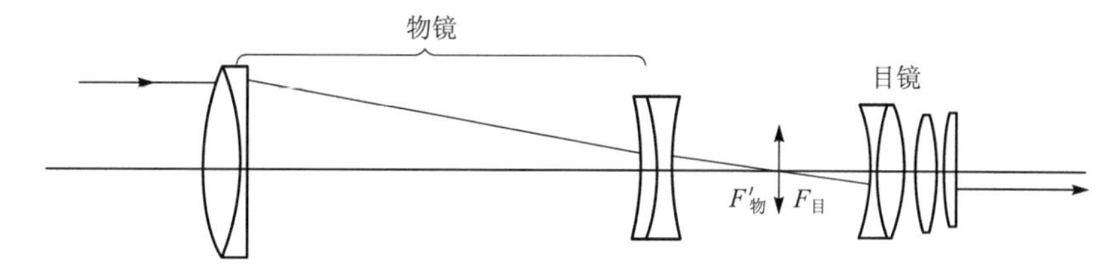

图 7–3　不安装分划镜的望远镜

对显微镜目镜来说，由于不同倍率的物镜和目镜要求互换使用，因此难以考虑物镜和目镜的像差补偿问题，一般都采取独立校正像差。

（5）由于目镜是目视光学仪器的一个组成部分，因此和物镜一样采用 F 光和 C 光消色差，对 D 光或 e 光校正单色像差。

（6）在设计目镜时，通常按反向光路进行设计，如图 7–4 所示。假定物体位于无限远，入瞳在目镜的前方，在它的焦平面 $F'_{目}$ 上计算像差。当物镜按正向光路计算像差，目镜按反向光路计算像差时，它们之间像差的组合关系为

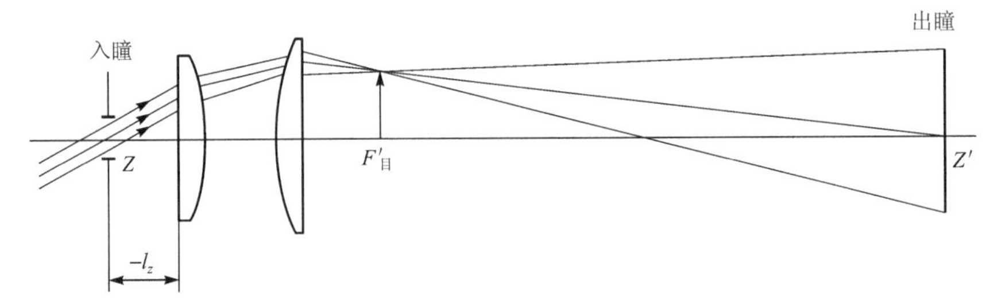

图 7–4　目镜反向光路设计示意图

轴向像差：如 $\delta L'$, $\Delta L'_{FC}$, x'_t, x'_s 等，在光束孔径角相等的条件下为

$$\delta L'_{组合} = \delta L'_{物}（正向光路）+ \delta L'_{目}（反向光路） \tag{7–1}$$

其他轴向像差的关系类似。

垂轴像差：如 K'_T, $\Delta y'_{FC}$, $\delta y'_z$ 等，在像高相等的条件下为

$$K'_{T组合} = K'_{T物}（正向光路）- K'_{T目}（反向光路） \tag{7–2}$$

其他垂轴像差的关系类似。

以上公式可以用来计算物镜按正向光路设计，目镜按反向光路设计时系统的组合像差。由式（7–1）和式（7–2）看到，当目镜按反向光路、物镜按正向光路计算像差时，轴向像差同号叠加、异号相消；垂轴像差则同号相消、异号叠加。

§ 7.2　常用目镜的形式和像差分析

上节介绍了目镜光学特性和像差校正的特点，这一节根据这些特点来分析常用目镜的结构和像差性质。

7.2.1　简单目镜——冉斯登、惠更斯目镜

上节说过在目镜中主要校正的单色像差是像散和彗差。在满足像差校正要求的前提下，光学系统的结构应尽量简单，而单个透镜是最简单的实际光学系统。在 § 4.8 节对物平面位于无限远的单透镜彗差、像散性质的讨论中，下面两种情形的单透镜能同时使彗差和像散等于零：第一种情形是透镜两面曲率之比近似为 2:1 的弯月透镜，入瞳位于透镜后方 0.3 f' 处，如图 7–5（a）所示；第二种情形是透镜近似为平凸形，入瞳在透镜前方 0.3 f' 处,如图 7–5（b）所示，它们分别对应图 4–10（d）和图 4–10（b）。

按反向光路，目镜的成像要求是把无限远的物成像在焦平面上，同时要求入瞳位于透镜前方的一定距离上。上述第二种情况正好符合这些要求，又能使目镜中要求校正的像散、彗

差同时为零，因此平凸形单透镜就是可能的最简单的目镜结构。

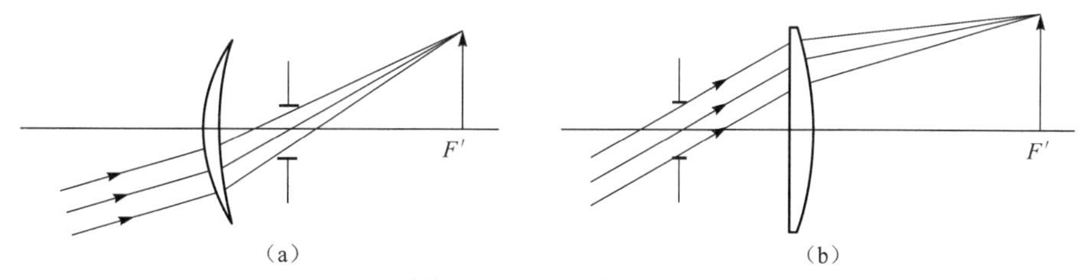

图 7–5　同时使彗差和像散等于零的单透镜形式

（a）弯月透镜；（b）平凸形透镜

但是从整个望远系统来看，如图 7–6（a）所示，单个平凸透镜还不能作为目镜使用，因为由物镜进入系统的光束，如果直接进入凸透镜成像，这时对应的出瞳距离大于焦距 f'，不符合单个平凸透镜像散、彗差为零时出瞳距（反向光路的入瞳距）等于 $0.3f'$ 的条件。为了符合这个条件，必须在目镜焦面上加入一个场镜，如图 7–6（b）所示。

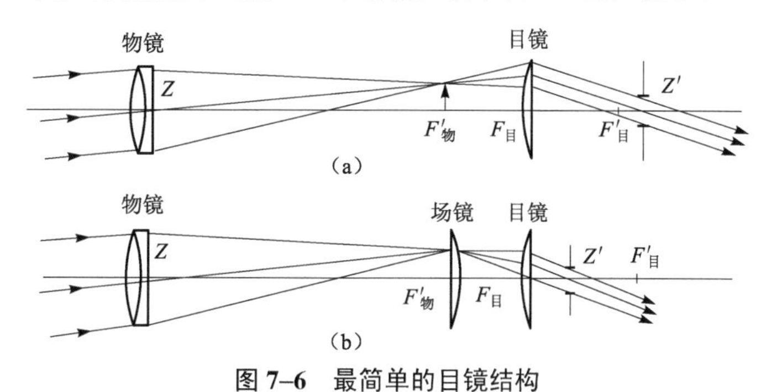

图 7–6　最简单的目镜结构

（a）单个平凸透镜用作目镜；（b）加入场镜后的情况

和像面重合的场镜，除了场曲之外不产生其他像差，为了加工简单，也做成平凸形。通常把场镜和成像透镜（接眼透镜）装在一起，把场镜看作是目镜的一部分，这样一个场镜加一个接眼透镜，并且都做成平凸形，就构成了一个能校正像散和彗差的最简单的目镜。

如果仪器要求在目镜物方焦面上安装分划镜，并满足目镜的视度调节要求，则场镜和物方焦面之间必须有一定的工作距离，如图 7–7 所示。

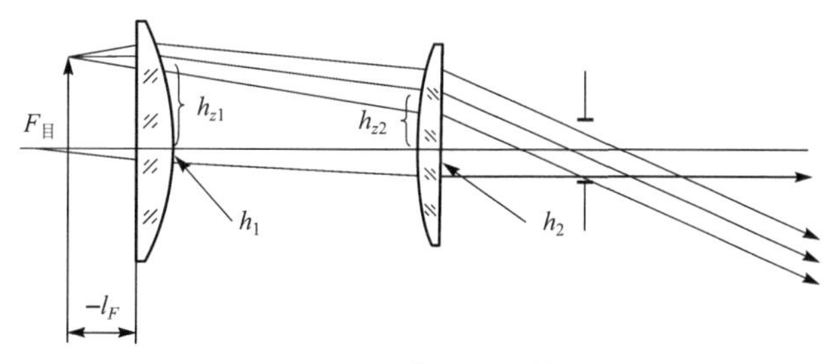

图 7–7　冉斯登目镜

这种最简单的目镜称为冉斯登目镜，它的主要缺点是垂轴色差无法校正，根据垂轴色差和数公式（4–28），对该目镜有

$$S_{\text{II}C}=\sum hh_zC=h_1h_{z1}\frac{\varphi_1}{v_1}+h_2h_{z2}\frac{\varphi_2}{v_2}$$

由图7–7可以看到h_1和h_2同号，h_{z1}，h_{z2}，φ_1，φ_2均大于零，因此$S_{\text{II}C}$不可能等于0。不过由于h_1，h_2，h_{z2}都不大，所以$S_{\text{II}C}$公式中的两项都不大，垂轴色差不致十分严重。为尽可能减小垂轴色差，玻璃的色散应尽量小（v值尽量大），一般都采用色散较小而又最常用的K9玻璃。

另外，由于系统中全是正透镜，故它的球差和轴向色差比其他目镜大，这种目镜通常用于出瞳直径和出瞳距离都不大的实验室仪器中，它的可用的光学特性为

$$2\omega'=30^\circ\sim40^\circ,\quad \frac{l'_z}{f'}\approx\frac{1}{3}$$

冉斯登目镜由于无法校正垂轴色差而使其应用受到限制。能否在这种简单结构基础上校正垂轴色差呢？我们看上面的$S_{\text{II}C}$公式，要使$S_{\text{II}C}=0$,必须使公式中的两项异号。在目镜中由于入瞳和出瞳均远离透镜组，因此h_{z1}和h_{z2}总是同号的，而接眼透镜和场镜的光焦度φ_1,φ_2又均为正值，因此要使$S_{\text{II}C}$公式中的两项异号，必须使h_1,h_2异号，这就要求接眼透镜和场镜分别位于实际像面的两侧，如图7–8所示，这就是另一种常用的简单目镜——惠更斯目镜。

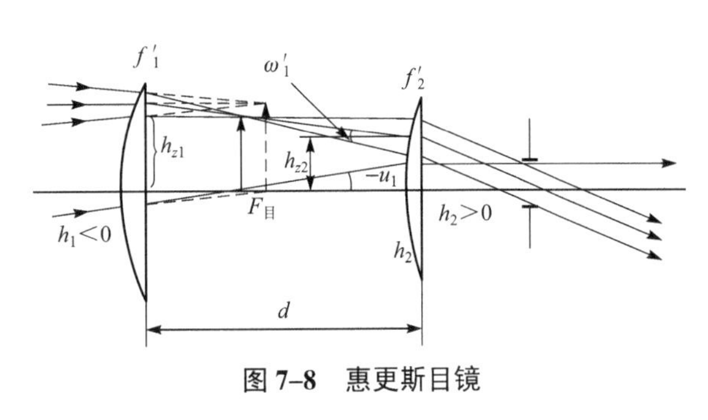

图7–8　惠更斯目镜

下面我们来看如果要求$S_{\text{II}C}=0$，应满足什么条件。假定两透镜的焦距分别为f'_1,f'_2，透镜之间的间隔为d，使用相同的玻璃材料$v_1=v_2=v$；同时假定入射主光线和光轴平行，因为大多数仪器中目镜的入射主光线和光轴的夹角都比较小。

根据薄透镜系统中的光路计算公式有

$$h_1=h_2+d\tan u'_1=h_2+d\left(\frac{h_2}{-f'_2}\right)=h_2\left(1-\frac{d}{f'_2}\right)$$

$$h_{z2}=h_{z1}-d\tan\omega'_1=h_{z1}-d\left(\frac{h_{z1}}{f'_1}\right)=h_{z1}\left(1-\frac{d}{f'_1}\right)$$

将以上公式代入$S_{\text{II}C}=0$的公式得

$$S_{\text{II}C}=h_2\left(1-\frac{d}{f'_2}\right)h_{z1}\frac{1}{f'_1v}+h_2h_{z1}\left(1-\frac{d}{f'_1}\right)\frac{1}{f'_2v}=0$$

将上式化简以后得

$$d=\frac{f'_1+f'_2}{2}$$

这是由两个单正透镜构成的惠更斯目镜校正垂轴色差必须满足的条件。

场镜的放置方向采取平面对着中间实像面，如图7–8所示。这种目镜能同时校正像散、彗差、垂轴色差，它的视场可达到40°～50°，相对出瞳距离$\frac{l'_z}{f'}\approx\frac{1}{4}$，这种目镜的缺点是不

能安装分划镜。惠更斯目镜被广泛用于观察显微镜中。

7.2.2　凯涅尔目镜

冉斯登目镜可以安装分划镜，能消除像散和彗差，但不能校正垂轴色差。很容易想到，如果把冉斯登目镜中的接眼透镜换成胶合组，如图 7–9 所示，就能够校正垂轴色差，这就是凯涅尔目镜。由于目镜同时校正像散、彗差和垂轴色差，因此视场可达到 40°～50°，出瞳距离 l_z' 可以达到 $\frac{1}{2}$ 焦距。

7.2.3　对称式目镜

对称式目镜是目前应用很广的一种中等视场的目镜，它的结构如图 7–10 所示。它由两个双胶合透镜组构成。虽然它的透镜总厚度相对焦距来说比较大，但我们仍可把它作为一个密接薄透镜组来近似地分析它的像差性质。由薄透镜组消色差条件可知，如果消除了垂轴色差，则同时消除轴向色差，因此对称式目镜中两种色差可以同时校正得比较好。一个薄透镜组可以校正两种单色像差，所以对称式目镜也能较好地校正像散和彗差。

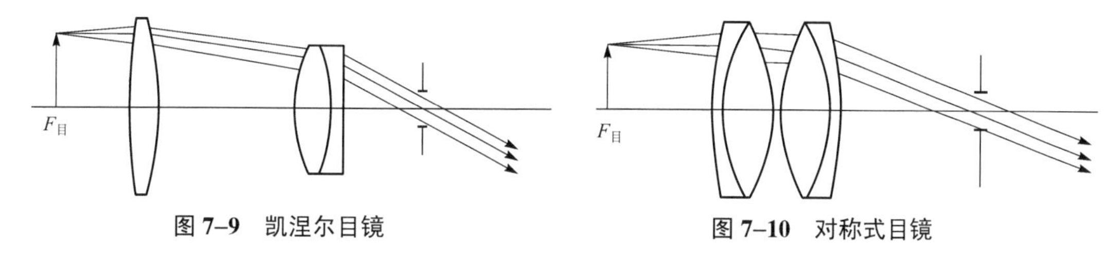

图 7–9　凯涅尔目镜　　　　图 7–10　对称式目镜

大多数对称式目镜采用的两个透镜组完全相同，这样加工比较方便。对称式目镜的视场大约为 40°，出瞳距离较大可以达到 $\frac{3}{4}f'$。

在 § 7.1 节中说过，目镜中一般不校正场曲，但是目镜的视场比较大，场曲往往成为影响成像质量的重要因素。场曲的大小仍然是衡量不同形式目镜优劣的重要指标。下面我们来分析一下场曲和哪些因素有关，这对我们在目镜设计中设法减少场曲有重要的指导意义。我们用式（4–25）中的和数 $\pi=\sum\left(\frac{\varphi}{n}\right)$ 与系统组合光焦度 φ 之比来衡量场曲的大小。由两个分离薄透镜组构成的光学系统，它的总光焦度为

$$\varphi=\varphi_1+\varphi_2-d\varphi_1\varphi_2$$

$$\pi=\sum\left(\frac{\varphi}{n}\right)=\frac{\varphi_1}{n_1}+\frac{\varphi_2}{n_2}\approx 0.7(\varphi_1+\varphi_2)=0.7(\varphi+d\varphi_1\varphi_2)$$

以上两者之比为

$$\frac{\pi}{\varphi}=0.7\left(1+\frac{d\varphi_1\varphi_2}{\varphi}\right)$$

由上式看到，当 φ_1,φ_2 均为正时，两透镜之间的间隔 d 增加，则场曲随之增大；当 φ_1 和 φ_2 一个为正而另一个为负时，则 d 增加、场曲减小。因此为了减少一个总光焦度为正的光学系

统的场曲，就使系统中的正透镜尽量密接，而负透镜则应和正透镜尽量远离。前面介绍的四种目镜都是由两个正透镜组构成的，对称式目镜的两个正透镜组密接，所以它的场曲最小，惠更斯目镜中两个正透镜的间隔最大，场曲最大。不同目镜对应的$\dfrac{\pi}{\varphi}$值如表 7–2 所示。

表 7–2　不同目镜对应的$\dfrac{\pi}{\varphi}$值

目镜	对称式目镜	凯涅尔目镜	冉斯登目镜	惠更斯目镜
$\dfrac{\pi}{\varphi}$	0.6	0.8	1	0.3

对称式目镜场曲比较小，这也是它的一个优点。

总之，对称式目镜能同时校正垂轴色差和轴向色差，能校正像散和彗差，场曲又比较小，出瞳距离较大可达到$\dfrac{3}{4}f'$，是一种较好的中等视场的目镜。

7.2.4　无畸变目镜

无畸变目镜是另一种具有较大出瞳距离的中等视场的目镜，它的结构如图 7–11 所示。它能达到的光学特性为

$$2\omega'=40^\circ,\quad \frac{l'_z}{f'}=\frac{4}{5}$$

这种目镜的接眼透镜通常也是一个平凸透镜。后面的三胶合组主要起校正像差的作用。这种目镜多用于要求体积比较小、倍率比较高的望远镜中，因为在一定的出瞳距离要求下目镜的焦距短，故物镜的焦距也可大大缩短。这种目镜的畸变比一般目镜小，在 40° 视场内为 3%～4%。

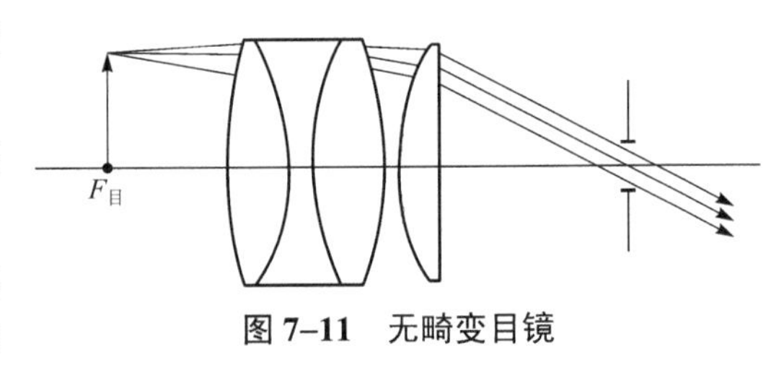

图 7–11　无畸变目镜

7.2.5　广角目镜

上面这几种目镜的视场都在 40° 左右，为了满足提高目视光学仪器的倍率和视场的要求，同时仪器的体积又尽量小，要求设计具有更大视场，同时又有较大出瞳距离的目镜，这就是广角目镜。

增加目镜的视场首先遇到的障碍是场曲 x'_p，随着视场的增加，x'_p 按平方关系增加，严重影响了大视场的成像质量，必须在广角目镜中设法减小。其次，在出瞳距离一定的条件下，随着视场增加，轴外光束的投射高增加，各种高级像差增大，在目镜对视场边缘校正了像差后，中间视场仍将有很大的剩余像差。

根据前面对目镜校正场曲的分析，为了减小场曲，必须在系统中加入负透镜组，并且要求正、负透镜组远离，合理的位置是负透镜位于靠近物方焦面的一边，如图 7–2 所示。这样能减小场曲，同时亦能增加出瞳距离。但是根据前面的分析，这将进一步增大正透镜上轴外光束的投射高，使轴外像差的校正变得更加困难。为了解决这些矛盾，必须使目镜的结构复

杂化。目前比较常用的广角目镜有以下两种形式。

第一种形式：它的结构如图 7–12 所示。其中起成像作用的接眼正透镜组由两个单正透镜构成，代替简单目镜中的一个单透镜。前面的一个三胶合组中负光焦度是由中间的一个高折射率的负透镜产生的，它一方面能减小场曲，又能增加出瞳距离。同时三胶合组也起到帮助校正接眼透镜组像差的作用。这种目镜的光学特性是

$$2\omega'=60^\circ \sim 70^\circ,\quad \frac{l'_z}{f'}=\frac{2}{3}\sim\frac{3}{4}$$

这种目镜的接眼透镜通常由一个平凸透镜和一个等半径的双凸透镜构成，两透镜的光焦度大致相等，为了减少色差，这两个透镜应采用低色散的冕玻璃构成，视场角越大，要求玻璃的折射率越高，对 70° 视场的目镜一般采用折射率较高的 ZK 类玻璃，对 60° 视场的目镜可以采用折射率较低的 K 类玻璃。

目镜的垂轴色差和像散主要靠后面的三胶合组进行校正，因此中间的负透镜应采用高折射率(n>1.7)和高色散的 ZF 类玻璃，而两边的两个正透镜则用折射率和色散较低的 K 类玻璃。

第二种形式：这种目镜称为艾尔弗目镜，结构如图 7–13 所示。这种目镜的接眼正透镜组由一个双胶合组和一个单透镜构成。前面也是一个双胶合组，负光焦度是由前面一个凹面和胶合面产生的，它也起到协助校正接眼透镜组像差的作用，它的光学特性为

$$2\omega'=60^\circ \sim 65^\circ,\quad \frac{l'_z}{f'}=\frac{2}{3}$$

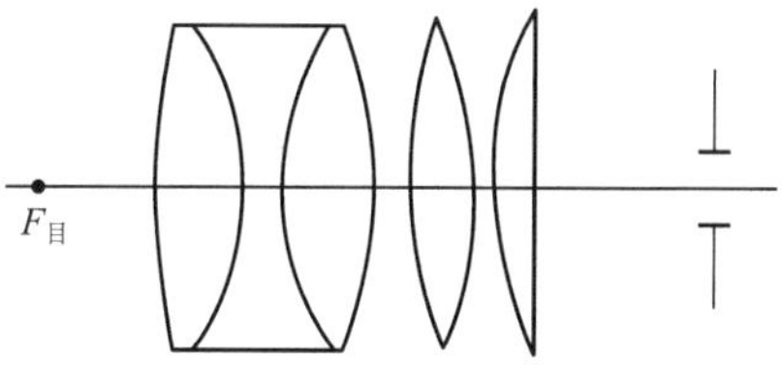

$F_目$

图 7–12　Ⅰ型广角目镜

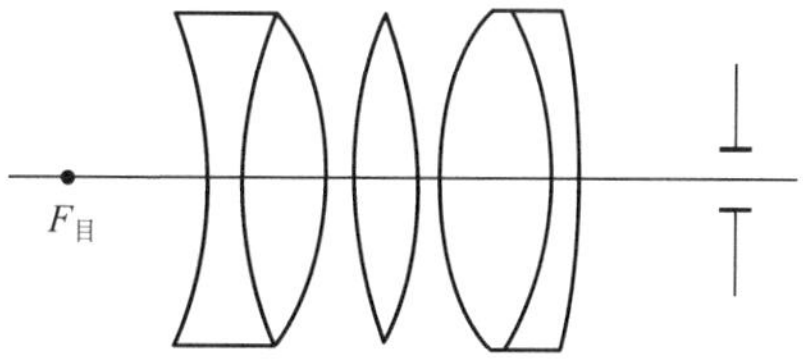

$F_目$

图 7–13　Ⅱ型广角目镜

以上这两种广角目镜，由于都采取了减小场曲的措施，因此它们的$\frac{\pi}{\varphi}$都在 0.5 以下。

§ 7.3　冉斯登、惠更斯和凯涅尔目镜设计

这是三种比较简单的目镜，用适应法自动设计程序设计这样一类目镜比较简单。下面我们分别举实例介绍它们的设计方法。

7.3.1　冉斯登目镜设计

要求设计一个 $10^{\times}$自准望远镜的目镜，结构如图 7–14 所示。光学特性要求：焦距 f'=20；视场角 $2\omega'$=30°；出瞳直径 D'=2.5；出瞳距离 l'_z=7。

除了上面的要求外，为了在目镜焦面上安装分划镜和进行±5 个视度的调节需要，目镜的物方焦截距 l_F>3.5。望远镜的入瞳与物镜重合，则目镜的入瞳位于目镜前方的距离为

$$l_z = f'_{物} + l'_{F目} = 10\times 20 + 3.5 = 203.5$$

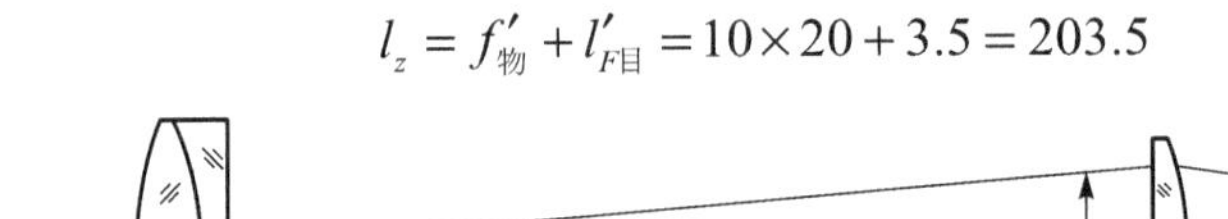
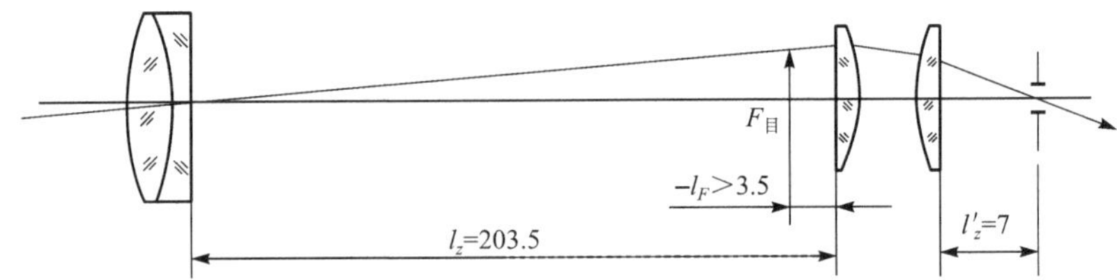

图 7–14　冉斯登目镜

以上是对目镜的全部光学特性要求。下面按这些要求进行设计。

在 § 7.1 节中介绍过目镜一般按反向光路进行设计，对反向光路来说，上述目镜的焦距 f'=20；物平面位于无限远，$l=\infty$；物方视场角 2ω=30°；入瞳直径 D=2.5；后截距 l'_F=3.5；入瞳距 l_z=−7；出瞳距 l'_z=203.5。这是反向光路设计时相应的设计要求。

1. 原始系统的确定

我们从《光学设计手册》上选用了一个原始系统，并把它的焦距缩放为要求的焦距 f'=20，有关参数如下：

r	d	n_D	n_F	n_C
∞	2.5	1	1	1
−12.8	17.3	1.516 3	1.521 955	1.513 895
16.1	2.5	1	1	1
∞		1.516 3	1.521 955	1.513 895
		1	1	1

$$l=\infty,\quad \omega=-15°,\quad H=1.25,\quad l_z=-7$$

2. 自变量

冉斯登目镜只有 3 个自变量：两个曲率 c_1, c_2 和一个透镜间隔 d_3。

3. 像差参数及其目标值和公差

3 个自变量最多只能有 3 个像差参数加入校正，我们把 f'=20；l'_F=3.5；l'_{zm}=203.5 三个设计要求加入校正，相应的像差参数、目标值和公差如表 7–3 所示。

表 7–3　像差参数及其目标值、公差

序号	像差参数	目标值	公差
1	φ	0.05	0
2	$1/l'$	0.286	−0.000 1
3	$1/l'_{zm}$	0.004 914	0

不加入其他边界条件，按以上参数进入校正，其校正结果如表 7–4 所示。

表 7–4　不加入其他边界条件的校正结果

序号	像差参数	目标值	原始系统	设计结果
1	φ	0.05	0.050 03	0.05
2	$1/l'$	0.286	0.227 7	0.288
3	$1/l'_{zm}$	0.004 914	0.004 02	0.004 91

系统结构参数和有关像差如下。

r	d	n_D	n_F	n_C
∞	2.5	1	1	1
−12.38	17.81	1.516 3	1.521 955	1.513 895
16.02	2.5	1	1	1
∞	1.516 3	1.521 955	1.513 895	
	1	1	1	

$$l=\infty,\quad \omega=-15°,\quad H=1.25,\quad l_z=-7$$

其像差结果见表 7–5。

表 7–5　像差结果

h	$\delta L'$	SC'	$\Delta L'_{FC}$	x'_t	x'_s	$\delta L'_{T1h}$	K'_{T1h}	$\Delta y'_{FC}$	$\delta y'_z$
1	−0.200	−0.000 4	−0.266	0.052 3	−0.455	−0.221	−0.008 7	−0.045	−0.054
0.707 1	−0.100	−0.000 2	−0.265	0.035 6	−0.233	−0.209	−0.005 6	−0.031	−0.022

$$f'=20,\quad l'_F=3.5,\quad y'_0=5.3,\quad l'_{zm}=203.5$$

下面我们分析一下表 7–5 中的像差结果。首先看球差和轴向色差，由表 7–5 看到

$$\delta L'_m=-0.2,\quad \Delta L'_{FC}=-0.265$$

这两种像差一般目镜中都是无法校正的，只能靠物镜来补偿，它们的大小在不同目镜中有差别，在冉斯登目镜中，球差和轴向色差是比较大的，因为系统中全部是正透镜，没有负透镜。

垂轴色差 $\Delta y'_{FCm}=-0.045$，没有校正，在 § 7.2 节目镜的像差分析中已经说过这是冉斯登目镜的主要缺点。彗差很小，符合我们要求校正彗差的预期结果。

像散是目镜设计中要求校正的最重要的单色像差，从表 7–5 中看到，像散并不等于零而是等于

$$x'_{ts}=x'_t-x'_s=0.052\,3-(-0.453)\approx 0.505$$

这似乎和我们校正像散的预期结果不符。实际上它正是我们在目镜设计中所希望的像散校正状态，下面作一详细说明。根据式（4–21）有

$$x'_p=x'_s-\frac{1}{2}(x'_t-x'_s)=\frac{3}{2}x'_s-\frac{1}{2}x'_t \tag{7–3}$$

将表 7–5 中的 x'_t，x'_s 代入上式得

$$x'_p=\frac{3}{2}\times(-0.453)-\frac{1}{2}\times(0.052\,3)\approx -0.7$$

场曲 x'_p 只和系统中透镜的光焦度 φ 有关，在光焦度不变的条件下，如果使像散为零，则有

$$x'_t=x'_s=x'_p$$

此时上述系统的子午和弧矢场曲都等于−0.7。如果将 $x'_t=0$ 代入式（7–3）得

$$x'_s=\frac{2}{3}x'_p,\quad x'_t=0$$

这两种不同的像散校正状态，对应的弧矢和子午焦面位置如图 7–15（a）和图 7–15（b）所示，显然后一种校正状态比前一种校正状态的轴外成像质量要好。所以今后我们在目镜设计中往往采用 $x_t'=0$ 的像散校正状态，而不采用 $x_{ts}'=0$ 的校正状态。上面的设计结果 $x_t'=0.052\,3$，接近于零，比 $x_p'=-0.7$ 小得多。

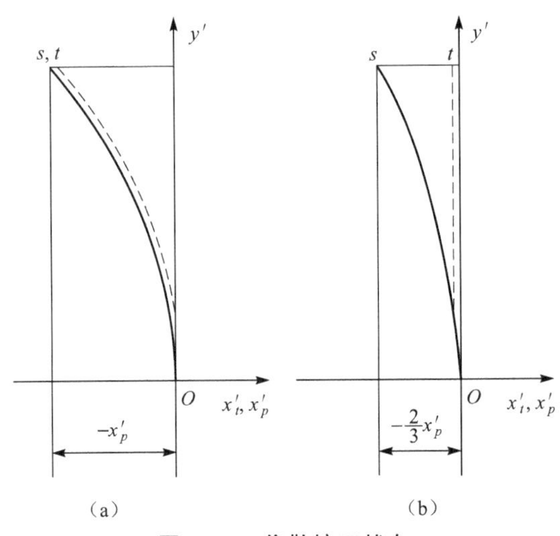

图 7–15　像散校正状态

（a）$x_{ts}'=0$；（b）$x_t'=0$

下面采用 Zemax 设计冉斯登目镜。若仍采用上述选定的原始系统，其初始结构如图 7–16（a）所示。图 7–16（b）所示为初始系统点列图。

优化时自变量选择两个曲率 c_1,c_2 和一个透镜间隔 d_3。评价函数采用 Default Merit Function 中默认的操作数，加入的操作数有焦距 EFFL，将“目标值”（Targets）设为 25，“权重”（Weight）设为 1。由于系统对后截距的要求为 3.5，因此加入操作数 CTVA，将第 5 面（最后一面）距像面距离控制为 3.5。同时，由于出瞳距离要求为 203.5，Zemax 中对出瞳位置的定义是由系统像面计算到出瞳，因此出瞳位置（EXPP）应控制为 203.5–3.5=200，权值均设为 1。执行自动优化功能后，系统点列图如图 7–17 所示。

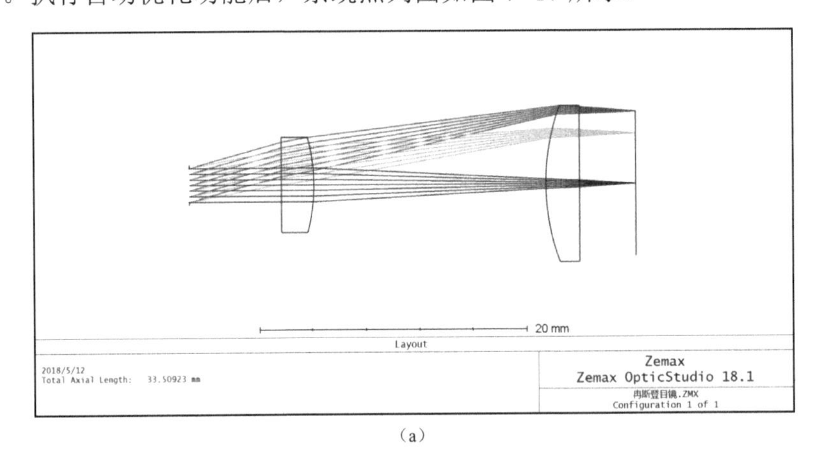

（a）

图 7–16　冉斯登目镜初始系统结构和点列图

（a）结构图

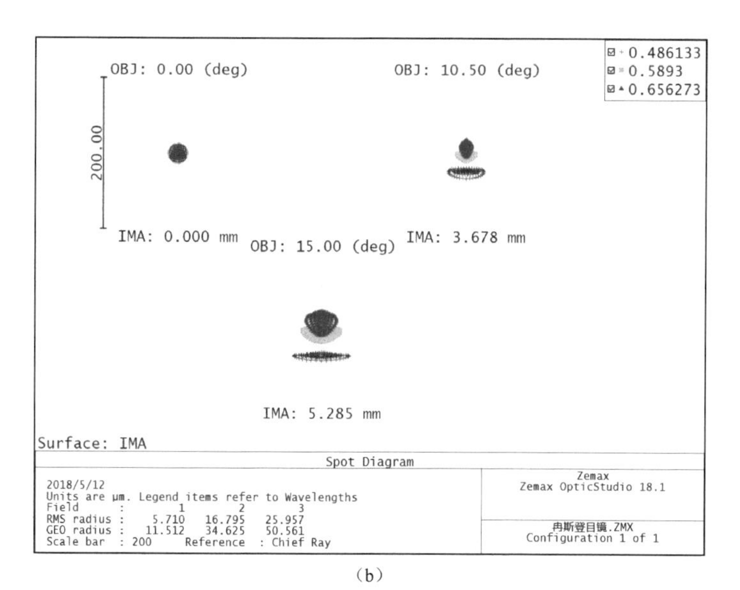

（b）

图 7–16　冉斯登目镜初始系统结构和点列图（续）

（b）点列图

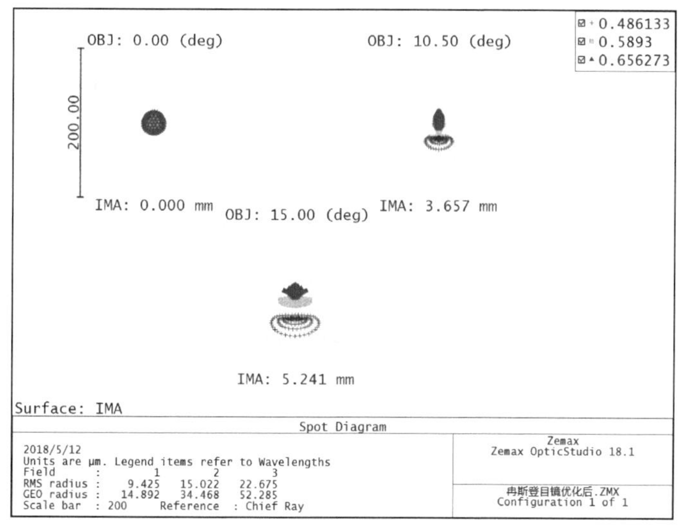

图 7–17　冉斯登目镜优化后点列图

7.3.2　惠更斯目镜设计

设计一个显微镜的 $10^{\times}$目镜，光学特性要求：焦距 $f'=25$；视场角 $2\omega'=40°$；出瞳直径 $D'=2$；出瞳距离 $l'_z>6$。

目镜的入瞳在目镜前方 150 处。按反向光路进行设计，相应的参数为

$$L=\infty,\qquad \omega=-20°,\qquad D=2,\qquad l'_{zm}=150,\qquad l_z>6$$

下面就按上述要求设计惠更斯目镜。

1. 原始系统的确定

我们从《光学设计手册》上选用了一个原始系统，并在它的后面虚设了两个平面，其中

第 5 面为光阑面，第 6 面与实际目镜的最后一面重合。全部参数如下：

r	d	n_D	n_F	n_C
∞	2.5	1	1	1
−9.51	24.5	1.516 3	1.521 955	1.513 895(K9)
0	2.5	1	1	1
−16.71	150	1.516 3	1.521 955	1.513 895(K9)
∞(光阑)	−150	1	1	1
∞		1	1	1
		1	1	1

最后加入的两平面，由于它们两边介质的折射率都等于 1，因此这两个面实际上是不存在的，它们的加入对系统的光学特性和像差毫无影响。

加入第 5 个虚设平面（光阑面）的作用是：我们在计算像差时，指定该面为孔径光阑，主光线必然通过光阑中心，这就保证了对目镜出瞳距离 $l'_{zm}=150$ 的设计要求。这样做的好处是我们对目镜的入瞳位置不作强制性的规定，有利于系统的像差校正。因为目镜的入瞳位置本身要求并不严格，只要它不小于一个下限值即可。在目镜设计中我们大多采用这种方法，而不是像冉斯登目镜设计中，既规定了入瞳位置，又把出瞳距 l'_{zm} 作为一个像差参数加入校正。第 6 个虚设平面的作用是把系统的最后一面由光阑面退回实际目镜的最后一面（第 4 面），这样像差计算中得出的像距、出瞳距、顶焦距等参数都与不加入这两个虚设平面的结果完全一致，免去了换算的麻烦。

2. 自变量

惠更斯目镜和冉斯登目镜一样只有 3 个自变量：两个球面曲率 c_2, c_4 和一个透镜间隔 d_4。

3. 像差参数及其目标值和公差

惠更斯目镜能够校正垂轴色差，所以我们把 $\Delta y'_{FC}$ 加入校正；另外，目镜的光焦度也是必须加入校正的，它们的目标值和公差如表 7–6 所示。

表 7–6　惠更斯目镜像差参数的目标值和公差

序号	像差参数	目标值	公差
1	φ	0.04	0
2	$\Delta y'_{FC}$	0	−0.000 1

按以上原始系统和像差要求进入适应法自动设计程序，立即得出如下结果：

r	d	n_D	n_F	n_C
∞	2.5	1	1	1
−9.42	24.52	1.516 3	1.521 955	1.513 895(K9)
0	3.5	1	1	1
−16.41	1.516 3	1.521 955	1.513 895(K9)	
		1	1	1

$$l=\infty, \quad \omega=-20^\circ, \quad H=1, \quad l_z=-6.12$$

其像差结果见表 7–7。

表 7–7　像差结果

h	$\delta L'$	SL'	ΔL	x'_t	x'_s	$\delta L'_{T1h}$	K'_{T1h}	$\Delta y'_{FC}$	$\delta y'_z$
1	−0.460	−0.000 9	−0.595	−0.511	−1.659	−0.444	0.013	0	−0.477
0.707 1	−0.022 8	−0.000 4	−0.588	−0.276	−0.855	−0.451	−0.004	−0.006	−0.177

上面设计的结构参数中两个虚设面没有列出，因为它对我们没有实际意义。从表 7–7 的像差结果来看，垂轴色差 $\Delta y'_{FC}$ 已达到完全校正，彗差也很小，像散虽然没有达到 x'_t 接近于零的最佳校正状态，但是 $x'_t = -0.511$ 已处于和场曲成较好的补偿补态。$x'_s = -1.659$，数值比较大，这是由于惠更斯目镜的场曲 x'_p 较大造成的。目镜的入瞳距 l_z =6.12，已满足大于 6 的设计要求。有关半径标准化等我们这里不再重复。

采用相同的初始结构，利用 Zemax 设计的结果如图 7–18 所示。优化时，仅加入了焦距 EFFL 操作数，控制焦距值为 25。自变量采用两个球面曲率 c_2, c_4 和一个透镜间隔 d_4。

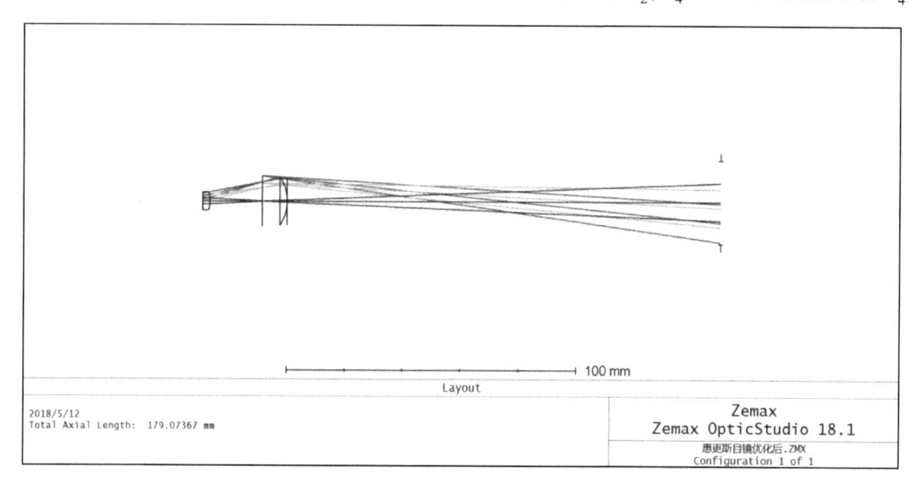

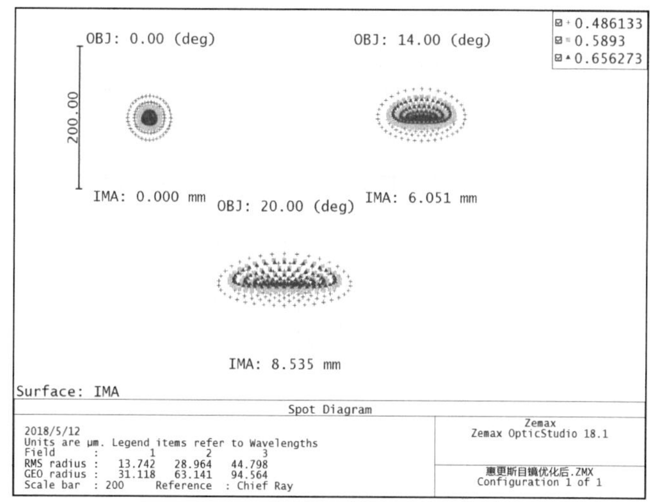

图 7–18　惠更斯目镜优化后

7.3.3 凯涅尔目镜设计

设计一个 $6^{\times}$望远镜的目镜，望远镜的入瞳与物镜重合，目镜的焦距 $f'=20$，出瞳直径 $D'=4$，出瞳距离 $l=-10$，像方视场角 $2\omega'=45°$，设计目镜时不考虑和物镜的像差补偿。

目镜按反向光路进行设计时，相应的光学特性参数要求为：焦距 $f'=20$；视场角 $2\omega'=45°$；入瞳直径 $D=4$；入瞳距离 $l_z=-10$；像方焦截距 $l'_F=3.5$；出瞳距离 $l'_{zm}=123.5(f'_{物}+l'_F)$。

1. 原始系统结构参数

选取如下的系统作为自动设计的原始系统：

r	d	n_D	n_F	n_C
48	1.5	1	1	1
13.36	4.5	1.755	1.774 755	1.747 325(ZF6)
−16.14	16	1.589 1	1.595 862	1.586 242(ZK3)
21	4.5	1	1	1
∞		1.516 3	1.521 955	1.513 895(K9)
		1	1	1

$$l=\infty,\quad \omega=-22.5°,\quad H=2,\quad l_z=-10$$

2. 自变量

凯涅尔目结构参数自变量共有 6 个：5 个球面曲率 c_1,c_2,c_3,c_4,c_5 和一个透镜间隔 d_4。玻璃的光学常数一般不作为自变量使用。

3. 像差参数及其目标值和公差

凯涅尔目镜校正像差的能力比较强，我们把如下的 6 个像差参数加入校正，它们的目标值和公差如表 7–8 所示。

表 7–8　像差参数的目标值和公差

序号	像差参数	目标值	公差
1	x'_{tm}	0	−0.000 01
2	$\Delta y'_{FCm}$	0	0
3	K'_{Tm}	0	0
4	φ	0.05	0
5	$1/l'_F$	0.286	0
6	$1/l'_{zm}$	0.008 1	0

以上像差参数中 φ，$1/l'_F$，$1/l'_{zm}$ 是工作条件规定的，另外三个像差 x'_{tm}，$\Delta y'_{FCm}$，K'_{Tm} 是目镜要求校正的像差，共 6 个像差参数和自变量数相等。在目镜设计中，由于视场较大，因此我们校正彗差时，不像望远镜物镜和显微镜物镜那样通过正弦差 SC′ 来控制彗差，而是直接将边缘视场的子午彗差加入校正。

按以上条件进入适应法自动校正以后很快得出如下设计结果：

r	d	n_D	n_F	n_C
42.5	1.5	1	1	1
13.18	4.5	1.755	1.774 755	1.747 325(ZF6)
−15.20	15.18	1.589 1	1.595 862	1.586 242(ZK3)
31.76	4.5	1	1	1
−49.67		1.516 3	1.521 955	1.513 895(K9)
		1	1	1

$$l=\infty,\quad \omega=-22.5°,\quad H=2,\quad l_z=-10$$

其校正结果见表 7–9。

表 7–9　校正结果

序号	像差参数	目标值	原始系统	设计结果
1	x'_{tm}	0	1.938 3	0
2	$\Delta y'_{FCm}$	0	0.009 3	0
3	K'_{Tm}	0	0.047 7	0
4	φ	0.05	0.047 75	0.05
5	$1/l'_F$	0.286	0.228 5	0.286
6	$1/L'_{zm}$	0.008 1	0.007 11	0.008 1

从表 7–9 的设计结果看，参加校正的 6 个像差参数已完全达到目标值。但是由于现在系统的视场角和光束孔径已经较大，$2\omega=45°$，$D=4$，只校正三种边缘像差已不能保证系统的成像质量，必须全面考察一下系统的像差。上述系统的有关像差如表 7–10 所示。

表 7–10　像差结果

h	$\delta L'$	SC'	$\Delta L'_{FC}$	x'_t	x'_s	$\delta L'_{T1h}$	K'_{T1h}	$\Delta y'_{FC}$	$\delta y'_z$
1	−0.337	−0.003 1	0.034	0	−1.189	0.008	0	0	−0.395
0.707 1	−0.166 7	−0.001 5	0.033	−0.259	−0.642	−0.264	−0.036	−0.01	−0.156

$$f'=20,\quad l'_F=3.5,\quad y'_0=8.28,\quad l'_{zm}=123.5$$

在表 7–10 的像差结果中，我们看到子午彗差 K'_{T1h} 在边缘视场虽然等于 0，但是由于视场高级彗差的存在，0.707 1 视场的彗差达到−0.036，比较大。要进一步校正视场高级彗差已没有足够的自变量。在高级像差无法减少的前提下，可以用改变边缘像差的校正状态来适当改善系统的成像质量，这种方法称为“像差平衡”，下面比较详细地对这一问题作一说明。

上述系统在视场边缘彗差为零，而 0.707 1 视场处有一较大的彗差，因此 0.707 1 视场处成像质量不好。我们希望视场中央部分成像质量好，允许视场边缘的成像质量差一些。根据式（1–17）

$$K'_{Tsny}=K'_{T(1h,0.707\,1y)}-0.707\ 1K'_{T(1h,1y)}$$

将表7–10中K'_{T1h}的两个值代入上式得

$$K'_{Tsny}=-0.036$$

假定系统的K'_{Tsny}不变，因为小量改变结构高级像差基本不变，现改变彗差的校正状态使$K'_{T(1h,1y)}=0.03$，代入式（1–17）得

$$K'_{T(1h,0.7071y)}=K'_{Tsny}+0.7071K'_{T(1h,1y)}$$

$$=-0.036+0.021=-0.015$$

这时，0.707 1视场的预期彗差为–0.015，比原来降低一半多，因此视场中央部分的成像质量有较大的改善。但视场边缘的彗差等于0.03，成像质量有所下降，这是允许的。而且一般光学系统视场边缘都有渐晕，实际的子午光束宽度比全孔径小，而初级彗差与孔径的平方成正比，因此，在有渐晕的情况下，实际子午彗差比0.03要小。例如，当子午渐晕系数为0.707 1时，实际彗差只有全孔径彗差的一半，为 0.015。这样整个视场内的成像质量显然比原来的系统改善了。这种像差平衡的方法对其他像差同样可以应用。

我们把上面的设计结果作为原始系统，自变量和像差参数均不变，只是把K'_{T1h}的目标值由0改为0.03。其他像差参数的目标值和公差均保持不变，重新进入自动校正，得出如下结果：

r	d	n_D	n_F	n_C
33.96	1.5	1	1	1
12.34	4.5	1.755	1.774 755	1.747 325(ZF6)
–16.56	14.84	1.589 1	1.595 862	1.586 242(ZK3)
34.09	4.5	1	1	1
–41.49		1.516 3	1.521 955	1.513 895(K9)
		1	1	1

$$l=\infty,\quad \omega=-22.5^\circ,\quad H=2,\quad l_z=-10$$

其像差结果见表7–11。

表7–11　像差结果

h	$\delta L'$	SC'	$\Delta L'_{FC}$	x'_t	x'_s	$\delta L'_{T1h}$	K'_{T1h}	$\Delta y'_{FC}$	$\delta L'_z$
1	–0.281	–0.002 1	0.028	0	–1.19	0.127	0.03	0	–0.45
0.707 1	–0.140	–0.001 1	–0.027	–0.27	–0.65	–0.190	–0.018 8	–0.001	–0.175

由表7–11像差结果可以看到$K'_{T(1h,1y)}$等于0.03，但全视场0.707 1孔径的彗差$K'_{T(0.7071h,1y)}$只有0.011（没有列入表中），$K'_{T(1h,0.7071y)}$已由–0.036减小到–0.018，和前面预先估计的–0.015略有出入，其他像差基本不变。从彗差来说，整个像面的成像质量无疑已得到提高。

由上面的结果可以看出，像差平衡对高级像差比较大的大视场、大孔径系统来说，具有十分重要的意义，今后在照相物镜设计一章中还将进一步讨论。

图7–19所示为采用Zemax软件的自动优化功能得到的最终结果。自变量采用5个球面曲率c_1,c_2,c_3,c_4,c_5加上一个透镜间隔d_4。评价函数采用优化向导（Optimization Wizard）中默

认的操作数，加入的操作数有焦距 EFFL，将目标值（Targets）设为 20。加入操作数 CTVA 控制系统的后截距为 3.5。出瞳位置（EXPP）控制为 123.5−3.5=120，权重均设为 1。

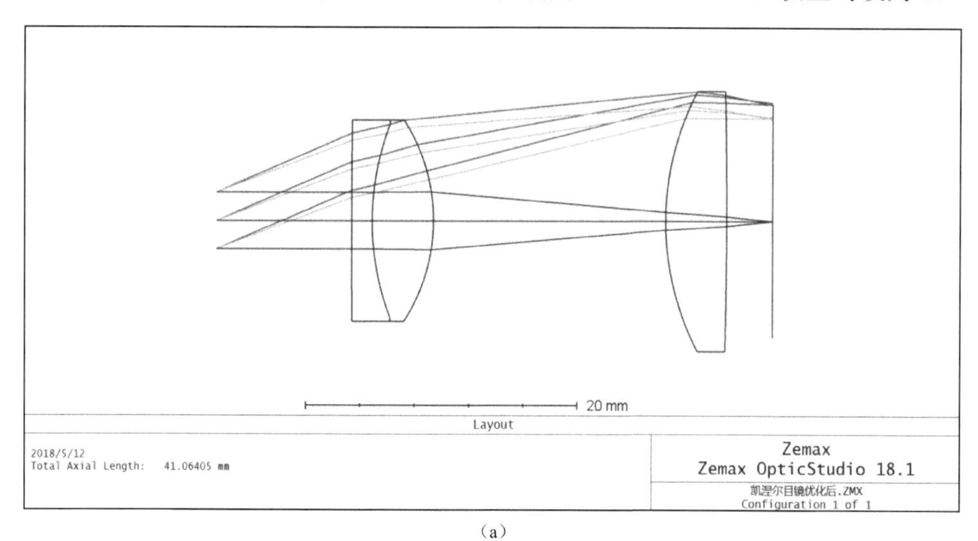

（a）

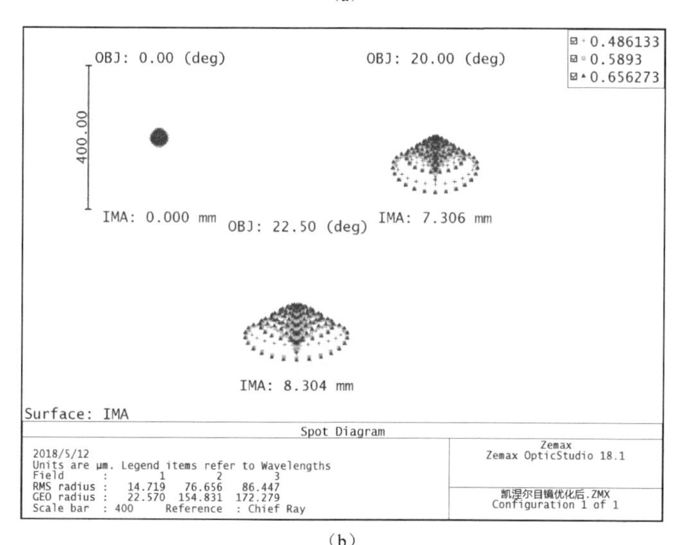

（b）

图 7–19　凯涅尔目镜优化后的最终结果

（a）结构图；（b）点列图

§ 7.4　对称式目镜和无畸变目镜设计

7.4.1　对称式目镜设计

对称式目镜是由两个双胶合组对称密接而成的，两个双胶合组可以做成不同的形状，但是大多数对称式目镜都由两个完全相同的双胶合组构成，这样便于加工。由于对称式目镜近似为一密接薄透镜组，因此它消除垂轴色差就同时消除了轴向色差，所以它的两种色差能同时校正得比较好。除此之外，像散和彗差也能同时得到校正，因此它的成像质量比较好。下面举一个设计实例。

例 设计一个 4×望远镜的目镜，目镜的焦距 $f'=25$；视场角 $2\omega'=40°$；出瞳直径 $D'=4$；出瞳距离 $l'_z>20$；望远系统的入瞳与物镜重合；不考虑目镜与物镜之间的像差补偿。

按反向光路设计目镜时，它的设计要求为：焦距 $f'=25$；视场角 $2\omega=40°$；入瞳直径 $D=4$；入瞳距离 $|l_z|>20$；出瞳距 $l'_{zm}=f'_{物}+l'_{F目}\approx 100+20=120$。

采用两个双胶合组完全对称的结构形式。

1. 原始系统

选取如下的系统作为我们设计的原始系统：

r	d	n_D	n_F	n_C
1 000	1.5	1	1	1
32.2	4.5	1.672 5	1.687 472	1.666 602(ZF2)
−21.3	14.84	1.516 3	1.521 955	1.513 895(K9)
21.3	4.5	1	1	1
−32.2	1.5	1.516 3	1.521 955	1.513 895(K9)
−1 000	120	1.672 5	1.687 472	1.666 602(ZF2)
∞(光阑)	−120	1	1	1
∞		1	1	1
		1	1	1

系统最后加入了两个虚设的平面，第一个是光阑面，第二个面和实际系统最后一面顶点重合，这种方法在前面惠更斯目镜设计中已用过，这里不再重复。系统的光学特性为：$l=\infty$，$\omega=-20°$，$H=2$，孔径光阑在第 7 面。

2. 自变量

为保持系统的完全对称必须使用组合变量，厚度不作为变量。系统仅有 3 个曲率的组合变量，即：$c_1=-c_6$(−10 106)；$-c_2=-c_5$(−10 205)，$c_3=-c_4$(−10 304)。

3. 像差参数及其目标值和公差

3 个自变量最多只能有 3 个像差参数进入校正，除了透镜光焦度 φ 以外，再把目镜中最主要的两种像差 x'_{tm} 和 $\Delta y'_{FCm}$ 加入校正，它们的目标值和公差如表 7−12 所示。

表 7−12　像差参数的目标值和公差

序号	像差参数	目标值	公差
1	φ	0.04	0
2	x'_{tm}	0	−0.000 1
3	$\Delta y'_{FCm}$	0	0

不加入边界条件，进入适应法自动设计程序，其输出结果如下：

r	d	n_D	n_F	n_C
−120 3.5	2	1	1	1
32.25	8	1.672 5	1.687 472	1.666 602(ZF2)

−21.31	0.5	1.516 3	1.521 955	1.513 895(K9)
21.31	8	1	1	1
−32.25	2	1.516 3	1.521 955	1.513 895(K9)
1 203.5		1.672 5	1.687 472	1.666 602(ZF2)
		1	1	1

$$l=\infty,\quad \omega=-20^\circ,\quad H=2,\quad l_z=-24\ (\text{程序输出结果})$$

$$f'=20,\quad l'_F=18.44,\quad y'_0=9.1,\quad L'_{zm}=120$$

像差结果如表 7–13 所示。

表 7–13　像差结果

h	$\delta L'$	SC'	$\Delta L'_{FC}$	x'_t	x'_s	$\delta L'_{T1h}$	K'_{T1h}	$\Delta y'_{FC}$	$\delta y'_z$
1	−0.128	−0.002 1	−0.026	0	−0.81	−0.024	−0.001	0	−0.705
0.707 1	−0.064	−0.001	−0.027	−0.34	−0.51	−0.098	−0.022	−0.01	−0.269

由以上像差结果看到，加入校正的像差参数 φ，x'_{tm}，$\Delta y'_{FCm}$ 都准确达到了目标值，$|l_z|>20$，全部达到了设计要求。彗差虽没有加入校正，但实际上数值也很小，$\Delta L'_{FC}$ 和 x'_s 也比较小，所以对称式目镜的成像质量比较好。

采用 Zemax 设计时，初始系统点列图如图 7–20 所示。

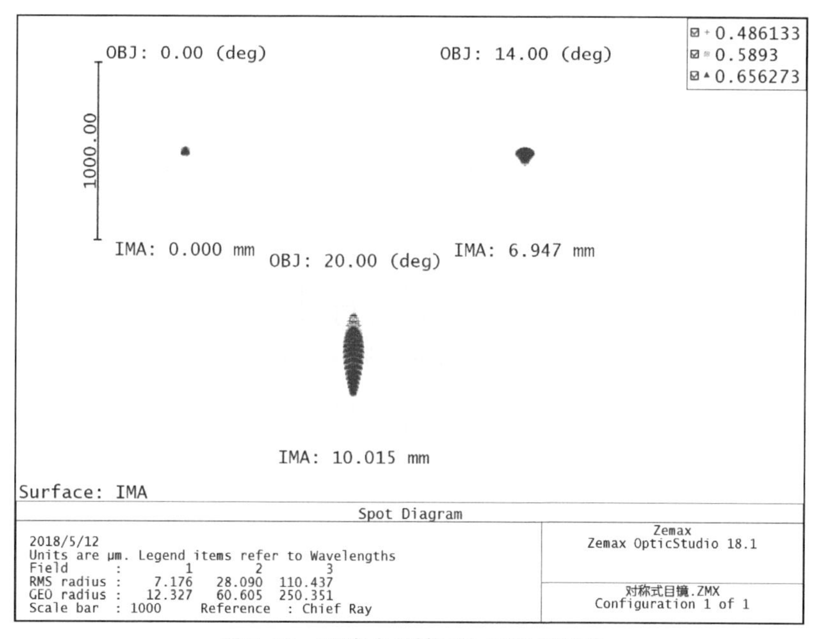

图 7–20　对称式目镜初始系统点列图

自变量的选择与采用适应法进行优化设计时相同。评价函数中加入 EFFL，控制焦距为 25。优化后系统结构及点列图如图 7–21 所示。

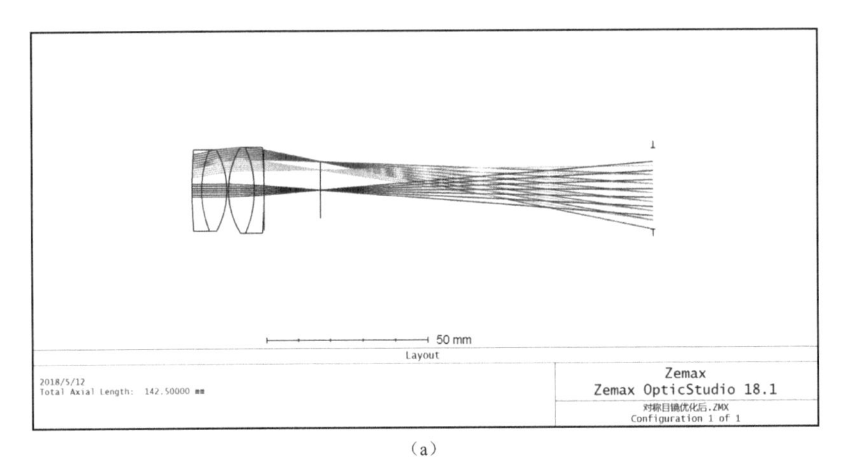

（a）

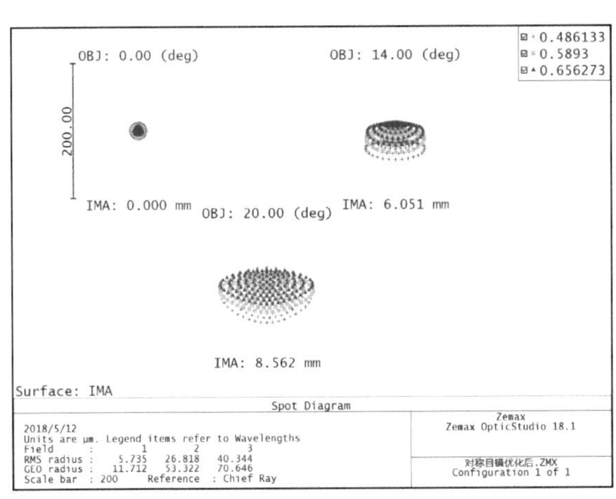

（b）

图 7–21　对称式目镜优化后系统结构及点列图

（a）结构图；（b）点列图

7.4.2　无畸变目镜设计

设计一个焦距 f'=25 的无畸变目镜，正向光路的入瞳位于目镜前方约 160，目镜的像方视场角 $2\omega'$=40°，出瞳距离 l_z'>12，出瞳直径 D'=2。按反向光路设计时，目镜的光学特性为：焦距 f'=25；视场角 2ω=40°；入瞳直径 D=2；入瞳距离 $|l_z|$>12；出瞳距 l_z'=160。

1. 原始系统

我们选取以下系统作为自动设计的原始系统：

r	d	n_D	n_F	n_C
∞	4	1	1	1
−14.7	0.2	1.613	1.620 127	1.610 007(ZK7)
20.9	7	1	1	1
−11.0	2	1.516 3	1.521 955	1.513 895(K9)
11.0	7	1.672 5	1.687 472	1.666 602(ZF2)
−20.9	−160	1.516 3	1.521 955	1.513 895(K9)

∞(光阑)	160	1	1	1
∞		1	1	1
		1	1	1

$$l=\infty,\quad \omega=-20^\circ,\quad H=1$$

2. 自变量

无畸变目镜的第一面一般取平面，因此不把 c_1 作为自变量，只把其他 5 个曲率作为自变量，它们是 c_2,c_3,c_4,c_5,c_6。透镜厚度也都不作为自变量。

3. 像差参数及其目标值和公差

把下列像差参数加入校正，它们的目标值和公差如表 7–14 所示。

表 7–14　像差参数的目标值和公差

序号	像差参数	目标值	公差
1	φ	0.066 67	0
2	x'_{tm}	0	−0.000 1
3	$\Delta y'_{\mathrm{FC}m}$	0	0
4	SC'_m	−0.001	0

在目镜设计中对彗差的控制，既可以控制 K'_T，也可以控制 SC'，两者是等价的。前面控制的都是 K'_T，这里我们控制 SC'，目标值−0.001 是根据原始系统的像差确定的，原始系统的 $\mathrm{SC}'_m=-0.001\,3$，$K'_{Tm}=0.009\,9$，彗差已比较小，我们给一个比原始系统略小的目标值。

按以上参数进入适应法自动设计程序，得到的像差结果如表 7–15 所示。

表 7–15　校正后的结果

序号	像差参数	目标值	原始系统	设计结果
1	φ	0.066 67	0.057 52	0.066 67
2	x'_{tm}	0	0.344 5	0
3	$\Delta y'_{\mathrm{FC}m}$	0	0.059 6	0
4	SC'_m	−0.001	−0.001 39	−0.001

系统的结构参数如下：

r	d	n_{D}	n_{F}	n_{C}
∞	4	1	1	1
−14.19	0.2	1.613	1.620 127	1.610 007(ZK7)
15.85	7	1	1	1
−11.99	2	1.516 3	1.521 955	1.513 895(K9)
13.68	7	1.672 5	1.687 472	1.666 602(ZF2)
−24.42		1.516 3	1.521 955	1.513 895(K9)
		1	1	1

$$l=\infty,\quad \omega=-20^\circ,\quad H=1,\quad l_z=-12.27\text{（输出结果）}$$

像差结果如表 7–16 所示。

表 7–16　像差结果

h	$\delta L'$	SC'	$\Delta L'_{FC}$	x'_t	x'_s	$\delta L'_{T1h}$	K'_{T1h}	$\Delta y'_{FC}$	$\delta y'_z$
1	−0.055	−0.001 0	−0.046 7	0	−0.523	−0.043	−0.006 8	0	−0.321
0.707 1	−0.027	−0.000 5	0.046 5	−0.11	−0.295	−0.052	−0.008 7	−0.004 5	−0.119

$$f'=15,\quad l'_k=4.24,\quad y'_0=5.26,\quad l'_{zm}=160$$

由以上像差结果看到，$x'_t,\Delta y'_{FC},K'_T$ 都达到了校正。出瞳距等于 12.27，大于设计要求的 12。

图 7–22 所示为采用 Zemax，用同一初始系统进行优化设计的结果。优化过程中，自变量选用 c_2,c_3,c_4,c_5,c_6。评价函数中加入了对焦距控制的操作数 EFFL，值为 25。

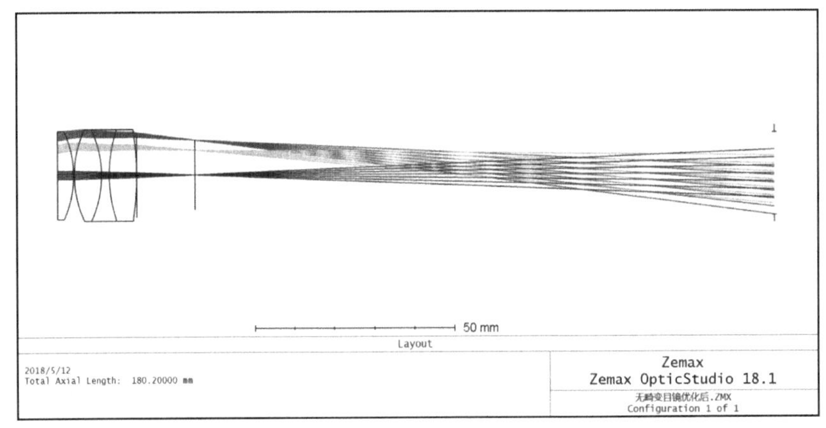

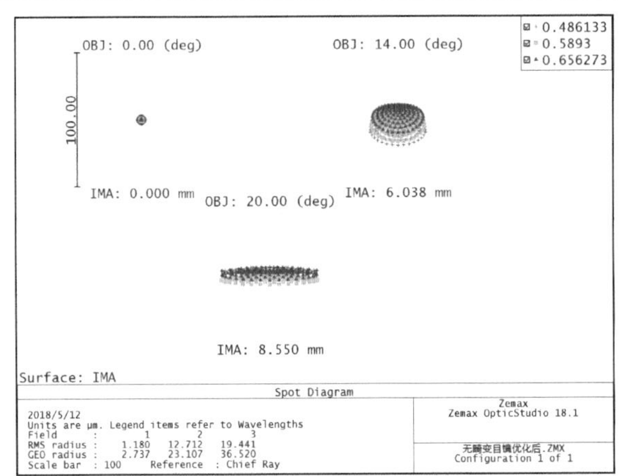

图 7–22　无畸变目镜优化后系统结构及点列图

§ 7.5　广角目镜设计

在 § 7.2 节中介绍了两种形式的广角目镜，它们的结构如图 7–12 和图 7–13 所示。为了方便，我们把图 7–12 称为Ⅰ型广角目镜；把图 7–13 称为Ⅱ型广角目镜。在这两种不同结构的目镜中，作为校正像差的自变量，不考虑透镜的厚度和玻璃的光学常数，只用球面曲率就有 8 个。在前面各种目镜的设计中，加入校正的像差参数，除了目镜的光学特性和某些外部工作条件（如光焦度 φ、出瞳距 l'_{zm}）外，考虑的像差只有 x'_t，$\Delta y'_{FC}$，K'_T（或SC′）三种。现在系统有 8 个自变量，校正这些像差是比较容易的。是否可以再增加一些像差呢？我们首先想到的是畸变 $\delta y'_z$。在广角目镜中畸变可能超过 10%，如能适当减小还是有利的。但是实际经验证明，在目镜中畸变和彗差是相关的。彗差校正得越小，畸变就越大。或者说在一定结构形式的目镜中，彗差一定则畸变也就确定了，如果把彗差和畸变同时加入校正，并分别给它们规定目标值，往往都不能完成校正。因为适应法自动设计程序不允许相关像差同时进入校正，因此在校正广角目镜的像差时，仍然只校正 x'_t，$\Delta y'_{FC}$，K'_T（或SC′）三种像差。畸变则根据校正结果，通过调整 K'_T（SC′）的目标值，使畸变、彗差得到兼顾。在广角目镜设计中，除了前面这三类像差的边缘像差以外，还需要注意这三种像差的视场高级像差，因为广角目镜的视场很大。

在光学设计中，对高级像差采取的措施是：第一步尽量减小高级像差的数值，但是，对一定结构形式的系统存在一个极限，不可能把它校正到零；第二步是改变边缘像差的目标值，使系统在整个视场内得到较好的像质，这就是所谓的“像差平衡”。它在前面 § 7–3 节中设计凯涅尔目镜时已经说过，在广角目镜设计中显得尤为重要。下面我们举例说明两种广角目镜的设计方法。

7.5.1　Ⅰ型广角目镜设计

设计一个 10$^{\times}$望远镜的目镜，目镜焦距 $f'=25$，像方视场角 $2\omega'=60°$，出瞳直径 $D'=4$，出瞳距离 $l'_z>20$。望远镜的入瞳与物镜重合，不考虑补偿物镜的像差。

按反向光路设计目镜时，上述设计要求对应的光学特性要求为：焦距 $f'=25$；视场角 $2\omega=60°$；入瞳直径 D=4；入瞳距离 $|l_z|>12$；出瞳距离 $l'_{zm}=f'_{物}+l'_{F目}$=250+10=260。

下面按以上光学特性进行设计。

1. 原始系统的选择

我们选择下列系统作为自动设计的原始系统：

r	d	n_D	n_F	n_C
∞	4.5	1	1	1
−26.6	0.2	1.516 3	1.521 955	1.513 895(K9)
53.3	5.5	1	1	1
−53.3	0.2	1.516 3	1.521 955	1.513 895(K9)
53.3	10	1	1	1
−26.6	2.5	1.516 3	1.521 955	1.513 895(K9)
26.6	10	1.755	1.774 755	1.747 325(ZF6)
260	−43.0	1.516 3	1.521 955	1.513 895(K9)
∞(光阑)	−260	1	1	1
∞		1	1	1
		1	1	1

$$l=\infty,\quad \omega=-30°,\quad H=2$$

2. 自变量

前面说过，广角目镜中可以使用的自变量较多，但是要求校正的像差比较少，因此我们考虑系统加工方便，不把全部曲率均作为独立自变量参加校正，首先让目镜的第一个面保持为平面，c_1不作为自变量；其次把第 3 和第 4 面曲率结组，保持其大小相等、符号相反，其他各面作为独立变量，这样有

$$c_2, c_3 = -c_4, c_5, c_6, c_7, c_8$$

共 6 个自变量。透镜厚度与玻璃光学常数均不作自变量。

3. 像差参数、目标值和公差

把下列 4 个最基本的像差参数加入校正，它们的目标值和公差如表 7–17 所示。

表 7–17　像差参数的目标值和公差值

序号	像差参数	目标值	公差
1	φ	0.04	0
2	x'_{tm}	0	–0.000 1
3	$\Delta y'_{\mathrm{FC}m}$	0	0
4	SC'_m	–0.001	0

不加入任何边界条件，按以上参数进入像差自动校正，很快得出结果如表 7–18 所示。

表 7–18　校正后的结果

序号	像差参数	目标值	原始系统	设计结果
1	φ	0.04	0.039 8	0.04
2	x'_{tm}	0	–0.336 3	0.009
3	$\Delta y'_{\mathrm{FC}m}$	0	0.048 3	0
4	SC'_m	–0.001	–0.001 8	–0.001

相应的系统结构参数为

r	d	n_{D}	n_{F}	n_{C}
∞	4.5		1	1　1
–30.74	0.2	1.516 3	1.521 955	1.513 895(K9)
54.63	5.5	1	1	1
–54.63	0.2	1.516 3	1.521 955	1.513 895(K9)
46.14	10	1	1	1
–33.0	2.5	1.516 3	1.521 955	1.513 895(K9)
33.3	10	1.755	1.774 755	1.747 325(ZF6)
–44.8		1.516 3	1.521 955	1.513 895(K9)
		1	1	1

$$l=\infty,\quad \omega=-30^\circ,\quad H=2,\quad l_z=-20.96$$（输出结果）

系统的各种像差结果如表 7–19 所示。

表 7–19　像差结果

h	$\delta L'$	SC'	$\Delta L'_{FC}$	x'_t	x'_s	$\delta L'_{T1h}$	K'_{T1h}	$\Delta y'_{FC}$	$\delta y'_z$
1	−0.111 6	−0.001 0	−0.087	−0.009	−1.849	−0.102	−0.029	0	−1.825
0.707 1	−0.055 7	−0.000 5	0.087	−0.1	−1.055	−0.108	−0.025	−0.012	−0.715

$$f'=25,\quad l'_F=7.52,\quad y'_0=14.43,\quad l'_{zm}=260$$

由以上像差结果看到，系统的各种高级像差并不大，因此不必采取像差平衡的措施。但是畸变较大，已达到 12.6%，彗差 $K'_{T1h,1y}$=−0.029,没有完全校正，这是在前面给 SC'_m=−0.001 的目标值造成的，我们之所以不把 SC'_m 的目标值给成零，就是因为如果把彗差完全校正，则系统的畸变将变得更大。现在的校正结果是使彗差和畸变都保持在允许的范围之内，而且目镜的彗差还可以在物镜中进行补偿。SC'_m 的目标值实际上是在若干次试校正以后确定的。

采用 Zemax 进行优化设计时，仍采用上述初始系统。图 7–23 所示为初始结构及点列图。图 7–24 所示为优化后的结构及点列图。

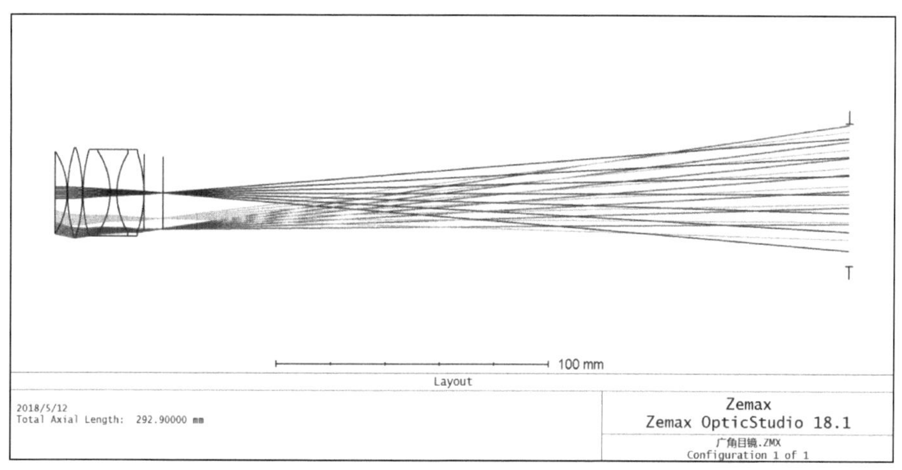

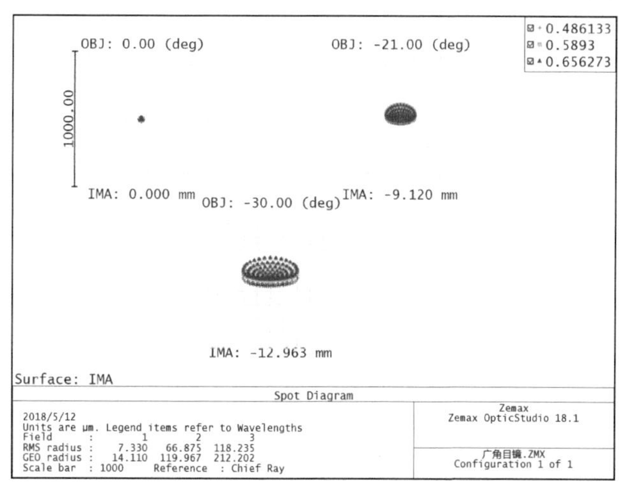

图 7–23　广角目镜初始系统结构及点列图

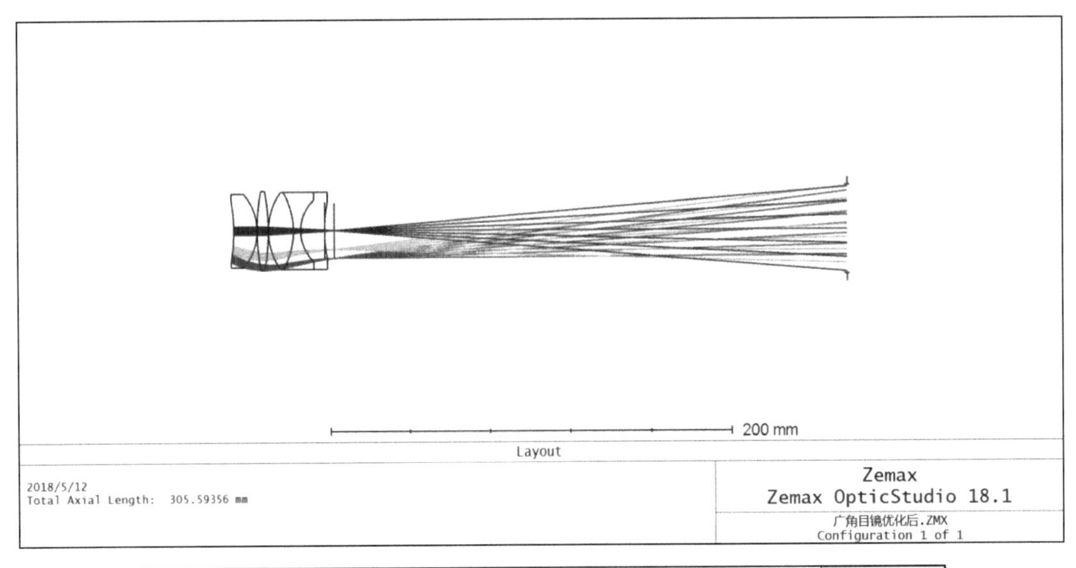

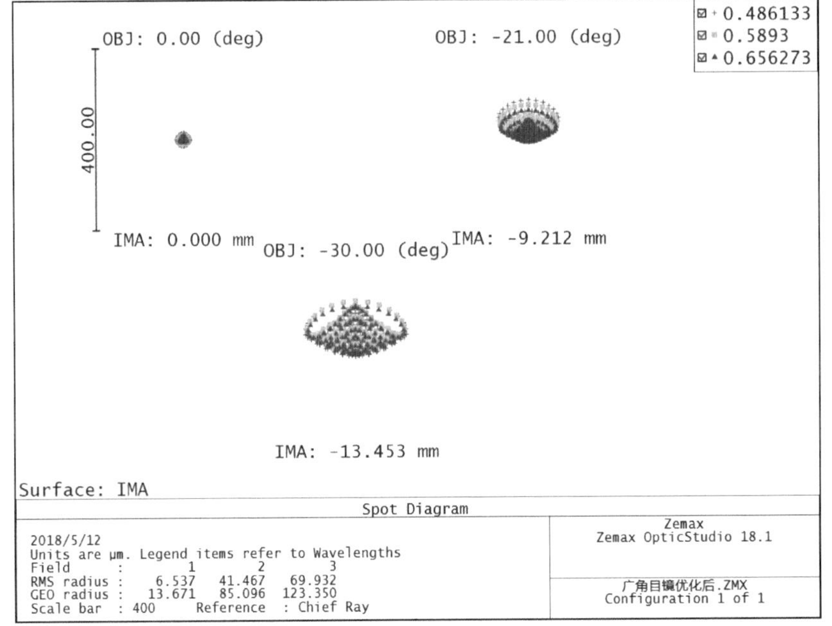

图 7–24　广角目镜优化后系统结构及点列图

7.5.2　Ⅱ型广角目镜设计

在前面各种目镜的设计举例中，都没有考虑目镜和物镜之间的像差补偿问题。在 § 7.1 节中分析目镜设计的特点时曾说过，对需要安装分划镜的望远镜系统，物镜和目镜应尽可能独立校正像差。在此基础上对物镜和目镜中各自无法完全校正的某些像差，可以相互补偿，以提高整个系统的成像质量。在前面的设计举例中，只是为了简化，才没有考虑物镜和目镜的像差补偿。为了说明设计目镜时，如何考虑它和物镜之间的像差补偿问题，在Ⅱ型广角目镜的设计中，要求它和 § 5.3 节中设计的双胶合望远物镜组成一个 $10^{\times}$的望远镜，光学特性为：视放大率$\Gamma=10^{\times}$；视场角 $2\omega=6^{\circ}$；出瞳直径 $D'=4$；出瞳距离 $l_z'\geqslant 20$；望远镜入瞳与物镜重合。

在 § 7.1 节中已经说过，物镜要求目镜补偿的像差有两种——像散和垂轴色差。下面将结合设计过程来说明如何进行这两种像差的补偿。

首先确定目镜的光学特性。§ 5.3 节设计的物镜光学特性为 $f'_{物}$=250；2ω=6°；D=40；要求望远镜的倍率 Γ=10$^{\times}$，根据望远系统的公式

$$f'_{目}=\frac{f'_{物}}{\Gamma}=\frac{250}{10}=25$$

系统的出瞳直径要求 D'=4，根据入瞳、出瞳直径关系的公式有

$$D=\Gamma\times D'=10\times4=40$$

正好符合前面物镜设计的条件。下面求目镜的视场角，由于广角目镜有较大的畸变，因此求目镜的视场角时必须考虑畸变。目镜像方视场角的公式为

$$\tan\omega'=\Gamma\tan\omega(1+\mathrm{DT})$$

式中，DT——系统的相对畸变。假定它等于 10%，将 Γ，ω，DT 代入上式得

$$\tan\omega'=\Gamma\tan\omega(1+\mathrm{DT})=10\times\tan3°\times(1+10\,\%)=0.577,\quad \omega'=30°$$

由此得到目镜按反向光路设计时的全部光学特性为：焦距 f'=25；视场角 2ω=60°；入瞳直径 D=4；入瞳距离 $|l_z|$>20；出瞳距 $l'_{zm}=f'_{物}+l'_{F目}$=250+8=258。

下面求出为了补偿物镜的像散、垂轴色差，目镜应有的像差值。首先看垂轴色差。

通过 SOD88 软件的像差计算功能可以得到，物镜正向光路的垂轴色差为

$$\Delta y'_{\mathrm{FC}物}=-0.028\,02$$

要求系统组合的垂轴色差 $\Delta y'_{\mathrm{FC}}$=0，代入式（7–2）得

$$\Delta y'_{\mathrm{FC}}=\Delta y'_{\mathrm{FC}物}-\Delta y'_{\mathrm{FC}目}=-0.028\,02-\Delta y'_{\mathrm{FC}目}=0$$

由此求得目镜反向光路的垂轴色差为

$$\Delta y'_{\mathrm{FC}目}=-0.028\,02$$

与物镜正向光路的垂轴色差相等。

下面再看像散，前面说过目镜中要求的像散校正状态为 x'_t=0，根据式（7–1）有

$$x'_t=x'_{t物}+x'_{t目}=0$$

由 SOD88 软件可计算得到 $x'_{t物}$=−1.007 8，代入上式得

$$x'_{t目}=1.007\,8(\text{反向光路})$$

与物镜正向光路的 x'_t 大小相等、符号相反。

目镜的光学特性和像差值确定后就可以用适应法自动设计程序进行设计。

1. 原始系统的选择

我们选取如下的结构参数作为自动设计的原始系统：

r	d	n_{D}	n_{F}	n_{C}
100	2	1	1	1
37	10	1.755	1.774 755	1.747 325(ZF6)
−33	0.2	1.516 3	1.521 955	1.513 895(K9)

61	7	1	1	1
–61	0.2	1.516 3	1.521 955	1.513 895(K9)
37	10	1	1	1
–37	2	1.589 1	1.595 862	1.586 242(ZK3)
100		1.672 5	1.687 472	1.666 602(ZF2)
		1	1	1

$$l=\infty,\quad \omega=-30^\circ,\quad H=2,\quad l_z=-20$$

2. 自变量

我们把系统的 8 个球面曲率 $c_1,c_2,c_3,c_4,c_5,c_6,c_7,c_8$ 均作为自变量参加校正。透镜的厚度以及玻璃的光学常数均不作为自变量使用。

3. 像差参数、目标值和公差

加入校正的像差参数，除了 φ，x_t'，$\Delta y_{\rm FC}'$ 这三个必须参加校正的像差参数以外，再加入一个出瞳距离的要求($1/l_{zm}'$)。在前面设计 I 型广角目镜和对称式、无畸变目镜时，为了保证目镜的出瞳位置，采取在系统后面虚设一个光阑面作为系统的出瞳，系统的入瞳则根据光阑位置由程序自动求出。为什么这里采取固定系统的入瞳位置($l_z=-20$)，而把($1/l_{zm}'$)加入校正来保证系统的出瞳位置呢？这是因为Ⅱ型广角目镜的入瞳距一般只有 $\dfrac{2}{3}f'$，现在设计要求焦距为 25，而入瞳距离 $|l_z|>20$，达到 $\dfrac{4}{5}f'$，一般结构难以满足，为此我们把入瞳固定在要求的最小值 20，而把 $1/l_{zm}'$ 作为像差参数加入校正，使系统同时满足出瞳位置和入瞳位置的要求。

上述参加校正的 4 个像差参数的目标值和公差如表 7–20 所示。

表 7–20　像差参数的目标值和公差

序号	像差参数	目标值	公差
1	φ	0.04	0
2	x_{tm}'	1	0
3	$\Delta y_{{\rm FC}m}'$	–0.028	–0.000 01
4	$1/l_{zm}'$	0.001 388	0
注：x_{tm}' 和 $\Delta y_{{\rm FC}m}'$ 的目标值是根据物镜的像差补偿要求确定的。			

4. 边界条件

由于系统结构相对比较复杂，我们加入了最小厚度 $d_{\min}$ 的边界条件，如表 7–21 所示。

表 7–21　$d_{\min}$ 的边界条件

序号	2	3	4	5	6	7	8
$d_{\min}$	2	1.5	0	2	0	1.5	2

按以上条件进入适应法自动设计程序，很快得出如下结果：

r	d	n_D	n_F	n_C
89.07	2	1	1	1
41.37	10	1.755	1.774 755	1.747 325(ZF6)
−29.39	0.2	1.516 3	1.521 955	1.513 895(K9)
45.09	7	1	1	1
−105.1	0.2	1.516 3	1.521 955	1.513 895(K9)
32.42	10	1	1	1
−38.18	2	1.589 1	1.595 862	1.586 242(ZK3)
34.36	1	1.672 5	1.687 472	1.666 602(ZF2)
		1	1	1

$$l=\infty,\quad \omega=-30^\circ,\quad H=2,\quad l_z=-20$$

原始系统和设计结果的像差如表 7–22 所示。

由以上像差结果看到，4 个像差参数已全部准确达到目标值。有关的各种像差如表 7–23 所示。

将表 7–23 中的像差和物镜的像差按式（7–1）和式（7–2）求出系统的组合像差，如表 7–24 所示。

表 7–22　校正后的结果

序号	像差参数	目标值	原始系统	设计结果
1	φ	0.04	0.041 1	0.04
2	x'_{tm}	1.0	3.049 4	1.0
3	$\Delta y'_{FCm}$	−0.028	−0.017 4	−0.028 01
4	$1/L'_{zm}$	0.003 88	0.010 03	0.003 88

表 7–23　像差结果

h	$\delta L'$	SC'	$\Delta L'_{FC}$	x'_t	x'_s	$\delta L'_{T1h}$	K'_{T1h}	$\Delta y'_{FC}$	$\delta y'_z$
1	−0.103	−0.000 68	−0.110	1.0	−1.206	−0.119	−0.032	−0.028	−1.716
0.707 1	−0.051	−0.000 34	−0.110	0.358	−0.66	−0.116	−0.023	−0.040	−0.704

$$f'=25,\quad l'_F=11.11,\quad y'_0=14.4,\quad L'_{zm}=257.73$$

表 7–24　系统的组合像差

h	$\delta L'$	SC'	$\Delta L'_{FC}$	x'_t	x'_s	$\delta L'_{T1h}$	K'_{T1h}	$\Delta y'_{FC}$	$\delta y'_z$
1	0.046 6	−0.000 32	0.035 5	−0.007 8	−1.699	0.032	−0.008 8	0.0	1.711
0.707 1	0.005 7	−0.000 15	−0.056 9	−0.147	0.906 9	0.034	−0.006 9	0.020 2	0.702

把表 7–24 中的像差和表 7–23 中的像差进行比较可以看到，目镜已完全补偿了物镜的 x'_{tm} 和 $\Delta y'_{FCm}$，而物镜的球差、彗差和轴向色差也部分补偿了目镜的这三种像差，使整个系统的这三种像差比目镜的像差减小了一半，虽然它们之间并没有达到完全补偿。这是因为我们在§5.3 节中设计望远镜时，尚不知道目镜的这三种像差的准确值，因而无法给出物镜设计的

精确的目标值。如果要使这三种像差达到完全补偿，可根据目镜设计结果的像差值，确定物镜像差的目标值，重新修改物镜的设计结果。现在 $\delta L'$, SC', $\Delta L'_{FC}$ 这三种像差已基本补偿，数值已经很小，没有必要再修改物镜的设计了。

采用上述的初始系统并运用 Zemax 自动优化设计的结果如图 7–25 所示。

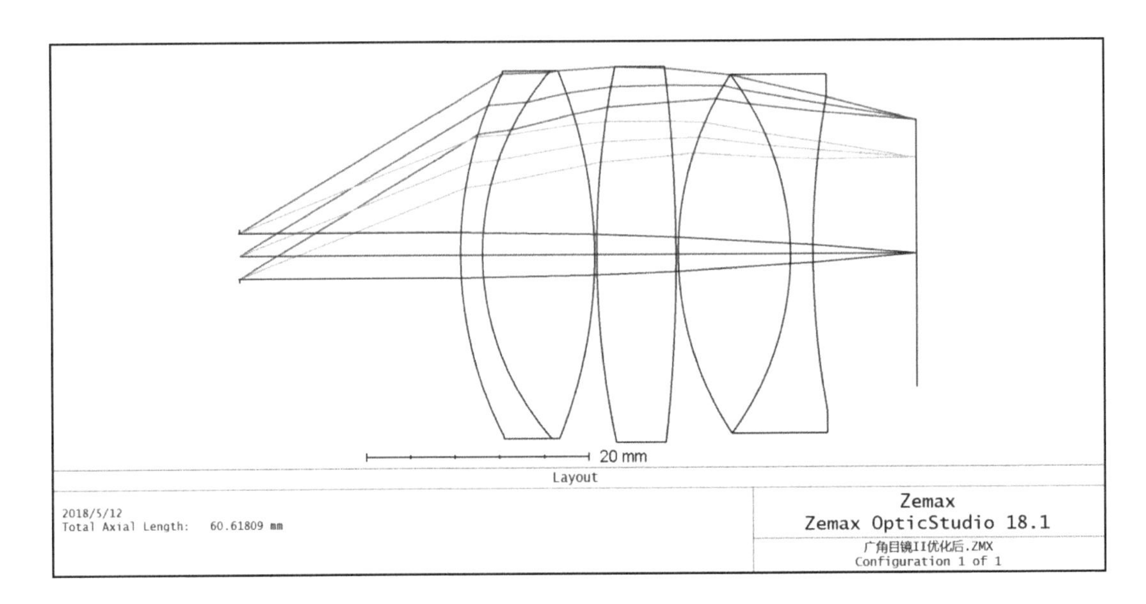

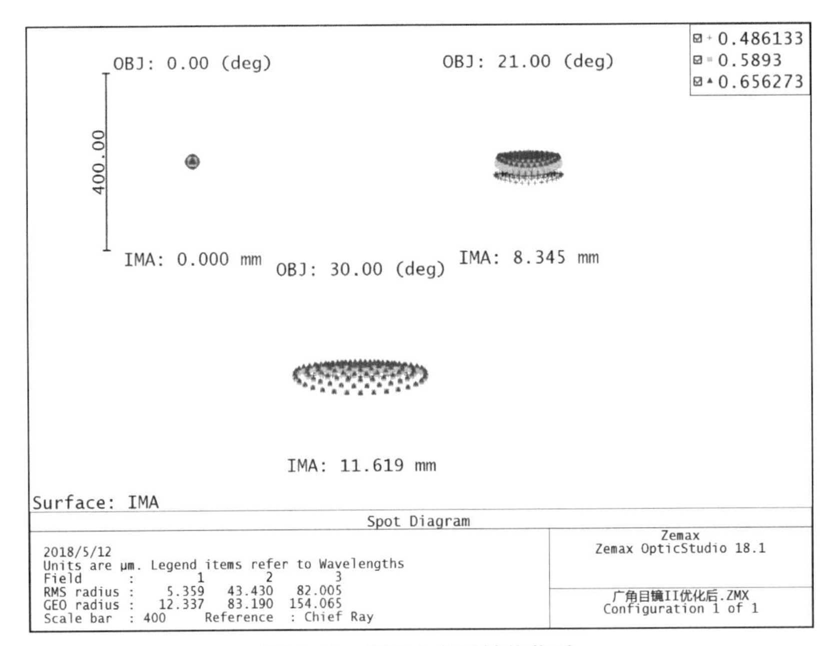

图 7–25　Ⅱ型广角目镜优化后

若将初始系统中 K9 和 ZK3 玻璃都更换为 ZF7，最后一片 ZF2 更换为 ZF6，将 1，2，4，5 各玻璃厚度连同所有球面半径作为自变量进行优化设计，则得到如图 7–26 所示的结果。

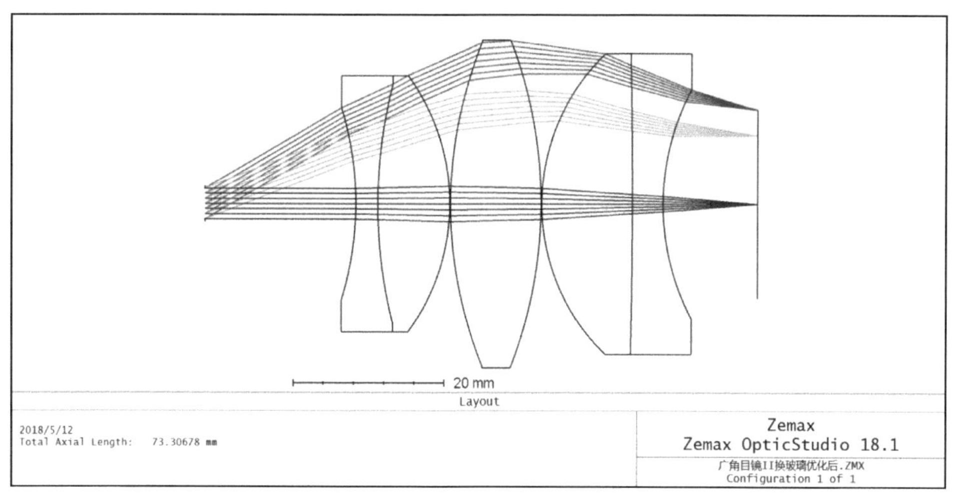

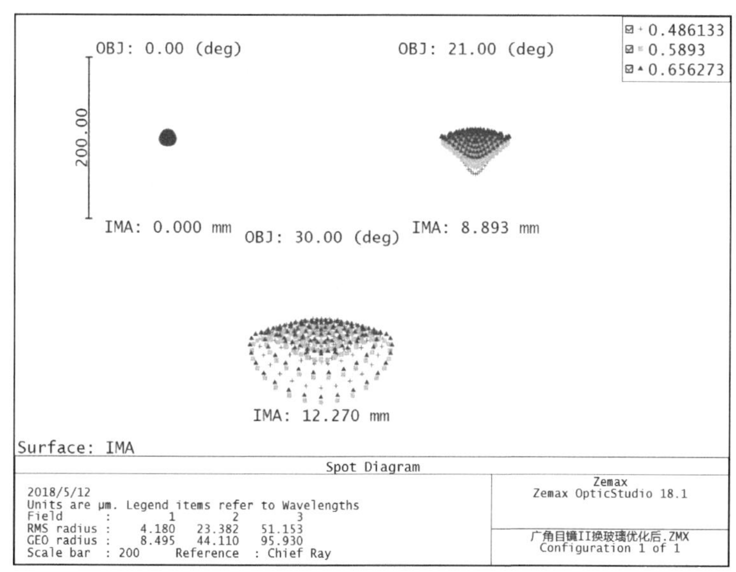

图 7–26　Ⅱ型广角目镜换玻璃后的结果

§ 7.6　目视光学系统像差的公差

目视光学仪器包括望远镜和显微镜，它们都由物镜和目镜两部分组成，前面已介绍了物镜的像差公差。对望远镜目镜一般不单独提出公差要求，而直接对整个望远系统提出要求。下面首先介绍望远镜系统像差的公差。

7.6.1　望远系统像差的公差

望远系统像差的公差问题，在长期的生产实践中已积累了丰富的实践经验。对于质量要求较高的望远镜系统，像差公差的经验数值如下。

1. 球差、轴向色差和正弦差

对整个望远系统的球差、轴向色差和正弦差，可以采取和望远物镜相同的公差要求，即

按波像差小于 $\lambda/4$ 作为像差公差的标准。考虑到加工和装配误差，望远镜的设计像差最好不超过上述公差的 1/2。

2. 像散和平均场曲的公差

对质量要求比较高的望远系统，要求平均场曲小于一个视度，像散小于两个视度，即

$$x'_{ts}\frac{1\,000}{f'^2_{目}}<2\;;\qquad \frac{x'_t+x'_s}{2}\frac{1\,000}{f'^2_{目}}<1$$

以上要求一般在使用广角目镜的望远镜中难以完全满足。一般允许适当降低望远镜视场边缘的像质；在某些望远镜产品中，视场边缘的像散有的达成到 4～5 个视度，平均场曲达到 2～3 个视度。

3. 彗差和垂轴色差的公差

在望远镜中，子午彗差和垂轴色差的公差一般按像空间出射光束的平行度误差计算。对一个理想的望远系统，平行光束入射，仍为平行光束出射。如果存在像差，则出射光束不再是平行光束。因此可以用该光束的平行度误差来表示它的像差大小。一定的平行度误差 $\Delta\omega$ 对应目镜焦面上一定的垂轴像差 $\Delta y'$，如图 7–27 所示。

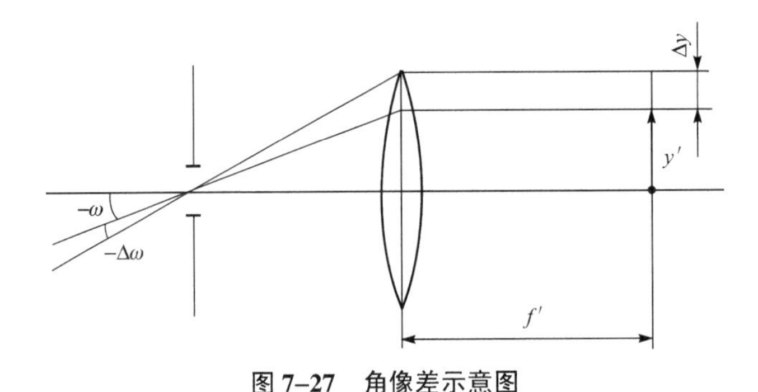

图 7–27　角像差示意图

根据像高和视场角关系的公式

$$y'=-f'\tan\omega$$

对上式取微分得

$$\Delta y'=\frac{-f'\Delta\omega}{\cos^2\omega}$$

式中，$\Delta\omega$ 以弧度为单位，如果以分为单位则有

$$\Delta y'=\frac{-f'\Delta\omega}{3\,438\cos^2\omega}$$

式中，$\Delta\omega$ 称为角像差。根据垂轴像差 $\Delta y'$、焦距 f'、视场角 ω 即可算出对应的角像差 $\Delta\omega$。

对质量要求较高的望远镜，彗差和垂轴色差对应的角像差，两者绝对值之和应小于 $5'$。这个要求也是比较严格的，一般允许在视场边缘适当加大。某些产品中视场边缘的子午彗差和垂轴色差角像差绝对值之和甚至达到 $8'$～$10'$。

以上为望远系统主要像差的经验公差，这些公差是比较严格的，能达到这些公差，望远镜的质量肯定是没有问题的，适当超出这些公差，特别对边缘视场也是允许的。

7.6.2　显微系统像差的公差

由于显微镜的物镜和目镜都有若干种不同的倍率，根据需要互换使用。因此物镜和目镜之间不可能像望远镜那样进行仔细的像差补偿。因此一般不对整个显微镜系统进行综合像质评价，而是物镜和目镜分别评价像质。显微物镜像差的公差前面已经介绍；显微镜目镜像差的公差则可以按上面望远系统的像差公差来评价，通常允许比望远系统像差的公差适当加大。

下面我们把上节设计的 $10^{\times}$望远镜作为例子，按上述经验公差评价它的像质。在 § 7.5 节中我们已经把望远镜物镜和目镜的像差进行了组合，得到整个系统的组合像差如表 7–24 所示。但是这样得出的像差和系统的实际像差总有一定误差，因为物镜和目镜的像高不一定完全一致，例如在上述系统中物镜的理想像高由 SOD88 软件的计算功能查得为 $y_0'=13.097$，畸变很小可以忽略；而表 7–23 中目镜的理想像高为 $y_0'=14.4$，加上畸变 $\delta y_0'=-1.716$，实际像高只有 12.684，比物镜的像高小。把它们的像差直接组合就会有误差，另外由于光阑像差的存在也会影响系统的综合像差。为了避免这些误差，可以把物镜和目镜组合成一个望远镜全系统，进行像差计算。但是望远系统的像平面在无限远，几何像差无法计算。在我们的软件中，可以在系统后面加入一个理想光学系统，把实际光学系统所成的像通过附加的理想光学系统成像在有限距离。由于理想光学系统不产生像差，这样计算出来的像差就是实际光学系统的像差，就可以按前面相同的方法评价像质。

上述系统组合成全系统的结构参数如下：

r	d	n_D	n_F	n_C
154.17	6	1	1	1
−111.17	4	1.568 8	1.575 969	1.565 821
−534.6	50	1.672 5	1.687 472	1.666 602
∞	150	1	1	1
∞	106.9	1.516 3	1.521 955	1.513 895
−34.36	2	1	1	1
38.18	10	1.672 5	1.687 472	1.666 602
−32.42	0.2	1.589 1	1.595 862	1.586 242
105.1	7.1	1	1	1
−45.09	0.2	1.516 3	1.521 955	1.513 895
29.39	10	1	1	1
−41.37	2	1.516 3	1.521 955	1.513 895
−89.07		1.755	1.774 755	1.747 325
		1	1	1

以上组合系统中物镜和目镜之间的间隔 106.9 是根据物镜的像距 $l_{F物}'=95.79$ 和目镜的像距 $l_F'=11.11$ 相加得出的，以保证正向光路中物镜的像方焦平面和目镜的物方焦平面重合。系统后附加的理想光学系统的焦距可取与目镜的焦距相等，这样计算出来的像差和前面直接组合的像差大致相等。上述系统按以下光学特性计算像差：

$$l=\infty,\quad \omega=-3^\circ,\quad H=20,\quad l_z=0,\quad f'_{理想}=25$$

得到有关像差如表 7–25 所示。

表 7–25　像差结果

h	$\delta L'_D$	SC'	$\delta L'_F$	$\delta L'_C$	$\Delta L'_{FC}$
1	0.047 1	0.000 28	0.185 9	0.146 2	0.039 7
0.707 1	0.005 3	0.000 15	0.072 7	0.128 9	−0.056 2
0	0	0	0.001 9	0.147	−0.145 2

h	x'_t	x'_s	x'_{ts}	$\delta L'_{T1h}$	K'_{T1h}	$\Delta y'_{FC}$	$\delta y'_z$
1	0.268 4	−1.717 9	1.986 3	−0.007 7	0.006 5	0.031	−1.872 8
0.707 1	−0.459 7	−0.940 9	0.481 2	0.023 3	−0.005	−0.025 5	−0.641 3

$$f'=250,\quad l'=25,\quad y'_0=-13.1,\quad u=0.08$$

表 7–25 中的像差和表 7–24 中的像差对照时，垂轴像差 $K'_T,\delta y'_z,\Delta y'_{FC}$ 必须改变一个符号，因为表 7–24 的像差对应像高 $y'_0>0$，而表 7–25 中的像差因为加了理想系统像高 $y'_0=-13.1<0$。根据对称的关系，垂轴像差也要改变符号。轴向像差则符号相同。把两个表中的相应像差比较以后可以看到两者之间有一定差异但数量并不大，说明前面把像差直接组合的方法基本上是准确的。下面对各种像差进行评价。

1. 球差、轴向色差和正弦差

根据焦深式（5–30）有

$$\Delta\leqslant\frac{\lambda}{n'u'^2_m}$$

由表 7–25 得 $u'=0.08$, $\lambda=0.000\,589$, $n'=1$，代入上式得

$$\Delta=\frac{0.000\,589}{(0.08)^2}=0.092$$

根据式（5–31），初级边缘球差的公差为 $4\Delta=0.368$，剩余球差的公差为 $6\Delta=0.552$。由表 7–25 看到，边缘球差 $\delta L'_m=0.047$, 0.707 1 孔径球差为 0.005 3，和上面两个公差值比较已很小，所以系统的球差校正得很好。

轴向色差为

$$\Delta L'_{FC0.7071h}=-0.056\,2$$

为焦深的 0.6 倍，满足公差。

色球差为

$$\delta L'_{FC}=\Delta L'_{FCm}-\Delta l'_{FC}=0.039\,7-(-0.145\,52)=0.185$$

色球差的公差等于 $4\Delta=0.368$，系统色球差只有公差的一半。

由表 7–25 求得 0.707 1 孔径的二级光谱色差为

$$\Delta L'_{FCD}=\frac{1}{2}(\delta L'_F+\delta L'_C)-\delta L'_D=\frac{1}{2}\times(0.072\,7+0.128\,9)-0.005\,3=0.095$$

二级光谱色差的公差等于Δ=0.092，系统的二级光谱色差和公差近似相等。

正弦差在整个孔径内小于 0.000 28，比经验公差 0.002 5 小得多。

2. 像散和平均场曲

首先求出和一个视度对应的轴向像差值

$$\Delta x = \frac{f'^2_{目}}{1\,000} = \frac{25^2}{1\,000} = 0.625$$

下面把表 7–25 中像散和平均场曲对应的视度值列表，见表 7–26。

表 7–26　像散和平均场曲对应的视度值

$\tan\omega$ 像差	x'_{ts}	视度值	$\frac{x'_t + x'_s}{2}$	视度值
1	1.986 2	3.18	–0.725	1.16
0.707 1	0.481 2	0.77	–0.70	1.12

由以上结果看到，系统的平均场曲在全视场和 0.707 1 视场与 1 视度接近；像散在边缘视场达到 3.18 视度已超出公差（2 视度），但是 0.707 1 视场下降到 0.77 视度，从整个视场来说还是校正得比较好的。

3. 彗差和垂轴色差

根据式（7–3）求出和1′对应的垂轴像差值为

全视场时

$$\Delta y' = \frac{f'}{3\,438\cos^2\omega} = \frac{25}{3\,438\cos^2 30^\circ} = 0.009\,7$$

0.707 1 视场时

$$\Delta y' = \frac{f'}{3\,438\cos^2\omega} = \frac{25}{3\,438\cos^2 22.2^\circ} = 0.008\,5$$

利用以上数值把表 7–25 中彗差和垂轴色差换算成角像差，如表 7–27 所示。

表 7–27　彗差和垂轴色差换算成角像差

$\tan\omega$ 像差	K'_T	角彗差	$\Delta y'_{FC}$	角色差	总和
1	0.006 5	0.67	0.013	1.34	2.01
0.707 1	–0.005	0.52	–0.025 5	2.63	3.15

全视场和 0.707 1 视场的垂轴色差和彗差绝对值之和小于 3.15，这两种像差校正得很好。

边缘视场的畸变 $\delta y'_z$=–1.872 8，相对畸变为 14%。除了系统的畸变稍大以外，其他像差都校正得很好。畸变大的原因是出瞳距已达到焦距的 4/5，超过了Ⅱ型广角目镜一般只能达到$\frac{2}{3}f'$的水平。

习　题

1. 目镜设计有什么特点？

2. 目镜有哪些常用形式？它们有什么像差特点？

3. 根据下面给出的初始结构设计对称式目镜，与第 5 章要求设计的物镜相配合。

r	d	玻璃材料
76.64	1.5	F3
24.6	7.5	K9
–30.62	0.1	AIR
30.62	7.5	K9
–24.6	1.5	F3
–76.64		AIR

4. 设计一个无畸变目镜，要求系统焦距为 12，半视场角 18°，出瞳距离为 7，出瞳直径为 2，入瞳位于目镜前方 10 处。

5. 设计一个艾尔弗目镜，焦距为 25，半视场角为 25°，出瞳直径为 3.8，出瞳距离为 18。初始结构如下：

r	d	玻璃材料
174.91	3	F4
34.79	14	K9
–29.67	0.25	AIR
72.03	7.8	K9
–72.03	0.25	AIR
32.27	15.3	K9
–32.27	1.7	F4
56.77		AIR

第 8 章

照相物镜设计

§ 8.1　照相物镜的光学特性和结构形式

照相物镜的性能由焦距(f')、相对孔径(D/f')和视场角(2ω)这 3 个光学特性参数决定。照相物镜光学特性的最大特点是它们的变化范围很大。

焦距 f'：照相物镜的焦距，短的只有几毫米，长的可能达到 2～3 m，甚至更长。

相对孔径 D/f'：小的只有1/10，甚至更小，而大的可能达到1/0.7。

视场角 2ω：小的只有 2°～3°，甚至更小，大的可能达到 140°。

3 个光学特性之间是相互制约的，如表 8–1 中各结构形式的照相物镜，它们都由 4 片透镜组成，在焦距相近的条件下视场大的相对孔径变小。如果要求在相对孔径不变的条件下增加视场角，或者在视场不变的条件下增大相对孔径，或者两者同时增大，都必须使系统的结构复杂化才可能办到。例如，表 8–2 中的三种物镜是由 6 片透镜构成的，它们的光学特性比表 8–1 中的三种物镜提高了，但是在视场和相对孔径之间也是相互制约的。表 8–2 中的双高斯物镜当焦距为 50 mm 左右时，相对孔径和视场之间的关系如表 8–3 所示。

表 8–1　四片型物镜相对孔径和视场角的关系

名称	形式	相对孔径 D/f'	视场角 2ω
托卜岗		1:6.3	90°
天　塞		1:3.5	50°
松　纳		1:1.9	30°

表 8–2　六片型物镜相对孔径和视场角的关系

名称	形式	相对孔径 D/f'	视场角 2ω
鲁　沙		1:8	120°

续表

名称	形式	相对孔径 D/f'	视场角 2ω
双高斯		1∶2	40°
蔡司依康		1∶1.5	30°

表 8–3　同一类型物镜光学特性参数之间的关系

相对孔径 D/f'	视场角 2ω	相对孔径 D/f'	视场角 2ω
1∶2.5 1∶2	60° 40°	1∶1.4	35°

如果系统的焦距增加，则它的相对孔径和视场将随之下降。双高斯物镜当焦距达到 100 mm 以上时，相对孔径只能达到 1/2.5，视场角只能达到 35°。另外，系统所能达到的光学特性和要求的成像质量有密切的关系。上面介绍的不同结构的光学特性是对一般成像质量来说的，如果成像质量要求特别高，则可用的光学特性就要下降。例如，用于精密复制的照相物镜，当相对孔径为 1/4 时，也采用双高斯结构。

由于照相物镜光学特性的变化范围如此之大，为了满足这些不同的要求，照相物镜的结构形式繁多，经过了长期的发展演变，目前常用的结构形式主要有以下几类。

8.1.1　三片型物镜及其复杂化形式

简单的三片型物镜如图 8–1 所示。它是一种结构最简单的照相物镜，当焦距在 50 mm 左右时，相对孔径可达 1/3.5，视场角为 50°。它被广泛应用于价格较低的照相机上。

这种物镜的复杂化形式分两类。一类是把前、后两个正透镜中的一个分成两个，如图 8–2（a）和图 8–2（b）所示。它们主要是为了增大物镜的相对孔径。另一类是把前、后两个正透镜中的一个或两个用双胶合透镜组代替，如图 8–2（c）和图 8–2（d）所示。它们主要是为了增加相对孔径和视场，同时改善边缘视场的成像质量。

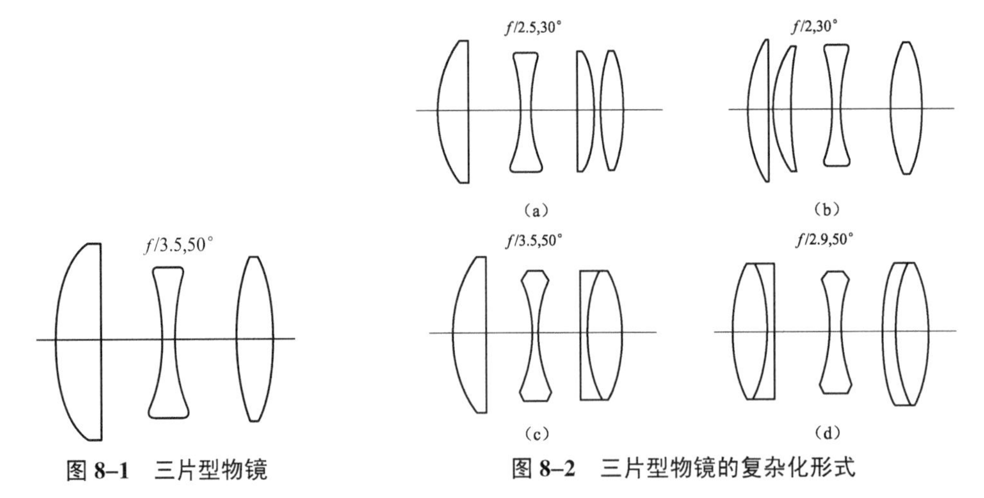

图 8–1　三片型物镜

图 8–2　三片型物镜的复杂化形式

8.1.2　双高斯物镜及其复杂化形式

双高斯物镜是具有较大视场（$2\omega=40°$）的物镜中相对孔径最先达到 1/2 的物镜。它是目前多数大孔径物镜的基础，其复杂化形式主要是为了增大物镜的相对孔径，如图 8–3（a）～（c）所示。把中间两个胶合厚透镜中的一个或两个变成分离透镜可适当提高物镜的视场，如图 8–3（d）所示。

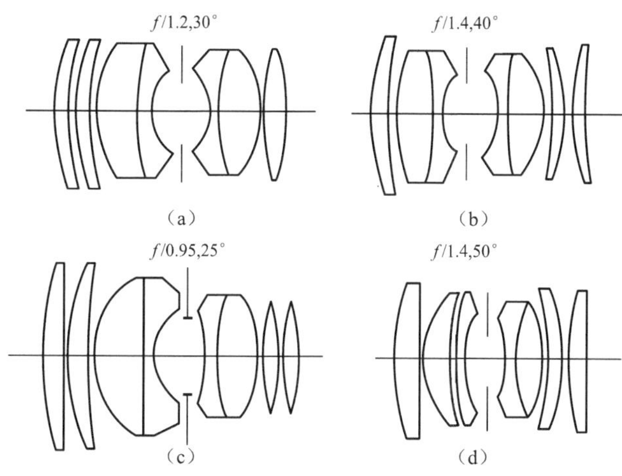

图 8–3　双高斯物镜的复杂化形式

8.1.3　摄远物镜及其复杂化形式

摄远物镜由一个正光焦度的前组和一个负光焦度的后组构成，如图 8–4（a）所示。这种物镜主要用于长焦距物镜中，它的系统长度可以小于焦距。但是这种系统的相对孔径比较小，为 1/6，视场角达到 $2\omega=30°$。它的复杂化形式是把前、后两个双透镜组的一个或两个用三透镜组来代替，如图 8–4（b）和图 8–4（c）所示，以增大相对孔径或提高成像质量。

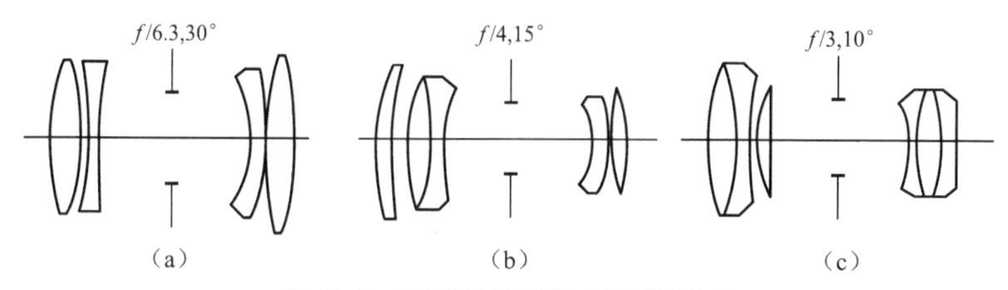

图 8–4　摄远物镜及其复杂化形式

8.1.4　鲁沙型物镜及其复杂化形式

鲁沙型物镜视场角可达 120°，相对孔径 1/8，主要用于航空测量照相机，如图 8–5（a）所示。它是一系列特广角摄影物镜的基础，它的复杂化形式主要是为了增大相对孔径和改善成像质量，如图 8–5（b）～（d）所示。

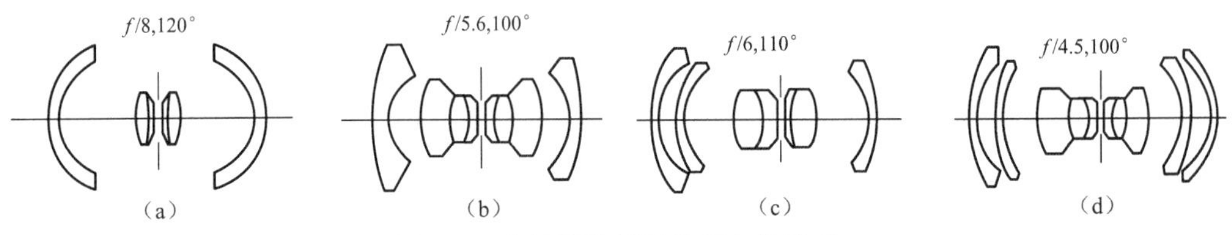

图 8–5　鲁沙型物镜及其复杂化形式

8.1.5　松纳型物镜及其复杂化形式

简单的松纳型物镜如图 8–6（a）所示，它是一系列视场较小（$2\omega<30°$）、相对孔径较大的物镜的基础，它的复杂化形式主要是为了增大相对孔径，如图 8–6（b）所示。

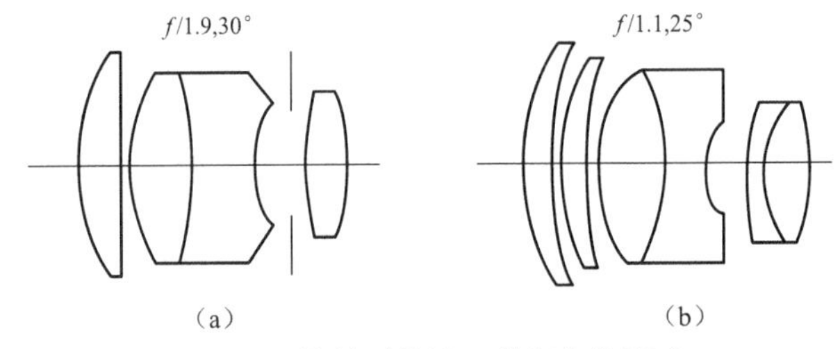

图 8–6　松纳型物镜及其复杂化形式

8.1.6　反摄远物镜

反摄远物镜是一类照相物镜的统称，它们的共同特点是有一个负光焦度的前组和一个正光焦度的后组，至于前组和后组的具体结构，种类繁多。这类物镜近年来得到了很大的发展，它能同时实现大视场和大相对孔径。它的发展使照相物镜的光学特性提高了一大步，图 8–7 所示为它的几种有代表性的结构。这类系统的长度比较大，系统的后工作距离 l'_F 也比较大。

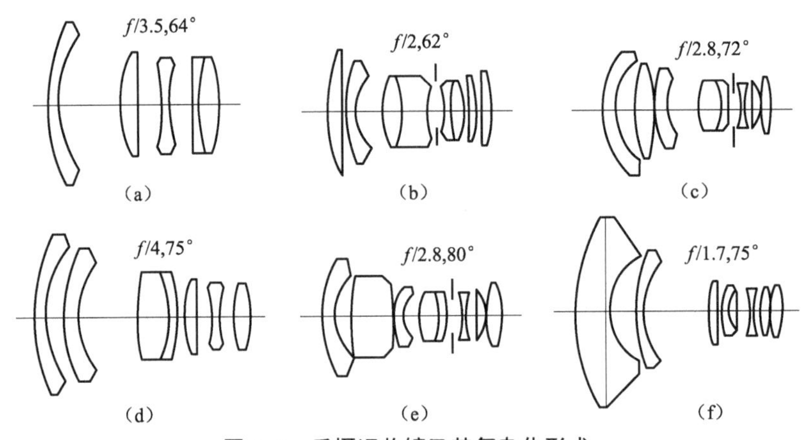

图 8–7　反摄远物镜及其复杂化形式

上面介绍了目前较常用的一些照相物镜的结构形式和它们相应的光学特性，作为我们设计照相物镜时选择原始系统的参考。

§ 8.2　照相物镜设计的特点

由于照相物镜的光学特性变化范围很大，视场和相对孔径一般都比较大，需要校正的像差也大大增加，结构也比较复杂，它的设计比前面讲过的几种系统要困难得多。不同结构、不同光学特性的照相物镜中，需要校正的像差不同，设计方法和步骤也有差别。本节将对照相物镜设计中有普遍性的问题作一些分析和说明，具体的方法和步骤将在后面设计实例中进行说明。

8.2.1　原始系统结构形式的确定

原始系统的选定是光学自动设计的基础和关键。由于照相物镜中高级像差比较大，结构也比较复杂，因此照相物镜设计的原始系统一般都不用初级像差求解的方法来确定，而是根据要求的光学特性和成像质量从手册、资料或专利文献中找出一个和设计要求比较接近的系统作为原始系统。上节我们所以要介绍各种原始系统的结构型式及它们适用的光学特性，就是为了使大家在选择原始系统时做到心中有数，知道什么样的光学特性和像质要求，大体上应该选用什么样的结构形式，再去有目的地寻找所需要的原始系统。

8.2.2　像差校正

在原始系统确定以后，就要校正像差，究竟需要校正哪些像差，在不同光学特性和不同结构形式的系统中是不同的，必须通过像差计算来确定。为此我们把照相物镜的像差校正大体分成三个阶段来进行。

第一阶段：校正“基本像差”。

在照相物镜设计中所谓基本像差一般是指那些全视场和全孔径的像差，如：

（1）轴上点孔径边缘光线的球差 $\delta L'_m$ 和正弦差 SC'_m。

（2）边缘视场像点的细光束子午场曲 x'_{tm} 和弧矢场曲 x'_{sm}。

（3）轴上点的轴向色差 $\Delta L'_{\mathrm{gC}}$ 和全视场的垂轴色差 $\Delta y'_{\mathrm{gC}m}$。在照相物镜中一般对 g(435.83 nm) 和 C(656.28 nm)这两种波长的光线消色差，而不像目视光学仪器那样对 F，C 消色差。因为感光材料对短波比人眼敏感。

（4）畸变只对那些有特殊用途的照相物镜（如用于摄影测量的物镜）才作为基本像差一开始就加入校正，一般物镜中不加入校正。

由于照相物镜的结构比较复杂，校正上面这些基本像差并不困难。

第二阶段：校正剩余像差或高级像差。

在完成第一阶段校正的基础上，全面分析系统像差的校正状况，找出最重要的高级像差，作为第二阶段的校正对象。当然在第一阶段中已加入校正的像差在第二阶段必须继续参加校正。因为只有在基本像差达到校正的前提下，校正高级像差才有意义。对剩余像差或高级像差的校正，采取逐步收缩公差的方式进行，使它们校正得尽可能小。在校正过程中某些本来不大的高级像差可能会增大起来，这时必须把它们也加入校正，或者在无法同时校正的情况下采取某种折中方案，使各种高级像差得到兼顾。第二校正阶段往往是整个设计成败的关键。如果系统无法使各种高级像差校正到允许的公差范围之内，则只能放弃所选的原始系统，重新选择一个高级像差较小的原始系统，回到第一阶段重复上述校正过程，直到各种高级像差满足要求为止。

第三阶段：像差平衡。

在完成了第二校正阶段后，各种高级像差已满足要求。根据系统在整个视场和整个光束孔径内像差的分布规律，改变基本像差的目标值，重新进行基本像差的校正，使整个视场和整个光束孔径内获得尽可能高的成像质量，这就是我们在前面已经说过的“像差平衡”。

对多数照相物镜来说，一般允许视场边缘像点的像差比中心适当加大，同时允许子午光束的宽度小于轴上像点的光束宽度，即允许视场边缘有渐晕。因此在校正像差过程中，可以把轴外光束在子午方向上截去一部分像差过大的光线，使它们不能通过系统到达像面成像，这就是轴外光束的拦光，也就是“渐晕”。

上面只是照相物镜设计中的一些普遍问题，具体方法和步骤将在后面设计实例中介绍。

§ 8.3　用 Zemax 软件设计双高斯物镜

要求用 Zemax 软件中的阻尼最小二乘法光学自动设计功能，设计一个具有下列光学特性的双高斯物镜：焦距 $f'=50$；视场角 $2\omega=60°$；相对孔径 $\dfrac{D}{f'}=1:2.5$。

8.3.1　初始系统输入

上述光学特性的要求，比典型的双高斯物镜的视场大，但相对孔径小，选用双高斯结构可以满足要求。由于阻尼最小二乘法程序对加入校正的像差参数不受限制，可以把像差以外较多的近轴参数、几何参数和边界条件加入校正。不论采用什么样的原始系统，程序总能进行迭代，使系统在满足近轴参数、几何参数和边界条件的前提下，使评价函数收缩到一个局部极小值。我们采用如下的一个原始系统，其结构参数见表 8–4。

表 8–4　初始系统的结构参数

序号	r	d	玻璃材料
OBJ	infinity	infinity	
1	26.92	6.0	ZK11
2	76	0.1	
3	15.7	5.3	ZK7
4	52	2.5	F5
5	10.1	7.5	
Stop(光阑)	infinity	7.6	
7	–13.3	1.8	F5
8	infinity	6.9	ZK7
9	–17.2	0.1	
10	64.1	6.0	ZK11
11	–47.4		

这是一个典型的双高斯物镜，光学特性为 $f'=50$，$2\omega=40°$，$\dfrac{D}{f'}=\dfrac{1}{2}$。

子午光束的渐晕系数：全视场 $K=0.65$，0.7 视场 $K=0.8$。

在 Zemax 主窗口的“镜头数据编辑窗口”（Lens Data）中，依次输入各表面半径、厚度及玻璃名称。选中第 6 面，单击窗口左上方的下拉箭头，显示“表面 6 属性”（Surface 6 Properties），将“使此表面为光阑”（Make Surface Stop）选中，设定第 6 面为光阑面。由于该系统采用的都是中国玻璃，故必须保证在 Zemax 存放玻璃库的目录下存放有中国的玻璃库，为避免与其他玻璃库中的玻璃重名，使用者应该在“系统选项”（System Explorer）栏的材料库（Material Catalogs）中去除别的玻璃库，只保留中国的玻璃库作为当前使用的玻璃库。

接下来，在“系统选项”（System Explorer）栏中输入光学特性参数。在系统“孔径”（Aperture）中输入入瞳直径（Entrance Pupil Diameter）为 25。在“视场”（Fields）中输入 3 个入射角度 0、14、20，分别对应 0、0.7 和 1 视场，在 0.7 视场 VCY 中输入渐晕压缩因子（值为 1 减去渐晕系数）0.2，1 视场 VCY 中输入 0.35。在“波长”（Wavelengths）中选择 F、d、C 这 3 个波长值。

在第 11 面对其“厚度”（Thickness）进行“求解”（Solve）。单击“厚度”（Thickness）右侧的空白方框，在“厚度解”（Thickness Solve）中选择“边缘光线高度”（Marginal Ray Height），设定“高度”（Height）和“光瞳区域”（Pupil Zone）均为 0。此时所求解出的厚度即为系统的理想像距。在主窗口的“分析”（Analyze）菜单中选择“二维视图”（Cross–Section），观察系统的二维系统图，如图 8–8 所示。

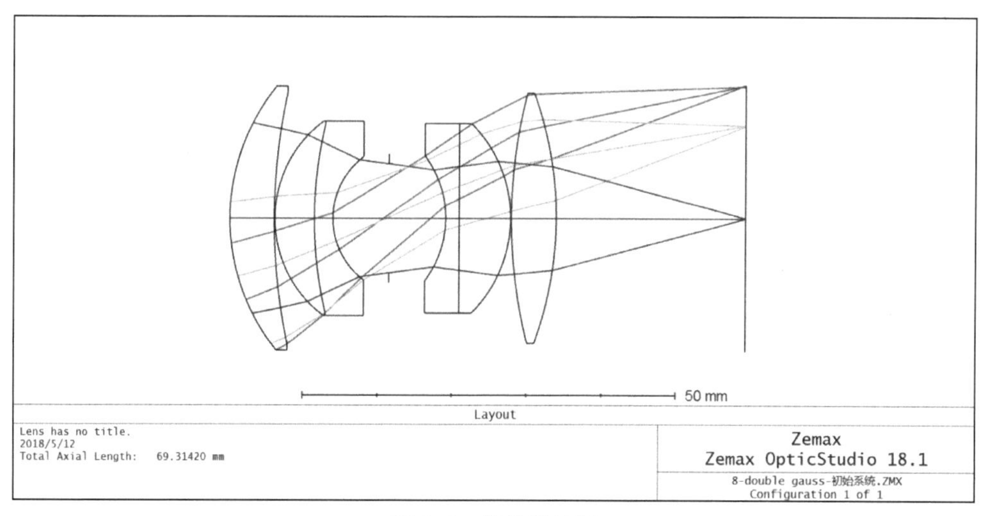

图 8–8 初始系统图

8.3.2 利用 Zemax 软件对系统进行第一次优化设计

现在要把上述初始系统改为 $f'=50$, $2\omega=60°$, $\dfrac{D}{f'}=1:2.5$ 的设计，由于初始系统焦距和设计要求一致，所以系统不需要进行缩放，而且玻璃材料不变，直接把它作为自动优化设计的原始系统。

为符合设计要求，在“系统选项”（System Explorer）栏系统“孔径”（Aperture）中将“入瞳直径”（Entrance Pupil Diameter）改为 20。由于初始系统视场角与设计要求相差较大，在阻尼最小二乘法程序中，需采用逐次优化的方法使原始系统逐步接近设计要求。第一次优化设计时，将“视场”（Fields）中的角度值改为 0，17，25，即对应 1 视场为25°。1 视场和 0.7 视场的渐晕压缩因子不变。

经过调整后，系统结构图及点列图如图 8–9 所示。由图可见，结构图形出现异常，像差也非常大，需要进行优化设计。

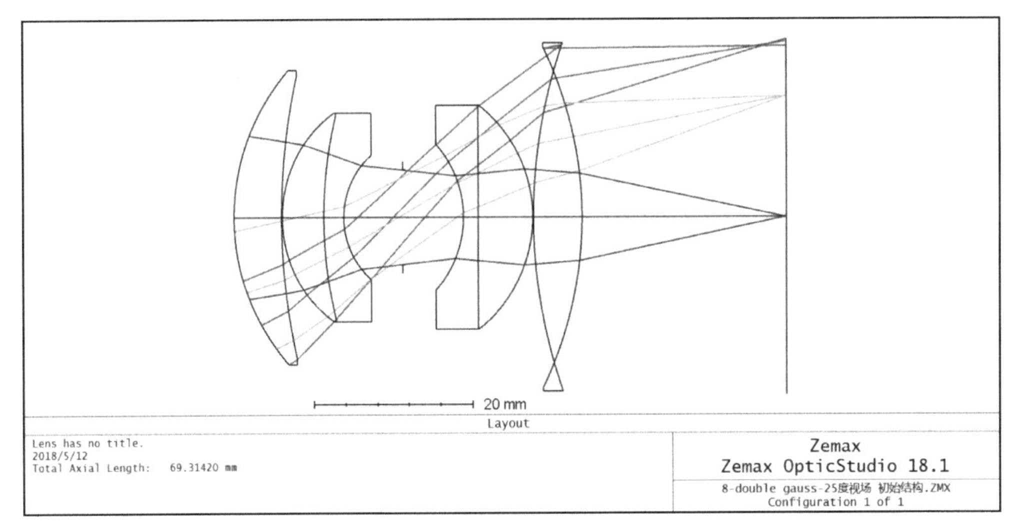

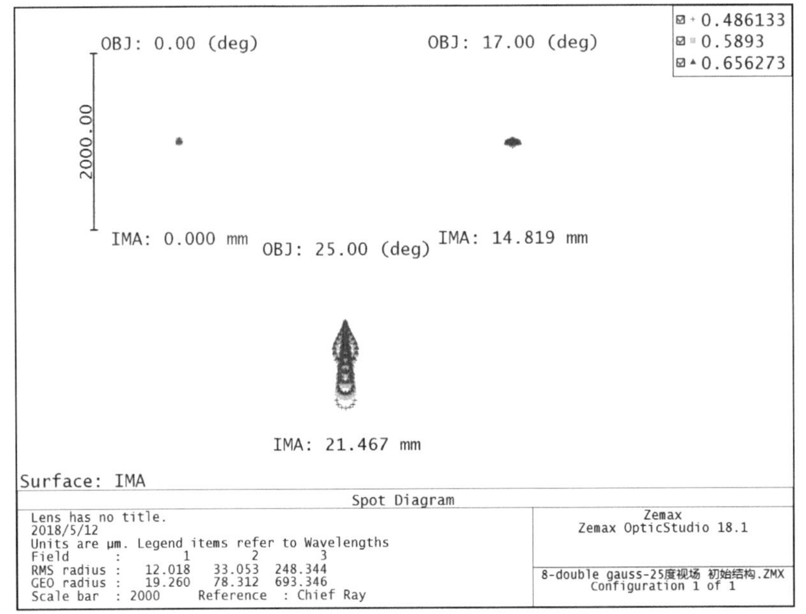

图 8–9　将视场角改为 25°后系统结构及点列图

对此系统进行优化设计的基本步骤如下：

1. 确定自变量

把系统的 10 个曲率均作为自变量加入校正（光阑平面不作自变量），即 $c_1,c_2,c_3,c_4,c_5,c_7,$

c_8, c_9, c_{10}, c_{11}。透镜厚度除了两个微小的空气间隔 $d_2 = d_9 = 0.1$ 不作为自变量外，其他全部厚度间隔均作为自变量加入校正，即 $d_1, d_3, d_4, d_5, d_6, d_7, d_8, d_{10}$ 共 8 个，这样共有 18 个自变量加入校正。透镜玻璃不作为自变量。

在上述参数处单击右键，选择“variable”，选择完成后在此参数的右侧小方块中会显示“V”，表示已经选为自变量。

2. 建立评价函数

在主窗口的“优化”(Optimize)菜单中，单击“评价函数编辑器”(Merit Function Editor)，弹出编辑界面。在评价函数编辑器下拉菜单或者在主窗口优化菜单中选择“优化向导”(Optimization Wizard）进行默认评价函数的设定。“评价方法”（Criterion）选择 RMS，其他选项保持默认选项，在界面中单击“确认”（OK）按钮，系统自动生成一系列操作数，以控制系统的像差。

根据光学系统的设计要求，还需在“评价函数编辑器”(Merit Function Editor）中加入光学特性参数要求和边界条件，这里需要控制的光学特性参数只有焦距。在表格最上方插入新的一行，在“类型”(Type）列中键入“EFFL”，在“目标”(Target）项中输入“50”，在“权重”(Weight）项中输入“1”。需要控制的边界条件是透镜的最小中心厚度 MNCG，它们的数值如表 8–5 所示。

表 8–5　边界条件

序号	1	2	3	4	5	6	7	8	9	10
d_{min}	2	0.1	1.5	1.5	0.5	0.5	1.5	1.5	0.1	2

按照表 8–5 的要求逐项输入，并把“权重”(Weight）都设为 1，这样就完成了对评价函数和优化操作数的设定。

3. 执行优化

自变量和评价函数设置完成后，就可以运行优化设计。由于第一次优化设计仅仅是初步调整，使原始系统接近视场角为 25° 的系统，因此优化循环次数无须过多，只要能将初始系统进行改善即可。因此，在“优化”(Local Optimization）对话框中，选择“5 cycles”循环，在优化前评价函数是 0.611 303 848，程序经过 5 次优化后，评价函数下降为 0.020 669 546，刷新系统结构图和点列图，如图 8–10 所示，系统结构趋于正常，边缘像差得到改善。

8.3.3　第二次优化

在第一次优化结果的基础上，希望完全达到对现场角 2ω=60°的设计要求，同时进一步改善系统的成像质量，为此需进行第二次校正。第二次校正的原始系统为第一次优化的最后结果，评价函数、自变量都和第一次优化相同。

将第一次优化得到的最后结果作为原始系统，将“现场”(Fields）中的角度改为 0，21，30，即对应 2ω=60°的要求。在“优化”(Local Optimization）对话框中选中“自动更新”(Auto Update)，然后选择“自动迭代”(Automatic）方式，程序开始进行优化设计，在优化前评价函数是 2.884 466 672，经过优化后，评价函数下降为 0.016 208 191，优化完成。图 8–11 所示为第二次优化后的系统结构及点列图。

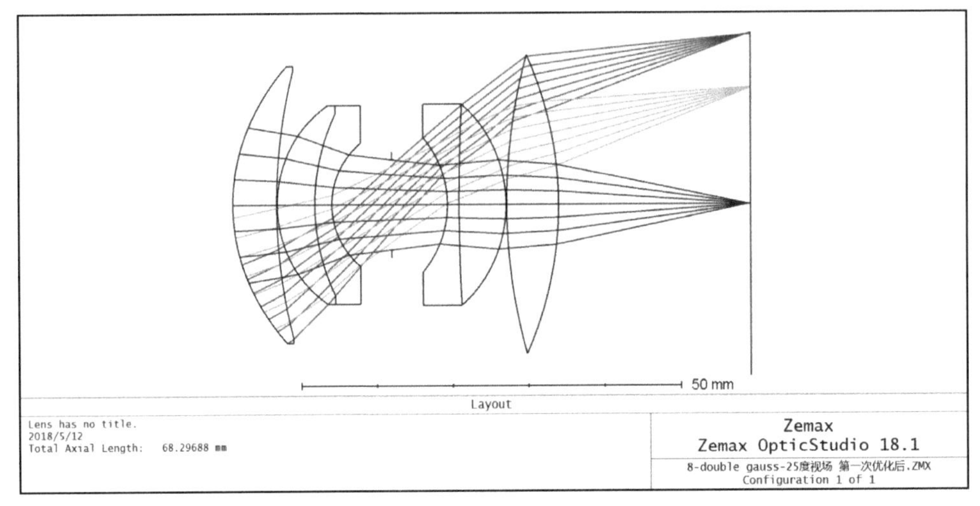

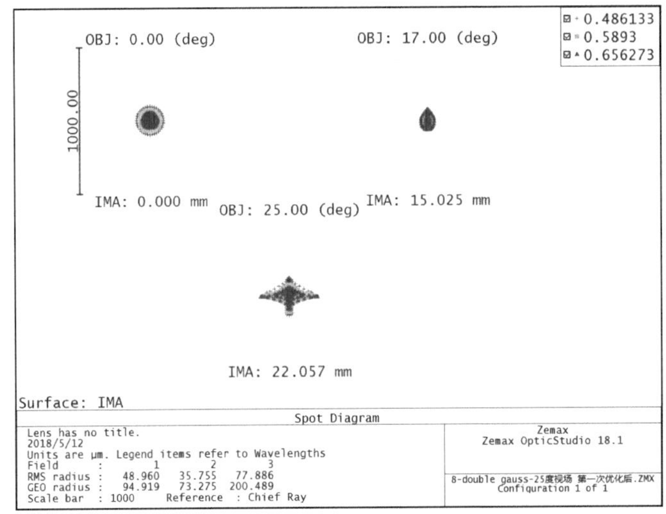

图 8–10　第一次优化后系统结构图及点列图

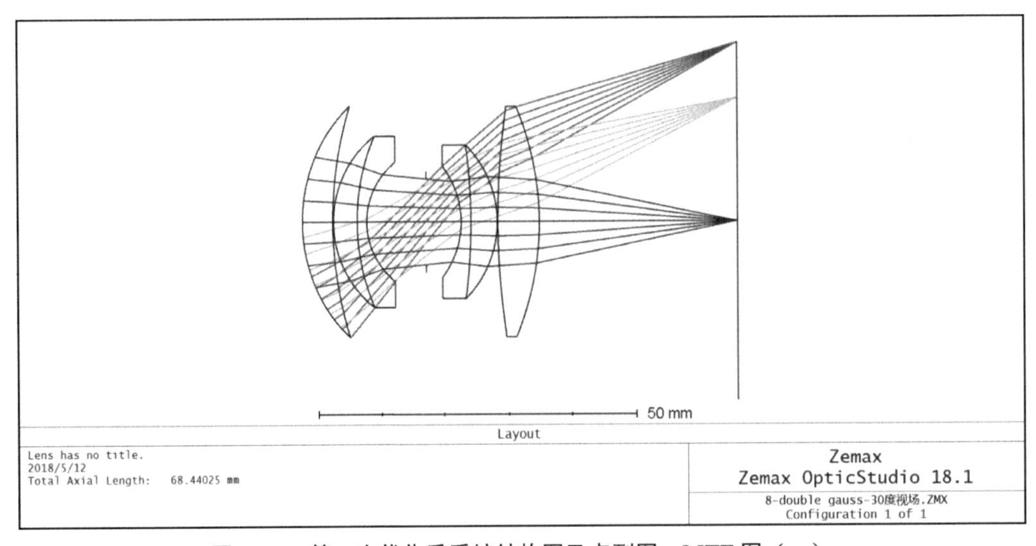

图 8–11　第二次优化后系统结构图及点列图、MTF 图（一）

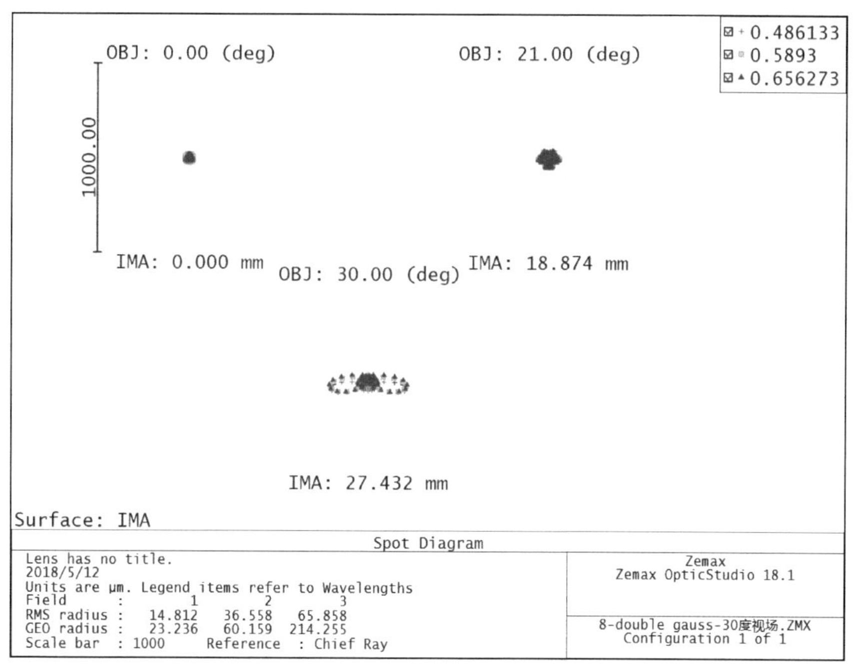

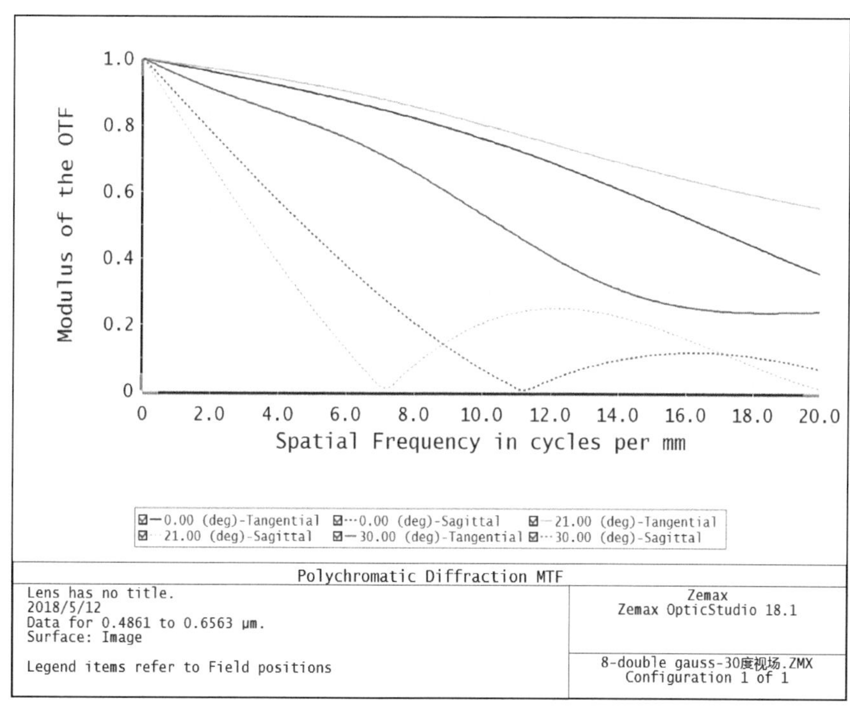

图 8–11　第二次优化后系统结构图及点列图、MTF 图（二）

从图 8–11 中可以看出，经过优化后，系统点列图半径虽然有效减小，但 MTF 曲线表明像质仍较差。究其原因，是由于此系统的视场角要求过大，采用常规的双高斯型物镜不易获得较好的结果。为在此基础上进行适当改进，对原系统所选用的玻璃进行了更换。作者采用成都光明提供的玻璃库，将 ZK11，ZK7 更换为 LAK3，F5 更换为 H–ZF52A，并进一步进行优化，最终得到了较好的结果，如图 8–12 所示。

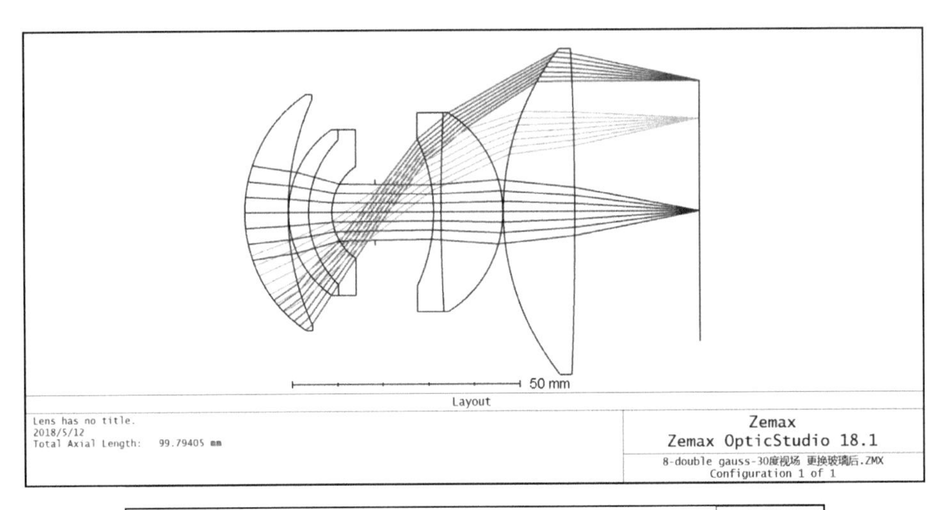

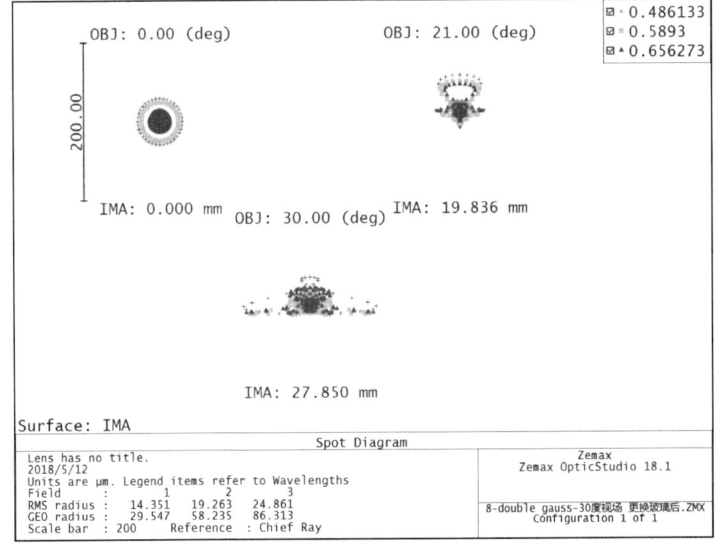

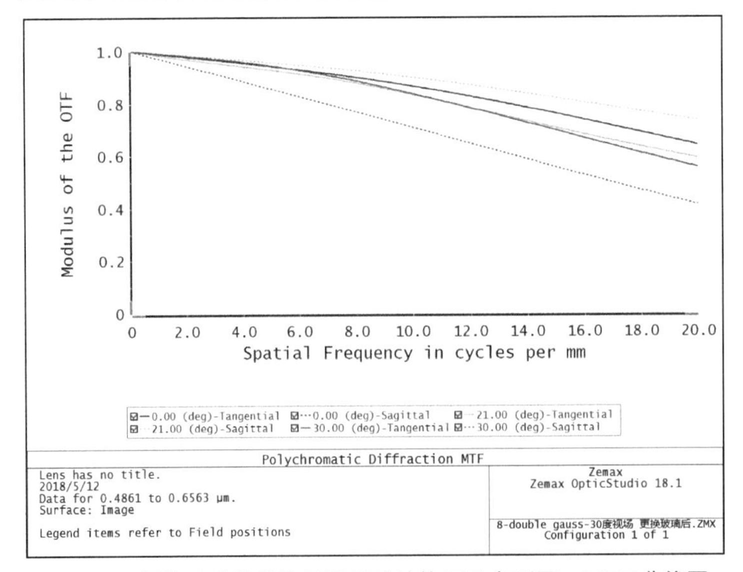

图 8–12　更换玻璃并优化后的系统结构图及点列图、MTF 曲线图

系统的主要特性参数如下：

Surfaces	:	12
Stop	:	6
System Aperture	:	Entrance Pupil Diameter = 20
Fast Semi–Diameters	:	On
Field Unpolarized	:	On
Convert thin film phase to ray equivalent	:	On
J/E Conversion Method	:	X Axis Reference
Glass Catalogs	:	CHINA CDGM
Ray Aiming	:	Paraxial Reference，Cache On
X Pupil Shift	:	0
Y Pupil Shift	:	0
Z Pupil Shift	:	0
X Pupil Compress	:	0
Y Pupil Compress	:	0
Apodization	:	Uniform，factor = 0.00000E+00
Reference OPD	:	Exit Pupil
Paraxial Rays Setting	:	Ignore Coordinate Breaks
Method to Compute F/#	:	Tracing Rays
Method to Compute Huygens Integral	:	Force Spherical
Print Coordinate Breaks	:	On
Multi–Threading	:	On
OPD Modulo 2 Pi	:	Off
Temperature （C）	:	2.00000E+01
Pressure （ATM）	:	1.00000E+00
Adjust Index Data To Environment	:	Off
Effective Focal Length	:	54.237 21（in air at system temperature and pressure）
Effective Focal Length	:	54.237 21（in image space）
Back Focal Length	:	27.516 04
Total Track	:	99.794 05
Image Space F/#	:	2.711 86
Paraxial Working F/#	:	2.711 86
Working F/#	:	2.676 244
Image Space NA	:	0.181 319 1
Object Space NA	:	1e–09
Stop Radius	:	5.998 527
Paraxial Image Height	:	31.313 87
Paraxial Magnification	:	0
Entrance Pupil Diameter	:	20

Entrance Pupil Position	:	42.162 2
Exit Pupil Diameter	:	52.712 66
Exit Pupil Position	:	−142.761 3
Field Type	:	Angle in degrees
Maximum Radial Field	:	30
Primary Wavelength [μm]	:	0.589 3
Angular Magnification	:	0.379 415 4
Lens Units	:	Millimeters
Source Units	:	Watts
Analysis Units	:	Watts/cm^2
Afocal Mode Units	:	milliradians
MTF Units	:	cycles/millimeter
Include Calculated Data in Session File	:	On

SURFACE DATA SUMMARY:

Surf	Type	Radius	Thickness	Material	Clear Semi−Diameter
OBJ	STANDARD	Infinity	Infinity		0
1	STANDARD	30.222 0	9.711 1	LAK3	25.274 9
2	STANDARD	58.191 3	0.1		24.116 2
3	STANDARD	21.434 0	4.366 8	LAK3	17.735 8
4	STANDARD	21.673 1	5.106 2	H−ZF52A	15.506 6
5	STANDARD	11.744 5	9.628 5		9.839 4
STO	STANDARD	Infinity	12.674 2		5.998 5
7	STANDARD	−36.575 8	1.585 5	H−ZF52A	15.683 7
8	STANDARD	379.525 9	13.710 8	LAK3	20.324 3
9	STANDAR	−24.670 7	0.1		21.261 2
10	STANDARD	56.486 4	15.482 9	LAK3	34.886 3
11	STANDARD	−745.810 1	27.328 0		34.590 4
IMA	STANDARD	Infinity			27.885 5

§ 8.4　照相物镜像差的公差

照相物镜把景物成像在感光底片上经曝光产生影像，由于底片分辨率的限制，照相物镜所成的像无须像目视光学系统那样，要求成像质量接近理想。因此一般认为照相物镜像差的公差可以比目视光学系统大得多。由于底片的质量差别很大，不同使用要求对物镜成像质量的高低要求不一。因此对照相物镜来说，很难找到一个统一的标准作为制定像差公差的依据。长期以来，照相物镜像差的公差问题一直没有完全解决，主要是通过现有产品的像差和新设计系统的像差进行比较，根据现有产品的成像质量来估计新设计系统的成像质量。这个方法看起来比较原始，但它是建立在实践基础上的，有较高的可靠性，长期以来为大多数人采用，目前仍不失为一个重要手段。

不同用途照相物镜质量要求的差别很大。如高质量的航空摄影和卫星摄影用照相物镜要求接近理想成像，而普通廉价照相机的成像质量要求低得多。下面我们给出一般中等质量照相物镜像差公差的大致范围，供读者参考。

8.4.1　轴上球差的公差

在§7.6 节中，目视光学系统球差的公差以波差小于 $\lambda/4$ 为像差公差的标准。对照相物镜来说波差小于 $\lambda/2$，即可认为是一个高质量的设计，因此可以把波像差小于 $\lambda/2$ 作为照相物镜轴上球差公差的标准。根据式（5–31）和式（5–32），可以得到相应的球差公差公式为：

初级球差

$$\delta L'_m \leqslant \frac{8\lambda}{n'u'^2_m} \sim \frac{16\lambda}{n'u'^2_m}$$

剩余球差

$$\delta L'_{sn} \leqslant \frac{12\lambda}{n'u'^2_m} \sim \frac{24\lambda}{n'u'^2_m}$$

表 8–6 所示为常用相对孔径对应的球差公差值。

相对孔径越大，像差校正越困难。而且照相机经常在较小孔径使用，使用最大孔径的机会比较少，因此表 8–6 中球差的公差值对特大相对孔径的物镜来说（例如相对孔径大于 1:2）还允许超过。

表 8–6　常用相对孔径对应的球差公差值

相对孔径 D/f'	$\delta L'_m$	$\delta L'_{sn}$
1:1.4	0.04～0.08	0.05～0.10
1:2	0.08～0.16	0.1～0.2
1:2.8	0.16～0.32	0.2～0.4
1:4	0.32～0.64	0.4～0.8

8.4.2　轴外单色像差的公差

照相幅面的形状一般为长方形或正方形。如图 8–13 所示，照相物镜的视场一般按对角线视场计算，图中的圆相当于 0.7 视场，整个画面的绝大部分面积已包含在 0.7 视场的圆内。因此评价照相物镜的轴外像差主要是在 0.7 视场内，0.7 视场以外像质允许下降。

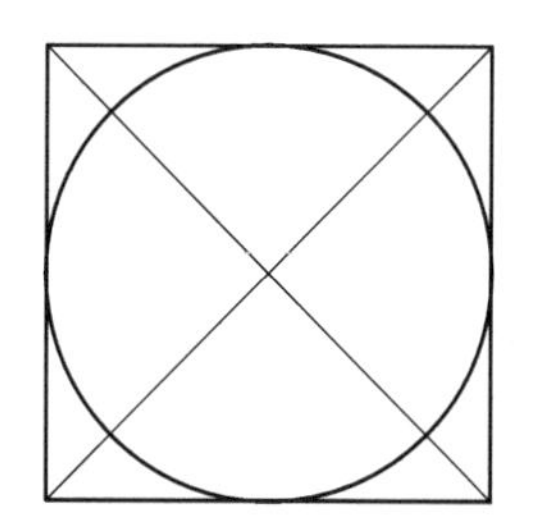
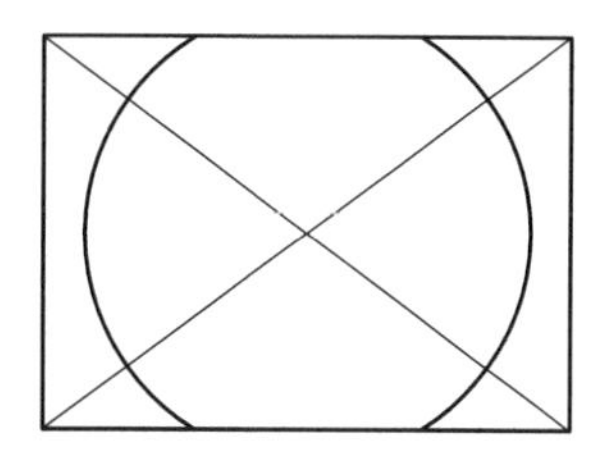

图 8–13　照相幅面示意图

评价照相物镜的轴外像差，一般不按各种单项像差分别制定公差，而是直接根据子午和弧矢垂轴像差曲线对轴外点进行综合评价。前面已经给出了轴上点球差的公差，在评价轴外点的像差时，首先作出轴上点与轴外点的子午和弧矢垂轴像差曲线。把轴上点的垂轴像差作为评价轴外点垂轴像差的标准，而且重点是考察 0.7 视场内的像差。

对垂轴像差曲线一般应从两个方面来考察：一方面看它的最大像差值，它表示最大弥散范围；另一方面看光能是否集中，如果大部分光线的像差比较小，光能比较集中，即使有少量光线像差比较大也是允许的。轴外像点的像差当然不可能校正得和轴上像点一样好，只要整个光束中有 70%～80%的光线的像差和轴上点相当，就可以认为是较好的设计了。

子午光束可以用渐晕的方法来减小实际成像光束的像差。弧矢光束一般无法拦光，它的成像光束宽度和轴上点相同，因此弧矢垂轴像差一般比子午垂轴像差还要大些。一般要求代表弧矢彗差的曲线最大像差值应小于同一视场的子午垂轴像差，代表弧矢场曲和弧矢球差的曲线允许比同一视场的子午垂轴像差适当加大。

利用垂轴像差曲线评价像差时，还应考虑像面位移的影响。像面位移后的垂轴像差相当于把各视场的像差曲线对同一斜率的直线来计算垂轴像差，这在 § 1.4 节中已作过说明。

8.4.3 色球差公差

照相物镜一般都能把轴上点指定孔径光线的色差校正得比较好（例如 0.707 1 孔径的光线），但是色球差不可能完全校正，在不同形式的物镜中差别很大，例如在双高斯物镜中色球差很小，而在反摄远物镜中色球差比较大。由色球差形成的近轴和边缘色差最好不超过边缘球差 $\delta L'_m$ 的公差。

8.4.4 垂轴色差

垂轴色差对成像质量影响较大，应尽可能严格校正，一般要求在 0.7 视场内垂轴色差不超过 0.01～0.02。边缘视场允许适当超出。

8.4.5 畸变

一般照相物镜要求畸变小于 2%～3%。

以上像差公差的参考数据是针对一般照相机的物镜来说的，对特种用途的照相机应按具体使用要求确定。目前比较好的方法是使用光学传递函数。

习　题

1. 照相物镜设计有哪些特点？叙述设计的主要步骤。
2. 照相物镜有哪些类型？它们各有什么特点？
3. 要求设计一个照相物镜，光学特性参数如下：

$$f' = 30,\ D / f' = 1/2,\ 2\omega = 40^\circ。$$

要求系统畸变＜2%；空间频率为 40（单位为 lp/mm）时，传递函数 MTF≥0.4。

4. 设计双高斯照相物镜，要求：焦距为 55，入瞳直径 26，半视场角 20°。初始结构参数如下：

r	d	玻璃材料
30	5	ZK11
84	0.1	AIR
17.5	6	ZK7
57	3	F5
12	9	AIR
0(光阑)	9	AIR
−14	3	F5
0	7	ZK7
−19	0.1	AIR
70.3	5	ZK11
−52		AIR

5. 设计反摄远物镜，系统焦距为 38，F 数为 2.5,半视场角 30°。初始结构参数如下：

r	d	玻璃材料
104	5	ZK11
0	0.1	AIR
51.5	4	K9
18	11.5	AIR
35	8.5	ZBAF20
−56.5	10.8	BAK7
39	3	AIR
0	3	AIR
−20.5	1.5	ZF3
40	7.5	ZBAF3
−23.5	0.1	AIR
−94	3.5	ZK11
−33	0.1	AIR
116.5	3.6	ZK11
−71		AIR

第 9 章
其他光学系统设计

本章讨论其他光学系统的设计问题，其中的很多光学系统设计是目前光学设计领域研究的热点问题或前沿问题。本章的内容包括：变焦距光学系统的概念与分类、变焦距光学系统的高斯光学计算、变焦距光学系统的设计；远心光路的基本概念、物方远心光路和像方远心光路的区别和各自的应用、远心光路光学系统设计；激光扫描系统的概念、$f\theta$ 镜头概念，它们的设计方法；非成像光学系统与成像光学系统的概念、照明光学系统的组成、临界照明与科勒照明方式设计、照明光学系统的计算；非球面的概念、非球面的分类、非球面的优缺点、非球面的应用与设计；自由曲面与普通曲面的区别及特点、自由曲面的分类、自由曲面的设计方法。

学习本章的内容时，需要掌握前面各章节中各种典型光学系统的特点，理解各种典型光学系统的用途，具备设计各种典型光学系统的能力。

§9.1　变焦距光学系统

9.1.1　概述

定焦距系统是焦距固定不变的系统，而变焦距系统则是焦距可在一定范围内连续改变而保持像面不动的光学系统。它能在拍摄点不变的情况下获得不同比例的像，因此在新闻采访、影片摄制和电视转播等场合使用特别方便。而且在电影和电视拍摄的连续变焦过程中，随着物像之间倍率的连续变化，像面景物的大小连续改变，可以使观众产生一种由近及远或由远及近的感觉，更是定焦距物镜难以达到的。目前变焦距物镜的应用日益广泛，开始主要用于电影和电视摄影，现在已逐步扩大到照相机和小型电影放映机上。变焦距物镜的高斯光学是在满足像面稳定和满足焦距在一定范围内可变的条件下来确定变焦距物镜中各组元的焦距、间隔、移动量等参数的问题。高斯光学是变焦距物镜的基础，高斯光学参数的求解在变焦距物镜设计中至关重要，直接影响最后的成像质量。若要求全部范围内成像质量都要好，就需要在所有可能解中挑选出尽量少产生高级像差的解。这相当于在系统总长一定的条件下，挑选各组焦距尽可能长的解，使各组元无论对轴上还是轴外光线产生尽量小的偏角。

早在 1930 年前后，就出现了采用变焦距物镜的电影放映镜头，当时为了避免凸轮加工制造误差引起的像面位移等缺陷，一般采用光学补偿法，但由于其成像质量较差，应用并不广泛。1940—1960 年，机械补偿法变焦距物镜开始得到发展和应用，这一时期的机械补偿法变焦距物镜镜片数目较少，变倍比较小，质量也较差，所以应用并不是特别普遍。与此同时，

20 世纪 40 年代末 50 年代初，出现了真正意义上的光学补偿法的变焦距物镜，由于它的机械加工工艺比较简单，所以曾风靡一时。1960 年以后，电子计算机在光学设计中较多地应用，并采用了高精度机床加工凸轮曲线等，使机床加工水平大大提高，光学补偿法的变焦距物镜就越来越少了，取而代之的是较高质量的机械补偿法的变焦距物镜。1960—1970 年这一时期的机械补偿法变焦距物镜一般只有两个移动组元，但所用镜片数目比以前明显增加了，大大提高了镜头的像质，这个阶段的变焦镜头虽然变倍比不高，但已在电影电视中普遍使用。1970 年以后，除了计算机自动设计技术的普及，以及多层镀膜技术的开发和使用外，还利用高精度数控技术加工变焦距物镜的复杂凸轮机构，并利用新型材料和非球面技术，不但大大改进了二移动组元变焦距物镜，还促使开发了多移动组元变焦距物镜，即通常所说的光学补偿法和机械补偿法相结合的变焦距物镜。1980 年，小西六公司展出了 5 组同时移动的 *F*4.6/28–135 mm 高倍广角变焦镜物镜，1983 年推出正式产品，从而揭开了全动型高倍率镜头的序幕。这种镜头采用新的变焦和调焦方式，体积小，性能优越，质量较高。从变焦镜头的发展来看，人们为了解决二移动组元变倍比较小的问题，从 1970 年到现在，一直致力于开发多移动组元的变焦镜头。现在，由于新材料的使用和新技术的进步，有的变焦镜头已赶上了定焦镜头的成像质量。但是变焦镜头与定焦镜头相比，在某些方面还是存在着差距，例如，相对孔径不够大，体积不够小等。但我们相信，随着光学工业的发展，将会出现一批更新型，更高质量的变焦镜头。

9.1.2　变焦距系统的分类及其特点

对于变焦距系统来说，由于系统焦距的改变，必然使物像之间的倍率发生变化，所以变焦距系统也称为变倍系统。多数变焦距系统除了要求改变物像之间的倍率之外，还要求保持像面位置不变，即物像之间的共轭距不变。

对一个确定的透镜组来说，当它对固定的物平面做相对移动时，对应的像平面的位置和像的大小都将发生变化。当它和另一个固定的透镜组组合在一起时，它们的组合焦距将随之改变。如图 9–1 所示，假定第一个透镜组的焦距为 f_1'，第二个透镜组对第一透镜组焦面 F_1' 的垂轴放大率为 β_2，则它们的组合焦距 f' 为

$$f' = f_1' \cdot \beta_2$$

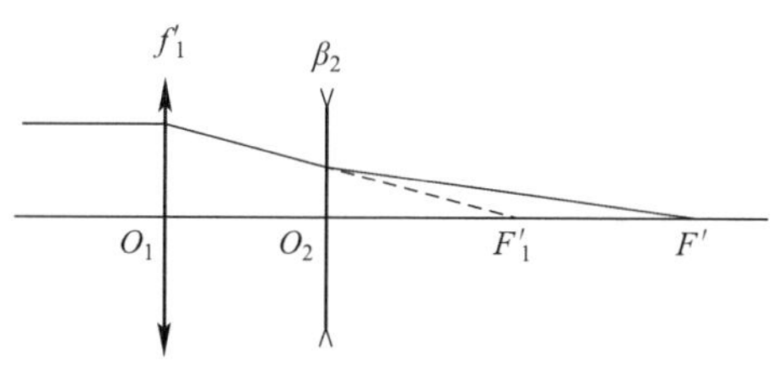

图 9–1　两透镜组的相互关系

当第二透镜组移动时，β_2 将改变，像的大小将改变，像面位置也随之改变，因此系统的组合焦距 f' 也将改变。显然，变焦距系统的核心是可移动透镜组倍率的改变。

对单个透镜组来说，要它只改变倍率而不改变共轭距是不可能的，但是有两个特殊的共轭面位置能够满足这个要求，即所谓的“物像交换位置”，如图 9–2 所示。这种情况下，第

二透镜组位置的物距（绝对值）等于第一透镜组位置的像距，而像距（绝对值）恰恰为第一透镜组位置的物距，前后两个位置之间的共轭距离不变，仿佛把物平面和像平面作了一个交换，因此称为“物像交换位置”。

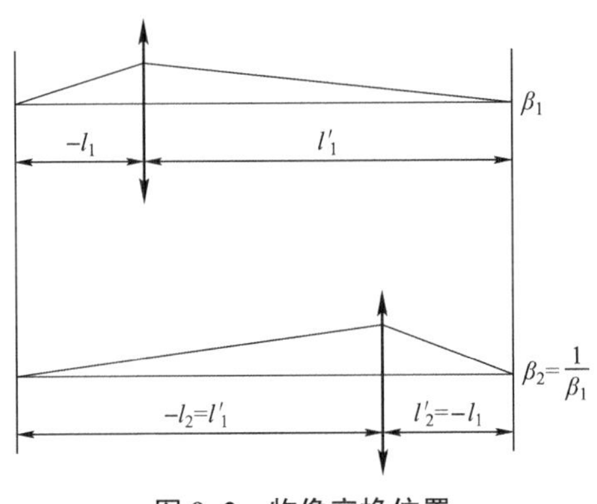

图 9–2　物像交换位置

透镜组的倍率由

$$\beta_1=\frac{l'_1}{l_1}$$

变到

$$\beta_2=\frac{l'_2}{l_2}=\frac{-l_1}{-l'_1}=\frac{1}{\beta_1}$$

前、后两个倍率 β_1 与 β_2 之比称为变倍比，用 M 表示为

$$M=\frac{\beta_1}{\beta_2}=\beta_1^2$$

由此可知，在满足物像交换的特殊位置上，物像之间的共轭距不变，但倍率改变了 β_1^2 倍。对于由 β_1 到 β_2 的其他中间位置，随着倍率的改变，像的位置也要改变，如图 9–3 所示。

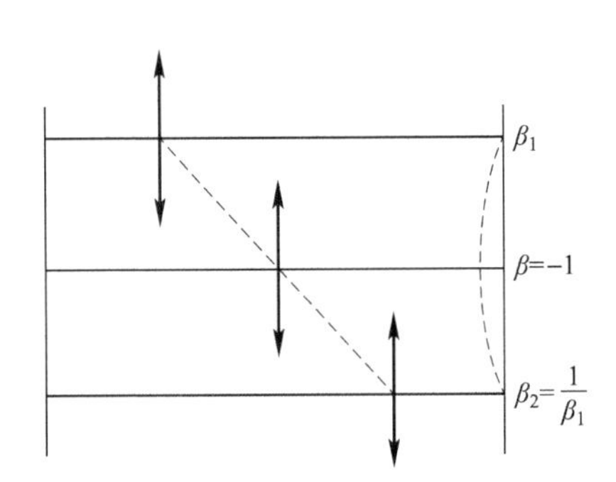

图 9–3　物像交换位置之间的像面位置

图中虚线表示透镜位置和像面位置中间的关系，当透镜处于 $-1^{\times}$（表示垂轴放大率或视放大率时，通常在放大率数值右上加上标×）位置时，物像中间的距离最短。此时的共轭距 L_{-1} 为

$$L_{-1}=l'-l=2f'-(-2f')=4f'$$

当倍率等于β时，共轭距L_β为

$$L_\beta=l'-l=(f'+x')-(f+x)=(f'-\beta f')-\left(f-\frac{f}{\beta}\right)$$
$$=\left(2-\beta-\frac{1}{\beta}\right)f'$$

由$-1^\times$到β时相应的像面位移量为

$$\Delta L=L_{-1}-L_\beta=\left(2+\beta+\frac{1}{\beta}\right)f'$$

由上式看到，当在倍率等于$1/\beta$时的像面位移量显然是相等的，这就是说，“物像交换位置”在变倍比M相同的条件下，处在物像交换条件下像面的位移量最小。在变焦距系统中起主要变倍作用的透镜组称为“变倍组”，它们大多工作在$\beta=-1^\times$的位置附近，称为变焦距系统设计中的“物像交换原则”。

由上述分析可以看到，要使变倍组在整个变倍过程中保持像面位置不变是不可能的，要使像面保持不变，必须另外增加一个可移动的透镜组，以补偿像面位置的移动，这样的透镜组称为“补偿组”。在补偿组移动过程中，它主要产生像面位置变化，以补偿变倍组的像面位移，而对倍率影响很小，因此补偿组一般处在远离$-1^\times$的位置上工作。例如，对正透镜补偿组一般处于图 9–4（a）所示的 4 种物像位置；对负透镜补偿组，则处于图 9–4（b）所示的 4 种物像位置。实际系统中究竟采用哪一种，则要根据具体使用要求和整个系统的方案而定。

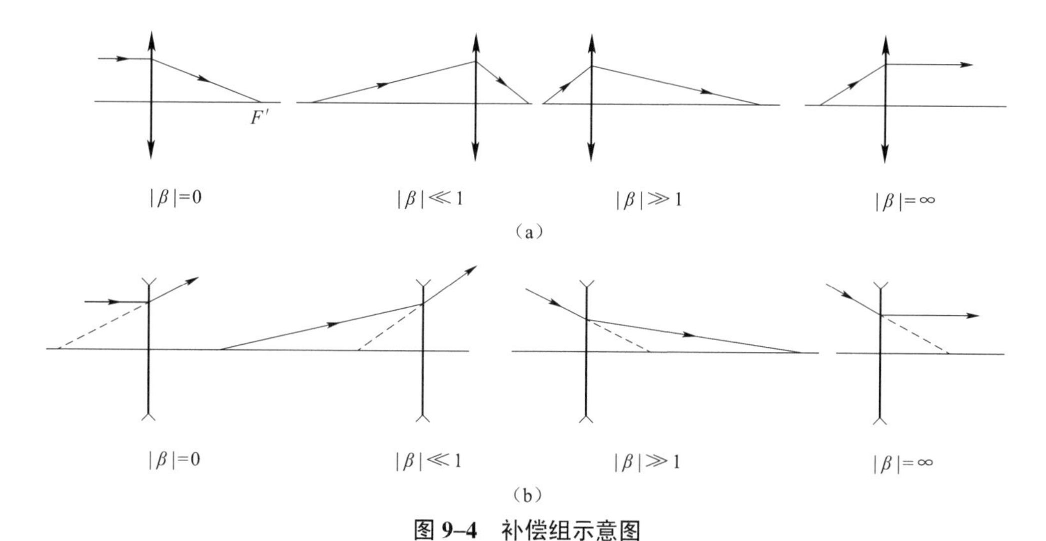

图 9–4　补偿组示意图

（a）正透镜补偿组；（b）负透镜补偿组

实际应用的变焦距系统，它的物像平面是由具体的使用要求来决定的，一般不可能符合变倍组要求的物像交换原则。例如，望远镜系统的物平面和像平面都位在无限远，照相机的物平面同样位在物镜前方远距离处。为此，必须首先用一个透镜组把指定的物平面成像到变倍组要求的物平面位置上，这样的透镜组称为变焦距系统的“前固定组”。如果变倍组所成

的像不符合系统的使用要求，也必须用另一个透镜组将它成像到指定的像平面位置，这样的透镜组称为“后固定组”。大部分实际使用的变焦距系统均由前固定组、变倍组、补偿组和后固定组 4 个透镜组构成，有些系统根据具体情况可能省去这 4 个透镜组中的 1 个或 2 个。

变焦距物镜根据其变焦补偿方式的不同大体上可分为机械补偿法变焦距物镜和光学补偿法变焦距物镜，以及在这两种类型基础上发展起来的其他一些类型的变焦距物镜。

1. 机械补偿法变焦距物镜

机械补偿法变焦距物镜一般由典型的前固定组、变倍组、补偿组、后固定组四组透镜组成。机械补偿法变焦距物镜的变倍组一般是负透镜组，而补偿组可以是正透镜组也可以是负透镜组，前者称为正组补偿，后者称为负组补偿，如图 9–5 和图 9–6 所示。机械补偿变焦距物镜的变倍组和补偿组的合成共轭距在变焦运动过程中是一个常量，理论上像点是没有漂移的，而且各组元分担职责比较明显，整体结构也比较简单。近年来，随着机械加工技术的发展，机械补偿系统中凸轮曲线的加工已不像过去那么困难，加工精度也越来越高，所以，目前此种类型变焦距物镜得到了广泛的应用。常用的几种变焦距型式有：

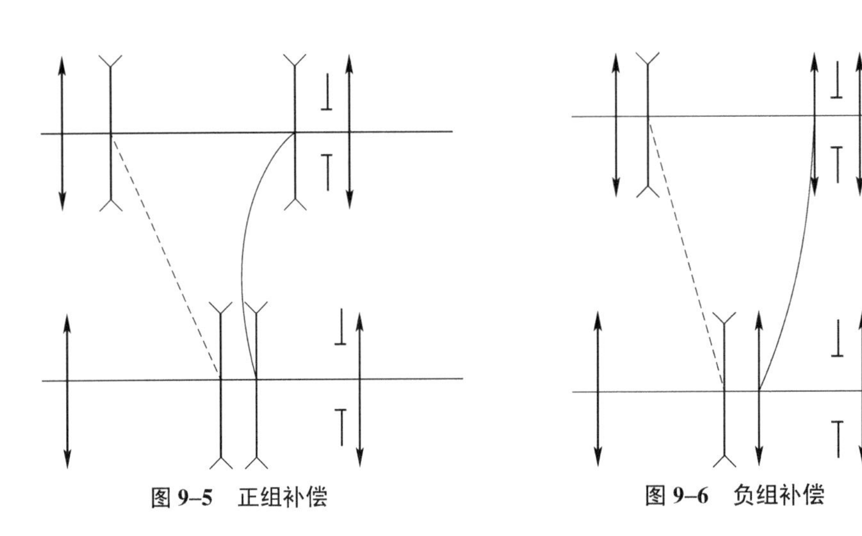

图 9–5　正组补偿　　　图 9–6　负组补偿

（1）用双透镜组构成变倍组。

上面说过采用变倍组移动时，除了符合物像交换条件的两个倍率像面位置不变外，对其他倍率，像面将产生移动。我们很容易想到，如果变倍组由两个光焦度相等的透镜组组合而成，在变倍过程中，两透镜组作少量相对移动以改变它们的组合焦距，就可达到所有倍率像面位置不变的要求，如图 9–7 所示。

图 9–7 中，变倍组由两个正透镜构成，符合物像交换原则的物像是实物和实像，图中标出的 β 和 $1/\beta$ 两个倍率符合物像交换原则，两透镜组的相对位置相同，在其他倍率，两透镜组间隔少量改变。图中画出的一条直线和一条曲线代表不同倍率时两透镜组的移动轨迹，在 $-1^{\times}$ 位置两透镜组的间隔最大，它们的组合焦距最长。

这种系统被广泛应用于变倍望远镜中，由于望远镜的物平面位置在无限远，首先用一个物镜组将无限远物平面成像在变倍系统的物平面上，变倍系统的像位在目镜的前焦面上，通过目镜成像于无限远供人眼观察。望远镜物镜和目镜相当于整个变焦距系统的前固定组和后固定组，如图 9–8 所示。

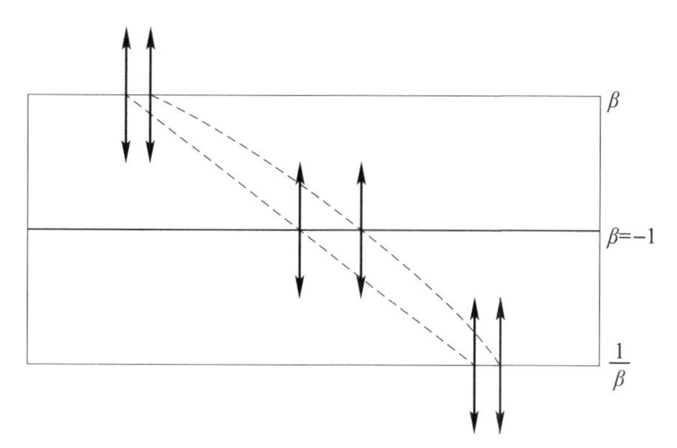

图 9–7　双正透镜组变倍组

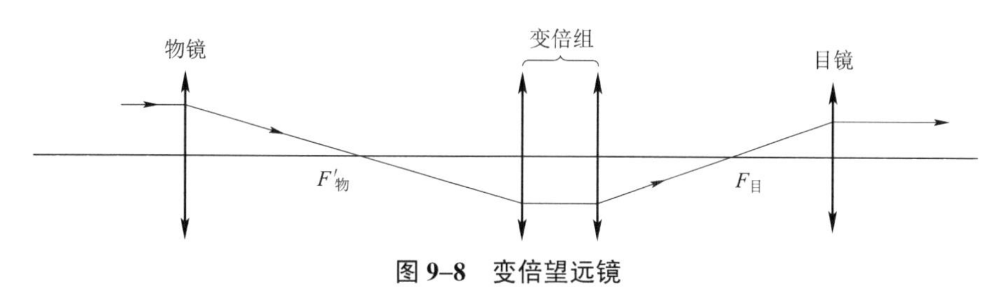

图 9–8　变倍望远镜

如果变倍组采用两个负透镜组构成，符合物像交换条件的物和像是虚物和虚像，如图 9–9 所示。

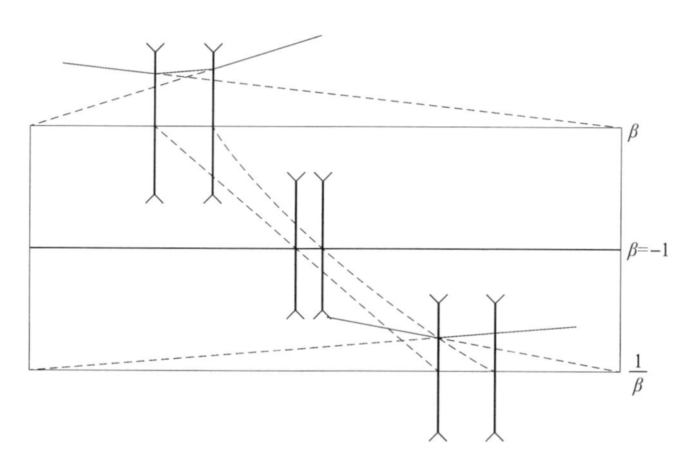

图 9–9　双负透镜组变倍组

在变倍过程中，两透镜组的运动轨迹如图中虚线所示。由于两负透镜组组合间隔越小，焦距越长，所以在$-1^{\times}$位置两透镜组间的间隔最小。前面两正透镜组合时$-1^{\times}$位置间隔最大，因为两正透镜组间隔越大，焦距越长。为了构成一个完整的变焦距系统，图 9–9 中的变倍组的前面要加上一个前固定组，将实物平面成像在变倍组的虚物平面上，在变倍组的后面，也要加上一个后固定组把变倍组的虚像平面成像到系统指定的像平面位置上。这种系统最多的应用是前面加正透镜组的前固定组，后面加正透镜组的后固定组构成一个变倍的望远系统。它被广泛应用在无限筒长的显微系统的平行光路中，使整个系统达到变倍的目的，如图 9–10 所示。

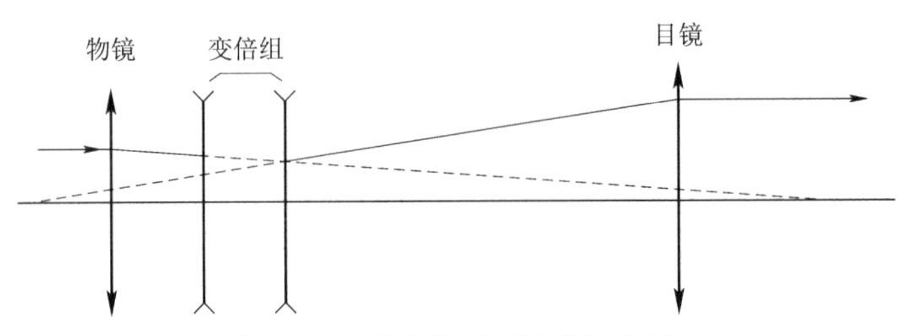

图 9–10　无限筒长显微变倍系统

（2）由一个负的前固定组加一个正的变倍组构成的低倍变焦距物镜。

照相物镜要求把远距离目标成一个实像，这类系统要实现变焦距，则必须有一个将远距离目标成像在变倍组$-1^{\times}$的物平面位置上的前固定组。为了使系统最简单，我们不再在变倍组后加后固定组，由于系统要求成实像，因此，必须采用正透镜组作变倍组，前固定组采用负透镜组。这样，一方面可以缩短整个系统的长度，另一方面整个系统构成一个反摄远系统，有利于轴外像差的校正，使系统能够达到较大的视场，如图 9–11 所示。在变倍过程中，前固定组同时还起到补偿组的作用，它们的运动轨迹同样在图中用虚线表示。该系统所能达到的变倍比较小，因为变倍组的移动范围受到前固定组像距的限制，主要用于低倍变焦距的照相物镜和投影物镜中。

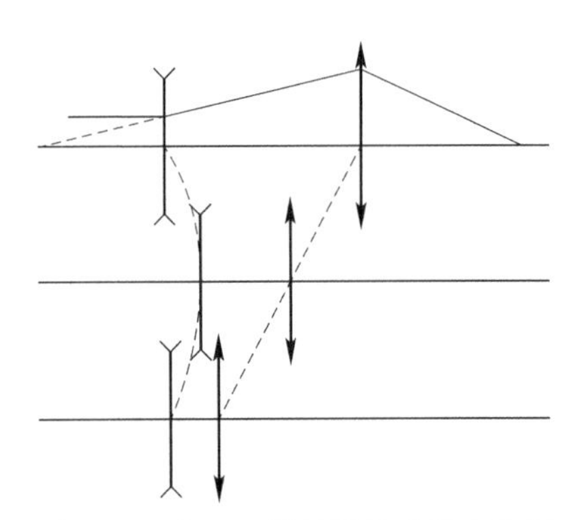

图 9–11　负、正透镜组构成的变倍组

（3）由前固定组加负变倍组、负补偿组和后固定组构成的变焦距系统。

这种系统如图 9–12 所示，前固定组是正透镜组，把远距离的物成像在负变倍组的虚物平面上，通过变倍组成一个虚像，再通过负补偿组成一缩小的虚像，最后经过正透镜组的后固定组形成实像。变倍组工作在$-1^{\times}$位置左右，补偿组工作在远离$-1^{\times}$，$|\beta| \ll 1$的正值位置。

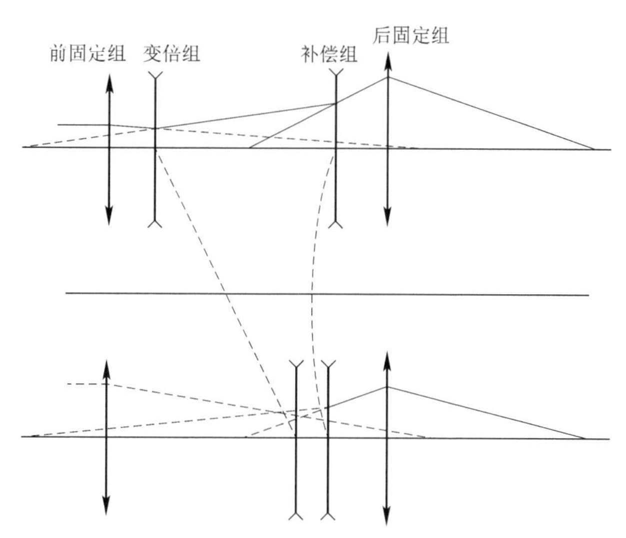

图 9–12　正的前、后固定组加负的变倍和补偿组构成的变焦系统

（4）由前固定组加负变倍组和正补偿组构成的变焦距系统。

这种系统根据补偿组工作倍率的不同，又可分为两类：第一类是补偿组工作在$|\beta|<<1$的位置上，如图 9–13 所示；

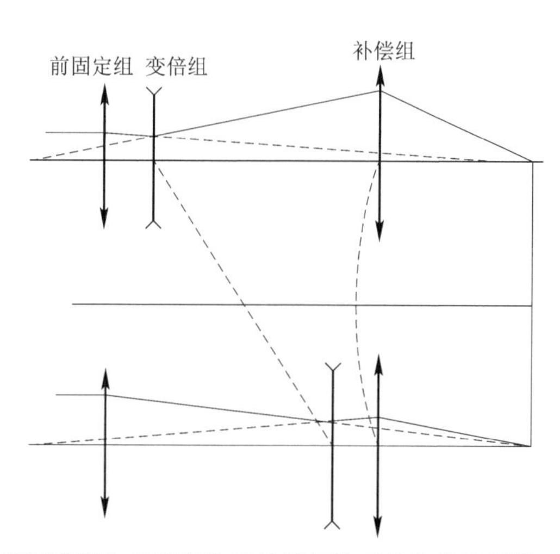

图 9–13　前固定组加负变倍和正补偿组构成的变焦距系统（$|\beta|<<1$）

第二类是补偿组工作在$|\beta|>>1$位置上，如图 9–14 所示。它们的最大差别是补偿组的运动轨迹相反。

根据实际情况，可以在第一类系统后面加一个负的后固定组，也可以在第二类系统后面加一个正的后固定组。

（5）由前固定组加一负变倍组和一正变倍组构成的变焦距系统。

这类系统的最大特点是有两个工作在$-1^{\times}$位置左右的变倍组，其中一个为负透镜组，另一个为正透镜组。在移动过程中，两个变倍组同时起变倍作用，系统总的变倍比是这两个变倍组变倍比的乘积，因此系统可以达到较高的变倍比。系统的构成如图 9–15 所示。

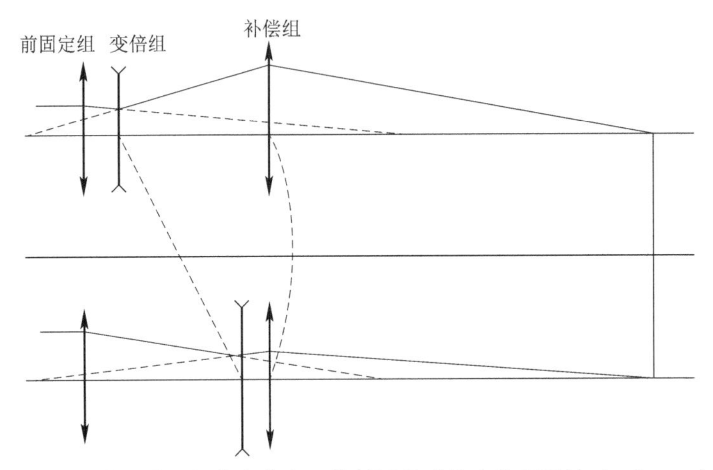

图 9–14　前固定组加负变倍和正补偿组构成的变焦距系统（$|\beta|>>1$）

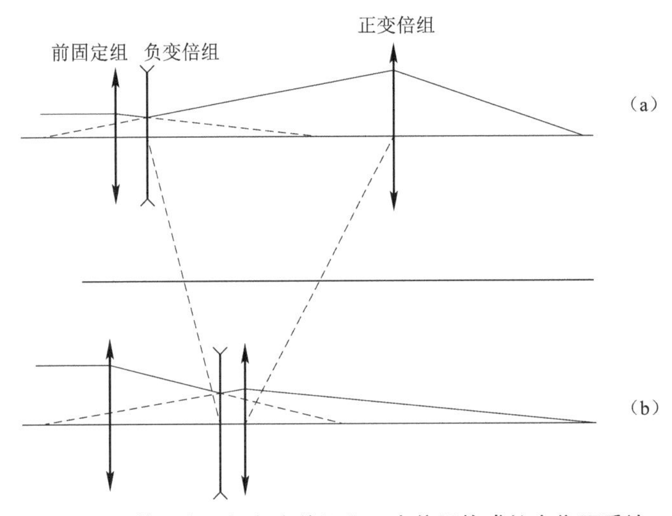

图 9–15　前固定组加负变倍组和正变倍组构成的变焦距系统

在图 9–15 中（a）的位置，负变倍组$|\beta|<1$，正变倍组$|\beta|$也小于 1，当负变倍组向右移动，即向$-1^{\times}$位置靠近时，它的共轭距减小，像点也同时向右移动，为了标出最后像面位置不变，正变倍组的共轭距也应相应减小，所以正变倍组也应向$-1^{\times}$位置靠近。当负变倍组到达$-1^{\times}$位置时，正变倍组也必须同时到达$-1^{\times}$位置。因为当负变倍组越过$-1^{\times}$位置继续向右移动时，共轭距开始加大，为了保持最后像面不变，正变倍组的共轭距也应相应加大，所以正变倍组必须和负变倍组同时越过$-1^{\times}$位置，否则不能保持正变倍组运动的连续性。在图 9–15（b）的位置，正、负变倍组的倍率均大于 1，这样，整个系统的变倍比和单个变倍组相比便大大增加了。因此，这种系统一般用于变倍比大于 10 甚至达到 20 的变焦系统中，正、负变倍组光焦度的绝对值一般比较接近。

以上为最常用的一些的型式，在前面的图形中，变倍组的起始和终止位置都符合物像交换原则，实际系统中根据具体使用情况或整个系统校正像差的方便，变倍组可以采用对$-1^{\times}$不完全对称的运动方式，适当偏上或偏下。

2. 光学补偿法变焦距物镜

光学补偿法变焦距物镜是在变焦运动过程中用若干组透镜作线性运动来实现变焦距，它们作同向且等速移动，在移动过程中，各组元共同完成变倍和补偿任务，使像面达到稳定的状态，但实际在变焦运动过程中，光学补偿法变焦距物镜只能在某些点作到像面稳定，所以在全范围内它的像面是有一定漂移的。正是由于这个原因，纯粹的光学补偿变焦距物镜目前已很少使用。图 9–16 是一种双组元联动的光学补偿法变焦距物镜。

光学补偿法变焦距物镜仅要求一个线性运动来执行变焦的职能，避免了机械补偿法中曲线运动所需的复杂结构；这类系统的组成次序是依次交替的固定组元和移动组元，而且固定组元与移动组元光焦度反号，在系统内部没有实像；另外，若不计入后固定组，像面稳定点的个数与组元数是相等的，即在这几个点像面位置相同，在其余各点均有像面位移。

3. 光学机械补偿混合型变焦距系统

这种类型的变焦距物镜是在光学补偿法的基础上发展起来的，由于光学补偿法变焦距系统仍存在一定的像面位移，为了补偿这些像面位移，可使其中另一组元作适当的非线性移动来进行补偿，这样就构成了光学机械补偿混合型变焦距系统，如图 9–17 所示，也有人称之为机械补偿双组联动型变焦距系统。

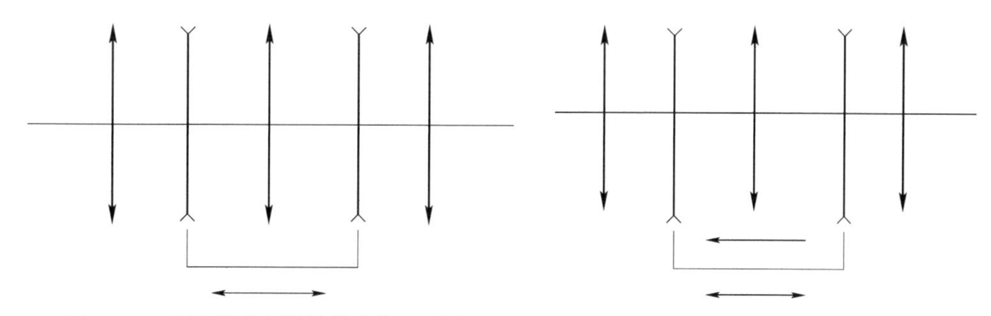

图 9–16　双组联动光学补偿变焦距系统　　图 9–17　光学机械补偿混合型变焦距系统

光学机械补偿混合型变焦距系统由若干组元联动实现变倍目的，另有一组元作非线性运动来补偿像面的位移，使像面严格稳定；各移动组元分工并不明确，在有的情况下，是由某一单组元执行变倍职责，而双组联动仅起补偿像面的作用；它的光焦度分配比较均匀，对像差的校正比较有利；各组元光焦度交替出现正负，系统内部无实像。

4. 全动型变焦距物镜

这种变焦距物镜在变焦运动过程中，各组元均按一定的曲线或直线运动，若按其职能来分，可认为第一组元为补偿组，其余组元为变倍组。全动型变焦距物镜系统有以下一些特点：① 摆脱了系统内共轭距为常量这一约束条件，使各组元按最有利的方式移动，以达到最大限度的变焦效果；② 第一组元用作调焦，其余组元对变倍比均有贡献；③ 像差的校正必须全系统同时进行；④ 光阑一般设在后组之前，当后组元作变焦运动时，为使光阑指数不变，则必须连续改变光阑直径，使得机械结构进一步复杂；⑤ 由于执行变倍的组元比较多，可以选四组或五组的结构，所以各组元倍率的变化可以比较小，各组元的光焦度分配可以比较均匀；⑥ 它的镜筒设计要比以上几种类型的变焦距系统复杂，但随着加工工艺的提高，这种复杂度也随之降低。图 9–18 是一个四组元全动型变焦距物镜。

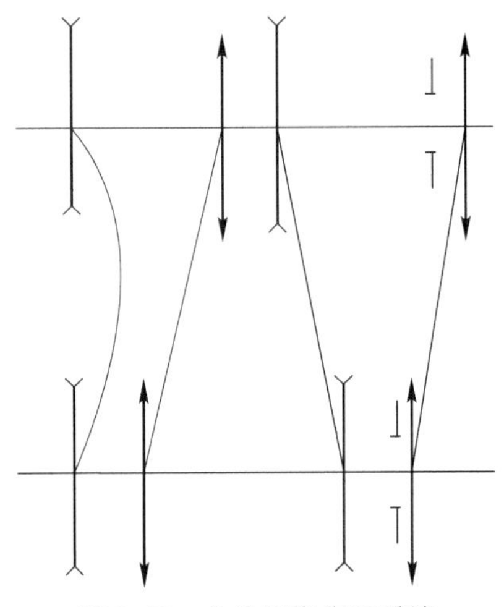

图 9–18　全动型变焦距系统

在某些情况下，有的光学设计者在全动型基础上加一个后固定组，这样可以使全动型在运动过程中相对孔径保持不变，而且在校正像差过程中，可先使前面若干组元的像差趋于一致，再利用后固定组产生与前若干组元符号相反的像差来进行全系统的像差校正。

以上便是几种主要类型的变焦距物镜，光学补偿法变焦距物镜由于它本身存在的缺陷，现在已很少有人使用。而对于全动型变焦距物镜，由于加工工艺等因素的制约，在目前应用并不广泛。在实际的光学设计过程中，绝大多数是机械补偿法变焦距系统。

9.1.3　变焦距物镜的高斯光学

求解变焦距物镜高斯光学参数，实际上是确定变焦距系统在满足像面稳定和焦距在一定范围内可变的条件下系统中各组元的焦距、间隔、位移量等参数。这些高斯光学参数的确定需要通过建立数学模型来解决，这里我们选择系统内各组元的垂轴放大率 β_i（i=1，2，3，…，n）作为自变量，因为用 β_i 做自变量可以表示出系统及系统内各组元的其他参量，使方程的建立更加容易，形式比较规则，从而更便于分析，而且它可以直接反映变焦过程中的一些特征点，如 β_i 倍，–1 倍，$1/\beta_i$ 倍。

若一变焦距物镜由 n 个透镜组组成，用 F_1，F_2，…，F_n 表示第 1、2、…，n 组元的焦距值，β_1，β_2，…，β_n 表示第 1，2…，n 组元的垂轴放大率。那么可以得到

$$F= F_1\beta_2\beta_3\cdots\beta_n \tag{9–1}$$

其中，F 表示系统总焦距值。由上式可知，变焦距物镜的合成焦距 F 为前固定组焦距 F_1 和其后各透镜组垂轴放大率的乘积。F 之变化即 β_2，β_3，…，β_N 乘积之变化。

$$\Gamma=\frac{F_{\mathrm{L}}}{F_{\mathrm{S}}}=\frac{\beta_{2\mathrm{L}}\beta_{3\mathrm{L}}\cdots\beta_{n\mathrm{L}}}{\beta_{2\mathrm{S}}\beta_{3\mathrm{S}}\cdots\beta_{n\mathrm{S}}} \tag{9–2}$$

其中，Γ 表示系统的变倍比，也称“倍率”，$\Gamma\geqslant10$，称为高变倍比，否则称为低变倍比。下

标 L 表示长焦距状态，S 表示短焦距状态。

$$\gamma_i = \frac{\beta_{i\mathrm{L}}}{\beta_{i\mathrm{S}}} \quad (i=1,\ 2,\ \cdots,\ n) \tag{9–3}$$

其中，γ_i 表示各组元的变倍比。

由式（9–2）和式（9–3）可得

$$\Gamma=\gamma_1\gamma_2\cdots\gamma_n \quad (i=1,\ 2,\ \cdots,\ n) \tag{9–4}$$

此式表明了系统变倍比与各组元变倍比之间的关系。

$$L_i = \left(2-\beta_i-\frac{1}{\beta_i}\right)\cdot F_i \quad (i=1,\ 2,\ \cdots,\ n) \tag{9–5}$$

其中，L_i 表示各组元的物象共轭距。

$$l_i = \left(\frac{1}{\beta_i}-1\right)\cdot F_i \quad (i=1,\ 2,\ \cdots,\ n) \tag{9–6}$$

l_i 表示各组元的物距。

$$l_i' =(1-\beta_i)F_i \quad (i=1,\ 2,\ \cdots,\ n) \tag{9–7}$$

l_i' 表示各组元的像距。

$$d_{i,i+1} = (1-\beta_i)\cdot F_i + \left(1-\frac{1}{\beta_{i+1}}\right)\cdot F_i \tag{9–8}$$

从上面的公式可以看出，垂轴放大率 β_i 作为自变量是可以表达出其他参数的，因此在求解高斯光学过程中，就围绕着垂轴放大率来讨论变焦距系统的最佳解。

9.1.4　变焦距物镜高斯光学设计实例

1. Γ=10×正组补偿变焦距物镜换根解

变倍组及补偿组的移动情况如图 9–19 所示。取变倍组 $F_2=-1$，在$-1^{\times}$时，$l_2'=-2$，取$-1^{\times}$位置时变倍组与补偿组的间隔 $d_{23}=0.8$，这间隔要适当取大些，因为还准备向下取段，而向下取段时，两组间隔要减小。此时 $l_3=-2.8$，当补偿组倍率 $\beta_3=-1$ 时，应取 $F_3=1.4$。这样由$-1^{\times}$位置开始换根的要求，得出了焦距值和间隔的数值。

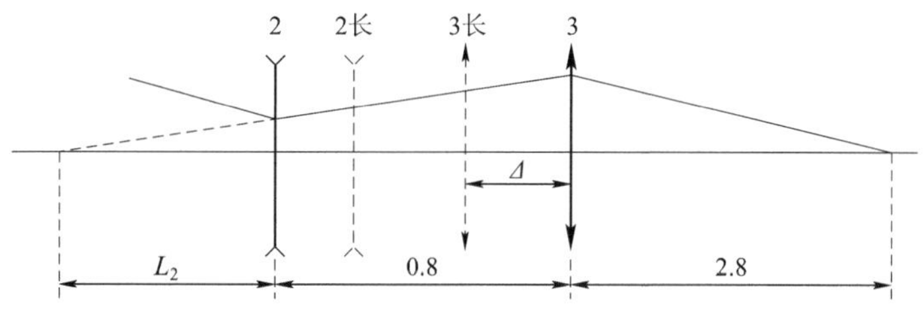

图 9–19　变倍组和补偿组移动情况

下面要确定长焦距位置时的高斯光学参数，试选 $\beta_{2\mathrm{L}}=-1.2$，此时

$$l_2 = \frac{1-\beta_2}{\beta_2}F_2 = 1.833\,33 \tag{9–9}$$

$$l_2' = \beta_2 l_2 = -2.2 \tag{9-10}$$

变倍组需向后移动 2−1.833 33=0.166 67，设此时补偿组需向前移动 Δ 来保持像面的稳定，则

$$l_3 = -2.833\,33 + \Delta \tag{9-11}$$

$$l_3' = 2.8 + \Delta \tag{9-12}$$

由 $\dfrac{1}{l_3'} - \dfrac{1}{l_3} = \dfrac{1}{F_3}$ 求出 Δ=0.233 33，而

$$\beta_{3L} = \frac{l_3'}{l_3} = -7.142\,86$$

$$\beta_{2L} \cdot \beta_{3L} = 1.4 \tag{9-13}$$

由 $\Gamma = 10$ 得

$$\beta_{2S} \cdot \beta_{3S} = 0.14 \tag{9-14}$$

若想通过长焦距求短焦距，只要以 $1/\Gamma$ 代替 Γ 即可。

$$\beta_{2S} = -0.346\,617\,,\quad \beta_{3S} = -0.403\,904$$

其余的参数同样可以求出，计算结果如表 9–1 所示。

表 9–1　10 倍物镜变焦距参数

参数	短焦位置	−1 倍位置	长焦位置
β_2	−0.346 617	−1	−1.2
L_2	3.885 03	2	1.833 33
L_2'	1.346 617	−2	−2.2
β_3	−0.403 904	−1	−1.166 67
L_3	−4.866 18	−2.8	−2.6
L_3'	1.965 47	2.8	3.033 33
F_2	−1	−1	−1
F_3	1.4	1.4	1.4
X	0	1.885 3	2.051 7
Y	0	−0.834 53	−1.067 786`
d_{23}	3.519 56	0.8	0.4

2. 35–80 mm 135 照相机变焦距物镜高斯光学求解

要求换根求解（对称取段，中焦位置时 $\beta_2 = -1$），$\Gamma = 80/35 = 2.286$，取变倍组焦距 $F_2 = -1$，在 $\beta_2 = -1$ 位置时，变倍组与补偿组的间隔 $d_{230} = 0.6$，短焦距位置时，$d_{23S} = 1.074\,67$，$\beta_2 = -0.802\,4$。那么根据"平滑换根"的充要条件，令 $F_3 = d_{230}/2 - F_2 = 1.3$。

根据上面的公式计算相关的高斯光学参数，得到的结果如表 9–2 所示。

表 9–2　135 相机物镜变焦距参数

参数	短焦位置	–1 倍位置	长焦位置
β_2	–0.802 4	–1	–1.245 28
β_3	–8.243 3	–1	–1.213 1
F_2	–1	–1	–1
F_3	1.3	1.3	1.3
X	0	0.246 3	0.443 89
Y	0	0.228 37	–0.505 39
d_{23}	1.074 67	0.6	1.254

从表中的数据，可以看出确实在 $\beta_2=-1$ 处实现了平滑换根，即 $\beta_2=-1$ 时 $\beta_3=-1$。本例就是采用公式，即“平滑换根”的充要条件来直接计算相关的初始参数，这种方法要比尝试法更简便。同样，我们在编写计算机应用程序时也是采用此方法，结果证明此方法是简便而且可行的。

3. 变焦距电视摄像镜头高斯光学设计

光学系统的光学性能和技术条件如下：

变焦范围：200～600 mm

相对孔径：$D/f'=1/6$

幅面尺寸：16 mm

镜筒长度（从光学系统第一面顶点到像面距离）为 500～600 mm，尽可能缩短

相对畸变：$\dfrac{\delta y_z'}{y'}\leqslant 0.5\%$

变焦距镜头的设计首先是要根据光学性能如焦距变化范围、相对孔径、幅面大小和外形尺寸的要求选择变焦距镜头的结构型式，并确定系统中每个透镜组的焦距和变倍组的移动范围。这就是所谓的确定结构型式和进行高斯光学计算。

高斯光学计算对不同的结构型式并没有统一的计算模式，我们要根据不同的型式和具体的要求找出不同的计算方法。本例中对几种可能的结构型式分别作了计算，通过分析对比，以期得到简单、合理又满足要求的最佳方案。我们列出了图 9–20 所示的 3 种结构型式，假定前固定组焦距 f_1' 分别为 250 mm，400 mm 两种情况，又分别假定补偿组的垂轴放大率 $|\beta_3|$ 分别为 1/4，1/3，∞（即光线从补偿组平行出射）3 种情况。利用几何光学物像关系式计算得出表 9–3 中的各种结果。

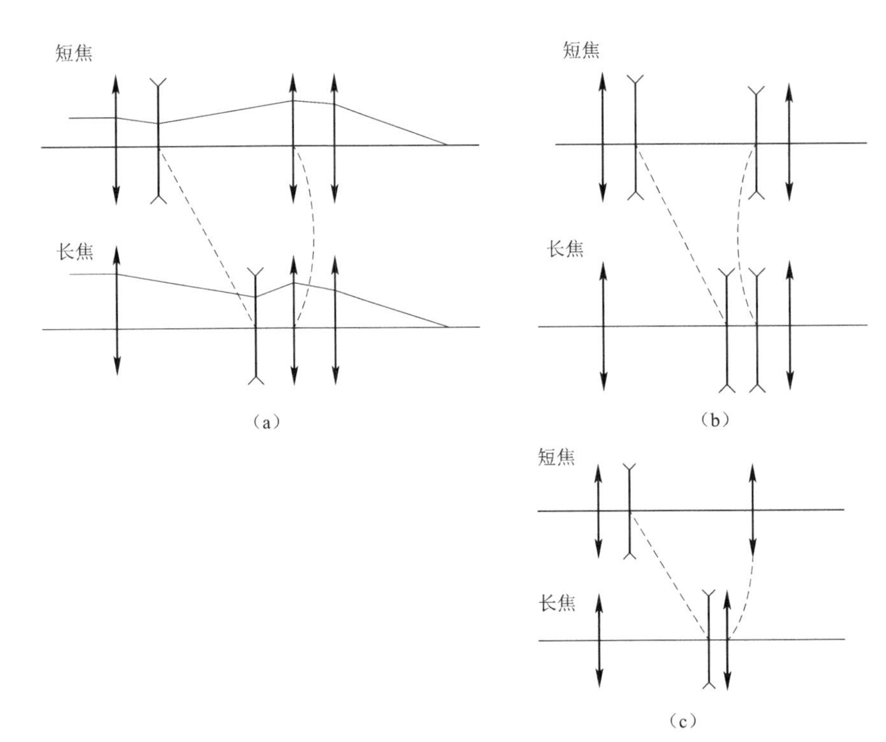

图 9–20　3 种初始结构型式

（a）正、负、正、正结构型式；（b）正、负、负、正结构型式；（c）正、负、正结构型式

表 9–3　变焦距电视摄像镜头高斯光学计算结果比较表

类型 / 参数	A						B				非物像交换原则
编号	1	2	3	4	5	6	7	8	9	10	11
β_3	−1/3	−1/4	∞	−1/3	−1/4	∞	1/3	1/4	1/3	1/4	$\beta_{2S}=-1$ $\beta_{2L}=-1$ $\beta_{3S}=1$ $\beta_{3L}=-1$
f_1' / mm	250	250	250	400	400	400	250	250	400	400	600
f_2' / mm	−82.45	−82.45	−82.45	−131.93	−131.93	−131.93	−82.45	−82.45	131.926	−131.93	211.8
f_3' / mm	62.5	49.967	250	100.076	80	400	−125	−83.36	−200	−133.38	222.4
f_4' / mm	−66.375	−36.032	346.4	−130.98	−66.398	346.41	93.759	80.89	134.3	118.47	
D_1 / f_1'	1/2.5	1/2.5	1/2.5	1/4	1/4	1/4	1/2.5	1/2.5	1/4	1/4	1/6
D_2 / f_2'	1/1.6	1/1.6	1/1.6	1/2.54	1/2.54	1/2.54	1/1.6	1/1.44	1/2.54	1/2.54	1/3
D_3 / f_3'	1/1.1	1/0.87	1/4.3	1/1.73	1/1.4	1/6.9	1/2.2	1/1.59	1/3.5	1/2.3	1/3
D_4 / f_4'	1/1.9	1/1.3	1/6	1/3.76	1/2.45	1/6	1/1.16	1/0.92	1/1.7	1/1.35	
q（导程）/mm	95.21	95.21	95.21	152.375	152.375	152.375	95.21	95.21	152.375	152.375	155
L（总长）/mm	387.121	341.277	524.077	493.566	447.89	630.667	661.17	706.96	767.942	813.456	679

本系统外形尺寸的突出特点是镜筒长度短、导程短，因此我们首先找出镜筒长度和导程长度的关系。从表 9–3 中可见：

（1）f_1' 对导程 q 影响很大，f_1' 确定后，导程 q 便基本确定，要使导程 q 小，f_1' 应取较小的数值；

（2）相同的 f_1'，相同 $|\beta_3|$ 的条件下，变焦距型式不同，镜筒的长度不同，图 9–14 中（a）较短，（b）较长，（c）也较长；

（3）同一变倍类型条件下，f_1' 相同、$|\beta_3|$ 不同的镜筒长度也不同，图 9–14 中（a）型中 $|\beta_3|$ 越小，镜筒长度越小；（b）型中，$|\beta_3|$ 越大，镜筒长度越小。

从以上分析可见，为了减小总长度和导程，应选取符合物像交换原则的（a）型，且 f_1' 应尽可能小。当 f_1'=400 mm 时，导程 q=152.3 mm，在 1 秒内完成变焦距过程有一定的难度；当 f_1'=250 mm 时，导程 q=95.21 mm，导程已很短，1 s 内完成变焦距已不费力；如 f_1' 再取小，导程 q 会进一步变短，但各组相对孔径加大，会导致结构的复杂和像质的下降。从表 9–3 中可以看出，如仅从导程和总长考虑，应选取（a）型中 $\beta_3=-1/3$ 或 $\beta_3=-1/4$，这时的导程 q=95.21 mm，总长分别为 387.121 mm 和 341.277 mm，但它们对应的补偿组相对孔径分别为 $1/1.1$ 和 $1/0.87$，都难以实现。如选用（a）型中第 3 组 $\beta_3=\infty$，前固定组相对孔径 $D_1/f_1'=1/2.5$，$D_2/f_1'=1/1.6$，$D_3/f_3'=1/4.3$，$D_4/f_4'=1/6$，相对孔径明显降低，易于实现。虽然镜筒长度 524.077 mm 较上两组长些，但上述计算中后固定组是按单组薄透镜计算的，若后固定组采用摄远型，前主面前移，总长缩短到 500 mm 以下不会有困难。$\beta_3=\infty$，即补偿组和后固定组之间为平行光，便于装配调整，光阑放在平行光路中，变焦距过程中口径大小不变，保证整个变焦距镜头在长、中、短各焦距位置的相对孔径不变。

根据以上分析，综合考虑各种因素，本系统采用负组变倍，正组补偿，符合物像交换原则 $D_1/f_1'=1/2.5$，f_1'=250 mm，$\beta_3=\infty$ 的方案。

下面确定各透镜组结构型式。

（1）前固定组。f_1'=250 mm，$D_1/f_1'=1/2.5$，2ω=0.76°～2.29°，属于视场较小，有一定相对孔径要求的透镜组，选用双–单结构。

（2）变倍组。f_2'=–82.45 mm，$D_2/f_2'=1/1.6$，由于相对孔径较大，为减小孔径高级球差，采用单–双型结构。

（3）补偿组。f_3'=250 mm，$D_3/f_3'=1/4.3$，对这样长的焦距而言，相对孔径也略大一些。一般情况下，双胶合结构在 f'=200～300 mm 时可用的 $D/f'=1/5$～$1/6$，否则高级像差的加大会导致像质变差。这里也采用双–单型结构。

（4）后固定组。f_4'=346.4 mm，$D_4/f_4'=1/6$，按它的光学性能要求，用双胶合是可行的，但考虑到要减小总长，应采用摄远型物镜。如图 9–21 所示。

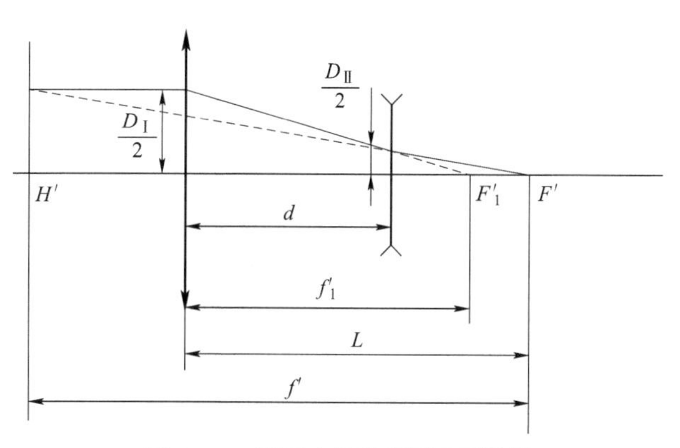

图 9–21　后固定组采用摄远型物镜

令第一组到像面的距离为 L，总焦距为 f'，则 $K=L/f'$ 称为摄远比。由几何关系和高斯光学可以得出不同 K 值

时的 L，f_{II}'，d，D_{I} 和 $D_{\mathrm{II}}/f_{\mathrm{II}}$，如表 9–4 所列。

表 9–4　不同 K 值时的 L，f_{II}'，d，D_{I} 和 $D_{\mathrm{I}}/f_{\mathrm{II}}$

K	0.55	0.6	0.7	0.8
L/mm	190.52	207.84	242.48	277.12
f_{II}' /mm	–34.64	–69.28	–138.56	–207.848
d/mm	155.88	138.56	103.92	69.28
D_{II} /mm	5.73	11.54	23.09	34.64
$D_{\mathrm{II}}/f_{\mathrm{II}}'$	1/6	1/6	1/6	1/6

从表 9–4 可见，K 值越小，总长 L 越短，后组焦距 f_{II}' 越小。但后组焦距 f_{II}' 过短，不利于平衡整个系统的场曲，兼顾场曲的校正和总长的减小，取 K=0.7 较为合适。

如表 9–4 所列，摄远型后固定组焦距 $f_{\mathrm{II}}'=346.41$ mm，$D_4/f_4'=1/6$，$D_4=\frac{1}{6}\times 346.41=57.73$ mm，根据经验，一般前组相对孔径约为整组相对孔径的 2 倍，即 $D_{\mathrm{I}}/f_{\mathrm{I}}'=1/3$，$f_{\mathrm{I}}'=3\times 57.73=173.2$ mm，则有

前组：$f_{\mathrm{I}}^{n}=173.2$ mm，$D_{\mathrm{I}}/f_{\mathrm{I}}'=1/3$，采用双–单结构。

由表 9–4 可知，后组 $f_{\mathrm{II}}'=-138.56$ mm，$D_{\mathrm{II}}/f_{\mathrm{II}}'=1/6$，可采用双胶合透镜组。

根据高斯光学的计算结果就可以进行像差校正，像差校正的结果如表 9–5 所列。

表 9–5　长焦、中焦、短焦主要像差

类型	$\delta L_m'$	SC′	$\Delta L_{\mathrm{FC}0.7}'$	$\Delta y_{\mathrm{FC}m}'$	$\Delta y_z'/y'$	$\delta L_{sn}'$	$\delta(\Delta L_{\mathrm{FC}}')$
长焦	0.009 8	0	0.012 8	0.000 01	0.3%	–0.036 6	–0.200 0
中焦	0.030 1	0.000 7	0.003 5	–0.001 4	0.3%	–0.101 0	–0.087 0
短焦	0.065 8	0.000 7	0.101 0	–0.003 7	0.3%	–0.158 0	0.291 0

整个系统除二级光谱色差较大（0.6）外，其他像差都很小，足以满足使用要求，整个系统实际长度仅为 461 mm。

§ 9.2　远心光学系统

9.2.1　远心光学系统的概念

在某些光学计量仪器的光学系统或有特殊要求的光学系统中，常常需要在系统的像方焦平面或物方焦平面处加一个光阑作为系统的孔径光阑，以消除由于物平面位置不准确或者像平面（探测器靶面）调焦不准所引起的测量误差。这种光学系统称为远心光学系统。

如图 9–22（a）所示，物体 AB 通过物镜成像于 $A'B'$。如果在像平面 $A'B'$ 上测量出像的高度 y'，则根据共轭面的放大率就能求得物体的高度 AB。测量标尺或分划板离开物镜的距离是

一定的，对应的放大率是一个不变的常数，可以预先测定。但是，如果物平面的位置不准确，如图中 A_1B_1 所示，则相应的像平面 $A_1'B_1'$和标尺不重合。假定孔径光阑和透镜框重合，并且 A_1B_1 等于 AB，即如图 9–22（a）的情形，则 $A_1'B_1'$两点分别在标尺平面上形成两个弥散圆，显然这时所测得的像高是两个弥散圆中心间的距离 y_1'，它小于 y'。这样按已知放大率求出来的物高也一定小于实际的物高，从而造成测量误差。

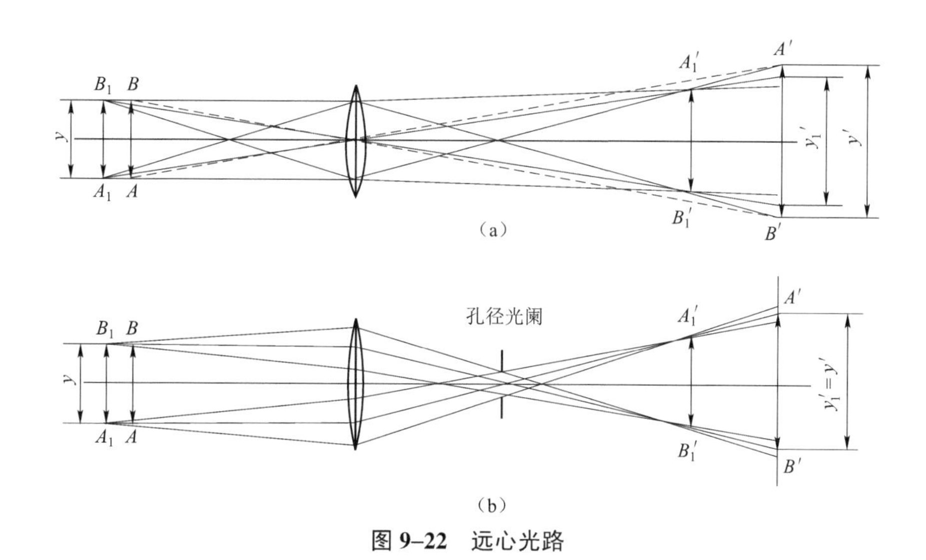

图 9–22　远心光路

（a）非远心光路；（b）远心光路

如果把孔径光阑安置在物镜的后焦面上，如图 9–22（b）所示，这样入瞳就位于无穷远，孔径光阑即出瞳。此时轴外物点的主光线平行于光轴入射，这时即使物平面的位置不准确，导致像面上像长 $A_1'B_1'$和 $A'B'$不重合，但因为入射主光线平行入射，其位置不随物体移动发生改变，主光线通过物镜后都交于出瞳中心，即孔径光阑中心，所以在像面上两个弥散圆中心间的距离不变，总是等于 y'，因此不会影响测量结果，消除了由于物平面位置不准确所造成的测量误差。这时系统成像光束的特点是，孔径光阑位于系统的像方焦面处，入射光束的主光线都和光轴平行，入瞳位在无穷远，因此把这样的光路称为“物方远心光路”。

在某些用于大地测量的物镜中，常常需要在物方焦平面处加一个光阑作为系统的孔径光阑，以消除由于像平面和标尺分划刻线面不重合而造成的测量误差。如图 9–23（a）所示，已知高度为 AB 的物体通过物镜成像于 $A'B'$，如果在像平面 $A'B'$上测量出像高 y'，根据图中几何关系可得

$$l=\frac{f'}{y'}y$$

其中，焦距 f'和物高 y 已知，测得 y'后，便可求得被测物体的距离。假定孔径光阑位于物镜框上，则入射光束的主光线和光轴不平行，如果调焦不准，则像平面 $A'B'$和标尺不重合，那么在标尺上形成两个弥散圆，两弥散圆中心间的距离 $y''\neq y'$，代入公式求解出的物距就有差异，造成测距误差。如果把孔径光阑安置在物镜的物方焦面上，如图 9–23（b）所示，此时入射光束的主光线通过孔径光阑，也就是通过物方焦点，因此出射主光线就会平行于光轴出射，

这样，即使像面 $A'B'$ 与标尺分划刻线面 $A''B''$ 不重合，测得的像高仍然是正确的像高 $y''\neq y'$，不会造成测距误差。这样的光路称为“像方远心光路”，其特点是孔径光阑位于物方焦平面处，出射主光线和光轴平行，出瞳位在无限远。物方远心光路和像方远心光路统称“远心光路”，它不仅在测量显微镜和大地测量仪器中，而且在其他一些测量仪器中也得到应用。如果一个光学系统由两个分系统组成，而孔径光阑既位于前一个分系统的像方焦平面处，又位于后一个分系统的物方焦平面处，则这个系统既满足物方远心也满足像方远心，称为双远心光路系统，这种光学系统综合了物方和像方远心光路的优点。

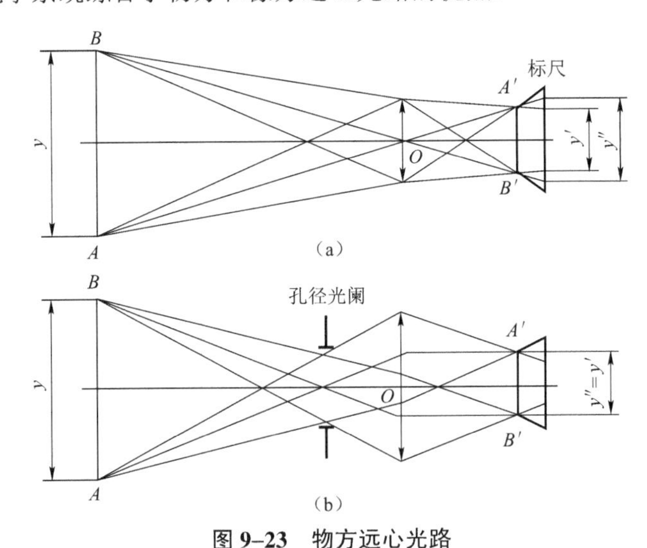

图 9–23　物方远心光路

（a）非物方远心光路；（b）大地测量物方远心光路

9.2.2　远心镜头简易设计——光阑位置的一维优化

在光学设计软件中，很容易实现远心光路光学系统的设计。前面已经指出，远心光路的特点是孔径光阑位于像方或物方焦平面处，入瞳或出瞳位于无限远，因此，在实际的光学设计中，都采用控制入瞳或出瞳的距离大于某一个数值来实现远心光路。

需要指出的是，准确的或真正的远心光路是不存在的，因为在光学设计中，孔径光阑不可能准确地位在焦平面处，总会有误差，或者说，入瞳或出瞳的值不可能等于无限大。我们可以控制入瞳或出瞳的绝对值，使其大于焦距的几倍或更大，满足入射主光线或出射主光线和光轴的夹角小于一定的数值即可，或者说，位于所确定的误差范围内即可，这样的远心光路称为准远心光路。下面介绍如何采用光阑位置的一维优化来完成远心镜头的设计。

图 9–24 所示为一个测量恒星的光学系统，初始设计时没有考虑远心光路，从图中可以看出轴外主光线和光轴不平行。此时系统的焦距为 100 mm，而出瞳距离仅为–100.259 mm，出瞳距离的绝对值与焦距基本相当，不是远心光路系统。这样的系统要求系统 CCD 探测器靶面严格地与系统像平面重合才能够获得准确的像高，只要 CCD 靶面和像平面有差异，一个物点在像平面就会成像为一个弥散斑，使成像模糊，同时所成像的高度（也就是主光线与探测器靶面的交点高度）也会随着探测器靶面位置的误差大小而改变，带来测量的误差。

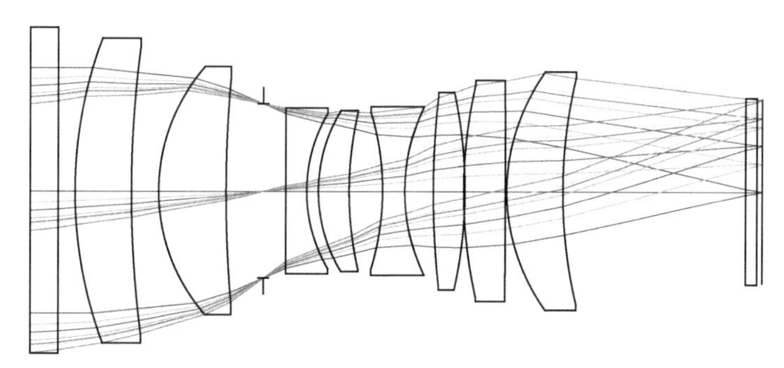

图 9–24　星敏感器初始系统中非远心光路

为此考虑采用远心光路的方案，在初始系统的基础上，沿光轴方向调整孔径光阑的位置，实际上就是把孔径光阑前后两个空气间隔作为自变量，当然其余各表面的曲率半径和所有的空气间隔也作为自变量，进行重新优化，在评价函数中，加入控制出瞳距离的相应项。如图 9–25 所示，图中有一项为 EXPP，就是出瞳距离位置的控制项，将其目标值设置为 –10 000，进行优化后，系统图如图 9–26 所示。

Merit Function Editor: 9.568632E-001

dit Tools View Help

Oper #	Type									Target	Weight
1 TTHI	TTHI	3	20							0.000	0.000
2 CTGT	CTGT	3								6.000	1.000
3 MNEA	MNEA	20	20	0.000						6.000	1.000
4 EXPP	EXPP									-1.000E+004	1.000
5 EFFL	EFFL		2							100.000	1.000
6 MNEG	MNEG	3	19	0.000						3.000	1.000
7 MNEA	MNEA	6	8	0.000						4.000	1.000
8 MNEA	MNEA	3	19	0.000						2.500	1.000
9 MNCG	MNCG	3	19							4.000	1.000
10 MNCA	MNCA	3	19							0.200	1.000
11 MXCG	MXCG	3	19							10.000	1.000
12 MXCA	MXCA	3	19							15.000	1.000
13 CTGT	CTGT	20								6.000	0.000
14 DMFS	DMFS										
15 BLNK	BLNK	Default merit function: RMS wavefront centroid GQ 3 rings 6 arms									

图 9–25　Zemax 软件中远心光路的控制

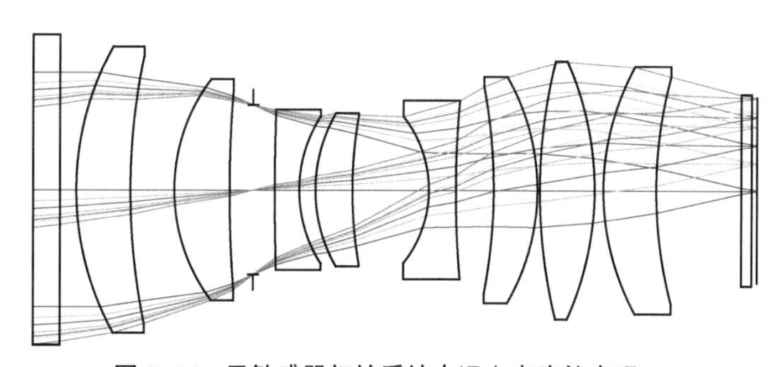

图 9–26　星敏感器初始系统中远心光路的实现

由图 9–26 可以看出，现在系统的出瞳距离为–10 000，其绝对值是系统焦距的 100 倍，出射主光线基本上与光轴平行，完全可以认为是准远心光路。当然，在满足远心光路的前提下，系统的像差也需要得到很好的校正。

9.2.2 双远心镜头设计

双远心光路和上面讨论的单远心光路设计思路类似，我们可以采用同时控制物方和像方出瞳距离的方法来达到双远心光路的目的。

图 9–27 所示为一个计算机直接制版镜头，计算机直接制版系统将计算机上的图像文字传输耦合到光纤端面，利用计算机直接制版镜头将光纤端面的图像或文字成像到一个圆筒形的板材上，直接打板，省去了原来的化学显影定影步骤，消除了环境污染。计算机直接制版镜头需要根据物高严格控制像高，因此设计成双远心光路。

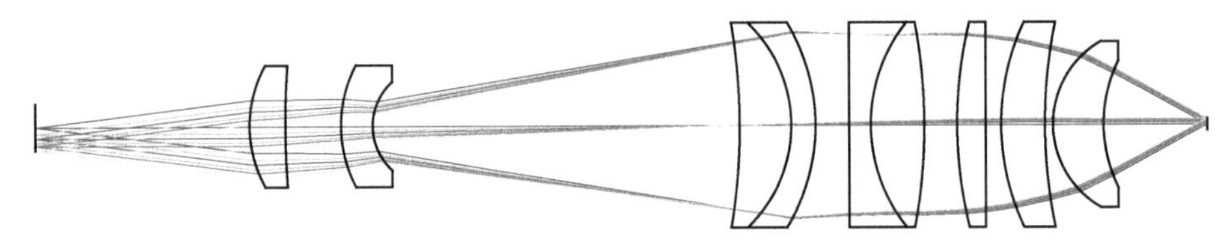

图 9–27 计算机直接制版镜头双远心光路

在设计的过程中，并不一定非要设置一个孔径光阑，事实上，在很多情况下是将孔径光阑附在某一个表面处。这样做的好处是，不需要做一个实际的光阑，而只需要在这个表面处将隔圈口径做得正好等于孔径光阑大小即可。而如果设置了一个孔径光阑，则意味着必须做一个真实的金属薄片，实现孔径光阑的功能。假如系统需要调光圈，孔径光阑的口径会发生变化，也就是说系统的孔径光阑为可变孔径光阑时，则必须设置一个孔径光阑，而且孔径光阑前后的空气间隔必须足够大，满足可变光阑结构及固定的空间要求。

图 9–27 中的光学系统不需要调整光圈，因此，孔径光阑附在其中一个表面处，在优化的过程中，所有的表面曲率半径和各表面之间的间隔都作为自变量，然后控制入瞳距离和出瞳距离，使其绝对值大于某个数值。在本设计中，入瞳距离控制为–1 348 mm，出瞳距离控制为–3 000 mm，基本上满足了准物方远心和准像方远心的要求。

另一个例子是一个光刻机镜头，如图 9–28 所示，系统仍然采用双远心光路结构。像质量都有非常严格的要求，同时也要求双远心光路，所以系统的组成比较复杂。

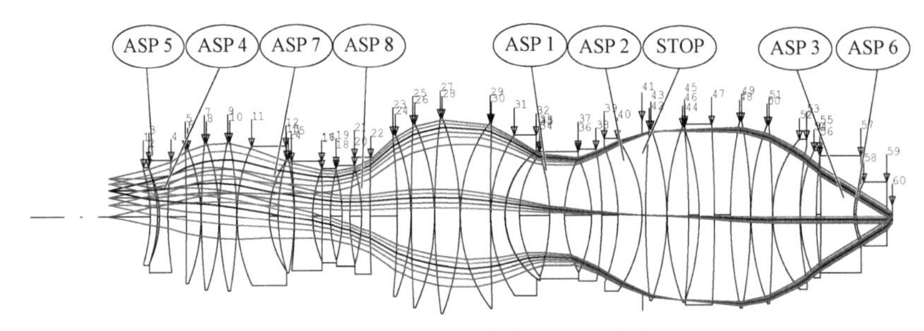

图 9–28 光刻机镜头双远心光路

图中，ASP 表示这个表面是非球面。从图中看出系统非常复杂，因为光刻机是用于电路芯片制作的设备，利用光刻机对涂有光刻胶的单晶硅圆片曝光，单晶硅圆片上的光刻胶曝光后会发生性质变化，从而把电路芯片的图形复印到单晶硅圆片上。整个系统对畸变、像高以及成像质量都有非常严格的要求。

综上所述，远心光路的特点是可以消除物面或像面调焦不准所带来的测量误差。远心光路具有景深或焦深较大，在景深或焦深范围内物像倍率保持不变的优点。但是需要注意，不能随意采用远心光路，只有在需要消除测量误差的情况下才应该采用远心光路，因为远心光路会增大外形，体积重量会增加；同时，和同样光学特性的非远心光路系统相比，像差会更难以校正，所以远心光路镜头的设计制作成本会高于非远心光路镜头。

§ 9.3　激光扫描系统和 $f\theta$ 镜头

9.3.1　激光扫描系统

激光扫描系统是将时间信息转变为可记录的空间信息的一种系统。它首先使某种信息通过光调制器对激光进行调制，调制后的激光通过光束扫描器在空间改变方向，再经聚焦镜头在接收器上成一维或两维扫描像。

激光扫描系统广泛应用在激光打印机、传真机、印刷机和用于制作半导体集成电路的激光图形发生器以及激光扫描精密计量设备中。下面以激光打印机为例，说明激光扫描系统的工作原理。图 9–29 所示为激光打印机的基本工作过程；图 9–30 为激光打印机的结构示意图。经计算机处理后的文件信息输送到激光打印机的光调制器，用来控制光束的开与关。经过调制的激光束通过光束扫描器和聚焦透镜在感光鼓上形成静电图像，显影后，感光鼓上的像转印到印刷纸上，最后图像在印刷纸上定影。

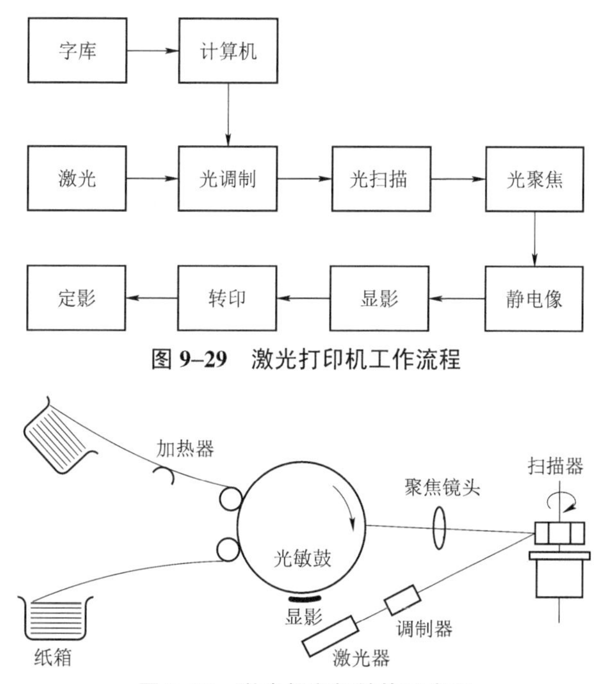

图 9–29　激光打印机工作流程

图 9–30　激光打印机结构示意图

在激光扫描系统中，一个关键部件是实现光束空间扫描的扫描器，光束扫描器的形式较多，目前普遍采用的是旋转多面体，图 9–31 所示为典型的旋转多面体扫描器。多面体由多个反射面组成，在电动机带动下按箭头方向旋转，激光束被多面体的反射镜面反射后，经透镜聚焦为一个微小的光斑投射到接收屏上。多面体旋转时，每块反光镜表面在接收屏上产生的扫描线都是按 x 轴方向移动的，要想在屏上产生 y 轴方向的扫描，屏本身必须按图 9–32 中 y 轴方向以预设定的恒定速度移动。在激光打印机中目前几乎都采用多面体调整旋转的扫描方式，多面转镜的加工要求非常严格，反射面的平面度影响聚焦光斑直径，反射镜面的位置准确度影响扫描线的位置准确度。为降低光学加工成本，多面旋转体也可采用铝、铜等材料，通过超精密切削机械加工而成。

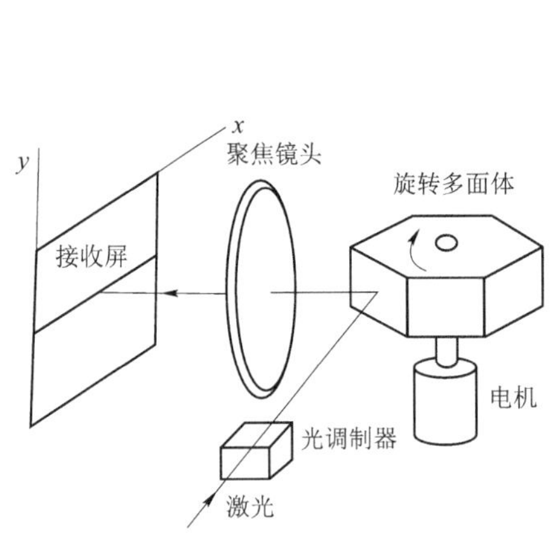

图 9–31　旋转多面体扫描器

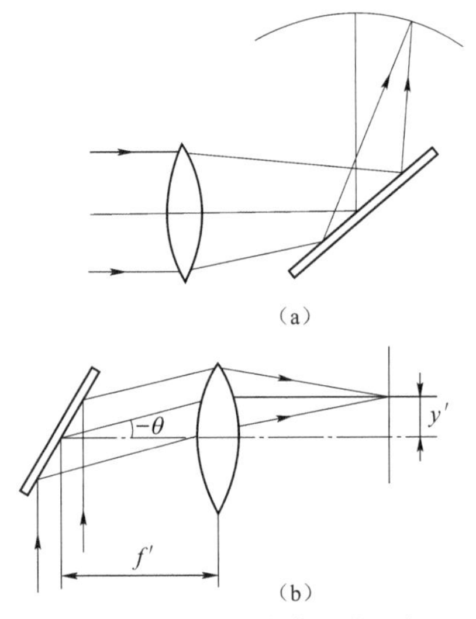

图 9–32　聚焦镜头光束扫描示意图

（a）非线性扫描；（b）线性扫描

9.3.2　*fθ* 镜头设计

激光扫描系统的另一个重要部件是聚焦镜头。聚焦镜头的位置可以在光束扫描器之前，也可在之后。当镜头位在扫描器之前时，如图 9–32（a）所示。由激光器发出的激光束首先经聚焦镜头聚焦，然后由置于焦点前的扫描器使焦点像呈圆弧运动。由于像面是圆弧形的，与接收面不一致，故这种方案不甚理想。当聚焦镜头位在扫描器之后时，如图 9–32（b）所示，扫描后的光束以不同方向射入聚焦镜头，在其后焦面上形成一维扫描像，像面是平的。但该镜头设计较困难，要求当激光束随扫描器旋转而均匀转动时，在像面上的线扫描速度必须恒定，即像面上像点的移动与扫描反射镜转动之间必须保持线性关系，所以称该镜头为线性成像镜头，也称为 $f\theta$ 镜头。

线性成像镜头具有如下特点：

（1）扫描光束的运动被以时间为顺序的电信号控制，为了使记录的信息与原信息一致，像面上的光点应与时间一一对应的关系，即如图 9–32（b）所示，理想像高 y' 与扫描角 θ 成线性关系：$y'=-f'\theta$（θ 角符号规定以光轴转向光线，逆时针为负，顺时针为正）。但是，一般的光学系统，其理想橡高为 $y'=-f'\mathrm{tg}\theta$，显然，理想像高 y' 与扫描角 θ 之间不再成线性关系，即以等角速度偏转的入射光束在焦平面上的扫描速度不是常数。为了实现等速扫

描，应使聚焦透镜产生一定的负畸变，即其实际像高应比几何光学确定的理想像高小，对应的畸变量

$$\Delta y' = -f'\theta - (-f' \operatorname{tg}\theta) = f'(\operatorname{tg}\theta - \theta) \tag{9-15}$$

具有上述畸变量的透镜系统，对以等角速度偏转的入射光束在焦面上实现线性扫描，其像高 $y'=f\theta$，所以这种线性成像物镜又称 $f\theta$ 镜头。

（2）单色光成像，像质要求达到波像差小于 $\lambda/4$，而且整个像面上像质要求一致，像面为平面，且无渐晕存在。

（3）像方远心光路。入射光束的偏转位置（扫描器位置）一般置于物空间前面焦点处，构成像方远心光路，像方主光线与光轴平行。如果系统校正了场曲，就可在很大程度上实现轴上、轴外像质一致，并提高照明均匀性。

线性成像物镜光学参数的确定。由使用要求出发，再考虑光信息传输中各环节（光源、调制器、偏转器、记录介质）的性能，来确定线性成像物镜的光学参数。下面简要介绍两个参数的确定方法。

1. F 数

由于使用高亮度的激光光源，所以不同于一般摄影物镜由光照度确定 F 数，而是根据记录的光点尺寸来确定 F 数。光学系统的几何像差小到可以忽略，成像质量由衍射极限限定，即像点尺寸由衍射斑的直径所决定。衍射斑直径 d 与相对孔径 D/f'的关系为

$$d = \frac{K\lambda}{D} f' = K\lambda F \tag{9-16}$$

式中，D 由镜头通光口径、扫描器通光直径和激光束的有效直径所确定；K 是与实际通光孔径形状有关的常数，K=1～3。若通光孔为圆孔，则衍射光斑为艾利斑，其直径为 $d=2.44\lambda F$。该光点尺寸随激光扫描仪的不同使用场合而不同。用于制作半导体集成电路的激光图形发生器，光点尺寸为 0.001～0.005 mm；用于高密度存贮及图像处理的为 0.005～0.05 mm；用于传真机、印刷机、打字机、汉字信息处理等的为 0.05 mm 以下。

2. f'

由要求扫描的像点排列的长度 L 和扫描角度 θ 决定，用下式求焦距，即

$$f' = \frac{L}{2\theta} \times \frac{360^\circ}{2\pi} \tag{9-17}$$

当扫描长度 L 一定时，f'与 θ 呈反比关系。在 F 数一定时，尽可能用大的 θ 角，小的 f'。这样可减小透镜和反射镜尺寸，从而使扫描棱镜表面角度的不均匀性和扫描轴承不稳定而造成的不利影响减小。又由于入射光瞳位于扫描器上，在实现像方远心光路时，f'小可以使物镜与扫描器之间的距离减小，仪器轴向尺寸减小。但 L 一定时，f'小，θ 就大，这对光学设计带来困难，使光学系统复杂，加工制造成本增大。反之，仪器纵向尺寸加大，使用不便。实际工作中，经常要反复几次才能最后确定。

大多数线性成像物镜属于小相对孔径（一般 F 数为 5～20）大视场的远心光学系统。线性成像物镜的设计要求具有一定的负畸变，在整个视场上有均匀的光照度和分辨率，不允许轴外渐晕的存在，并达到衍射极限性能。玻璃材料的质量与透镜表面的准确性比一般透镜更为严格。

§9.4 非成像光学系统

9.4.1 概述

非成像光学是相对于成像光学而言的。所谓成像光学，指的是采用一个光学系统，对一个确定的物平面成一个确定的像平面，物平面和像平面之间的关系可以用物像距离、放大倍率、光阑位置等来表示。通常假定物平面上的图像是理想的，也就是没有像差的，由于光学系统有像差，在像平面上所成的图像相对于物平面上的图像来说会有两方面的变化，一是图像会产生变形，有畸变；二是图像的清晰度或对比度会下降，出现模糊。这两种变化我们统称为像差，系统成像质量的好坏可以采用第1章中定义的各种像质评价指标来表示。对成像光学系统来说，设计者的任务就是既要满足物像距离、放大倍率、光阑位置等光学特性参数，又要校正或消除像差，使系统的成像质量符合使用要求。而非成像光学则通常没有一个确定的像平面，它关注的是物面辐射能量的传输和效率，对物面的辐射能量按照设计要求在像空间进行重新分配，一般要求获得最大的传输效率，并同时在像空间获得一个均匀的能量分布。

非成像光学的典型例子是常见的照明光学系统和太阳能获取系统。照明光学系统在显微镜照明、医用内窥镜照明、激光探测照明、光刻机照明、汽车前照灯等领域中有广泛的应用。近年来，人类在太阳能获取方面进行了大量的研究，在太阳能电池、太阳光泵浦的激光器等方面取得了一些进展，这同样也是非成像光学研究的重点。

9.4.2 照明光学系统基本组成

照明系统是非成像光学系统的典型例子，也是光学仪器的一个重要组成部分。一般来说，凡是研究对象为不发光物体的光学系统都要配备照明装置，如显微镜、投影系统、机器视觉系统、工业照明系统等。

照明系统通常包括光源、聚光镜及其他辅助透镜、反射镜。其中，光源的亮度、发光面积、均匀程度决定了聚光照明系统可以采用的形式。照明系统可采用的光源有卤钨灯、金属卤化物灯、高压汞灯、发光二极管（LED）、氙灯、电弧灯等。有些光源在其发光面内具有足够的亮度和均匀性，可以用于直接照明。但大多数情况下，光源后面需要加入由聚光镜等构成的照明光学系统来实现一定要求的光照分布，同时使光能量损失最小，这两方面是对不同照明系统进行设计时需要解决的共同问题。

对于照明光学系统的设计，可以借助于常规的光学设计软件。近年来，国际上也已经有了非常成熟的针对照明系统设计的商业软件，如ASAP，LightTools，Tracepro等。这些软件可以精确地定义各种实际光源的形状和发光特性，通过光线追迹，能计算出某个（或某几个）指定表面上的光照度、强度或亮度。软件优良的仿真特性也为照明系统的设计提供了良好的检验手段。

传统的成像光学旨在通过光学系统的作用，获得高质量的像，其目标专注于信息传递的真实性、高效性；而非成像光学中的照明光学系统，则其着眼点在于光能量传递的最大化，以及被照明面上的照度分布及大小。

与成像光学系统相比，照明光学系统具有以下特点：

（1）照明光学系统设计时必须考虑到光源的特性，如形状、发光面积、色温、光亮度分布等，而传统的成像光学设计中一般不需考虑物空间的光分布问题。

（2）照明光学系统结构型式的确定主要考虑满足不同光能大小和不同光能量分布的需要，一般情况下对像差要求并不严格；而成像系统的结构布局是从减小像差出发的。

（3）有些照明系统不构成物像共轭关系，无法采用传统成像系统的像质评价指标。一般来说，对照明光学系统设计优劣的判断通常是光能量的利用率、光照度分布是否均匀等。

对照明系统的设计要求大致如下：

（1）充分利用光源发出的光能量，使被照明面具有足够的光照度。

（2）通过合理的结构型式实现被照明面的光照度均匀分布。

（3）照明系统的设计应考虑到与后续成像系统配合使用的问题。比如，在投影系统中，为发挥投影物镜的作用，照明系统的出射光束应充满整个物镜口径；在显微系统中，应保证被照点处的数值孔径。

（4）尽量减少杂光并防止多次反射像的形成。

通常照明系统根据照明方式的不同可以分为两类：临界照明和柯勒照明。

第一类：临界照明

临界照明是把光源通过聚光照明系统成像在照明物面上。结构原理图如图 9–33 示。在这类系统中，后续成像物镜的孔径角由聚光镜的像方孔径角决定。为与不同数值孔径的物镜相配合，通常在聚光照明系统物方焦面附近设置可变光阑，以改变射入物镜的成像光束孔径角。

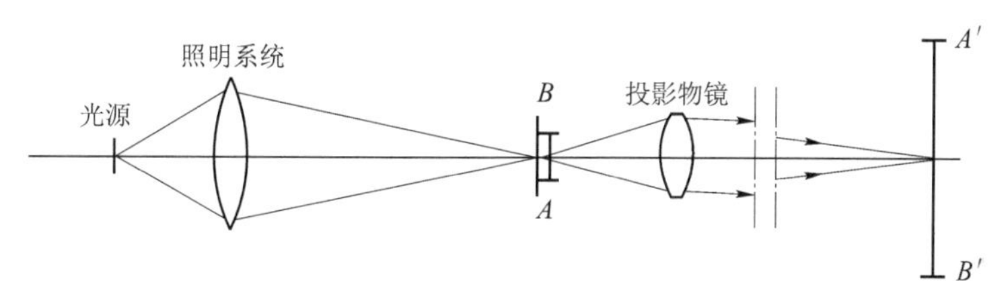

图 9–33　临界照明示意图

为保证尽可能多的光线进入后续成像系统，要求照明系统的像方孔径角U'大于物镜的孔径角。同时，为了充分利用光源的光能量，也要求增大系统的物方孔径角U。当U和U'确定以后，照明系统的倍率β由下式得到：

$$\beta=\frac{\sin U}{\sin U'} \tag{9–18}$$

又由于$\beta=\dfrac{y'}{y}$，因此根据投影平面的大小，利用放大率公式可以求出所需要的发光体尺寸，作为选定光源的根据。

临界照明的缺点在于当光源亮度不均匀或者呈现明显的灯丝结构时，将会反映在物面上，使物面照度不均匀，从而影响观察效果。为了达到比较均匀的照明，这种照明方式对发光体本身的均匀性要求较高，同时要求被照明物体表面和光源像之间有足够的离焦量。后续物镜的孔径角应该取大一些，如果物镜的孔径角过小，焦深会很大，容易反映出发光体本身的不均匀性。临界照明系统多用于投影物体面积比较小的情形，例如电影放映机就是采用这种系统。这类系统中的照明器又有两种：一种是用反射镜，如图 9–34 所示，光源通常用电弧或短弧氙灯；另一种是用透镜组，光源通常用强光放映灯泡，如图 9–35 所示。为了充分利用光能量，一般在灯泡后放一球面反射镜。反射镜的球心和灯丝重合。灯丝经球面反射成像在原来的位置上。调整灯泡的位置，可以使灯丝像正好位于灯丝的间隙之间，如图 9–36 所示。这样可以提高发光体的平均光亮度，并且易于达到均匀的照明。

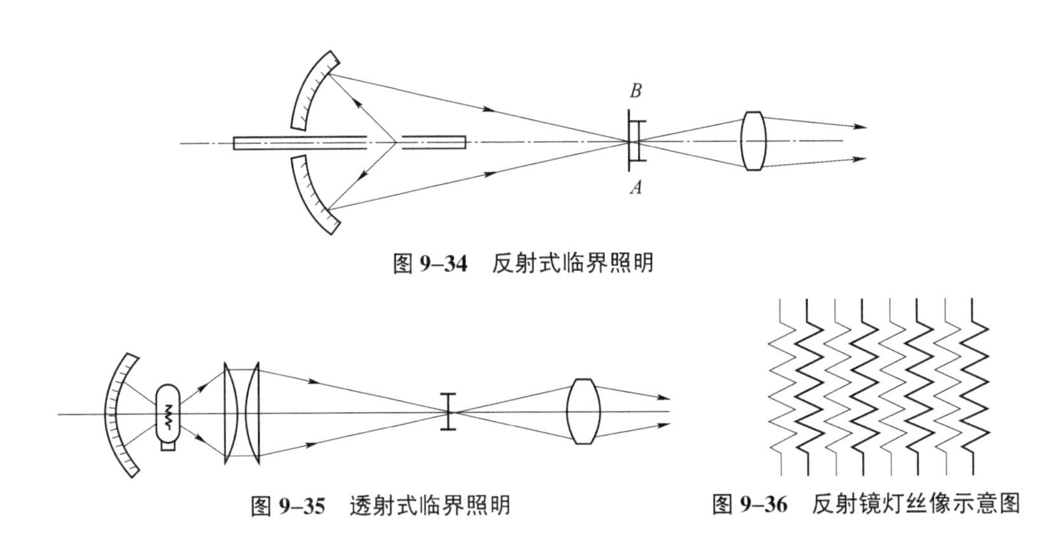

图 9–34　反射式临界照明

图 9–35　透射式临界照明

图 9–36　反射镜灯丝像示意图

第二类：柯勒照明

柯勒照明是把光源的像成在后续物镜的入瞳面上，如图 9–37 所示。这类系统中，聚光照明系统的口径由物平面的大小决定，为了缩小照明系统的口径，一般尽可能使照明系统和被照物平面靠近。物镜的视场角 ω 决定了照明系统的像方孔径角 U'，为了提高光源的能量利用率，也应尽量增大照明系统的物方孔径角 U 。增大物方孔径角一方面使照明系统结构复杂化，另一方面在照明系统口径一定的情况下，光源和照明系统之间的距离缩短，因此这类系统要求使用体积更小的光源，这两方面反过来也限制了 U 角的增大。

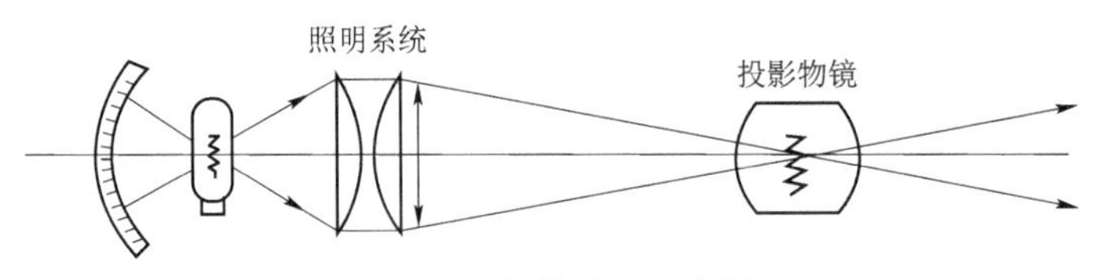

图 9–37　柯勒照明示意图

柯勒照明系统中，由于光源不是直接成像到被照明面上，因此被照明面上可以得到较为平滑的照明，这样就避免了临界照明中的不均匀性。若已知物镜光瞳直径，由式（9–1）可求照明系统的放大率，则可求出发光体的尺寸，作为光源选择的根据。在某些用于计量的投影仪中，为了避免调焦不准而引起的测量误差，和测量用显微镜物镜相似，投影物镜采用物方远心光路，如图 9–38 所示。

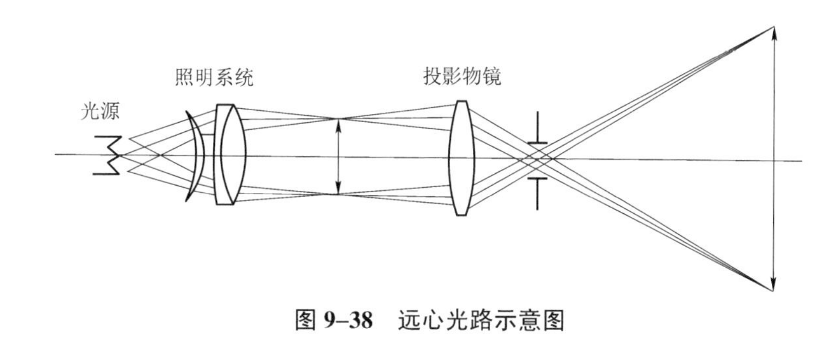

图 9–38　远心光路示意图

9.4.3　照明光学系统的设计

照明光学系统注重的是能量的分配而不是信息的传递，所关心的问题并不是像平面上的成像质量如何，而是被照明面上的照度分布和大小。从这个意义上来看，设计照明光学系统实质上就是根据照度大小、分布的要求去选择各种光学元件，并合理地采用各种结构形式。

在成像光学系统的设计中一般不大考虑物方空间的亮度，而照明光学系统则必须考虑光源（如灯丝）的形状和亮度分布；成像光学系统在像方一般是成一个平面像，而照明光学系统需要照亮的往往是一个立体空间。

对于系统的评价方法，成像光学系统的物像空间有着相应的点与点对应的共轭关系，故可以在视场中心和边缘选取几个抽样点，追迹光线到相应的像点，用垂轴像差、点列图或光学传递函数对系统的成像质量进行评价；而照明光学系统没有物像共轭关系，照明区域中任意一点的照度都是由光源上许多点发出的光能通过照明系统分配后叠加形成的，因此无法完全套用成像系统的分析和方法。

成像系统虽然可以非常复杂，但绝大多数情况下可以把其中的各光学面作有序排列，所有光线均按此顺序逐一通过各面；而照明光学系统的形成却是多种多样，如汽车前照灯的配光镜，通常是由许多面型大小各不相同的柱面镜组合起来的，从灯丝发出的任意一条光线通过一个柱面镜，这些柱面镜就构成了一组非顺序光学面，对非顺序光学面的数学处理和光线追迹要复杂得多。

照明光学系统的光学特性主要有两个，即孔径角和倍率。设计时应根据系统对光能量大小及光照度分布的要求，确定照明系统的孔径角及光源的放大率，进而选定照明系统的具体型式和结构，并进行适当的像差校正。

照明系统可采用透射和反射两种不同的形式进行聚光照明。以投影仪中的透射式照明系统为例，其设计的基本步骤为：

1. 选定光源

构成照明系统的光学系统组成千变万化，而照明光源却是它们共有的成分。光源的种类很多，有热辐射光源（如白炽灯、卤钨灯）、气体放电光源（如低压汞灯、高压钠灯、金属卤化物灯、脉冲氙灯），还有冷光源和特种光源等；光源发光体的形状也是各种各样，它可以是点光源，也可以是扩展光源，可以是均匀的，也可以是非均匀的。光源的光特性和形状都对被照明面上的光分布有非常大的影响。

在设计一个照明光学系统时，首要任务就是要根据需求选择好光源。对光源的基本要求就是它能发射出足够的光通量。如果在规定的角度区域中的发光强度或在规定面积中的照度已经明确，那么，来自灯具的光通量就可以通过计算获得。而进入光学系统的光通量，考虑到灯具本身的光损失，必须将自灯具出射的光通量乘上一个系数。

光源的尺寸也是一个需要考虑的因素，因为这将影响到灯具的尺寸。当给定光通量输出的表面面积减小时，灯具的亮度将增高，有可能引起眩光。同时，在灯具中小光源放置的位置要比大光源严格得多，这时系统中的光学元件必须做得十分精密，这就对加工工艺提出了更高的要求。

光源的另外一个要求就是颜色，它必须与应用场合相匹配。在大部分情况下，颜色的要求并不很严格，但对于信号灯等特殊用途灯，通常对颜色有严格的限制。

2. 确定照明方式

设计者需要确定采用哪种照明方式，是临界照明还是柯勒照明。照明系统中的光学系统的设计必须以所选择的光源类型、照明方式以及照明的目的和要求为原则，要求能够充分利用光能，合理地运用光源的配光分布，而且结构上要与光源的种类配套，规格大小要与光源的功率配套。

3. 确定和设计光学系统

根据光源的发光特性（如光亮度）和像平面光照度要求，利用像平面光照度公式，求出所要求的光学系统的孔径，并进而确定系统的视场角或孔径角。按照照明系统像方孔径角与物镜相匹配的原则，确定照明系统像方孔径角 U'。根据光源尺寸以及它与照明系统之间允许的距离确定照明系统物方孔径角 U 。由物像方孔径角计算照明系统的倍率并确定照明系统的基本形式。根据倍率和孔径角的要求进行像差校正，获得优化的结构。

与成像光学系统一样，照明系统中的光学系统也是由透镜、反射镜、平面镜等基本光学元件组成，但大多以非球面非共轴为主，这是因为非球面非共轴光学系统在实现光各种类型的分布时要比共轴球面系统更为便利。

与大多数成像光学系统不同，照明系统对视场边缘需要进行最佳像差校正。但是照明系统的消像差要求并不严格。考虑到光照的均匀性，只需适当减小球差。要求比较高的情况下，还需考虑彗差和色差。

现代的照明系统中，更多地采用了非球面和反射式的聚光照明形式。采用非球面一方面可以简化系统的结构，另一方面能更好地校正像差；而反射面由于孔径角可以大于 90°，还能提高光能的利用率，获得高质量的照明。

4. 照明系统的照度计算

照明光学系统的照度分布计算是照明光学系统设计中的关键问题，有多种可取方案来计算照明光学系统的照度分布。方案的选择基本上依赖于照明光源，即光源是点光源还是扩展光源，是均匀的还是非均匀的。下面对几种方法作一下简单介绍：

（1）光束断面积法。

这种方法适用于点光源照明的光学系统，即照明光源为一点或者与光学系统的尺寸相比很小。典型的点光源有发光二极管以及激光系统（在离束腰足够远时可以认为它是点光源）。

光束断面积法是以能量守恒定律为依据的。如图 9–39 所示，由光源发出的在某一微小锥形角内的光束投射到参考面上，假设其照射的面积为 $\mathrm{d}A$，照度为 $E(x, y)$，当这一锥形角内的光束投射到另一表面时，设其照射面积为 dA'，照度为 $E'(x', y')$，就有下列公式：

$$E(x,y)\mathrm{d}A = E'(x',y')\mathrm{d}A' \tag{9–19}$$

或

$$E'(x',y') = E(x,y)\mathrm{d}A / \mathrm{d}A' \tag{9–20}$$

因为事先知道光源（如朗伯光源）在空间和角度上的性质，可以求出 $E(x, y)$，通过光线追迹，比率 dA/dA'也可以算出来，从而就可以计算出照度 $E'(x', y')$。

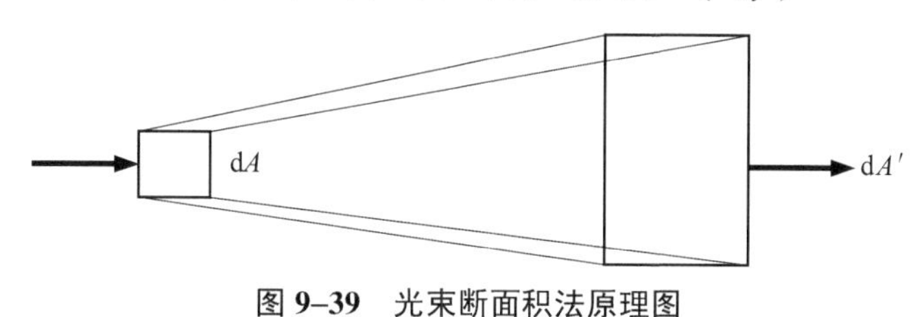

图 9–39　光束断面积法原理图

（2）蒙特卡罗方法。

蒙特卡罗方法适用于点光源和扩展光源照明光学系统，但主要应用于扩展光源在空间或角度上有辐射变化的照明光学系统。它是通过追迹上万条光线来决定照度的，可以从光源到接收器或从接收器到光源来进行光线追迹。这种方法因需要追迹大量的光线，因此，计算所需时间相对比较长。蒙特卡罗方法还涉及抽样问题，即对光源在空间角度上进行抽样。另外，接收面是被分为矩形小方格进行考察的。光线被收集到矩形小方格内，给定照明点的照度值的准确度依赖于围绕此点的小方格所收集到的光线的数量。方格越小对照度的分布情况描述得越好，但想要获得同等的准确度，要求所追迹的光线相对多一些。

（3）投射立体角法。

投射立体角法适用于扩展光源系统，它要求扩展光源在空间上均匀分布并且是朗伯型的。如是非均匀光源须通过将其分为相对比较均匀的小区域进行分析。运用投射立体角法计算结果准确、速度快。但运用投射立体角法每次只能计算出照明面上每一给定点（观察点）的照度值。其原理如图 9–40 所示。

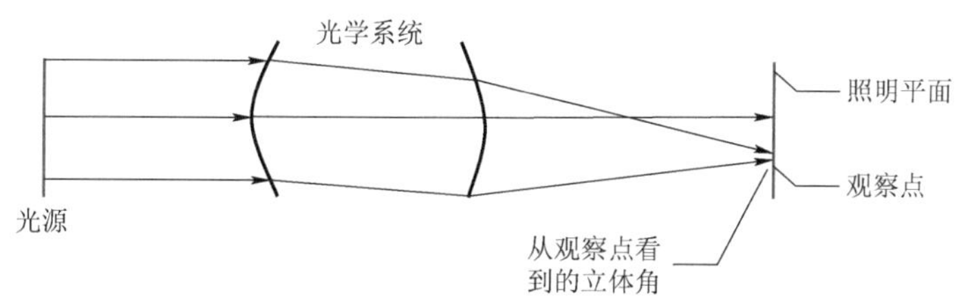

图 9–40　投射立体角法原理图

假定把眼睛放在照明面的观察点上，通过光学系统观察光源，观察点的照度就由通过光学系统射入眼睛的光线数量来决定，射入眼睛的光束对眼睛所形成的张角（立体角）受限于光学系统的透镜口径和光源的尺寸大小。假设光源的亮度为 L，光束对人眼的立体角为ω，透镜的透过率为τ，则观察点处的照度就为 $E = c\tau L\omega$，其中 c 为光线对观察点的倾斜因子，当立体角很小时，它等于倾斜角的余弦值；当立体角较大时，它等于每条光线倾斜角的余弦值的积分。

在观察点处人眼对所能看到光源部分所张的立体角与倾斜因子的乘积，我们称之为投射立体角，设符号为Ω。此时得观察点处的照度：$E = \tau L\Omega$。

在进行软件编制时，可根据不同的照明光源系统选用相应的方法，建立对应的数学理论模型。

9.4.4 均匀照明的实现

在很多情况下，对照明系统的要求是满足一定大小的照度同时，使被照明面有均匀的光分布。因此，如何实现均匀照明一直以来是人们研究的热点。影响光照度分布均匀性的主要原因有：光源本身的光亮度分布不均匀，照明系统结构型式及像差影响，光学系统反射、吸收，偏光的影响等。

实现均匀照明最简单的方法是在照明系统中加入磨砂玻璃或乳白玻璃，但这种方法只适用于均匀性要求不高的系统。上一节介绍到的柯勒照明方式是一种较为有效的均匀照明方式。聚光照明镜将光源成像到物镜的入瞳处，被照明物体经过物镜被投影到屏幕上或者进入人眼中。由于被照明面上的每一点均受到光源上的所有点发出的光线照射，光源上每一点发出的照明光束又都交会重叠到被照明面的同一视场范围内，所以整个被照明物体表面的光照度是比较均匀的。

采用柯勒照明的系统，其像平面边缘照度仍然服从$\cos^4\omega$的下降规律。因此，在液晶投影仪等大视场、高光强，均匀性要求较高的现代光电仪器中，通常采用复眼透镜、光棒等匀光器件与柯勒照明系统相配合，以获得较高的光能利用率及较大面积的均匀照明。下面分别对这两种系统进行介绍。

1. 复眼透镜

复眼透镜是由一系列相同的小透镜拼合而成。小透镜的面型可为二次曲面或高次曲面，其形状可根据拼合需求进行加工。最常用的拼合方法有两种，如图9–41所示。图9–41（a）是把小透镜加工成正六边形拼合而成，处于中心的小透镜称为中心透镜，其他小透镜围绕着中心小透镜一圈一圈地排列，每一圈的透镜个数为6n（n为圈的序号）。图9–41（b）是把小透镜加工成矩形拼合而成，排列成一个$n \times n$的阵列，这种复眼透镜加工难度较前者小一些，但产生均匀照明的效果不如前者。

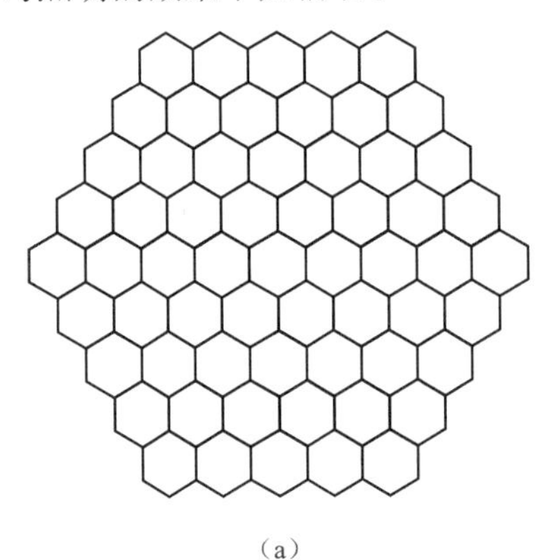
(a)

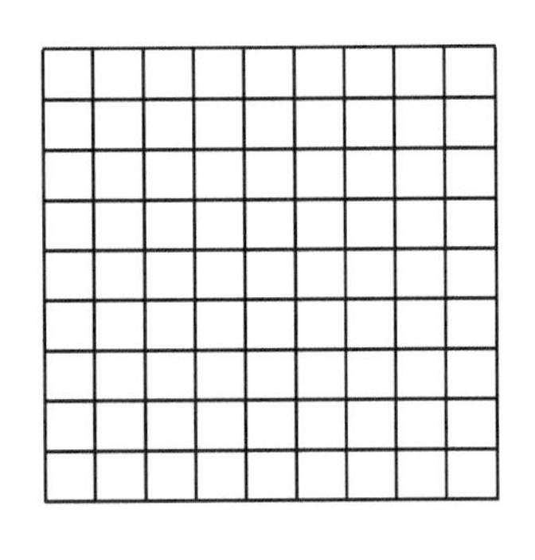
(b)

图9–41　复眼透镜

(a）六边形复原透镜；(b）正方形复眼透镜

复眼透镜照明系统的照明原理是光源通过复眼透镜后，整个照明光束被分裂为N个通道

（N 为小透镜的总个数），每个微小透镜对光源独立成像，这样就形成了 N 个光源的像，我们称其为二次光源。二次光源继续通过后面的光学系统后，在照明平面上相互反转重叠，互相补偿，从而能够获得比较均匀的照度分布。具体原因如下：

（1）整个入射宽光束被分为了 N 个通道的细光束，显然每支细光束范围内的均匀性必然大大优于整个宽光束范围内的均匀性。

（2）整个光学系统具有旋转对称结构，每支细光束范围内的细微不均匀性，由于处于对称位置的二支细光束的相互叠加，使细光束的细微不均匀性又能获得进一步的相互补偿。因而叠加后物面照度的均匀性明显好于单个通道照明的均匀性。如图 9–42 所示。

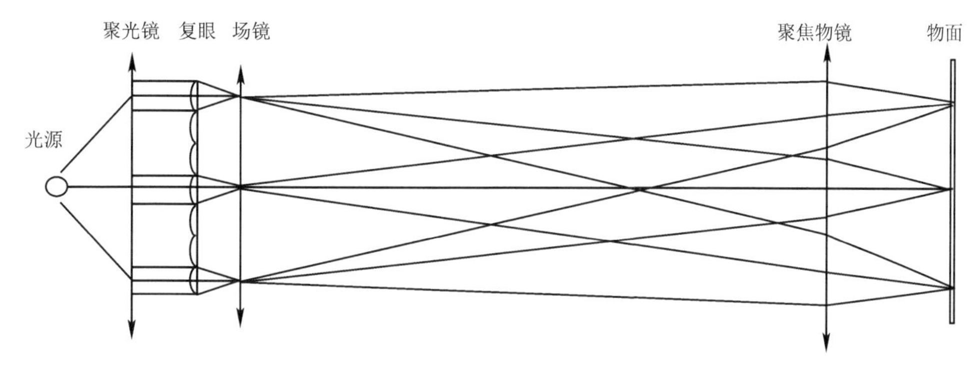

图 9–42　复眼透镜照明光学系统

在实际的应用中，复眼透镜通常采用双排复眼的形式。每排复眼透镜由一系列小透镜组合而成。两排透镜之间的间隔等于第一排复眼透镜中的各个小单元透镜的焦距。与光轴平行的光束通过第一排透镜中的每个小透镜后聚焦在第二块透镜上，形成多个二次光源进行照明；通过第二排复眼透镜的每个小透镜和聚光镜又将第一排复眼透镜的对应小透镜重叠成像在照明面上。如图 9–43 示。

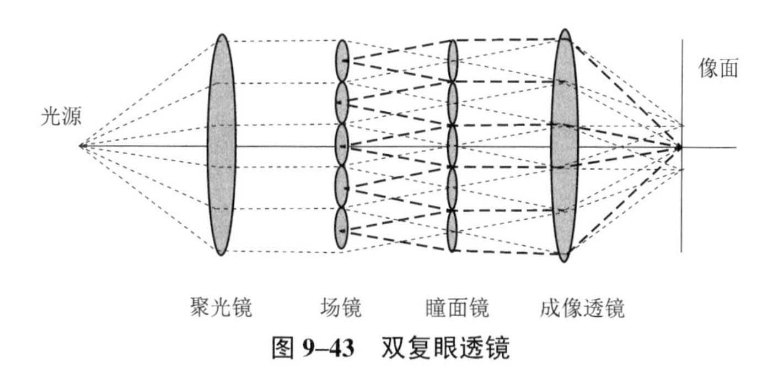

图 9–43　双复眼透镜

这是一个典型的柯勒系统。这一系统中，由于整个宽光束被分为多个细光束照明，而每个细光束的均匀性必然大于整个宽光束范围内的均匀性，且每个细光束范围内的微小不均匀性由于处于对称位置细光束的相互叠加，使细光束的微小不均匀性获得补偿，从而使整个孔径内的光能量得到有效均匀的利用。

复眼透镜的设计是一个较为复杂的过程，主要的设计参数有：

（1）全尺寸。为充分利用光能，复眼透镜不能太小。复眼透镜的全尺寸主要由光源尺寸和照明系统孔径角决定。

（2）小透镜的个数及排列。应根据光源的发光特性、照明均匀性指标及要求的光斑形状确定小透镜的个数及排列。透镜个数太少会失去小透镜将宽光束分裂的作用，但个数太多会增加加工的难度和成本；同时，由于透镜像差的存在，对于均匀性的改善也是有限的。

（3）小透镜的相对孔径或焦距。由小透镜的口径及照明光束的孔径角决定。

除了上述复眼透镜，同样用于均匀照明的还有复眼反射镜。采用反射型复眼的优点在于可以减小系统体积，而且没有像差，因此在便携式光学仪器中具有广阔的应用前景。

2. 光棒照明

光棒照明是另一种有效的均匀照明器件。光棒可以是实心的玻璃棒，也可以是内镀高反射膜的反射镜组成的中空玻璃棒。前者利用全反射原理，反射效率较高，且加工方便；后者利用反射镜实现光在其内部的传输，效率较低，但由于没有玻璃材料的吸收，能量损失较小，并能允许较大角度的光线入射，可以在短长度内实现同样次数的反射，达到相同的均匀性。

如图 9–44 所示，带角度的光线射入光棒后，在光棒内部的反射次数随入射角度不同而变化，不同角度的光线充分混合，在光棒输出面上的每个点都将得到不同角度光的照射，从而在光棒的输出端能够形成均匀分布的光场。光棒输出端每一点的光强为来自光源的不同角度光的积分，因此，光棒也称为光积分器件。

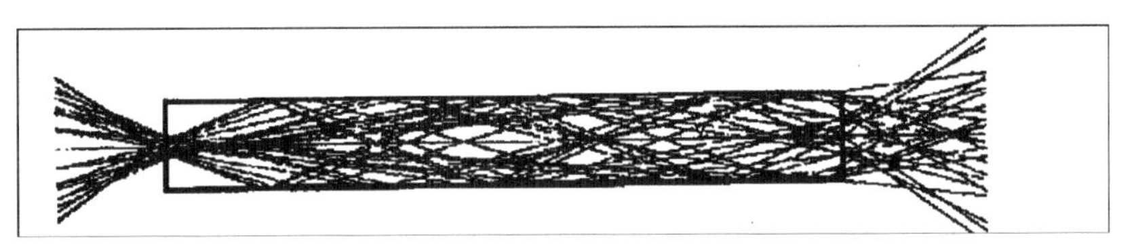

图 9–44　光棒中的光线传播

光棒端面可以设计成各种不同形状。一般来说，矩形、三角形、六角形等形式的端面可以获得较好的均匀性，而圆形端面效果较差。在很多系统里还采用具有锥度的光棒，其作用是可以改变出射光线的方向，以满足照明光束与后续系统数值孔径匹配的要求。

照明系统应用光棒实现均匀照明时，常采用椭球面反光碗＋光棒的形式，如图 9–45 所示。光源位于旋转椭球面反射镜的内焦点上，光棒放在反射镜的第二焦点附近，光线进入光棒经多次反射，在末端形成均匀的照明。由于光学系统结构和光棒尺寸的限制，通常无法直接将光棒出射面放置在需照明表面上，因而在光棒后面需要引入中继的聚光镜，将光棒出射面成像在被照明物体表面。

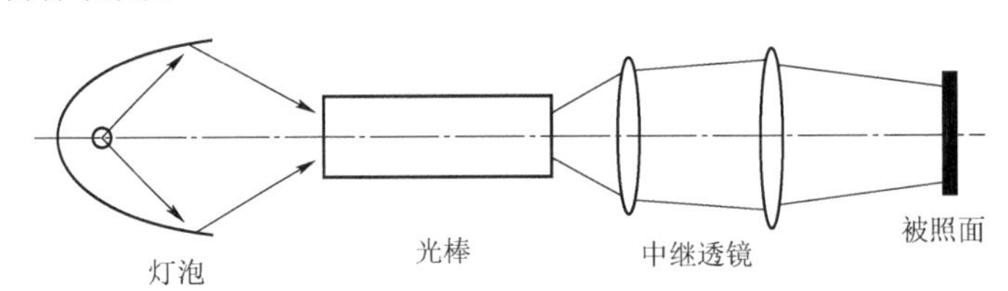

图 9–45　光棒照明光路

对于光棒的设计，主要考虑的参数有两个即长度和截面积。

长度的考虑应该基于系统对照明均匀性的要求。光棒长度越大，光线在其内部的反射次数越多，均匀性越好，因此为保证足够的反射此时，截面积较大的光棒长度也应该相应增加。

但长度增加必然带来能量的衰减及系统尺寸的增大。权衡考虑，一般情况下，光棒的长度应满足光线在内部反射 3 次左右，即为较合理的设计。

截面积的大小需要从能量利用率出发。小尺寸的光棒，如果输出光束的孔径角小于后续光学系统的最大孔径角，出射的光能全部被利用，此时适当增大截面积，能够增加进入光棒的能量，提高系统的光能利用率；但当光棒尺寸大到使出射光束孔径角大于后续系统能接收的孔径角后，如果继续加大尺寸，整个系统的能量利用率会下降。另外，如果后续光学系统只能在小于一定的数值孔径内有效工作，在进行光棒设计时也应充分考虑截面积大小与后续系统的匹配问题。

§ 9.5　非球面系统

随着科学技术的飞速发展，对光电仪器中的光学系统要求越来越高。新一代光电仪器系统，不仅要求高成像质量和宽光谱范围，还要实现轻量化和小型化，比如下一代轻型宽谱段高分辨率空间侦察卫星相机、基于共形光学的新型导弹整流罩、各种飞行员和单兵作战信息系统头盔显示器、多谱段光电稳瞄系统和战略激光武器等，均急需能够反映新颖设计概念的非曲面光学元件。非球面光学零件具有优良的光学性能，它能够很好地校正多种像差，改善成像质量。非球面在光学系统中的应用主要受到两个方面的束缚，一是非球面的设计，二是非球面的加工测量。进入 21 世纪以来，非球面的设计与加工测量已经取得了显著的进展，我国已经有很多单位可以加工和测量非球面，因此非球面在新型的光电仪器中已经得到了广泛的应用。

9.5.1　非球面的表示方法

第 1 章已经指出，为了设计出系统的具体结构参数，必须明确系统结构参数的表示方法。共轴光学系统的最大特点是系统具有一条对称轴——光轴，系统中每个曲面都是轴对称旋转曲面，它们的对称轴均与光轴重合。国内的光学设计软件，例如北京理工大学研制的 SOD88 软件中，系统中每个曲面的形状用方程式（9–21）表示，所用坐标系如图 9–46 所示。

$$x=\frac{ch^2}{1+\sqrt{1-Kc^2h^2}}+a_4h^4+a_6h^6+a_8h^8+a_{10}h^{10}+a_{12}h^{12} \qquad (9\text{–}21)$$

式中，$h^2=y^2+z^2$；c 为曲面顶点的曲率；K 为二次曲面系数；a_4，a_6，a_8，a_{10}，a_{12} 为高次非曲面系数。

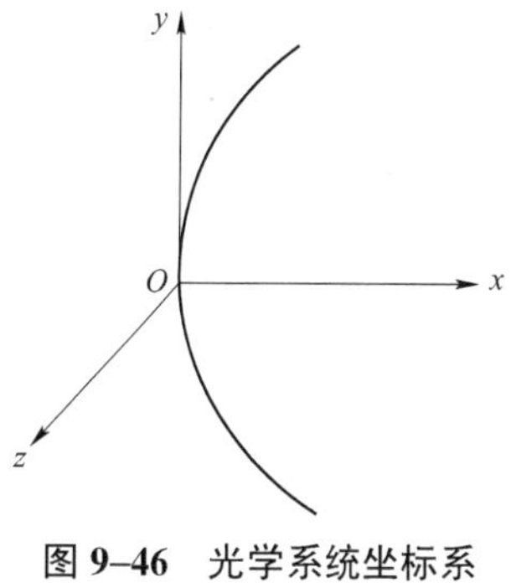

图 9–46　光学系统坐标系

方程（9–21）可以普遍地表示球面、二次曲面和高次非曲面。公式右边第一项代表基准二次曲面，后面各项代表曲面的高次项。基准二次曲面系数 K 值不同所代表的二次曲面如表 9–6 所示。

表 9–6　二次曲面面型

K 值	$K<0$	$K=0$	$0<K<1$	$K=1$	$K>1$
面形	双曲面	抛物面	椭球面	球面	扁球面

不同的面形，对应不同的面形系数，例如，

球面：$K=1$，$a_4=a_6=a_8=a_{10}=a_{12}=0$

二次曲面：$K\neq1$，$a_4=a_6=a_8=a_{10}=a_{12}=0$。二次曲面图形如图 9–47 所示。

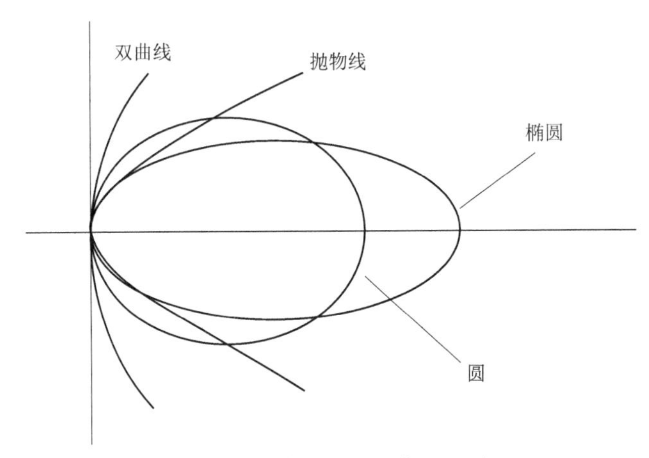

图 9–47　球面和二次曲面面型

在不同的光学设计软件中，非球面的表示略有不同，在 ZEMAX 软件中，非球面的表示有如下几种。

偶数次非球面：旋转对称的多项式非球面是在一个球面（或是用二次曲面确定的非球面）基础上加上一个多项式的增量来描述的。偶数次非球面仅用径向坐标值的偶数次幂来描述非球面。标准基面用曲率半径和二次曲面系数确定。面型坐标由式（9–22）确定：

$$z=\frac{cr^2}{1+\sqrt{1-(1+k)cr^2r^2}}+\sum_{i=1}^{8}\alpha_i r^{2i} \tag{9–22}$$

其中，r 为径向坐标，$\alpha_1\sim\alpha_8$ 为高次非球面系数。

奇数次非球面：奇数非球面与偶数非球面相似，只是采用径向坐标 r 值的奇数次幂来描述非球面。面型坐标由式（9–23）确定：

$$z=\frac{cr^2}{1+\sqrt{1-(1+k)cr^2r^2}}+\sum_{i=1}^{8}\beta_i r^{i} \tag{9–23}$$

其中，$\beta_1\sim\beta_8$ 为高次非球面系数。

双曲率面：双曲率面由 YZ 平面内定义的一条曲线绕平行于 Y 轴的轴旋转且与 Z 轴相交而生成。定义双曲率面需要 YZ 平面中的基底半径，二次曲面常数和多项式非球面系数。YZ 平面的曲线定义为：

$$z=\frac{cy^2}{1+\sqrt{1-(1+k)c^2y^2}}+\sum_{i=1}^{7}\alpha_i y^{2i} \tag{9–24}$$

其中，$\alpha_1\sim\alpha_8$ 为高次非球面系数。这条曲线与偶数次非球面方程相似，只是这里省略了 16 次方项，且方程中的自变量为 y，不是 r。然后这条曲线绕到顶点的距离为 R 的轴旋转，R 为旋转半径，可正也可为负。如果要描述一个在 X 方向为平面的柱面透镜，只需令 $\alpha_1=0$ 即可，ZEMAX 认为半径无穷大。如果 YZ 面内的半径设为无穷大，则认为在 X 方向有光焦度、在 Y

方向无光焦度，因此可以在 Y 或 Z 任意方向上描述柱面。其他 α 参数用于设定任意的非球面系数。如果要求一个在 X 方向的非球面，那么可以用两个坐标变换面将系统绕 Z 轴旋转即可。

双二次曲面：双二次曲面与双曲率面相似，只是二次曲面常数以及 X、Y 方向的基底半径值可能不同。双二次曲面可以直接定义 Rx，Ry，Kx 和 Ky。双二次曲面的坐标方程为

$$z=\frac{c_x x^2+c_y y^2}{1+\sqrt{1-(1+k_x){c_x}^2x^2-(1+k_y){c_y}^2y^2}} \tag{9-25}$$

其中，

$$c_x=\frac{1}{R_x},c_y=\frac{1}{R_y}$$

X 方向的半径值如果设为 0，则 X 方向的半径值被认为是无穷大。

9.5.2　非球面的特性

非球面在光学系统校正像差中具有显著的优点，它增加了自变量，校正像差的能力得到加强，因此有可能获得更好的成像质量或在保持成像质量不变的情况下简化系统。非球面在系统中的位置对校正像差的影响是有差别的，一般来说，非球面接近系统的孔径光阑则对校正系统的球差是有利的；而如果非球面位置远离孔径光阑，则有利于校正系统的轴外像差。但是非球面表明各处曲率变化率大、不具有旋转对称性，传统的光学设计方法、数控加工技术很难在精度及效率上满足要求。

非球面的应用主要受加工和检验的限制，光学非球面的特性使得其加工和检验远比球面困难。非球面加工有如下特点：

（1）大多数非球面只有一个对称轴，面形比较复杂，一般只能单件加工。

（2）对于非球面来说其表面上各点曲率不同，抛光时面形修正难度大。

（3）球面光学零件加工中的定心磨边技术比较成熟，精度较好；而对于非球面来说，其对另一平面或球面的偏斜无法用磨边来纠正，球面的方法对非球面光学零件不适用。

球面光学零件的检验通常采用样板来检验光圈，方便简捷，精度很好；而光学非球面的检验不像球面那样容易实现，一般不能用样板法。非球面的检测主要有如下方法：

（1）接触法测量。例如采用三坐标测量仪来进行测量。这种测量方法采用直接接触进行逐点测量，相对来说，测量的效率比较低，容易损伤被测面，测量精度也不高。

（2）非接触法测量。这类方法包括激光扫描测量法、阴影法、干涉法等。激光扫描测量法易于实现仪器化，控制比较简单；采用刀口仪来进行阴影法测量需要较好的测量技术和测量经验，不能完全定量，只能确定一个范围，测量效率比较低，但其设备简单、直观，适用于现场检测。干涉法测量可以做到灵敏度高，随着补偿镜、计算全息、移相、外差、锁相、条纹扫描等先进技术的出现，这种测量方法成为非球面检测的主要方法。

光学非球面的加工方法通常有：

去除加工法：包括研磨法、磨削法、切削、离子抛光法等。

模压成型法：包括热压成型法、注射成型法、浇铸成型法。

附加法：包括镀膜法、复制法。

复合法：由玻璃球面镜和树脂非球面镜复合而成。

在光学系统的设计过程中，是全部采用球面还是部分采用非球面，采用多少非球面合适，

需要设计者具体情况具体分析。球面的加工和检验简单，成本低，但校正像差的能力低，因此系统中可能会使用较多的透镜，系统比较复杂；采用非球面，可以增加校正像差的自变量，也就是增加校正像差的能力，但是非球面的加工和检验比较复杂，加工成本昂贵，而且加工的精度有可能达不到要求的精度，甚至由于加工的误差抵消掉采用非球面所带来的好处。通常，如果使用非球面使得系统大为简化，外形体积和重量大大减小，这是值得的。

9.5.3 反射二次非球面的应用

反射式光学系统有很多优点，例如没有色差，适合于紫外、可见和红外等宽光谱情形；反射式光学系统口径可以做得很大，而折射式光学系统口径不可能做得太大；同时，反射式光学系统可以折叠光路，在系统不太长的外形下，焦距可以很长，而对于折射式系统来说，通常系统的长度会大于焦距，如果焦距很长，则系统就会更长，对于空间光学系统等情形往往难于满足要求。对于反射面，通常都是利用二次曲面满足等光程的条件，二次曲面有：

椭球面：对两个定点距离之和为常数的点的轨迹，是以该两点为焦点的椭圆。因此椭球面对两个焦点符合等光程条件。

双曲面：到两个定点距离之差为常数的点的轨迹，是以该两点为焦点的双曲面。因此双曲面对内焦点和外焦点符合等光程条件，其中一个是实的，一个是虚的。

抛物面：到一条直线和一个定点的距离相等的点的轨迹，是以该点为焦点，该直线为准线的抛物面。因此抛物面对焦点和无限远轴上点符合等光程。

这样，我们可以根据具体情况，合理的选择这些二次曲面，符合等光程的条件，满足光学系统的要求。需要注意的是，二次曲面满足等光程的条件只是针对轴上点才成立，对轴外点不符合等光程条件。因此，这些反射二次曲面系统的视场一般不能过大，如果视场过大，成像质量不能得到保证，只有加入折射式系统才有可能获得良好的成像质量。反射式系统通常采用两镜和三镜系统，两镜系统如图 9–48 所示。

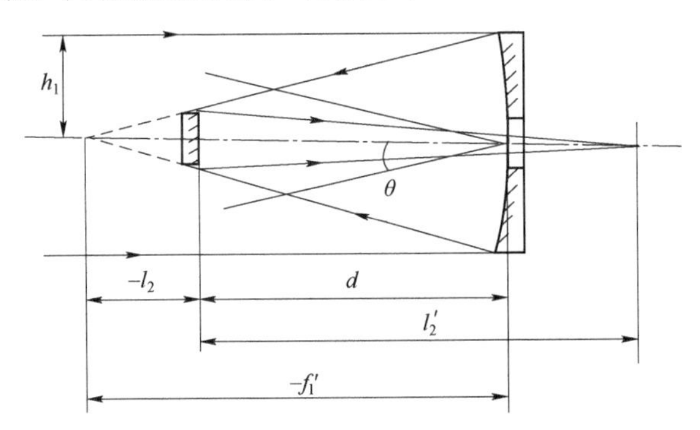

图 9–48　两镜系统示意图

常用的两镜系统有：

（1）经典卡塞格林（Cassegrain）系统。经典的卡塞格林系统主镜为凹的抛物面，副镜为凸的双曲面，抛物面的焦点和双曲面的虚焦点重合，经双曲面后成像在其实焦点处。卡塞格林系统的长度较短，主镜和副镜的场曲符号相反，有利于扩大视场。

（2）格里高里（Gregory）系统。格里高里系统的主镜为凹的抛物面，副镜为凹的椭球面，抛物面的焦点和椭球面的一个焦点重合，经椭球面后成像在其另一个实焦点处。

（3）R–C 系统。最早的卡塞格林系统和格里高里系统因为轴外像差没有校正，使用上受到某些限制，为此，Chrétien 提出了主镜和次镜都为双曲面，使球差和彗差同时得到校正的改进形式的卡塞格林系统，由 Ritchey 实现，故称为 R–C 系统，如图 9–49 所示。目前，很多大型天文望远镜最常用的就是 R–C 系统。

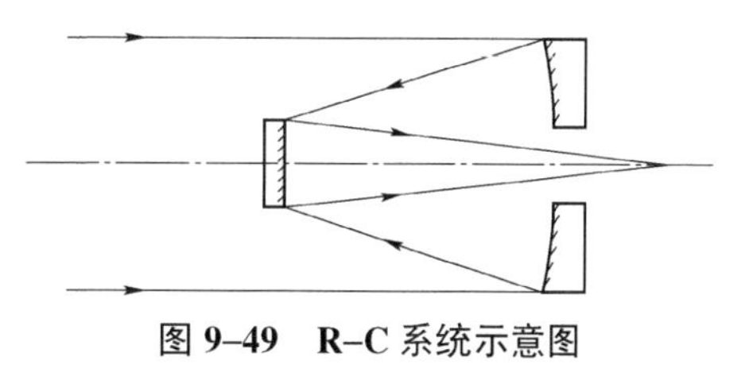

图 9–49　R–C 系统示意图

（4）马克苏托夫系统。马克苏托夫系统的主镜和副镜均为椭球面。主镜椭球面的一个焦点与次镜椭球面的一个焦点重合，如图 9–50 所示。

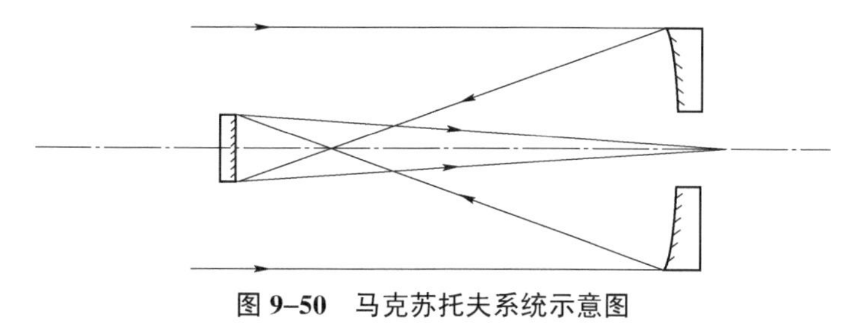

图 9–50　马克苏托夫系统示意图

（5）无焦系统。无焦系统的主镜副镜均为抛物面，两个抛物面的焦点重合，使得入射平行光仍然以平行光出射，可用于优质激光扩束系统，如图 9–51 所示。但是此系统的缺点是中心有遮拦，影响了光能的利用。为克服此缺点，可以采用离轴的抛物面，当然，离轴抛物面并不是非共轴，两个抛物面仍然是共轴，只是离轴使用，避开中心遮拦。

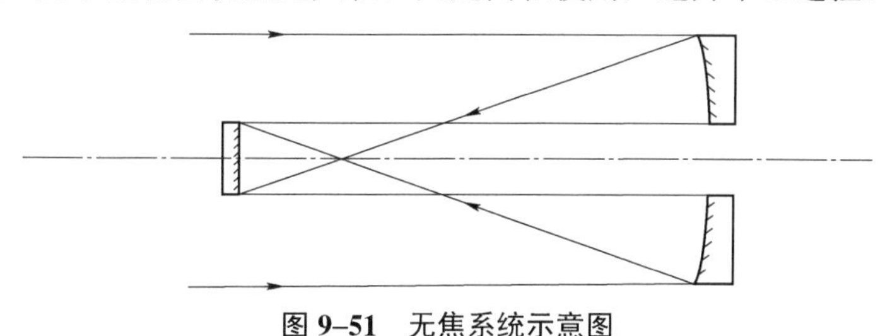

图 9–51　无焦系统示意图

需要指出的是，反射式系统由于通常只有两个或三个反射表面，因此广泛地使用甚至有时必须使用非球面。如果上面介绍的反射系统不能满足轴外视场成像质量的要求，可以将这些反射面改为高次非球面。当然，高次非球面的加工和检验比二次非球面要复杂得多，需要综合考虑。另外，反射式系统与折射式系统的一个区别是反射式系统的加工和装调公差要比折射式系统的严格，难度也相应加大。通常折射式系统的加工、偏心和倾斜等误差控制在一定范围内即可获得很好的成像质量，而对于反射式系统可能会引起成像质量的严重下降，这是需要设计和装调人员注意的问题。

9.5.4　非球面设计实例

在非球面的设计过程中需要注意的问题有：① 选择最有效的面加上非球面。到底应该在哪些表面上加上非球面，这是一个非常困难的问题，很难一下子弄清楚。解决这个问题可以采用试探的方法，看看加在哪个表面最佳，最有效。② 尽量采用二次曲面。采用二次曲面能够满足要求就不要加上高次项，高次非球面的加工检验复杂得多。③ 需要计算与最接近球面的非球面度。设计好非球面以后，通常还要设计和计算出最接近球面。所谓最接近球面就是与非球面差别最小的球面，最接近球面与非球面的差别大小反映了非球面加工的难度。④ 需要设计非球面的检验光路。有时，需要光学设计者设计出非球面加工后的检验光路，指导光学加工和检验人员。⑤ 非球面的加工问题。光学设计者需要了解采用哪种非球面加工方法，在设计上可能会有所变化。

非球面对于校正像差是非常有效的，但是需要精心设计。有时候，把二次曲面系数和所有的高次非球面系数都作为自变量加入校正并不一定能得到一个好的结果。二次曲面系数和非球面四次系数对于初级像差的作用是一样的。通常，只选择它们中的一个，而不是两个一起作为自变量。比较好的做法是，先选择二次曲面系数（或非球面四次系数）作为自变量，然后，如果需要，再加入六次、八次或十次等高次项系数。在大多数情况下，非球面十次项系数已经不需要了，对成像质量没有什么影响。事实上，八次系数对成像质量已经影响不大了。另外，非球面次数越高，意味着加工的精度要求越高，难度越大。

对于一个面来说，如果采用高达十次非球面系数的非球面，可以在四条光线交点高度处将球差完全校正到零。但是，有可能在这四条光线之间的高度处球差较大，因此，在设计非球面时应该选择比球面时更多的光线数目。

1. 光纤成像透镜

这是一个光纤成像透镜，物像对称，物方和像方的数值孔径均为 0.22，光纤芯径为 0.36 mm，波长为 0.808 μm。在本例中，第一面采用了非球面，加上了二次和四次非球面系数。系统示意图如图 9–52 所示。

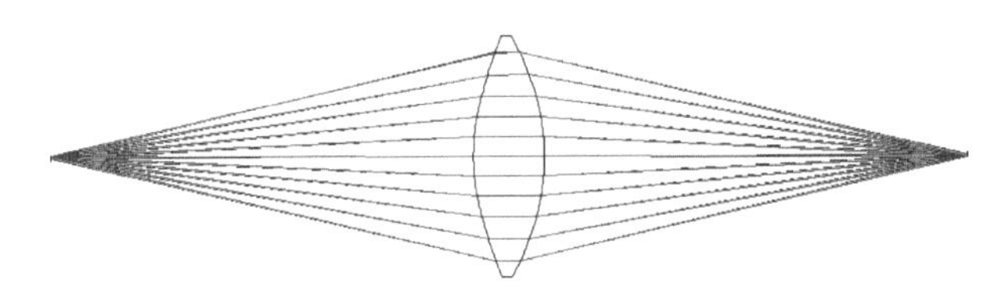

图 9–52 光纤成像透镜示意图

光学传递函数 MTF 曲线图如图 9–53 所示。

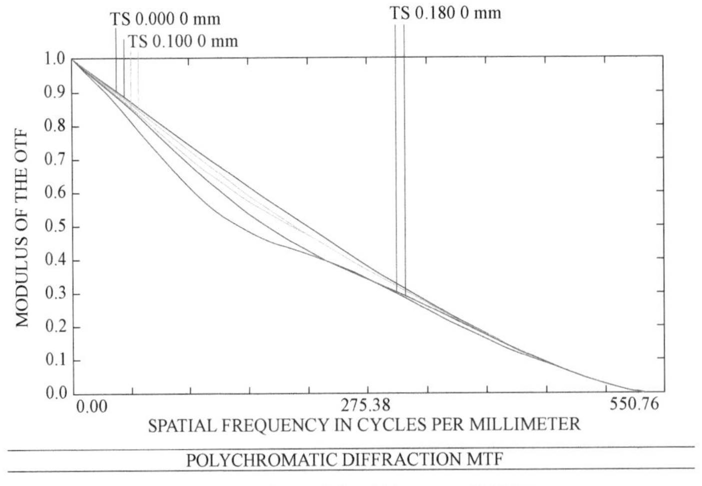

图 9–53 光纤成像透镜 MTF 曲线图

像点弥散图如图 9–54 所示。

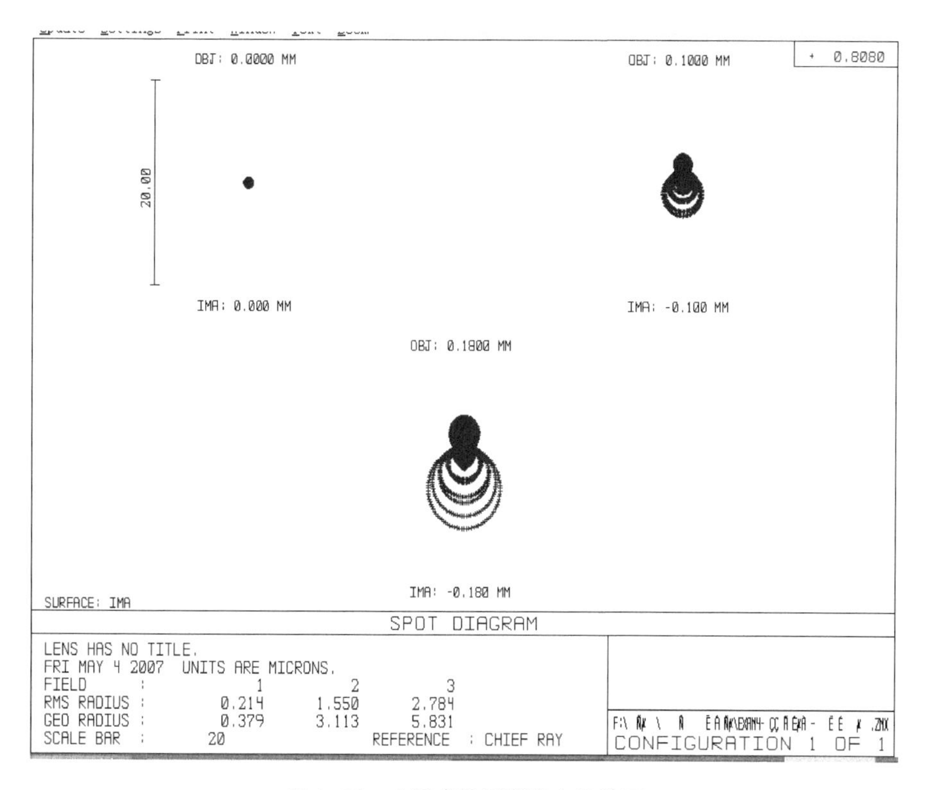

图 9–54　光纤成像透镜像点弥散图

可见成像质量满足要求。如果不采用非球面，要获得这样的成像质量是不可能的。

2. 红外成像透镜

这是一个红外成像透镜，波段为 8～14 μm，焦距 100 mm，相对孔径 1:1，全视场角 10.3°。在第一透镜的第二面上加入了非球面。系统图如图 9–55 所示。

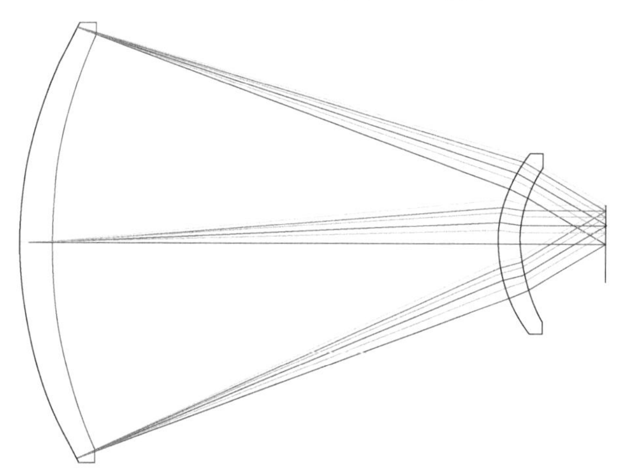

图 9–55　红外成像透镜示意图

光学传递函数 MTF 曲线图如图 9–56 所示。

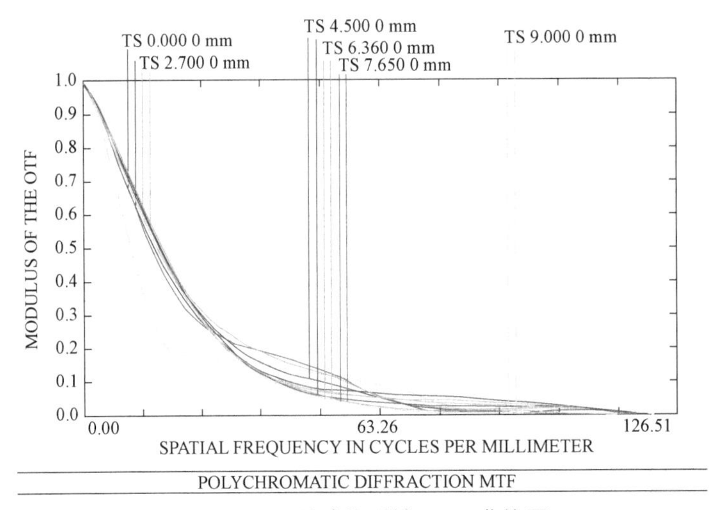

图 9–56　红外成像透镜 MTF 曲线图

像点弥散图如图 9–57 所示。

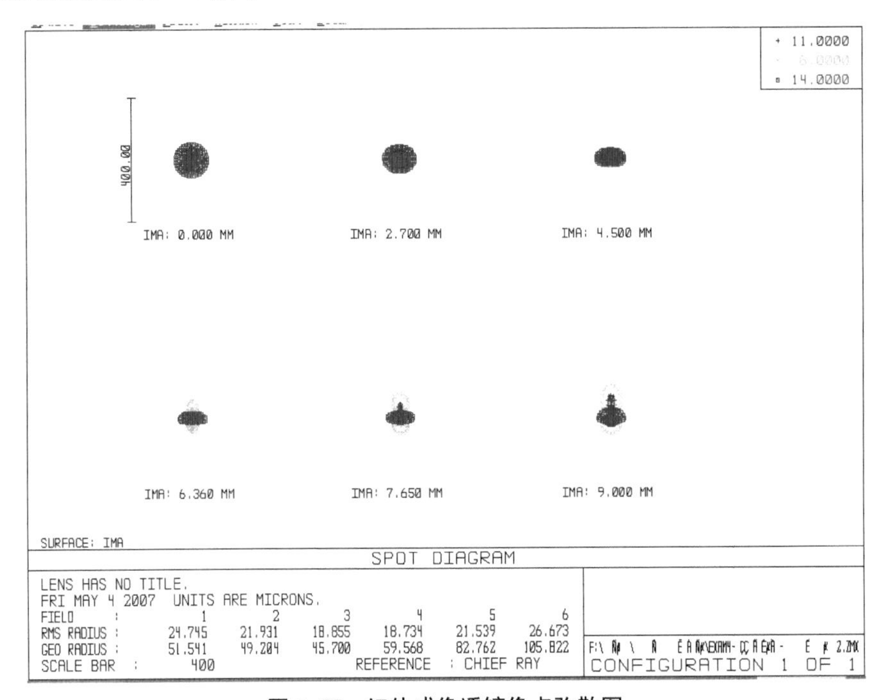

图 9–57　红外成像透镜像点弥散图

成像质量满足要求。

3. 相机手机成像透镜

这是一个相机手机成像透镜，波段为可见光，焦距 4 mm，相对孔径 1:3.5，全视场角 40°。系统中只用了两片塑料透镜，均加入了非球面。系统图如图 9–58 所示。

光学传递函数 MTF 曲线图如图 9–59 所示。

像点弥散图如图 9–60 所示。

成像质量也满足要求。

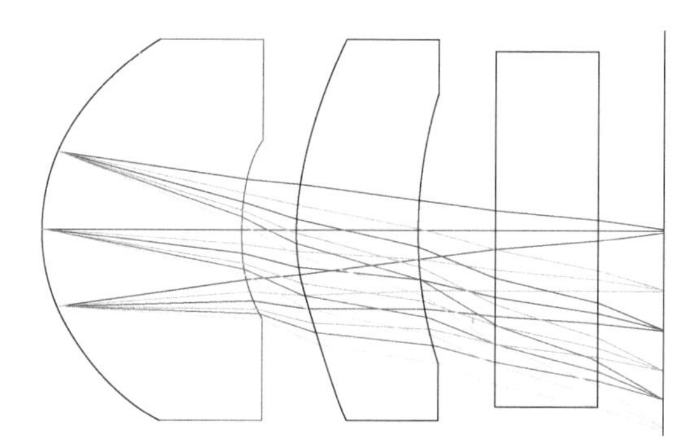

图 9–58 相机手机成像透镜示意图

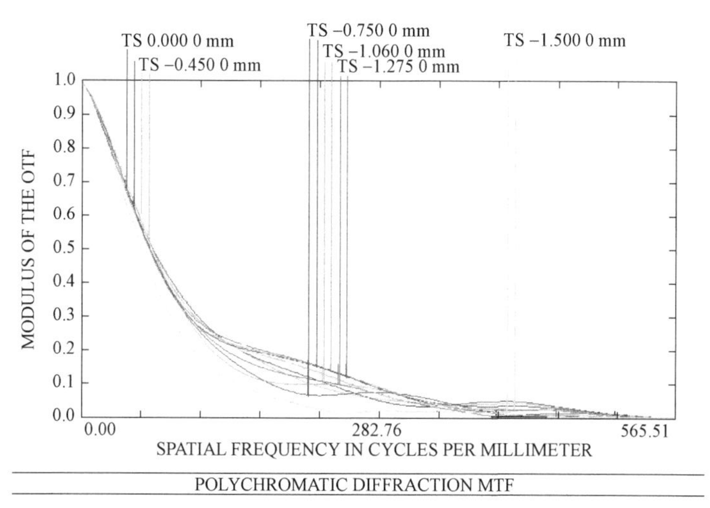

图 9–59 相机手机成像透镜 MTF 曲线图

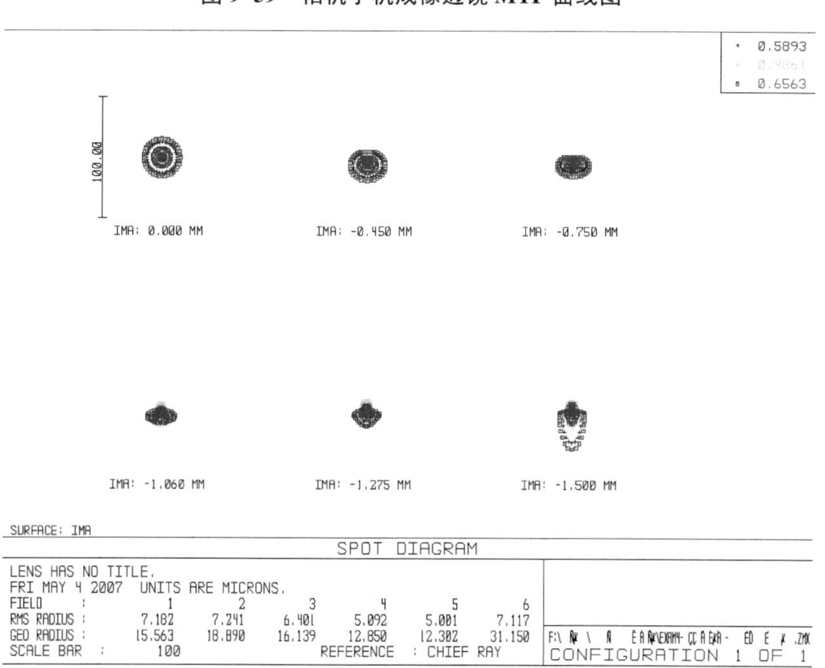

图 9–60 相机手机成像透镜像点弥散图

§9.6 自由曲面系统

9.6.1 自由曲面概述

在光学系统设计中，系统的表面可能会采用自由曲面，使系统的像差更小，像质更优，系统更加紧凑。近年来，人们开始对自由曲面进行了研究，并设想将自由曲面应用在成像或非成像光学系统，例如在头盔显示器中就使用了自由曲面，在一些照明系统中也使用了自由曲面，目的都是简化系统，提高系统的成像质量。

自由曲面是指无法用球面或非球面系数来表示的曲面，主要指任意非传统曲面、非对称曲面、微结构阵列曲面和用参数向量表示的任何形状的曲面。在工程物理、医学成像、计算机视觉和计算机图形学等领域中，在形状匹配、图像和物体识别、外形测量等研究中，经常需要进行自由曲面的构造和拟合。一般来说，实际应用中通常只能得到一些离散的型值点，要求利用这些型值点构造相应的曲线或曲面，其中严格通过给定型值点的曲线（曲面）称为插值曲线（曲面），不完全通过型值点的曲线（曲面）称为拟合曲线（曲面）。在CAD/CAM中常用的曲面设计方法有B样条曲面、Bezier曲面、Ball曲面、Coons曲面方法等。前三个方法获得的都是拟合曲面，即一般不通过给定型值点，Coons曲面方法是一种人机对话式的曲面设计方法，与给定的型值点构造的曲面的出发点不同。

自由曲面与普通的曲面不同，它很难用连续的函数表示。一般采用离散数据点的方式表示，曲面构造拟合就是利用这些数据点集，寻找形式比较简单、性能良好的曲面的数学表达式。自由曲面具有高度的灵活性和自由度，因此在光学系统中采用自由曲面作为透镜或反射面的表面，将大大提高系统性能，增强校正像差的能力，同时也会大大简化系统的结构，因此自由曲面是目前光学设计领域研究的前沿课题。

自由曲面拟合通常是利用假想为曲面上的一组离散点，寻找形式比较简单、性能良好的曲面的解析表达式。曲面的解析表达式采用参数形式表示，这种形式允许多值曲面用统一的形式表示，且和坐标系的选取无关。曲面通常都采用数学方程式来定义。作为一个优良的数学表示，由它建构的曲面应具有以下特性：① 缩小变化特性。有些数学表示往往不平滑，而是放大了由控制点所描绘的曲面中的细小不规则处，而另一些则可能相反，总是平滑所给定的控制点。前一种数学表示使得曲面产生高阶振荡，后一种数学表示则使曲面失去圆滑性，这两种情况在工程应用中都不太理想。② 几何不变性。在不同的坐标系中度量控制点时，所生成的几何形状必须保持不变，这种性质称为坐标轴的无关性。曲面的形状仅仅与其特征多边形的各顶点（控制点）有关，而不依赖于坐标系的选择。③ 多值性。一个曲面往往不是一个坐标的单值函数，但是一般不希望给定的函数带有多值性。④ 局部控制。设计者在一个已存在的曲面上修改某个控制点时，希望曲面只在控制点附近的区域改变形状，即所谓的局部控制能力，而不是整个形状都被改变。⑤ 连续性的阶。实际应用的几何形状往往是由多个曲面片模拟构造的，为了保证设计者的要求，这些曲面在连续处要保证一定的连续性。

本书中，不讨论曲线构造和自由曲面构造方法，读者如果感兴趣可以参阅有关文献。本节重点介绍在光学设计软件中设定的一些自由曲面，然后应用这些自由曲面来进行设计，提高成像质量并简化系统结构。除了 B 样条曲面、Bezier 曲面、Ball 曲面、Coons 曲面以外，还有如下常用类型的自由曲面。

1. 双曲率面

双曲率面（Toroid Surface），又称镯面、马鞍面，X 双曲率面的曲面方程可写为

$$z=\frac{c_y y^2+S(2-c_y S)}{1+((1-c_y S)^2-(c_y y)^2)^{1/2}} \tag{9–26}$$

它是将已在 XZ 平面上的生成曲线绕与 X 轴相距 $r_y=1/c_y$ 的平行轴旋转而得，式中 S 由生成曲线的形状决定，即

$$S=\frac{c_x x^2}{1+(1-(1+k_x)c_x^2 x^2)^{1/2}}+\sum_{i=1}^{p}A_i x^{2(i+1)}$$

其中，c_x、c_y 分别为曲面在 XZ 和 YZ 平面内的曲率半径，k_x 为二次曲面系数，A_i 为非球面系数。多数情况下生成曲线为一曲率为 c_x 的圆弧，但也允许用复杂的高次曲线作为生成曲线。可见双曲率面也有旋转对称轴，但是它与光学系统的光轴并不重合。

如果 X 和 Y 方向的曲率半径相等并且 $k_x=A_i=0$，双曲率面就简化成球面。柱面是一类特殊的双曲率面，其中一个方向的曲率半径为无穷大。

Y 双曲率面的定义与 X 双曲率面的定义相同，只是生成曲线定义在 YZ 面，旋转轴与 Y 轴平行。

完成一次 2（p+1）阶双曲率面的计算时间复杂度为

$$T_{\text{Toroid}}=(8+2p)\times t_{\text{add}}+(9+2p)\times t_{\text{mul}}+(6+p)\times t_{\text{mod}}+2t_{\text{sqrt}}$$

其中，t_{add} 表示一次加法或减法所用的时间；t_{mul} 表示一次乘法或除法所用的时间；t_{sqrt} 表示一次开方所用的时间；t_{mod} 代表一次幂运算所用的时间。

2. 复曲面

复曲面在弧矢、子午面内分别具有独立的曲率半径、二次曲面系数，因而它不具有旋转对称性，但有两个对称面，分别为 YZ 平面和 XZ 平面。其数学描述方程如式（9–27）所述：

$$z=\frac{c_x x^2+c_y y^2}{1+(1-(1+k_x)c_x^2 x^2-(1+k_y)c_y^2 y^2)^{1/2}}+\sum_{i=1}^{p}A_i((1-B_i)x^2+(1+B_i)y^2)^{i+1} \tag{9–27}$$

其中，c_x 是曲面在 XZ 平面内的曲率半径，c_y 是曲面在 YZ 平面内的曲率半径，k_x 是曲面在弧矢方向的二次曲面系数，k_y 是曲面在子午方向的二次曲面系数，A_i 是关于 Z 轴旋转对称的 4，6，8，10，…阶非球面系数，B_i 是 4，6，8，10，…阶非旋转对称系数。完成一次 2（p+1）阶复曲面计算的时间复杂度为

$$T_{\text{AAS}}=(7+5p)\times t_{\text{add}}+(7+3p)\times t_{\text{mul}}+(6+3p)\times t_{\text{mod}}+t_{\text{squt}}$$

3. *XY* 多项式曲面

p 阶 XY 多项式曲面是在二次曲面的基础上增加了最高幂数不大于 p 的多个 $x^m y^n$ 单项式，其描述方程为

$$z=\frac{c(x^2+y^2)}{1+(1-(1+k)c^2(x^2+y^2))^{1/2}}+\sum_{m=0}^{p}\sum_{n=0}^{p}C_{(m,n)}x^m y^n,\ 1\leqslant m+n\leqslant p \tag{9–28}$$

其中，c 是曲率，k 是二次曲面系数，$C_{(m,n)}$是单项式 $x^m y^n$ 的系数。p=10 时，方程为 10 阶 XY 多项式曲面。完成一次 p 阶 XY 多项式曲面计算的时间复杂度为

$$T_{XYP}=\left(6+\frac{(p+3)\cdot p}{2}\right)\times t_{\text{add}}+(4+(p+3)\cdot p)\times t_{\text{mll}}+(5+(p+3)\cdot p)\times t_{\text{mod}}+t_{\text{sqlt}}$$

4. 复曲面基底 *XY* 多项式曲面

复曲面基底 XY 多项式曲面是作者针对实际设计过程中存在的难题，以及现有光学设计软件中曲面描述方式的不足，为简化光学设计流程以及提高优化设计的效率而提出的。该面型方程有效地结合了复曲面和 XY 多项式曲面各自的优势，能够为光学设计提供更多的设计自由度，提高曲面间的转换效率和精度，为逐步逼近优化算法做好铺垫。由于它是在复曲面基底项上增加 XY 多项式曲面中的多项式而得到的，因此将该曲面命名为复曲面基底 XY 多项式曲面，简称 $AXYP$ 曲面。

$$z=\frac{c_x x^2+c_y y^2}{1+(1-(1+k_x)c_x^2x^2-(1+k_y)c_y^2y^2)^{1/2}}+\sum_{m=0}^{p}\sum_{n=0}^{p}C_{(m,n)}x^m y^n,\ 1\leqslant m+n\leqslant p \tag{9-29}$$

其中，c_x、c_y 分别是曲面在子午方向和弧矢方向的顶点曲率半径，k_x、k_y 分别是子午和弧矢方向的二次曲面系数，$C_{(m,n)}$是多项式 $x^m y^n$ 的系数，p 为多项式的最高幂数。完成一次 p 阶 $AXYP$ 曲面计算所需的时间复杂度为

$$T_{AXYP}=\left(7+\frac{(p+3)\cdot p}{2}\right)\times t_{\text{axd}}+(7+(p+3)\cdot p)\times t_{\text{mul}}+(6+(p+3)\cdot p)\times t_{\text{mod}}+t_{\text{sqrt}}$$

考虑到很多实际系统中只有一个对称面的情形，可将 $AXYP$ 曲面进一步改造成关于 YZ 平面对称的 X–$AXYP$ 曲面和关于 XZ 平面对称的 Y–$AXYP$ 曲面。

X–$AXYP$ 曲面对应的 p 阶曲面方程可以描述为

$$z=\frac{c_x x^2+c_y y^2}{1+(1-(1+k_x)c_x^2x^2-(1+k_y)c_y^2y^2)^{1/2}}+\sum_{m=0}^{p/2}\sum_{n=0}^{p}C_{(m,n)}x^{2m} y^n,\ 1\leqslant 2m+n\leqslant p \tag{9-30}$$

即在原有 $AXYP$ 曲面方程的基础上去掉了所有关于 x 的奇次幂项式。

Y–$AXYP$ 曲面对应的 p 阶曲面方程可以描述为

$$z=\frac{c_x x^2+c_y y^2}{1+(1-(1+k_x)c_x^2x^2-(1+k_y)c_y^2y^2)^{1/2}}+\sum_{m=0}^{p}\sum_{n=0}^{p/2}C_{(m,n)}x^m y^{2n},\ 1\leqslant m+2n\leqslant p \tag{9-31}$$

即在原有 $AXYP$ 曲面方程的基础上去掉了所有关于 y 的奇次幂项式。

完成一次 p 阶 X–$AXYP$ 或 Y–$AXYP$ 曲面计算的时间复杂度为

$$T_{X-AXIP}=\left(7+\text{int}\left(\frac{p^2}{4}+p\right)\right)\times t_{\text{add}}+\left(7+\text{int}\left(\frac{p^2}{4}+p\right)\times 2\right)\times t_{\text{mul}}+\left(6+\text{int}\left(\frac{p^2}{4}+p\right)\times 2\right)\times t_{\text{mod}}+t_{\text{sqrt}}$$

其中，int 为取整函数，只取整数部分。

在最高幂数均为 10 的情况下，$AXYP$ 曲面比复曲面多 57 个变量，比 XY 多项式曲面多 2 个变量，但光线追迹速度与 XY 多项式曲面大致相同。更为重要的是它能够从复曲面和 XY 多项式曲面平滑转换而成。同时，Y–$AXYP$ 和 X–$AXYP$ 曲面也能够实现向 XY 多项式曲面的高精度转换，并能够帮助实现复曲面向 XY 多项式曲面的高精度转换。

5. 梯形畸变校正曲面

梯形畸变校正曲面（Keystone–Distorted Surface，KD 曲面）是由美国 ORA 公司的 J. R. Rogers 提出的一种自由曲面，可用于校正由有光焦度的离轴反射镜产生的梯形畸变。它与传统轴对称非球面的描述方法几乎一致，但是对 x 和 y 分别做了不同程度变形，它的描述方程为

$$z=\frac{cr^2}{1+(1-(1+k)c^2r^2)^{1/2}}+\sum_{i=1}^{p}A_i r^{2(i+1)} \tag{9–32}$$

其中，$x'=\frac{\alpha x}{1-\varphi y}$，$y'=\frac{y}{1-\varphi y}$，$r^2=x'^2+y'^2$，$z$ 是曲面的矢高，c 是顶点曲率半径，k 是二次曲面系数，A_i 为高阶非球面系数。式中，（x，y）的变换及梯形扭曲不仅作用于各项非球面系数，还对球面的基底项做了相应的调整。α 为 x 与 y 的变形比例因子，只作用于 x。φ 为梯形畸变参数，它能够消除有光焦度的倾斜反射面所引入的梯形畸变。整个曲面对（x，y）展开后不再具有旋转对称性，但是当变形因子 α=1，φ=0 时，该曲面简化成普通的非球面。

完成一次 2（p+1）阶 Keystone 曲面运算的时间复杂度为

$$T_{\mathrm{KD}}=(7+2p)\times t_{\mathrm{add}}+(10+2p)\times t_{\mathrm{mul}}+(3+p)\times t_{\mathrm{mod}}+t_{\mathrm{sqrt}}$$

6. Forbes 曲面

Forbes 曲面是美国 QED 公司著名光学专家 G. W. Forbes 提出的一种正交曲面[32]，目的在于改进传统非球面的描述方法。它通过正交基函数系的方法来定义偏离球面的非球面系数项，使各项系数都具有十分明确的物理含义，并且具有唯一性。无论使用多少项非球面系数进行拟合，各项系数都是固定不变的。它的方程描述如下：

$$z=\frac{c(x^2+y^2)}{1+(1-(1+k)c^2(x^2+y^2))^{1/2}}+D_{\mathrm{con}}((x^2+y^2)/R_{\max}) \tag{9–33}$$

其中，$D_{\mathrm{con}}(u)=u^4\sum a_m Q_m^{\mathrm{con}}(u^2)$，零阶到五阶非球面系数项由以下正交基函数构成。

$$Q_0^{\mathrm{con}}(x)=1, Q_1^{\mathrm{con}}(x)=-(5-6x), Q_2^{\mathrm{con}}(x)=15-14x(3-2x)$$

$$Q_3^{\mathrm{con}}(x)=-\{35-12x[14-x(21-10x)]\}$$

$$Q_4^{\mathrm{con}}(x)=70-3x\{168-5x[84-11x(8-3x)]\}$$

$$Q_5^{\mathrm{con}}(x)=-[126-x(1\,260-11x\{420-x[720-13x(45-14x)]\})]$$

$$u^2=(x^2+y^2)/R_{\max}^2$$

$D_{\mathrm{con}}(u)$ 是偏离基准球面的非球面多项式，$R_{\max}$ 为光学元件的直径。与标准的简单多项式选取（如 $Q_m^{\mathrm{con}}(x)=x^m$）不同的是，Forbes 非球面系数项 $D_{\mathrm{con}}(u)$ 的基函数系 Q 是经过优选的标准雅可比多项式正交函数系，有效避免了传统非球面各系数之间的相关性，进而避免曲面拟合过程中因格莱姆矩阵出现病态异常而导致求解失败。该非球面能够描述矢高非常大的非球面面形，为非球面的设计、加工和检测提供了极大的便利。

完成一次 Forbes 曲面运算的时间复杂度为

$$T_{\mathrm{Forbes}}=27\times t_{\mathrm{add}}+32\times t_{\mathrm{mul}}+24\times t_{\mathrm{mod}}+t_{\mathrm{squt}}$$

7. 标准泽尼克（Zernike）多项式曲面

Zernike 多项式是诺贝尔物理学奖获得者 F. Zernike 提出的一种曲面，它由一系列在圆域

内正交的基函数组成。正交特性意味着只要是定义在圆域内的函数，用泽尼克多项式进行拟合后的系数是唯一和固定不变的，即无论在拟合时使用多少项，各项的系数值并不会发生改变。这是光学应用中需要的一个特性，也是它得到普遍应用的主要原因。

方程（9–34）所述的 10 阶泽尼克多项式曲面是在二次曲面的基础上增加了最高幂数为 10 阶的标准泽尼克多项式：

$$z=\frac{c(x^2+y^2)}{1+(1-(1+k)c^2(x^2+y^2))^{1/2}}+\sum_{j=1}^{66}C_{j+1}Z_j \tag{9–34}$$

其中，c 是曲面的顶点曲率，k 是二次曲面系数，Z_j 为第 j 项泽尼克多项式，C_{j+1} 为第 j 项泽尼克多项式的系数。泽尼克多项式在圆域内具有正交性，而且容易与经典的塞德尔像差建立联系。

完成一次 10 阶泽尼克多项式曲面运算的时间复杂度为

$$T_{\text{Zernike}}=166\times t_{\text{add}}+315\times t_{\text{mul}}+890\times t_{\text{mod}}+t_{\text{sqrt}}$$

8. 高斯基函数复合曲面

高斯基函数复合曲面（Gaussian-based freeform surface，Gauss 曲面）是美国中佛罗理达大学的 O. Cakmakci 等人提出的一种局部面形可控的自由曲面，它可以是在二次曲面的基础上叠加一组线性拓扑形状分布的高斯曲面，也可以抛离球面基底项直接由一系列高斯函数组合而成。

$$z=\frac{c(x^2+y^2)}{1+(1-(1+k)c^2(x^2+y^2))^{1/2}}+\sum_{i=1}^{m}\sum_{j=1}^{n}\phi_{i,j}(x,y)w_{i,j} \tag{9–35}$$

其中，$\phi_{i,j}(x,y)=\mathrm{e}^{-\frac{1}{2}((x-x_i)^2+(y-y_j)^2)}$；$w_{i,j}$ 为每个基函数的权重系数。

在抛离二次曲面基底后的方程可描述为

$$z(x,y)=\sum_{i=1}^{m}\sum_{j=1}^{n}\phi_{i,j}\left(\|\boldsymbol{x}-\boldsymbol{c}_i\|\right)w_{i,j} \tag{9–36}$$

其中，$\boldsymbol{x}$ 代表的是空间任一点的投影矢量 (x,y)，$\boldsymbol{c}_i$ 代表的是第 i 个高斯基函数相对曲面原点的偏移量 (x_i,y_i)。

$$\boldsymbol{\Phi}=\begin{pmatrix}\phi_{0,0}(x,y) & \phi_{0,1}(x,y) & \cdots & \phi_{0,n}(x,y)\\ \phi_{1,0}(x,y) & \phi_{1,1}(x,y) & \cdots & \phi_{1,n}(x,y)\\ \vdots & \vdots & \ddots & \vdots\\ \phi_{m,0}(x,y) & \phi_{m,1}(x,y) & \cdots & \phi_{m,n}(x,y)\end{pmatrix}$$

在已知曲面面形和高斯基函数分布的情况下，可以反向求解出高斯基函数复合曲面的权重函数：

$$\boldsymbol{w}=(\boldsymbol{\Phi}^{\mathrm{T}}\boldsymbol{\Phi})^{-1}\boldsymbol{\Phi}^{\mathrm{T}}Z \tag{9–37}$$

式（9–36）和式（9–37）所示的两种高斯基函数复合曲面是通过将一组离散分布的高斯基函数曲面线性叠加形成的，用它对曲面进行拟合后，在高斯基函数的中心位置 (x_i,y_i) 上的拟合精度很高。该表达式采用矩阵集合代替级次展开，对于像差的控制力更强，与 Zernike 圆域正交的描述方式相比，高斯基函数自由曲面对于矩形或其他形状的非球面描述能力更强，很容易实现面形的局部控制。然而目前高斯基函数复合曲面的研究还不完善，高斯基函数的密度、基函数 σ 的选取对该类型自由曲面的设计有着至关重要的作用。对于不同形状、大小的曲面，需要的高斯基函数分布的密度各不相同，而且不能保证精度。目前有关基函数及其分布密度的选取没有合适的结论，使它的推广应用受到了一定的限制。完成一次高斯基函数复合曲面运算的时间复杂度为

$$T_{\text{Gauss}} = m \times n \times (3 \times t_{\text{add}} + 2 \times t_{\text{mul}} + 3 \times t_{\text{mod}}) + t_{\text{sqrt}}$$

式中，m, n 分别为高斯基函数复合曲面在两个垂直方向上基函数的数目。

9.6.2　自由曲面设计实例–飞行模拟器光学系统实例

在典型的头盔显示器的设计中，如何选用合适的光学系统是一个关键性的问题。一般情况下用户需要长时间佩戴头盔，因此在光学系统的设计和研制中需要综合考虑视场角、出瞳距离、出瞳直径、光能利用率等光学性能因素以及重量和舒适程度等用户因素。这也导致光学系统的设计成为头盔显示器设计中的技术难点。

1. 头盔显示器典型光学系统

透射式头盔显示器光学系统的发展是由同轴旋转对称透射式结构逐渐演变到折反射式结构的，其设计旨在解决大视场和大出瞳直径的问题。通常这类头盔显示器的光学系统结构复杂，采用了大量的光学元件，将光学元件中心偏离光轴和相对于光轴倾斜，有些使用了衍射/全息光学元件和塑料材料，有些应用特殊面形的非球面，通过增加光学设计的自由度达到降低系统体积和重量的目的，但这些都直接导致加工成本昂贵并且使系统的装调变得十分困难。

（1）基于旋转对称结构的头盔式显示系统设计。

由于旋转对称光学系统本身结构简单，便于加工，当前已经广泛使用在现有头盔式显示器中，一种典型的旋转对称结构的头盔式显示器光学系统结构如图 9–61 所示。

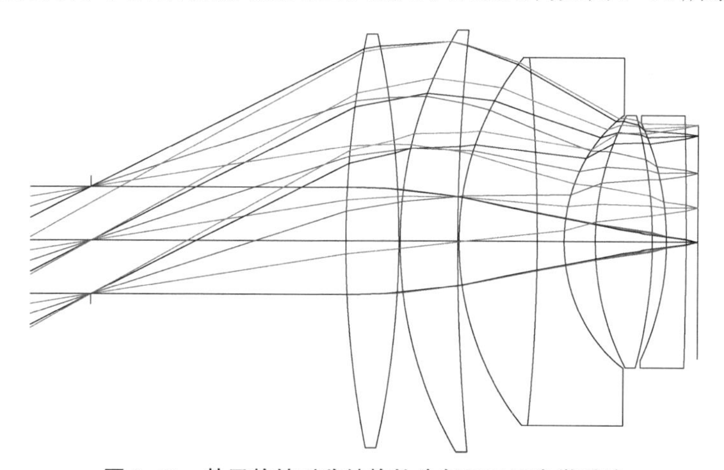

图 9–61　基于旋转对称结构的头盔显示器光学系统

该结构最大的优点是系统的光学像差较小，能够得到很好的光学性能。而且由于仅仅使用薄透镜和胶合透镜，系统整体加工装调难度较低，能够满足工业现场使用的要求。

（2）基于自由曲面的头盔式显示系统设计。

为了进一步简化光学系统，可以在设计中引入自由曲面棱镜的概念，其关键设计思路是：整个光学系统的核心是一个具有三个自由曲面的棱镜，而头盔显示器图像源的图像就是经过该棱镜三个离轴的光学表面不断地反射和折射最后成像在人眼的。北京理工大学光电学院程德文在自由曲面头盔所示器设计方面做了大量深入的研究，设计出了实用的自由曲面头盔所示器。所设计的自由曲面头盔所示器的结构如图 9–62 所示。

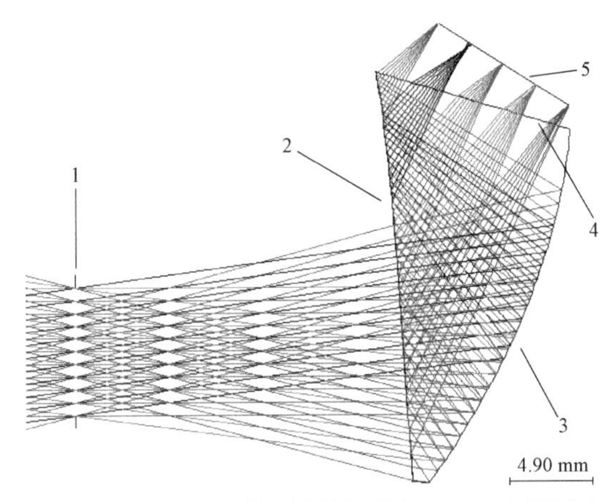

图 9–62　引入自由曲面棱镜的头盔显示器光学系统

头盔显示器光学系统的实际光路是由微型液晶显示器件 5 发出光线，如图 9–62 所示，先经过第三表面 4 透射进入自由曲面棱镜，然后在第一表面 2 内侧上发生全反射，经过第二表面 3 反射，最后再次经过表面 2 透射至人眼。但是从方便光学设计的角度出发，可以采用反向光路设计方式，即光线从人眼出发，经过自由曲面棱镜折反射然后到达图像显示器。为方便描述，元件及表面序号从出瞳（眼球）开始，1 为出瞳，即人眼位置；从观察者侧到像源方向，依次为棱镜的第一表面 2、第二表面 3 和第三表面 4，其中第一表面 2 相对于观察者侧为凹面形状的透射面；第二表面 3 相对于观察者侧为凹面形状的反射面，起放大图像的作用，外侧镀有反射膜层；第三表面 4 相对于观察者侧为凹面形状的透射面。

头盔所示器光学系统与传统的目镜类似，出瞳位于透镜的外侧，都具有焦距短、视场角大、入瞳和出瞳远离透镜组等特点。由于它的出瞳远离透镜组，视场角又比较大，轴外光线在透镜前表面上的入射高和入射角均会很大，造成轴外视场的像差如彗差、像散、场曲、畸变和垂轴色差都很大。为了校正这些像差导致目镜的结构比较复杂。由于畸变不影响成像清晰度，随着现有图像预处理和显示技术的不断提高，光学系统对畸变一般不做严格的校正，而是交由电路或者软件处理。

在经过大量的比较分析后，选取了一个初始结构，图 9–63（a）所示的是系统的二维结构图。图 9–63（b）所示的是以全孔径评估的 MTF 曲线图，图 9–63（c）和（d）是以 3 mm 出瞳直径计算的垂轴像差曲线。从 MTF 曲线图可以看出，系统的 MTF 在每毫米 12 线对以后几乎接近零。更为严重的是调整后系统的有效出瞳距离大幅缩短，减小到 14 mm；在第一个全反射面上光线的入射角远远小于临界角，从微显示器发出的光线无法按正常的预定光路进行传播进入位于出瞳处的人眼，因此需要重新进行优化设计。

在优化设计过程中，将棱镜三个表面的曲率半径、非球面系数，三个光学表面及像面在 *Y* 和 *Z* 方向的偏心，以及它们绕 *X* 轴的倾角作为优化变量，在优化过程中加入本节提出的五种约束条件进行控制，完成最终的优化设计。

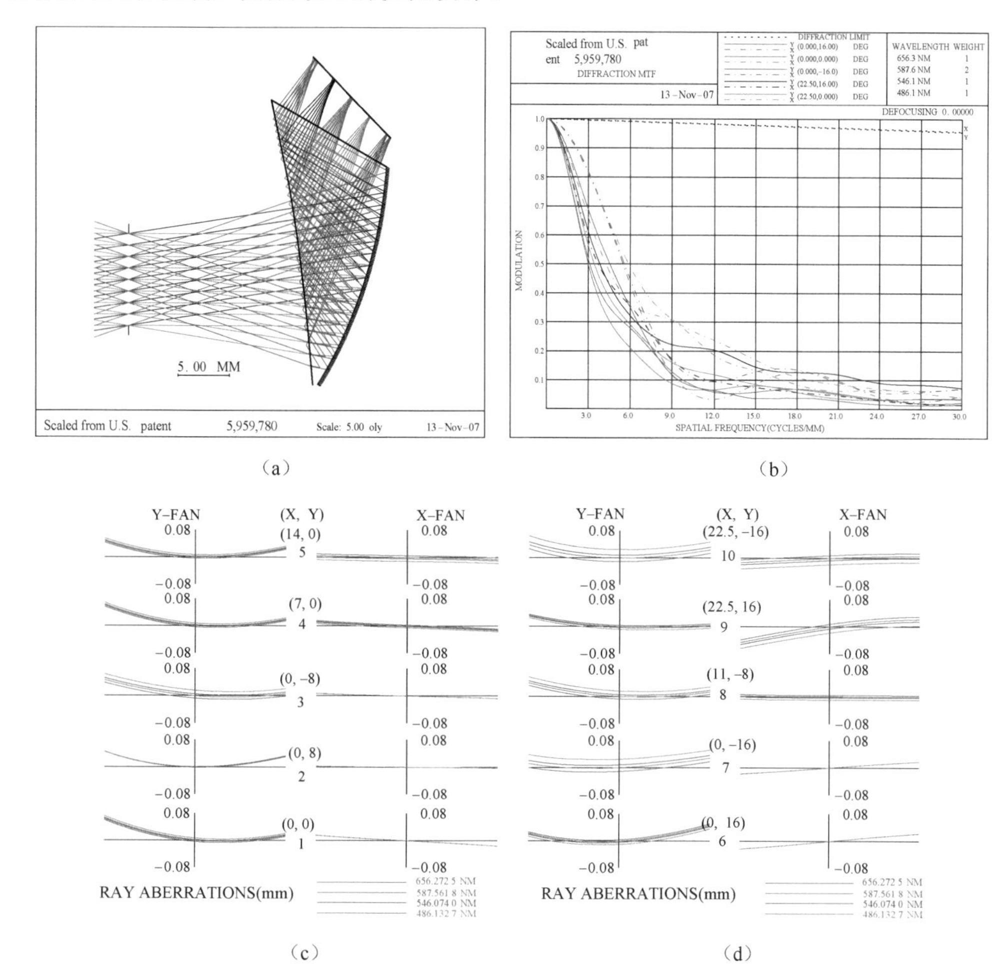

图 9–63　焦距缩放和视场、出瞳直径调整后的初始光学系统

（a）*YZ* 平面内初始结构二维视图；（b）MTF 曲线图；

（c）中心视场的垂轴像差曲线图；（d）边缘视场的垂轴像差曲线图

图 9–64（a）所示的是浸没式自由曲面楔形棱镜头盔所示光学系统设计结果的二维平面图，图 9–64（b）所示的是该系统的网格畸变图。可以看出系统呈梯形和桶形畸变，最大畸变发生在像面的左右上角，达到了 12%，需要进行电子畸变预处理。

图 9–65 给出了浸没式自由曲面楔形棱镜头盔所示光学系统设计结果的成像质量和像差曲线图，与图 9–64 相比，成像质量有了明显的改善，以 3 mm 出瞳直径评价时，在空间频率每毫米 30 线对处的 MTF 值基本上优于 0.2，系统的垂轴像差比优化前提高了一倍，满足人眼的观察需求。

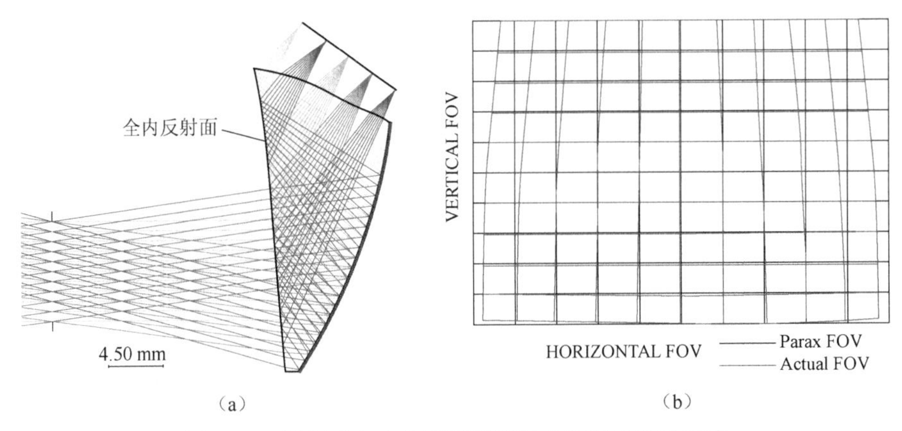

图 9–64　浸没式自由曲面楔形棱镜头盔所示光学系统

（a）二维设计结构图；（b）网格畸变图

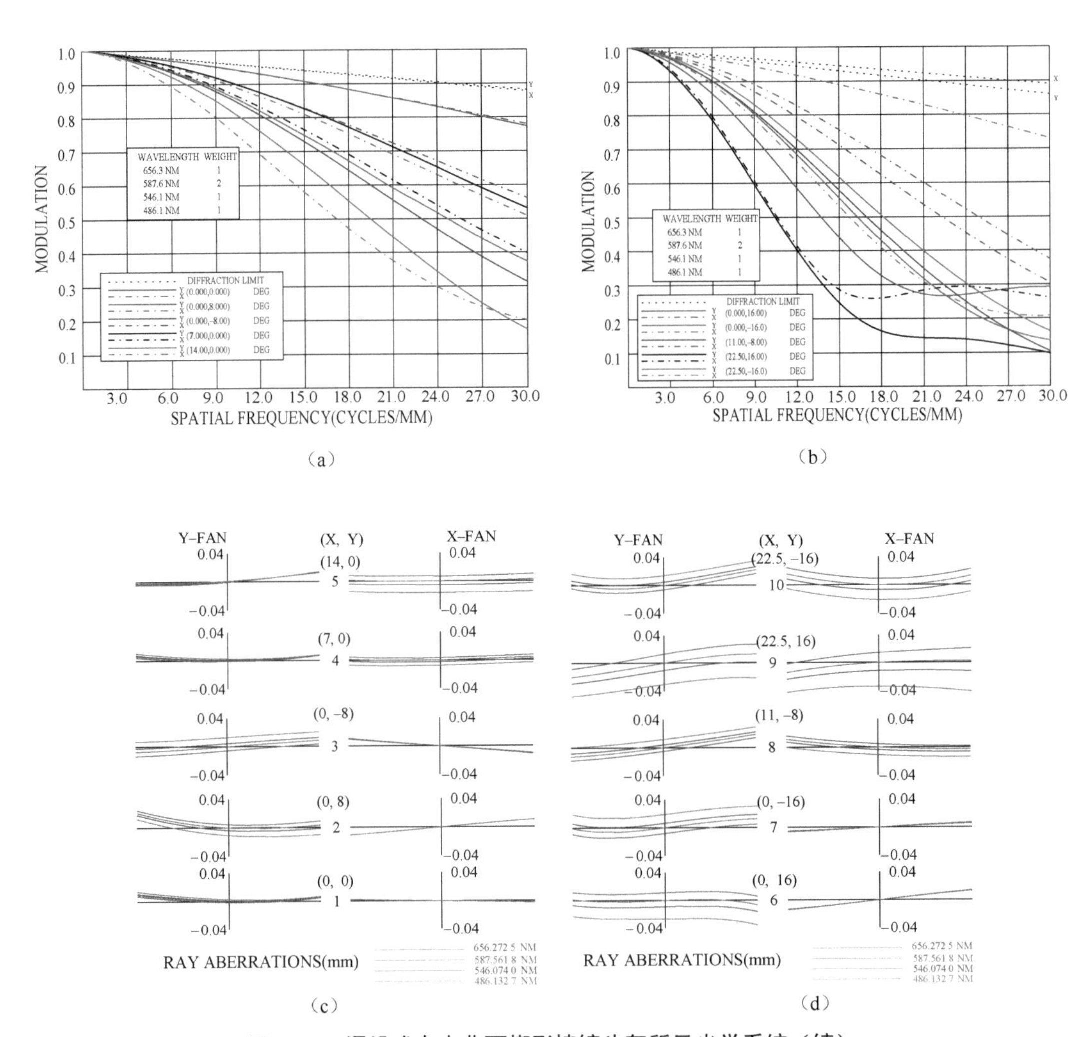

图 9–65　浸没式自由曲面楔形棱镜头盔所示光学系统（续）

（a）中间视场的 MTF 曲线图；（b）边缘视场的 MTF 曲线图；

（c）中心视场的垂轴像差曲线图；（d）边缘视场的垂轴像差曲线图

另外，考虑到增强现实头盔要求能够清楚地看到外界场景，并且能和虚拟场景相互融合，研究证明如果直接通过以上描述的单个自由曲面棱镜观察外界场景，外界图像会发生严重的倾斜和变形，影响其与虚拟场景的相互融合，因此必须增加附加棱镜来补偿光线的偏移和倾斜，即在前面介绍的自由曲面棱镜上，增加另外一个自由曲面棱镜辅助透镜作补偿，如图 9–66 所示，采用这种形式的光学系统能够很好地消除光线的偏移和倾斜。

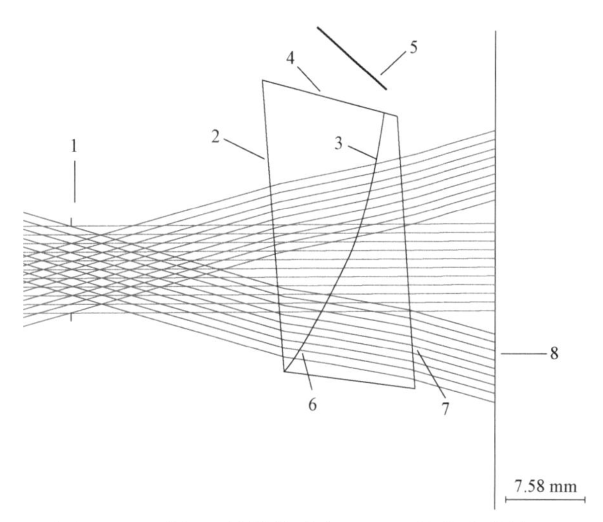

图 9–66　附加了棱镜的头盔显示器的光学结构图

从反向光线追迹的方向进行描述，光线从出瞳处出发，入射到自由曲面棱镜第一表面 2 透射到第二表面 3，第二表面 3 为半反半透面，部分透射到附加棱镜的光学表面 6 上进入附加棱镜，最后通过光学表面 7 出射。附加棱镜和主透镜胶合在一起。

由于使用了自由曲面，所以在优化设计时，各个光学表面的自由曲面系数为校正各种像差提供了更大的自由度。但是由于采用了离轴非对称结构，所以在设计过程中，边界条件的复杂性大大增加，所需的控制量不仅是中心和边缘厚度，还要对光学表面的偏心、倾斜和光学表面的相对位置进行约束。因此需要采用新的结构控制方法，保证系统的合理性和可行性，包括各边缘光线的位置约束和全反射条件控制等。

习　　题

1. 利用 Zemax 软件中的多重结构构造一个理想的变焦距系统，焦距从 30 mm～300 mm，给出变焦数据。

2. 设计一个对无限远成像的星敏感器光学系统，焦距为 100 mm，入瞳直径为 45 mm，物方全视场角为 23.5°，探测器像元尺寸为 6.4 μm，工作波段为可见光，要求型式为透射式且像方远心。

3. 查找一个照相物镜专利数据，并作为初始数据，输入 Zemax 软件进行设计。要求：焦距为 50 mm，工作波段为可见光，半视场角为 25°，相对孔径为 1:3。面型可以尝试采用非球面。

4. 设计一个三反射镜式空间照相物镜，主镜、次镜和三镜均为非球面。焦距为 2 000 mm，物方全视场角为 2°，入瞳直径为 300 mm，像元尺寸为 6.4 μm，工作波段为可见光。

5. 设计一个对无限远成像的车载探测镜头，工作波段为可见光，焦距为 3 mm，物方全视场角为 80°，像元尺寸为 6.4 μm。光学系统中的材料可以选择塑料，面型可选择非球面或自由曲面。

第 10 章
光学零件加工工艺

§ 10.1 光学材料的特性

光学零件是光学仪器最重要的组成部分，了解用于制造光学零件的光学材料的种类、性质以及与加工工艺性的关系，对于从事光学加工工艺是必要的。光学材料包括光学玻璃、光学晶体和光学塑料三大类。光学玻璃是用得最广泛的光学材料。由于人工晶体的培养比较困难，体积和尺寸受到限制，所以光学晶体只有在光学玻璃不能满足要求的情况下才使用，例如红外、紫外、偏振、闪烁等方面用的光学晶体，在激光技术上采用的激光晶体，以及非线性晶体（包括电光晶体、声光晶体、变频晶体）等。光学塑料属于有机高分子化合物，具有价格低、易成型、重量轻等特点，有很广泛的应用前景。

10.1.1 光学玻璃的特性

光学玻璃和普通玻璃之间的主要区别是：光学玻璃具有高度的透明性、物理及化学上的高度均匀性以及特定和精确的光学常数。因此，现代光学玻璃的成分组元不同于窗玻璃。

长期以来，各国对于本国所生产的各种牌号玻璃的成分和工艺是严格保密的。一般来讲，玻璃的主要成分是二氧化硅（SiO_2），又称石英砂，它使得玻璃机械强度高、化学稳定性好、热膨胀系数小，但熔点高（1 700 ℃以上）。

为改善玻璃的性能和满足光学系统成像，通常熔炼玻璃都加入其他物质，例如加入氧化铝（Al_2O_3）能提高玻璃的化学稳定性和机械强度；加入氧化铅（PbO）和氧化钡（BaO）可以增大玻璃的折射率，但化学稳定性下降；加入氧化钠（Na_2O），虽然玻璃的化学稳定性和力学性能变差，但它可以降低熔炼温度。此外，根据需要还可以加入其他物质。

光学玻璃还具备以下特性：

（1）各向同性。由于玻璃的均一化结构，使玻璃内部沿任何方向度量的物理性能（如折射率、硬度、弹性模量、热膨胀系数、导电系数等）是相同的。

（2）介稳性。玻璃态比晶态含有较高的内能，所以玻璃态有放出内能的倾向而转变为晶态的可能性。但是在常温下，玻璃态具有很高的黏度，阻碍着玻璃态向晶态的转变，因此，玻璃态有很高的稳定性。

（3）从熔融状态向固体状态转变的过程是连续可逆的。玻璃从熔融态冷却到固态是在一个相当宽的温度范围内完成的，变化过程是连续的，没有固化点，只有固化温度范围。随着固化温度的降低，熔融体的黏度越大，最后变成固态。这个性质对于玻璃的热处理工艺很有意义。

光学晶体的特性：在光学上应用的单晶体称为光学晶体，光学晶体内部的不同部位具有相同的性质，即均一性、各向异性、晶体的性质相对于晶轴的对称性、自范性、最小内能性和稳定性。

10.1.2 光学晶体的特性

光学晶体按用途分类主要有紫外晶体、红外晶体、激光晶体、偏振晶体、复消色差晶体等。按工艺性能分为硬质晶体（莫氏硬度为7～9，包括石英晶体、红宝石、钇铝石榴石等）、软质晶体（莫氏硬度为 2～4，包括萤石、方解石等）和水溶性晶体（如氯化钠、氯化钾、ADP、KDP 等）。萤石的硬度低、脆性大，加工时要特别小心，以免损伤表面和破裂。水溶性晶体具有潮解性，加工困难。

10.1.3 光学塑料的特性

光学塑料是有机高分子聚合物，由于它具有一定的光学、力学、化学性能和许多优点，能满足光学设计的要求，故多用于眼镜片、棱镜、菲涅耳透镜、DVD、VCD、CD–ROM 光头，以及照相机镜头等光电仪器的光学零件。

光学塑料与玻璃相比，具有密度轻、冲击强度高、易成型、成本低、耐温度变化能力强及透红外、紫外性能好等优点，但也具有硬度低、易划伤、热膨胀系数高、吸水性大、耐溶剂性差、光学常数选择范围小等缺点。

常用的光学塑料材料有聚甲基丙烯酸甲酯（有机玻璃、PMMA）、聚丙乙烯（PS）、苯乙烯、CR–39 等树脂材料。

以光学玻璃为基体的零件的基本工艺，包括毛坯的成型、粗磨、铣磨、精磨、抛光、磨边定心和胶合等工序。

§ 10.2 光学零件的技术要求

10.2.1 光学零件的技术要求

光学零件的技术要求是由设计提出的，是制定光学系统的质量指标的依据。光学零件的技术条件包括对光学材料的质量要求和对光学零件加工精度的要求。

1. 对光学玻璃的要求

光学零件对光学玻璃主要在折射率和色散系数、光学均匀性、应力双折射、光吸收系数、条纹度、气泡度等方面有要求。

1）折射率和中部色散与标准数的误差

色散表示光学玻璃对不同波长具有不同的折射率，每种玻璃都规定了标准的折射率数值。我国规定，主折射率是指光学玻璃对钠光 d 谱线的折射率。折射率、色散系数与标准值允许的误差，按规定标准分为 0，1，2，3，4 共五类。

2）同一批玻璃中折射率和中部色散的一致性

用 F 谱线和 C 谱线折射率之差（n_F–n_C）表示同一批玻璃的色散。在同一批玻璃中，折射率和色散系数的不一致性，在标准中规定为 A，B，C，D 四级。

3）光学均匀性

光学玻璃因退火温度不均匀或在内部残余应力作用下，使玻璃的各部分折射率产生差异。对于大尺寸光学零件，若光学不均匀存在面积较大，将降低像的分辨率和质量。根据玻璃的最小鉴别角φ和理论鉴别角φ_0的比值φ/φ_0，将玻璃的光学均匀性分为 1，2，3，4 四类。

4）应力双折射

光学玻璃存在内应力，加工中易破裂或产生残余变形，产生双折射现象，影响仪器的性能，因此，有些仪器应采用双折射 1 类玻璃制造。玻璃双折射分为 1，1a，2，3，4 共五类。

5）光吸收系数

光学系统成像的亮度与玻璃的透明度成比例关系。光学玻璃对某一波长光线的透明度，以光吸收系数 E 表示。国家标准规定，玻璃的吸收系数分为 00，0，1，2，3，4，5，6 共八级。

6）条纹度

条纹是由于玻璃内部的化学成分不均匀所产生的局部缺陷。条纹会造成光线的散射、折射而使波面变形。条纹度采用投影法进行检验，按规定分为 00，0，1，2 共四类，并按检验观察方向分为 A，B，C 三级。

7）气泡度

气泡是由于玻璃在熔炼中气体来不及溢出所致，它会造成光线的散射、折射而使波面变形，气泡度按最大气泡的直径分为 00，1，2 共三类，并按每 100 cm^3 玻璃内允许含有的气泡总截面面积分为 A_{00}，A_0，A，B，C，D，E 共七级。

对光学玻璃的要求见表 10–1。

表 10–1　对光学玻璃的要求

技术指标	物镜			目镜		分化板	棱镜	不在光路中的零件
	高精度	中精度	一般精度	视场角 $2\omega>50°$	视场角 $2\omega<50°$			
ΔN_d	1B	2C	3D	3C	3D	3D	3D	3D
$\Delta(n_F-n_C)$	1B	2C	3D	3C	3D	3D	3D	3D
光学均匀性	2	3	4	4	4	4	3	5
应力双折射	3	3	3	3	3	3	3	4
光吸收系数	4	4	5	3	4	4	3	5
条纹度	1C	1C	1C	1B	1C	1C	1A	2C
气泡度	3C	3C	4C	2B	3C	1C	3C	8E

注：1. 高精度物镜一般包括大孔径照相物镜、高倍显微物镜、测距仪物镜等；
2. 中等精度物镜一般包括一般照相物镜、低倍显微物镜等；
3. 对保护玻璃的要求可参照与它相近零件的要求来定；
4. 对鉴别率要求较高的复杂光学系统中的零件，其光学均匀性按鉴别率分配要求来定；
5. 对轴向通光口径大的零件所采用的材料，其气泡度要求可适当降低，按部标 WJ295—65 决定。

2. 对光学零件的要求

光学零件在抛光后除了有表面粗糙度要求外，还对以下指标和精度做出了具体的要求。

1）对光学样板的要求

在光学零件加工过程中，特别是在抛光工艺中，通常是用光学样板来检验工件的面形精度。光学样板半径所允许的误差ΔR对被检工件的面形精度有直接的影响。因此，光学样板的光圈数N_G应比其所检验的零件光圈数N严格3～5倍。标准样板的精度等级ΔR分为A，B两级。

2）对光圈数N和局部光圈ΔN的要求

零件表面与样板表面之间存在的偏差用两表面间的空气气隙所产生的干涉条纹数N（整个面形误差）和ΔN（局部误差）表示。

3）对透镜中心偏差的要求

透镜中心偏差是指透镜外圆的几何轴线与光轴曲率中心处的偏差，用C表示。显微物镜、广角物镜、复制照相物镜和望远镜的第一组分的表面，其中心偏差应为0.005～0.01 mm；目镜的中心偏差为0.03～0.05 mm；放大镜和聚光镜中心偏差为0.05～0.1 mm。

4）对透镜的厚度公差和空气间隙的要求

透镜的厚度公差和空气间隙的偏差会改变像差，影响像质，因此规定了对透镜的厚度公差和空气间隙的偏差限制。放大镜与普通目镜的透镜的厚度公差和空气间隙偏差为±0.1～±0.2 mm；复杂目镜的厚度公差和空气间隙偏差为±0.05～±0.1 mm；物镜的厚度公差为±0.1～±0.3 mm；胶合物镜的空气间隙精度为±0.03～±0.05 mm。

5）对表面疵病的要求

光学零件的表面疵病是指抛光后表面存在的麻点、划痕、开口气泡和破边等，用B表示。各种表面疵病见表10–2。

6）对光学零件气泡度的要求

对抛光后光学零件表面的气泡，若在光学零件图纸上未作要求，可以不检查。若在图纸上提出了要求，则可按规定要求检查。一般对气泡的标注方法有三种。

7）棱镜的制造公差

棱镜的制造公差包括平面几何公差、尺寸公差和角度公差。棱镜的形面公差也用N、ΔN表示，表面疵病B的指标与透镜相同。各种棱镜的角度误差基本控制在0.5′～10′。

8）平板零件的平行度公差

对平板光学零件的上下光学表面规定平行度要求，具体要求见图纸规定。

9）光楔角公差

光楔角度按高精度、中等精度和一般精度要求规定，其公差制定在±0.2″～±1′范围内。

各种光学零件的面形误差见表10–2。

表10–2　各种光学零件的面形误差

光学零件的种类		光学表面的允差		
		光圈数N	局部光圈ΔN	表面疵病等级B
物镜	瞄准和天文仪	1～3	0.2～0.3	Ⅶ
	望远镜	1～5	0.3	Ⅵ～Ⅴ

续表

光学零件的种类			光学表面的允差		
			光圈数 N	局部光圈 ΔN	表面疵病等级 B
物镜	航空摄影机		1～3	0.1～0.5	Ⅴ～Ⅵ
	照相机		3～5	0.3～0.5	Ⅴ～Ⅵ
	显微镜	低于 10 倍	1～3	0.2～0.5	Ⅲ
		10～40 倍	1～2	0.1～0.2	Ⅴ
		高于 40 倍	0.5～1	0.05～0.1	Ⅱ
接目镜、放大镜			3～5	0.5～0.8	Ⅲ～Ⅴ
棱镜	反射镜		0.5～1	0.1～0.3	Ⅱ～Ⅲ
	折射镜		2～4	0.5～1	Ⅱ～Ⅲ
光栅盘和分度划板			5～10	1.0～2.0	I_{-10}～I_{-30}
保护玻璃或物镜前的滤光镜			1～5	0.3～0.5	Ⅴ
目镜前或后的滤光镜			5～10	0.8～2	Ⅱ～Ⅲ
中等精度的反射镜			0.5～1.5	0.1～0.3	Ⅲ～Ⅳ

§ 10.3　光学零件的粗磨与精磨加工

10.3.1　散粒磨料的粗磨机理

光学零件从毛坯到加工成透明的光学表面，一般要经过粗磨、精磨、抛光等基本加工工艺过程。粗磨是将毛坯加工成具有一定几何形状、尺寸精度和表面粗糙度的工序。粗磨可根据生产批量和加工条件的不同，选择散粒磨料和固着的金刚石磨具来进行加工。粗磨的目的是提高效率，尽快切除多余的余量，以得到精磨工序所需的尺寸及几何精度。

散粒磨料是指用金刚砂和水搅拌而成的磨料对玻璃工件进行的粗磨加工。

使用散粒磨料加工玻璃，其工作原理如图 10–1 所示。散布于磨盘和工件表面之间的磨料，借助于磨盘在工件表面法线方向上施加的压力和磨盘与工件的相对运动，对工件表层产生微量的研碎和破坏，使工件表面逐次形成凹凸层和裂纹层，最后达到成型的目的。这种层和裂纹层的形成过程，其原理可表述如下：由于磨料颗粒在工件表面上的滚动和撞击，在玻璃表层形成裂纹，以后，磨料颗粒的相继滚动和撞击，再加上裂纹形成毛细管，使水渗入而引起水解作用，将锥状的破坏层去除，最后在玻璃表面上出现凹凸层，这种凹凸层常称作“砂眼”。图 10–1 所示为这种研磨过程的示意图。图 10–1（b）表示开始研磨时，参加研磨的磨料颗粒只占很小一部分（5%～10%），这主要是由于磨料颗粒在不同方向上的尺寸和磨料颗粒大小不均而造成的。也正是由于这个原因，使研磨过程带有冲击和振动，这种冲击和振动的力往往很大，甚至大大超过磨料颗粒本身的强度而使颗粒破碎。玻璃表层在冲击、振动的作用下，产生裂纹并逐渐加深。除此之外，压力 p、相对速度 a、磨料种类和粒度、玻璃种类以及其他工艺因素都是影响破坏层深度的因素。

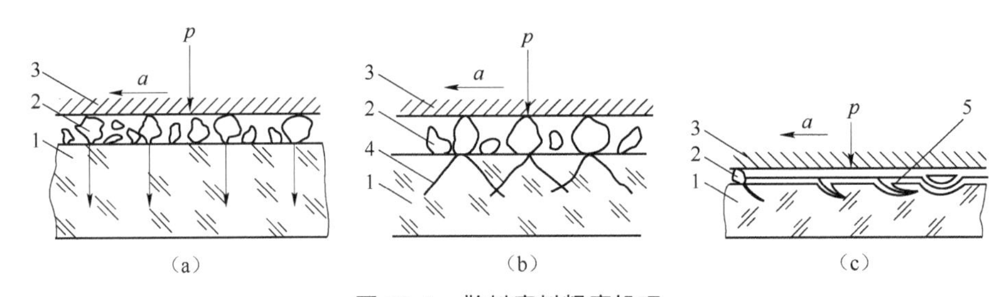

图 10–1　散料磨料粗磨机理

1—工件；2—磨料；3—磨盘；4—裂纹；5—水解物

图 10–1（c）表示磨料在工件表面形成的裂纹方向与工件表面倾斜，水在毛细管的作用下渗入裂纹内，与玻璃初生表面发生化学作用，水解生成的硅酸胶体对裂纹壁加压形成楔裂作用，进一步促进玻璃碎屑的脱落。

散料磨料粗磨加工设备简单，要手工操作，生产效率不高，适合生产量不大或不具备铣磨条件的场合。图 10–2 所示为散料粗磨机工作示意图，主轴上端装有平模或球模，可粗磨平面或球面工件。

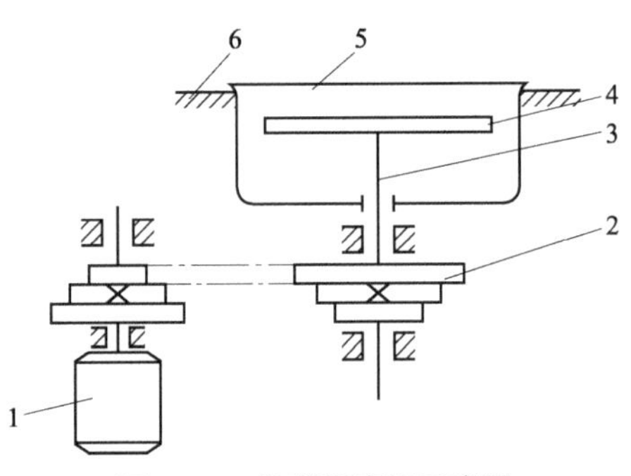

图 10–2　散料粗磨机示意图

1—电机；2—皮带；3—主轴；4—研磨盘；5—研磨盒；6—工作台面

球面零件的粗磨，即加工具有一定曲率半径、中心厚度和中心偏差不超出某一范围的光学零件，同时要求加工效率高、表面粗糙度好。所以粗磨球面要用从粗到细三道磨料加工。第一道磨料粒度的选择是根据加工工件弧高大小而定。单件弧高大于 1 mm 时，第一道砂选用大于 180#的磨料；弧高在 0.4～1 mm 时，选用 180#磨料；弧高小于 0.4 mm 时，选用 240#磨料或 280#磨料。粗磨完工后表面粗糙度要求达到 $Ra2.5\ \mu m$，相当于微粉磨料 W40 或 W28 加工的砂面。

粗磨用球模的材料多为铸铁。磨凸球面用凹球模，磨凹球面用凸球模，三道磨削分别使用三种曲率半径不同的球模，前道磨料所用球模是以下道磨料所用球模为标准修磨而成的，修磨精度要求有 1/2～2/3 的擦贴度。

图 10–3 所示为粗磨球面示意图，加工时将毛坯放在球模上，手指按住工件（较小的工件可黏结在木棒上加工），沿球模表面上下移动，移动幅度要使工件边缘超过球模中心，超出球模边缘，以使球模均匀磨损。在工件上下移动的同时，手指推动工件，使其不断绕自身轴线旋转，以防磨出偏心。以上为单件加工，球面粗磨也可以成盘加工。平面粗磨多用成盘加工，因为面积大、难度高，故效率也高。棱镜加工，往往用特殊夹具将各种棱面装夹成平面粗磨。

10.3.2　铣磨工艺

在铣磨机上采用金刚石磨具成型加工玻璃的方法称为铣磨工艺。这种方法实际是利用磨

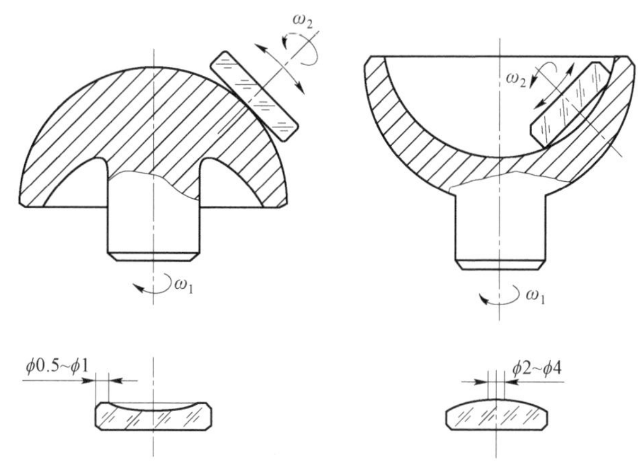

图 10–3　粗磨球面示意图

轮刃口轨迹包络面成型球面的方法，通常称为范成法。铣磨加工较散料加工具有生产率高、劳动强度小、质量稳定的优点，易于实现加工自动化。

由于磨具采用金属结合剂和超硬的金刚石磨料，磨轮硬度高，磨料不易脱落，磨轮不易磨损，保型能力强，可以采用高速铣磨，因此，加工精度也高。

1. 球面铣磨原理

球面零件铣磨加工要求达到一定的曲率半径和表面粗糙度。凸球面铣磨原理与凹球面铣磨原理如图 10–4 和图 10–5 所示。设磨轮轴与工件轴线相交于 O 点，两轴夹角为α，图 10–4 和图 10–5 中 1 为杯形金刚石磨轮，可绕轴线高速回转；工件 2 绕工件轴线回转。此外，工件或磨轮还要按工件的曲率中心回转，这三个回转动作即可包络出球面的轮廓，铣磨出球面零件。按图 10–4 和图 10–5 的几何关系有

$$\sin\alpha = \frac{D_{\mathrm{m}}}{2(R \pm r)} \tag{10–1}$$

式中，α——磨轮轴线倾角；

D_{m}——磨轮中径；

R——工件曲率半径；

r——磨轮端面圆弧半径（凸面取正号，凹面取负号）。

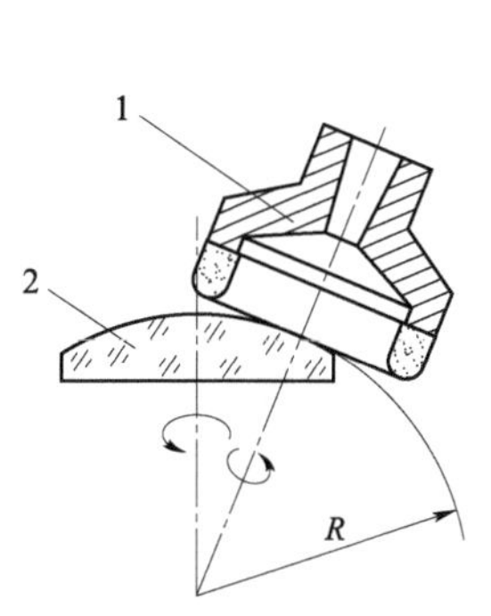

图 10–4　凸球面铣磨原理

1—磨轮；2—工件

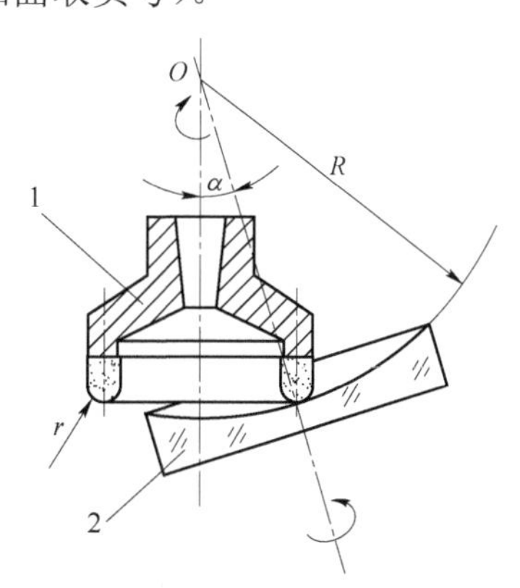

图 10–5　凹球面铣磨原理

1—杯形金刚石磨轮；2—工件

2. 平面铣磨原理

平面铣磨加工是为了获得具有一定平面或平行度要求的平面零件。平面零件实际是曲率半径为无穷大的球面零件，根据式（10–1），R 为无穷大，则α为零。因此，只需磨轮轴线与工件轴线平行，磨轮对工件的铣磨轨迹就是平面，如图 10–6 和图 10–7 所示。因此，在铣磨机上还可以加工平面。在实际加工平面或棱镜时，为了排屑和冷却的方便，有时允许α有微小的角度。

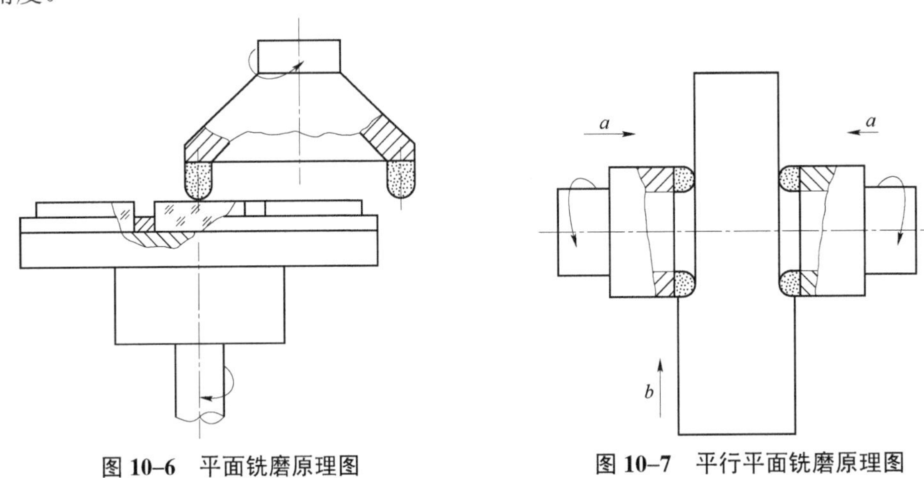

图 10–6　平面铣磨原理图　　图 10–7　平行平面铣磨原理图

10.3.3　影响球面铣磨精度分析

1. 影响球面铣磨精度的主要因素

影响球面铣磨精度的主要因素表现在对工件曲率半径精度的影响，主要影响因素如下：

（1）角度调整误差和磨轮刃口尺寸误差主要受磨轮轴线和工件轴线倾斜角的调整误差$\Delta\alpha$、磨轮刃口误差Δr 和磨轮中径误差ΔD_m的影响。

（2）如果$\Delta\alpha>0$，则球面曲率半径 R 减小，反之增加。

（3）$\Delta\alpha$一定，α越小（即 R 越大），ΔR 越大，所以加工曲率半径大的工件，由于α很小，故曲率半径精度很低。

（4）磨轮 r 的误差Δr 对曲率半径的影响是 r 增大（刃口变钝），R 减小；对凹球面，r 增大，$|R|$增大。相反，则无意义。

（5）磨轮中径 D_m 的误差ΔD_m 对曲率半径的影响是$\Delta D_m>0$，则$|R|$增大。

（6）当$\Delta\alpha$、Δr 和ΔD_m一定时，α越大，ΔR 越小，即加工小曲率球面时精度越高。

2. 中心调整误差的影响

机床经过初步角度调整后，磨轮端面不一定正好处在工件表面中心，一般情况下会在工件表面中心出现一小凸包，消除这一凸包的调整称为中心调整，如图 10–8 所示。中心调整的目的是消除凸包，即使工件平移δ距离，观察铣磨的螺旋状磨纹情况［图 10–8（c）］，直到消除凸包为止。由于工件移动了δ距离，但是工件的曲率半径又有了变化，又要修正曲率半径，因此，中心调整和角度调整需要交叉进行，反复试验，直到达到要求为止。

3. 磨轮轴高低调整的影响

如果磨轮轴与工件轴存在高低误差 h，则会产生非球面误差。

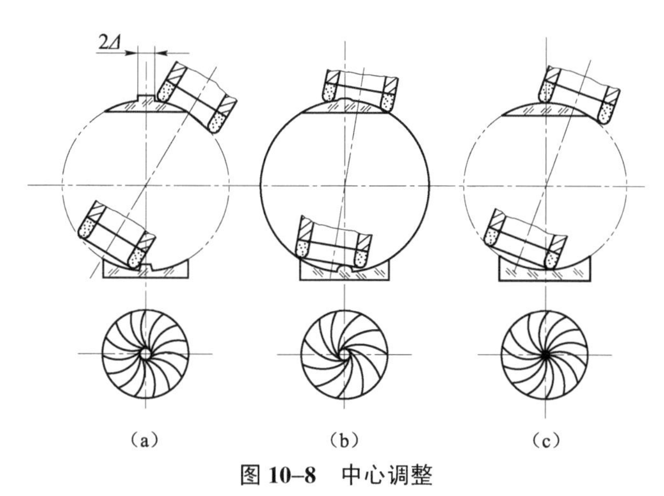

图 10–8　中心调整

（a）磨轮未到中心；（b）磨轮超过中心；（c）磨轮位于工件中心

4. 磨轮轴和工件轴径向跳动的影响

径向跳动的影响与高低调整误差和中心调整误差的影响相同，会产生非球面误差。生产中，磨轮轴与工件轴径向跳动允差为 0.005～0.01 mm，对球面半径精度影响不大。

5. 工艺参数的影响

工艺参数对铣磨质量的影响主要包括磨头转速、工件转速、磨削压力、吃刀深度、冷却液种类等因素对工件质量的影响。

1）磨头转速的影响

磨头转速又称磨削速度，是指磨轮边缘的线速度，磨削速度越大，效率越高，表面粗糙度越低。经验表明，磨削速度在 12～35 m/s 时，磨削效果好。磨削速度过高，机床振动加大，会影响加工质量；速度偏低，切削力增大，会影响加工质量，降低加工效率。磨削速度 v 与磨轮直径 D（mm）和磨轮转速 n（r/min）的关系如下：

$$v = \frac{\pi D n}{60 \times 1\,000} \tag{10–2}$$

2）工件转速的影响

工件转速是指工件轴的转速，可以根据工件直径大小来调整工件的线速度。工件的线速度实际是工件的进给速度，一般为 150～250 mm/min。实际操作中常以加工时间来体现进给速度，例如加工一个球面，小型球磨机为 0.5～3 mm/min。进给速度越低，加工时间越长，表面粗糙度越低，磨轮保型时间越长，寿命越高。

3）吃刀深度的影响

吃刀深度是指工件转动一周的切削深度，切削深度越大，铣磨效率越高，但表面粗糙度越大，因此，铣磨余量是分多次铣磨切除的。吃刀深度的选择与磨具的金刚石层厚度有关，吃刀深度不应超过金刚石层厚度，否则易损坏磨轮。

4）磨削压力的影响

磨削压力是指磨轮传给工件表面的单位面积压力，磨削压力增大可以提高磨削效率，但会使表面粗糙度加大。

5）冷却液的影响

冷却液具有冷却、清洗、润滑作用。对于粗磨工序，冷却液的主要作用是冷却。在玻璃的磨削过程中，会产生摩擦热和材料的变形热，必须将产生的热量及时排走，否则会影响磨具的使用寿命和工件的质量。目前使用的冷却液主要有水溶性冷却液、乳化液冷却液和油性冷却液三类。水溶性冷却液的冷却、清洗、润滑效果都很好，工件表面粗糙度也低，因此主要用于金刚石高速精磨小球面和粗磨工序。锯切、粗磨以使用油性或乳化液冷却液为好，对保持磨料的锋利有好处。

6. 磨轮特征参数对加工质量的影响

金刚石磨具（包括磨片）是由金刚石磨料加入结合剂混合后，按照磨具形状压制烧结而成的。磨具的特征参数由磨料、粒度、结合剂、硬度、形状组成。

1）磨料粒度的影响

我国关于磨料的粒度以筛号表示其粒度。筛号用一英寸长度内的孔目数表示，如100号粒度就是在1英寸内有100个孔。粒度细于280号，用微粉W表示，如W40，表示基本粒度平均上限为40 μm。磨料粒度越粗，磨削效率越高，表面粗糙度越差。金刚石磨料代号为JT、JR–1、JR–2、JR–3，常用粒度为$80^{\#}$～W5。

2）结合剂的影响

结合剂的作用是将磨料固定在磨具基体上，常用的结合剂有陶瓷（A）、树脂（S）、金属（青铜）（Q）和电镀（D）结合剂。电镀结合剂（D）是在金属轮上采用电镀工艺，将磨料（多为金刚石磨料）固定在磨轮表面上，因此，磨料仅有一层。由于金刚石磨料为超硬磨料，不易磨损，为防止磨料的脱落，多采用金属结合剂或电镀结合剂。不同的结合剂对加工效率和表面粗糙度的影响稍有不同。

3）浓度的影响

仅金刚石磨具存在浓度概念（立方氮化硼CBN磨料也有浓度的概念，CBN磨料用于磨削钢材，不用于磨削玻璃）。浓度是指在磨料层内，1 cm^3所含的金刚石磨料的克拉数（一克拉金刚石为0.2 g重），每多含1.1克拉，浓度增加25%，如每立方厘米含4.4克拉，浓度为100%。浓度越高，研磨效率越高。由于金刚石磨料较刚玉要贵，因此浓度不宜过高。

研磨玻璃所用的磨料主要有人造金刚石、刚玉（Al_2O_3）、金刚砂（主要成分为氧化铝）和碳化硼等。在粗磨中，使用最多、效率最高的磨料是金刚砂，其莫氏硬度为9.5～9.75。精磨中最常用的是刚玉，莫氏硬度为9。人造刚玉价格便宜，使用广泛；其次是碳化硼磨料。

硬度是表示磨轮上磨料在抵抗外力作用时从结合剂上脱落的能力，硬度越硬，磨料越不易脱落，常用的硬度有中等（Z）、中硬（ZY）、硬（Y）。磨轮的外形有多种，主要有平行轮（P）、薄片轮（PB）、杯形轮（B）、碗形轮（WB_1、WB_2）和碟形轮（D_1、D_2）等。

10.3.4 球面铣磨的表面疵病

球面铣磨产生的表面疵病常见的有细密菊花纹（细密振纹）、宽疏菊花纹、麻点、擦贴环有缺口（或擦贴环带脱空）和球面偏心等，如图10–9所示。

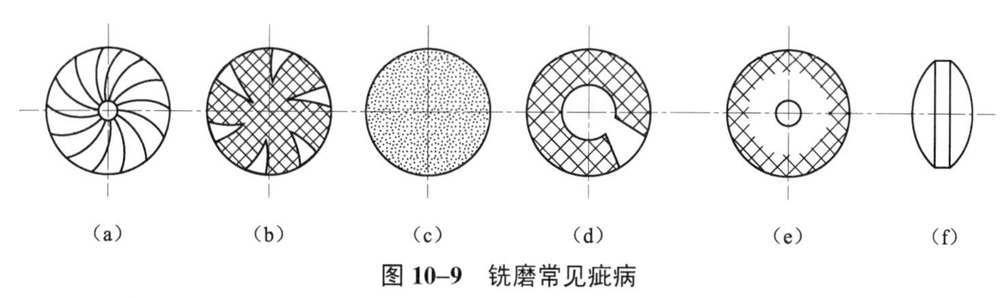

图 10–9　铣磨常见疵病

(a) 细密菊花纹；(b) 宽疏菊花纹；(c) 麻点；(d) 擦贴圈有缺口；(e) 擦贴环带脱空；(f) 球面偏心

1. 细密菊花纹和宽疏菊花纹

菊花纹影响关键的表面粗糙度，细密菊花纹产生的原因比较复杂，主要是由磨头误差与振动造成的。磨头的预紧力对细密菊花纹也有一定影响。如果预紧力减小，在光磨（或称光刀）过程中，磨削力减小会引起磨头的振动增大，产生细密菊花纹。出现宽疏菊花纹的主要原因是工件主轴的轴向窜动，消除工件轴的微量窜动，即可消除宽疏菊花纹。

2. 麻点

麻点的产生主要是铣磨速度过高、进给速度过快，磨头表面的磨粒来不及切除表面的玻璃层，对工件表面的压力作用引起的工件表面玻璃的挤压破裂。选择适当的磨削速度和进给速度，加强冷却液的冲洗，保持磨料的锋利性，可以消除麻点。

3. 擦贴环带有缺口

采用擦贴法检验球面工件，有时会出现擦贴环带有缺口，表明工件表面局部有凹陷。产生的原因主要是光刀时间不够、密封圈过厚。光刀的作用是消除由于螺旋进刀工件表面产生的螺旋刀痕，一般光刀时间至少为工件回转一周所需的时间。在铣磨工序中，常采用真空吸夹，若橡胶密封圈过厚，在铣磨中轴向磨削力的作用下会引起密封圈压缩不均匀，导致工件偏斜，造成擦贴环带有缺口。只要避免上述的因素，即可消除擦贴环带上的缺陷。

4. 擦贴环带脱空

工件边缘及顶部与精磨磨具擦贴，其余部分不擦贴，会出现擦贴环带脱空现象。出现该现象说明零件表面不是球面。产生这种疵病的原因是机床主轴轴线与磨具轴线不相交。若将机床主轴轴线与磨具轴线的相交误差控制在 0.03 mm 以内，将不会产生明显的擦贴环带脱空现象。

5. 球面偏心

造成球面工件偏心的主要原因是夹具定位面的偏心。过大的偏心量会增加磨边的磨削量，甚至造成废品。因此，在磨具制造中，特别要注意夹具定位面 d 与夹具口径 D（图 10–10）对工件回转轴的同轴度。

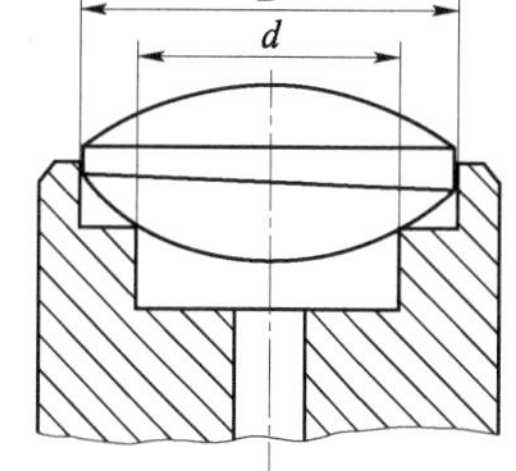

图 10–10　球面偏心影响

10.3.5　精磨

精磨是粗磨和抛光中间的一道工序，其目的是减小工件表面的凹凸层深度，进一步改善工件表面的曲率半径精度（对于球面工件）或平面度（对于平面工件）。精磨工艺除了采用古典法（散料精磨法）外，还有金刚石磨片的成型高速精磨法。

成型高速精磨法的磨具是将金刚石精磨片按一定的形式排列在磨具体上，用黏结剂粘结而成的。在精磨过程中，工件的几何精度和表面质量主要是靠磨具保证的。因此，金刚石磨具的尺寸、性能、覆盖比、排列方式和膜片的特性参数（粒度、浓度、结合剂等）都将直接影响工件的表面质量和加工效率。

球面镜的精磨是将工件胶粘在球面镜盘上进行精磨的，将工件胶粘在球面镜盘的过程称为上盘。

镜盘的上盘应满足上盘过程力求不产生应力、不产生机械损伤、能承受加工中的速度和压力及上盘方法简单快捷的要求。球面镜盘的上盘方法分为弹性上盘和刚性上盘两种，如图 10–11 所示。弹性上盘先做火漆团；刚性上盘与弹性上盘的区别是上盘定位基准不同，弹性上盘是以被加工面作定位基准，刚性上盘是以黏结面为定位基准。所以，弹性上盘的黏结胶厚度较大，加工中有一定的弹性；而刚性上盘则胶层较薄。有关球面镜精磨工艺中的球面镜盘及各种球模的设计方法请参考有关光学零件加工教材。

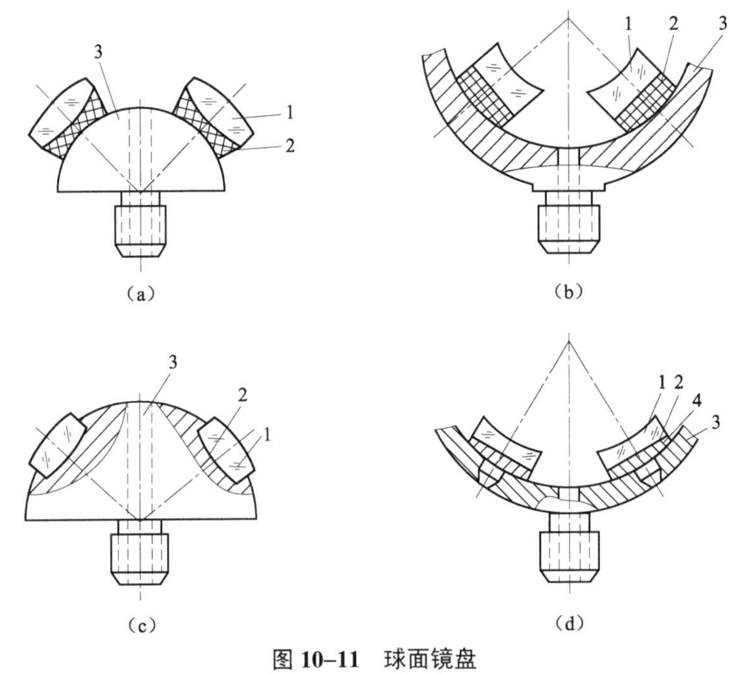

图 10–11　球面镜盘

（a），（b）弹性上盘；（c），（d）刚性上盘

1—工件；2—黏结胶层；3—黏结膜；金属垫块

§ 10.4　抛光工艺与技术

抛光的目的是去除精磨后工件表面产生的凹凸层及裂纹层，使工件表面透明光滑，达到规定的表面疵病等级；其次精确地修整表面的几何形状，达到规定的面形精度 N 和 ΔN。

获得合理的工件精磨后表面结构对下一步抛光过程是极其重要的，它直接影响抛光效率及加工质量。精磨表面的性质可由宏观的和微观的表面不规则性来表示。

抛光过程基本上可分成两个阶段，第一阶段为去除凹凸层，第二阶段为去除裂纹层。

抛光开始时，抛光模和工件表面的凹凸层顶峰接触压强很大，而工件表面凹谷为抛光液进入整个加工表面又提供了良好的条件，因此抛光过程十分迅速。随着抛光过程的继续，接触面积增大，压强减小，抛光液的附着能力降低，使抛光过程减慢。当抛光层达到工件表面裂纹层时，工件表面同抛光模表面全部接触，抛光过程趋于稳定缓慢，抛光模开始钝化，继续抛光，钝化加剧，抛光效率进一步下降。钝化程度随抛光过程的持续时间而定，而抛光持续时间直接取决于工件表面裂纹层的破坏深度。

采用不同的精磨方法，或者在同一方法中随磨具的钝化程度、冷却润滑状态的不同，所得的裂纹层深度也不同。用钝化了的金刚石磨具加工的工件，虽然凹凸层较小，但裂纹层却很深。因此，不仅要考虑工件表面凹凸层对抛光的影响，同时也要把裂纹层深度作为精磨工序的重要指标。

关于玻璃抛光的机理，多年来人们对玻璃的抛光进行了研究，至今仍没有统一的观点，主要观点有纯机械学说、流变学说、机械与物理化学学说和化学学说等，无论哪一种学说，都认为影响抛光效率的是抛光模材料、抛光液，此外主轴转速、压力和抛光液的进入能力等也是主要因素。

10.4.1　抛光辅料

1. 抛光粉

抛光中对抛光粉和抛光模层材料等辅料有严格的要求。

1）对抛光粉的要求

抛光粉磨料结晶组织应有一定的晶格形态，抛光粉磨料晶粒破碎时应形成锐利的尖角；抛光粉的纯度要高，粒度大小均匀一致；硬度适中，有很好的分散性和吸附性。抛光粉粒度大，切削力强，但抛光后工件表面粗糙度差。要根据零件的表面粗糙度要求，选择适当的抛光粉种类和粒度。

2）抛光粉的种类与性能

在光学玻璃抛光过程中，常用的抛光粉有氧化铈（CeO_2）、氧化铁（Fe_2O_3）和氧化锆（ZrO_2）等。

氧化铈抛光粉是一种稀土金属的氧化物，为立方晶系，颗粒外形呈多边形，棱角明显，平均直径约 2 μm，硬度为莫氏硬度 7～8，它比氧化铁抛光粉具有更高的抛光效率。氧化铈抛光粉颜色有白色的（氧化铈含量达 99%以上）、淡黄的（氧化饰含量达 85%～95%）、棕黄色的（氧化饰含量达 45%～50%）。

氧化铁抛光粉（又称红粉）是一种 α 型氧化铁（$\alpha-Fe_2O_3$），为斜方晶系，颗粒外形呈球形，边缘有絮状物。颗粒大小为 0.5～1 μm，硬度为莫氏硬度 4～7，颜色有从黄红色到暗红色若干种。

氧化铈和氧化铁抛光粉的比较：

氧化铈的硬度高，颗粒较大，且呈多边形，因此抛光能力较强。由于氧化铈的熔点高、密度大，晶体点阵的能量大，同时，立方晶系物质比单斜晶系物质对玻璃的擦刮力大，因而氧化铈的抛光能力强。一般来说，氧化铈的抛光效率比氧化铁大一倍以上，因此，目前生产中大多数使用氧化铈。由于氧化铁颗粒较小，外形呈球状，硬度较低，因此，对表面粗糙度要求高的零件，使用氧化铁抛光效果较好。

氧化锆抛光粉是单斜晶系，温度达 1 000 ℃以上时变为正方晶系，莫氏硬度为 6.5，是白色粉末。

就抛光能力而言，氧化铈抛光粉最强，氧化锆次之，氧化铁最弱。

2. 抛光模层材料

抛光模层是影响抛光效率和抛光质量的重要因素之一。古典抛光法抛光膜层（又称抛光胶）的主要成分为沥青和松香（俗称抛光柏油）。这种抛光胶具有一定的硬度、弹性和可塑性。抛光时应按镜盘大小、玻璃牌号和室温等条件来选用软硬合适的抛光胶。增加松香含量会提高抛光胶的硬度，反之，则会降低硬度。高速抛光胶目前普遍使用的是由柏油、合成树脂和填料等组成的混合胶。这种胶仅是一种由古典法向合成树脂（塑料）过渡的形式，它虽然具有抛光柏油的优点，但不能承受很高的转速和压力。高速抛光胶应具有微孔结构，良好的耐磨性、耐热性、吻合性和一定的硬度等性能。

1）沥青

常用的石油沥青含有油分、胶脂及沥青质等成分。油分使沥青具有流动性；胶脂使沥青具有弹性及延性；沥青质具有黏度及温度稳定性。沥青质软，具有良好的柔软性，对温度变化不大敏感，它是作为抛光胶的增塑剂加入的，可使抛光柏油具有可塑性和稳定性。

2）松香

松香是由松脂提炼得到，无一定熔点，其软化点为 50～70 ℃，纯度越高其透明度越好。松香具有较高的黏结能力和足够的硬度，但是脆性较大。

3）蜂蜡

蜂蜡是天然产物，具有不透水性、可塑性、黏结性和对酸烷的化学稳定性。在抛光胶中加入少量蜂蜡能加强柏油对抛光粉的吸附力。

4）环氧树脂

环氧树脂（604#）具有黏结力强、收缩率小、耐腐蚀性强，对酸碱和许多溶剂具有很强的抵抗能力。在柏油混合模中加入环氧树脂可以提高模层的尺寸稳定性，使面形不易变形。

环氧树脂（6101#）是热塑性树脂，具有变形小、硬度及耐磨性高的特点，但其吸附性差、弹性小，需要加入其他材料才能用于抛光。

尼龙粉（1010#）在环氧树脂摸中作填料，能提高硬度、耐磨性，增强切削力和吸附力。

用于环氧树脂的固化剂有无水乙二胺、聚酰胺，脱模剂有甲基硅油等。

5）松香改性酚醛树脂（210#）

在柏油混合模中加入松香改性酚醛树脂（210#），可以提高模具的硬度和耐热性。

6）羊毛

羊毛具有细、质软及耐磨等特点。在柏油混合模中加入羊毛能对各种原料起连接作用，提高模具的硬度、弹性和切削率。

10.4.2 光圈识别

光学零件的抛光质量要求包括光学表面疵病符合规定的等级和光学表面的几何形状。

检测光学零件的光学表面几何形状准确程度（面形精度）的方法很多，在光学加工中广泛采用光学样板作干涉图样检验，它具有简便、直观、精确的特点。

光学样板检验原理：当光学零件的被检表面和样板的工作表面（参考表面）相接触时，由于两者的面形不一致，会产生一定的空气隙。当波长为λ的光照射到空气隙上，便形成等厚干涉条纹，如图10–12所示。

从等厚干涉知道，相邻两亮条纹之间空气隙厚度差近似为$\lambda/2$，即通常所说的一个干涉纹（光圈）相当于空气隙厚度变化为$\lambda/2$，因此，光圈数为N的部位所对应的空气隙厚度变化为$N\cdot(\lambda/2)$。所以，光学零件的面形精度可以通过垂直位置观察到的干涉条纹的数量、形状、颜色及其变化来确定。对于白光，若取其波长λ=0.25 μm，相差一个光圈时厚度相差0.25 μm。

检验光学零件的面形精度有三个指标：曲率半径偏差（以N表示）、像散偏差（Δ_1N）和局部偏差（Δ_2N）。

因为曲率半径偏差方向不同，样板与被检表面在边缘部位接触部位也不同，因此产生的光圈也不同，分为低光圈和高光圈。低光圈表示样板与被检表面在边缘部位接触，对于凸球面，则表示曲率半径大于样板；对于凹球面，则表示曲率半径小于样板；对于平面，则表示被检平面变为凹球面。高光圈表示样板与被检球面在中间部位接触，对于凸球面，则表示曲率半径小于样板；对于凹球面，则表示曲率半径大于样板；对于平面，则表示被检平面变为凸球面。

1. 高低光圈的识别

1）加压法

低光圈：条纹从边缘向中心收缩，光圈减少并变粗。

高光圈：条纹从中心向边缘收缩，光圈也相应减少变粗。

加压法识别光圈如图10–12所示。

2）一侧加压法

在光圈减少的情况下常用此法。

低光圈：条纹弯曲方向背向压点；

高光圈：条纹弯曲方向朝向压点。

一侧加压法识别光圈如图10–13所示。

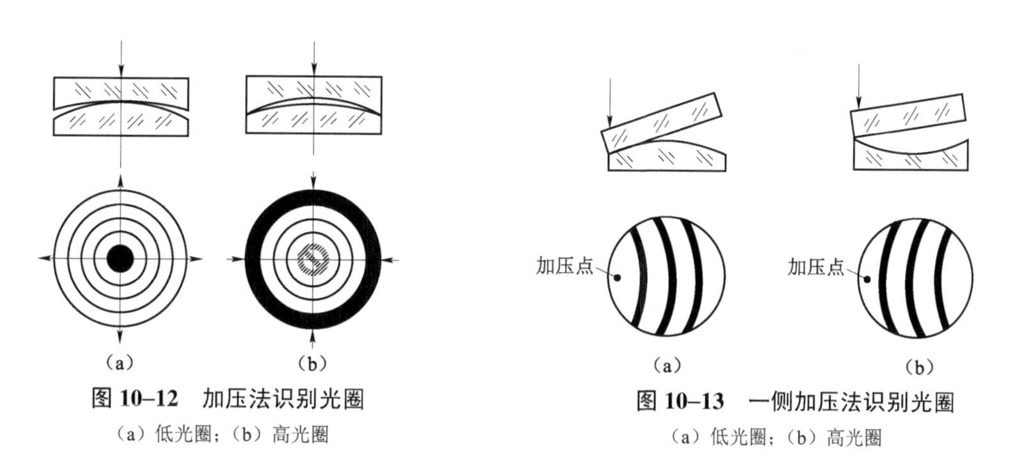

图10–12　加压法识别光圈

（a）低光圈；（b）高光圈

图10–13　一侧加压法识别光圈

（a）低光圈；（b）高光圈

3）色序判断法

在自然光中，各色光的波长是从红光向紫光逐次减短，因此在同一个干涉级中，波长越长，产生干涉处的间隙也越大。若从中心到边缘的颜色序列为黄、红、蓝，则为高光圈，如

图 10–14 所示。

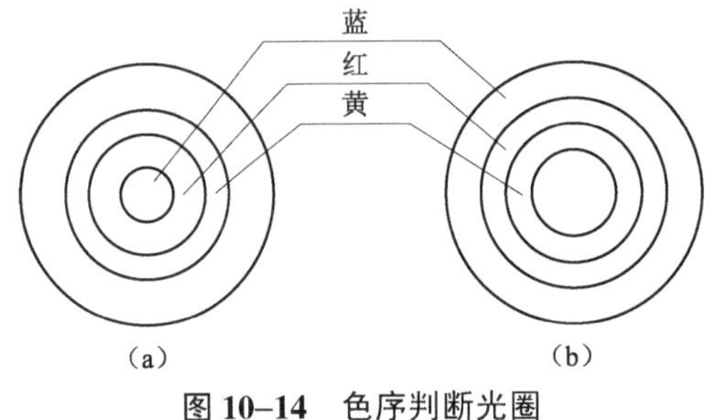

图 10–14　色序判断光圈

（a）低光圈；（b）高光圈

2. 光圈数的度量

1）当光圈数 $N>1$ 时

以在有效检验范围内直径方向上最多光圈数的一半来度量。图 10–15 表明在被检验光学表面仅有半径偏差情况下的光圈数的度量方法以及表示偏差大小和方向的误差曲线。平行线为表示具有$\lambda/2$ 间距的球面（或平面）。当白光照明时，一般以红色条纹出现的数目计算光圈数（实际上以亮带计算条纹数），但是由于半波损失少算了半道圈。

2）当光圈数 $N<1$ 时

在单色光照明时，以通过直径方向上干涉条纹的弯曲量 h 相对于条纹间距 H 的比值来度量，如图 10–16 所示。光圈数 N 为 $N=n/H$ 。

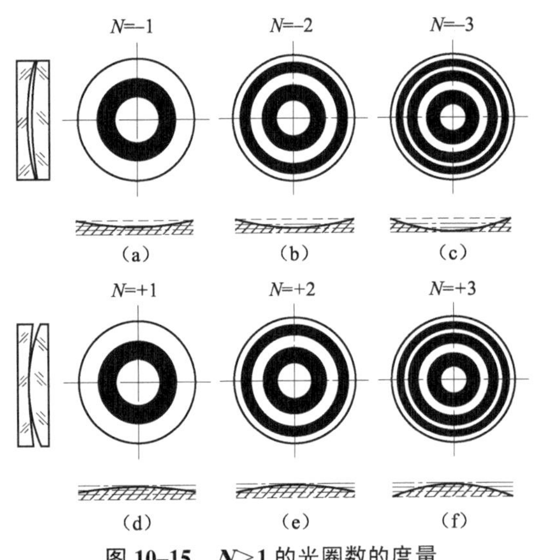

图 10–15　$N>1$ 的光圈数的度量

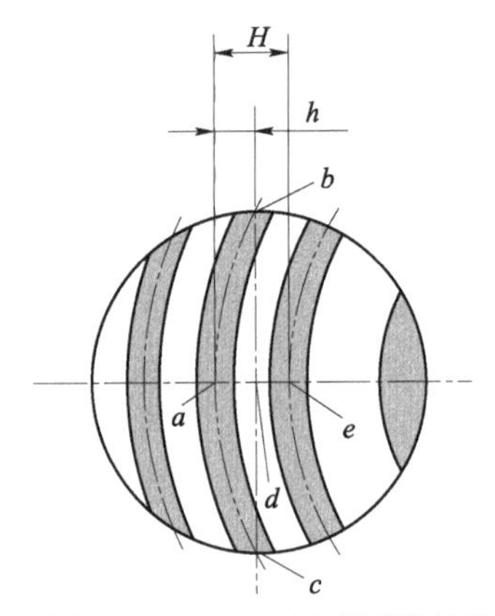

图 10–16　$N<1$ 时光圈数的度量

h—干涉条纹的弯曲量；H—条纹间距

3. 像散偏差的识别和度量

被检验光学表面在两个相互垂直方向上的光圈数不相等所产生的偏差称为像散偏差，用 $\Delta_1 N$ 表示。像散偏差的大小是以两个相互垂直方向上 N 的最多代数差的绝对值来度量的。

1）椭圆像散光圈

椭圆像散光圈表明被检验光学表面在 $X–X$ 和 $Y–Y$ 方向上的光圈数 N_X 和 N_Y 不等，偏差方向相同。如图 10–17 所示，由于 $N_X=1$，$N_Y=2$，故被测表面的光圈数应取大值，即 $N=2$，椭圆像散光圈数 $\Delta_1 N=|N_X-N_Y|=1$。

2）马鞍形像散光圈

被检验光学表面在 $X–X$ 和 $Y–Y$ 方向上的偏差方向不同，而中心偏差在 $X–X$ 和 $Y–Y$ 的方向椭圆像散光圈都为 0 时产生马鞍形像散光圈。如图 10–18 所示，由于 $N_X=-1$，$N_Y=+1$，所以被测表面的光圈数 $N=1$，马鞍形像散光圈数 $\Delta_1 N=|N_X-N_Y|=2$。

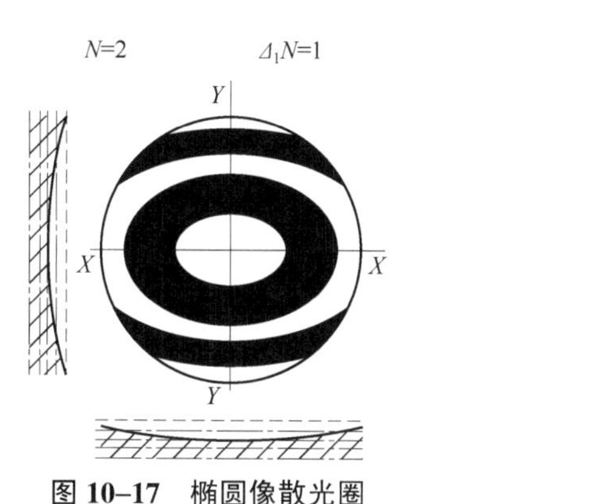

图 10–17　椭圆像散光圈

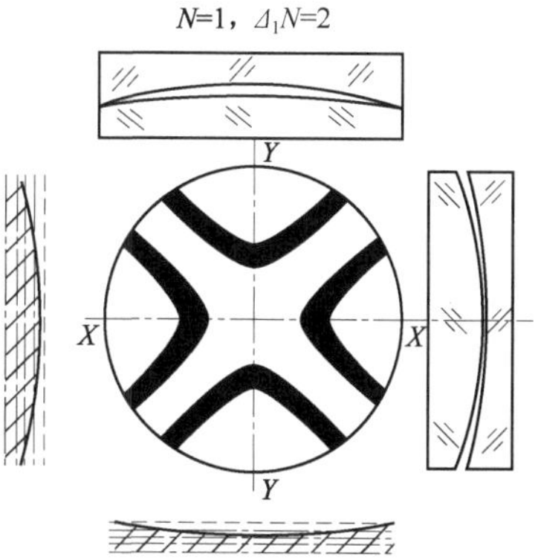

图 10–18　马鞍形像散光圈

3）柱面像散光圈

柱面像散光圈是被检验光学表面在 $X–X$ 和 $Y–Y$ 方向的光圈数 N_X 和 N_Y 不等，其中某一方向上的光圈数 $N=0$。如图 10–19 所示，由于 $N_X=1$，$N_Y=0$，故该测量面的光圈数 $N=1$，柱面像散光圈数 $\Delta_1 N=|N_X-N_Y|=1$。

4）$N<1$ 时的像散光圈计算

$N<1$ 时的像散光圈是被检验光学表面在 $X–X$ 和 $Y–Y$ 方向上的光圈数不等，而 N_X 和 N_Y 都小于 1，如图 10–20 所示，此时可根据两个方向的干涉条纹的弯曲度来确定 N_X 和 N_Y，由于 $N_X=0.2$，$N_Y=0.4$，故被检验表面的光圈数为 $N=0.4$，$\Delta_1 N=0.4-0.2=0.2$。

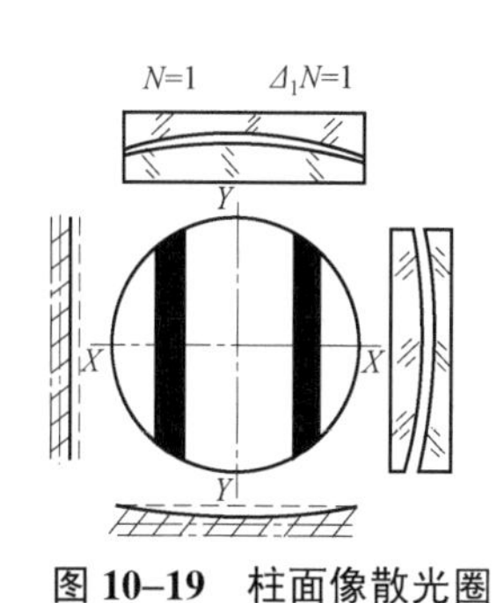

图 10–19　柱面像散光圈

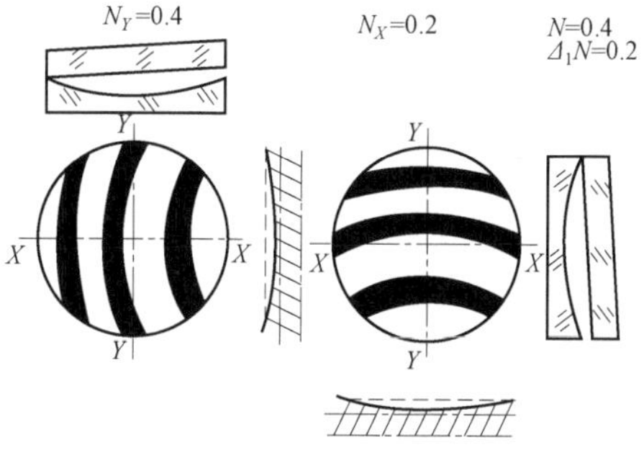

图 10–20　$N<1$ 时的像散光圈

4. 局部偏差的识别和度量

局部偏差是指被检光学表面与参考光学表面在任一方向上的干涉条纹的局部不规则度，

用Δ_2N表示。它的度量方法以其对平滑干涉条纹的偏离量（e）与二相邻条纹间距（H）的比值来计算，$\Delta_2N = e/H$。

1）中心局部偏差

中心局部偏差包括低光圈或高光圈的中心低和中心高，图 10–21（a）表明低光圈中心低，$\Delta_2N = e/H = 0.3$；图 10–21（b）表明低光圈中心高，$\Delta_2N = e/H = 0.3$。

2）边缘局部偏差

边缘局部偏差通称塌边和翘边。图 10–22（a）表示低光圈边缘低，$\Delta_2N = 0.3$；图 10–22（b）表示低光圈边缘高，$\Delta_2N = e/H = 0.3$。

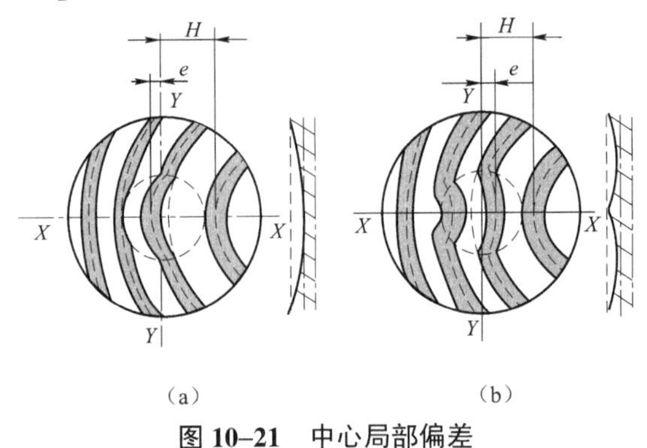

图 10–21　中心局部偏差

（a）低光圈中心低；（b）低光圈中心高

e—偏离量；H—二相邻条纹间距

3）中心及边缘均有局部偏差

图 10–23（a）表示低光圈中心高、边缘高，$\Delta_2N' = e_1/H = 0.1$；边缘局部光圈数为$\Delta_2N'' = e_2/H = 0.2$，由于中心和边缘局部偏差对平滑干涉条纹引起的偏离方向相反，所以总偏差取$\Delta_2N = 0.1 + 0.2 = 0.3$。图 10–23（b）表明低光圈中心低、边缘高，而$\Delta_2N' = 0.1$，$\Delta_2N'' = 0.2$，由于中心和边缘局部偏差对于平滑干涉条纹引起的偏离方向相同，所以总偏差取大值，即$\Delta_2N = 0.2$。

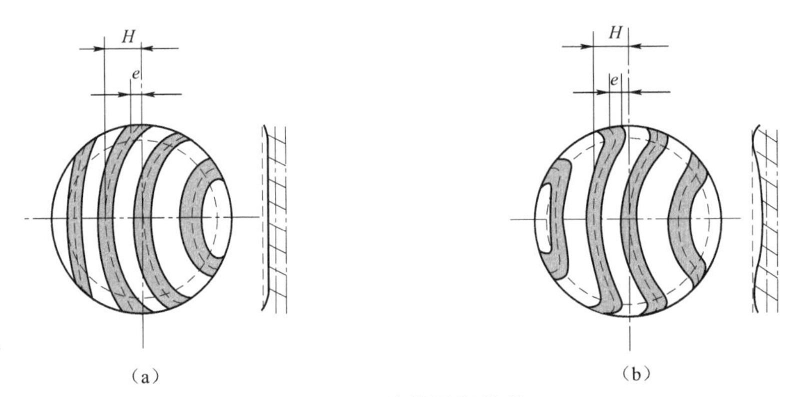

图 10–22　边缘局部偏差

（a）低光圈边缘低；（b）低光圈边缘高

4）弓形面局部偏差的确定

当被检验表面出现弓形光圈而 N 的取值方向不易确定时，则根据Δ_2N为最小的原则来取

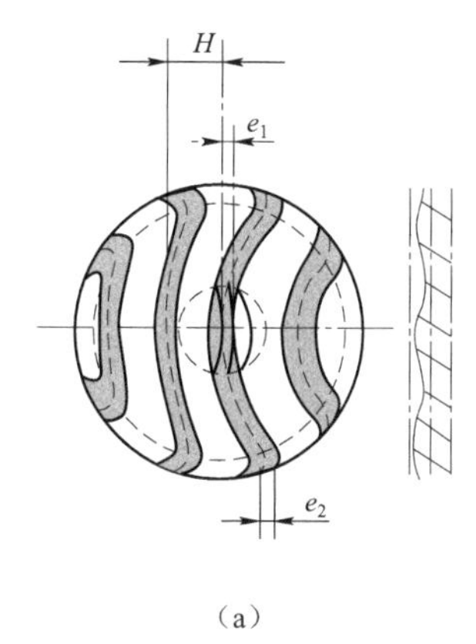

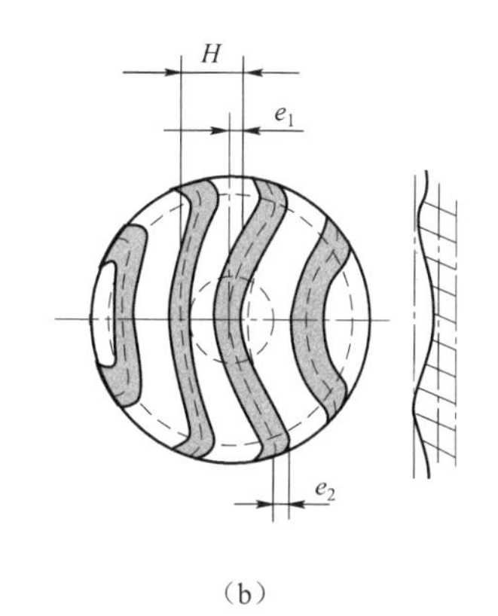

图 10–23　中心及边缘均有局部偏差

N 值。如图 10–24 所示，如果该测量面中心部分作为光滑干涉条纹考虑，则边缘部分对中心平滑干涉条纹的偏离量为 e_1，$\Delta_2 N_1$ 为 e_1/H_1；如果另以边缘部分作为平滑干涉条纹考虑，则中心部分对边缘平滑干涉条纹的偏离量为 e_{12}，$\Delta_2 N_2$ 为 e_2/H_2。在图 10–24 中，$e_1/H_1 > e_2/H_2$，所以该测量面的光圈数应以边缘部分来确定。

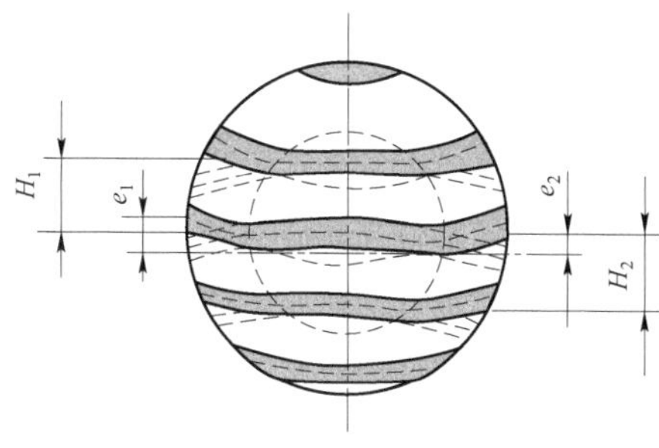

图 10–24　弓形光圈

10.4.3　抛光工艺方法

抛光工艺主要有古典抛光工艺、高速抛光工艺、离子抛光工艺、浮法抛光工艺和磁流体抛光工艺等多种工艺方法。

1. 古典抛光工艺

古典抛光工艺是一种历史悠久的光学抛光方法，它是在研磨–抛光机床或手工操作，采用抛光柏油制成的成型抛光模和散料磨料抛光剂来加工精磨后的光学零件。虽然这种工艺方法加工效率低，但加工精度较高，对工人的技术要求较高，所以目前仍被采用。

古典抛光机床种类很多，常用的有两轴、四轴、六轴直到二十轴。此外，还有单轴机、脚踏研磨抛光机等。古典抛光机床转速低、压力小，加压方式采用加荷重方法实现。机床的选择应根据加工镜盘的大小和机床所能加工的范围而定。一般机床的功率常以加工最大平面镜盘的直径表示，对于同一功率的机床，当加工球面镜盘时，其最大直径为平面镜盘最大直径的 0.7 倍。加工平面镜盘时的机床选择，一般以机床加工范围为主。对于已抛光过，且需要单件或成对修正面形误差、表面疵病、角度及平行差精度高要求的工件，一般在脚踏研磨抛光机上进行手工抛光。研磨抛光机的原理和结构如图 10–25 所示。

在抛光过程中，由于各种因素的影响，会使光学零件表面的几何形状精度超差，为消除这些误差，要求能正确判断产生这些误差的原因，来正确调整抛光工艺，修改光圈。影响光圈的主要因素如下：

（1）玻璃材料热处理和抛光过程中产生的内应力的变化引起光圈的变化。

（2）零件在上盘过程中，由于受热引起的热应力的变化造成光圈的变化。

（3）零件上盘时由于黏结力作用，卸盘后工件内应力释放引起光圈的变化。

（4）抛光模与零件接触不良也会造成光圈的变化。

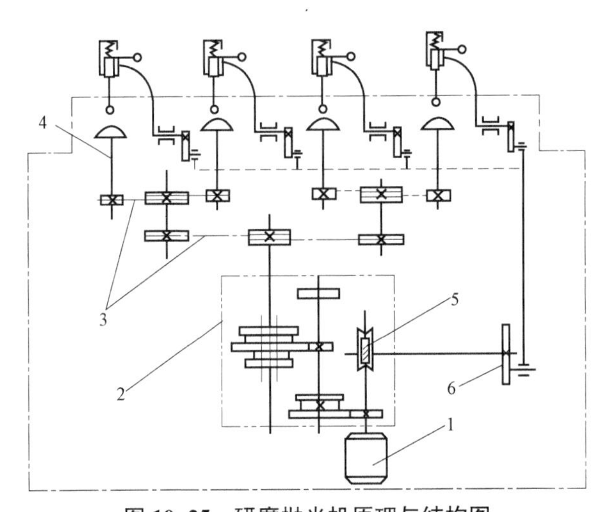

图 10–25　研磨抛光机原理与结构图

1—摇杆；2—偏心盘；3—连杆；4—三脚架；5—顶针；6—抛光模

（5）室内温度不均匀变化造成光圈的变化。

（6）最主要的因素还是机床调整造成的，如机床转速、压力、镜盘与工具的相对速度、相对位移。

2. 高速抛光工艺

由于古典抛光工艺效率低，为了提高中等尺寸、中等精度的零件抛光效率，产生了高速抛光工艺。高速抛光工艺实质上是在提高机床主轴的转速、增大抛光压力等条件下，以尽量高的加工效率抛光出符合要求的光学零件。

高速抛光工艺有准球心法（弧线摆动法）抛光工艺、范成法抛光工艺，以及固着磨料高速抛光工艺。

准球心法对机床的精度要求较低，加工方法与古典法相近。准球心法要求摆架摆动轴线通过镜盘的曲率中心［图 10–26（a）］，使铁笔始终指向球心并作圆弧摆动，压力始终指向曲率中心，在加工中恒为定值。古典法抛光上架作平动摇摆，压力的方向始终与主轴平行，抛光压力的数值随摆角变化而变化，并会产生振动、冲击，造成不均匀抛光。

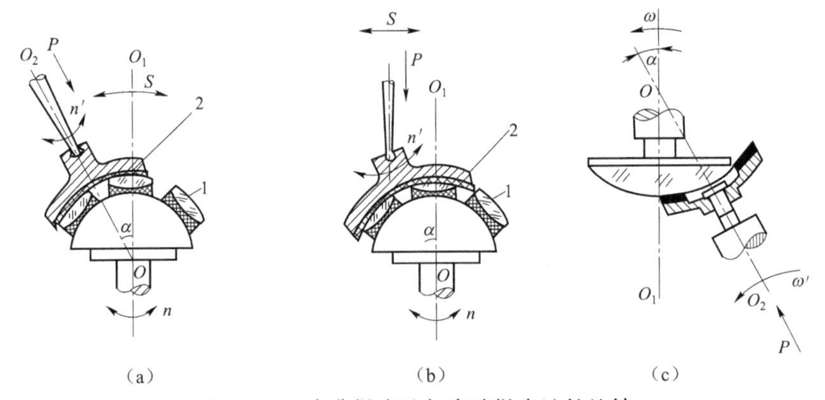

图 10–26　古典抛光法与高速抛光法的比较

（a）准球心法；（b）古典法；（c）范成法

1—镜盘；2—抛光模

范成法抛光是利用工具与工件相对运动时刃口轨迹的包络面形状加工出所需要工件的表面形状，如图 10–26（c）所示。范成法的加工质量和精度基本依赖机床精度、塑料抛光模的性能及抛光剂的质量，不依赖工人的技术熟练程度，容易操作，但对机床精度要求较高。

准球心法高速抛光用的抛光模主要以热塑树脂和热固性树脂为主，热塑性树脂如柏油混合模、古马隆混合模；热固性树脂抛光模主要成分是环氧树脂或聚氨酯树脂。

准球心法抛光工艺的抛光效率与抛光速度和抛光压力成正比，工件抛光前对精磨后的表面粗糙度和光圈有要求，精磨后工件光圈数应比抛光后低 1～2 道，表面粗糙度 *Ra* 值应低于 0.32 μm，为高速抛光创造好的条件。对高速抛光模要求要有微孔结构，以便于储存、吸附磨料，增加磨料的切削作用，还要求抛光模具有耐磨、耐热、柔韧的性能和适当的硬度、小的收缩率及抗老化、吸水性好的性能。

对氧化铈抛光剂的品种、品位、粒度均匀性、纯度，以及抛光粉在抛光剂中的浓度有较高的要求。为准确实现准球心抛光，必须使下模（凸镜盘或凸抛光模）球面的曲率中心落在摇臂的摆动轴线上及保持抛光模厚度、镜盘黏结胶的均匀一致。

对固着磨料抛光工艺，由于把抛光粉与抛光模做成一体，磨料固着在抛光盘上，与抛光模一起在工件表面作相对运动，对工件玻璃表面进行抛光。固着抛光模一般采用浓度为10%～25%、粒度为 9～16 μm 的金刚石微粉。固着抛光模可以做成贴片式或浇压成型式，其使用寿命比一般的抛光模高 10 倍以上。采用固着磨料高速抛光，加工效率高，工艺稳定，有利于实现自动化，减少环境污染。

10.4.4　光学零件的定心磨边

经过精磨抛光后的透镜，一般存在中心偏差。透镜中心偏差是透镜光轴（两球面曲率中心连线）与几何轴（外圆几何对称中心线）的不重合程度表示，用 *c* 表示。图 10–27（a）所示为光轴与几何轴具有交叉性中心偏差；图 10–27（b）所示为光轴与几何轴具有平行性中心偏差。透镜中心偏差破坏了光学系统的共轴性，引起彗差、色差等像差，降低了像质，因而透镜都应该校正中心并对光轴磨外圆，使光轴与几何轴的重合程度符合公差要求。

透镜定中心的方法有光学定心法、机械定心法和光电定心法。光学定心法包括透镜表面反射像定心法、透射像定心法和球心反射像定心法。

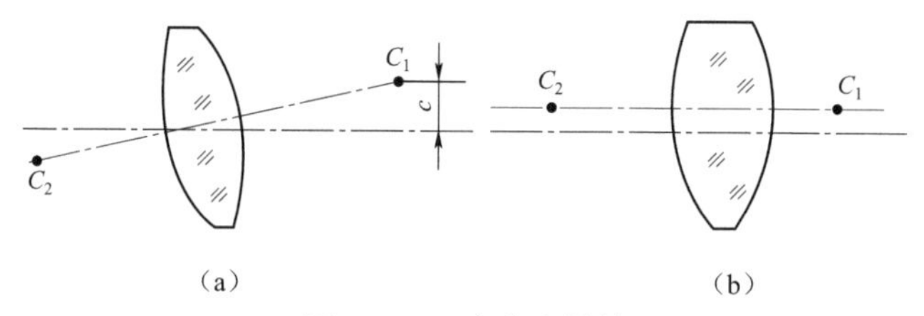

图 10–27　未定心透镜

C_1—C_2：几何轴

（a）光轴与几何轴相交；（b）光轴与几何轴平行

1. 光学法定心磨边

1）直接反射像定心法

透镜表面反射像定心法的原理如图 10–28 所示。透镜的贴置面在夹头 1 上用定心胶

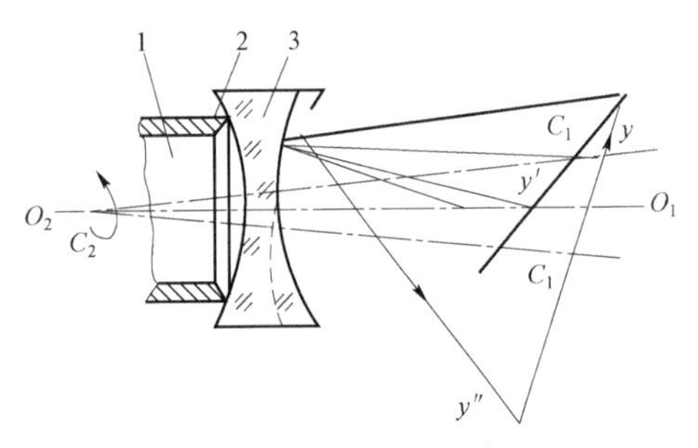

图 10–28　直接反射象法定心原理

1—夹头；2—定心胶；3—工件

2 粘结，其球心 O_2 重合于夹头的中心轴 O_1O_2，灯丝 y 的像 y'和 y''因透镜外表面的跳动面旋转，显然，其球心 C_1 也同时跳动。当滑移透镜使灯丝像 y'不动时，即定好了中心，此法设备简单，但精度较低。

直接反射像定心法实质是用显微镜观察被定心透镜的焦点像，当透镜旋转时焦点像不动则定心完成，定心精度比球面自准像定心法低，因此较少采用。

2）自准像定心法

应用最广泛的方法是球面自准像定心法。采用一个自准直显微镜（图 10–29）使透镜的球心 C_1 与显微镜的工作点 O 重合，十字丝像的跳动量用带网格划分板的读数显微镜来测量。球面自准像定心法定心精度较高，可达 0.005 mm。但由于视场较小，故找像困难。另外，对定心仪移动的导轨与机床主轴的平行度要求较高。

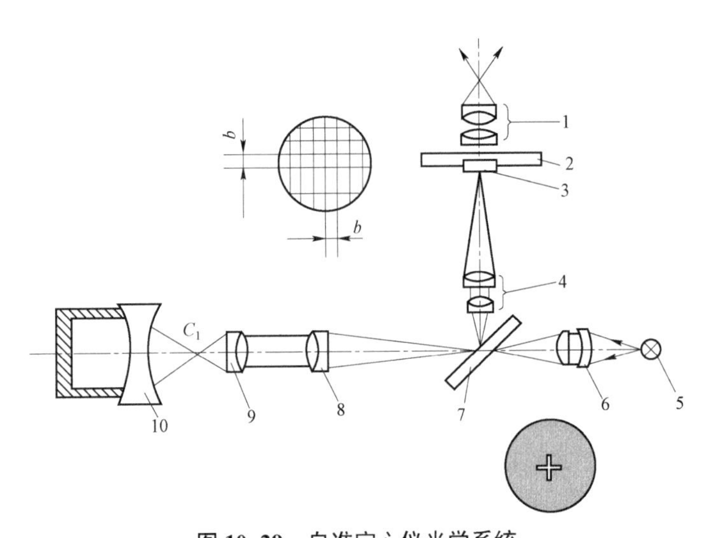

图 10–29　自准定心仪光学系统

1，4—10*目镜；2—毛玻璃；3—划分板；　5—光源；6—聚光镜；

7—反光镜；8—固定物镜；9—可调物镜；10—工件

2. 机械法定心

机械法定心原理是利用一对同轴夹头借助弹簧力夹紧透镜实现自动定心的，如图 10–30 所示。机械法定心精度一般为 0.01 mm。

透镜用磨边胶在定心夹头上定好中心后，在磨边机上用砂轮或金刚石磨轮磨到图纸要求的外圆尺寸和精度。常用的磨边方式有平行磨削、倾斜磨削、端面磨削和垂直磨削，如图 10–31 所示。磨边后，还要进行倒角，以免锐利的边缘破损。

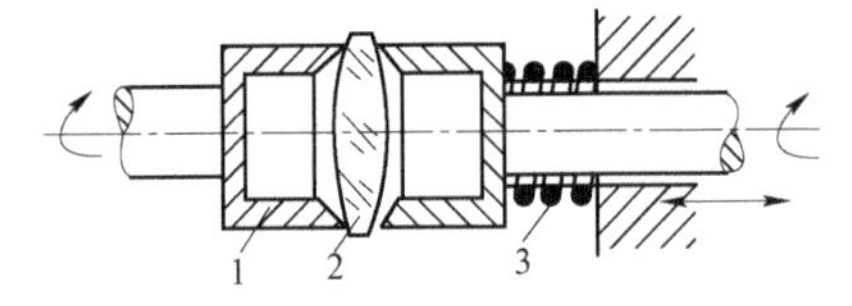

图 10–30　机械法定心原理

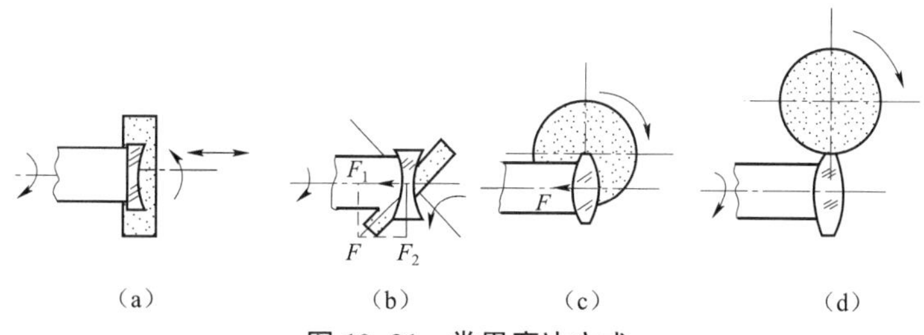

图 10–31　常用磨边方式

（a）平行磨削；（b）倾斜磨削；（c）端面磨削；（d）垂直磨削

在磨边过程中，常见的疵病有崩边、外径不圆度、表面划伤及水印、零件脱落破碎等。产生的原因很多，主要是由于机床主轴的轴向跳动和径向跳动精度低，接头质量（端面与主轴不垂直、工作面不光滑）、磨轮精度（表面不平、钝化堵塞等）和工艺参数选择不合理等造成的。

§ 10.5　光学零件的胶合、镀膜和刻划

10.5.1　光学零件的胶合

光学零件的胶合是把两块或多块单个零件，用胶黏剂或光胶等，按一定技术要求连接在一起的工艺过程。其目的如下：

（1）改善像质。

例如把冕牌玻璃的凸透镜和火石玻璃的凹透镜胶合在一起，就组成了消色差的双胶合透镜。

（2）减少反射光能损失。

分离式的组合透镜，例如用 K9 和 F2 玻璃制成的双分离透镜组，反射面光能损失分别为 4%和 5.6%，若将双分离透镜用加拿大胶胶合成双胶合透镜，胶合面的反射光损失可减少到 0.1%。

（3）简化复杂零件的加工。

有些棱镜形状复杂，整体加工难度很大，若分成几块加工，然后再胶合起来，可大大减小加工难度，使复杂零件制造简单化。

（4）保护刻划面。

为了保护刻度表面，经常在分划面上胶合一块保护玻璃。

光学零件的胶合工艺主要有胶合法和光胶法。

胶合法的光学胶黏剂要求与光学玻璃光学性能相近，如无色透明；胶合时浸润性好，固化后收缩率小，零件不易变形；在使用温度范围内耐冲击和耐冷热性好；化学稳定性好，长期使用不变质；胶合工艺简单，无毒害；易拆卸等性能，并具有良好的黏结性能。

常用的胶黏剂有天然冷杉树脂（用于热胶合工艺）、甲醇胶（用于冷胶工艺）、光学环氧胶和光学光敏胶。

天然冷杉树脂胶俗称热胶，是由松柏科冷杉属植物分泌的树汁，经提纯精炼而成。冷杉

树脂胶具有良好的透光性和一定的黏结力，折射率与 K9 玻璃相近，能长时间保持透明，胶合应力小，使用简便，应用于一般透镜、棱镜、率光片、度盘、分划板等室内使用仪器镜头的胶合。

甲醇胶俗称冷胶，是人工合成的有机化合物，具有良好的透明度、胶合强度、耐高低温性能（都高于冷杉树脂胶）；但固化后收缩率较高，易引起零件的变形，抗老化性较差，保存期短，拆胶困难。

光学环氧胶是环氧树脂的一种，颜色较浅，黏度低，透明度好，折射率近似玻璃，胶结强度、收缩率、耐高低温性能、耐水性、化学稳定性都高于冷杉树脂胶和甲醇胶。缺点是拆胶困难。

光敏胶是以光敏树脂为基体加入光敏剂、胶联剂、阻聚剂等在紫外线下胶联固化，是一种性能优良的光学黏结剂。

在光学零件胶合前，先做胶合前的准备，检验胶合面的疵病，将正、负透镜或棱镜选配成组，使外径、中心厚度、光圈和角度符合要求；擦净胶合面，根据零件的形状和大小选择胶的黏度。胶合平面零件时，胶的黏度应大些；胶合大尺寸的零件时，胶的黏度应小些。将已排完气泡的成组透镜或棱镜置于胶合定心仪或角度校正仪上进行定中心或定角度。胶合后，需刮净边缘的残胶，并清洗胶合件表面。为消除胶层的内应力，减小变形，可将胶合透镜或棱镜放在烘箱内退火，对于不同的胶种，有不同的退火温度和时间。对于多个透镜的胶合，可采用专用夹具装夹，以提高胶合效率和胶合精度。

10.5.2 特种光学零件工艺

1. 光学零件的表面镀膜

光学零件的光学表面在抛光后，为了增强光学效果，往往需要镀上一层或多层薄膜，使得光线在经过表面的反射或透射后特性发生变化，从而达到所需的光学效果。

1）增透膜

增透膜的作用是通过光在薄膜中产生相消干涉，使反射光减少、透射光增大，故又称减反射膜，在图纸上用符号⊕表示。常用的增透膜有一层、二层和三层。一层增透膜在特殊条件下可以使某一波长的反射率为零，常用的一层增透膜材料用氟化镁（MgF_2）；常用的二层增透膜的材料用一氧化硅（内层）；三层增透膜的常用材料在内层用 CeF_3、SiO、Al_2O_3，中层用 ZrO_2、La_2O_3、CeO_2，外层用 MgF_2、SiO_2。所镀增透膜的厚度根据涂层材料的折射率来计算。

2）反射膜

反射膜的作用是使指定波段的光线在膜层上大部分或接近全部地反射出去。它在零件上有两种形式。镀在光学零件的前表面，称外反射膜，在图纸上用符号♡表示，如图 10–32（a）所示；在光学零件的后面，称内反射膜，图纸上用符号㊉表示，如图 10–32（b）所示。由于后者双重反射后形成两个像，因此在光学仪器中要求成像的系统都用前者。

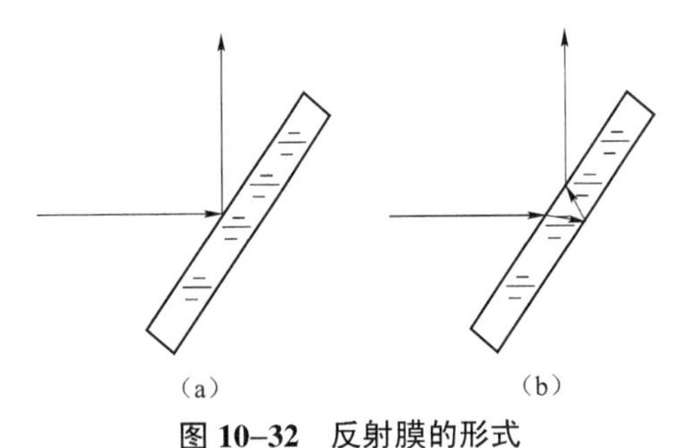

图 10–32 反射膜的形式

（a）前表面反射膜；（b）后表面反射膜

反射膜所用的材料有金属膜（银、铝、金、铬等）和电介质反射膜。金属膜对较宽光谱具有较高的反射率和镀层工艺简单的特点。

3）分光膜

分光膜的作用是将投射到膜层的光束，按照一定比例的光强度或光谱分布要求分成反射和透射两束光，在图纸上用⊗表示。

最常用的光强度分光膜是透射和反射相同的半透半反膜，常用的镀层材料是金属铬。光谱分光膜的作用是使投射到膜层上的光线中某一部分波长的光反射，而另一部分波长的光透射，使光束分成两种波长的光。

4）干涉滤光膜

干涉滤光膜的作用是只允许某种指定的单色光透过或反射，在图纸上用符号⊖表示。

光学零件的镀膜工艺主要是在真空镀膜设备上进行真空镀膜和化学镀膜。

2. 光学零件的刻划和照相工艺

在光学仪器中为了测量和瞄准，需在光学零件（一般为平镜）上加制成组的直线、曲线、数字、标识或其他形式的图案。图 10–33 所示为一些标尺、度盘及分划板的图形。

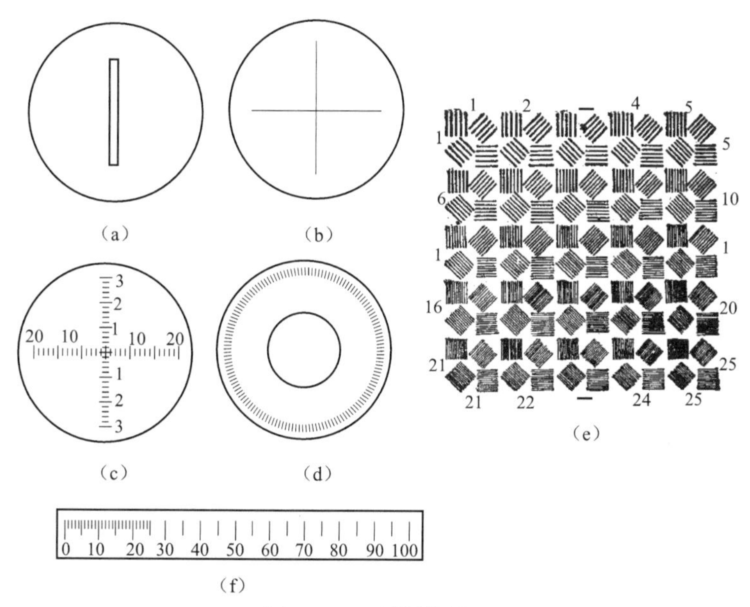

图 10–33　刻划的图形

（a）狭窄或透明框；（b）十字线；（c）十字刻度；（d）度盘；（e）鉴别率板；（f）标尺

以制取刻度的主要工艺方法——机械法为主结合物理或化学的工艺方法；以照相为主结合化学或物理的工艺方法；以机械法和照相法相结合的工艺方法（光刻法）；以衍射、莫尔条纹为原理的方法制造光栅，如图 10–34 所示。

1）机械法

机械法刻划是使用专用的机器——缩放机或刻度机，用刻刀刻取刻度或划分，分为纯机械法、机械—化学法和机械—物理法三种。

纯机械法是用金刚石刻刀直接刻划玻璃或金属膜，此法可获得 1 μm 线宽的刻线；机械—

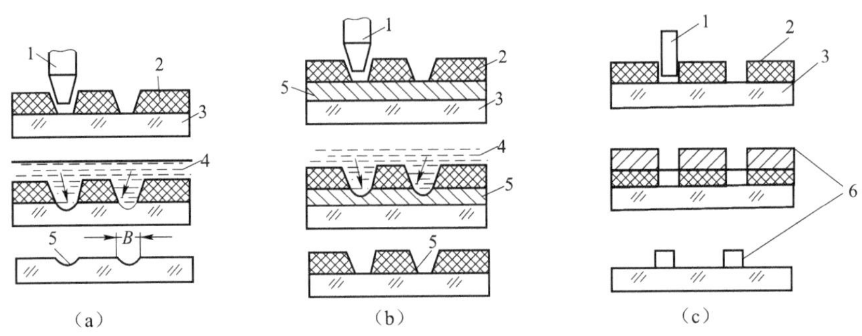

图 10–34　机械—物理—化学刻划

（a）刻蜡腐蚀法；（b）有底层的刻蜡腐蚀法；（c）刻蜡镀铬法

1—刻刀；2—保护蜡层；3—玻璃；4—腐蚀液；5—金属层；6—刻划线

化学法是在零件上涂以耐酸保护层，用特制刀子在保护层上刻划图形，然后酸蚀玻璃；机械—物理法是在保护层上直接刻划图形后，进行真空镀铬，此法可获得 1～2 μm 线宽的刻线。

2）照相法制造分划

照相复制法制造分划过程分为两道工序，首先制造工作负片，第二步制造分划本身。先用绘图法绘制放大比例的精确工作底图，再采取刻漆膜制取工作底图。在照相机上照相制作干（湿）版，在玻璃上涂覆感光胶剂制作母版，用干版覆盖在母版上曝光，经过显影和着色、修补后，进行真空镀铬。

10.5.3　光学样板的加工

光学样板按用途分为标准样板（图 10–35）和加工样板，标准样板用于复制工作样板，加工样板用于检验光学零件，按形状又分为球面样板、平面样板和柱面样板。样板是光学零件制造过程中使用最广泛、最简便的一种测量工具。在光学零件生产技术准备阶段，必须先设计与制作一套标准样板和一定数量的工作样板。由于样板是测量工具，因此面形精度要求比透镜高，为保证精度，需成对制造。

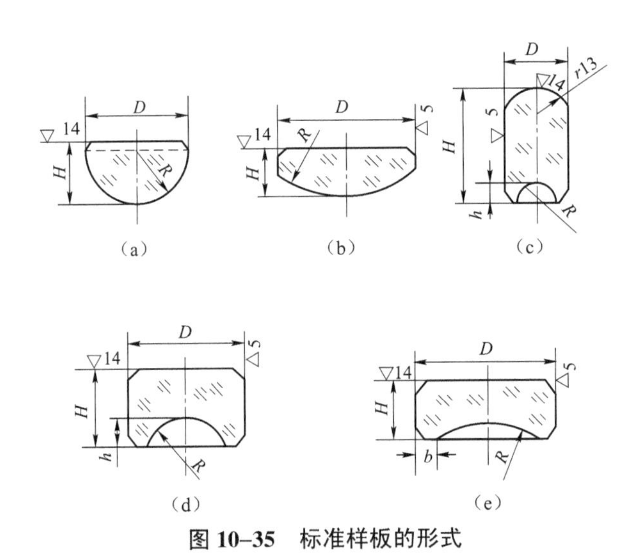

图 10–35　标准样板的形式

在设计球面样板时，标准样板的曲率半径名义值和外形结构及尺寸应参照国标 GB 1240—1976 选择，球面样板的精度等级分为 A、B 共两级。球面样板应选用具有最小热膨胀系数和较高硬度的材料，以保证曲率半径不随温度变化和耐磨性，一般用无色玻璃 K4、QK2 或硬质玻璃、石英玻璃制造。如图 10–36 所示。

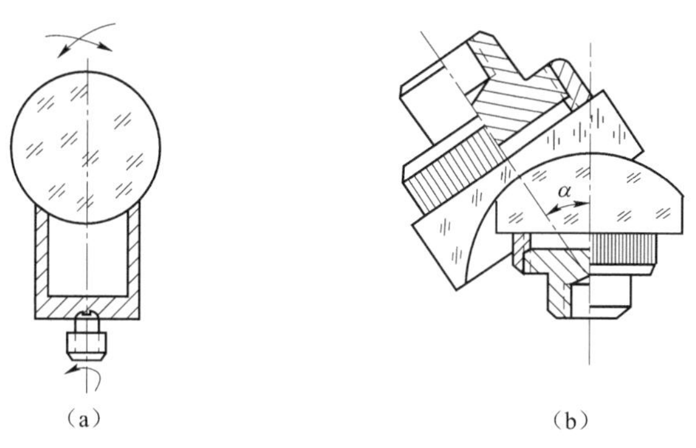

图 10–36　球面样板的磨制

（a）球体的磨制；（b）弧面样板的磨制

在制作球面标准样板时先磨制一个全球体，然后再套制凸凹样板，球体的磨制如图 10–36（a）所示。球体毛坯经过滚圆、粗磨、精磨、抛光而成。球体的半径可用立体式光学计、乌氏干涉仪作精确检测。由于球面标准样板是制造光学零件的检验工具，因此，球面标准样板的制造误差、测量误差、矢高制造误差及光圈误差都有严格的要求。

§ 10.6　光学零件工艺规程的编制

工艺规程是光学零件加工的主要技术文件，也是组织生产的技术依据。它反映了生产和工艺水平。一个先进的工艺规程不但能确保零件的加工质量，提高生产效率，而且有助于组织和管理生产，促进生产的发展。合理的工艺规程能保证加工质量，提高生产效率，而且也能反映出生产厂的工艺水平和生产设备状态。

要想编制合理的工艺规程，必须掌握光学零件的制造特点和加工精度，并结合现有的生产条件，尽可能采用先进技术和新工艺。

要编制合理的工艺规程，必须考虑古典加工和机械化、高速化加工的特点，同时还要正确地选择定位基准和加工余量。随着先进的光学加工机床和金刚石工具的广泛应用，光学加工技术有了很大发展，大大缩短了粗磨、精磨和抛光的加工时间。

10.6.1　光学零件工艺规程的制定

（1）全面了解和熟悉原始资料。

光学零件图、技术条件、生产纲领、设备性能等是编制工艺规程必须具备的原始资料，光学零件图、技术条件是拟定光学零件工艺规程的基本依据。因此，必须对这些原始资料作细致的分析和全面的研究，以便拟定出既合理又经济的工艺规程。

（2）根据生产类型确定毛坯类型和加工方法。

一般生产分单件（或小量）、成批（大、中、小）和大量生产三种，光学仪器制造中多是成批或小量生产。透镜加工若是小量生产，可选用块料毛坯，采用弹性装夹法进行加工。若为成批生产，则可选用压型毛坯，采用刚性装夹法进行加工。

（3）确定加工顺序。

加工顺序的确定，首先要根据毛坯类型、零件形状与技术要求、技术水平和生产类型等拟出主要的顺序。一般的加工顺序是：

对球面零件：平面先于球面；凹面先于凸面；曲率半径大的球面先于曲率半径小的球面。

对于棱镜：基准面先加工，为提高定位精度，基准面也可粗抛光；角度精度要求高的面最后加工。

如加工透镜时，首先确定先加工哪一面比较合适，再根据生产批量来确定装夹方式（如弹性装夹），然后确定粗磨、精磨、抛光、定中心、磨边、倒角和镀透光膜的工序。对胶合透镜还须有胶合工序。

一般情况下，为了有利于加工出符合要求的表面，避免或减少表面的损坏，往往先加工尺寸小的工作面，然后加工大的工作面，因为加工表面大比加工表面小在加工时受损坏的可能性大。

（4）进行毛坯尺寸和加工余量的计算。

根据零件的类型、尺寸、加工精度、毛坯种类和车间的生产条件（如工人的技术水平、机床、工具、磨料等）计算加工余量（工序余量和总余量），确定毛坯的尺寸。

（5）确定所采用的设备、加工工具、夹具、量具（包括测试仪器）、磨料磨具、抛光粉、辅料、冷却液等，选择适当的加工用量，如机床的转速（r/min）、荷重（N_1）等。

例如，用散粒磨料研磨过程一般分为粗磨、精磨等两道工序，磨料大致可分为：

粗磨：80#，100#，120#，140#，180#，200#，240#，280#，320#等。

精磨：W28，W20，W14，W10 等。

值得指出，一般粗磨、精磨各采用 2#～3#粗细不同的磨料，以提高生产效率。

用金刚石磨具粗磨时，应该根据加工效率和加工质量合理选择金刚石磨具的粒度（80#～120#）、硬度、浓度和结构形式。

（6）注明主要工序的主要技术要求，如加工工序中的尺寸、加工精度、表面质量及操作注意事项等。

（7）设计专用的工具、夹具、量具（包括测试仪器）并绘出制造图。

例如，大批生产中透镜的加工，必须设计一套具有一定曲率半径的工具，如粗磨模、精磨模、抛光擦；夹具如黏结球模；辅助模具如贴置模等。设计好的工、夹、量具的有关数据应填入工艺卡片内。

工艺程序的全部内容均应写在工艺卡片上，工艺卡片的繁简程度主要由生产类型决定。例如，单件试制生产，只填入主要的工序；若为成批生产就应将工艺卡片写得详细些；大量生产，则应更加详细。

编制工艺规程时，要充分考虑现有的条件，充分发挥现有生产技术条件的作用，同时还应恰当地采用最新的科学技术。当然工艺规程也不是一成不变的，随着技术水平的提高，在一定的时候，工艺规程就要进行修改，以适应新的生产需要。

10.6.2 定位基准的选择

工件在机床或夹具上必须保证占有正确的位置，才能保证工件的加工精度，这样必须遵守六点定位原则。

1. 六点定位原则

确定任何一个刚体在空间的唯一位置，必须约束它的六个自由度，沿空间三个轴线方向的移动和三个轴的回转，即三个直线移动自由度（*X*、*Y*、*Z*）和三个回转自由度（*X*、*Y*、*Z*），如图 10–37 所示。在生产中，可以根据加工工件的具体情况来限制它的自由度。如对球面零件的粗磨、精磨、抛光则需要限制六个自由度，而对平板类零件的粗磨、精磨、抛光只需要限制它的三个自由度（*X*、*Y*、*Z*），而其他三个自由度（*X*、*Y*、*Z*）则无须限制。但是在生产中，不允许遗漏应加限制的自由度（出现欠定位），否则将会出现工件毁坏或废品的情况，而且也不应出现重复限制某一个自由度的情况（过定位）。因此，在工件定位安装前，应充分对工件在加工中的位置、受力等因素进行分析，采用合理的定位方式。

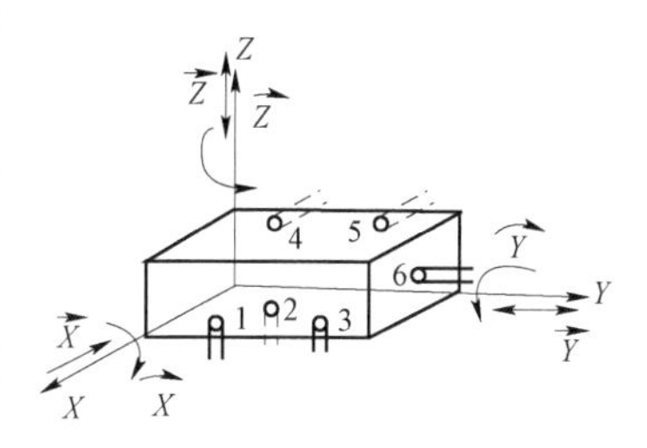

图 10–37　六点定位原理

2. 粗基准的选择原则

（1）以不加工的表面作为粗基面，所加工的表面作为下道工序的精基准。

（2）各表面都加工的零件应取余量最小的表面作为粗基准。

（3）粗基准在毛坯制造过程中，应使其尽量的平整和光洁，有足够的面积，以减小夹紧力和切削力的变形，以及便于安装和夹紧，并使它和其他加工表面之间位置偏差最小。

（4）粗基准一般只使用一次。

10.6.3　夹具设计要求

（1）要求定位准确，装夹可靠，装卸方便，成本低。

（2）对于球面夹具，应保证零件的偏心、曲率半径和中心厚度在允许范围内。

（3）对于平面夹具，夹具体定位表面应经过淬火处理，以提高耐磨性。定位表面应平直，为提高定位精度，定位表面应开有沟槽；为防止破边和碰伤棱角，夹具上应开有让角槽。

用于玻璃零件加工的夹具主要有弹性夹具、真空夹具和各类机械装夹、磁性装夹、收管装夹、胶结等方式。弹性夹具收缩量一般选择 0.2 mm 左右；真空夹具对工件直径要求较严，夹具直径公差应在 0.02～0.05 mm 范围内。图 10–38～图 10–40 所示为一些常用的夹具。

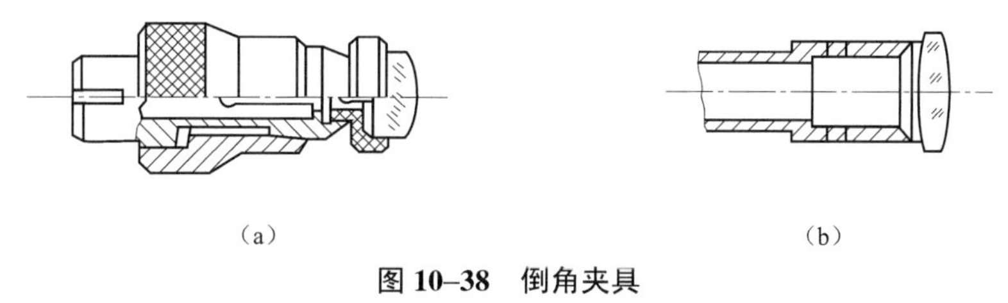

（a）　　　　　　（b）

图 10–38　倒角夹具

（a）弹性夹头；（b）真空夹头

为获得所需的零件形状、尺寸和表面质量，在加工过程中从玻璃毛坯上磨去的多余的材料层叫加工余量。加工余量预留太大，会造成材料的浪费，还会增加加工工时；若预留太小，则会造成加工困难。因此，加工余量要根据具体的加工条件和工艺来选择制定。

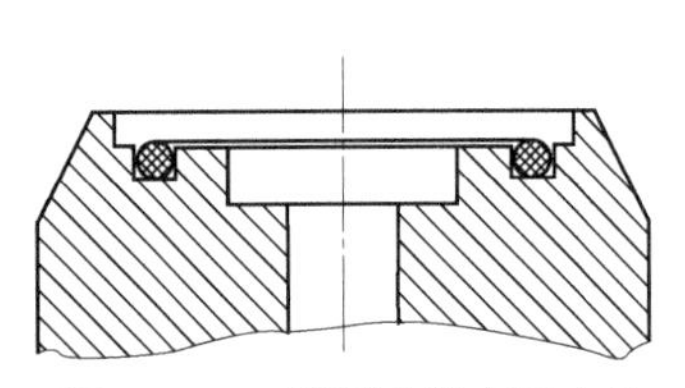

图 10–39　带环形橡皮圈夹具

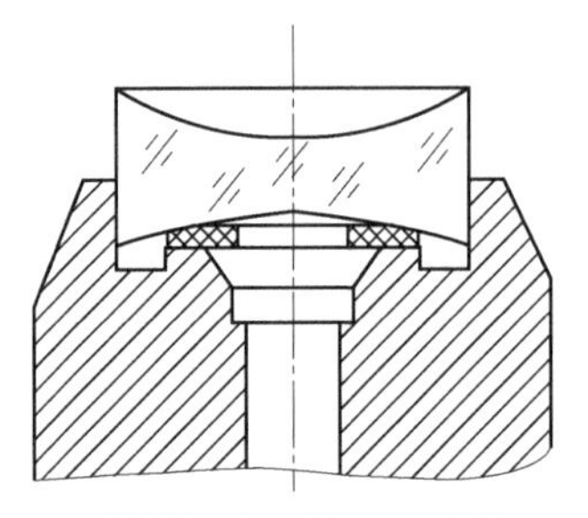

图 10–40　凹球面夹具

加工余量要考虑锯切余量、滚圆余量、平整余量、厚度和平行度修磨余量、粗磨余量、精磨余量、抛光余量、定心磨边余量等。

（4）各工序的计算。

锯切余量的确定：

$$f=\varDelta_c+\delta_c-1\ (\mathrm{mm}) \tag{10–3}$$

式中，f——锯削余量；

$\varDelta_c$——锯片厚度；

δ_c——锯片转动时的振动余量。当锯切深度 $B<10$ mm 时，$\delta_c=1.5$ mm；当 10 mm$<B<$65 mm 时，$\delta_c=2$ mm；当 $B>65$ mm 时，$\delta_c=2.5$ mm。

（5）研磨抛光余量。

用散粒磨料研磨时，粗磨余量见有关手册。精磨抛光余量：当零件直径小于 10 mm 时，单面余量取 0.15～0.2 mm；零件直径大于 10 mm 时，单面余量取 0.2～0.25 mm。对于精度要求高、玻璃材料较软、磨具硬度较大、单件加工时，精磨余量应取大值。

用固着磨料研磨时，粗磨铣切余量见有关手册。一般当直径小于 10 mm 时，双凸透镜单面余量为 0.15 mm，平凸透镜单面余量为 0.075 mm，双凹透镜为 0.1 mm，平凹透镜为 0.05 mm；对于直径大于 10 mm 的工件，余量要稍大些。

定心磨边余量见有关手册。对于易产生偏心的透镜，按下式计算：

$$\Delta d=\frac{2\Delta t}{d\left(\dfrac{1}{R_1}+\dfrac{1}{R_2}\right)} \tag{10–4}$$

式中，Δd——定心磨边余量；

Δt——粗磨后能达到的边缘厚度差；

R_1、R_2——透镜的曲率半径，凸面用正值，凹面用负值；

d——透镜直径。

10.6.4　光学零件毛坯尺寸计算

各工序的加工余量确定后，就可计算出毛坯的尺寸。

对于双凸透镜：

$$t=t_0+2(P_\mathrm{J}+P_\mathrm{Z})$$

对于凹凸透镜：

$$t=t_0+2(P_J+P_Z)+h_1$$

对于双凹透镜：

$$t=t_0+2(P_J+P_Z)+h_1+h_2$$

式中，t——毛坯的厚度；

t_0——透镜的中心厚度；

P_J——精磨余量（单面）；

P_Z——粗磨余量（单面）；

h_1，h_2——凹面的矢高。

棱镜的毛坯尺寸计算见有关手册。

10.6.5　确定透镜定中心磨边工艺

按零件的中心偏差要求，确定是否要定中心磨边，若需要定中心磨边，则根据零件直径大小、中心偏差要求的精度和设备情况确定定中心磨边方法。定中心磨边的余量按手册选取，并选择定中心磨边用的工具和辅助材料，最后编制透镜定中心磨边工艺规程。

10.6.6　确定透镜精磨、抛光工艺过程

先按照工件的加工顺序，加工直径大的一面，对于需要修厚度尺寸或修边厚差的零件，应先加工直径小的表面；对于具有凹球面的透镜，应先加工凹面；应先加工表面疵病要求较低的表面。

其次是设计镜盘和模具。按镜盘大小决定黏结模、精磨模、抛光模的主要尺寸；根据零件的精度要求，设计手修模，根据黏结模、精磨模、抛光模的结构选择材料。

在确定透镜精磨、抛光余量时，应考虑零件的厚度公差大于±0.1 mm，其单面余量选0.06～0.1 mm。当零件的厚度公差小于±0.1 mm 时，考虑余量应加上修磨余量，修磨余量选0.01～0.05 mm。对于特硬或特软的材料，根据具体情况还要对余量做相应的修正；若有胶合，还应按照胶合厚度控制工件的厚度公差。

确定了以上情况后，选择精磨、抛光设备及加工辅料，最后编制精磨及抛光工艺规程。

10.6.7　确定透镜粗磨工艺过程

粗磨余量应先考虑加工直径较大的一面，凸凹透镜先考虑加工凹面。球面铣磨后，若达不到表面质量，应安排手工修磨，需钻孔的透镜应将钻孔工序安排在磨球面之前。铣槽应根据零件结构酌情安排。粗磨余量应根据毛坯种类和尺寸参照表 10–3 选取，手工修磨余量和划切余量应参考有关手册选取。粗磨工序应根据余量的大小和磨具的种类，选取离散磨料粒度号。

根据抛光完工应达到的球面半径和粗磨球面半径的修正量，计算粗磨完工的球面半径。粗磨完工的零件直径应等于定中心磨边前的直径，其公差一般在 0.1～0.3 mm。若无须定中心磨边，粗磨完工直径即为零件完工直径。粗磨完工的厚度尺寸为零件完工尺寸的上限加上两面精磨、抛光余量，其公差酌情选定。

具有凹面的零件应计算出凹面的矢高，给出总厚度尺寸。倒角尺寸按零件设计与工艺要求给定。

表 10–3　粗磨余量　　mm

直径（边长）		＜65		＞65～120		＞120～200	
零件种类 \ 单面余量 \ 毛坯种类		底面	上表面	底面	上表面	底面	上表面
透镜	块料	1		1.2		1.5	
	型料	1	0.8	1.2	1	2	1.2
平面镜	块料	1		1.5		1.8	
	型料	1.2	0.8	1.8	1.2	2.5	1.5
棱镜	块料	1		1.5		1.8	
	型料	1.2	0.8	1.8	1.2	2.5	1.5

设计粗磨工装，若采用铣磨加工方法，则由透镜口径大小选择磨轮中径和粒度，计算出磨头中心与主轴中心线的夹角；若用散粒磨料粗磨，则设计单件加工的粗磨模，设计夹具并选用检验量具。

合理选择磨料、冷却液、黏结材料、清洗材料，最后编制透镜加工工艺规程。

10.6.8　绘制透镜毛坯图

毛坯尺寸的确定，按生产量大小尽可能选用热压成型料或棒料。毛坯尺寸为零件完工尺寸加上各道工序加工余量，工序间尺寸公差采用自由公差。型料毛坯尺寸，由粗磨完工的球面曲率半径、直径和修正量，经计算而得。按热压成型料的外形尺寸，算出毛坯的重量，最后绘制毛坯图。一般应在毛坯外形尺寸下面用括号注明完工尺寸，以便参考。绘制热压成型毛坯图，块料要注明下料的主要外形尺寸。

§ 10.7　非球面光学零件的加工

在光学系统中采用非球面光学零件，有改进像质、简化系统、减小系统的外形尺寸和减轻重量的优点。但是，由于非球面表面的加工和检测比球面零件困难得多，所以阻碍了非球面光学零件的广泛应用。

非球面数学表达式有多种形式，其中轴对称旋转非球面中最常用的、曲线顶点在坐标原点的二次表面可用一般方程表达：

$$Y^2=2Rx-(1-e^2)x^2$$

式中：e ——曲线的偏心率；

R ——曲线顶点的曲率半径。

当 $e^2=0$ 时，为圆；$e^2<0$，为扁圆；$0<e^2<1$，为椭圆；$e^2=1$，为抛物线；$e^2>1$，为双曲线。如取相同的曲率半径 R，不同的 e^2 对应的二次曲线的图形如图 10–41 所示。

非球面表面加工和检测的困难在于：

（1）大多数非球面只有一根对称轴，而球面则有无数对称轴，所以非球面不能采用球面加工时的对研方法加工。

（2）非球面各点的曲率半径不同，而球面则是各点都相同，所以非球面面形不易修正。

（3）非球表面对该零件另一面（平面或球面）的偏斜无法用球面透镜时所使用的定中心磨边的方法来解决。

（4）非球面一般不能用光学样板来检验光圈和局部光圈，所以检验方法复杂而费时。

我国大多数非球面光学零件是用手工研磨抛光的方法制造的，而且是依赖技术水平很高的技术工人通过反复地局部修抛和不断地检测而完成的。加工非球面光学零件不仅周期长，而且重复精度也不高。

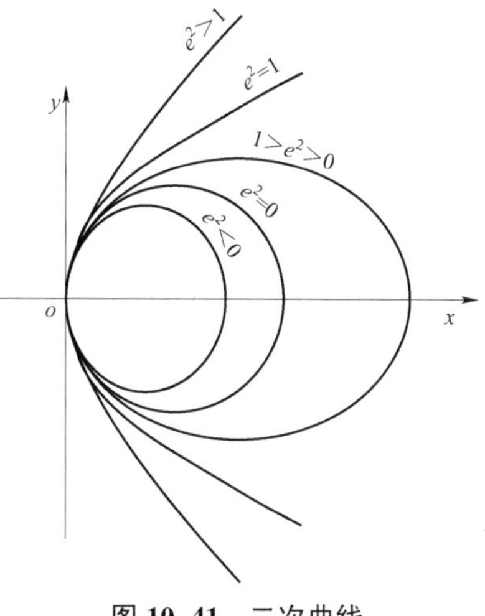

图 10–41　二次曲线

目前，非球面光学零件的制造技术主要包括计算机数控精磨抛光技术、计算机数控单点金刚石车削技术、计算机数控离子束成型技术、光学玻璃透镜模压成型技术、光学塑料成型技术、环氧树脂复制技术、电铸成型技术、弹性变形与球面抛光相结合的技术、真空沉积技术、等离子化学腐蚀非接触成型技术及传统的精磨抛光技术等成熟的加工技术。

10.7.1　数控研磨和抛光技术

随着计算机技术和超精密加工技术的发展，光学非球面的数控研磨和抛光方法得到了研究和发展。通常，数控加工系统有开环控制和闭环控制两种类型。

开环控制是由计算机控制刀具的坐标位置和驻留时间；闭环控制是具有反馈的加工方法，它可以利用仪器测量得到的信息来调整和控制整个加工过程。

为了使控制过程朝着要求的面形逐渐收敛，校正误差的方法必须能使面形的修改产生预期的变化。显然，如果每一次面形修改后表面误差能逐渐减小的话，表面就一定会收敛于要求的面形。

这种方法的加工精度主要取决于测量的精度和所采用的误差校正方法。机床精度对加工精度的影响一般不会成为主要因素。

对于直径较小或非球面度很大的非球面零件（非球面表面与最接近球面表面在光轴方向的最大偏差称为非球面度），一般先用计算机控制的精密磨床将零件表面磨削成所要求的面形，再用柔性抛光模抛光。对于直径较大、非球面度不大的精密非球面透镜或反射镜，则先用普通的研磨、抛光方法将其表面加工成最接近的球面，然后用计算机控制的抛光机床将此表面修改成所要求的非球面。

1. 小型非球面的计算机控制研磨和抛光加工

采用标准的球面毛坯，将其加工余量按坐标位置输入数控系统。系统将此数据转换成控制信号输入研磨机床的传动系统，控制机床主轴与工具之间的相对位置和运动速度，从而研磨出第一个非球面表面，然后将研磨成型的非球面表面用柔性抛光模抛光。将抛光好的零件重新装夹在机床的主轴上，用传感测量头按原来的控制信号控制零件和测量头作相对运动，测出抛光零件的面形。

测量过程中将面形测量的数据反馈给数控系统，与原数据进行比较得到新的控制程序。再按此程序加工出第二个非球面表面，然后用柔性抛光模抛光。根据零件的精度要求，重复上述的测量与加工的自动反馈，直到获得合格的零件为止。

图 10–42 所示为国外开发的极坐标加工机床加工原理，该机床的优点是：它可以将加工机床和测量装置组合在一起，装在转轴上的感应机械测头能在加工后立即测出非球面表面的轮廓。因此，很容易得到所需的校正函数，并能补偿磨具磨损、机床刚度和主轴热漂移等因素所产生的误差。

用上述非球面研磨机床研磨后的非球面零件还需要进行抛光加工，抛光时一般使用柔性抛光模。图 10–43 所示为柔性气压抛光模，这种抛光模沿着被加工表面移动时能改变自己的形状，并与被加工表面保持吻合状态。抛光模内有空气压力，使抛光模层材料和被抛光零件表面均匀而全面地吻合，并能保持均匀的压力。抛光模层可以是覆盖有柔软的薄沥青的尼龙膜片，也可以是有许多浸有柏油抛光胶的小毛毡块无孔耐油橡皮。

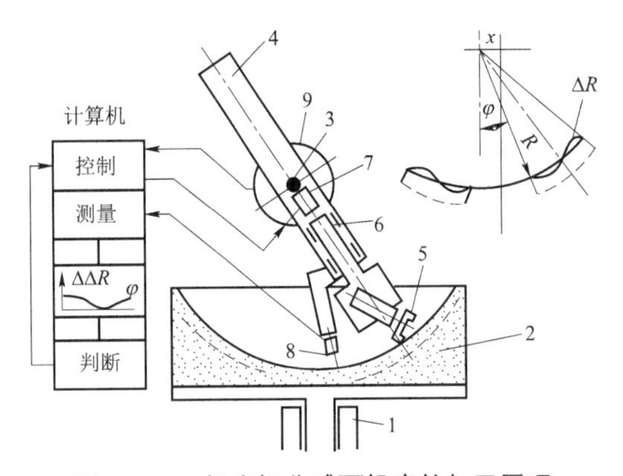

图 10–42　极坐标非球面机床的加工原理

1—工件轴；2—工件；3—枢轴（极坐标原点）；
4—摆动臂；5—刀具；6—滑轨；7—ΔR 及驱动系统；
8—测头；9—摆动（ϕ）的轴位置数字读出器

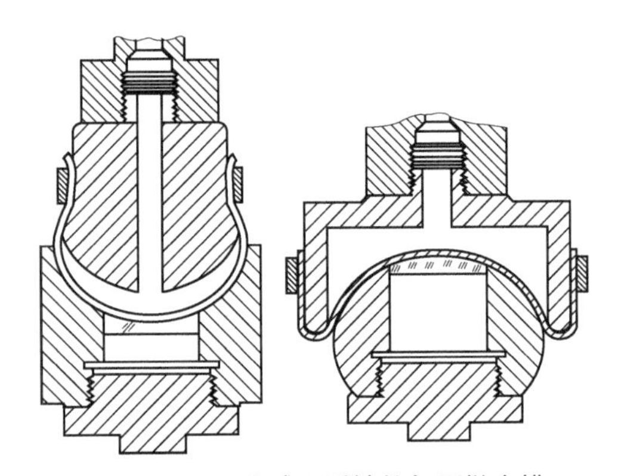

图 10–43　非球面透镜的气压抛光模

2. 数控单点金刚石车削技术

计算机数控单点金刚石车削技术是 20 世纪 80 年代推广应用的非球面加工技术，在超精密数控车床上采用天然单晶金刚石刀具，在对机床和加工环境进行精确控制条件下，直接车削加工出符合光学质量要求的非球面光学零件。这种技术主要用来加工中小尺寸、中等批量的红外晶体和金属材料的光学零件。其特点是生产率高、加工精度高、重复性好并适于批量生产，加工成本比传统工艺显著降低。国外用金刚石车削加工军用红外和激光非球面光学零件取得了很好的技术和经济效果。

金刚石车削加工直径 120 mm 以下、表面粗糙度均方根值为 0.02～0.06 μm、面形精度为 $\lambda/2$～λ的非球面光学零件。金刚石车削除了直接加工非球面光学零件外，还用来加工模压成型和注射成型非球面光学零件的各种模具内腔、环氧树脂复制法用的模具。金刚石车削与离子束抛光相结合可加工高精度非球面光学零件。

金刚石车削可加工有色金属、锗、塑料、红外晶体（碲锆汞、锑化锆、多晶硅、硫化锌、硒化锌、KDP 晶体等）、无电镍、铍铜、锗基硫族化合物玻璃等材料，可直接达到零件光学表面质量要求。加工玻璃、钛、钨等材料目前还达不到光学表面质量要求，需要进一步研磨抛光才能满足要求。

3. 计算机数控离子束成型技术

离子束成型又称离子束铣削或离子束抛光。它利用氩、氪、氙等惰性气体的离子束，经 5 000～100 000 V 的电压加速后轰击真空室里的工件表面。离子束在计算机控制下对工件表面作扫描运动，完成对光学表面的精加工。用普通方法把工件表面加工成最接近的球面，再用计算机控制离子束在工件表面不同位置的停留时间，进行不同余量的加工才能达到非球面的形状，加工深度达到 10 nm～10 μm。离子束抛光机的结构如图 10–44 所示。

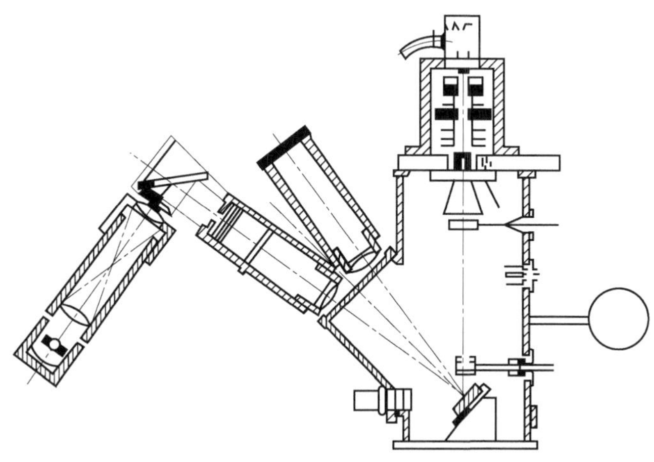

图 10–44　离子束抛光机的结构

离子束加工光学零件的特点如下：

（1）加工时工具不与工件表面接触，不存在磨削、抛光引起的工件塌边问题。在离子束能量不高的情况下，工件上不会产生热量，不会引起工件表面裂纹、应力和变形，因而加工零件的表面质量好。

（2）离子束的直径很小，可以加工大尺寸工件也可以加工小尺寸工件。

（3）加工精度高，面形精度可达$\lambda/50$～$\lambda/100$，加工后工件表面粗糙度能满足衍射限制光学装置的要求。

离子束可加工各种玻璃、熔凝硅、陶瓷、不锈钢、钛、铝、铍铜、镍铬合金等。其缺点是设备费用高。

4. 光学玻璃透镜模压成型技术

光学玻璃透镜模压成型技术制造非球面光学零件，是用高精度模具在加温、加压和无氧化的条件下把光学玻璃直接压制成精密非球面光学零件的新技术。这是光学零件生产中的一项重大革新，这项技术目前已进入生产实用阶段，用于军用光学系统、照相机镜头、取景器、光盘读出头、条形码读出头、光纤缆接头的制造中。

模压成型技术制造非球面光学零件的优点如下：

（1）不需要传统的粗磨、精磨、抛光和磨边定中心等工序，就能达到较高的尺寸精度、面形精度和表面粗糙度。

（2）容易经济地实现精密非球面光学零件的大量生产。

（3）只要精确控制模压成型过程的温度和压力等工艺参数，就能保证非球面光学零件的尺寸精度和重复精度。

（4）可以模压小型非球面透镜阵列。

（5）可以将光学零件与安装基准件制成一个整体。

目前在大量生产中模压成型非球面光学零件的直径为 2～50 mm，直径公差为±0.01 mm；厚度为 0.4～25 mm，厚度公差为 0.01 mm；曲率半径可达 5 mm；面形精度为 1.5λ。

精密光学零件的模压成型制造技术是一项综合技术，需要设计专用的模压机床，采用高质量的模具和选用合理的工艺参数，制造高质量的模具是光学玻璃模压成型的关键技术之一。

5. 光学塑料成型技术

光学塑料成型技术包括注射成型、铸造成型和压制成型技术。光学塑料注射成型技术主要用来大量生产直径 100 mm 以下的非球面透镜，也可制造微透镜阵列。注射成型是将定量的光学塑料加热成为流体，注射到不锈钢模腔中，在保温加压条件下固化成型，固化后开模即可获得所需光学零件。

塑料注射成型工艺对模具的要求与玻璃模压成型技术中的模具要求相似，但由于塑料模压成型过程温度较低，所以对模具的要求不如玻璃模压成型技术的模具严格。注射成型光学零件的焦距精度可控制在 0.5%～1%以内，面形精度高于$\lambda/4$，同轴度控制在 30° 以内，尺寸公差达 0.007 6 mm，厚度公差达 0.012 mm。塑料注射成型非球面光学零件的主要优点是：重量轻，成本低，光学零件和安装部件可以整体注射成型，节省了装配工作量，耐冲击性能好。其缺点是：表面容易被划伤，热膨胀系数高，导热性差，软化温度低，容易变形，折射率选择范围窄。光学塑料铸造成型技术和压制成型技术主要用于制造直径 100 mm 以上的非球面光学零件。

6. 环氧树脂复制技术

环氧树脂复制技术是利用环氧树脂将复制模（母模）的面形转移到基体上，用以制造反射或透射非球面光学零件的一种新工艺。可用于复制工件的基体有铍、铝、玻璃、塑料、花岗岩、大理石、黄铜、青铜、钢、镁、钛等材料。

1）复制法基本工艺过程

以复制非球面反射镜为例：

（1）先制造一个高精度的母模（一般通过超精密车削方法实现）；

（2）在母模表面用真空镀膜方法先后镀制分模膜（硅油或金、银、铜、铝膜）、保护膜（一氧化碳、硬碳或其他介质膜）和反射膜（铝、金膜）；

（3）把母模和适当精度的模具体安装在夹具内，使两表面间留有小的间隙，用环氧树脂填满间隙；

（4）在室温下或加温—保温固化；

（5）固化后使母模和与模具体从分模膜处分离，形成由模具体、环氧树脂层和反射膜组成的非球面反射镜。

2）复制法的加工质量

环氧树脂复制技术可加工工件直径最小 4 mm、最大 500 mm；面形精度$\lambda/10$；角度精度

1″～10″；零件工作温度–62～+71 ℃；相对湿度为 100%。

由于采用保温时间长、固化温度低、适当的脱模温度等工艺特点，玻璃透镜表面与环氧树脂的结合力强，玻璃与环氧树脂膜间以及透镜的应力小，成品面形精度高，在温度变化下稳定性好。另外，由于固化温度低，模具使用寿命长，对非球面成型模具面形的补偿影响因素少，制造和修整模具成本低，周期短，辅助工作可以满足生产的需要。

7. 电铸成型技术

电铸成型技术主要用来制造在高温和有应力条件下使用的非球面金属反射镜。电铸成型制造反射金属光学零件是采用电镀原理。首先制造母模，在玻璃母模或不锈钢母模表面镀一层导电的脱模膜，把母模放入电镀槽中，用电镀方法镀上几十微米厚的镍膜或锛膜作为反射膜。再电镀一层厚度为 3～6 mm 的铜作为反射镜本体。如果需要，还可在铜上再镀一层镍以保护铜不受腐蚀。反射镜本体与母模分离后，电镀层就成为金属反射光学零件。镍和铜电镀膜的可见光反射率只有 60%左右，且容易老化；锗电镀层的反射率也只有 76%左右。

为了增加反射率，可再用真空镀膜法在电铸成型光学零件的反射面上镀铝，反射率可达 88%～94%。与传统加工工艺相比，电铸成型加工反射光学零件的厚度从十分之几毫米到 7 mm。影响电铸成型光学零件面形精度的因素有母模精度、电铸成型过程的参量控制、工作表面的几何形状和结构等。目前电铸成型加工光学零件的材料有限，只有镍和铜。其他材料因电铸成型后的应力较大，造成面形变化大，而不宜用于电铸成型制造非球面光学反射镜。

非球面光学零件的加工除了上述的几种方法外，还有近年出现的磁流体（磁流变）抛光技术。将抛光粉掺入磁流介质中，通电后磁流体变成刚性体，由计算机控制非球面工件表面在刚性磁流体表面进行抛光。目前磁流体抛光技术已经成熟，国外还开发出了磁流体抛光机床设备。

10.7.2　非球面检测技术

非球面检测技术是非球面加工的关键技术之一，没有可靠的检测数据，便无法进行非球面的加工。由于非球面的多样性，每个非球面在很大程度上都有异同点，因此有多种检验方法。

国内外相继提出了许多测量方法，如精密三坐标测量、刀口阴影法、哈特曼法、激发偏转法、补偿法、计算全息检测法、双波长干涉术、移动被测面的干涉法以及各种剪切干涉法。

传统的刀口阴影法适合检验大口径镜面，但对有连续的微小斜率变化的大口径表面误差较大，因此只能作定量分析。20 世纪 80 年代以来，日本各大学普遍研究各类数字干涉仪，如用计算机全息、波带板作补偿器形成零位检测。例如，东京工业大学用同光路 CGH（全息图）、波带板零位干涉仪测量ϕ 32 mm 的抛物面；条纹分析用 PZT（压电陶瓷）扫描方法；CGH（全息图）用激光束图画直接画在光刻板上，直径为 6.4 mm，最细线条到 1 μm，条纹位置精度达 0.1 μm。日本工业技术大学用电子校准技术的双波长激光二极管干涉仪，面形精度达λ/40 rms。德国蔡司公司应用直接干涉测量术（DMI）来保证光学零件的加工质量，DMI 能存储电子全息图，可以校正小的剩余误差，易做非球面检测。

美国亚利桑那大学研究出计算机生成的全息图（CGH）和检测板测量非球面技术，在测量凸非球面时采用的参考面是凹非球面的全口径检测板，反射镜中非球面偏离通过加工到检测板上的计算机生成的全息图来补偿，并制成了仪器（<38 mm），均方根值面形精度达到了 0.005λ。

1. 阴影法

以球面反射镜为例，若在球面 *ABC* 的中心置一点光源，则由表面反射回来的是以 *O* 为圆心的球面波，如图 10–45 所示。眼睛在 *O* 点的后面，则可接收全部孔径角（$\angle AOC$）的光线，看到明亮的表面，刀口 N_2 在 *O* 处按 *K* 向切割时，整个表面立刻变暗（图 10–45 中的 M_2）；刀口 N_1 切割时，眼睛看到表面阴影 M_1 的移动方向与刀口切割方向相同（焦点前）；而刀口 N_3 切割时，看到表面阴影 M_3 的移动方向与刀口切割方向相反（焦点后）。N_2 的刀口位置（焦点上）不存在阴影移动，立即变暗，这个位置称为“灵敏位置”，在这里获得的图形称为阴影图。如果 *ABC* 上有一凸起的局部误差 *D*，则在阴影图 M_2 上有一个对应的明暗阴影，明暗阴影的形成可以从几何光线中得到解释。图 10–46 所示为刀口仪的结构示意图。

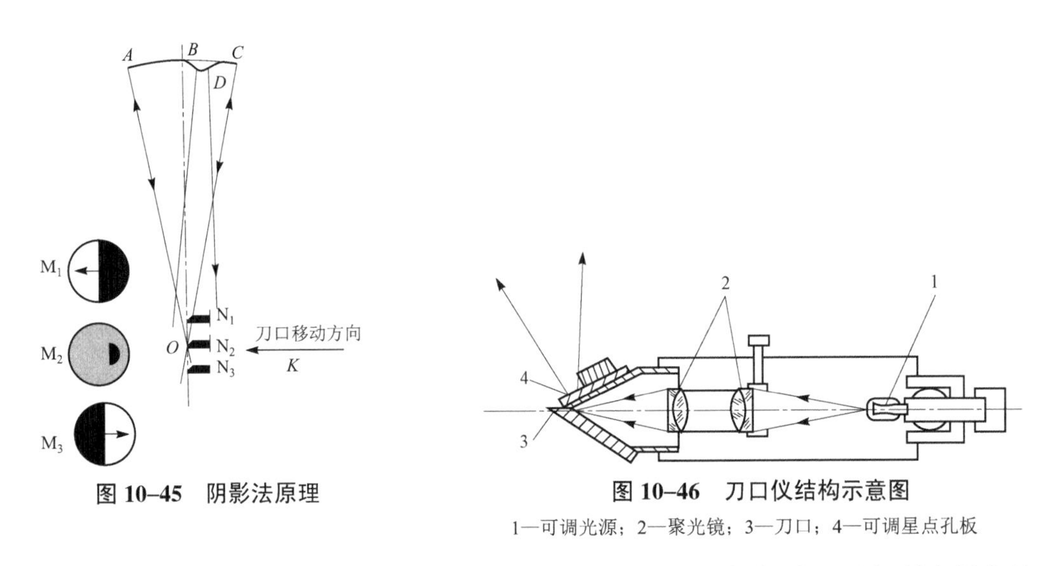

图 10–45　阴影法原理

图 10–46　刀口仪结构示意图

1—可调光源；2—聚光镜；3—刀口；4—可调星点孔板

应用透射光也可以测量表面的局部误差，阴影图可以用眼睛看，也可以投射在屏上显示。图 10–47 所示为利用透射光测量非球面的装置。

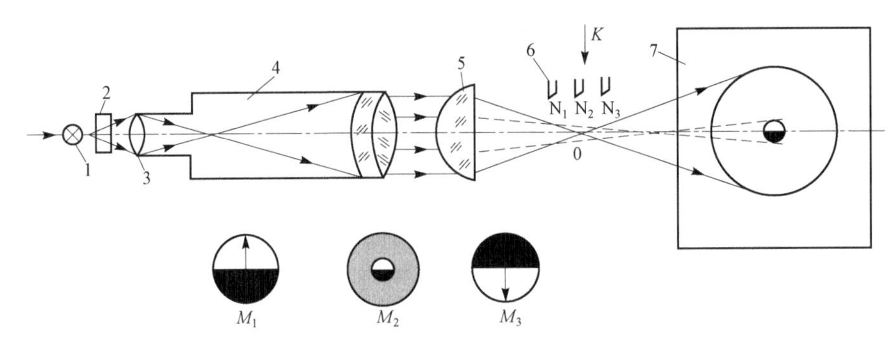

图 10–47　透射光检查非球面透镜

1—白炽灯泡；2—滤光片；3—聚光镜；4—平行光管；5—非球面透镜（中间凹）；6—刀口；7—光屏

根据非球面的光学特性，有的可以找到它的无像差点，例如抛物面的焦点 F' 及椭球面、

双曲面的焦点 F、F'，如图 10–48 所示。若在平行光管 3 的焦点 F 处放置点光源 1，则在抛物面 2 的焦点 F' 处用刀口 N 观察抛物面的阴影图，如图 10–49 所示。借助标准球面镜可以实现双曲面的检验，椭球面则利用本身的两个焦点就可以实现阴影检验。

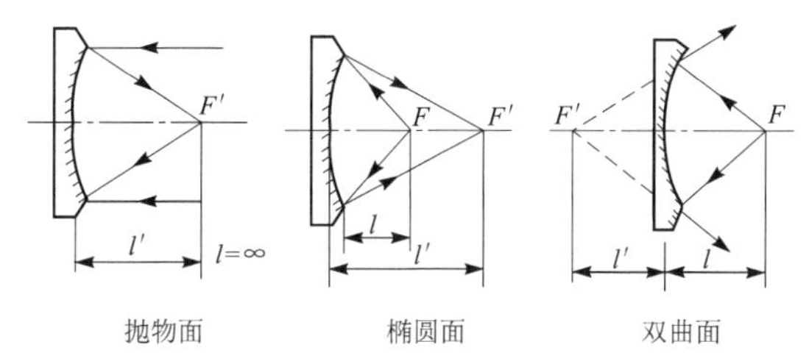

图 10–48　各种非球面的无像差点位置

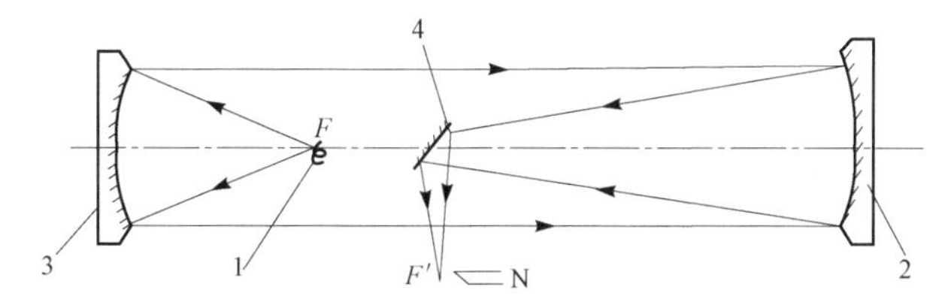

图 10–49　抛物面的阴影检验

1—点光源；2—工件；3—平行光管；4—反射镜

2. 激光探针三坐标扫描法

图 10–50 所示为激光探针三坐标扫描 NH 系列检测仪原理图。激光探针三坐标扫描检测小直径非球面透镜面形精度，Z 方向分辨率为 1 nm，XY 方向分辨率为 20 nm。激光探针三坐标扫描检测原理是利用自动对焦显微镜目镜，将激光束投射到透镜表面，将 Z 轴上自动对焦的坐标数字化，与工作台（可以 XY 方向移动）扫描位置确定非球面透镜表面检测点的三维数据，测绘出透镜某一截面上的面形，仪器中的计算机软件可以自动计算面形精度。

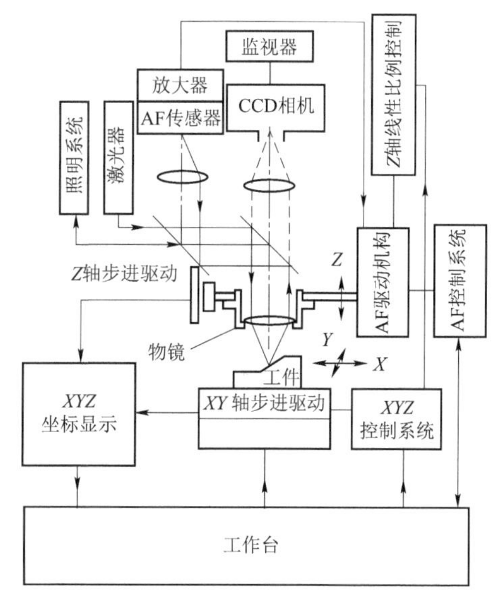

图 10–50　激光探针三坐标扫描 NH 系列检测仪原理图

计算机可以自动计算面形精度，在 Z 方向的重复测试的误差均方根值 RMS 达 5 nm，XY 方向的重复测试误差均方根值 RMS 达 10 nm。在探头与测量表面倾斜状态下，连续测试的精度在 $\pm 0.06\ \mu m/10\ mm$。该方法对激光频率、反射率、角度影响极小，由于非接触测量，因此不会影响工件表面粗糙度，特别适合测量小直径的非球面透镜的面形。

3. 短激光移相衍射干涉

大型短激光移相衍射干涉仪可用于现场检测大直径的光学非球面零件。该仪器采用短相干激光源，单模光纤移相衍射干涉方法，可以对大型非球面镜表面粗糙度值与面形精度进行检验和评价。

该系统采用短相干激光源（波长为 532 nm，见图 10–51），准直后经可变中密度滤光片和 1/2 波片，入射到分束器分成两束，再由 1/4 波片出射，经两个 90° 屋脊棱镜返回，汇交于分束器并出射，经由偏振镜和汇聚透镜，将两束光聚集在单模光纤的一端，再传输至由镀覆有半透金属膜的单模光纤的另一端，其中检测光束以球面波射向非球面镜，返回时带有所检非球面的信息，经光纤表面射向反射镜和图像透镜与光纤出射的另一束参考光束形成干涉图像，由 CCD 摄像机检测送入计算机进行处理，如图 10–52 所示。单模光纤的出射端位于所测非球面的光轴上，作为光衍射源，90° 屋脊棱镜下的 PZT 用于移相。

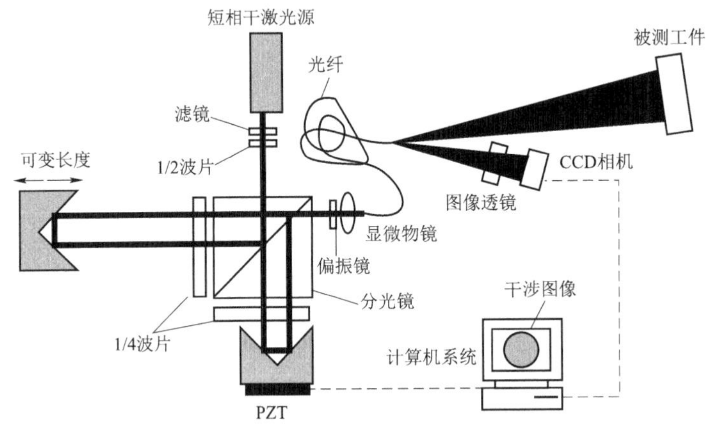

图 10–51　移相衍射干涉仪光路原理图

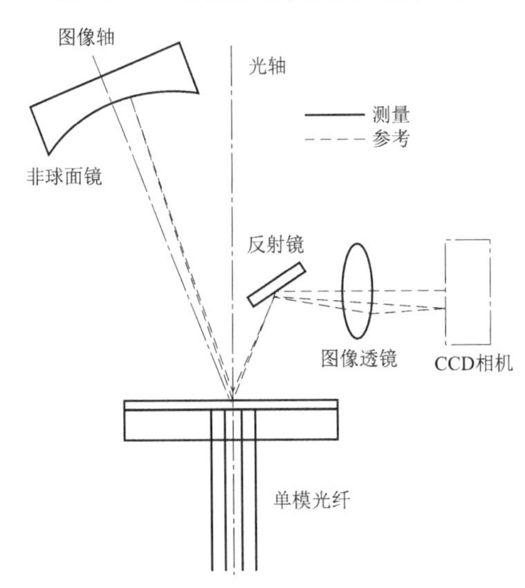

图 10–52　光纤干涉成像系统简图

支持仪器的软件包具有干涉图形进行功率谱（PSD）的计算，表面粗糙度值（PV（峰谷值）、RMS）的计算，点扩散函数（PSF）、调制传递函数（MTF）、修正偏离量等数据处理与三维图形还原，三维图形生成、图形拼合，以及标准非球面干涉图形的生成、分析、数据处理、拟合、误差计算和偏差的计算、三维图形绘制等功能模块。

该测试系统原理、结构简单，体积小，检测精度高，可以定量检测非球面镜的面形，并可绘出误差的三维坐标。

习　　题

1. 总结归纳常用透可见光的光学玻璃的特性，了解透红外波段材料的特性。
2. 归纳总结对光学零件加工的技术要求。
3. 了解光学加工工艺的主要技术方法和流程。
4. 了解非球面光学零件的加工方法和检测方法。

附录 1

符　号　表

光学设计部分符号及含义

符号	意　义
L	实际光线物距，由球面顶点算起到光线与光轴的交点
L'	实际光线像距，由球面顶点算起到光线与光轴的交点
l	近轴光线物距，由球面顶点算起到光线与光轴的交点
l'	近轴光线像距，由球面顶点算起到光线与光轴的交点
r	曲率半径，由球面顶点算起到球心
c	曲率，半径的倒数
d	间隔或厚度，由前一面顶点算起到下一面顶点
n	折射率
K	二次曲面系数
$a_4, \dots, a_{12}$	高次曲面系数
D，F，C，g 等	波长代号
I	入射角，由光线起转到法线
I'	出射角，由光线起转到法线
u	物方孔径角，由光轴起转到光线
u'	像方孔径角，由光轴起转到光线
y	物高，由光轴起到轴外物点
y'	像高，由光轴起到轴外像点
h	光线投射高，由光轴起到光线在球面的投射点
f'	像方焦距，由像方主点到像方焦点
f	物方焦距，由物方主点到物方焦点
l_f'	像方焦截距，由系统最后一面顶点到像方焦点
l_f	物方焦截距，由系统第一面顶点到物方焦点
l_z	入瞳位置，从第一面顶点到入瞳面的距离

续表

符号	意　　义
l_z'	出瞳位置，从最后一面顶点到出瞳的距离
ω	物方视场角
ω'	像方视场角
N_c	色光数
N_s	系统总面数
N_p	光阑所在面序号
N_{as}	非球面个数
F_{id}'	附加理想系统焦距
W_C	波色差
$\Delta l_{FC}'$	轴向色差
$\Delta y_{FC}'$	垂轴色差
$\delta L'$	轴上像点球差，不同下标代表不同孔径
X_T'	子午场曲
K_T'	子午彗差
x_t'	细光束子午场曲
$\delta L_T'$	轴外子午球差 $\delta L_T' = X_T' - x_t'$
X_s'	弧矢场曲
K_S'	弧矢彗差
x_s'	细光束弧矢场曲
$\delta L_S'$	轴外弧矢球差 $\delta L_S' = X_S' - x_s'$
x_{ts}'	像散 $x_{ts}' = x_t' - x_s'$
SC′	正弦差
$\delta y_z'$	畸变
$\delta y'$	子午垂轴像差
$\delta z'$	弧矢垂轴像差
$\delta L_m'$	轴上像点全孔径的球差 $\delta L_m'$
x_{tm}'	全视场细光束子午场曲 x_{tm}'
x_{sm}'	全视场细光束弧矢场曲 x_{sm}'

续表

符号	意　　义
$\delta y'_m$	全视场畸变 $\delta y'_m$
$\Delta l'_{ab}$	0.707 1 孔径的轴向色差
$\Delta y'_{ab}$	全视场垂轴色差 $\Delta y'_{ab}$
$\delta L'_{sn}$	剩余球差 $\delta L'_{sn}=\delta L'_{0.707\,1h}-\dfrac{1}{2}\delta L'_{1h}$
$\delta L'_{Ty}$	子午视场高级球差 $\delta L'_{Ty}=\delta L'_{Tm}-\delta L'_m$
$\delta L'_{Sy}$	弧矢视场高级球差 $\delta L'_{Sy}=\delta L'_{Sm}-\delta L'_m$
K'_{Tsnh}	全视场 0.707 1 孔径剩余子午彗差 $K'_{Tsnh}=K'_{T0.707\,1h}-\dfrac{1}{2}K'_{Thm}$
K'_{Tsny}	全孔径 0.707 1 视场剩余子午彗差 $K'_{Tsny}=K'_{T0.707\,1y}-\dfrac{1}{2}K'_{Ymy}$
x'_{Tsn}	剩余细光束子午场曲 $x'_{Tsn}=x'_{T0.707\,1y}-\dfrac{1}{2}x'_{Tm}$
x'_{Ssn}	剩余细光束弧矢场曲 $x'_{Ssn}=x'_{S0.707\,1y}-\dfrac{1}{2}x'_{Sm}$
$\Delta\delta L'_{\mathrm{FC}}$	色球差 $\Delta\delta L'_{\mathrm{FC}}=\Delta L'_{\mathrm{FCm}}-\Delta l'_{\mathrm{FC}}$
$\Delta\delta y'_{\mathrm{FC}}$	剩余垂轴色差 $\Delta\delta L'_{\mathrm{FC}}=\Delta y'_{\mathrm{FC}0.707\,1y}-0.707\,1\Delta y'_{\mathrm{FC}m}$
SC'_{sn}	0.707 1 孔径的剩余正弦差 $\mathrm{SC}'_{sn}=\mathrm{SC}'_{0.707\,1}-\dfrac{1}{2}\mathrm{SC}'_m$
x'_{tsn}	0.707 1 视场的剩余细光束子午场曲 $x'_{tsn}=x'_{t0.707\,1}-\dfrac{1}{2}x'_{tm}$
x'_{ssn}	0.707 1 视场的剩余细光束弧矢场曲 $x'_{ssn}=x'_{s0.707\,1}-\dfrac{1}{2}x'_{sm}$
x'_{tssn}	0.707 1 视场的剩余细光束像散 $x'_{tssn}=x'_{ts\,0.707\,1}-\dfrac{1}{2}x'_{ts\,m}$
$\delta y'_{z\,0.7071w}$	0.707 1 视场的畸变 $\delta y'_{z\,0.707\,1w}$
$\delta L'_{ab}$	色球差 $\delta L'_{ab}=\Delta L'_{ab}-\Delta l'_{ab}$
$\Delta y'_{absn}$	0.707 1 视场的剩余垂轴色差 $\Delta y'_{absn}=\Delta y'_{ab0.707\,1}-0.707\,1\Delta y'_{abm}$
$\delta L'_{mab}$	全孔径的轴向色差
$x'_{t0.85}$	0.85 视场的细光束子午场曲

续表

符号	意　　义
$x_{s0.85}$	0.85 视场的细光束弧矢场曲
S_1	初级球差系数 S_1
S_2	初级球差系数 S_2
S_3	初级球差系数 S_3
S_4	初级球差系数 S_4
S_5	初级球差系数 S_5
C_1	初级轴向色差系数 C_1
C_2	初级垂轴色差系数 C_2
φ	光焦度 φ
β	垂轴放大率 β
l'_{zm}	实际出瞳距倒数
f'/l'	相对像距的倒数
$1/l'$	像距倒数

附录 2

双胶合薄透镜参数表

1. 王冕玻璃在前

参数 (n_1 / n_2)		K7　1.514 7　60.6										
	C	0.015 0	0.005 0	0.002 0	0.001 0	0.000 0	−0.001 0	−0.002 5	−0.005 0	−0.010 0	−0.025 0	−0.050 0
F2	p_0	2.06	0.33	−1.08	−1.67	−2.34	−3.07	−4.32	−6.81	−13.65	−52.49	−212.3
1.612 8	φ_1	1.141 6	2.085 2	2.368 2	2.462 6	2.556 9	2.651 3	2.792 8	3.028 7	3.500 4	4.915 7	7.274 5
36.9	Q_0	−1.67	−4.52	−5.40	−5.70	6.00	−6.30	−6.76	−7.53	−9.09	−13.97	−22.71
F5	p_0	2.06	0.48	−0.81	−1.35	−1.95	−2.62	−3.75	−6.01	−12.12	−47.23	−190.7
1.624 2	φ_1	1.132 2	2.013 0	2.277 2	2.365 3	2.453 4	2.541 5	2.673 6	2.893 8	3.334 2	4.655 4	6.857 3
35.9	Q_0	−1.64	−4.30	−5.12	−5.40	−5.68	−5.96	−6.39	−7.10	−8.56	−13.12	−21.27
BaF7	p_0	2.05	−1.02	−3.59	−4.68	−5.91	−7.27	−9.58	−14.23	−26.96	−101.9	−416.7
1.614 0	φ_1	1.176 6	2.353 3	2.706 4	2.824 0	2.941 7	3.059 4	3.235 9	3.630 0	4.118 4	5.883 4	8.825 2
40.0	Q_0	−1.77	5.36	−6.48	−6.86	−7.24	−7.63	−8.21	−9.19	−11.19	−17.48	−23.83
BaF3	p_0	2.05	−0.78	−3.15	−4.15	−5.28	−6.52	−8.64	−12.90	−24.54	−92.81	−378.4
1.625 9	φ_1	1.165 4	2.267 5	2.598 1	2.708 3	2.818 6	2.928 8	3.094 1	3.369 6	3.920 6	5.573 7	8.328 9
39.1	Q_0	−1.74	5.09	−6.15	−6.50	−6.86	−7.22	−7.76	−8.68	−10.55	−16.45	−27.08
ZF1	p_0	2.06	0.77	−0.28	−0.72	−1.21	−1.75	−2.67	−4.50	−9.41	−37.37	−150.5
1.647 5	φ_1	1.115 5	1.884 9	2.115 7	2.192 7	2.269 6	2.346 6	2.462 0	2.654 3	3.039 0	4.193 2	6.116 7
33.9	Q_0	−1.59	−3.99	−4.62	−4.87	−5.11	−5.36	−5.73	−6.35	−7.62	−11.58	−18.67
ZF2	p_0	2.06	0.97	0.08	−0.29	−0.70	−1.16	−1.93	−3.46	−7.56	−30.75	−123.7
1.672 5	φ_1	1.103 1	1.790 2	1.996 3	2.065 0	2.133 8	2.202 5	2.305 5	2.477 3	2.820 8	3.851 6	5.569 2
32.2	Q_0	−1.55	−3.61	−4.25	−4.47	−4.69	−4.90	−5.23	−5.79	−6.92	−10.44	−16.75
ZF3	p_0	2.07	1.26	0.60	0.32	0.01	−0.33	−0.89	−2.02	−5.03	−21.80	−87.90
1.717 2	φ_1	1.086 3	1.661 1	1.833 5	1.891 0	1.948 5	2.006 0	2.092 2	2.235 9	2.523 3	3.385 6	4.822 6
29.5	Q_0	−1.50	−3.21	−3.75	−3.93	−4.11	−4.29	−4.56	−5.02	−5.95	−8.87	−14.08
ZF5	p_0	2.07	1.38	0.81	0.58	0.32	0.03	−0.46	−1.41	−3.96	−18.10	−73.36
1.739 8	φ_1	1.079 2	1.606 6	1.764 8	1.817 6	1.870 3	1.923 1	2.002 2	2.134 0	2.397 8	3.188 9	4.507 5
28.2	Q_0	−1.48	−3.05	−3.53	−3.70	−3.86	−4.02	−4.27	−4.69	−5.55	−8.21	−12.94
ZF6	p_0	2.07	1.44	0.92	0.70	0.46	0.19	−0.25	−1.13	−3.48	−16.41	−66.77
1.755 0	φ_1	1.075 6	1.579 0	1.730 1	1.780 4	1.830 8	1.881 1	1.956 6	2.082 5	2.334 2	3.089 5	4.348 1
27.5	Q_0	−1.47	−2.96	−3.42	−3.58	−3.74	−3.89	−4.13	−4.53	−5.34	−7.87	−12.36

续表

参数 n_1 / n_2		K9　1.516 3　64.1										
	C	0.015 0	0.005 0	0.002 0	0.001 0	0.000 0	−0.001 0	−0.002 5	−0.005 0	−0.010 0	−0.025 0	−0.050 0
F2	p_0	2.05	0.94	−0.05	−0.48	−0.95	−1.48	−2.37	−4.17	−9.08	−37.69	−156.0
1.612 8	φ_1	1.052 2	1.921 8	2.082 6	2.269 6	2.356 6	2.443 5	2.574 0	2.791 4	3.226 2	4.530 5	6.704 5
36.9	Q_0	−1.40	−4.00	−4.81	−5.08	−5.35	−5.63	−6.04	−6.74	−8.15	−12.57	−20.46
F5	p_0	2.05	1.02	0.10	−0.29	−0.73	−1.22	−2.05	−3.71	−8.23	−34.50	−142.7
1.624 2	φ_1	1.049 0	1.865 0	2.109 8	2.191 4	2.273 0	2.354 6	2.477 0	2.681 0	3.089 0	4.313 1	6.353 1
35.9	Q_0	−1.39	−3.83	−4.59	−4.84	−5.10	−5.35	−5.74	−6.40	−7.72	−11.07	−19.28
BaF6	p_0	2.05	−3.45	8.65	−10.92	13.49	−16.38	−21.35	−31.51	−60.03	−236.0	—
1.607 6	φ_1	1.098 6	2.740 2	3.232 7	3.396 9	3.561 1	3.725 2	3.971 5	4.381 9	5.202 7	7.665 2	—
46.1	Q_0	−1.54	−6.56	−8.16	−8.70	−9.24	−9.79	−10.62	−12.02	−14.90	−24.02	—
BaF7	p_0	2.05	0.17	−1.53	−2.26	−3.08	−4.00	−5.57	−8.73	−17.44	−69.22	−288.1
1.614 0	φ_1	1.063 9	2.127 8	2.446 9	2.553 3	2.659 7	2.766 1	2.925 7	3.191 7	3.723 6	5.319 5	7.979 2
40.0	Q_0	−1.44	−4.64	−5.64	−5.98	−6.32	−6.66	−7.17	−8.04	−9.81	−15.37	−25.37
BaF8	p_0	2.05	0.28	−1.32	−2.00	−2.77	−3.63	−5.09	−8.05	−16.18	−64.33	−267.2
1.625 9	φ_1	1.060 2	2.062 7	2.363 4	2.463 7	2.564 0	2.664 2	2.814 6	3.065 2	3.566 5	5.070 3	7.576 6
39.1	Q_0	−1.43	−4.44	−5.39	−5.70	−6.02	−6.34	−6.83	−7.65	−9.32	−14.57	−24.00
ZF1	p_0	2.05	1.18	0.41	0.08	−0.28	−1.69	−1.38	−2.77	−6.52	−28.12	−116.2
1.647 5	φ_1	1.043 2	1.762 7	1.978 6	2.050 5	2.122 5	2.194 4	2.302 3	2.482 2	2.842 0	3.921 3	5.720 1
33.9	Q_0	−1.38	−3.52	−4.18	−4.41	−4.63	−4.86	−5.20	−5.78	−6.94	−10.60	−17.11
ZF2	p_0	2.05	1.31	0.64	0.35	0.04	−0.31	−0.91	−2.09	−5.30	−23.64	−97.77
1.672 5	φ_1	1.038 8	1.685 8	1.879 9	1.944 7	2.009 4	2.074 1	2.171 1	2.332 9	2.656 4	3.626 9	5.241 5
32.2	Q_0	−1.36	−3.28	−3.88	−4.08	−4.28	−4.49	−4.79	−5.31	−6.36	−9.63	−15.47
ZF3	p_0	2.05	1.49	0.98	0.76	0.52	0.25	−0.20	−1.10	−3.53	−17.23	−71.74
1.717 2	φ_1	1.032 8	1.579 3	1.743 2	1.797 9	1.852 6	1.907 2	1.989 2	2.125 8	2.399 1	3.218 8	4.585 1
29.5	Q_0	−1.35	−2.96	−3.46	−3.63	−3.80	−3.97	−4.22	−4.66	−5.53	−8.28	−13.45
ZF5	p_0	2.06	1.57	1.13	0.94	0.73	0.50	0.11	−0.67	−2.75	−14.45	−60.66
1.739 8	φ_1	1.030 2	1.533 7	1.684 8	1.735 1	1.785 5	1.835 8	1.911 3	2.037 2	2.289 0	3.044 3	4.303 0
28.2	Q_0	−1.34	−2.82	−3.28	−3.43	−3.59	−3.74	−3.98	−4.37	−5.18	−7.69	−12.15
ZF6	p_0	2.06	1.61	1.20	1.03	0.83	0.62	0.26	−0.46	−2.39	−13.17	−55.58
1.755 0	φ_1	1.028 9	1.510 5	1.655 0	1.703 2	1.751 3	1.799 5	1.871 7	1.992 1	2.232 9	2.955 4	4.159 4
27.5	Q_0	−1.34	−2.75	−3.19	−3.33	−3.48	−3.63	−3.85	−4.23	−5.00	−7.39	−11.64

续表

参数 n_1 / n_2		K10 1.518 1 58.9										
	C	0.015 0	0.005 0	0.002 0	0.001 0	0.000 0	−0.001 0	−0.002 5	−0.005 0	−0.010 0	−0.025 0	−0.050 0
F2	p_0	2.03	−0.01	−1.63	−2.30	−3.05	−3.88	−5.29	−8.09	−15.66	−59.03	−236.1
1.612 8	φ_1	1.195 4	2.183 3	2.479 6	2.578 4	2.677 2	2.776 0	2.924 2	3.171 2	3.665 1	5.147 0	7.616 8
36.9	Q_0	−1.82	−4.80	−5.72	−6.04	−6.35	−6.67	−7.14	−7.95	−9.58	−14.69	−23.83
F5	p_0	2.03	0.17	−1.29	−1.90	−2.59	−3.34	−4.61	−7.14	−13.95	−52.85	−211.0
1.624 2	φ_1	1.181 8	2.101 1	2.376 9	2.468 9	2.560 8	2.652 8	2.790 7	3.020 5	3.480 2	4.859 2	7.157 6
35.9	Q_0	−1.78	−4.55	−5.41	−5.70	−5.99	−6.29	−6.73	−7.48	−8.99	−13.75	−22.25
BaF7	p_0	2.01	−1.75	−4.80	−6.08	−7.52	−9.17	−11.83	−17.26	−32.07	−118.8	−481.0
1.614 0	φ_1	1.246 5	2.493 1	2.867 0	2.991 7	3.116 4	3.241 0	3.428 0	3.739 6	4.362 3	6.232 8	9.349 2
40.0	Q_0	−1.97	−5.77	−6.96	−7.36	−7.77	−8.18	−8.79	−9.83	−11.95	−18.63	−30.67
BaF8	p_0	2.01	−1.44	−4.22	−5.40	−6.70	−8.16	−10.62	−15.56	−29.00	−107.4	−433.5
1.625 9	φ_1	1.230 0	2.393 1	2.742 1	2.858 4	2.974 7	3.091 0	3.265 5	3.556 3	4.137 8	5.882 5	8.790 3
39.1	Q_0	−1.92	−5.46	−6.58	−6.95	−7.33	−7.71	−8.28	−9.25	−11.23	−17.47	−28.71
ZF1	p_0	2.03	0.52	−0.66	−1.15	−1.70	−2.30	−3.32	−5.34	−10.76	−41.41	−164.7
1.647 5	φ_1	1.157 9	1.956 6	2.196 2	2.276 1	2.356 0	2.435 8	2.555 6	2.755 3	3.154 6	4.352 7	6.349 4
33.9	Q_0	−1.71	−4.11	−4.85	−5.10	−5.36	−5.61	−6.00	−6.64	−7.96	−12.07	−19.43
ZF2	p_0	2.04	0.77	−0.22	−0.64	−1.09	−1.60	−2.45	−4.13	−8.62	−33.84	−134.3
1.672 5	φ_1	1.140 4	1.850 8	2.063 9	2.134 9	2.205 9	2.277 0	2.385 5	2.561 1	2.913 6	3.981 8	5.757 6
32.2	Q_0	−1.65	−3.78	−4.44	−4.67	−4.89	−5.12	−5.46	−6.03	−7.19	−10.84	−17.35
ZF3	p_0	2.05	1.11	0.38	0.07	−0.26	−0.63	−1.25	−2.48	−5.73	−23.75	−94.40
1.717 2	φ_1	1.116 8	1.707 8	1.885 2	1.944 3	2.003 4	2.062 5	2.151 1	2.298 9	2.594 4	3.480 9	4.958 4
29.5	Q_0	−1.58	−3.34	−3.89	−4.07	−4.26	−4.44	−4.72	−5.20	−6.16	−9.16	−14.50
ZF5	p_0	2.05	1.25	0.63	0.37	0.09	−0.22	−0.75	−1.79	−4.53	−19.65	−78.39
1.739 8	φ_1	1.107 0	1.648 0	1.810 3	1.864 4	1.918 5	1.972 6	2.053 8	2.189 0	2.459 6	3.271 1	4.623 7
28.2	Q_0	−1.56	−3.16	−3.66	−3.82	−3.99	−4.16	−4.42	−4.85	−5.72	−8.45	−13.29
ZF6	p_0	2.05	1.32	0.75	0.51	0.25	−0.04	−0.52	−1.47	−3.99	−17.79	−71.18
1.755 0	φ_1	1.102 0	1.617 8	1.772 6	1.824 2	1.875 7	1.927 3	2.004 7	2.133 7	2.391 6	3.165 4	4.455 0
27.5	Q_0	−1.54	−3.06	−3.54	−3.70	−3.86	−4.02	−4.26	−4.67	−5.50	−8.09	−12.69

续表

参数 n_1 / n_2		BaK1 1.530 2 60.5										
	C	0.015 0	0.005 0	0.002 0	0.001 0	0.000 0	−0.001 0	−0.002 5	−0.005 0	−0.010 0	−0.025 0	−0.050 0
F2	P_0	1.97	0.58	−0.55	−1.03	−1.56	−2.14	−3.04	−5.12	−10.49	−41.28	−166.7
1.612 8	φ_1	1.144 6	2.090 5	2.374 3	2.468 9	2.563 5	2.658 1	2.800 0	3.036 5	3.509 5	4.928 4	7.293 3
36.9	Q_0	−1.64	−4.43	−5.29	−5.58	−5.88	−6.17	−6.61	−7.35	−8.86	−13.57	−21.93
F3	P_0	1.97	0.61	−0.50	−0.97	−1.49	−2.07	−3.04	−4.99	−10.25	−40.39	−163.1
1.616 4	φ_1	1.141 6	2.068 1	2.346 0	2.438 7	2.531 3	2.624 0	2.763 0	2.994 6	3.457 8	4.847 5	7.163 8
36.6	Q_0	−1.63	−4.36	−5.21	−5.49	−5.78	−6.07	−6.50	−7.23	−8.71	−13.32	−21.52
F4	P_0	1.97	0.63	−0.45	−0.91	1.42	−1.99	−2.94	−4.84	−9.99	−39.41	−159.1
1.619 9	φ_1	1.138 7	2.046 2	2.318 5	2.409 2	2.500 0	2.590 7	2.726 8	2.953 7	3.407 5	4.768 7	7.037 5
36.3	Q_0	−1.62	−4.30	−5.13	−5.41	−5.69	−5.97	−6.39	−7.11	−8.56	−13.08	−21.12
F5	P_0	1.97	0.68	−0.38	−0.82	−1.31	−1.86	−2.78	−4.62	−9.58	−37.93	−153.0
1.624 2	φ_1	1.134 9	2.017 8	2.282 7	2.371 0	2.459 3	2.547 0	2.680 0	2.900 8	3.342 2	4.666 6	6.873 8
35.9	Q_0	−1.61	−4.21	−5.02	−5.29	−5.57	−5.84	−6.25	−6.95	−8.36	−12.76	−20.59
F7	P_0	1.97	0.67	−0.40	−0.84	−1.34	−1.89	−2.82	−4.67	−9.67	−38.19	−153.9
1.636 1	φ_1	1.130 4	1.983 7	2.239 7	2.325 0	2.410 3	2.495 6	2.623 6	2.836 9	3.263 6	4.543 5	6.676 6
35.4	Q_0	−1.60	−4.11	−4.90	−5.16	−5.42	−5.69	−6.09	−6.76	−8.13	−12.40	−20.02
BaF7	P_0	1.97	−0.52	−2.58	−3.46	−4.44	−5.53	−7.38	−11.09	−21.23	−80.57	−328.0
1.614 0	φ_1	1.180 4	2.360 0	2.715 1	2.833 1	2.951 2	3.069 2	3.246 3	3.541 4	4.131 7	5.902 4	8.853 6
40.0	Q_0	−1.74	−5.25	−6.35	−6.72	−7.09	−7.46	−8.02	−8.97	−10.90	−16.95	−27.79
BaF8	P_0	1.97	−0.37	−2.31	−3.13	−4.05	−5.07	−6.80	−10.27	−19.74	−74.95	−304.4
1.625 9	φ_1	1.169 0	2.274 4	2.606 0	2.716 5	2.827 1	2.937 6	3.103 4	3.379 8	3.932 5	5.590 5	8.354 0
39.1	Q_0	−1.71	−5.00	−6.02	−6.37	−6.72	−7.07	−7.59	−8.48	−10.30	−15.98	−26.17
ZF1	P_0	1.98	0.88	0.00	−0.37	−0.79	−1.24	−2.01	−3.54	−7.65	−30.94	−124.6
1.647 5	φ_1	1.117 8	1.888 9	2.120 2	2.197 3	2.274 4	2.351 5	2.467 1	2.659 9	3.045 4	4.202 0	6.129 6
33.9	Q_0	−1.56	−3.83	−4.53	−4.77	−5.01	−5.25	−5.61	−6.21	−7.44	−11.29	−18.13
ZF2	P_0	1.98	1.03	0.27	−0.05	−0.41	−0.80	−1.46	−2.77	−6.28	−26.04	−104.8
1.672 5	φ_1	1.105 2	1.793 6	2.000 1	2.068 9	2.137 8	2.206 6	2.309 9	2.481 9	2.826 1	3.853 7	5.579 6
32.2	Q_0	−1.53	−3.54	−4.17	−4.38	−4.59	−4.81	−5.13	−5.67	−6.77	−10.19	−16.29
ZF3	P_0	1.98	1.26	0.68	0.44	0.17	−0.13	−0.63	−1.62	−4.26	−18.93	−76.51
1.717 2	φ_1	1.088 0	1.663 7	1.836 4	1.894 0	1.951 6	2.009 1	2.095 5	2.239 4	2.527 3	3.390 9	4.830 2
29.5	Q_0	−1.47	−3.15	−3.67	−3.85	−4.03	−4.20	−4.47	−4.92	−5.83	−8.67	−13.73
ZF4	P_0	1.98	1.38	0.88	0.68	0.45	0.20	−0.22	−1.06	−3.27	−15.49	−63.08
1.728 0	φ_1	1.081 2	1.613 0	1.772 5	1.825 7	1.878 8	1.932 0	2.011 8	2.144 7	2.410 6	3.208 1	4.537 5
28.3	Q_0	−1.46	−3.00	−3.48	−3.64	−3.80	−3.97	−4.21	−4.62	−5.46	−8.07	−12.69
ZF5	P_0	1.98	1.37	0.86	0.65	0.42	0.17	−0.26	−1.11	−3.37	−15.85	−64.44
1.739 8	φ_1	1.080 7	1.608 9	1.767 4	1.820 2	1.873 0	1.925 8	2.005 1	2.137 1	2.401 2	3.193 5	4.514 0
28.2	Q_0	−1.45	−2.99	−3.46	−3.62	−3.79	−3.95	−4.19	−4.60	−5.43	−8.03	−12.63
ZF6	P_0	1.98	1.42	0.95	0.76	0.54	0.30	−0.09	−0.88	−2.96	−14.44	−58.96
1.755 0	φ_1	1.077 0	1.581 2	1.732 5	1.782 9	1.833 3	1.883 7	1.959 3	2.085 4	2.337 5	3.093 7	3.354 1
27.5	Q_0	−1.44	−2.90	−3.36	−3.51	−3.66	−3.82	−4.05	−4.44	−5.23	−7.70	−12.08

续表

参数 n_1 / n_2		BaK2　1.539 9　59.7										
	C	0.015 0	0.005 0	0.002 0	0.001 0	0.000 0	−0.001 0	−0.002 5	−0.005 0	−0.010 0	−0.025 0	−0.050 0
F2	p_0	1.92	0.61	−0.44	−0.88	−1.37	−1.91	−2.82	−4.64	−9.54	−37.49	−150.6
1.612 8	φ_1	1.169 1	2.135 3	2.425 1	2.521 8	2.618 4	2.715 0	2.859 9	3.101 5	3.584 6	5.033 9	7.449 4
36.9	Q_0	−1.69	−4.50	−5.37	−5.66	−5.96	−6.25	−6.69	−7.44	−8.95	−3.65	−21.97
F5	p_0	1.92	0.68	−0.30	−0.72	−1.18	−1.69	−2.54	−4.25	−8.84	−34.92	−140.1
1.624 2	φ_1	1.157 6	2.058 1	2.328 3	2.418 3	2.508 4	2.598 4	2.733 5	2.958 6	3.408 9	4.759 6	−7.010 9
35.9	Q_0	−1.65	−4.28	−5.09	−5.36	−5.63	−5.91	−6.32	−7.02	−8.43	−12.83	−20.62
BaF7	p_0	1.91	−0.47	−2.41	−3.23	−4.15	−5.17	−6.90	−10.36	−19.77	−74.56	−301.5
1.614 0	φ_1	1.212 1	2.424 3	2.788 0	2.909 2	3.030 4	3.151 6	3.333 5	3.636 5	4.242 6	6.060 9	9.091 3
40.0	Q_0	−1.81	−5.37	−6.47	−6.85	−7.22	−7.60	−8.16	−9.12	−11.06	−17.13	−27.97
BaF8	p_0	1.91	−0.36	−2.20	−2.98	−3.85	−4.82	−6.45	−9.73	−18.62	−70.24	−283.5
1.625 9	φ_1	1.198 3	2.331 4	2.671 4	2.784 7	2.898 0	3.011 3	3.181 3	3.464 6	4.031 1	5.730 9	8.563 7
39.1	Q_0	−1.77	−5.10	−6.13	−6.48	−6.83	−7.19	−7.72	−8.61	−10.43	−16.14	−26.33
ZF1	p_0	1.92	0.86	0.02	−0.33	−0.72	−1.16	−1.88	−3.33	−7.19	−28.99	−116.2
1.647 5	φ_1	1.137 3	1.921 7	2.157 0	2.235 5	2.313 9	2.392 3	2.510 0	2.706 1	3.098 3	4.275 0	6.236 1
33.9	Q_0	−1.60	−3.88	−4.58	−4.82	−5.06	−5.30	−5.66	−6.27	−7.50	−11.33	−18.14
ZF2	p_0	1.93	0.97	0.26	−0.05	−0.39	−0.76	−1.39	−2.64	−5.98	−24.69	−98.89
1.672 5	φ_1	1.122 3	1.821 3	2.031 1	2.101 0	2.170 9	2.240 8	2.345 6	2.520 4	2.869 9	3.918 4	5.666 0
32.2	Q_0	−1.55	−3.58	−4.21	−4.42	−4.63	−4.85	−5.17	−5.71	−6.81	−10.23	−16.30
ZF3	p_0	1.93	1.21	0.65	0.41	0.15	−0.14	−0.62	−1.58	−4.12	−18.17	−73.08
1.717 2	φ_1	1.102 0	1.685 2	1.860 1	1.918 5	1.976 8	2.035 1	2.122 6	2.268 4	2.559 9	3.434 7	4.892 6
29.5	Q_0	−1.49	−3.18	−3.70	−3.87	−4.05	−4.23	−4.49	−4.94	−5.85	−8.69	−13.72
ZF4	p_0	1.93	1.33	0.85	0.65	0.43	0.18	−0.23	−1.03	−3.16	−14.88	−60.28
1.728 0	φ_1	1.094 1	1.632 2	1.793 6	1.847 4	1.901 2	1.955 0	2.035 7	2.170 3	2.439 3	3.246 4	4.591 5
28.3	Q_0	−1.47	−3.02	−3.50	−3.66	−3.82	−3.98	−4.23	−4.64	−5.48	−8.08	−12.68
ZF5	p_0	1.93	1.32	0.82	0.62	0.39	0.14	−0.27	−1.10	−3.28	−15.27	−61.77
1.739 8	φ_1	1.092 5	1.628 0	1.783 3	1.841 7	1.895 2	1.948 6	2.028 8	2.162 4	2.429 6	3.231 3	4.567 5
28.2	Q_0	−1.47	−3.01	−3.48	−3.64	−3.80	−3.96	−4.21	−4.62	−5.45	−8.04	−12.62
ZF6	p_0	1.93	1.36	0.91	0.72	0.51	0.28	−0.11	−0.87	−2.89	−13.95	−56.64
1.755 0	φ_1	1.089 2	1.599 1	1.752 0	1.803 0	1.854 0	1.905 0	1.981 5	2.108 9	2.363 8	3.128 6	4.403 3
27.5	Q_0	−1.46	−2.92	−3.37	−3.53	−3.68	−3.83	−4.06	−4.45	−5.24	−7.70	−12.06

续表

参数 n_1 / n_2	BaK3　1.546 7　62.8											
	C	0.015 0	0.005 0	0.002 0	0.001 0	0.000 0	−0.001 0	−0.002 5	−0.005 0	−0.010 0	−0.025 0	−0.050 0
F2	P_0	1.89	1.10	0.41	0.12	−0.20	−0.56	−1.16	−2.38	−5.66	−24.53	−101.2
1.612 8	φ_1	1.082 6	1.977 3	2.245 7	2.335 2	2.424 7	2.514 1	2.648 3	2.872 0	3.319 4	4.661 5	6.898 3
36.9	Q_0	−1.43	−3.99	−4.78	−5.05	−5.31	−5.58	−5.98	−6.66	−8.02	−12.25	−19.69
BaF8	P_0	1.89	0.54	−0.63	−1.13	−1.69	−2.32	−3.38	−5.50	−11.32	−45.25	−185.9
1.625 9	φ_1	1.095 6	2.131 7	2.442 5	2.546 1	2.649 7	2.753 3	2.908 8	3.167 8	3.685 8	5.239 9	7.830 1
39.1	Q_0	−1.46	−4.45	−5.38	−5.69	−6.00	−6.32	−6.79	−7.59	−9.21	−14.25	−23.23
ZF1	P_0	1.90	1.20	0.61	0.36	0.08	−0.22	−0.75	−1.78	−4.58	−20.49	−84.41
1.647 5	φ_1	1.068 0	1.804 6	2.205 6	2.099 3	2.173 0	2.246 6	2.357 1	2.541 3	2.909 6	4.014 6	5.856 2
33.9	Q_0	−1.39	−3.50	−4.15	−4.37	−4.59	−4.81	−5.14	−5.70	−6.83	−10.34	−16.55
ZF2	P_0	1.90	1.27	0.74	0.51	0.26	−0.01	−0.48	−1.41	−3.91	−18.03	−74.38
1.672 5	φ_1	1.061 0	1.721 8	1.920 1	1.986 2	2.052 2	2.118 3	2.217 4	2.382 7	2.713 1	3.704 3	5.356 4
32.2	Q_0	−1.37	−3.26	−3.84	−4.04	−4.23	−4.43	−4.73	−5.23	−6.25	−9.41	−15.00
ZF3	P_0	1.90	1.40	0.97	0.79	0.59	0.37	−0.00	−0.74	−2.72	−13.79	−57.36
1.717 2	φ_1	1.051 3	1.607 7	1.774 6	1.830 2	1.885 8	1.941 5	2.024 9	2.164 0	2.442 2	3.276 7	4.667 5
29.5	Q_0	−1.34	−2.92	−3.41	−3.58	−3.74	−3.91	−4.16	−4.58	−5.43	−8.08	−12.78
ZF5	P_0	1.90	1.47	1.09	0.93	0.76	0.56	0.24	−0.41	−2.14	−11.75	−49.30
1.739 8	φ_1	1.047 2	1.559 1	1.712 6	1.763 8	1.815 0	1.866 2	1.942 9	2.070 9	2.326 8	3.094 6	4.374 2
28.2	Q_0	−1.33	−2.78	−3.23	−3.38	−3.53	−3.68	−3.91	−4.30	−5.08	−7.51	−11.81
ZF6	P_0	1.90	1.50	1.15	1.00	0.83	0.65	0.35	−0.26	−1.87	−10.81	−45.59
1.755 0	φ_1	1.045 1	1.534 4	1.681 1	1.730 1	1.779 0	1.827 9	1.901 3	2.023 6	2.268 2	−3.002 1	4.225 2
27.5	Q_0	−1.32	−2.71	−3.13	−3.28	−3.42	−3.57	−3.79	−4.15	−4.90	−7.22	−11.31

续表

参数 n_1 / n_2		BaK5 1.566 6 58.3										
	C	0.015 0	0.005 0	0.002 0	0.001 0	0.000 0	−0.001 0	−0.002 5	−0.005 0	−0.010 0	−0.025 0	−0.050 0
F2	p_0	1.82	0.77	−0.04	−0.38	−0.75	−1.17	−1.86	−3.25	−6.95	−27.78	−110.8
1.612 8	φ_1	1.216 3	2.221 6	2.523 2	2.623 7	2.724 2	2.824 8	2.975 6	3.226 9	3.729 5	5.237 4	7.750 6
36.9	Q_0	−1.77	−4.62	−5.49	−5.79	−6.08	−6.37	−6.82	−7.56	−9.07	−13.71	−21.84
F7	p_0	1.82	0.72	−0.13	−0.48	−0.87	−1.30	−2.02	−3.46	−7.30	−28.86	−114.7
1.636 1	φ_1	1.194 0	2.095 2	2.365 6	2.455 7	2.545 8	2.635 9	2.771 1	2.996 4	3.447 0	4.798 9	7.052 0
35.4	Q_0	−1.71	−4.27	−5.05	−5.32	−5.58	−5.85	−6.25	−6.93	−8.29	−12.52	−19.98
BaF7	p_0	1.81	−0.16	−1.72	−2.37	−3.10	−3.91	−5.27	−7.99	−15.34	−57.57	−229.8
1.614 0	φ_1	1.274 3	2.548 6	2.930 9	3.058 3	3.185 7	3.313 2	3.504 3	3.822 9	4.460 1	6.371 5	9.557 8
40.0	Q_0	−1.93	−5.57	−6.69	−7.06	−7.44	−7.82	−8.39	−9.35	−11.30	−17.34	−28.01
BaF8	p_0	1.81	−0.16	−1.70	−2.35	−3.787	−3.07	−5.22	−7.91	−15.18	−56.86	−226.7
1.625 9	φ_1	1.255 5	2.442 8	2.779 0	2.917 7	3.036 4	3.155 1	3.333 2	3.630 0	4.223 7	6.004 5	8.972 7
39.1	Q_0	−1.88	−5.27	−6.32	−6.67	−7.03	−7.38	−7.92	−8.82	−10.64	−16.33	−26.40
ZF1	p_0	1.82	0.88	0.15	−0.15	−0.48	−0.84	−1.46	−2.67	−5.91	−23.98	−95.38
1.647 5	φ_1	1.174 3	1.984 3	2.227 3	2.308 3	2.389 3	2.470 3	2.591 8	2.794 3	3.199 3	4.414 3	6.439 2
33.9	Q_0	−1.65	−3.95	−4.66	−4.89	−5.13	−5.37	−5.73	−6.34	−7.56	−11.36	−18.06
ZF2	p_0	1.83	0.97	0.31	0.04	−0.26	−0.59	−1.14	−2.23	−5.14	−21.23	−84.39
1.672 5	φ_1	1.154 8	1.874 0	2.089 8	2.161 7	2.233 7	2.305 6	2.413 5	2.593 3	2.952 9	4.031 8	5.830 0
32.2	Q_0	−1.60	−3.64	−4.26	−4.47	−4.69	−4.90	−5.22	−5.76	−6.85	−10.24	−16.23
ZF3	p_0	1.83	1.14	0.62	0.40	0.17	−0.10	−0.54	−1.40	−3.69	−16.22	−64.72
1.717 2	φ_1	1.128 5	1.725 7	1.904 8	1.964 5	2.024 3	2.084 0	2.173 5	2.322 8	2.621 4	3.517 2	5.010 1
29.5	Q_0	−1.52	−3.21	−3.73	−3.90	−4.08	−4.26	−4.52	−4.97	−5.87	−8.68	−13.65
ZF5	p_0	1.83	1.23	0.78	0.59	0.38	0.15	−0.23	−0.98	−2.97	−13.78	−55.31
1.739 8	φ_1	1.117 5	1.663 7	1.827 8	1.882 2	1.936 8	1.991 4	2.073 4	2.209 9	2.483 0	3.302 3	4.667 8
28.2	Q_0	−1.49	−3.03	−3.50	−3.66	−3.82	−3.98	−4.23	−4.63	−5.46	−8.02	−12.54
ZF6	p_0	1.83	1.28	0.85	0.67	0.48	0.27	−0.09	−0.79	−2.64	−12.66	−51.03
1.755 0	φ_1	1.112 0	1.632 5	1.788 7	1.840 8	1.892 8	1.944 9	2.022 9	2.153 1	2.413 3	3.194 1	4.495 5
27.5	Q_0	−1.48	−2.94	−3.39	−3.54	−3.69	−3.85	−4.08	−4.46	−5.25	−7.69	−11.99

续表

参数 n_1 / n_2	BaK7 1.568 8 56.0											
	C	0.015 0	0.005 0	0.002 0	0.001 0	0.000 0	−0.001 0	−0.002 5	−0.005 0	−0.010 0	−0.025 0	−0.050 0
F2	p_0	1.77	0.58	−0.29	−0.66	−1.06	−1.50	−2.24	−3.70	−7.58	−29.23	−114.5
1.612 8	φ_1	1.309 1	2.390 9	2.715 5	2.823 7	2.931 9	3.040 1	3.202 4	3.472 8	4.013 8	5.636 6	8.341 3
36.9	Q_0	−2.01	−5.05	−5.98	−6.29	−6.60	−6.92	−7.39	−8.18	−9.78	−14.70	−23.28
F7	p_0	1.77	0.48	−0.47	−0.86	−1.29	−1.77	−2.56	−4.13	−8.31	−31.52	−123.0
1.636 1	φ_1	1.274 9	2.237 2	2.525 9	2.622 2	2.718 4	2.814 6	2.959 0	3.199 6	3.680 7	5.124 2	7.530 0
35.4	Q_0	−1.91	−4.63	−5.46	−5.74	−6.02	−6.30	−6.73	−7.44	−8.89	−13.35	−21.21
BaF8	p_0	1.74	−0.66	−2.47	−3.22	−4.05	−4.97	−6.53	−9.61	−17.89	−64.85	−254.4
1.625 9	φ_1	1.370 1	2.665 7	3.154 4	3.184 0	3.313 6	3.443 1	3.637 5	3.961 4	4.609 2	6.552 6	9.791 7
39.1	Q_0	−2.18	−5.86	−6.99	−7.37	−7.75	−8.14	−8.72	−9.69	−11.66	−17.79	−28.63
ZF1	p_0	1.77	0.67	−0.14	−0.47	−0.84	−1.24	−1.91	−3.24	−6.75	−26.14	−102.0
1.647 5	φ_1	1.245 4	2.104 4	2.362 1	2.448 0	2.533 9	2.619 8	2.748 6	2.963 4	3.392 9	4.681 4	6.828 9
33.9	Q_0	−1.83	−4.25	−5.00	−5.25	−5.50	−5.75	−6.13	−6.76	−8.05	−12.04	−19.05
ZF2	p_0	1.78	0.77	0.03	−0.27	−0.60	−0.96	−1.57	−2.77	−5.93	−23.27	−90.71
1.672 5	φ_1	1.216 4	1.974 1	2.201 4	2.277 1	2.352 9	2.428 7	2.542 3	2.731 7	3.110 5	4.247 0	6.141 1
32.2	Q_0	−1.75	−3.88	−4.54	−4.76	−4.98	−5.21	−5.54	−6.10	−7.25	−10.78	−17.02
ZF3	p_0	1.79	0.97	0.39	0.15	−0.11	−0.40	−0.88	−1.83	−4.31	−17.77	−69.42
1.717 2	φ_1	1.178 1	1.801 5	1.988 5	2.050 8	2.113 2	2.175 5	2.269 0	2.424 9	2.736 6	3.671 6	5.230 1
29.5	Q_0	−1.64	−3.39	−3.93	−4.11	−4.30	−4.48	−4.75	−5.22	−6.15	−9.07	−14.21
ZF5	p_0	1.79	1.08	0.57	0.37	0.14	−0.11	−0.53	−1.35	−3.50	−15.07	−59.12
1.739 8	φ_1	1.162 3	1.730 3	1.900 7	1.957 5	2.014 3	2.071 1	2.156 4	2.298 4	2.582 4	3.434 5	4.854 6
28.2	Q_0	−1.60	−3.19	−3.68	−3.84	−4.01	−4.17	−4.43	−4.85	−5.70	−8.84	−13.01
ZF6	p_0	1.79	1.13	0.66	0.47	0.25	0.02	−0.37	−1.13	−3.13	−13.84	−54.48
1.755 0	φ_1	1.154 3	1.694 7	1.856 8	1.910 8	1.964 9	2.018 9	2.100 0	2.235 0	2.505 2	3.315 7	4.666 6
27.5	Q_0	−1.58	−3.09	−3.55	−3.71	−3.87	−4.02	−4.26	−4.66	−5.47	−7.98	−12.41

续表

参数 n_1 / n_2	ZK1　1.568 8　62.9											
	C	0.015 0	0.005 0	0.002 0	0.001 0	0.000 0	−0.001 0	−0.002 5	−0.005 0	−0.010 0	−0.025 0	−0.050 0
F2	P_0	1.79	1.30	0.89	0.71	0.51	0.30	−0.07	−0.81	−2.79	−14.10	−59.38
1.612 8	φ_1	1.080 1	1.972 8	2.240 6	2.329 9	2.419 2	2.508 5	2.642 4	2.865 5	3.311 9	4.650 9	6.882 7
36.9	Q_0	−1.38	−3.86	−4.62	−4.88	−5.13	−5.39	−5.77	−6.41	−7.71	−11.69	−18.59
F7	P_0	1.79	1.24	0.76	0.56	0.34	0.09	−0.33	−1.17	−3.42	−16.25	−67.64
1.636 1	φ_1	1.072 7	1.882 4	2.025 3	2.206 3	2.287 2	2.368 2	2.489 6	2.692 1	3.096 9	4.311 5	6.335 7
35.4	Q_0	−1.36	−3.62	−4.31	−4.54	−4.77	−5.00	−5.36	−5.95	−7.14	−10.81	−17.25
BaF6	P_0	1.79	−0.57	−2.70	−3.62	−4.66	−5.82	−7.81	−11.83	−22.99	−89.81	−373.5
1.607 6	φ_1	1.155 0	2.881 0	3.398 8	3.571 4	3.744 0	3.916 6	4.175 5	4.607 0	5.470 0	8.059 0	12.374 0
46.1	Q_0	−1.59	−6.45	−7.94	−8.45	−8.96	−9.46	−10.23	−11.51	−14.11	−22.20	−36.49
BaF8	P_0	1.79	0.90	0.12	−0.21	−0.57	−0.98	−1.68	−3.07	−6.86	−28.32	−118.7
1.625 9	φ_1	1.092 8	2.126 1	2.436 1	2.539 5	2.642 8	2.746 1	2.901 1	3.159 5	3.676 2	5.226 2	7.809 6
39.1	Q_0	−1.41	−4.30	5.19	−5.49	−5.79	−6.09	−6.54	−7.30	−8.83	−13.58	−21.91
ZF2	P_0	1.80	1.32	0.91	0.74	0.55	0.34	−0.01	−0.72	−2.61	−13.23	−55.31
1.672 5	φ_1	1.059 2	1.718 9	1.916 9	1.982 8	2.048 8	2.114 8	2.213 7	2.378 7	2.708 5	3.698 1	5.347 5
32.2	Q_0	−1.32	−3.16	−3.72	−3.91	−4.10	−4.29	−4.58	−5.06	−6.04	−9.05	−14.36
ZF3	P_0	1.80	1.40	1.05	0.90	0.74	0.57	0.27	−0.33	−1.92	−10.76	−45.38
1.717 2	φ_1	1.049 9	1.605 4	1.772 1	1.827 6	1.883 2	1.938 7	2.022 1	2.161 0	2.438 7	3.272 1	4.661 0
29.5	Q_0	−1.29	−2.83	−3.31	−3.47	−3.63	−3.79	−4.03	−4.44	−5.26	−7.81	−12.29
ZF4	P_0	1.80	1.45	1.15	1.03	0.89	0.73	0.47	−0.04	−1.40	−8.96	−38.31
1.728 0	φ_1	1.046 2	1.560 6	1.715 0	1.766 4	1.817 9	1.869 3	1.946 5	2.075 1	2.332 3	3.104 0	4.390 2
28.3	Q_0	−1.28	−2.71	−3.14	−3.29	−3.44	−3.59	−3.81	−4.19	−4.94	−7.29	−11.42
ZF5	P_0	1.80	1.44	1.13	1.00	0.86	0.70	0.43	−0.10	−1.51	−9.35	−39.78
1.739 8	φ_1	1.045 9	1.557 0	1.710 4	1.761 5	1.812 6	1.863 7	1.940 4	2.068 2	2.323 8	3.090 6	4.368 5
28.2	Q_0	−1.28	−2.70	−3.13	−3.28	−3.42	−3.57	−3.79	−4.17	−4.92	−7.26	−11.38
ZF6	P_0	1.80	1.46	1.17	1.05	0.91	0.76	0.51	0.01	−1.32	−8.69	−37.18
1.755 0	φ_1	1.043 8	1.532 5	1.679 1	1.727 9	1.776 8	1.825 6	1.898 9	2.021 1	2.265 4	2.998 4	4.219 9
27.5	Q_0	−1.28	−2.63	−3.04	−3.18	−3.32	−3.46	−3.67	−4.03	−4.75	−6.98	−10.91

续表

参数 n_1 / n_2	ZK2　1.583 1　59.3										
	C	0.015 0	0.005 0	0.002 0	0.001 0	0.000 0	−0.001 0	−0.002 5	−0.005 0	−0.010 0	−0.025 0	−0.050 0
F2	P_0	1.73	1.24	0.86	0.70	0.53	0.33	0.00	−0.65	−2.38	−12.09	−50.25
1.612 8	φ_1	1.182 0	2.158 8	2.451 9	2.549 6	2.647 3	2.745 0	2.891 5	3.135 7	3.624 1	5.089 4	7.531 6
36.9	Q_0	−1.63	−4.31	−5.12	−5.39	−5.66	−5.94	−6.35	−7.03	−8.41	−12.63	−19.88
F5	P_0	1.73	1.18	0.75	0.57	0.37	0.15	−0.22	−0.95	−2.90	−13.80	−56.67
1.624 2	φ_1	1.169 5	2.079 3	2.352 2	2.443 2	2.534 1	2.625 1	2.761 6	2.989 0	3.443 9	4.808 6	7.083 0
35.9	Q_0	−1.60	−4.09	−4.85	−5.11	−5.36	−5.62	−6.00	−6.65	−7.94	−11.92	−18.81
F7	P_0	1.73	1.09	0.51	0.39	0.16	−0.09	−0.52	−1.36	−3.62	−16.21	−65.85
1.636 1	φ_1	1.163 6	2.042 0	2.305 5	2.393 3	2.481 1	2.569 0	2.700 7	2.920 3	3.359 5	4.677 0	6.872 8
35.4	Q_0	−1.58	−3.99	−4.73	−4.98	−5.23	−5.47	−5.85	−6.47	−7.74	−11.63	−18.39
BaF7	P_0	1.73	0.82	0.09	−0.21	−0.55	−0.93	−1.56	−2.82	−6.23	−25.64	−103.5
1.614 0	φ_1	1.229 0	2.458 0	2.826 7	2.949 6	3.072 5	3.195 4	3.379 7	3.687 0	4.301 5	6.145 0	9.217 6
40.0	Q_0	−1.76	−5.14	−6.17	−6.51	−6.86	−7.20	−7.73	−8.60	−10.36	−15.75	−25.11
BaF8	P_0	1.73	0.69	−0.13	−0.48	−0.86	−1.29	−2.01	−3.44	−7.30	−29.26	−117.6
1.625 9	φ_1	1.213 8	2.361 7	2.706 0	2.820 8	2.935 6	3.050 4	3.222 6	3.509 5	4.083 4	5.805 2	8.674 8
39.1	Q_0	−1.72	−4.88	−5.85	−6.17	−6.50	−6.82	−7.32	−8.14	−9.80	−14.92	−23.86
ZF1	P_0	1.73	1.15	0.70	0.51	0.30	0.07	−0.31	−1.08	−3.10	−14.38	−58.57
1.647 5	φ_1	1.147 4	1.938 9	2.176 3	2.255 5	2.334 6	2.413 7	2.532 5	2.730 3	3.126 0	4.313 2	6.291 8
33.9	Q_0	−1.53	−3.71	−4.37	−4.60	−4.82	−5.05	−5.38	−5.95	−7.09	−10.61	−16.74
ZF3	P_0	1.74	1.24	0.85	0.69	0.52	0.32	0.00	−0.65	−2.34	−11.64	−47.50
1.717 2	φ_1	1.109 3	1.696 4	1.872 5	1.931 2	1.989 9	2.048 6	2.136 6	2.283 4	2.576 9	3.457 5	4.925 0
29.5	Q_0	−1.43	−3.04	−3.53	−3.70	−3.87	−4.03	−4.28	−4.71	−5.56	−8.21	−12.87
ZF5	P_0	1.74	1.29	0.95	0.80	0.64	0.47	0.18	−0.40	−1.91	−10.15	−41.74
1.739 8	φ_1	1.100 1	1.637 9	1.799 2	1.852 9	1.906 7	1.960 5	2.041 1	2.175 6	2.444 4	3.251 0	4.595 2
28.2	Q_0	−1.40	−2.87	−3.33	−3.48	−3.63	−3.78	−4.01	−4.40	−5.18	−7.61	−11.86
ZF6	P_0	1.74	1.32	0.99	0.86	0.71	0.54	0.27	−0.28	−1.70	−9.46	−39.08
1.755 0	φ_1	1.095 5	1.608 3	1.762 2	1.813 4	1.864 7	1.916 0	1.992 9	2.121 1	2.377 5	3.146 8	4.428 8
27.5	Q_0	−1.39	−2.79	−3.22	−3.37	−3.51	−3.66	−3.88	−4.25	−4.99	−7.30	−11.36

续表

参数 n_1 / n_2		ZK3　1.589 1　61.2										
	C	0.015 0	0.005 0	0.002 0	0.001 0	0.000 0	−0.001 0	−0.002 5	−0.005 0	−0.010 0	−0.025 0	−0.050 0
F2	P_0	1.71	1.41	1.16	1.06	0.94	0.82	0.60	0.18	−0.96	−7.34	−32.41
1.612 8	φ_1	1.124 5	2.053 8	2.332 6	2.425 5	2.518 5	2.611 4	2.750 8	2.983 1	3.447 8	4.841 8	7.165 1
36.9	Q_0	−1.46	−3.98	−4.75	−5.00	−5.26	−5.51	−5.90	−6.54	−7.83	−11.76	−18.48
F5	P_0	1.71	1.34	1.04	0.91	0.78	0.62	0.36	−0.16	−1.54	−9.29	−39.77
1.624 2	φ_1	1.116 3	1.984 7	2.245 2	2.332 1	2.418 9	2.505 8	2.636 0	2.853 1	2.287 3	4.590 0	6.761 0
35.9	Q_0	−1.44	−3.80	−4.52	−4.76	−5.00	−5.24	−5.60	−6.21	−7.42	−11.15	−17.55
F7	P_0	1.71	1.27	0.90	0.75	0.59	0.40	0.09	−0.53	−2.20	−11.54	−48.40
1.636 1	φ_1	1.112 5	1.952 2	2.204 1	2.288 1	2.372 0	2.456 0	2.582 0	2.791 9	3.211 8	4.471 3	6.570 6
35.4	Q_0	−1.43	−3.71	−4.41	−4.64	−4.88	−5.11	−5.46	−6.05	−7.24	−10.89	−17.21
BaF7	P_0	1.71	1.16	0.71	0.51	0.30	0.06	−0.34	−1.14	−3.30	−15.66	−65.21
1.614 0	φ_1	1.154 7	2.309 4	2.655 8	2.771 3	2.886 7	3.002 2	3.175 4	3.464 1	4.041 5	5.773 5	8.660 3
40.0	Q_0	−1.54	−4.69	−5.64	−5.96	−6.28	−6.60	−7.08	−7.89	−9.51	−14.45	−22.96
BaF8	P_0	1.71	1.03	0.48	0.24	−0.02	−0.31	−0.80	−1.78	−4.43	−19.55	−80.35
1.625 9	φ_1	1.145 0	2.227 8	2.552 6	2.660 9	2.769 2	2.877 5	3.039 9	3.310 6	3.852 0	5.476 1	8.183 0
39.1	Q_0	−1.52	−4.47	−5.37	−5.67	−5.97	−6.28	−6.73	−7.50	−9.03	−13.75	−21.94
ZF1	P_0	1.71	1.29	0.95	0.81	0.65	0.48	0.18	−0.40	−1.95	−10.62	−44.67
1.647 5	φ_1	1.101 8	1.861 7	2.089 7	2.165 7	2.241 7	2.317 7	2.431 7	2.621 7	3.001 7	4.141 6	6.041 5
33.9	Q_0	−1.40	−3.47	−4.10	−4.31	−4.52	−4.74	−5.05	−5.59	−6.67	−9.99	−15.74
ZF2	P_0	1.71	1.28	0.93	0.79	0.62	0.45	0.15	−0.45	−2.03	−10.83	−45.23
1.672 5	φ_1	1.091 0	1.770 5	1.974 4	2.042 3	2.110 3	2.178 2	2.280 2	2.450 1	2.789 8	3.809 1	5.508 0
32.2	Q_0	−1.37	−3.22	−3.79	−3.98	−4.17	−4.36	−4.64	−5.13	−6.10	−9.10	−14.33
ZF3	P_0	1.71	1.33	1.01	0.88	0.73	0.57	0.30	−0.23	−1.64	−9.43	−39.58
1.717 2	φ_1	1.076 3	1.645 8	1.816 6	1.873 6	1.930 5	1.987 5	2.072 9	2.215 3	2.500 1	3.354 4	4.778 2
29.5	Q_0	−1.33	−2.88	−3.35	−3.51	−3.67	−3.83	−4.07	−4.48	−5.30	−7.83	−12.27
ZF6	P_0	1.71	1.38	1.11	1.00	0.87	0.73	0.50	0.04	−1.18	−7.82	−33.30
1.755 0	φ_1	1.066 9	1.566 3	1.716 1	1.766 0	1.816 0	1.865 9	1.940 8	2.065 7	2.315 4	3.064 5	4.313 0
27.5	Q_0	−1.30	−2.66	−3.07	−3.21	−3.35	−3.49	−3.70	−4.06	−4.77	−6.99	−10.88

续表

参数 n_1 / n_2	ZK5　1.611 1　55.8										
	C	0.015 0	0.005 0	0.002 0	0.001 0	0.000 0	−0.001 0	−0.002 5	−0.005 0	−0.010 0	−0.025 0	−0.050 0
F5	p_0	1.62	1.37	1.18	1.11	1.02	0.93	0.78	0.48	−0.31	−4.62	−21.04
1.624 2	φ_1	1.294 0	2.300 6	2.602 6	2.703 3	2.804 0	2.904 6	3.055 6	3.307 3	3.810 6	5.320 6	7.837 2
35.9	Q_0	−1.87	−4.54	−5.34	−5.61	−5.88	−6.15	−6.55	−7.23	−8.58	−12.67	−19.60
F7	p_0	1.62	1.19	0.87	0.75	0.61	0.45	0.19	−0.32	−1.66	−8.99	−37.09
1.636 1	φ_1	1.282 8	2.251 1	2.541 6	2.638 4	2.735 2	2.832 1	2.977 3	3.219 4	3.703 5	5.153 0	7.576 7
35.4	Q_0	−1.84	−4.41	−5.19	−5.45	−5.72	−5.98	−6.37	−7.03	−8.35	−12.36	−19.23
BaF8	p_0	1.61	1.05	0.64	0.47	0.28	0.07	−0.27	−0.97	−2.80	−12.98	−52.56
1.625 9	φ_1	1.381 6	2.688 0	3.080 0	3.210 6	3.341 3	3.471 9	3.667 9	3.994 5	4.647 7	6.607 4	9.873 5
39.1	Q_0	−2.10	−5.57	−6.62	−6.97	−7.32	−7.67	−8.20	−9.08	−10.86	−16.23	−25.39
ZF1	p_0	1.62	1.16	0.83	0.69	0.54	0.38	0.10	−0.43	−1.84	−9.52	−46.87
1.647 5	φ_1	1.252 3	2.116 0	2.375 1	2.461 5	2.547 9	2.634 3	2.763 8	2.979 8	3.411 6	4.707 3	6.866 7
33.9	Q_0	−1.76	−4.06	−4.76	−4.99	−5.22	−5.46	−5.81	−6.40	−7.59	−11.21	−17.43
ZF2	p_0	1.62	1.08	0.69	0.53	0.36	0.17	−0.15	−0.77	−2.41	−11.28	−45.15
1.672 5	φ_1	1.222 3	1.983 7	2.212 1	2.288 2	2.364 4	2.440 5	2.554 7	2.745 0	3.125 7	4.267 7	6.171 1
32.2	Q_0	−1.68	−3.71	−4.33	−4.54	−4.75	−4.96	−5.27	−5.79	−6.85	−10.11	−15.75
ZF6	p_0	1.62	1.16	0.84	0.70	0.55	0.39	0.13	−0.40	−1.76	−9.02	36.27
1.755 0	φ_1	1.158 3	1.700 6	1.863 2	1.917 5	1.971 7	2.025 9	2.107 2	2.242 8	2.513 9	3.327 2	4.682 8
27.5	Q_0	−1.51	−2.95	−3.39	−3.54	−3.69	−3.84	−4.07	−4.44	−5.21	−7.56	−11.68

参数 n_1 / n_2	ZK6　1.612 6　58.3										
	C	0.015 0	0.005 0	0.002 0	0.001 0	0.000 0	−0.001 0	−0.002 5	−0.005 0	−0.010 0	−0.025 0	−0.050 0
F5	p_0	1.62	1.46	1.34	1.29	1.23	1.17	1.07	0.86	0.32	−2.64	−13.39
1.624 2	φ_1	1.201 1	2.135 4	2.415 8	2.509 2	2.602 6	2.696 1	2.836 2	3.069 8	3.537 0	4.938 5	7.274 4
35.9	Q_0	−1.62	−4.09	−4.83	−5.08	−5.33	−5.58	−5.95	−6.57	−7.82	−11.60	−17.96
F7	p_0	1.62	1.33	1.11	1.01	0.91	0.80	0.61	0.25	−0.73	−6.12	−26.88
1.636 1	φ_1	1.194 0	2.095 2	2.365 6	2.455 7	2.545 8	2.635 9	2.771 1	2.996 4	3.447 0	4.798 9	7.052 0
35.4	Q_0	−1.60	−3.99	−4.71	−4.95	−5.19	−5.44	−5.80	−6.41	−7.63	−11.33	−17.65
BaF8	p_0	1.62	1.28	1.02	0.91	0.79	0.66	0.43	−0.01	−1.20	−7.85	−33.84
1.625 9	φ_1	1.255 5	2.442 8	2.799 0	2.917 7	3.036 4	3.155 1	3.333 2	3.630 0	4.223 7	6.004 5	8.972 7
39.1	Q_0	−1.77	−4.91	−5.86	−6.17	−6.49	−6.81	−7.28	−8.08	−9.68	−14.52	−22.74
ZF1	p_0	1.62	1.29	1.05	0.95	0.84	0.71	0.51	0.10	−0.97	−6.85	−29.47
1.647 5	φ_1	1.174 3	1.984 3	2.227 3	2.308 3	2.389 3	2.470 3	2.591 8	2.794 3	3.199 3	4.414 3	6.439 2
33.9	Q_0	−1.55	−3.70	−4.35	−4.57	−4.79	−5.00	−5.33	−5.88	−6.99	−10.35	−16.13
ZF2	p_0	1.62	1.23	0.93	0.81	0.67	0.52	0.27	−0.22	−1.51	−8.58	−35.73
1.672 5	φ_1	1.154 8	1.874 0	2.089 8	2.161 7	2.233 7	2.305 6	2.413 5	2.593 3	2.952 9	4.031 8	5.830 0
32.2	Q_0	−1.50	−3.41	−3.99	−4.19	−4.38	−4.58	−4.87	−5.36	−6.36	−9.40	−14.67
ZF6	p_0	1.62	1.27	1.00	0.89	0.77	0.64	0.42	−0.02	−1.16	−7.32	−30.59
1.755 0	φ_1	1.112 0	1.632 5	1.788 7	1.840 8	1.892 8	1.944 9	2.022 9	2.153 1	2.413 3	3.194 1	4.495 5
27.5	Q_0	−1.38	−2.76	−3.18	−3.33	−3.47	−3.61	−3.83	−4.19	−4.91	−7.16	−11.07

续表

参数 n_1 / n_2		ZK7 1.613 0 60.6										
	C	0.015 0	0.005 0	0.002 0	0.001 0	0.000 0	−0.001 0	−0.002 5	−0.005 0	−0.010 0	−0.025 0	−0.050 0
F5	P_0	1.62	1.50	1.41	1.37	1.33	1.28	1.20	1.04	0.62	−1.73	−10.77
1.624 2	φ_1	1.132 2	2.013 0	2.277 2	2.365 3	2.453 4	2.541 5	2.673 6	2.893 8	3.334 2	4.655 4	6.857 3
35.9	Q_0	−1.44	−3.76	−4.46	−4.70	−4.93	−5.16	−5.52	−6.10	−7.28	−10.82	−16.80
F7	P_0	1.62	1.40	1.23	1.16	1.08	0.99	0.84	0.54	−0.24	−4.60	−21.52
1.636 1	φ_1	1.127 8	1.979 1	2.234 5	2.319 6	2.404 7	2.489 8	2.617 5	2.830 4	3.256 0	4.532 9	6.661 1
35.4	Q_0	−1.43	−3.68	−4.36	−4.59	−4.81	−5.04	−5.38	−5.96	−7.11	−10.59	−16.53
BaF8	P_0	1.62	1.38	1.19	1.11	1.02	0.92	0.75	0.42	−0.48	−5.52	−25.34
1.625 9	φ_1	1.165 4	2.267 5	2.598 1	2.708 3	2.818 6	2.928 8	3.094 1	3.369 6	3.920 6	5.573 7	8.328 9
39.1	Q_0	−1.53	−4.44	−5.32	−5.61	−5.91	−6.20	−6.64	−7.38	−8.86	−13.33	−20.91
ZF1	P_0	1.62	1.37	1.18	1.10	1.00	0.90	0.74	0.41	−0.48	−5.35	−24.18
1.647 5	φ_1	1.115 5	1.884 9	2.115 7	2.192 7	2.269 6	2.346 6	2.462 0	2.651 3	3.039 0	4.193 2	6.116 7
33.9	Q_0	−1.40	−3.43	−4.05	−4.25	−4.46	−4.67	−4.98	−5.50	−6.55	−9.73	−15.18
ZF2	P_0	1.62	1.32	1.07	0.97	0.86	0.74	0.53	0.12	−0.96	−6.94	−30.03
1.672 5	φ_1	1.103 1	1.790 2	1.996 3	2.065 0	2.133 8	2.202 5	2.305 5	2.477 3	2.820 8	3.851 5	5.569 2
32.2	Q_0	−1.36	−3.18	−3.74	−3.92	−4.11	−4.29	−4.57	−5.04	−5.99	−8.88	−13.88
ZF6	P_0	1.62	1.34	1.11	1.02	0.92	0.80	0.61	0.23	−0.77	−6.19	−26.81
1.755 0	φ_1	1.075 6	1.579 0	1.730 1	1.780 4	1.830 8	1.881 1	1.956 6	2.082 5	2.334 2	3.089 5	4.348 1
27.5	Q_0	−1.29	−2.62	−3.02	−3.16	−3.30	−3.44	−3.64	−3.99	−4.69	−6.85	−10.61

参数 n_1 / n_2		ZK10 1.622 0 56.7										
	C	0.015 0	0.005 0	0.002 0	0.001 0	0.000 0	−0.001 0	−0.002 5	−0.005 0	−0.010 0	−0.025 0	−0.050 0
F2	P_0	1.59	1.78	1.92	1.98	2.04	2.11	2.23	2.45	3.05	6.31	18.51
1.612 8	φ_1	1.278 6	2.335 2	2.652 3	2.757 9	2.863 6	2.969 3	3.127 8	3.301 9	3.920 3	5.505 3	8.147 0
36.9	Q_0	−1.81	−4.55	−5.37	−5.65	−5.92	−6.19	−6.60	−7.28	−8.64	−12.68	−19.32
F7	P_0	1.58	1.38	1.22	1.16	1.09	1.02	0.89	0.64	−0.02	−3.63	−17.36
1.636 1	φ_1	1.248 4	2.190 8	2.473 5	2.567 7	2.661 9	2.756 2	2.897 5	3.133 1	3.604 3	5.017 8	7.373 6
35.4	Q_0	−1.73	−4.20	−4.94	−5.19	−5.44	−5.69	−6.06	−6.68	−7.94	−11.72	−18.12
BaF7	P_0	1.59	1.91	2.14	2.24	2.34	2.46	2.66	3.05	4.09	9.78	31.42
1.614 0	φ_1	1.358 0	2.716 1	3.123 5	3.259 4	3.395 2	3.531 0	3.734 7	4.074 2	4.753 2	6.790 4	10.185 6
40.0	Q_0	−2.01	−5.54	−6.59	−6.94	−7.29	−7.64	−8.17	−9.04	−10.78	−15.96	−24.46
ZF1	P_0	1.58	1.30	1.10	1.02	0.93	0.82	0.66	0.32	−0.55	−5.29	−23.33
1.647 5	φ_1	1.222 2	2.065 3	2.318 2	2.402 5	2.486 8	2.571 1	2.697 6	2.908 3	3.329 8	4.594 4	6.702 0
33.9	Q_0	−1.66	−3.87	−4.54	−4.76	−4.99	−5.21	−5.55	−6.11	−7.24	−10.67	−16.53
ZF2	P_0	1.58	1.20	0.91	0.80	0.67	0.53	0.30	−0.16	−1.36	−7.86	−32.63
1.672 5	φ_1	1.196 4	1.941 6	2.165 2	2.239 7	2.314 2	2.388 8	2.500 5	2.686 8	3.059 4	4.177 2	6.040 2
32.2	Q_0	−1.59	−3.55	−4.15	−4.35	−4.55	−4.75	−5.05	−5.55	−6.57	−9.67	−15.02
ZF3	P_0	1.59	1.17	0.87	0.75	0.61	0.46	0.22	−0.27	−1.53	−8.35	−34.13
1.717 2	φ_1	1.162 1	1.777 0	1.961 5	2.023 0	2.084 5	2.146 0	2.238 2	2.392 0	2.699 5	3.621 9	5.159 2
29.5	Q_0	−1.50	−3.12	−3.61	−3.78	−3.95	−4.11	−4.36	−4.78	−5.63	−8.24	−12.78
ZF6	P_0	1.59	1.21	0.94	0.82	0.70	0.57	0.34	−0.10	−1.24	−7.37	−30.35
1.755 0	φ_1	1.140 7	1.674 7	1.834 9	1.888 3	1.941 7	1.995 1	2.075 2	2.208 7	2.475 7	3.276 7	4.611 7
27.5	Q_0	−1.44	−2.85	−3.28	−3.42	−3.56	−3.71	−3.93	−4.29	−5.03	−7.31	−11.28

续表

参数 n_1 / n_2	ZK11　1.638 4　55.5											
	C	0.015 0	0.005 0	0.002 0	0.001 0	0.000 0	−0.001 0	−0.002 5	−0.005 0	−0.010 0	−0.025 0	−0.050 0
F2	P_0	1.55	2.14	2.57	2.74	2.93	3.14	3.49	4.18	5.97	15.52	50.25
1.612 8	φ_1	1.332 2	2.433 3	2.763 6	2.873 7	2.983 8	3.093 9	3.259 1	3.534 3	4.084 9	5.736 4	8.489 1
36.9	Q_0	−1.91	−4.70	−5.53	−5.81	−6.08	−6.35	−6.76	−7.44	−8.79	−12.75	−19.04
F4	P_0	1.54	1.92	2.19	2.30	2.42	2.55	2.77	3.21	4.34	10.40	32.67
1.619 9	φ_1	1.316 6	2.365 9	2.680 7	2.785 6	2.890 6	2.995 5	3.152 9	3.415 2	3.939 9	5.513 8	8.137 1
36.3	Q_0	−1.87	−4.54	−5.34	−5.60	−5.87	−6.13	−6.53	−7.18	−8.49	−12.35	−18.60
F5	P_0	1.54	1.81	1.99	2.07	2.16	2.25	2.40	2.71	3.50	7.77	23.51
1.624 2	φ_1	1.306 7	2.323 3	2.628 3	2.729 9	2.831 6	2.933 2	3.085 7	3.339 9	3.848 1	5.373 0	7.914 4
35.9	Q_0	−1.85	−4.44	−5.21	−5.47	−5.73	−5.99	−6.37	−7.01	−8.29	−12.07	−18.26
BaF7	P_0	1.56	2.67	3.48	3.81	4.17	4.58	5.25	6.57	10.06	28.80	97.23
1.614 0	φ_1	1.432 2	2.864 5	3.294 1	3.437 4	3.580 6	3.723 8	3.938 7	4.296 7	5.012 9	7.161 2	10.741 9
40.0	Q_0	−2.17	−5.79	−6.86	−7.21	−7.56	−7.92	−8.44	−9.32	−11.05	−16.10	−24.01
BaF8	P_0	1.55	2.00	2.33	2.47	2.62	2.78	3.06	3.60	5.04	12.83	42.00
1.625 9	φ_1	1.399 3	2.722 5	3.119 5	3.251 8	3.384 1	3.516 4	3.714 9	4.045 7	4.707 3	6.692 1	10.00
39.1	Q_0	−2.08	−5.46	−6.46	−6.79	−7.13	−7.46	−7.96	−8.79	−10.45	−15.35	−23.33
ZF2	P_0	1.53	1.24	1.04	0.95	0.86	0.76	0.60	0.27	−0.58	−5.14	−22.30
1.672 5	φ_1	1.231 4	1.998 4	2.228 5	2.305 2	2.381 9	2.458 6	2.573 7	2.705 4	3.148 9	4.299 4	6.216 9
32.2	Q_0	−1.65	−3.63	−4.23	−4.43	−4.64	−4.84	−5.14	−5.64	−6.66	−9.75	−15.03
ZF3	P_0	1.53	1.16	0.89	0.79	0.69	0.54	0.33	−0.09	−1.18	−6.99	−28.75
1.717 2	φ_1	1.190 0	1.819 7	2.008 6	2.071 6	2.134 6	2.197 5	2.292 0	2.449 4	2.764 3	3.708 8	5.283 1
29.5	Q_0	−1.54	−3.17	−3.67	−3.84	−4.00	−4.17	−4.42	−4.85	−5.69	−8.30	−12.80
ZF6	P_0	1.53	1.17	0.92	0.82	0.71	0.58	0.38	−0.02	−1.06	−6.55	−26.98
1.755 0	φ_1	1.164 5	1.709 5	1.873 1	1.927 6	1.982 1	2.036 6	−2.118 4	2.254 6	2.527 2	3.344 8	4.707 5
27.5	Q_0	−1.48	−2.89	−3.32	−3.46	−3.61	−3.75	−3.97	−4.34	−5.08	−7.35	−11.29

2. 火石玻璃在前

参数 n_1 / n_2		F2 1.612 8 36.9										
	C	0.015 0	0.005 0	0.002 0	0.001 0	0.000 0	−0.001 0	−0.002 5	−0.005 0	−0.010 0	−0.025 0	−0.050 0
K3	P_0	2.12	1.12	0.13	−0.30	−0.78	−1.33	−2.25	−4.13	−9.32	−40.20	−170.5
1.504 6	φ_1	−0.037 0	−0.894 0	−1.511 1	−1.236 8	−1.322 5	−1.408 2	−1.536 8	−1.751 0	−2.179 6	−3.465 1	−5.607 7
64.8	Q_0	1.81	4.40	5.21	5.48	5.75	6.03	6.44	7.14	8.56	13.02	21.00
K7	P_0	2.07	0.58	−0.72	−1.27	−1.89	−2.57	−3.75	−6.10	−12.52	−50.05	−206.0
1.514 7	φ_1	−0.141 6	−1.085 2	−1.368 2	−1.462 6	−1.556 9	−1.651 3	−1.792 8	−2.028 7	−2.500 4	−3.915 7	−6.274 5
60.6	Q_0	2.10	4.93	5.81	6.11	6.41	6.71	7.16	7.93	9.48	14.35	23.06
K9	P_0	2.06	1.13	0.23	−0.16	−0.60	−1.09	−1.92	−3.61	−8.26	−35.74	−150.9
1.516 3	φ_1	−0.052 2	−0.921 8	−1.182 6	−1.269 6	−1.356 6	−1.443 5	−1.574 0	−1.791 4	−2.226 2	−3.530 5	−5.704 5
64.1	Q_0	1.83	4.42	5.22	5.49	5.77	6.04	6.45	7.14	8.55	12.96	20.82
K10	P_0	2.05	0.26	−1.23	−1.86	−2.57	−3.35	−4.67	−7.33	−14.54	−56.42	−229.4
1.518 1	φ_1	−0.195 4	−1.183 3	−1.479 6	−1.578 4	−1.677 2	−1.776 0	−1.924 2	−2.171 2	−2.665 1	−4.147 0	−6.616 8
58.9	Q_0	2.25	5.21	6.14	6.45	6.76	7.07	7.55	8.35	9.97	15.07	24.18
BaK2	P_0	1.93	0.80	−0.17	−0.58	−1.03	−1.54	−2.40	−4.12	−8.78	−35.73	−146.1
1.539 9	φ_1	−0.169 1	−1.135 3	−1.425 1	−1.521 8	−1.618 4	−1.715 0	−1.859 9	−2.101 5	−2.584 6	−4.033 9	−6.449 4
59.7	Q_0	2.12	4.92	5.79	6.08	6.37	6.67	7.11	7.85	9.36	14.04	22.34
BaK3	P_0	1.90	1.23	0.61	0.34	0.04	−0.29	−0.86	−1.99	−5.11	−23.24	−97.85
1.546 7	φ_1	−0.082 6	−0.977 3	−1.247 5	−1.335 2	−1.424 7	−1.514 1	−1.648 3	−1.872 0	−2.319 4	−3.661 5	−5.898 3
62.8	Q_0	1.86	4.42	5.21	5.47	5.74	6.00	6.40	7.08	8.44	12.65	20.07
BaK5	P_0	1.83	0.91	0.16	−0.15	−0.50	−0.89	−1.55	−2.85	−6.38	−26.49	−107.6
1.560 6	φ_1	−0.216 3	−1.221 6	−1.523 2	−1.623 7	−1.724 2	−1.824 8	−1.975 6	−2.226 9	−2.729 5	−4.237 4	−6.750 6
58.3	Q_0	2.21	5.05	5.91	6.21	6.50	6.80	7.24	7.98	9.48	14.11	22.23
BaK7	P_0	1.78	0.73	−0.09	−0.43	−0.80	−1.22	−1.92	−3.31	−7.03	−27.98	−111.4
1.568 8	φ_1	−0.309 1	−1.390 9	−1.715 5	−1.823 7	−1.931 9	−2.040 1	−2.202 4	−2.472 8	−3.013 8	−4.636 6	−7.341 3
56.0	Q_0	2.45	5.48	6.41	6.72	7.03	7.34	7.81	8.60	10.20	15.11	23.68
ZK1	P_0	1.80	1.39	1.01	0.85	0.67	0.46	0.12	−0.57	−2.45	−13.30	−57.39
1.568 8	φ_1	−0.080 1	−0.972 8	−1.240 6	−1.329 9	−1.419 2	−1.508 5	−1.642 4	−1.865 5	−2.311 9	−3.650 9	−5.882 7
62.9	Q_0	1.82	4.30	5.05	5.31	5.56	5.81	6.20	6.84	8.13	12.10	19.00
ZK2	P_0	1.74	1.31	0.96	0.82	0.65	0.47	0.16	−0.45	−2.10	−11.47	−48.71
1.583 1	φ_1	−0.182 0	−1.158 8	−1.451 9	−1.549 6	−1.647 3	−1.745 0	−1.891 5	−2.135 7	−2.624 1	−4.089 4	−6.531 6
59.3	Q_0	2.07	4.74	5.55	5.83	6.10	6.37	6.78	7.46	8.84	13.05	20.30
ZK3	P_0	1.71	1.46	1.23	1.14	1.03	0.91	0.71	0.31	−0.76	−6.90	−31.34
1.589 1	φ_1	−0.124 5	−1.053 8	−1.332 6	−1.425 5	−1.518 5	−1.611 4	−1.750 8	−1.983 1	−2.447 8	−3.841 8	−6.165 1
61.2	Q_0	1.90	4.42	5.19	5.44	5.70	5.95	6.34	6.98	8.27	12.19	18.90
ZK11	P_0	1.54	2.07	2.46	2.63	2.81	3.00	3.34	3.99	5.70	4.96	49.02
1.638 4	φ_1	−0.332 2	−1.433 3	−1.763 6	−1.873 7	−1.983 8	−2.093 9	−2.259 1	−2.534 3	−3.084 9	−4.736 4	−7.489 1
55.5	Q_0	2.36	5.16	5.99	6.26	6.54	6.81	7.22	7.90	9.25	13.22	19.53

续表

参数 n_1 / n_2	F5　1.624 2　35.9											
	C	0.015 0	0.005 0	0.002 0	0.001 0	0.000 0	−0.001 0	−0.002 5	−0.005 0	−0.010 0	−0.025 0	−0.050 0
K3	P_0	2.12	1.22	0.31	−0.08	−0.52	−1.01	−1.86	−3.57	−8.28	−36.26	−153.9
1.504 6	φ_1	−0.034 7	−0.839 7	−1.081 2	−1.161 7	−1.242 2	−1.322 7	−1.443 4	−1.644 6	−2.047 1	−3.254 6	−5.266 9
64.8	Q_0	1.81	4.23	4.99	5.24	5.50	5.76	6.15	6.80	8.13	12.32	19.81
K7	P_0	2.07	0.73	−0.45	−0.95	−1.51	−2.13	−3.19	−5.31	−11.10	−44.84	−184.5
1.514 7	φ_1	−0.132 2	−1.013 0	−1.277 2	−1.365 3	−1.453 4	−1.541 5	−1.673 6	−1.893 8	−2.334 2	−3.655 4	−5.857 3
60.6	Q_0	2.07	4.71	5.53	5.81	6.09	6.37	6.79	7.51	8.95	13.50	21.62
K9	P_0	2.06	1.21	0.38	0.02	−0.38	−0.83	−1.60	−3.15	−7.41	−32.56	−137.6
1.516 3	φ_1	−0.049 0	−0.865 0	−1.109 8	−1.191 4	−1.273 0	−1.354 6	−1.477 0	−1.681 0	−2.089 0	−3.313 1	−5.353 1
64.1	Q_0	1.83	4.25	5.00	5.25	5.51	5.76	6.15	6.80	8.12	12.26	19.64
K10	P_0	2.05	0.44	−0.90	−1.47	−2.10	−2.81	−4.00	−6.38	−12.85	−50.30	−204.4
1.518 1	φ_1	−0.181 8	−1.101 1	−1.376 9	−1.468 9	−1.560 8	−1.652 8	−1.790 7	−2.020 5	−2.480 2	−3.859 2	−6.157 6
58.9	Q_0	2.21	4.96	5.82	6.11	6.40	6.69	7.13	7.88	9.39	14.13	22.61
BaK1	P_0	1.99	0.88	−0.08	−0.49	−0.94	−1.45	−2.31	−4.04	−8.73	−35.96	−148.0
1.530 2	φ_1	−0.134 9	−1.017 8	−1.282 7	−1.371 0	−1.459 3	−1.547 6	−1.680 0	−1.900 8	−2.342 2	−3.666 6	−5.873 8
60.5	Q_0	2.04	4.63	5.44	5.71	5.98	6.25	6.66	7.35	8.76	13.14	21.95
BaK3	P_0	1.90	1.26	0.66	0.41	0.12	−0.20	−0.74	−1.84	−4.83	−22.20	−93.57
1.546 7	φ_1	−0.077 4	−0.915 5	−1.166 9	−1.250 7	−1.334 5	−1.418 3	−1.544 1	−1.753 6	−2.172 6	−3.429 8	−5.525 1
62.8	Q_0	1.85	4.24	4.98	5.23	5.48	5.73	6.10	6.73	8.01	11.98	18.98
BaK5	P_0	1.83	0.93	0.20	−0.11	−0.45	−0.83	−1.47	−2.75	−6.19	−25.80	−104.8
1.560 6	φ_1	−0.201 1	−1.135 4	−1.415 8	−1.509 2	−1.602 6	−1.696 1	−1.836 2	−2.069 8	−2.537 0	−3.938 5	−6.274 4
58.3	Q_0	2.17	4.81	5.62	5.89	6.16	6.44	6.85	7.54	8.94	13.27	20.90
BaK7	P_0	1.79	0.73	−0.08	−0.42	−0.79	−1.21	−1.90	−3.29	−6.99	−27.80	−110.7
1.568 8	φ_1	−0.285 7	−1.285 9	−1.586 0	−1.686 0	−1.786 0	−1.886 0	−2.036 1	−2.286 1	−2.786 2	−4.286 5	−6.787 0
56.0	Q_0	2.38	5.19	6.05	6.34	6.63	6.92	7.35	8.09	9.57	14.15	22.18
ZK1	P_0	1.80	1.38	0.99	0.82	0.63	0.42	0.07	−0.65	−2.59	−13.80	−59.33
1.568 8	φ_1	−0.075 1	−0.911 4	−1.162 3	−1.245 9	−1.329 6	−1.413 2	−1.538 7	−1.747 7	−2.165 9	−3.420 4	−5.511 3
62.9	Q_0	1.80	4.13	4.84	5.07	5.31	5.55	5.91	6.52	7.74	11.49	18.03
ZK2	P_0	1.74	1.27	0.87	0.71	0.52	0.32	−0.02	−0.71	−2.56	−13.03	−54.76
1.583 1	φ_1	−0.169 5	−1.079 3	−1.352 2	−1.443 2	−1.534 1	−1.625 1	−1.761 6	−1.089 0	−2.443 9	−3.808 6	−6.083 0
59.3	Q_0	2.04	4.53	5.29	5.54	5.79	6.05	6.43	7.08	8.37	12.34	19.21
ZK3	P_0	1.71	1.40	1.13	1.02	0.89	0.75	0.51	0.02	−1.28	−8.71	−38.34
1.589 1	φ_1	−0.116 3	−0.984 7	−1.245 2	−1.332 1	−1.418 9	−1.505 8	−1.636 0	−1.853 1	−2.287 3	−3.590 0	−5.761 0
61.2	Q_0	1.88	4.24	4.95	5.19	5.43	5.67	6.03	6.64	7.86	11.57	17.97

续表

参数 n_1 / n_2		BaF7　　1.614 0　　40.0										
	C	0.015 0	0.005 0	0.002 0	0.001 0	0.000 0	−0.001 0	−0.002 5	−0.005 0	−0.010 0	−0.025 0	−0.050 0
K3	P_0	2.13	0.39	−1.33	−2.07	−2.91	−3.86	−5.48	−8.78	−17.98	−73.67	−313.3
1.504 6	φ_1	−0.045 1	−1.090 3	−1.403 8	−1.508 3	−1.612 9	−1.717 4	−1.874 1	−2.135 4	−2.658 0	−4.225 8	−6.838 7
64.8	Q_0	1.84	5.02	6.01	6.35	6.69	7.03	7.55	8.41	10.19	15.79	25.88
K7	P_0	2.07	−0.66	−3.06	−4.09	−5.24	−6.53	−8.72	−13.16	−25.37	−98.08	−406.5
1.514 7	φ_1	−0.176 6	−1.353 3	−1.706 4	−1.824 0	−1.941 7	−2.059 4	−2.235 9	−2.530 0	−3.118 4	−4.883 4	−7.825 2
60.6	Q_0	2.20	5.77	6.89	7.27	7.65	8.03	8.61	95.8	11.58	17.85	29.16
K9	P_0	2.06	0.43	−1.14	−1.82	−2.59	−3.45	−4.92	−7.92	−16.24	−66.28	−280.3
1.516 3	φ_1	−0.063 9	−1.127 8	−1.446 9	−1.553 3	−1.659 7	−1.766 1	−1.925 7	−2.191 7	−2.723 6	−4.319 5	−6.979 2
64.1	Q_0	1.87	5.05	6.05	6.39	6.72	7.06	7.58	8.44	10.20	15.75	25.71
K10	P_0	2.04	−1.35	−4.20	−5.42	−6.78	−8.29	−10.87	−16.07	−30.32	−114.5	−469.8
1.518 1	φ_1	−0.246 5	−1.493 1	−1.867 0	−1.998 7	−2.116 4	−2.241 0	−2.428 0	−2.739 6	−3.362 9	−5.232 8	−8.349 2
58.9	Q_0	2.40	6.18	7.37	7.77	8.17	8.58	9.19	10.23	12.34	19.00	31.00
BaK1	P_0	1.98	−0.22	−2.15	−2.97	−3.89	−4.29	−6.68	−10.22	−19.94	−77.49	−319.8
1.530 2	φ_1	−0.180 4	−1.360 9	−1.715 1	−1.833 1	−1.951 2	−2.069 2	−2.246 3	−2.541 4	−3.131 7	−4.902 4	−7.853 6
60.5	Q_0	2.17	5.67	6.76	7.13	7.50	7.87	8.43	9.37	11.30	17.33	28.15
BaK3	P_0	1.90	0.70	−0.40	−0.88	−1.42	−2.01	−3.04	−5.10	−10.79	−44.49	−186.0
1.546 7	φ_1	−0.101 7	−1.203 5	−1.534 0	−1.644 2	−1.754 3	−1.864 5	−2.029 8	−2.305 2	−2.856 1	−4.508 7	−7.263 1
62.8	Q_0	1.92	5.08	6.06	6.39	6.72	7.05	7.56	8.40	10.10	15.42	24.86
BaK5	P_0	1.82	0.05	−1.41	−2.03	−2.71	−3.48	−4.78	−7.38	−14.45	−55.47	−224.4
1.560 6	φ_1	−0.274 3	−1.548 6	−1.930 9	−2.050 3	−2.185 7	−2.313 2	−2.504 3	−2.822 9	−3.460 1	−5.371 5	−8.557 3
58.3	Q_0	2.37	5.99	7.11	7.49	7.86	8.24	8.81	9.77	11.71	17.74	28.39
BaK7	P_0	1.76	−0.40	−2.10	−2.81	−3.60	−4.47	−5.95	−8.90	−16.87	−62.55	−248.5
1.568 8	φ_1	−0.400 0	−1.800 0	−2.220 0	−2.360 0	−2.500 0	−2.640 0	−2.850 0	−3.200 0	−3.900 0	−6.000 0	−9.500 0
56.0	Q_0	2.70	6.65	7.87	8.28	8.69	9.10	9.72	10.76	12.87	19.39	30.90
ZK1	P_0	1.80	1.06	0.39	0.09	−0.23	−0.60	−1.22	−2.47	−5.92	−26.13	−109.8
1.568 8	φ_1	−0.098 6	−1.197 3	−1.526 9	−1.636 8	−1.746 7	−1.856 5	−2.021 3	−2.296 0	−2.845 4	−4.493 4	−7.240 1
62.9	Q_0	1.87	4.93	5.87	6.18	6.50	6.82	7.29	8.09	9.70	14.68	23.38
ZK2	P_0	1.73	0.92	0.25	−0.04	−0.36	−0.71	−1.32	−2.52	−5.79	−24.62	−101.0
1.583 1	φ_1	−0.229 0	−1.458 0	−1.826 7	−1.949 6	−2.072 5	−2.195 4	−2.379 7	−2.687 0	−3.301 5	−5.145 0	−8.217 6
59.3	Q_0	2.20	5.57	6.60	6.94	7.29	7.64	8.16	9.03	10.78	16.17	25.51
ZK3	P_0	1.71	1.23	0.81	0.63	0.43	0.21	−0.17	−0.93	−3.01	−14.98	−63.49
1.589 1	φ_1	−0.154 7	−1.309 4	−1.655 8	−1.771 3	−1.886 7	−2.002 2	−2.175 4	−2.464 1	−3.041 5	−4.773 5	−7.660 3
61.2	Q_0	1.99	5.12	6.08	6.39	6.71	7.03	7.51	8.32	9.94	14.88	23.38
ZK11	P_0	1.55	2.56	3.32	3.64	3.98	4.37	5.01	6.29	9.66	27.96	95.37
1.638 4	φ_1	−0.432 2	−1.864 5	−2.294 1	−2.437 4	−2.580 6	−2.723 8	−2.938 7	−3.296 7	−4.012 9	−6.161 2	−9.741 9
55.5	Q_0	2.62	6.24	7.31	7.67	8.02	8.38	8.90	9.78	11.51	16.57	24.50

续表

参数 n_1 / n_2	BaF8　1.625 9　39.1											
	C	0.015 0	0.005 0	0.002 0	0.001 0	0.000 0	−0.001 0	−0.002 5	−0.005 0	−0.010 0	−0.025 0	−0.050 0
K3	P_0	2.13	0.53	−1.06	−1.74	−2.25	−3.39	−4.89	−7.93	−16.40	−67.53	−286.9
1.504 6	φ_1	−0.042 5	−1.028 4	−1.324 2	−1.422 8	−1.521 4	−1.619 9	−1.767 8	−2.014 3	−2.507 2	−3.986 0	−6.450 7
64.8	Q_0	1.83	4.82	5.76	6.08	6.40	6.72	7.21	8.03	9.70	14.98	24.50
K7	P_0	2.07	−0.42	−2.62	−3.56	−4.61	−5.79	−7.79	−11.83	−22.96	−89.00	−368.3
1.514 7	φ_1	−0.165 4	−1.267 5	−1.598 1	−1.70	−1.818 6	−1.928 8	−2.094 1	−2.369 6	−2.920 6	−4.573 7	−7.328 9
60.6	Q_0	2.17	5.50	6.55	6.91	7.26	7.62	8.16	9.08	10.94	18.82	27.42
K9	P_0	2.06	0.55	−0.92	−1.55	−2.27	−3.07	−4.44	−7.23	−14.96	−61.38	−259.3
1.516 3	φ_1	−0.060 2	−1.062 7	−1.303 4	−1.463 7	−1.564 0	−1.664 2	−1.814 6	−2.065 2	−2.566 5	−4.070 3	−6.576 6
64.1	Q_0	1.86	4.86	5.79	6.11	6.43	6.75	7.23	8.05	9.71	14.94	24.35
K10	P_0	2.04	−1.03	−3.63	−4.73	−5.97	−7.34	−9.68	−14.38	−27.23	−103.2	−422.5
1.518 1	φ_1	−0.230 0	−1.393 1	−1.742 1	−1.858 4	−1.974 7	−2.091 0	−2.265 5	−2.556 3	−3.037 8	−4.882 5	−7.790 3
58.9	Q_0	2.35	5.87	6.98	7.35	7.73	8.11	8.68	9.65	11.62	17.83	29.04
BaK1	P_0	1.99	−0.07	−1.87	−2.64	−3.50	−4.46	−6.09	−9.39	−18.43	−71.82	−296.2
1.530 2	φ_1	−0.169 0	−1.274 4	−1.606 0	−1.716 5	−1.827 1	−1.937 6	−2.103 4	−2.379 8	−2.932 5	−4.590 5	−7.354 0
60.5	Q_0	2.14	5.41	6.43	6.78	7.12	7.47	8.00	8.88	10.69	16.36	26.52
BaK3	P_0	1.90	0.74	−0.34	−0.80	−1.32	−1.91	−2.90	−4.91	−10.44	−43.17	−180.5
1.546 7	φ_1	−0.095 6	−1.131 7	−1.442 5	−1.546 1	−1.649 7	−1.753 3	−1.908 8	−2.167 8	−2.685 8	−4.239 9	−6.830 1
62.8	Q_0	1.90	4.87	5.80	6.11	6.42	6.73	7.21	8.00	9.61	14.64	23.59
BaK5	P_0	1.83	0.08	−1.36	−1.97	−2.65	−3.41	−4.69	−7.25	−14.22	−54.59	−220.8
1.560 6	φ_1	−0.255 5	−1.442 8	−1.799 0	−1.917 7	−2.036 4	−2.155 1	−2.333 2	−2.630 0	−3.223 7	−5.004 5	−7.972 7
58.3	Q_0	2.32	5.70	6.74	7.09	7.45	7.80	8.33	9.23	11.05	16.72	26.77
BaK7	P_0	1.77	−0.41	−2.10	−2.81	−3.60	−4.48	−5.96	−8.91	−16.87	−62.50	−248.4
1.568 8	φ_1	−0.370 1	−1.665 7	−2.054 4	−2.184 0	−2.313 6	−2.443 1	−2.637 5	−2.961 4	−3.609 2	−5.552 6	−8.791 7
56.0	Q_0	2.62	6.28	7.41	7.79	8.17	8.56	9.13	10.11	12.07	18.19	29.00
ZK1	P_0	1.80	1.03	0.32	0.02	−0.32	−0.71	−1.36	−2.67	−6.28	−27.44	−115.2
1.568 8	φ_1	−0.092 8	−1.126 1	−1.436 1	−1.539 5	−1.642 8	−1.746 1	−1.901 1	−2.159 5	−2.676 2	−4.226 2	−6.809 6
62.9	Q_0	1.85	4.73	5.62	5.92	6.21	6.51	6.96	7.72	9.25	13.98	22.30
ZK2	P_0	1.74	0.82	0.06	−0.26	−0.62	−1.02	−1.70	−3.06	−6.75	−28.00	−114.5
1.583 1	φ_1	−0.213 8	−1.361 7	−1.706 0	−1.820 8	−1.935 6	−2.050 4	−2.222 6	−2.509 5	−3.083 4	−4.805 2	−7.674 8
59.3	Q_0	2.16	5.31	6.28	6.60	6.93	7.25	7.74	8.57	10.23	15.34	24.26
ZK3	P_0	1.71	1.13	0.62	0.40	0.16	−0.12	−0.58	−1.50	−4.03	−18.63	−78.03
1.589 1	φ_1	−0.145 0	−1.227 8	−1.552 6	−1.660 9	−1.769 2	−1.877 5	−2.039 9	−2.310 6	−2.852 0	−4.476 1	−7.183 0
61.2	Q_0	1.96	4.91	5.80	6.11	6.41	6.71	7.16	7.93	9.46	14.17	22.34

续表

参数 n_1 / n_2		ZF1 1.647 5 33.9										
	C	0.015 0	0.005 0	0.002 0	0.001 0	0.000 0	−0.001 0	−0.002 5	−0.005 0	−0.010 0	−0.025 0	−0.050 0
K7	p_0	2.08	1.01	0.07	−0.33	−0.78	−1.28	−2.13	−3.82	−8.43	−35.11	−114.7
1.514 7	φ_1	−0.115 5	−0.884 9	−1.115 7	−1.192 7	−1.269 6	−1.346 6	−1.462 0	−1.654 3	−2.039 0	−3.193 2	−5.116 7
60.6	Q_0	2.02	4.32	5.03	5.27	5.52	5.76	6.13	6.75	8.01	11.96	19.02
K9	p_0	2.06	1.37	0.69	0.39	0.06	−0.31	−0.94	−2.22	−5.72	−26.25	−111.4
1.516 3	φ_1	−0.043 2	−0.762 7	−0.978 6	−1.050 5	−1.122 5	−1.194 4	−1.302 3	−1.482 2	−1.842 0	−2.921 3	−4.720 1
64.1	Q_0	1.81	3.94	4.60	4.82	5.04	5.27	5.61	6.18	7.34	10.98	17.47
K10	p_0	2.06	0.79	−0.28	−0.73	−1.23	−1.79	−2.73	−4.62	−9.72	−39.01	−158.6
1.518 1	φ_1	−0.157 9	−0.956 6	−1.196 2	−1.276 1	−1.356 0	−1.435 8	−1.555 6	−1.755 3	−2.154 6	−3.352 7	−5.349 4
58.9	Q_0	2.13	4.52	5.26	5.51	5.76	6.02	6.40	7.04	8.35	12.45	19.78
BaK1	p_0	1.99	1.09	0.30	−0.04	−0.42	−0.83	−1.54	−2.96	−6.82	−29.03	−119.7
1.530 2	φ_1	−0.117 8	−0.888 9	−1.120 2	−1.197 3	−1.274 4	−1.351 5	−1.467 1	−1.659 9	−2.045 4	−3.202 0	−5.129 6
60.5	Q_0	1.99	4.25	4.95	5.18	5.42	5.66	6.02	6.62	7.85	11.67	18.49
BaK3	p_0	1.90	1.35	0.83	0.60	0.35	0.07	−0.41	−1.36	−3.97	−19.09	−80.87
1.546 7	φ_1	−0.068 0	−0.804 6	−1.025 6	−1.099 3	−1.173 0	−1.246 6	−1.357 1	−1.541 3	−1.909 6	−3.014 6	−4.856 2
62.8	Q_0	1.82	3.92	4.57	4.79	5.00	5.22	5.56	6.11	7.24	10.74	16.93
BaK5	p_0	1.84	1.05	0.39	0.12	−0.18	−0.52	−1.09	−2.22	−5.27	−22.52	−91.73
1.560 6	φ_1	−0.174 3	−0.984 3	−1.227 3	−1.308 3	−1.389 3	−1.470 3	−1.591 8	−1.794 3	−2.199 3	−3.414 3	−5.439 2
58.3	Q_0	2.09	4.38	5.08	5.32	5.55	5.79	6.15	6.75	7.98	11.76	18.44
BaK7	p_0	1.79	0.85	0.12	−0.19	−0.53	−0.90	−1.53	−2.77	−6.08	−24.65	−98.32
1.568 8	φ_1	−0.245 4	−1.104 4	−1.362 1	−1.448 0	−1.533 9	−1.619 8	−1.748 6	−1.963 4	−2.392 9	−3.681 4	−5.828 9
56.0	Q_0	2.27	4.68	5.42	5.67	5.92	6.17	6.55	7.18	8.46	12.44	19.43
ZK1	p_0	1.80	1.40	1.03	0.87	0.69	0.49	0.15	−0.54	−2.40	−13.11	−56.52
1.568 8	φ_1	−0.066 0	−0.801 3	−1.021 9	−1.095 4	−1.168 9	−1.242 4	−1.352 7	−1.536 6	−1.904 2	−3.007 1	−4.845 3
62.9	Q_0	1.78	3.82	4.44	4.65	4.86	5.07	5.39	5.93	7.00	10.34	16.17
ZK2	p_0	1.74	1.26	0.86	0.69	0.50	0.29	−0.70	−0.78	−2.68	−13.43	−56.21
1.583 1	φ_1	−0.147 4	−0.938 9	−1.176 3	−1.255 5	−1.334 6	−1.413 7	−1.532 5	−1.730 3	−2.126 0	−3.313 2	−5.291 8
59.3	Q_0	1.97	4.14	4.81	5.03	5.25	5.47	5.81	6.37	7.51	11.02	17.13
ZK3	p_0	1.72	1.38	1.08	0.95	0.81	0.65	0.38	−0.16	−1.61	−9.86	−42.78
1.589 1	φ_1	−0.101 8	−0.861 7	−1.089 7	−1.165 7	−1.241 7	−1.317 7	−1.431 7	−1.621 7	−2.001 7	−3.141 6	−5.041 5
61.2	Q_0	1.84	3.90	4.53	4.74	4.96	5.17	5.49	6.02	7.10	10.40	16.15
ZK5	p_0	1.63	1.23	0.93	0.81	0.67	0.52	0.27	−0.23	−1.57	−8.92	−37.41
1.611 1	φ_1	−0.252 3	−1.116 0	−1.375 1	−1.461 5	−1.547 9	−1.634 3	−1.763 8	−1.979 8	−2.411 6	−3.707 3	−5.866 7
55.8	Q_0	2.20	4.50	5.20	5.43	5.66	5.90	6.25	6.84	8.02	11.63	17.85
ZK6	p_0	1.62	1.36	1.14	1.04	0.94	0.83	0.64	0.26	−0.74	−6.36	−28.27
1.612 6	φ_1	−0.174 3	−0.984 3	−1.227 3	−1.308 3	−1.389 3	−1.470 3	−1.591 8	−1.794 3	−2.199 3	−3.414 3	−5.439 2
58.3	Q_0	2.00	4.14	4.79	5.01	5.23	5.44	5.77	6.32	7.42	10.78	16.55
ZK7	p_0	1.62	1.42	1.25	1.18	1.09	1.00	0.85	0.54	−0.28	−4.91	−23.13
1.613 0	φ_1	−0.115 5	−0.884 9	−1.115 7	−1.192 7	−1.269 6	−1.346 6	−1.462 0	−1.654 3	−2.039 0	−3.193 2	−5.116 7
60.6	Q_0	1.84	3.87	4.49	4.70	4.90	5.11	5.42	5.94	6.98	10.16	15.60

续表

参数 n_1 / n_2	ZF2　1.672 5　32.2										
	C	0.015 0	0.005 0	0.002 0	0.001 0	0.000 0	−0.001 0	−0.002 5	−0.005 0	−0.010 0	−0.025 0	−0.050 0
K3 1.504 6 64.8	P_0	2.13	1.54	0.93	0.66	0.36	0.02	−0.56	−1.72	−4.92	−23.67	−101.4
	φ_1	−0.027 6	−0.667 7	−0.859 7	−0.923 7	−0.987 7	−1.051 7	−1.147 7	−1.307 7	−1.627 7	−2.587 8	−4.187 9
	Q_0	1.79	3.70	4.29	4.49	4.70	4.90	5.21	5.72	6.77	10.06	15.95
K7 1.514 7 60.6	P_0	2.08	1.21	0.43	0.09	−0.28	−0.69	−1.39	−2.80	−6.61	−28.58	−118.1
	φ_1	−0.103 1	−0.790 2	−0.996 3	−1.065 0	−1.133 8	−1.202 5	−1.305 5	−1.477 3	−1.820 8	−2.851 5	−4.569 2
	Q_0	1.98	4.03	4.66	4.88	5.09	5.31	5.64	6.19	7.31	10.82	17.09
K9 1.516 3 64.1	P_0	2.06	1.50	0.92	0.67	0.39	0.07	0.47	−1.55	−4.51	−21.81	−93.09
	φ_1	−0.038 8	−0.685 8	−0.879 9	−0.944 7	−1.009 4	−1.074 1	−1.171 1	−1.332 9	−1.656 4	−2.626 9	−4.244 5
	Q_0	1.79	3.70	4.29	4.49	4.69	4.89	5.20	5.71	6.75	10.01	15.82
K10 1.518 1 58.9	P_0	2.06	1.03	0.15	−0.22	−0.64	−1.10	−1.88	−3.43	−7.61	−31.54	−128.5
	φ_1	−0.140 4	−0.850 8	−1.063 9	−1.134 9	−1.205 9	−1.277 0	−1.383 5	−1.561 1	−1.916 3	−2.981 8	−4.757 6
	Q_0	2.08	4.19	4.85	5.07	5.30	5.52	5.86	6.43	7.59	11.21	17.70
BaK1 1.530 2 60.5	P_0	2.00	1.24	0.57	0.28	−0.03	−0.39	−0.99	−2.19	−5.45	−24.15	−100.1
	φ_1	−0.105 2	−0.793 6	−1.000 1	−1.068 9	−1.137 8	−1.206 6	−1.309 9	−1.481 9	−1.826 1	−2.858 7	−4.579 6
	Q_0	1.96	3.96	4.58	4.79	5.01	5.22	5.54	6.07	7.16	10.57	16.64
BaK3 1.546 7 62.8	P_0	1.90	1.43	0.97	0.77	0.54	0.30	−0.13	−0.97	−3.28	−16.60	−70.77
	φ_1	−0.061 0	−0.721 8	−0.920 1	−0.986 2	−1.052 2	−1.118 3	−1.217 4	−1.382 7	−1.713 1	−2.704 3	−4.356 4
	Q_0	1.80	3.68	4.26	4.45	4.65	4.85	5.14	5.64	6.65	9.80	15.37
BaK5 1.560 6 58.3	P_0	1.84	1.15	0.57	0.32	0.05	−0.25	−0.75	−1.76	−4.46	−19.71	−80.62
	φ_1	−0.154 8	−0.874 0	−1.089 8	−1.161 7	−1.233 7	−1.305 6	−1.413 5	−1.593 3	−1.952 9	−3.031 8	−4.830 0
	Q_0	2.03	4.06	4.68	4.89	5.11	5.32	5.64	6.17	7.26	10.63	16.60
BaK7 1.568 8 56.0	P_0	1.80	0.96	0.31	0.03	−0.27	−0.60	−1.16	−2.27	−5.22	−21.71	−86.85
	φ_1	−0.216 4	−0.974 1	−1.201 4	−1.277 1	−1.352 9	−1.428 7	−1.542 3	−1.731 7	−2.110 5	−3.247 0	−5.141 1
	Q_0	2.19	4.31	4.96	5.18	5.40	5.62	5.96	6.52	7.65	11.18	17.40
ZK1 1.568 8 62.9	P_0	1.80	1.44	1.09	0.94	0.77	0.58	0.26	−0.38	−2.12	−12.13	−52.55
	φ_1	−0.059 2	−0.718 9	−0.916 9	−0.982 8	−1.048 8	−1.114 8	−1.213 7	−1.378 7	−1.708 5	−2.698 1	−4.347 5
	Q_0	1.76	3.58	4.15	4.33	4.52	4.71	5.00	5.48	6.45	9.46	14.74
ZK2 1.583 1 59.3	P_0	1.74	1.29	0.90	0.73	0.55	0.34	0.00	−0.68	−2.52	−12.89	−54.07
	φ_1	−0.131 2	−0.835 8	−1.047 2	−1.117 7	−1.188 1	−1.258 6	−1.364 3	−1.540 4	−1.892 7	−2.949 6	−4.711 1
	Q_0	1.93	3.86	4.45	4.65	4.85	5.05	5.35	5.85	6.87	10.02	15.54

续表

n_1 参数 n_2		ZF2　1.672 5　32.2										
	C	0.015 0	0.005 0	0.002 0	0.001 0	0.000 0	−0.001 0	−0.002 5	−0.005 0	−0.010 0	−0.025 0	−0.050 0
ZK3	P_0	1.72	1.39	1.08	0.95	0.81	0.65	0.38	−0.16	−1.62	−9.92	−43.00
1.589 1	φ_1	−0.091 0	−0.770 5	−0.974 4	−1.042 3	−1.110 3	−1.178 2	−1.280 2	−1.450 1	−1.789 8	−2.809 1	−4.508 0
61.2	Q_0	1.81	3.65	4.22	4.41	4.60	4.79	5.07	5.55	6.52	9.51	14.73
ZK5	P_0	1.63	1.19	0.84	0.70	0.54	0.37	0.08	−0.50	−2.03	−10.45	−43.15
1.611 1	φ_1	−0.222 3	−0.983 7	−1.212 1	−1.288 2	−1.364 4	−1.440 5	−1.554 7	−1.745 0	−2.125 7	−3.267 7	−5.171 1
55.8	Q_0	2.12	4.15	4.77	4.97	5.18	5.39	5.70	6.23	7.28	10.52	16.15
ZK6	P_0	1.63	1.31	1.05	0.94	0.82	0.69	0.46	0.01	−1.19	−7.87	−34.03
1.612 6	φ_1	−0.154 8	−0.974 0	−1.089 8	−1.161 7	−1.233 7	−1.305 6	−1.413 5	−1.593 3	−1.952 9	−3.031 8	−4.830 0
58.3	Q_0	1.94	3.85	4.43	4.62	4.82	5.01	5.31	5.80	6.79	9.82	15.08
ZK7	P_0	1.63	1.39	1.18	1.09	0.99	0.88	0.69	0.32	−0.68	−6.31	−28.51
1.613 0	φ_1	−0.103 1	−0.790 2	−0.996 3	−1.065 0	−1.133 8	−1.202 5	−1.305 5	−1.477 3	−1.820 8	−2.851 5	−4.569 2
60.6	Q_0	1.81	3.62	4.17	4.36	4.55	4.73	5.01	5.48	6.42	9.31	14.29
ZK11	P_0	1.54	1.30	1.12	1.04	0.96	0.87	0.72	0.42	−0.37	−4.71	−21.28
1.638 4	φ_1	−0.231 4	−0.998 4	−1.228 5	−1.305 2	−1.381 9	−1.458 6	−1.573 7	−1.765 4	−2.148 9	−3.299 4	−5.216 9
55.5	Q_0	2.10	4.08	4.68	4.88	5.08	5.28	5.58	6.09	7.10	10.18	15.45

n_1 参数 n_2		ZF3　1.717 2　29.5										
	C	0.015 0	0.005 0	0.002 0	0.001 0	0.000 0	−0.001 0	−0.002 5	−0.005 0	−0.010 0	−0.025 0	−0.050 0
K7	P_0	2.09	1.49	0.93	0.69	0.42	0.12	−0.39	−1.40	−4.14	−19.81	−82.94
1.514 7	φ_1	−0.086 3	−0.661 1	−0.833 5	−0.891 0	−0.948 5	−1.006 0	−1.092 2	−1.235 9	−1.523 3	−2.385 6	−3.822 6
60.6	Q_0	1.93	3.63	4.15	4.33	4.51	4.69	4.96	5.42	6.34	9.25	14.42
K9	P_0	2.06	1.68	1.25	1.07	0.86	0.62	0.22	−0.58	−2.77	−15.51	−67.43
1.516 3	φ_1	−0.032 8	−0.579 3	−0.743 2	−0.797 9	−0.852 6	−0.907 2	−0.989 2	−1.125 8	−1.399 1	−2.218 8	−3.585 1
64.1	Q_0	1.78	3.37	3.87	4.04	4.20	4.37	4.63	5.06	5.93	8.65	13.50
K10	P_0	2.07	1.36	0.73	0.47	0.17	−0.16	−0.71	−1.82	−4.80	−21.76	−89.22
1.518 1	φ_1	−0.116 8	−0.707 8	−0.885 2	−0.944 3	−1.003 4	−1.062 5	−1.151 1	−1.298 9	−1.594 4	−2.480 9	−3.958 4
58.9	Q_0	2.01	3.75	4.30	4.48	4.66	4.85	5.12	5.59	6.55	9.53	14.84
BaK1	P_0	2.00	1.47	0.98	0.76	0.53	0.27	−0.18	−1.07	−3.47	−17.15	−72.11
1.530 2	φ_1	−0.088 0	−0.663 7	−0.836 4	−0.894 0	−0.951 6	−1.009 1	−1.095 5	−1.239 4	−1.527 3	−2.390 9	−3.830 2
60.5	Q_0	1.91	3.57	4.09	4.26	4.44	4.61	4.88	5.32	6.23	9.05	14.08
BaK3	P_0	1.91	1.57	1.21	1.05	0.88	0.69	0.36	−0.30	−2.09	−12.38	−53.84
1.546 7	φ_1	−0.051 3	−0.607 7	−0.774 6	−0.830 2	−0.885 8	−0.941 5	−1.024 9	−1.164 0	−1.442 2	−2.276 7	−3.667 5
62.8	Q_0	1.77	3.34	3.83	3.99	4.16	4.32	4.57	4.99	5.83	8.47	13.14

续表

参数 n_1 / n_2	ZF3　1.717 2　29.5										
	C	0.015 0	0.005 0	0.002 0	0.001 0	0.000 0	−0.001 0	−0.002 5	−0.005 0	−0.010 0	−0.025 0	−0.050 0
BaK5	p_0	1.85	1.33	0.89	0.70	0.49	0.26	−0.14	−0.91	−3.00	−14.70	−61.01
1.560 6	φ_1	−0.128 5	−0.725 7	−0.904 8	−0.964 5	−1.024 3	−1.084 0	−1.173 5	−1.322 8	−1.621 4	−2.517 2	−4.010 1
58.3	Q_0	1.96	3.63	4.15	4.32	4.50	4.67	4.93	5.38	6.28	9.07	14.01
BaK7	p_0	1.81	1.18	0.67	0.46	0.23	−0.03	−0.46	−1.31	−3.59	−16.20	−65.60
1.568 8	φ_1	−0.178 1	−0.801 5	−0.988 5	−1.050 8	−1.113 2	−1.175 5	−1.269 0	−1.424 9	−1.736 6	−2.671 6	−4.230 1
56.0	Q_0	2.08	3.82	4.35	4.53	4.71	4.89	5.17	5.63	6.56	9.46	14.57
ZK1	p_0	1.80	1.53	1.24	1.12	0.98	0.83	0.56	0.04	−1.40	−9.60	−42.51
1.568 8	φ_1	−0.049 9	−0.605 4	−0.772 1	−0.827 6	−0.883 2	−0.938 7	−1.022 1	−1.161 0	−1.438 7	−2.272 1	−3.661 0
62.9	Q_0	1.73	3.26	3.73	3.89	4.05	4.21	4.45	4.85	5.67	8.20	12.67
ZK2	p_0	1.75	1.39	1.06	0.92	0.77	0.59	0.31	−0.27	−1.81	−10.47	−44.64
1.583 1	φ_1	−0.109 3	−0.696 4	−0.872 5	−0.931 2	−0.989 9	−1.048 6	−1.136 6	−1.283 4	−1.576 9	−2.457 5	−3.925 0
59.3	Q_0	1.87	3.47	3.96	4.12	4.29	4.46	4.71	5.13	5.98	8.61	13.24
ZK3	p_0	1.72	1.45	1.19	1.07	0.95	0.81	0.57	0.10	−1.18	−8.41	−37.09
1.589 1	φ_1	−0.076 3	−0.645 8	−0.816 6	−0.873 6	−0.930 5	−0.987 5	−1.072 9	−1.215 3	−1.500 1	−2.354 4	−3.778 2
61.2	Q_0	1.77	3.31	3.78	3.94	4.10	4.26	4.50	4.90	5.71	8.23	12.65
ZK5	p_0	1.64	1.23	0.91	0.78	0.63	0.47	0.20	−0.34	−1.77	−9.62	−40.0
1.611 1	φ_1	−0.182 8	−0.808 7	−0.996 4	−1.059 0	−1.121 6	−1.184 2	−1.278 1	−1.434 6	−1.747 5	−2.686 4	−4.251 1
55.8	Q_0	2.02	3.68	4.19	4.36	4.53	4.70	4.96	5.39	6.27	8.97	13.69
ZK6	p_0	1.63	1.34	1.09	0.98	0.86	0.73	0.51	0.08	−1.09	−7.57	−32.86
1.612 6	φ_1	−0.128 6	−0.725 7	−0.904 8	−0.964 5	−1.024 3	−1.084 0	−1.173 5	−1.322 8	−1.621 4	−2.517 2	−4.010 1
58.3	Q_0	1.87	3.45	3.93	4.09	4.26	4.42	4.66	5.07	5.90	8.46	12.91
ZK7	p_0	1.63	1.41	1.20	1.11	1.01	0.90	0.72	0.35	−0.65	−6.25	−28.27
1.613 0	φ_1	−0.086 3	−0.661 1	−0.833 5	−0.891 0	−0.948 5	−1.006 0	−1.092 2	−1.235 9	−1.523 3	−2.385 6	−3.822 6
60.6	Q_0	1.76	3.28	3.74	3.89	4.05	4.20	4.44	4.83	5.63	8.07	12.33
ZK11	p_0	1.54	1.26	1.03	0.94	0.83	0.72	0.53	0.15	−0.84	−6.27	−27.04
1.638 4	φ_1	−0.190 0	−0.819 7	−1.008 6	−1.071 6	−1.134 6	−1.197 5	−1.292 0	−1.449 4	−1.764 3	−2.708 8	−4.283 1
55.5	Q_0	1.99	3.62	4.11	4.28	4.44	4.61	4.86	5.28	6.13	8.72	13.21

续表

参数 n_1 / n_2		ZF5　1.739 8　28.2										
	C	0.015 0	0.005 0	0.002 0	0.001 0	0.000 0	−0.001 0	−0.002 5	−0.005 0	−0.010 0	−0.025 0	−0.050 0
K7	P_0	2.09	1.61	1.13	0.93	0.71	0.46	0.03	−0.82	−3.12	−16.22	−68.72
1.514 7	φ_1	−0.079 2	−0.606 6	−0.764 8	−0.817 6	−0.870 3	−0.923 1	−1.002 2	−1.134 0	−1.397 8	−2.188 9	−3.507 5
60.6	Q_0	1.91	3.46	3.94	4.10	4.26	4.43	4.68	5.09	5.94	8.58	13.28
K9	P_0	2.06	1.76	1.40	1.24	1.06	0.86	0.53	−0.16	−2.02	−12.82	−56.59
1.516 3	φ_1	−0.030 2	−0.533 7	−0.684 8	−0.735 1	−0.785 5	−0.835 8	−0.911 3	−1.037 2	−1.289 0	−2.044 3	−3.303 0
64.1	Q_0	1.77	3.23	3.69	3.84	4.00	4.15	4.38	4.78	5.57	8.06	12.50
K10	P_0	2.07	1.50	0.97	0.75	0.50	0.23	−0.24	−1.16	−3.65	−17.69	−73.56
1.518 1	φ_1	−0.107 0	−0.648 0	−0.810 3	−0.864 4	−0.918 5	−0.972 6	−1.053 8	−1.189 0	−1.459 6	−2.271 1	−3.623 7
58.9	Q_0	1.98	3.57	4.06	4.23	4.40	4.56	4.82	5.24	6.11	8.82	13.64
BaK1	P_0	2.00	1.57	1.15	0.97	0.77	0.55	0.18	−0.58	−2.61	−14.16	−60.28
1.530 2	φ_1	−0.080 7	−0.608 9	−0.767 4	−0.820 2	−0.873 0	−0.925 8	−1.005 1	−1.137 1	−1.401 2	−2.193 5	−3.514 0
60.5	Q_0	1.88	3.40	3.88	4.03	4.19	4.35	4.60	5.00	5.83	8.40	12.98
BaK3	P_0	1.91	1.63	1.32	1.19	1.04	0.87	0.59	0.02	−1.53	−10.38	−45.91
1.546 7	φ_1	−0.047 2	−0.559 1	−0.712 6	−0.763 8	−0.815 0	−0.866 2	−0.942 9	−1.070 9	−1.326 8	−2.094 6	−3.374 2
62.8	Q_0	1.76	3.20	3.64	3.79	3.94	4.10	4.32	4.71	5.48	7.89	12.17
BaK5	P_0	1.85	1.42	1.04	0.88	0.70	0.50	0.16	−0.51	−2.30	−12.31	−51.74
1.560 6	φ_1	−0.117 5	−0.663 7	−0.827 6	−0.882 2	−0.936 8	−0.991 4	−1.073 4	−1.209 9	−1.483 0	−2.302 3	−3.667 8
58.3	Q_0	1.93	3.45	3.92	4.08	4.24	4.40	4.64	5.04	5.86	8.41	12.90
BaK7	P_0	1.82	1.29	0.85	0.67	0.47	0.25	−0.12	−0.85	−2.79	−13.55	−55.45
1.568 8	φ_1	−0.162 3	−0.730 3	−0.900 7	−0.957 5	−1.014 3	−1.071 1	−1.156 4	−1.298 4	−1.582 4	−2.434 5	−3.854 6
56.0	Q_0	2.04	3.61	4.10	4.26	4.43	4.59	4.84	5.26	6.10	8.73	13.37
ZK1	P_0	1.80	1.58	1.33	1.22	1.10	0.96	0.73	0.27	−0.99	−8.19	−36.96
1.568 8	φ_1	−0.045 9	−0.557 0	−0.710 4	−0.761 5	−0.812 6	−0.863 7	−0.940 4	−1.068 2	−1.323 8	−2.090 6	−3.368 5
62.9	Q_0	1.72	3.12	3.55	3.70	3.85	3.99	4.21	4.58	5.33	7.65	11.75

续表

参数 n_2 \ n_1	ZF5　1.739 8　28.2										
	C	0.015 0	0.005 0	0.002 0	0.001 0	0.000 0	−0.001 0	−0.002 5	−0.005 0	−0.010 0	−0.025 0	−0.050 0
ZK2	P_0	1.75	1.44	1.15	1.03	0.90	0.75	0.49	−0.01	−1.37	−8.98	−38.91
1.583 1	φ_1	−0.100 1	−0.637 9	−0.799 2	−0.852 9	−0.906 7	−0.960 5	−1.041 1	−1.175 6	−1.444 4	−2.251 0	−3.595 2
59.3	Q_0	1.84	3.30	3.75	3.90	4.05	4.21	4.43	4.82	5.60	8.00	12.24
ZK3	P_0	1.72	1.49	1.26	1.16	1.05	0.92	0.71	0.29	−0.86	−7.31	−32.30
1.589 1	φ_1	−0.070 0	−0.593 0	−0.749 9	−0.802 2	−0.854 5	−0.906 8	−0.985 2	−1.116 0	−1.377 5	−2.162 0	−3.469 4
61.2	Q_0	1.75	3.16	3.59	3.74	3.88	4.03	4.25	4.62	5.37	7.67	11.73
ZK5	P_0	1.64	1.29	1.00	0.88	0.74	0.60	0.35	−0.14	−1.42	−8.49	−35.74
1.611 1	φ_1	−0.166 5	−0.736 6	−0.907 7	−0.964 7	−1.021 7	−1.078 7	−1.164 2	−1.306 8	−1.591 8	−2.447 0	−3.872 3
55.8	Q_0	1.97	3.48	3.94	4.10	4.26	4.41	4.65	5.04	5.84	8.30	12.61
ZK6	P_0	1.64	1.38	1.15	1.05	0.94	0.82	0.62	0.22	0.84	−6.77	−29.80
1.612 6	φ_1	−0.117 5	−0.663 7	−0.827 6	−0.882 2	−0.936 8	−0.991 4	−1.073 4	−1.209 9	−1.483 0	−2.302 3	−3.667 8
58.3	Q_0	1.84	3.28	3.72	3.87	4.02	4.17	4.39	4.77	5.53	7.86	11.95
ZK7	P_0	1.63	1.44	1.25	1.16	1.07	0.97	0.80	0.46	−0.46	−5.63	−25.89
1.613 0	φ_1	−0.079 2	−0.606 6	−0.764 8	−0.817 6	−0.870 3	−0.923 1	−1.002 2	−1.134 0	−1.397 8	−2.188 9	−3.507 5
60.6	Q_0	1.74	3.13	3.55	3.69	3.84	3.98	4.19	4.56	5.28	7.53	11.45
ZK11	P_0	1.55	1.28	1.06	0.97	0.87	0.76	0.58	0.22	−0.73	−5.92	−25.74
1.638 4	φ_1	−0.173 0	−0.746 3	−0.918 3	−0.975 6	−1.032 9	−1.090 2	−1.176 2	−1.319 6	−1.606 2	−2.466 2	−3.899 4
55.6	Q_0	1.95	3.42	3.87	4.02	4.18	4.33	4.56	4.94	5.71	8.08	12.20

参数 n_2 \ n_1	ZF6　1.755 0　27.5										
	C	0.015 0	0.005 0	0.002 0	0.001 0	0.000 0	−0.001 0	−0.002 5	−0.005 0	−0.010 0	−0.025 0	−0.050 0
K7	P_0	2.09	1.66	1.23	1.05	0.84	0.62	0.23	−0.55	−2.65	−14.58	−62.26
1.514 7	φ_1	−0.075 6	−0.579 0	−0.730 1	−0.780 4	−0.830 8	−0.881 1	−0.956 6	−1.082 5	−1.334 2	−2.089 5	−3.348 1
60.6	Q_0	1.90	3.37	3.83	3.98	4.14	4.30	4.53	4.83	5.73	8.24	12.71
K9	P_0	2.06	1.80	1.47	1.32	1.16	0.98	0.67	0.04	−1.67	−11.57	−51.60
1.516 3	φ_1	−0.028 9	−0.510 5	−0.655 0	−0.703 2	−0.751 3	−0.799 5	−0.871 7	−0.992 1	−1.232 9	−1.955 4	−3.159 4
64.1	Q_0	1.77	3.16	3.60	3.74	3.89	4.04	4.26	4.63	5.39	7.77	11.99
K10	P_0	2.07	1.56	1.09	0.88	0.66	0.41	−0.01	−0.85	−3.12	−15.87	−66.49
1.518 1	φ_1	−0.102 0	−0.617 8	−0.772 6	−0.824 2	−0.875 7	−0.927 3	−1.004 7	−1.133 7	−1.391 6	−2.165 4	−3.455 0
58.9	Q_0	1.97	3.48	3.94	4.10	4.26	4.42	4.66	5.07	5.89	8.46	13.03
BaK1	P_0	2.00	1.62	1.24	1.07	0.89	0.69	0.34	−0.35	−2.21	−12.78	−54.89
1.530 2	φ_1	−0.077 0	−0.581 2	−0.732 5	−0.782 9	−0.833 3	−0.883 7	−0.959 3	−1.085 4	−1.337 5	−2.093 7	−3.354 1
60.5	Q_0	1.87	3.32	3.77	3.92	4.07	4.22	4.45	4.84	5.63	8.08	12.42
BaK3	P_0	1.91	1.66	1.38	1.26	1.12	0.96	0.70	0.18	−1.26	−9.45	−42.24
1.546 7	φ_1	−0.045 1	−0.534 4	−0.681 1	−0.730 1	−0.779 0	−0.827 9	−0.901 3	−1.023 6	−1.268 2	−2.002 1	−3.225 2
62.8	Q_0	1.76	3.13	3.55	3.69	3.84	3.98	4.20	4.56	5.30	7.60	11.67
BaK7	P_0	1.82	1.34	0.94	0.77	0.59	0.39	0.05	−0.63	−2.42	−12.33	−50.84
1.568 8	φ_1	−0.154 3	−0.694 7	−0.856 8	−0.910 8	−0.964 9	−1.018 9	−1.100 0	−1.235 0	−1.505 2	−2.315 7	−3.666 6
56.0	Q_0	2.01	3.51	3.97	4.12	4.28	4.44	4.67	5.07	5.87	8.37	12.77

续表

参数 n_1 / n_2	ZF6 1.755 0 27.5											
	C	0.015 0	0.005 0	0.002 0	0.001 0	0.000 0	−0.001 0	−0.002 5	−0.005 0	−0.010 0	−0.025 0	−0.050 0
ZK1	P_0	1.81	1.60	1.37	1.27	1.16	1.03	0.81	0.38	−0.80	−7.53	−34.37
1.568 8	φ_1	−0.043 8	−0.532 5	−0.679 1	−0.727 9	−0.776 8	−0.825 6	−0.898 9	−1.021 1	−1.265 4	−1.998 4	−3.219 9
62.9	Q_0	1.72	3.05	3.46	3.60	3.74	3.88	4.09	4.44	5.16	7.38	11.28
ZK2	P_0	1.75	1.47	1.20	1.09	0.96	0.82	0.58	0.11	−1.16	−8.29	−36.24
1.583 1	φ_1	−0.095 5	−0.608 3	−0.762 2	−0.813 4	−0.864 7	−0.916 0	−0.992 9	−1.121 1	−1.377 5	−2.146 8	−3.428 8
59.3	Q_0	1.83	3.22	3.65	3.79	3.93	4.08	4.30	4.66	5.40	7.70	11.73
ZK3	P_0	1.72	1.52	1.29	1.20	1.09	0.98	0.78	0.38	−0.70	−6.78	−30.78
1.589 1	φ_1	−0.066 9	−0.566 3	−0.716 1	−0.766 0	−0.816 0	−0.865 9	−0.940 8	−1.065 7	−1.315 4	−2.064 5	−3.313 0
61.2	Q_0	1.75	3.09	3.50	3.64	3.77	3.91	4.12	4.48	5.19	7.39	11.26
ZK5	P_0	1.65	1.31	1.04	0.93	0.80	0.66	0.43	−0.03	−1.26	−7.95	−33.73
1.611 1	φ_1	−0.158 3	−0.700 6	−0.863 2	−0.917 5	−0.971 7	−1.025 9	−1.107 2	−1.242 8	−1.513 9	−2.327 2	−3.682 8
55.8	Q_0	1.95	3.38	3.82	3.97	4.12	4.27	4.49	4.87	5.62	7.97	12.06
ZK6	P_0	1.64	1.40	1.18	1.09	0.98	0.87	0.68	0.30	−0.72	−6.37	−28.33
1.612 6	φ_1	−0.112 0	−0.632 5	−0.788 7	−0.840 8	−0.892 8	−0.944 9	−1.022 9	−1.153 1	−1.413 3	−2.194 1	−3.495 5
58.3	Q_0	1.83	3.20	3.62	3.76	3.90	4.04	4.25	4.61	5.33	7.56	11.46
ZK7	P_0	1.63	1.45	1.27	1.19	1.11	1.01	0.84	0.52	−0.37	−5.32	−24.74
1.613 0	φ_1	−0.075 6	−0.579 6	−0.730 1	−0.780 4	−0.830 8	−0.881 1	−0.956 6	−1.082 5	−1.334 2	−2.089 5	3.348 1
60.6	Q_0	1.73	3.05	3.46	3.59	3.73	3.86	4.07	4.41	5.11	7.26	11.00
ZK11	P_0	1.55	1.29	1.08	0.99	0.90	0.79	0.61	0.26	−0.66	−5.72	−25.04
1.638 4	φ_1	−0.164 5	−0.709 5	−0.873 1	−0.927 6	−0.982 1	−1.036 6	−1.118 4	−1.254 6	−1.527 2	−2.344 8	−3.707 5
55.5	Q_0	1.92	3.33	3.75	3.90	4.04	4.19	4.40	4.77	5.50	7.76	11.69

参 考 文 献

[1] 李林，林家明，王平，等. 工程光学 [M]. 北京：北京理工大学出版社，2003.

[2] 袁旭沧. 光学设计 [M]. 北京：北京理工大学出版社，1988.

[3] 安连生，李林，李全臣. 应用光学 [M]. 北京：北京理工大学出版社，2002.

[4] 李士贤，李林. 光学设计手册 [M]. 北京：北京理工大学出版社，1996.

[5] 胡玉禧，安连生. 应用光学 [M]. 合肥：中国科技大学出版社，1996.

[6] 李林，安连生. 计算机辅助光学设计的理论与应用 [M]. 北京：国防工业出版社，2002.

[7] 袁旭沧. 现代光学设计方法 [M]. 北京：北京理工大学出版社，1995.

[8] Zemax user manual. Zemax Development Corporation. 2003.

[9] 萧泽新. 工程光学设计 [M]. 北京：电子工业出版社，2003.

[10] 郁道银，谈恒英. 工程光学 [M]. 北京：机械工业出版社，2006.

[11] Robert R. Shannon. The art and science of optical design [M]. Cambridge University Press, 1996.

[12] Joseph M. Geary. Introduction to lens design with practical Zemax examples [M]. Willmann-Bell, Inc.2002.

[13] Warren J. Smith. Modern lens design [M]. McGraw-Hill, Inc.2003.

[14] 苏大图. 光学测量 [M]. 北京：机械工业出版社，1988.

[15] M. 玻恩，E. 沃耳夫. 光学原理 [M]. 杨葭荪，等译. 北京：电子工业出版社，2005.

[16] 潘君骅. 光学非球面的设计、加工于检验 [M]. 北京：科学出版社，1994.

[17] Robert E.Fischer. Optical system design [M]. McGraw-Hill, Inc.2000.

[18] 史光辉. 含有三个非球面的卡塞格林系统的光学设计 [J]. 光学学报，1998，18.

[19] 谢敬辉，赵达尊，阎吉祥. 物理光学教程 [M]. 北京：北京理工大学出版社，2005.

[20] 赵达尊，张怀玉. 物理光学 [M]. 北京：北京理工大学出版社，2000.

[21] 刘培森，应用傅里叶变换 [M]. 北京：北京理工大学出版社，1991.

[22] 苏大图. 光学测试技术 [M]. 北京：北京理工大学出版社，1996.

[23] 丁丽娟. 数值计算方法 [M]. 北京：北京理工大学出版社，1997.

[24] 常军，翁志成. 用于空间的三反射镜光学系统设计 [J]. 光学学报，2003，23（2）.

[25] 汪明强，李林，黄一帆. 三反射镜空间遥感器的光学系统设计 [J]. 光学技术，2007，33（2）.

[26] John Nella, Paul Atcheson, et al. James Webb Space Telescope (JWST) Observatory Architecture and Performance [J]. SPIE, 2004, 5487: 576.

[27] Jun-ichi Ishigaki, et al. Designing and Testing of Off-axis Three-mirror Optical System for Multi-Spectral Sensor [J]. SPIE, 1997, 3047: 356.

[28] Konihiro Tanikawa, et al. Six Band Multispectral Sensor Using Off-axis Three-mirror Reflective Optics [J].

Optical Engineering, 2000, 39(10):2781–2787.

[29] Figoshi John W. Development of a Three-mirror Wide-field Sensor from Paper Design to Hardware [J]. SPIE, 1989, 1113:126.

[30] 陈晓丽，傅丹鹰. 大口径甚高分辨率空间光学遥感器技术路径探讨 [J]. 航天返回与遥感，2003, 24 (4).